U0256533

强筋小麦品种济南17　　　　　　　　　　　　　山东省农业科学院作物研究所选育、供稿

强筋小麦品种藁8901　　　　　　　　　　　　河北省藁城市农业科学研究所选育、供稿

强筋小麦品种郑麦9023　　　　　　　　　　　　　　　河南省农业科学院小麦研究中心选育、供稿

强筋小麦品种皖麦38　　　　　　　　　　　　　　　安徽省亳州市农业科学研究所选育、供稿

强筋小麦品种烟农19　　　　　　　　　　　　　　　　　　　山东省烟台市农业科学研究院选育、供稿

强筋春小麦品种龙麦26　　　　　　　　　　　　　　　　黑龙江省农业科学院作物育种研究所选育、供稿

弱筋小麦品种扬麦13　　　　　　　　　　　　　　　　　　江苏省里下河地区农业科学研究所选育、供稿

弱筋小麦品种宁麦9号　　　　　　　　　　　　　　　　　　江苏省农业科学院选育、供稿

国家出版基金项目
NATIONAL PUBLICATION FOUNDATION

现代农业科技专著大系

中国小麦品质区划与高产优质栽培

农业部小麦专家指导组　编著

中国农业出版社

编 写 领 导 小 组

第六章

 第一节 郭文善 朱新开 王龙俊 彭永欣

 第二节 胡承霖 马传喜

 第三节 高春保 王小燕 朱展望 刘易科

 第四节 朱华忠 汤永禄

 第五节 赵 致 王 博 任明见

 第六节 杨木军

第七章

 第一节 肖志敏 宋庆杰

 第二节 吴晓华 李元清 崔国惠

 第三节 王化俊 尚勋武

 第四节 袁汉民

 第五节 王荣栋 芦 静 陈荣毅 陈兴武

 第六节 张怀刚

 第七节 强小林 周珠扬

统稿人员： 于振文 张永丽 石 玉

序　言

　　20 世纪 80 年代中期，随着粮食逐年增产，我国小麦生产形势发生了根本变化，显现出供求总量平衡、丰年有余和品质结构性矛盾突出的特点，一些品质差的品种销售不畅、库存积压，优质品种相对不足，某些专用（如强筋）品种还要依靠进口，食品加工企业对优质专用小麦原料需求迫切，要求生产上从数量向数量与质量兼顾的方向发展，高产、优质、高效已成为提高小麦市场竞争力和推动生产持续发展的关键。

　　为此，近 30 年来，我国小麦生产从单纯提高产量转向高产与优质兼顾，在小麦品质标准制定、品质检测、品质育种、高产优质高效栽培、推广、加工、经营等方面都进行了广泛深入的探索和实践。

　　1981 年，中国农业科学院建立了我国第一个小麦加工品质实验室，通过连续 3 年的检测筛选鉴定出一批优质小麦品种。中 7606 和中 8131‑1 的问世拉开了我国优质专用小麦品种应用于生产的序幕。一些省、自治区、直辖市也相继开始了强筋小麦的育种工作。1990—1995 年，农业部组织了 3 次范围广泛的优质小麦品种评选和鉴定活动，初步制定了《全国面包小麦品种品质标准》、《全国饼干蛋糕用软质小麦品种标准》及相应的品质检测规程。至此，选育和种植优质专用小麦、科学地进行配麦与配粉等研究正式纳入我国农业科学研究的范畴。以农业部组织评选优质强筋和优质弱筋小麦品种为契机，经育种工作者多年努力，目前我国已形成强筋、中筋、弱筋的系列优质专用小麦品种，如北部冬麦区和黄淮冬麦区的中优 9507、藁 8901、济南 17、济麦 20、豫麦 34、郑麦 366 等强筋品种，长江中下游麦区的宁麦 9 号、扬麦 13、扬辐麦 2 号等弱筋品种，有效地改善了我国小麦的品质结构，初步满足了提高人民生活水平的需求，增强了我国小麦的市场竞争力。

　　为了提高我国小麦加工质量并与国际标准接轨，将商品粮小麦按加工用途分类，以便根据用途选育和推广优良品种，使生产、制粉和食品加工逐步达到规范化和标准化，1998 年国家质量技术监督局首次发布实施了《专用小麦品种品质》（GB/T 17320—1998）国家标准，1999 年进一步发布了新的

《优质小麦 强筋小麦》（GB/T 17892—1999）和《优质小麦 弱筋小麦》（GB/T 17893—1999）的国家标准，对优质专用小麦提出了具体的质量要求。依据这些标准，2003年农业部评选推荐出29个适合当时推广应用的优质专用小麦品种，其中强筋品种26个、弱筋品种3个，有力地促进了小麦种植结构的调整。利用专用品种，进行高产优质高效栽培技术的研究也取得了良好进展，优质专用小麦良种良法配套的种植面积逐年扩大。与此同时，优质小麦品质检测体系也得到逐步建设和加强，每年都对我国商品小麦进行品质监测。这些工作有效地改变了长期以来我国强筋、弱筋小麦品种偏少，基本依赖进口以及强筋不强、弱筋不弱的被动局面。

20世纪80年代末至90年代，一些主产省、自治区开始调查并研究不同地区生态条件对小麦品质的影响，并初步进行了分区规划，在此基础上，农业部于2001年提出《中国小麦品质区划方案》（试行），同期，主产区小麦优质高产高效栽培技术的研究也不断深入，且许多调研成果已在较大面积上应用于生产实践。

"十五"和"十一五"期间，从国家到省（自治区、直辖市）都对优质专用小麦的科研、推广、生产、加工、经营等多方面进行了较大的人力物力投入。在此期间，农业部制定与发布了《专用小麦优势区域发展规划（2003—2007年）》、《小麦优势区域布局规划（2008—2015年）》，并将这些规划落到实处。这对提高我国粮食综合生产能力，加快调整优化种植结构，提高小麦产品品质，促进优质小麦产业化，确保国家粮食安全具有重要意义。

《中国小麦品质区划与高产优质栽培》一书是在农业部种植业管理司的领导下，由农业部小麦专家指导组牵头，组织中国农业科学院、中国农业大学、北京市农业局、北京市粮食局、河南省农业科学院、河南农业大学、山东农业大学、河北省农业技术推广总站、扬州大学农学院、江苏省作物栽培技术指导站、安徽农业大学、湖北省农业科学院、长江大学农学院、四川省农业科学院、西北农林科技大学、山西农业大学、甘肃省农业厅、甘肃农业大学、内蒙古农牧业科学院、宁夏农林科学院、中国科学院西北高原生物研究所、西藏自治区农牧科学院、黑龙江省农业科学院、郑州粮食批发市场有限公司、郑州商品交易所等单位的有关专家共同编著完成。该书的作者分别是直接参与优质专用小麦育种、栽培、推广、加工、经营的专家学者和管理人员，其所撰写的章节基本反映了近年来我国在小麦品质区划、高产优质栽培技术研究方面所取得的最新成果。该书具有三大特点：一是系统性，阐明了我国发展优质专用小麦的背景、过程、现状和存在的问题，总结了小麦品质与环境和栽培技术的关系，论述了品质区划的必要性、原则和方案，并在此基础上分区介绍小麦品质区划和高产优质栽培技术，易于理解和掌握。二是实用性，详细叙述了我国小麦主产区 19 个省（自治区、直辖市）的生态环境、产业发展、品质区划、主要优质品种和高产优质栽培技术，注重理论研究在解决实际问题中的应用，文字阐述较为凝练规范，可读性强。三是综合性，没有局限在优质专用小麦大田生产的论述，而是从产业发展的角度设立专门章节介绍我国小麦加工、产需分析与交易，便于读者全面把握小麦产业发展的方向。该书适用于农业院校、农业科研院所、农业管理部门、农产品加工经营企业的相关人员阅读参考。

　　该书从 2008 年 7 月开始组织撰写，到 2010 年完成初稿，经审阅与修改于 2011 年 7 月定稿。它的出版将会是对全国小麦品质区划工作和高产优质栽培技术研究的推广应用一次有力的推动。鉴于目前三大小麦主产区种植的品种，其品质类型的分布犬牙交错，不很连片，不能体现出区划种植应有的实效，只好先分别按照省区区划作为过渡，等以后通过调查研究，找出同一品质类型的共性，打破省区界限进行连片种植（其中连不成片的则不纳入区划之内），这样就有可能尽快实现在全国范围内按品质区划进行高产优质高效栽培，并在试行实践中认证后再对本书进行修订再版。为此，敬请广大读者（也包括本书作者及国内从事小麦科研和生产、管理的人员）对上述问题和本书中的大小错漏失误之处赐予指正。

中国农业科学院作物科学研究所研究员

中　国　科　学　院　院　士　　庄巧生

2011 年 9 月

目　　录

第一章 绪 论

第一节 世界小麦生产概况

一、生产概况

小麦是人类获取热量、蛋白质的主要营养源之一，世界上约有40％的人以小麦为主食，小麦被称为"世界性的粮食"。在世界谷物常年产销中，小麦的种植面积、产量、贸易量比重均较大。2000—2009年，全世界小麦种植面积每年2.2亿 hm^2 左右，占世界谷物总面积的31％以上；小麦总产近7亿t，占谷物总产量27％。近年来，由于玉米种植面积扩大，产量增加，小麦在谷物种植面积和产量中所占比例呈下降趋势，就产量而言，小麦在玉米和稻谷之后，排在第三位。全世界小麦年贸易量1亿t左右，约占谷物贸易总量的50％。小麦由于含有独特的麦谷蛋白和麦醇溶蛋白，因此用小麦做原料制造出的食品，数量巨大、花样繁多，居谷物之首。此外，小麦具有较好的耐贮藏性，所以，小麦还被许多国家视为重要的战略物资。

世界小麦种植跨度大，从北欧（北纬67°）至阿根廷南部（南纬45°）都有种植；纵深长，从中国吐鲁番盆地（低于海平面150m）到西藏高原（海拔4 100m），主要分布在海拔3 000m以下。小麦主产区分布在北半球的北纬30°～60°之间的温带地区和南半球的南纬23°～40°之间的地带。从世界范围来看，小麦的生产分布极为广泛，但其产区比较集中。从各大洲的情况看，产地主要集中在亚洲、欧洲和北美洲，其面积分别约占世界小麦面积的45％、27％和13％，大洋洲小麦面积占6％，非洲和南美洲小麦面积各占4％左右。种植小麦的国家很多，但产量主要集中在中国、印度、俄罗斯、美国、法国、德国、加拿大、巴基斯坦等国。2009年，这8个国家小麦产量占世界总产量的比重为63.3％。中国的小麦产量在1997年达到历史最高水平1.23亿t，2000—2003年产量略有下降，2004年之后逐渐回升，2009年小麦产量为1.15亿t，仍居于世界首位。

在世界范围内，2000年以后小麦的收获面积不及20世纪90年代，美国和中国等国的收获面积有所下降，其他一些国家如俄罗斯联邦和印度收获面积比较稳定或略有增加。20世纪90年代世界小麦产量有越来越集中的趋势，2000年之后这种趋势已不很明显。中国小麦收获面积最大的年份是1991年，为3 095万 hm^2，印度的收获面积于2001年超过中国位居世界首位。2007年，俄罗斯联邦小麦收获面积在超过美国后又超过中国，成为小麦收获面积第二大国家。2009年，印度、俄罗斯、中国和美国4个国家小麦收获面积依次为2 840万 hm^2、2 663万 hm^2、2 421万 hm^2、2 018万 hm^2。

虽然2000年以后小麦的收获面积有所下降，然而小麦的总产量却在稳步提高，说明各国小麦的单产水平都有了显著提升，但各国提升的幅度不同。2000年后，世界小麦单产平均在2 700kg/hm² 以上，2009年达到3 024.8kg/hm²。小麦平均单产较高的国家主要集中在欧洲，2009年，小麦单产前四位国家依次是比利时、荷兰、爱尔兰和丹麦，这些国家小麦平均单产均在8 000kg/hm² 以上。

总的来看，十几年来，世界小麦总产量有了较大幅度的增长，但各地区发展不平衡，发达国家和发展中国家差异较大，且在20世纪90年代中期大都经历了一次产量高峰，之后有不同程度的回落，主产国的产量波动幅度较大。世界小麦总产量增加的主要原因在于单产的大幅提高。

二、产业化现状

许多发达国家，诸如美国、加拿大、澳大利亚、德国等均具有发达的小麦产业，以品种专用化、优质化为基础，形成布局区域化、生产专业化、经营一体化、服务社会化的小麦产业模式。

（一）品种专用化、优质化

优质专用的小麦品种是生产品质优良、质量稳定商品小麦的前提，也是实现供销一体化乃至发展国际贸易的基础。美国、加拿大、澳大利亚等国以面包为主食，辅之以各种糕点，长期以来，这些国家小麦品质的研究重点在于改良面包或饼干加工品质，为小麦奠定了良好的质量遗传基础，保证了小麦使用品质的稳定。近几年来，为了扩大对中国等东亚国家的出口，纷纷加强对馒头、面条类食品品质的研究。

小麦是世界贸易额最大的谷物，为了适应市场需求，扩大小麦出口，美国、加拿大、澳大利亚等主要的小麦出口国都设立了专门机构，研究小麦品质优化，从品种选育、示范推广到收购、储运、加工、进出口贸易各个环节采取整套品质监控措施，特别是在育种目标上，把品质放在重要乃至首要位置。

美国小麦出口量约占其总产量的50%，根据其谷物标准，主要生产7类小麦：硬红春、硬红冬、软红冬、软白麦、硬白麦、混合麦和杜伦麦。硬红春约占美国小麦总产的30%，籽粒硬质，主要用于加工面包和配麦等，20世纪90年代，主要推广品种有2375、Grandin、Butte86等。硬红冬约占总产的40%，籽粒中等到硬质，用于加工面包，主要推广品种有hark、TAM105、Bennett等。软红冬和软白麦约占其总产的27%，籽粒很软，用于加工饼干、蛋糕、日本乌东面条等，主要推广品种分别有Cardinal、Florida302和Stephens、Lewjain等。

加拿大生产的小麦70%用于出口，其中春小麦占小麦总产的80%。20世纪80年代后，Neepawa成为加拿大西部面积最大的硬质红粒春小麦品种和品质标准品种，其系选品种Katepaw至今仍是加拿大种植面积最大的品种。种植面积较大的品种还有Kenyou、Columbua、Laura等。

澳大利亚75%的小麦供出口，其种植小麦主要分为7类，其中澳大利亚上等硬麦约占7%，硬麦约占15%，标准白麦约占68%，软麦约占1%。硬麦和上等硬麦主要分布在新南威尔士和昆士兰州，种植品种在 20 世纪 80 年代主要是 Songlen、Sunkota 和 Suneca。澳大利亚标准白麦是一种多用途小麦，是澳大利亚主产小麦，用于制作盘式面包、馒头等，特别是具有较好的淀粉黏度，适宜于加工面条。20 世纪 60 年代和 80 年代中期，软质的澳大利亚标准白麦品种 Gamenya 大面积种植，后来又相继推出 Eradu 和 Rosella 品种，以满足对日本市场的供应。但 1945 年硬质面包小麦 Gabo 的发放使得软麦面积开始大幅下降，到目前硬麦已成为澳大利亚标准白麦的主要成分。

（二）生产区域化、规模化

小麦品质的优劣不仅由品种本身的遗传特性所决定，还受到气候、土壤、栽培技术等条件的影响，品种与环境的相互作用也影响到品质的表现。世界小麦主产国的小麦基本都是在产业带生产，不同的小麦产业带适宜种植生产的小麦品种不同。许多小麦生产和出口大国诸如美国、加拿大、澳大利亚等，都已经形成相对固定的优质小麦生产格局和生产区划。

美国小麦主产区大致有两大一小共 3 个三角地带。一是以北达科他为主，连带蒙大拿、明尼苏达和南达科他所形成的大三角地带；二是以堪萨斯为主，连带俄克拉何马、科罗拉多、内布拉斯加和得克萨斯所形成的大三角地带；三是以华盛顿州为主，连带爱达荷和俄勒冈一部形成的小三角地带。美国小麦分类种植地域分布的大致情况为，硬红冬的种植量占全美总量的近 40%，分布于美国大平原地区，即从密西西比河向西到落基山，从北达科他、南达科他和蒙大拿向南至得克萨斯；硬红春主要分布于北达科他、南达科他、蒙大拿和明尼苏达等中北部地区；硬白麦产于加利福尼亚、爱达荷、堪萨斯和蒙大拿等地；软白麦主产区是美太平洋沿岸北部地区（Pacific Northern）；软红冬产于美东部，从得克萨斯中部向北到大湖区，向东到大西洋沿岸，集中产于伊利诺伊、印第安纳和俄亥俄，该品种产量较高；硬质麦产区与硬红春产区大致相同，但有一小部分冬播麦产于亚利桑纳和加利福尼亚。

加拿大小麦主要分布在西部平原三省，即艾伯塔、萨斯喀彻温和蒙尼托巴。澳大利亚硬麦和上等硬麦主要分布在新南威尔士和昆士兰州，标准白麦位于昆士兰、新南威尔士、南澳洲、维多利亚和西澳洲，软麦则主要位于维多利亚和西澳洲。

由于采取优质小麦区域化生产布局，加之这些国家小麦种植规模大，生产高度专业化，所选用的品种数量较少且相对稳定，所以品种间不易混杂，便于管理、监测和调控，生产效率高，而且可以保证产品质量，降低经营成本。

（三）产销经营一体化

经营一体化是农业产业化的核心，即通过一定的产业化经营组织形式和利益调节机制，使农业生产的供产加运销等部门间形成"利益均沾，风险共担"的利益共同体。

作为典型的市场经济国家，美国农业已实现高度的产业化。在市场经济条件下，各个市场主体（包括生产者、经营者、消费者）都有各自的相对独立的经济利益。由于市场竞争性及农业自身的特点（分散性、周期性、自然风险性），使单个的、小型的农场在市场上难以立足。为了生存和发展，客观上要求农场必须组织在一起或参加某种经济组织，以此实现市场的有效进入，这就是农业产业化产生的历史动因。

美国农业产业化经营主要有农民协会、农业公司和农产品期货交易等几种组织方式。其中农民协会大体有行业形式和区域形式两种。小麦协会是美国小麦实现产业化生产的一种重要的组织形式，协会主要为生产服务，也为农民提供商业信息，不以赢利为目的。美国共有 17 个州一级的农民小麦协会。如加利福尼亚州小麦协会同时建有实验室，实验室的作用主要为选育出的小麦品种进行质量测试，并为商家提供面粉质量检验。小麦协会经费从农民销售的小麦中每吨提取 0.6 美元，由谷商代收，农民自愿。谷商进行面粉检验，每个样本收费 60～70 美元。收取的经费委托育种公司进行育种，选育的品种经农民小麦协会检验合格后进行推广。区域形式，即区域之间的联合，这种组织是各农场为生产的同类农产品进行加工形成的。在一定区域内，一些农场生产同类的农产品，而这种产品又需要加工。美国平均每个农场有耕地近 200hm²，这些农场为了自己产品的销路，也为了自己的产品增值，同时也为了占有成品市场，主动联合起来发展加工农产品的股份企业。农场之间不是互相竞争，而是一种互相依赖的关系。这种关系比较固定，农场是自己的，加工企业有自己的份额，农户就是加工单位的成员，这种联合往往有加工者的加入。这种农业的联合体全美国有 3 200 多家。农户联合加工的营销约占市场的 31%。

美国的农业公司基本是产加销为一体的。美国的农业公司经营规模较大，虽公司数量只占 3%，但经营的土地占 12%，农产品产值占 26%。一家公司可以拥有几家农场或工厂。美国的一些专业公司还为小农场和小公司提供专业服务，如耕地服务、防病虫服务、收获服务，以减轻小农场购买专业农机具的不必要高额费用支出。

美国的农产品经营主要途径之一是依赖于契约、合同的交易，即农场与商业者以契约（合同）的方式，建立一种农产品的产销关系。这种契约关系也可以通过期货的方式来实现，商业者在取得了契约书后就取得了农产品收购的权利，农场取得了供应农产品的责任和义务。而商业者的收购权利可实行有偿转让。但无论转让给谁，这种关系仍然是靠契约来维系的。美国通过契约方式经销农产品的农场只占 11%，但占市场份额的 40%。美国农产品经营已逐步减少了对期货和现货市场的依赖，逐步转化并实现生产与销售的联合及一条龙生产，形成自成一体的生产销售系统，即农业的工业化和商业化。这种集生产、供应、加工、销售的一体化大部分以农场主的联合组织、农业公司的方式运行。

美国小麦的产业化是美国农业产业化的组成部分，是农业工业化的一种表达方式，具多种形式，其目的是实现农产品增值，满足社会需求。

三、主要经验和启示

从美国、加拿大、澳大利亚等主要小麦生产国小麦产业发展分析来看，第一，各国小麦生产，都以需求为导向，推进小麦生产优质化，在品种选育和品质区划上都充分考虑消费习惯和国内外市场需求，使其内在品质在市场上有竞争力，能满足市场对各种麦制品的品质需求，即有良好的蒸煮或烘焙品质，能占领市场且为消费者青睐。第二，按不同产地条件和小麦品质特点实行区域化、规模化、标准化生产，实现品质优良、质量稳定、成本降低。第三，走产、供、销一体化的小麦产业模式。小麦产业化是农业产业化的一部分，小麦和面粉作为原料在产业链条中具有重要地位，各国小麦产前、产中、产后有机结合，科研、生产、收购、加工、营销紧密联系，均形成产、供、销一体化的产业格局。

第二节　我国小麦生产发展概况

一、小麦生产在国民经济中的地位

我国不仅是世界小麦生产大国、消费大国，还是小麦贸易和加工大国，我国小麦在世界上占有重要地位。

小麦是我国重要的商品粮和战略性储备粮品种，小麦生产直接关系到我国的粮食安全和小麦产区的农业增效与农民增收。发展小麦生产，对满足人民的粮食需求，提高城乡居民物质生活水平，促进国民经济发展，具有十分重要的意义。作为三大粮食品种之一，小麦的种植面积和产量近年来均占到全国粮食总面积和总产量的22％左右。

小麦是我国重要的商品粮品种，特别是北方地区居民的主要口粮。据有关资料，20世纪90年代，全国每年收购小麦要占到粮食的30％左右，销售占到40％，一般年份小麦库存占粮食总库存的35％左右。目前北方小麦主产省在正常年景下，一季小麦即可保证人民的基本口粮，其他粮食品种除少量用于搭配口粮外，大部分用于肉、蛋、奶转化和工业加工。这样，小麦生产就为农业生产和种植业结构调整争得主动。说明我国北方小麦在保障粮食安全中，起着其他任何粮食品种都无法替代的作用。我国是人口大国，粮食供给必须主要依靠自给为主，经研究认为，我国粮食自给率以不小于95％为宜。随着人们膳食水平的提高，小麦及其面粉的食品消费需求还将出现增长趋势。

小麦营养丰富，用途多样。其籽粒含有淀粉、脂肪、蛋白质、维生素以及磷、钙、铁等营养物质，且含有独特的麦谷蛋白和麦醇溶蛋白，小麦粉能制出烘烤食品（面包、糕点、饼干）、蒸煮食品（馒头、面条、饺子）和各种各样的方便食品、保健食品。所以，小麦大量用于食品工业，特别是用作主食品工业化生产的主要原料。小麦作为重要的加工原料，其产量多少和质量优劣不仅影响到主产区农民收入，还直接影响到小麦加工企业的兴衰。

我国北部冬麦区和黄淮冬麦区土壤肥力比较高，小麦生育期内光照、温度、自然降水等气候条件，十分有利于优质强筋和中筋小麦的生产，是我国小麦品质区划中优质强筋和中筋小麦的主要产区。黄淮海地区面粉企业发达，制粉工艺居全国先进水平，生产的各种专用粉供应华南、东北、西北等地。自1998年以来，北部冬麦区和黄淮冬麦区优质强筋小麦品种的种植面积不断扩大，许多县（市）已形成优质专用小麦区域化生产、标准化管理、产业化经营的现代小麦生产格局。优质专用小麦生产的发展，在农业结构调整，实现农业优质高效、农民增收方面起了重要的作用。

在我国多数小麦主产区域，特别是北部冬麦区和黄淮冬麦区，冬小麦具有秋播、耐寒、高产稳产的特点，能够利用冬季和早春自然资源，适合于间套复种，是间作套种的主体作物，因而发展小麦生产有利于提高复种指数、缓和作物之间争地的矛盾，提高土地利用率，增加单位土地面积产量。麦田间套复种从小麦播种开始，留出相应的间套行间，将其他作物按一定顺序进行科学地搭配，组成一个在不同生长周期内有多种作物参与的多层次的合理的复合群体结构，使之能更有效地利用自然资源和生产条件，生产出更多的农副产品，获得整个轮作周期更大的经济效益、社会效益和生态效益。目前北部冬麦区和黄淮冬麦区以小麦为主体的作物间套复种体系逐步健全，正向规范化、标准化生产发展。

二、小麦生产发展概况

新中国成立以后，我国小麦生产水平不断提高，产量不断增加，高产、优质、高效全面发展，为全国粮食生产的稳定发展作出了重要贡献（表1-1）。回顾我国小麦生产发展历程，可以分为以下六个时期：

（一）恢复发展时期（1949—1965）

1949—1965年，这一阶段经历了17年，小麦生产在起伏中发展，总产突破2 500万t，单产由1949年的每公顷641.85kg，提高到1965年的1 020.6kg。单产提高的主要原因是推广优良品种，逐步淘汰老的地方品种，加之水利、肥料、植保条件的改善，深耕细作，合理密植，改进栽培技术。这一时期，小麦种植面积也有所扩大，对增加总产起到了一定作用。在这一时期中，1949—1956年，总产量呈直线上升；尔后，小麦生产时起时伏，缓慢并进。1965年产量最高，总产量达到2 522万t。

（二）缓慢提高时期（1966—1970）

1966—1970年，这一阶段经历了5年，单产由每公顷1 056.9kg提高到1 146.45kg，小麦总产由2 528万t提高到2 918.5万t。

（三）快速提高时期（1971—1986）

1971—1986年，这一阶段经历了16年，可分为两个时期：第一时期是1971—1978年，国务院于1970年召开北方农业工作会议，之后，在国务院领导下，小麦主产区大力改善生产条件，积极发展小麦生产，小麦面积有较大幅度的增加，小麦单产由1971年的每公顷1 270.5kg，提高到1978年的每公顷1 845kg；总产由3 257.5万t增长到5 384万t。第二时期是1979—1986年，党的十一届三中全会以后，在农村实行了家庭联产承包责任制，极大地调动了农民的生产积极性，同时，各级政府把发展小麦生产作为挖掘粮食增产潜力的重点，采取一系列发展小麦生产的重大措施，如增加投入，改善生产条件；大抓积造农家肥，配方施用氮磷化肥，防治小麦病虫害；加强新品种选育和良种繁育，研究与推广配套的低产变中产、中产变高产栽培技术，从而使全国小麦产量跨上新的台阶，由1979年小麦单产每公顷2 136.8kg提高到1986年的3 040.2kg，总产由6 273万t增长到9 004万t。

（四）稳定提高时期（1987—1997）

1987—1997年，这一阶段经历了11年，由于我国人口不断增长、人民生活水平的提高和国民经济的快速发展，小麦需求量也逐步增长，各级政府都把大力发展小麦生产作为解决粮食问题，促进国民经济发展的战略重点，积极投入资金，改变生产条件，选育优良品种，研究与推广高产更高产的栽培技术，全国小麦生产处于稳定提高的时期。1987 年全国平均单产为每公顷 3 047.7kg，1997 年提高到每公顷 4 101.75kg，总产量也由 1987 年的 8 776.8 万 t 增加到 1997 年的 12 328.7 万 t。1997 年我国小麦总产量达到历史最高水平。

（五）结构调整时期（1998—2003）

由于快速提高时期和稳定提高时期小麦产量不断增长、持续丰收，至 1998 年我国小麦供需基本平衡，普通小麦出现积压卖难的现象，种小麦的效益显著低于种蔬菜和其他经济作物。为了增加农民收入，在保证小麦供应的基础上，开始有计划地进行种植业结构调整，适当调减小麦种植面积，扩大经济作物面积。至 2003 年小麦面积减少到 2 199.71 万 hm²，单产为每公顷 3 931.8kg，总产量 8 648.8 万 t。

（六）恢复性增长时期（2004—2009）

由于小麦面积减少过多，小麦总产量连年下降。为了确保人口增长和国家经济发展对小麦总量的需求，自 2004 年起国家采取粮食直补、良种补贴、生产资料综合补贴等一系列惠农政策，调动了农民的种粮积极性，小麦等粮食生产得以恢复发展。2004 年全国小麦生产在种植面积逐年减少的情况下，单产大幅度提高，实现总产 9 116.2 万 t，扭转了连续 4 年小麦总产降低的局面，并且总产有较大幅度的回升。2004—2009 年，我国小麦播种面积在稳定中略有增长，产量也持续提高。

这一阶段，在"稳定面积、提高单产、改善品质、提高效益、增加总产"小麦发展思路的指导下，我国小麦单产达到一个新的水平，2009 年我国小麦种植面积 2 429.08 万 hm²，单产 4 739kg/hm²，总产 11 511.5 万 t。优势区域初步形成，品质结构逐步优化，标准化生产日臻完善，产业化经营粗具规模，产品质量有所提高，满足了市场需求。

表 1-1 1949—2010 年全国小麦单产、面积和总产

年份	单产（kg）		面 积		总产量（万 t）
	公顷产量	（亩产量）	万 hm²	（万亩）	
1949	641.85	(42.79)	2 151.56	(32 273.4)	1 380.9
1950	635.70	(42.38)	2 280.00	(34 200.0)	1 449.4
1951	747.45	(49.83)	2 305.49	(34 582.3)	1 723.1
1952	731.40	(48.76)	2 477.99	(37 169.8)	1 812.4
1953	713.10	(47.54)	2 563.59	(38 453.9)	1 828.1
1954	865.20	(57.68)	2 696.76	(40 451.4)	2 333.3
1955	858.90	(57.26)	2 673.90	(40 108.5)	2 296.6
1956	909.45	(60.63)	2 727.20	(40 908.0)	2 480.1
1957	858.30	(57.22)	2 754.17	(41 312.6)	2 363.9

（续）

年份	单产（kg）		面 积		总产量（万 t）
	公顷产量	（亩产量）	万 hm²	（万亩）	
1958	876.30	(58.42)	2 577.50	(38 662.5)	2 258.7
1959	940.80	(62.72)	2 357.44	(35 361.6)	2 218.0
1960	812.40	(54.16)	2 729.39	(40 940.8)	2 217.2
1961	557.25	(37.15)	2 557.21	(38 358.1)	1 425.1
1962	692.10	(46.14)	2 407.51	(36 112.6)	1 666.4
1963	777.15	(51.81)	2 377.15	(35 657.3)	1 847.5
1964	820.20	(54.68)	2 540.83	(38 112.4)	2 084.0
1965	1 020.60	(68.04)	2 470.93	(37 064.0)	2 522.0
1966	1 056.90	(70.46)	2 391.87	(35 878.0)	2 528.0
1967	1 102.35	(73.49)	2 583.93	(38 759.0)	2 848.5
1968	1 113.45	(74.23)	2 465.80	(36 987.0)	2 745.5
1969	1 084.35	(72.29)	2 516.20	(37 743.0)	2 728.5
1970	1 146.45	(76.43)	2 545.79	(38 186.9)	2 918.5
1971	1 270.50	(84.70)	2 563.90	(38 458.5)	3 257.5
1972	1 368.15	(91.21)	2 630.22	(39 453.3)	3 598.5
1973	1 332.30	(88.82)	2 643.84	(39 657.6)	3 522.5
1974	1 510.05	(100.67)	2 706.13	(40 592.0)	4 086.5
1975	1 638.15	(109.21)	2 766.05	(41 490.7)	4 531.0
1976	1 772.10	(118.14)	2 841.71	(42 625.7)	5 036.0
1977	1 463.55	(97.57)	2 806.52	(42 097.8)	4 107.5
1978	1 845.00	(123.00)	2 918.26	(43 773.9)	5 384.0
1979	2 136.75	(142.45)	2 935.67	(44 035.1)	6 273.0
1980	1 913.85	(127.59)	2 884.44	(43 266.6)	5 520.5
1981	2 106.90	(140.46)	2 830.67	(42 460.1)	5 964.0
1982	2 449.20	(163.28)	2 795.53	(41 933.0)	6 847.0
1983	2 801.70	(186.78)	2 904.99	(43 574.8)	8 139.0
1984	2 969.10	(197.94)	2 957.65	(44 364.7)	8 781.5
1985	2 936.70	(195.78)	2 921.81	(43 827.2)	8 580.5
1986	3 040.20	(202.68)	2 961.63	(44 424.4)	9 004.0
1987	3 047.70	(203.18)	2 879.79	(43 196.9)	8 776.8
1988	2 967.90	(197.86)	2 878.47	(43 177.1)	8 543.2
1989	3 043.05	(202.87)	2 984.14	(44 762.1)	9 080.7
1990	3 194.10	(212.94)	3 075.32	(46 129.8)	9 822.9
1991	3 100.50	(206.70)	3 094.79	(46 421.8)	9 595.3

（续）

年份	单产（kg）		面 积		总产量（万 t）
	公顷产量	（亩产量）	万 hm²	（万亩）	
1992	3 331.20	(222.08)	3 049.60	(45 744.0)	10 158.7
1993	3 518.85	(234.59)	3 023.45	(45 351.7)	10 639.0
1994	3 426.30	(228.42)	2 898.10	(43 471.5)	9 929.9
1995	3 541.50	(236.10)	2 886.03	(43 290.4)	10 220.8
1996	3 734.10	(248.94)	2 961.06	(44 415.9)	11 057.0
1997	4 101.75	(273.45)	3 005.67	(45 085.05)	12 328.7
1998	3 685.35	(245.69)	2 977.41	(44 661.15)	10 972.6
1999	3 946.65	(263.11)	2 885.47	(43 282.1)	11 388.0
2000	3 738.30	(249.22)	2 665.33	(39 979.94)	9 963.65
2001	3 806.25	(253.75)	2 466.40	(36 996.0)	9 387.6
2002	3 776.40	(251.76)	2 390.84	(35 862.6)	9 028.9
2003	3 931.80	(262.12)	2 199.71	(32 995.65)	8 648.8
2004	4 252.05	(283.47)	2 162.62	(32 439.3)	9 195.2
2005	4 275.00	(285.00)	2 279.24	(34 188.6)	9 744.5
2006	4 550.00	(303.33)	2 296.16	(34 442.4)	10 446.4
2007	4 608.00	(307.20)	2 372.06	(35 580.9)	10 929.8
2008	4 762.00	(317.46)	2 361.72	(35 425.8)	11 246.4
2009	4 739.00	(315.93)	2 429.08	(36 436.2)	11 511.5
2010	4 748.00	316.53	2 425.65	36 384.75	11 518.1

三、优质小麦生产发展概况

20 世纪 80 年代以后，随着市场经济的不断发展和人民生活水平的提高，我国对小麦生产提出了更高的要求，从对小麦数量的需要转变为质量与数量同等重要，"多出粉"转变为"出好粉"，优质专用小麦应运而生。1986 年，农业部在青岛召开了全国优质小麦专家座谈会，开始了中国小麦优质化的进程，到 1997 年前后，优质小麦生产进入了社会需求、市场推动、经济杠杆调节的实质运作阶段。为改变注重小麦产量而忽视质量的局面，在小麦品质标准制定、品质检测、育种、生产、产品认定、产业化等方面进行了广泛深入的探索和实践，优质小麦生产取得显著成效。

（一）建立优质小麦检测体系

优质小麦品种的检测与认定是保障和推动优质小麦品种推广，提高小麦品质的重要基础。1981 年，中国农业科学院建立了中国农业系统第一个小麦加工品质实验室，开始对全国区试小麦品种进行连续 3 年的检测，筛选鉴定出一批优质小麦。1990 年由农业部主持向 16 个省征集优质小麦品种 200 个，统一检测，评选出十佳优质小麦品种；1992 年农业部主持全国优质小麦品种品质现场鉴评会，并制定了《全国面包小麦品种品质标准》和《面包用小麦品种烘焙品质检测程序》。1995 年，农业部组织首届饼干蛋糕暨第二届面包用小麦品种品质鉴评会，制定了《全国饼干蛋糕用软质小麦品种标准》及其检测规程。2003 年 9 月，农业部评选推荐了 29 个比较适合当前推广的优质专用小麦品种，其中优质强筋小麦品种 26 个，优质弱筋小麦品种 3 个。选育和种植优质专用小麦及科学地进行配麦与配粉的研究也已正式纳入我国农业科学研究的范畴。这些工作有效地改变了长期以来，中国优质强筋、弱筋类型小麦品种偏少，基本依赖进口，以及强筋不强、弱筋不弱的局面。

（二）制定优质小麦国家标准

不同品质类型小麦对食品加工有着非常重要的意义。为了提高我国小麦质量并与国际标准接轨，将我国小麦品种按加工用途分类，以便于根据用途选育、推广优良品种，使小麦生产、加工逐步达到规范化和标准化，1998 年国家质量技术监督局实施了《专用小麦品种品质》（GB/T17320—1998）的国家标准。在此基础上，为了适应我国粮食流通体制的改革，为商品小麦收购及市场流通过程中按质论价提供依据，促进小麦种植结构的调整，1999 年国家质量技术监督局又制定和发布了新的《优质小麦　强筋小麦》（GB/T17892—1999）和《优质小麦　弱筋小麦》（GB/T17893—1999）的国家标准，对优质专用小麦提出了更高的质量要求。这些工作对优质小麦的生产起到了较好的指导作用。

（三）选育推广优质小麦品种

我国优质专用小麦品种的选育始于 20 世纪 70 年代末 80 年代初，中 7606 和中 8131-1 的问世拉开了中国优质专用小麦品种应用于生产的序幕，一些省、自治区、直辖市也开始了强筋小麦的育种工作。经过小麦育种专家多年来的努力，目前我国优质专用小麦品种群已基本形成。北部冬麦区和黄淮冬麦区的藁 8901、藁 9415、济南 17、济麦 20、淄麦 12、烟农 19、豫麦 34、郑麦 9023、郑麦 366 等强筋小麦，长江中下游冬麦区的宁麦 9 号、扬麦 13、扬辐麦 2 号等弱筋小麦品种，不仅成为小麦生产的主栽品种，也成为小麦市场的品牌，优质小麦生产的集中度越来越高。如 2006 年河南省郑麦 9023、豫麦 34 等 12 个品种种植面积达到了 369 万 hm^2，占全省麦播面积的 73.8%；安徽省烟农 19、豫麦 18、皖麦 19 等 10 个品种播种总面积 143 万 hm^2，占全省麦播面积 70.4%。这些品种的推广，较好地改善了我国小麦的品质结构，对提高人民生活水平和提高我国小麦的市场竞争力起了推动作用。

（四）进行优质小麦生产区划，探索优质小麦产业化途径

20 世纪 80 年代末至 90 年代，一些小麦主产省调查并研究了不同地区生态条件对小麦品质的影响，并初步进行了分区规划。在此基础上，农业部于 2001 年完成了《中国小麦品质区划方案》（试行），2003 年实施了《专用小麦优势区域发展规划（2003—2007 年）》，2008 年制定并开始实施《小麦优势区域布局规划（2008—2015 年）》，对科学布局

优质专用小麦生产基地，利用区域资源优势，促进专用小麦发展起到了重要作用。目前中国优质小麦已形成了三大优势产业带，即黄淮海优质强筋小麦、长江中下游优质弱筋小麦和东北优质强筋春小麦三大优势产业带。并且，一些主要产麦省已在重点生态区进行了优质专用小麦的规模化生产。2007年三大优势产区小麦种植面积1 900万 hm²，占全国小麦面积的80%。黄淮海麦区已成为我国最大的中强筋小麦生产基地，2007年冀、鲁、豫、苏、皖5省小麦面积占全国比重达到65.4%，产量占75.5%，与2003年相比分别提高3.0个和4.7个百分点。长江中下游优质弱筋麦区加快形成，2007年江苏省弱筋小麦种植面积达到41.7万 hm²，产量222万 t，分别比2003年增加30万 hm²和175万 t，成为全国优质弱筋小麦的主产区；按标准化生产和管理的弱筋小麦从少到多，2007年达到25.7万 hm²，产量140万 t，分别比2003年增加16.4万 hm²和100万 t。大兴安岭沿麓已成为我国优质硬红春小麦主产区，所产硬红春小麦品质优良，商品性能稳定，对进口硬麦替代性增强，目前商品率保持在80%以上。

随着优质小麦区域化和规模化生产，我国部分地区优质专用小麦生产已跳出就生产论生产的传统，初步探索出以"订单农业"为模式，以销定产的优质小麦产业化途径。通过产销结合，把农业部门、粮食部门和加工企业结合起来，通过组成不同形式的联合体，如由企业主办的企业、农民、农业技术人员共同参与的优质小麦协会，使优质小麦生产逐步形成"区域化种植、标准化生产、产业化经营"的现代化小麦生产的格局，将优质专用小麦生产与优质优价、农民增收、企业增效结合起来，形成产业化链条，进一步促进了农业结构调整，提高了国产小麦的市场竞争力。

在政策扶持、科技支撑和产业引导等因素的综合作用下，全国优质专用小麦发展迅速，小麦优势区域逐步形成，生产能力稳步提升，小麦品质明显改善，产业化水平不断提高，市场竞争能力显著增强。特别是1998年以来，随着农业结构战略性调整的展开，我国优质专用小麦面积迅速增大，到2006年全国专用小麦面积约为1 067万 hm²，占全国小麦总面积的46.8%，2007年优质专用小麦面积1 460万 hm²，优质率达61.6%，2008年全国夏收小麦优质率达到63.2%。小麦品质也明显改善，据农业部谷物品质监督检验测试中心检测，2005—2007年3年检测结果平均，我国小麦蛋白质含量达到13.93%，比1982—1984年3年检测结果平均值提高了3.9个百分点，容重达到792g/L，提高了2.3%，尤其是小麦湿面筋含量平均达到30.2%，提高了5.9个百分点，面团稳定时间达到6.5min，增加了4.2min，小麦籽粒的物化特性、面团流变学特性以及烘焙、蒸煮性状显著改善，产品质量显著提高，较好地满足了市场需求。

四、小麦产业化现状、存在的问题及发展前景

（一）产业化现状

我国小麦优质化和产业化是相辅相成，相互推动发展起来的。优质专用小麦生产规模化、布局区域化，促进了小麦加工业的发展。同时，产业化发展促进了市场升级，推动优质小麦较快地规范发展，形成了市场优质小麦的品种品牌。目前我国小麦产业化水平不断提高，小麦生产正向着区域化布局、优质化生产、产业化经营健康有序地发展。

一是小麦加工能力不断增强，各种小麦生产加工、流通型企业在提高小麦优质率的过程中发挥了重要作用。企业通过优质小麦面粉、专用粉等生产线的引进，扩大了对优质小麦原料的需求量，通过订单农业等方式，鼓励了优质小麦的规模化种植，同时加速了优质小麦进入食品领域的进程。我国小麦加工业逐步向规模化、集约化、深加工和综合利用方向发展，形成了一大批日处理能力超过 1 000t 的龙头企业。据国家粮食行业及食品协会统计，目前我国规模以上面粉加工企业年生产面粉达到 3 480 万 t，方便面年产量 385 万 t，挂面年产量 250 万 t，饼干年产量 397 万 t。其中，河南省各类粮食加工企业达到 2 800 家，加工能力达到 3 200 万 t，面粉制品产量居全国之首。

二是专业合作组织不断壮大，产业化发展促进市场升级。为促进优质专用小麦优势产业带的建设，各地着力提高优质小麦产业发展的组织化程度，扶持壮大小麦优势区各种专业合作经济组织，山东、新疆、黑龙江、北京等地先后成立了优质小麦协会、优质粮食协会、谷物协会、种植业协会、优质小麦订单专业合作社等中介组织，这些中介组织在技术培训、标准研制、市场分析、产销衔接、行业自律、纠纷协调和行业损害调查等方面发挥了积极作用。这些中介服务组织，为农民和企业搭起了桥梁，有效促进了订单生产的发展。2007 年，全国专用小麦订单面积达 674 万 hm^2，订单率达 28.4%。

三是产销衔接不断加强。坚持产销相结合，加大龙头企业扶持力度，通过"企业＋基地＋中介"等有效形式，积极发展订单生产，引导龙头企业与优势区农民建立利益共享、风险共担的合作关系。通过期货、现货交易方式，大力促进产销衔接。农业部从 2002 年开始每年举办"优质专用小麦产销衔接会"、"中国（郑州）小麦交易会"、"中国小麦产业发展年会"等活动，发布质量信息，搭建产需平台，促进产销衔接。各地也通过各种形式，加大小麦产销衔接工作力度，推进生产、收购、储藏、加工、销售等各环节实现有序衔接。

（二）存在的问题

近年来我国优质专用小麦生产和产业化已经取得了很大进展，小麦育种、栽培技术、加工水平基本可以满足国内优质小麦生产、加工、市场和贸易的需求，但小麦整体产业化水平与国外发达国家相比还有差距，优质小麦的产业化链条发展不够均衡，主要表现在以下方面：

1. 优质专用品种较少 近年来，虽然我国培育出了一批优质专用小麦品种，但与加工企业需求目标存在脱节现象，能够真正满足市场和得到企业认可、达到既高产又能完全替代进口的优质专用小麦品种较少，尚不能完全适应大规模发展优质专用小麦的需要。同发达国家相比，我国小麦品种品质的差距主要表现在加工适应性差，品质不协调，用途受限的品种占较大比重。就现有推广的优质专用小麦品种看，仍以中筋偏弱、中间等级的通用小麦占多数，强筋类品种偏少，中筋偏强类型比例也不大，完全达到国标的优质弱筋类软麦少。并且相同品种，不同产地的品质差异较大，各面粉厂家的测试结果与农业部门的检测结果也有较大差异，相当一部分商品"优质小麦"达不到国家标准。

2003—2006 年，农业部小麦品种审定委员会共审定小麦品种 124 个，其中优质强筋品种 15 个，弱筋品种 4 个，分别占 12％和 3％，优质、高产和抗性强的小麦品种缺少。据农业部谷物品质监督检验测试中心检测，2006 年全国 13 个省（自治区、直辖市）194 个小麦品种，仅有济麦 20、济南 17 两个品种达到《优质小麦 强筋小麦》（GB/T17892—1999）规定的一等优质强筋小麦标准；郑麦 004、扬麦 13 和宁麦 9 号三个品种达到《优质小麦 弱筋小麦》（GB/T17893—1999）规定的弱筋小麦标准主要指标要求。

2. 生产规模小、产品品质不稳定 我国优质专用小麦的面积虽然逐年扩大，但是许多地区仍未形成区域化种植格局。优质专用小麦质量标准与检测体系及市场信息网络不健全，农民选用优质专用小麦品种的盲目性、种植区域的不适应性、栽培管理的不科学性在一些地区还普遍存在，使得优质专用小麦生产还未真正实现优质品种、优势区域、优质栽培。

由于我国小麦生产主要是分散经营，组织程度低，很难集中统一管理，不能统一品种、统一栽培技术、统一收获、统一专收专储，使得优质的品种在种植后没有达到优质的标准。在品质稳定性方面，国产专用小麦与进口专用小麦差距较大，给企业的加工利用带来一定的困难。

同时，许多地方只是号召农民扩大优质专用小麦种植面积，配套技术普及差，往往沿用落后的栽培技术，耕作粗放，播量偏大，肥水运筹不当，小麦品种潜力不能得到充分发挥，相同区域和品种由于栽培技术不同，产量差异十分显著，优质品种品质在年际间和地区间波动较大，商品的稳定性和一致性有待提高。

3. 收贮、加工环节与生产存在脱节 我国科研、推广部门与面粉加工及食品加工企业在体制上属于不同部门，从小麦生产到被消费的有机整体被人为地分隔成农业生产、粮食收购、面粉和食品加工三大块，致使相互联系不够紧密，并且在执行标准上也存在差异，造成生产、收购、加工与市场等环节脱节，产不适销。农业部门推广的优质品种在收购时却达不到粮食部门优质小麦的收购标准，面粉生产和食品加工企业对品质指标也有要求。

目前在粮食收贮检测技术、仓储方式和配套政策方面都存在一些问题，粮食收贮部门还不能做到快速检测、分收分贮、优质优价。另外，许多地区缺乏带动力强的龙头企业和有效的中介服务组织，粮食收贮和加工企业与生产基地和农户如何真正建立利益共享、风险共担的内部利益分配机制尚待进一步完善，优质专用小麦的产业化经营程度也有待于进一步提高。

（三）发展前景

小麦营养丰富，加工制品种类繁多，在很长一段时期内，小麦仍是广大人民的能量和蛋白质的重要来源之一。随着城市化进程的推进和人民生活水平的提高，人们对小麦制品的种类、数量和质量均提出了更高的要求，对优质小麦的需求将持续增长。稳定小麦生产，事关国家粮食安全，加快发展优质专用小麦，做大做强小麦产业，有利于促进农业产业结构战略性调整和提升我国小麦的市场竞争力。

推进产业化经营进程和优质专用小麦产业化经营是一项涉及多部门、多环节的系统工程，根据我国的国情，由政府领导、组织和协调有利于产业化经营的发展。发展中介组织，是加强产销衔接的关键之一，尽快筹建和完善具有中国特色、适应市场经济的小麦市场中介组织，充分发挥中介组织在信息咨询、技术培训、市场拓展、规范化经营、市场价格分析、购销利益纠纷调解和行业损害调查等方面的积极作用，促进农民增收和企业增效。龙头企业的创新能力是小麦产业化经营的核心，应增加对专用面粉科技创新的投入，调动企业科技创新的积极性，以市场为导向，既要满足国内需求，还要出口进入国际市场，不断增强企业活力。

专业化社会服务是产业化的链条。如何将千家万户的分散式的经营连接起来，形成专业化、产业化大生产，是推动优质小麦产业化的重要课题。发达国家农业生产过程中的每一环节都有专业化、社会化服务，我们可以借鉴。例如小麦生产从播种前到收获出售，都有专家在多个环节上进行专业化指导，使小麦生产整个过程的各个环节达到最佳配合，既降低总的生产成本，又生产出了具有竞争力的小麦产品。产业化的前提是专业化的服务，是发展方向。目前，我国在农业机械方面的专业化服务包括耕、耙、播、收，已经迈出了可喜的一步。在种子、化肥供应、病虫害的防治方面，也已实行有偿服务；在管理咨询、产品销售和市场流通方面，也要有专门的组织或协会或中介机构的参与。从趋势来看，我国优质小麦发展必须依靠产业化才能从根本上满足人民群众日常生活、农产品加工业、食品加工业快速发展的需求。

五、发展优质小麦生产的保障措施

（一）政策扶持

切实落实好小麦良种推广补贴、农机具购置补贴等各项支农惠农政策，进一步扩大补贴范围，提高补贴标准，提高良种统供率、技术普及率和机械化作业水平；进一步完善小麦最低收购价政策执行预案，扩大最低收购价政策覆盖范围，研究价格政策保护农民种粮收益的有效机制；开展技术推广补贴试点，进一步发挥先进实用技术对粮食生产的支撑作用；推广农业保险试点经验，提高小麦生产抗风险能力。

（二）科技支撑

坚持依靠科技，主攻单产，提高品质，增强小麦科技支撑能力。增加小麦科技投入，加快资源引进、创新和品种选育、繁育，组织开展生物技术、遗传工程等基础性研究和重大科研项目攻关，加快小麦品种改良步伐；强化技术集成创新，重点加强高产优质、节本增效、机械化栽培、防灾减灾等重大实用技术的研究与转化；完善优质专用小麦国家标准，健全优质专用小麦检测体系；加强应变技术研究与推广，针对气候变暖、干旱灾害、条锈病、赤霉病和穗发芽等重大问题组织开展全国性、区域性攻关研究，加快推广成熟技术成果，确保小麦单产逐步提高，品质逐步改善。

1. 加强高产创建建设 整合农业行政、科研、教学、推广及企业等各方面的力量和资源，增加资金投入，加强小麦优质高产示范点建设，建立万亩展示田；做好整乡整县建制高产创建，搞好优质高产品种和重大技术展示示范，引导农民自觉选用优良品种和先进技术，充分挖掘小麦增产潜力。同时，加快建立小麦优质高产示范点建设的评价和奖励机

注：亩为非法定计量单位，15亩=1公顷。

制，调动各方面参与的积极性，提高小麦生产的整体水平。

2. 完善技术服务体系　建立健全农业技术推广体系，充分发挥全国农技推广队伍的作用，强化技术指导和生产服务，深入基层，开展培训，提高农民科学种田水平；建立更加有效运作机制，进一步强化专家指导组作用；设立重大技术推广专项，促进良种良法配套、农机农艺结合；以主导品种、主推技术和主体培训为重点，加强信息化服务和社会化服务，提高技术普及率和到位率。

3. 推进产业化经营　在优势区域范围内，重点扶持有规模、上档次、带动能力强的小麦产业化龙头企业，在税收、贷款和技术改造等方面给予优惠，发挥龙头企业的带动作用。积极培育农民经济合作组织和各类中介服务组织，支持小麦现货、期货市场建设，充分发挥中介组织和市场在规模经营、订单农业、产销衔接、优质优价和信息服务等方面的作用，不断提升我国小麦产业化水平。

扶持发展各类小麦中介和专业合作组织，加强产前、产中、产后服务，提高小麦生产的组织化程度；强化小麦病虫防治和生产全过程农机作业等专业化服务，提高统一耕种、统一管理、统一收获水平；积极发展订单农业，从税收、信贷等方面扶持龙头企业，促进产销衔接，实现优质优价，增加农民收入。

小麦产业化发展首要条件是品种区域优化布局。国内外为了使小麦面粉适应和满足多方面的专门用途，均采用配麦配粉工艺。面粉企业对于单一品种的专用小麦，要求在数量上满足，质量上稳定，才有利于专用面粉的大批量生产和产品质量的稳定。粮食部门对小麦品种的质量进行了检测，经过审定的专用小麦品种的质量符合面粉加工企业的需要，关键是在数量上能不能形成批量，在质量上是不是能做到单收、单贮、质量稳定。因此，加强专用小麦品种区域化种植布局的落实，是推进专用小麦产业化的基础。

除了品种的遗传特性及生态气候条件因素外，栽培措施对专用小麦品质有很大的影响。近年来，对专用小麦品质生理和调优技术进行了深入的研究，取得了丰富的成果，有待于农技推广部门加大技术推广力度，确保优质栽培技术进村入户。

产业化生产是一个系统工程，特别是关系到国计民生的小麦产业化生产，需要各方面的全力配合，包括政府的政策支持引导、企业的积极参与、各类协会与中介机构的服务以及农业技术服务等，这一切都应该通过各类市场的建立来完成。比如建立小麦现货、期货市场，以及多渠道、多主体小麦流通体制的完善，农业生产资料供应服务和田间管理技术服务的体系建立等。总之，在我国进行小麦产业化生产要解决专业化服务问题，建立好小麦流通市场，鼓励多种流通主体积极参与，把市场作为实现产业化生产的基本手段。

（三）组织领导

各地要高度重视规划实施，成立领导小组，明确目标，强化责任，认真落实全国小麦优势区域布局规划。并在全国规划的指导下，因地制宜编制具有本地区优势特点的优势区域布局规划，制订详细的工作方案和技术方案；要加强农业行政、科研、教学、推广等部门联合，整合资源，形成合力，坚持市场引导和行政推动相结合，创新机制，稳步推进，确保各项措施落到实处。

参 考 文 献

巩爱岐，罗新青，张怀刚，等.2007. 加拿大优质春小麦种子产业化技术体系及其启示［J］. 种子，26
（3）：79－82.

顾尧臣.2006. 加拿大有关粮食生产、贸易、加工、综合利用和消费情况［J］. 粮食与饲料工业（12）：
42－46.

卢布，丁斌，吕修涛，等.2010. 中国小麦优势区域布局规划研究［J］. 中国农业资源与区划，31（2）：
6－12.

孟丽，乔娟.2004. 中美小麦成本和价格比较及其原因分析［J］. 农业经济管理（4）：6－10.

农业部. 专用小麦优势区域发展规划（2003—2007 年）.

农业部. 小麦优势区域布局规划（2008—2015 年）.

孙辉，吴尚军，姜薇莉.2006. 我国和美国、加拿大小麦质量标准体系的比较［J］. 粮油食品科技，14
（6）：4－5.

王积军.2004. 世界小麦供需特点及主要贸易国情况［J］. 世界农业（10）：4－7.

万富世.2008. 新世纪中国的小麦及其发展对策［M］//中国小麦育种与产业化发展. 北京：中国农业出
版社.

翟雪玲，张晓涛.2005. 美国农业支持政策效应评估［J］. 农业经济问题（1）：74－78.

赵玉田，Sheng Qinglai，梁博文.2002. 加拿大优质小麦品质育种与生产概况［J］. 麦类作物学报，22
（2）：74－77.

David Mekee. 2006. Focus on Canada. Powelful Canadian Wheat Board Fighting to Keep Its Monopoly Status
［J］. World Grain（7）：14－18.

Hunt L A. 2001. Canadian wheat genepco［M］. Univ. Saskatchewan Press.

第二章 小麦品质与环境和栽培技术的关系

第一节 小麦品质概述

一、小麦品质的物质基础

（一）籽粒结构

从外观来看，小麦籽粒可分为腹背两面，腹面有腹沟，背面基部有胚，顶端着生短而硬的茸毛。在植物学上，小麦籽粒属于颖果，其解剖结构外层为果皮，果皮以内是真正的种子，包括种皮、珠心层、胚和胚乳。果皮包括外表皮、中间细胞层、横细胞层和管状细胞层各层组织，成熟的果皮是无色的。种皮由透明的内、外种皮和夹在其中的色素层构成，色素层的色素颜色决定小麦籽粒的颜色。种皮的内侧是珠心层，与种皮结合紧密，透水性较差。珠心层以内是胚乳，其最外层是由一单层或两层（腹沟与两端处）厚壁细胞构成的糊粉层，糊粉层以内是淀粉质胚乳，占籽粒重量的绝大部分。胚位于籽粒背面基部，内侧紧贴胚乳，外侧被皮层包裹。

果皮起源于子房壁，种皮由胚珠外被产生，故两者都来自于母本组织。粮食加工业常把果皮和种皮合称为皮层，厚为 $40\sim60\mu m$。皮层重量占小麦籽粒的 8.5%。磨粉时，要将皮层与胚乳分离，以得到面粉。皮层厚度与加工品质直接相关，籽粒皮层越厚，皮层占麦粒重量越大，出粉率越低，麸皮越多。我国南方潮湿地区的小麦籽粒皮层较厚，红粒小麦较白粒小麦皮层厚。

胚乳一般占籽粒总重的 $82\%\sim85\%$，加上糊粉层可达到 90% 左右。胚乳的主要成分是淀粉和蛋白质，前者占籽粒重的 $60\%\sim68\%$，后者占 $7\%\sim18\%$。小麦品质的优劣主要决定于这两种成分的含量和性质，其中蛋白质尤为重要。糊粉层的化学组成除含有较多的蛋白质和纤维素外，还含有丰富的无机盐、脂肪、B 族维生素和多种蛋白酶，营养价值很高。但由于糊粉层细胞与种皮组织结合紧密，传统的磨粉工艺往往把本属于胚乳组织的糊粉层和皮层一起除去，这是很大的损失，现在采用分层碾磨新工艺，可将其保留。

胚占籽粒总重的 2.5%。胚中脂肪含量很高，达 $6\%\sim11\%$，还含有蛋白质、可溶性糖、多种酶和大量维生素。在磨制精度高的面粉时，不宜将胚磨入。

由于品种、产区和种植条件的不同，小麦籽粒各部分比例也会有较大的差异。

（二）籽粒化学组成及其与品质的关系

1. 籽粒化学组成及其与品质的关系 小麦籽粒的化学成分主要有蛋白质、碳水化合物、脂类、矿物质和维生素等。这些成分是人体所需要的各种营养成分，它们的含量高低和平衡程度决定了其营养品质的优劣。小麦籽粒的化学成分由于品种、产区、气候和栽培条件的不同而差异较大，而且籽粒的不同部位化学成分的组分含量也是不同的。面粉的化学成分除受上述因素影响外，还受制粉方法、制粉工艺、加工精度和等级的影响。

（1）蛋白质　小麦蛋白质的含量和质量是影响小麦营养品质和加工品质的重要因素。小麦籽粒蛋白质含量在13%左右，小麦粉为11%左右。蛋白质存在于籽粒的各个部分，但分布很不均匀，其中种皮和果皮占5.0%、胚占3.5%、盾片占4.5%、糊粉层占15.0%、胚乳占72.0%。不同部位蛋白质含量是不同的，胚和糊粉层蛋白质含量最高。胚乳由里向外，蛋白质含量及其性质均存在一定的差异，蛋白质含量越是接近种皮越高。由里向外，小麦蛋白质的数量和质量呈梯度分布，这是在制粉流程中不同粉流选择配混，生产专用粉技术的重要理论基础。

根据在不同溶剂的溶解度的不同，可将小麦蛋白质分为：清蛋白、球蛋白、麦醇溶蛋白（麦胶蛋白）和麦谷蛋白4种，其中清蛋白、球蛋白占总蛋白20%，麦醇溶蛋白和麦谷蛋白各占40%。而不同品种或同一品种在不同环境条件下，4种蛋白质比例是可以变化的，一般随籽粒蛋白质含量增加，清蛋白、球蛋白相对比例下降，麦醇溶蛋白比例增加，麦谷蛋白基本保持恒定。清蛋白和球蛋白为非贮藏蛋白质（非面筋蛋白），主要为一些参与代谢活动的酶类和其他水溶性蛋白。清蛋白和球蛋白中含有丰富的赖氨酸、色氨酸及蛋氨酸，营养平衡较好，营养价值较高，决定小麦的营养品质。麦谷蛋白和麦醇溶蛋白为贮藏蛋白质，赖氨酸、色氨酸和蛋氨酸含量都较低，麦谷蛋白和麦醇溶蛋白是组成面筋的主要成分，又称面筋蛋白。醇溶蛋白赋予面筋的延展性，麦谷蛋白赋予面筋的弹性，只有这两种蛋白共同存在，并以一定比例相结合时，面筋才具有其特有的特性。因此，两者的含量和比例是决定小麦加工品质好坏的主要因素。

麦谷蛋白根据其分子量大小分为高分子量麦谷蛋白亚基和低分子量麦谷蛋白亚基两类。自20世纪80年代末以来，国内外的小麦谷物化学家和育种家一直研究谷蛋白的数量，高、低分子量谷蛋白亚基的含量及其比例对小麦品质的影响。发现除谷蛋白的总量、高分子量谷蛋白亚基和低分子量谷蛋白亚基的含量及比例与面筋的强度和面粉的烘烤品质联系密切外，还发现特定的优质高分子量麦谷蛋白亚基对面粉的烘烤品质具有特别的作用。烘烤品质不同的小麦品种，其麦谷蛋白的特性不同，特别是麦谷蛋白亚基组成各异。高分子量麦谷蛋白亚基和低分子量麦谷蛋白亚基聚合成粒度（分子量）大小不同的谷蛋白多聚体，其中谷蛋白大聚合体含量具有特别重要的作用，一般谷蛋白大聚合体含量越多，面筋的强度越大，面粉的烘烤品质越好。

（2）碳水化合物　小麦的碳水化合物主要是淀粉，另有少量的纤维素和其他糖类。淀粉占小麦籽粒的57%～67%，小麦粉的67%，胚乳的70%。淀粉是小麦籽粒和面粉中含量最多的组成部分。面粉的烘烤和蒸煮品质除与面筋数量和质量有关外，在很大程度上受到淀粉性质影响。以往人们在研究小麦品质时主要着眼于小麦蛋白质，常常忽视小麦淀粉对小麦加工品质的影响。事实上，小麦淀粉含量和组成与小麦品质间的关系非常密切。

小麦中的淀粉以淀粉粒的形式存在，可分为 A 淀粉粒是透镜状的大淀粉粒和 B 淀粉粒是圆形的小淀粉粒；淀粉是葡萄糖的聚合体，根据葡萄糖分子之间的连接方式的不同分为直链淀粉和支链淀粉两种。在小麦淀粉中，直链淀粉约占 1/4，支链淀粉占 3/4。淀粉的糊化、黏度、凝沉等特性与淀大小、粉粒比例和淀粉粒中直链淀粉、支链淀粉含量及其比例密切相关，影响着我国传统面食品的加工品质尤其是馒头、面条和饺子等的蒸煮食用品质。

纤维素常与半纤维素伴生，是小麦籽粒细胞壁的主要成分，占籽粒重量的 1.9%~3.4%，主要分布在皮层中。小麦粉中纤维素含量的多少可以反映小麦粉的加工精度。

除淀粉和纤维素外，小麦籽粒中还含有约 4.3% 的糖。在面包生产中，它们既是酵母的碳源，又是形成面包色、香、味的基质。包括单糖类的葡萄糖、果糖和半乳糖；二糖类的蔗糖、蜜二糖、麦芽糖和棉籽糖；多糖类的葡果聚糖和葡二果聚糖及戊聚糖等。在小麦籽粒各部分中，胚的含糖量最高，可达 24%。由于糖具有吸湿性，如果制粉时将胚磨入，易导致微生物存活繁殖，不利于小麦粉的保存。加之胚的灰分含量也较高，因此磨制高级粉时不宜将胚磨入。

（3）脂肪 小麦籽粒脂肪含量一般为 1.9%~2.5%，在胚中含量最丰富，可达 15% 以上。在小麦粉储藏过程中，脂肪易发生酸败，影响小麦粉品质。这也是制粉时尽量使胚和胚乳分离的一个重要原因。

（4）矿物质元素 小麦籽粒中含有多种矿物质元素，有含量较多的磷、钾、镁、钙、钠、铁、硒等及一些含量微少的元素如锌、硫、硼、铜、锶、钼、铬、钴、铝、碘和锰等。小麦籽粒矿物质含量随品种、种植地区、气候条件、施肥状况等不同而有很大的差异，且籽粒中的分布也极不均衡。籽粒或小麦粉经充分灼烧后，各种矿物质元素变为氧化物残留，便是灰分。小麦籽粒矿物质含量一般为 1.5%~2.0%，大部分存在于麸皮和胚中，尤其在糊粉层中含量最高。糊粉层含有丰富的蛋白质和维生素，营养价值较高。为提高出粉率和营养价值，制粉时可尽量磨入。但糊粉层又是灰分含量最高的一层，因此在磨制优质粉时不宜磨入。值得注意的是：籽粒中的磷主要以植酸的形式存在。单胃动物（包括人）因缺少水解植酸的植酸酶，不能很好地吸收和利用，从而使植酸随粪便排出，造成磷的浪费和环境的污染。另外，植酸极易与钙、铁、锰、锌等微量元素的二价阳离子螯合，形成不可溶性的植酸盐及与蛋白质结合为不溶性的复合物，从而影响动物和人对这些微量元素吸收和利用，降低了它们的生物有效性。因而，植酸是一种抗营养因子。

（5）维生素 籽粒和面粉中维生素含量甚微，主要是复合维生素 B、泛酸及维生素 E，维生素 A、维生素 C 和维生素 D 的含量很少。维生素主要集中在胚和糊粉层中。制粉后面粉的维生素含量显著减少，与出粉率和面粉精度高低有关。另外，在烘焙食品过程中高温又使面粉维生素受到破坏。为了弥补小麦粉中维生素不足，发达国家采用添加维生素（维生素 B_1、烟酸及核黄素等）以强化面粉和食品的营养。

各类化学成分占小麦籽粒组成部分的比例，如表 2-1 所示。

表 2-1 小麦籽粒各组成部分的化学成分（干物质）

（《小麦面粉品质改良与检测技术》，2008）

籽粒部分	重量比例（%）	小麦籽粒各组成部分的比例（%）						
		蛋白质	淀粉	糖	纤维素	戊聚糖	脂肪	灰分
籽粒	100.00	16.06	63.07	4.32	2.76	8.10	2.24	1.96
胚乳	81.60	12.91	78.92	3.54	0.15	2.72	0.68	0.45
胚	3.24	37.63	0	25.12	2.46	9.74	15.04	6.32
糊粉层	6.54	53.16	0	6.82	6.41	15.44	8.16	13.93
果皮、种皮	8.93	10.56	0	2.59	23.73	51.43	7.46	4.78

2. 品质形成的生理生化基础及环境条件与小麦品质的关系

（1）小麦籽粒蛋白质、淀粉的形成和积累以及氮素、施氮量和施用时期与小麦产量和品质的关系 蛋白质和淀粉是小麦籽粒的主要成分，也是影响小麦品质的重要因素。小麦籽粒蛋白质和淀粉的积累伴随着籽粒灌浆过程进行，籽粒形成初期蛋白质含量高，随着籽粒灌浆的进行，干物质积累增加，开花后 18～24d，淀粉的合成速率快于蛋白质合成速率，粒重直线上升，蛋白质含量明显下降，随着籽粒粒重增加缓慢，蛋白质含量开始回升，呈高—低—高的变化趋势。在籽粒氮素积累过程中，氮素的来源包括两部分：一是开花后直接吸收同化的氮素，约占籽粒总氮素的 20% 左右；二是开花前植株贮藏氮素再运转至籽粒中，约为 80%。促进开花前氮素的合成和积累，及开花后的吸收同化以及再分配和向籽粒的转运对提高籽粒蛋白质含量有重大的作用。在籽粒形成的早期阶段，籽粒中合成的蛋白质主要是清蛋白和球蛋白，它们在灌浆初期含量较高，以后急剧下降，两者分别在花后 22d 和花后 17d 基本保持不变。随着灌浆进程的推进，醇溶蛋白和谷蛋白的合成量迅速增加。

增加氮肥施用量及增加中后期氮肥比例，在灌浆初期籽粒蛋白质含量略低，但在灌浆中后期蛋白质合成速率迅速上升，籽粒蛋白质含量明显提高，面筋含量和籽粒中各蛋白质组分含量都呈增加趋势。由于不同蛋白质组分含量增加的幅度不同，其结果改变了蛋白质各组分的比例，随施氮量增加或增加后期的施氮比例（氮肥后移），清蛋白和球蛋白含量未显著增加，而显著地提高醇溶蛋白和谷蛋白（贮藏蛋白）的含量，同时提高蛋白质中的谷蛋白/醇溶蛋白的比值，因而使中、强筋小麦品种的面包的烘烤品质得到改善，但这对弱筋小麦品种的品质有不利的影响。增施氮肥提高了小麦籽粒蛋白质含量并改变了蛋白质各组分的比例，是增施氮肥能改善小麦加工品质的重要原因。但在地力太差和底肥不足的情况下，减少前期施氮量，会导致减产，同时后期过量施用氮肥也会造成贪青晚熟，对提高产量和改善品质均有不利的影响。

淀粉在籽粒发育过程积累的快慢和多少显著影响籽粒的产量和品质。小麦籽粒淀粉由直链淀粉和支链淀粉组成。淀粉总量、直链淀粉和支链淀粉含量及其比例对小麦淀粉特性和淀粉品质有重要的影响，而淀粉总量、直链淀粉和支链淀粉含量及其比例与淀粉合成有关酶的活性密切相关。小麦籽粒中与淀粉合成有关的酶主要有：尿苷二磷酸葡萄糖焦磷酸化酶、腺苷二磷酸葡萄糖焦磷酸化酶、可溶性淀粉合成酶和淀粉粒结合态淀粉合成酶。小麦籽粒灌浆过程中腺苷二磷酸葡萄糖焦磷酸化酶、可溶性淀粉合成酶和淀粉粒结合态淀粉合成酶的活性变化与淀粉积累动态密切联系。小麦籽粒灌浆过程中，尿苷二磷酸葡萄糖焦磷酸化酶与腺苷二磷酸葡萄糖焦磷酸化酶活性变化趋于一致。在灌浆期内，腺苷二磷酸葡萄糖焦磷酸化酶活性与籽粒总淀粉积累速率、籽粒直链淀粉积累速率，以及在后期与直链淀粉、支链淀粉相对积累速率呈极显著正相关。可溶性淀粉合成酶活性与支链淀粉积累速率和总淀粉积累速率关系密切，在灌浆前期与籽粒直链淀粉积累速率呈显著正相关，在灌浆后期呈负相关；淀粉粒结合态淀粉合成酶活性在灌浆中前期很低，对籽粒淀粉积累的调节作用小，但淀粉粒结合态淀粉合成酶活性变化与直链淀粉积累速率呈极显著正相关，且在灌浆后期与总淀粉积累速率也呈极显著正相关，说明淀粉粒结合态淀粉合成酶活性对直链淀粉和总淀粉积累具有重要的调节作用。不同小麦品种的直链淀粉含量/支链淀粉含量比值（直/支比值）的差异是灌浆中后期直链淀粉与支链淀粉积累速率的不同所造成的。总之，在灌浆期淀粉粒结合态淀粉合成酶活性较低，同时灌浆中后期腺苷二磷酸葡萄糖焦磷酸化酶活性和尿苷二磷酸葡萄糖焦磷酸化酶活性较低，籽粒直链淀粉含量较低，反之亦然。淀粉粒结合态淀粉合成酶的活性又称 Wx 蛋白，有 Wx-A1、Wx-B1 和 Wx-1D 等 3 个不同的亚基，其中任何 1 个或 2 个亚基缺失时，籽粒直链淀粉合成量和含量都不同程度的下降，3 个亚基同时缺失时，籽粒直链淀粉含量很低或接近零，称之为糯小麦。籽粒的可溶性淀粉合成酶活性较高，在灌浆前期有利于直链淀粉和支链淀粉的累积，在灌浆后期则只有利于支链淀粉的积累。上述规律，可作为调节小麦籽粒淀粉品质的理论依据。

增加施氮量，在灌浆前期有使腺苷二磷酸葡萄糖焦磷酸化酶、可溶性淀粉合成酶和淀粉粒结合态淀粉合成酶活性降低的趋势，在灌浆的中、后期它们的活性均随施氮量增加而提高。但过量施用氮肥反而降低它们的活性，总淀粉含量随之降低，只有适量增施氮肥才可以提高籽粒淀粉的合成能力。

小麦开花后，籽粒的总淀粉、直链和支链淀粉的含量和积累量均呈不断上升的趋势，它们的积累速率均呈单峰曲线变化。但直链淀粉开始积累、含量上升和最高积累速率均迟于支链淀粉。一般认为，在一定范围内增加施氮量和后期比例提高，对成熟籽粒的直链淀粉含量影响不显著，但籽粒总淀粉和支链淀粉含量则随施氮量的增加呈下降趋势，这与施氮量增加造成灌浆前期和中期籽粒可溶性淀粉合成酶活性降低，影响籽粒中支链淀粉的合成和积累有关。这是粒重随施氮量增加反而降低的生理原因之一。但适当增加施氮量能提高籽粒支链淀粉所占的比例，降低了直/支比值，有利于改善淀粉的特性。综合考虑氮肥对籽粒蛋白质和淀粉的影响，对不同用途的小麦品种其氮肥的运用应有相应的改变，对于要提高籽粒蛋白质含量和湿面筋含量，并具有较强的面筋强度的面包和面条用小麦，施氮量应适当增加，追氮时期应适当后移；对于要降低籽粒蛋白质含量和湿面筋含量，面筋强度弱并且籽粒总淀粉和支链淀粉含量高的饼干、糕点用小麦，施氮量应适当减少，追氮时期应适当向前、中期前移。

研究证明，小麦籽粒产量与籽粒蛋白质含量之间总的趋势呈负相关，但这种关系在一定产量范围内是可以协调的，使灌浆期内籽粒干物质和蛋白质含量达到同步的增长。一般施氮量增加，蛋白质含量增加，但施氮量不同，对籽粒蛋白质含量、籽粒产量和蛋白质产量及其间的关系有不同的影响。当施氮量较少时，随施氮量增加，籽粒产量明显地增加，但由于氮素供应不足，蛋白质含量未能提高反而轻微下降。在此段施氮量范围内，小麦产量与籽粒蛋白质含量之间呈负相关。此后，施氮量继续增加，产量逐渐提高，籽粒蛋白质含量和蛋白质产量也逐渐地增加，直到籽粒产量达到最高，在这段施氮量范围内，小麦产量与籽粒蛋白质含量及蛋白质产量之间的趋势呈正相关，也就是说小麦籽粒产量与籽粒蛋白质含量、蛋白质产量同步协调增加。因此，籽粒产量达到最高时的施氮量也是生产上最佳的施氮量。过此以后，再增加施氮量，籽粒产量开始下降，但籽粒蛋白质含量仍继续增加，反映二者乘积的蛋白质产量也稍有增加，直至达到最大值。在这段区间，籽粒产量与籽粒蛋白质含量开始呈负相关趋势。过此区间之后，继续增加施氮量，籽粒产量明显下降，蛋白质产量也随之下降，但籽粒蛋白质含量仍在增加，此时，小麦籽粒产量、蛋白质产量与籽粒蛋白质含量均呈负相关。一般增加施氮量在提高籽粒蛋白质含量的同时，也提高了面筋含量和改善了蛋白质各组分的比例，面包的烘烤品质也得到改善。因此，明确不同施氮量对增加籽粒产量和改善品质的效应，对指导合理施肥，实现高产、优质和高效栽培有重要的实践意义。

（2）磷、钾和硫等元素与小麦产量和品质的关系　除氮肥对小麦籽粒产量和籽粒蛋白质含量及其品质有重要的影响外，磷、钾和硫也有重要的作用。一般认为在施氮充足的条件下，施用磷、钾肥有利于改善小麦品质。研究表明，土壤速效磷含量不足 10mg/kg 时，施用磷肥能显著增加产量，改善小麦品质，尤其是对小麦的加工品质作用更大。维持土壤速效磷含量为 22～30mg/kg 对保证小麦高产和优质是必要的。在施磷量 0～150kg/hm² 的范围内，随施磷量的增加，在增加籽粒产量的同时，籽粒蛋白质、湿面筋和赖氨酸含量、容重、出粉率及面筋强度也提高，同时改善了小麦的营养品质和加工品质。当施磷量超过 150kg/hm² 时，进一步增加施磷量，虽能提高籽粒产量，但籽粒蛋白质含量减少，并降低籽粒醇溶蛋白和谷蛋白的含量，对加工品质产生不利的影响。

近年来，由于长期在小麦生产上重视氮肥、忽视钾肥的原因，黄淮和北部冬麦区部分麦田出现缺钾现象，影响小麦的生长发育和限制产量的进一步提高。研究表明，供钾充足，促进了小麦植株对氮、磷、钾的吸收和氨基酸的合成与积累；促进开花后对氮的吸收，提高光合作用，增加各器官的干物质积累量；促进开花后营养器官贮存的光合产物向生殖器官的再分配和开花后对氮、磷的吸收，并以较高的比例转运到籽粒中去，加大淀粉积累速率，提高了粒重和产量。适量增施钾肥可以提高氨基酸向籽粒运输的速率和氨基酸转化为蛋白质的速率，从而提高蛋白质含量及其组分中醇溶蛋白和谷蛋白的含量，改善小麦的加工品质。但过量施钾，虽仍能提高粒重和产量，而籽粒品质趋于降低。另外，小麦生育中期需钾量较多，因此钾肥作基肥一次性施用，与小麦需钾规律不吻合，肥料利用率低，增加产量和改善品质的效果不佳。应将部分钾肥在拔节期前后作追肥用。

硫是蛋氨酸、胱氨酸和半胱氨酸的组分，且是蛋白质的醇溶蛋白和谷蛋白分子间和分子内二硫键和高、低分子量谷蛋白亚基内、外二硫键的构成所不可缺少的，二硫键对维持面筋的功能有着决定性的作用。在一定范围内，施用硫肥能增加小麦各生育期植株的氮素含量，增大开花后营养器官中氮素向籽粒的转移量和转移率，提高了氮素利用率及籽粒产量，增加籽粒蛋白质含量和面筋含量，提高醇溶蛋白和谷蛋白含量及谷蛋白含量/醇溶蛋白含量的比值，有利于谷蛋白大聚合体的积累，改善了小麦的加工品质。但过量施用硫肥，籽粒产量和籽粒蛋白质含量不再显著地增加，虽对醇溶蛋白积累稍有促进作用，但对谷蛋白积累不利，品质无显著改善。研究表明，在一定条件下，硫对产量增加的效果和蛋白质的调控效应取决于氮素的供应水平，籽粒中氮和硫的比例是影响籽粒蛋白质品质的重要因素。适量施氮促进氮和硫的吸收与积累，提高了籽粒中氮和硫素的含量，获得适宜的氮/硫比值，增加籽粒蛋白质含量，提高籽粒谷蛋白所占比例，烘烤品质得到改善，并提高了籽粒产量；但过量施氮肥，并未显著增加植株及籽粒氮素的积累量，却抑制了硫素向籽粒中转移，导致籽粒中硫素积累量和含量降低，氮/硫比值显著升高，籽粒谷蛋白含量下降，谷蛋白大聚体的积累也受影响，烘烤品质变劣，籽粒产量亦降低。

有研究指出，土壤中有效硫的临界值为 $0 \sim 12mg/kg$，土壤的有效硫含量低于 $21.1mg/kg$ 就会抑制小麦产量潜力的发挥。缺硫时籽粒蛋白质含量低、出粉率低、面筋弹性差、筋力弱，延展性不足，面包烘烤品质差。在有机质含量低的沙质土壤、酸性土壤和淋溶较严重的土壤容易出现缺硫现象，施硫肥的效果好。

（3）降水量和土壤水分与小麦产量和品质的关系　水分是小麦生长发育、产量与品质形成的最重要的影响因素之一。尤其是抽穗至成熟期间，降水、灌溉和土壤水分状况对小麦品质有显著影响。一般认为，降水量或土壤含水量与小麦蛋白质的含量呈负相关。我国小麦品种的籽粒蛋白质含量从北向南有随降水量和相对湿度递增呈逐渐减少的趋势，而且品种的制粉品质及面包和面条的加工品质，总的趋势也因降水量的差异由北向南逐渐变差。降水量影响小麦品质的关键时期，主要在籽粒形成期和灌浆阶段，此时过多的降水会导致籽粒蛋白质含量下降和降低面筋的强度和弹性，这可能是我国南方麦区适于生产蛋白质含量低、筋力差的弱筋小麦的原因。但如遇连阴雨天气往往不利于籽粒干物质的积累，导致粒重下降，籽粒蛋白质含量反而上升，同样不利于弱筋小麦籽粒品质的形成。

一般增加灌溉量可改善土壤的水分状况，能显著提高花前营养器官干物质的积累及其由营养器官向籽粒的转移，和花后干物质的积累，增加了籽粒产量，促进淀粉的合成与积累，稀释籽粒的含氮量，降低籽粒蛋白质含量；同时土壤有效氮的淋溶和反硝化活动也影响蛋白质的形成，结果使蛋白质积累相对减少。灌溉对小麦品质的影响与灌水时期及次数有关，一般随灌水量增大、灌水次数增多和浇水时间的推迟，籽粒蛋白质和赖氨酸的含量降低，限制了贮藏蛋白和谷蛋白大聚合体的积累，降低了谷蛋白/醇溶蛋白的比值，降低了面筋的强度和弹性，烘烤品质变差。但有研究指出，降水量少、土壤水分不足的年份，灌溉可提高籽粒产量、蛋白质含量和赖氨酸含量，而降水量多、土壤水分充足的年份，灌溉过多则降低蛋白质含量。

水分逆境包括干旱和湿害（渍水），对小麦籽粒产量和蛋白质含量的形成和积累有重要的影响。土壤干旱或土壤水分不足时，降低了花前和花后干物质的积累及其向籽粒的转运，不利于获得较高的蛋白质产量和籽粒产量。土壤适度干旱增加了小麦籽粒中蛋白质含量和面筋含量，提高谷蛋白含量和谷蛋白/醇溶蛋白的比值，面筋的强度和弹性及烘烤品质有所改善。土壤干旱虽使灌浆中期可溶性淀粉合成酶和淀粉粒结合态淀粉合成酶活性下降减慢，尤其是可溶性淀粉合成酶活性下降的更慢，但后期可溶性淀粉合成酶和淀粉粒结合态淀粉合成酶活性还是比土壤水分适宜时低，结果最终的籽粒总淀粉含量和直链淀粉含量降低，但支链淀粉含量上升，因而降低了淀粉的直/支的比值，对面条的加工品质有利。因此，适度减少灌溉定额和限制后期的灌水次数，不浇麦黄水，有利于改善小麦的加工品质。土壤水分严重亏缺时，严重影响小麦籽粒中蛋白质含量及醇溶蛋白和谷蛋白的积累，谷蛋白/醇溶蛋白的比值下降，不利于形成较多谷蛋白大聚合体，从而面筋含量减少和面筋强度变弱，烘烤品质不良。土壤水分严重亏缺也显著降低灌浆中后期可溶性淀粉合成酶和淀粉粒结合态淀粉合成酶的活性，显著影响总淀粉、支链淀粉和直链淀粉的积累，虽只使淀粉的直/支比值稍为降低，但淀粉品质和特性总体水平变差。所以土壤水分严重亏缺造成籽粒产量和品质同时下降。当水分过多，发生湿害（渍水）时，减少了花前和花后干物质的积累及其向籽粒的转运，粒重和籽粒产量下降，小麦籽粒中蛋白质含量、谷蛋白含量及谷蛋白/醇溶蛋白的比值显著降低，也使总淀粉和直链淀粉的积累减少，虽支链淀粉含量增加，淀粉的直/支比值下降，但淀粉品质和特性总体水平变差，使籽粒产量和品质同时下降。

　　研究表明，水、肥措施间存在互作效应。在施肥量一定的情况下，降水后土壤水分充足，产量显著提高，籽粒中淀粉含量增加，大量的碳水化合物稀释了籽粒中有限的氮素，籽粒中蛋白质含量减少，这种稀释效应在土壤供氮不足时尤为明显，增加施肥量可使这种稀释效应得以缓解。土壤水分不足，籽粒产量下降，因为淀粉的合成与积累在干旱缺水时受阻较大，而蛋白质的合成与积累受影响较小，籽粒中蛋白质含量则相对增加，产量与籽粒中蛋白质含量间呈负相关，在供氮充足的条件下，这种倾向更明显。相反，在旱区进行灌溉，籽粒产量明显提高，籽粒中蛋白质含量可能下降，产量与籽粒中蛋白质含量间呈负相关，在供氮不足的条件下，这种倾向更明显。在旱区若能把灌溉与增施氮肥相结合，则产量和蛋白质含量有可能同时增长。

　　（4）温度与小麦产量和品质的关系　温度变化，尤其是自开花至成熟的温度变化对小麦品质影响最大。开花至成熟，在 $15\sim32℃$ 范围内，随温度升高，籽粒干物质积累速率降低，灌浆持续期缩短，干物质积累减少，粒重降低，籽粒中氮素浓度提高，籽粒蛋白质含量相对增加。有人认为，高温对籽粒碳水化合物积累和淀粉合成的影响大于对籽粒蛋白质含量的影响。所以，温度主要是通过籽粒产量降低而影响籽粒蛋白质含量的。高温提高了籽粒蛋白质含量，但灌浆期前期高温使籽粒中的谷蛋白含量显著升高，而醇溶蛋白含量未发生显著的变化，导致谷蛋白/醇溶蛋白比值提高，谷蛋白大聚合体含量也显著升高，形成强度较高的面筋，改善了烘烤品质。但在灌浆中后期随温度升高籽粒中的清蛋白、球蛋白和醇溶蛋白含量均显著增加，籽粒中的赖氨酸含量增加，有利于提高营养品质。但谷蛋白含量降低，使谷蛋白/醇溶蛋白的比值和谷蛋白大聚合体含量随温度升高而下降，烘烤品质下降，所以灌浆期前期高温能使烘烤品质改善，灌浆中后期温度升高对提高营养品质有利。多数研究表明，灌浆期高温显著降低籽粒总淀粉含量和支链淀粉含量，而直链淀粉的含量随温度升高有所增加，因而提高了淀粉的直/支的比值。腺苷二磷酸葡萄糖焦磷酸化酶、可溶性淀粉合成酶、淀粉粒结合态淀粉合成酶活性变化与籽粒淀粉的积累量的变化趋势基本一致，随温度升高而降低，但淀粉粒结合态淀粉合成酶的活性与其他淀粉合成相关酶的活性相比，受高温影响的程度较小，因此灌浆期高温使籽粒淀粉的积累量降低，主要是高温抑制了籽粒灌浆中后期的淀粉合成，并与腺苷二磷酸葡萄糖焦磷酸化酶、可溶性淀粉合成酶、淀粉粒结合态淀粉合成酶等淀粉合成相关酶活性下降密切相关。温度对加工品质的影响主要表现在灌浆期随温度的升高，多项加工指标均有所提高。面团强度随温度升高而增强，面包烘烤品质得到改良，但温度高于 32℃ 时，发生高温胁迫时，粒重降低，籽粒产量受到严重的影响。在灌浆前期受高温胁迫时籽粒蛋白质含量提高，在灌浆中后期受高温胁迫，则显著下降。籽粒中的谷蛋白含量在灌浆期前期受高温胁迫时显著升高，而醇溶蛋白含量未发生显著的变化，导致谷蛋白/醇溶蛋白比值提高，谷蛋白大聚合体含量也显著升高，烘烤品质可能更好些。但在灌浆中后期受高温胁迫，籽粒中的谷蛋白含量和谷蛋白大聚合体含量显著减少，醇溶蛋白含量显著升高，使谷蛋白/醇溶蛋白比值降低，面团强度和面包体积明显降低和减少。

我国黄淮冬麦区在小麦灌浆期经常发生"干热风"天气，它是温度、水分的综合反应，包括气温、相对湿度和风力三个因素。当最高气温高出 30℃、相对湿度较低、风速较大三者同时出现时易发生"干热风"。发生干热风时高温、干旱和高蒸腾强度导致植株水分入不敷出，茎叶萎蔫；根吸收能力下降；叶绿素遭破坏，叶片青枯，光合作用强度明显下降，碳水化合物积累减少；灌浆速度减慢，灌浆持续期缩短，粒重降低。受干热风影响籽粒产量急剧下降，湿面筋含量下降，清蛋白、球蛋白和醇溶蛋白含量减少，但谷蛋白含量相对增加。在长江中下游麦区，小麦生育的中后期雨水偏多，尤其是灌浆期，湿害往往伴随 30℃ 以上的高温，蒸腾强度剧增，导致植株提早枯熟，形成高温逼熟，既减慢了籽粒灌浆速率，也缩短了籽粒的灌浆持续期，粒重降低和籽粒产量下降。

（5）光照与小麦产量和品质的关系　光照强度在不同生育时期，对籽粒蛋白质含量具有不同的效应，在营养阶段光照强度大，可增加籽粒蛋白质含量，但在灌浆期光照强度与籽粒蛋白质含量呈负相关。在弱光条件下，光合强度降低，光合产物形成少，籽粒中碳水化合物积累少，粒重和产量显著降低，但由于籽粒中氮积累受光照不足的影响较小，致使籽粒蛋白质含量增加。所以，弱光增加籽粒蛋白质含量的作用往往是伴随籽粒产量的降低。弱光条件下面筋含量增加，醇溶蛋白和谷蛋白含量均升高，但谷蛋白升高的幅度大于醇溶蛋白，导致谷蛋白/醇溶蛋白的比值增大，致使谷蛋白大聚合体含量也随之提高，有利于面筋强度和烘烤品质的改善。在灌浆期，光照强度与籽粒淀粉含量呈正相关，光照越强，籽粒淀粉含量越高。因为光照主要影响光合作用，光照强，光合强度变大，光合产量提高，加大了碳水化合物的积累，籽粒淀粉含量增加，淀粉品质和特性也得到一定程度的改善。不同生育时期，日照时数对籽粒蛋白质含量具有不同的影响，在营养阶段，长日照时数有利于籽粒蛋白质含量的提高，但在开花至成熟期籽粒蛋白质含量则随日照时数的减少而增加。纬度和海拔对小麦品质的影响主要是通过温度和光照对籽粒品质产生作用。

总之小麦品质的优劣不是单一的，而是水分、温度和光照等多个因子综合作用的结果。一般认为，干燥、少雨及光照充足的气候有利于小麦蛋白质和面筋含量的提高。在籽粒形成阶段，高于常年平均气温、低于常年降水量的气候条件，延长日照时数，减少光照强度能在一定程度上提高蛋白质含量。强筋小麦品种适于种植在光热资源充足，晴天多、降水较少，土壤肥沃的地区；而弱筋小麦品种适于种植在降雨较多的地区，在这种气候条件下，有利于弱筋品质的形成。

（6）土壤质地、类型和养分等与小麦产量和品质的关系　土壤类型、质地和土壤肥力对小麦籽粒蛋白质含量和品质的影响与水分、温度和光照等因素一样起重要作用。研究表明，土壤质地由沙变黏，小麦籽粒蛋白质含量提高，如果质地进一步变黏，籽粒蛋白质含量又有所下降。在进行强筋小麦生产时，应选择质地适中的壤土或稍偏黏的壤土为好。

随土壤速效氮含量提高，籽粒蛋白质含量增加。土壤速效氮含量较低时，籽粒蛋白质含量提高幅度较大，当速效氮含量超过一定范围时，其效应变小。土壤速效磷、土壤速效钾与籽粒蛋白质含量均呈二次曲线关系。一定范围内，随着土壤速效磷和土壤速效钾含量增加，籽粒蛋白质含量升高；随着土壤速效磷含量和土壤速效钾含量进一步提高，籽粒蛋白质含量随之下降；随土壤速效氮含量提高，面粉湿面筋含量增加，但土壤速效磷、土壤速效钾与面粉湿面筋含量均呈二次曲线关系，在土壤速效磷、速效钾含量较低时，随着土壤速效磷、速效钾含量的提高，面粉湿面筋含量稍有上升；当土壤速效磷、速效钾含量进一步提高时，面粉湿面筋含量下降。说明适量的土壤速效磷、速效钾含量对面筋形成有促进作用，过多、过少都不利于面筋含量的提高。土壤有机质含量在一定范围内，随着其含量的增加，小麦籽粒蛋白质含量和面粉面筋含量均呈逐渐增加的趋势。与烘烤品质有关的多数品质性状与土壤肥力指标的关系较一致，它们随着土壤有机质和含氮量的增加而增加。

上面有关小麦籽粒蛋白质、淀粉的形成和积累及其与小麦产量和品质的关系；氮素和施氮量及施用时期，磷、钾和硫等元素与小麦产量和品质的关系；环境条件如降水量、土壤水分、温度、光照以及土壤质地、类型和养分等与小麦产量和品质的关系，都因地区和品种的不同而有所差别，特别是因品种的品质类型和用途的不同差别较大。

二、小麦品质

小麦品质通常指小麦品种对某种特定最终用途的适合性，或对制作某种产品要求的满足程度。小麦品质是一个综合的相对概念，因小麦品种使用目的和用途不同，其含义也不同。评价品种品质的优劣是以籽粒、面粉、面团以及最终制品的物理、化学和营养特性及性状的客观测定结果为依据，视其适合和满足最终制品要求的程度，以衡量小麦籽粒和面粉品质的优劣。小麦品质一般包括籽粒外观品质、营养品质和加工品质。

（一）籽粒外观品质

籽粒外观品质性状包括籽粒形状、整齐度、饱满度、粒色、胚乳质地和容重等。这些性状不仅直接影响小麦的商品价值，而且与营养品质、加工品质关系密切。

籽粒形状是小麦的品种特性。一般圆形和卵圆形籽粒的表面积小，磨粉容易，出粉率高。腹沟的形状和深浅是衡量籽粒形状优劣的指标之一。腹沟深，籽粒皮层占的比例较大，且易沾染灰尘和泥沙，加工中难以清除，出粉率降低和影响面粉质量；相反，腹沟浅，皮层所占的比例较小，在磨粉过程中可使润麦均匀，磨粉时受力平衡，方便碾磨，出粉率高。因此，从制粉的角度看，近圆形且腹沟较浅的籽粒品质较好。

籽粒整齐度是指籽粒形状和大小的均匀一致性，籽粒整齐的品种，磨粉时去皮损失少，出粉率高。否则加工前需要先分级，使耗能增大。

籽粒饱满度是衡量小麦籽粒形态品质的一个重要指标。籽粒饱满，胚乳充实，种皮光滑，腹沟浅，饱满度好。而胚乳不充实，粒瘦、腹沟深、皮粗的籽粒饱满度差。籽粒饱满度好的小麦出粉率高，面粉品质好。

小麦籽粒的颜色，以红粒和白粒最为常见，此外还有黄粒、琥珀色粒、紫粒和蓝粒品种。除蓝粒由糊粉层内的色素决定外，其他均由种皮色素层的色素决定，随品种的不同而具有其特有的颜色和色泽。但也受环境条件的影响，在不良的条件影响下品种籽粒可失去光泽，甚至改变其颜色，如小麦晚熟、病虫为害（赤霉病等）、贮藏时间过长、受潮、发热霉变等都会使麦粒表面失去光泽，出现不同色泽的斑点，使表面光滑度变差。小麦籽粒颜色与品质并无必然联系，只是因白皮小麦加工的面粉麸星颜色浅、粉色白、出粉率高，受面粉加工业和消费者的欢迎。红皮小麦休眠期长，抗穗发芽能力较强，其在世界范围上的分布远比白粒小麦广泛。在小麦育种和面粉加工中，不能单纯追求籽粒颜色，更不能凭面粉粉色决定取舍，而要综合其他品质性状进行判断。根据我国北方地区人们的喜爱和习惯，可考虑选种白皮品种，但应注意防止穗上发芽造成损失。

胚乳质地表现在硬度和角质率两个方面。籽粒硬度是对小麦籽粒胚乳软硬程度的评价，它反映了胚乳的内部结构；角质率反映籽粒外观上的玻璃质或透明度的程度，不是胚乳组织的内部结构。籽粒硬度取决于蛋白质与淀粉结合的紧密程度，是一个遗传性状。它与润麦的着水量和润麦时间、粉碎耗能、筛理效率、出粉率关系密切，涉及制粉工艺流程和采用相应的技术及其参数的调整等。小麦品种的硬度不同，其制粉特性存在较大差异。硬质小麦的润麦时间较长，加水量较大，碾磨耗能多，碾磨时形成颗粒较大、较整齐、流动性较好的粗粉，筛理效率高。而且，硬质小麦皮层与胚乳结合较松，胚乳较易从皮层上刮净，制成的面粉麸星少、色泽好、灰分少、出粉率高。软质小麦则相反，小麦粉颗粒小而不规则，麸皮率高，出粉率低，小麦粉颗粒表面较粗糙，筛理较难，麸星多，容易造成粉路堵塞。硬质小麦面粉中淀粉粒破碎（破损淀粉）较多，且面粉的加工精度越高，破损淀粉越多，导致小麦粉吸水率增大。软质小麦制出的粉细，淀粉粒很少破损，吸水少，在和面和发酵时很少膨胀，不变形，易烘干，适宜制作饼干。由此可见，小麦籽粒的硬度与制粉和加工品质有关。因此，小麦籽粒质地的软硬（硬度）是评价小麦加工品质和食用品质的一项重要指标，是国内外小麦市场分类和定价的重要依据和小麦育种的重要育种目标。

玻璃质或透明度是籽粒在田间干燥过程中形成的，籽粒中有空气间隙时，由于衍射和漫射光线使籽粒呈不透明或粉质状，当籽粒充填紧密时，没有空气间隙，光线在空气和麦粒界面衍射并穿过麦粒就形成半透明或玻璃质。一般用角质率表示籽粒玻璃质或透明度的程度。在正常收获、干燥的情况下，籽粒角质率与硬度之间存在着显著的正相关。国内外过去常以角质率作为划分硬度的标准，但角质率与硬度是两个不同的概念，且两者不存在必然的因果关系。角质率易受环境条件的影响，尤其是在籽粒干燥过程中影响更大，乳熟后期连续阴雨，籽粒角质率降低。在我国新的小麦硬度国家标准中，已取消按角质率划分小麦硬度等级的规定，用抗粉碎指数（PRI）评价小麦的硬度。

容重是小麦收购、储运、加工和贸易中分级的重要依据，也是鉴定小麦制粉品质的一个综合指标。容重是小麦籽粒形状、整齐度、饱满度和胚乳质地的综合反映。容重大的小麦品种，籽粒整齐饱满，胚乳组织较致密。容重与籽粒大小的关系不大，但受籽粒间空隙大小的影响。容重与出粉率和小麦粉灰分含量相关密切。在一定范围内，随容重增加，小麦出粉率提高，灰分含量降低；反之，随容重的减小，出粉率急剧下降，灰分含量增加。

容重是我国现行商品小麦收购的质量标准和定价依据。

（二）加工品质

小麦加工品质是指小麦籽粒对制粉以及面粉制作不同食品的适合和满足程度。小麦籽粒通过碾磨、过筛，使胚和麸皮（果皮、种皮及部分糊粉层）与胚乳分离，磨成面粉的过程，称为小麦的第一次加工；由面粉制成各类面食品的过程，称为小麦的二次加工。小麦加工品质可分为磨粉品质（或称第一次加工品质）和食品加工品质（或称二次加工品质）。

1. 小麦籽粒的磨粉品质（一次加工品质）　磨粉品质是指小麦籽粒在碾磨成面粉过程中，品种对磨粉工艺所提出要求的适合和满足程度。磨粉品质的优劣是关系制粉企业经济效益的关键因素。磨粉品质好的小麦应表现出易碾磨，胚乳与麸皮易分离、易筛理，能耗低，出粉率高，灰分低，粉色好等特性。因此，出粉率、灰分、白度和能耗常作为小麦磨粉品质的主要评价指标。

（1）**出粉率**　是指单位重量的籽粒所磨出的面粉与籽粒重量之比。它是一个相对概念，在比较小麦品种出粉率时，应以制成相同灰分含量的小麦粉为依据。出粉率高低直接关系到制粉企业的经济效益，因此是衡量小麦磨粉品质的首要指标。不同小麦品种出粉率高低取决于两方面的因素：一是胚乳所占小麦籽粒的比例；二是制粉时胚乳与非胚乳部分分离的难易程度。前者与籽粒大小和形状、皮层厚薄、腹沟深浅、胚的大小等性状有关，后者与胚乳质地、籽粒含水量和粗纤维含量等因素有关。籽粒大小、硬度、胚的大小、籽粒表面形态等都对出粉率有一定影响，但都难以确定它们与出粉率间存在必然的相关关系。一般认为容重与出粉率间存在正相关，说明该性状对出粉率的重要性。但容重与出粉率的关系取决于品种、地点和年份等因素，只有品种和环境等条件一致的情况下容重与出粉率呈正相关。因此，容重也难以作为出粉率的可靠指标。总之，出粉率是小麦一系列籽粒性状的综合体现，单一的籽粒性状难以准确反映出粉率的高低。

（2）**面粉灰分**　是各种矿质元素的氧化物占籽粒或面粉的百分含量，它是衡量面粉精度和划分小麦粉等级的重要指标。小麦粉中的灰分含量过高，使粉色加深，加工的产品色泽发灰、发暗。因此，无论从磨制优质小麦粉的角度，还是从提高食品品质的角度，都希望小麦粉中的灰分含量尽可能低些。小麦面粉中的灰分与出粉率、种子清理程度和籽粒本身的灰分含量有关，灰分在小麦籽粒各部分的含量差异很大，胚乳中的含量约为 0.4%，而在皮层中的含量为 8% 左右。如果制粉过程中磨入过多的皮层和胚，会增加小麦粉灰分含量，所以灰分含量主要决定于小麦粉加工精度和出粉率。有些磨粉企业在磨粉过程中要提取部分糊粉层，以提高出粉率，这样不可避免地有较多的麸皮混入面粉，结果在增加出粉率的同时，也增加了灰分含量。另外，在小麦清理过程中不能很好地去除沙石、尘土和其他杂质，也使小麦粉灰分增加和含沙量超标，影响小麦粉质量。面粉中的灰分含量受品种类型影响，在相同的出粉率条件下，硬白冬小麦面粉的灰分含量和面粉色泽均比硬红冬小麦好，软春麦面粉的灰分含量比软冬麦面粉灰分含量低。土壤、气候和栽培条件等因素也会影响小麦灰分含量。从小麦籽粒性状看，籽粒饱满、容重高的小麦一般灰分含量低。由于灰分含量测定简单，在小麦粉等级中区分明显，所以灰分含量是区分小麦粉等级的主要指标。我国制粉规定小麦粉等级灰分含量指标：一等粉（特制粉）小于 0.70%；二等粉小于 0.85%；标准粉小于 1.10%；普通粉小于 1.40%。

（3）**面粉粉色**（色泽和白度） 是磨粉品质的重要指标，已被列入国家小麦面粉标准的主要检测项目。小麦粉白度会影响到食品的品质，不同食品对面粉的白度的要求不尽相同。面包、馒头、盐白面条等食品对小麦粉白度都有较高的要求；相反，碱黄面条则要求黄色素含量较高。

小麦的籽粒颜色、胚乳质地，制粉工艺水平、出粉率，小麦的粗细度及水分、黄色素含量、多酚氧化酶含量和活性等因素都对小麦粉白度产生一定影响。通常软麦比硬麦的粉色好，主要因为硬麦制粉时粒度较大，对光的散射较强，导致白度下降。面粉过粗或含水量过高都会使面粉白度下降。籽粒颜色对白度产生影响主要由于麸星污染。在制粉过程中，制粉前路提出的高质量麦心粉，粉色较白，灰分含量也较低，后路出的粉粉色深，灰分含量也较高。由于面粉颜色深浅反映了面粉灰分含量的高低、出粉率的多少，国外常根据面粉的白度值的大小来确定面粉的等级。

在影响粉色的因素中，小麦色素含量和多酚氧化酶活性越来越受到小麦育种者的重视。小麦籽粒中的色素主要有黄色素和棕色素，黄色素的主要成分为类胡萝卜素类化合物，是使粉色发黄的主要原因。新鲜小麦粉白度稍差，贮藏日久，类胡萝卜素被氧化，粉色变白。籽粒中多酚氧化酶的含量和活性与小麦粉及其产品的色泽关系密切。在小麦籽粒中，多酚氧化酶主要存在于皮层，尤其是糊粉层。因此，出粉率提高，多酚氧化酶的含量增加和活性增强，会加大小麦粉及其制品褐变的程度。

（4）**能耗** 对制粉企业来说，降低制粉能耗，可提高经济效益。籽粒整齐度高的小麦，不仅出粉率高，还可减少将大、小粒分开的工序，从而提高制粉效率，降低能耗。籽粒硬度与能耗关系密切，硬度高的小麦不易破碎，碾磨时能耗较高，但其胚乳易与麸皮分离，且碾磨时，形成的小麦粉颗粒较大、较整齐，流动性好，便于筛理。因此，对粉路长的大型设备，硬麦能耗低于软麦；对中型设备，两者差别不大；对小型机组，则硬麦能耗高于软麦。

影响小麦磨粉品质的主要性状有：小麦籽粒饱满度、整齐度、种皮厚度、腹沟深浅、容重、千粒重、胚乳质地等。一般来说，籽粒饱满整齐、种皮薄、腹沟浅、容重和千粒重高、胚乳透明，出粉率高。一般面粉灰分低、粉色新鲜洁白、出粉率高和能耗低的小麦被视为具有好的磨粉品质。

2. 面粉的食品加工品质（二次加工品质） 食品加工品质是指将小麦面粉进一步加工成不同面食品时，不同面食品在加工工艺上和成品质量上对小麦品种的籽粒和面粉质量提出的要求，以及它们对这些要求的适合和满足程度。

面食品不仅种类很多，且特性千差万别，不同面食品加工制作时对品质要求是不同的。例如，制作面包的小麦品种，要求它的面粉蛋白质含量较高，吸水能力大，面筋强度大，耐搅拌性较强。用此种面粉烘烤的面包体积大，内部孔隙小而均匀，质地松软有弹性，外形和色泽美观，皮无裂纹，味美可口。而用于制作饼干的小麦品种，则要求其面粉蛋白质含量低，面筋强度弱但延伸性要好，吸水能力小，灰分含量低，用这种面粉制作的饼干疏松、可口。我国面食品种类繁多，多数是经蒸煮制成的，这些面食品对小麦籽粒和面粉质量的要求，不同于面包和饼干。所以，食品加工品质好坏也是一个相对概念，适合于某种制品的小麦品种对另一种制品可能是不适合的。企图指望用单一的小麦品种满足各种专用目的和要求，常常是难以实现的。同样，通用的小麦粉也不可能满足各种面食品对面粉的各种要求。因此，国内外为了使小麦面粉适合和满足多方面的用途，均采用配麦或配粉方式，即把蛋白质含量和质量、面筋含量和质量以及其他品质性状不同的小麦或面粉，根据不同专用小麦粉的质量要求及有关标准，合理搭配碾磨或配制成适于不同用途和制作不同面食品的"专用粉"。另外，国内外在生产专用粉时，在原料面粉中加入各种性质和类型不同的添加剂，对原小麦粉的品质特性进行有目的地调整、改进和完善，以适合种类繁多面食品的要求。但除添加从小麦粉分离的谷朊粉、淀粉和纤维素等不会产生安全问题外，多数的食品添加剂（包括天然和合成的）对人体存在不同程度的危害，所以应严格控制使用和加强管理。

（三）营养品质

小麦营养品质是指其所含的营养物质对人营养需要的适合和满足程度。它包括营养成分的多少，各种营养成分是否全面和平衡，这些营养成分是否可被人充分地吸收和利用，以及是否含某些抗营养因子和有害物质等。小麦籽粒主要由蛋白质、淀粉、脂类、纤维素、色素、酶类、水分等营养成分组成。其中蛋白质和淀粉占全籽粒的80%。小麦籽粒中的蛋白质主要由清蛋白、球蛋白、麦醇溶蛋白和麦谷蛋白等组成。麦醇溶蛋白和麦谷蛋白占全部蛋白质重量的80%，两者的含量和比例是影响小麦营养品质和加工品质的主要因素。蛋白质是人体组织的基础物质，在酶系统的作用下参与体内的各种代谢过程。因此，小麦籽粒中蛋白质含量的多少、蛋白质中各种氨基酸组成的平衡程度，尤其是赖氨酸含量的多少，直接影响人体健康。氨基酸是小麦籽粒中蛋白质组成的一个重要的化学成分。一般小麦品种籽粒中赖氨酸含量很少，远不能满足人体对赖氨酸的需求量。不同小麦品种蛋白质的氨基酸组成和比例是不同的，因此，小麦籽粒蛋白质中赖氨酸含量的多少也是影响小麦营养品质的主要因素。小麦（尤其是黑小麦）中还含有调节人体功能的多种微量元素，一般可满足人类成长发育和健康的需要。此外，小麦籽粒中还存在一些抗营养因子如植酸、戊聚糖（阿拉伯木聚糖）和 β-葡聚糖等，它们阻碍人体对蛋白质及其他营养物质的吸收和利用。

第二节　我国小麦品质分类

一、小麦品质分类及其指标

本文所指品质分类主要从食品加工（小麦的食品加工适宜性）出发拟定，不包括《小麦》（GB 1351—2008）标准中的等级指标的内容，这是根据近几年市场变化的需求而提出的分类。

20 世纪 80 年代以前，中国商品小麦主要按粒色分为白硬、白软、红硬、红软、混硬、混软 6 类。硬质率50%以上为硬麦，软质率50%以下的为软麦。市场上还按容重、杂质等分等级收购（GB 1351—1986），这种分类对小麦出粉率和品质有一定意义，但无法反映食品加工的全部内涵。20世纪90年代初商业部根据一些主要食品要求提出了专用小麦粉标准（LS/T3201～3208—1993）。90年代后期农业部、商业部等有关部门配合制定了一批以小麦品种品质为基础的标准，包括《专用小麦品种品质》（GB/T 17320—1998）、《优质小麦　强筋小麦》（GB/T 17892—1999）、《优质小麦　弱筋小麦》（GB/T 17893—1999）等。一些部门和地区也制定了相应的企业和地方标准，如郑州商品交易所制定了期货强筋标准，北京市制定了DB11/T 169—2002标准。这些标准的制定基本上是按湿面筋的含量和面团的强度（主要反映了面筋的弹性和延伸性）结合食品制作的要求制定的，与国际上按硬、软分类不同，是以"筋力"强弱将小麦分成强筋、中筋、弱筋三类。由于中国的冬、春麦品质没有明显的差异，故品质分类不考虑冬、春性问题。但这些标准在实践运用中还有不尽完善之处，目前正在逐步修订中。表2-2和表2-3列出了专用小麦品质与强筋和弱筋小麦品质指标，供作参考。

表2-2　专用小麦品种品质指标（GB/T 17320—1998）

项目		指标		
		强筋	中筋	弱筋
籽粒	容重（g/L）	≥770	≥770	≥770
	粗蛋白质含量（%）（干基）	≥14.0	≥13.0	<13.0
小麦粉	湿面筋含量（%，14%水分基）	≥32.0	≥28.0	<28.0
	Zeleny沉降值（mL）	≥45.0	30.0～45.0	<30.0
	吸水率（%）	≥60.0	≥56.0	<56.0
	面团稳定时间（min）	≥7.0	3.0～7.0	<3.0
	最大抗延阻力（EU）	≥350	200～400	≤250
	拉伸面积（cm²）	≥100	40～80	≤50

表2-3　强筋和弱筋小麦品质指标（GB/T 17892—1999，GB/T 17893—1999）

项目		共同需求指标	强筋小麦指标		弱筋小麦指标
			一等	二等	
籽粒	水分（%）　≤	12.5			
	不完善粒（%）　≤	6.0			
	杂质　总量（%）　≤	1.0			
	杂质　矿物质（%）　≤	0.5			
	色泽、气味	正常			
	降落值（s）	300			
	容重（g/L）　≥		770		750
小麦粉	粗蛋白质含量（%，干基）		≥15.0	≥14.0	≤11.5
	湿面筋含量（%，14%水分基）		≥35.0	≥32.0	≤22.0
	面团稳定时间（min）		≥10.0	≥7.0	≤2.5
	烘焙品质评分值	≥80			

郑州商品交易所的强筋硬麦期货标准，则将湿面筋要求降为≥30％，稳定时间提高为12min（1等）与8min（2等），并增加拉伸指数面积≥90cm²。

中国食品因产品类型、加工方法和地域差异等对小麦的品质有着不同的需求。20世纪80年代中国粮食和农业部门进行了一系列的试验，结果有些基本相同，有些则有较大差异，这一点与加工和评价的方法、取材（品种）的类型不同有关。表2-4列出我国现行的专用小麦粉的指标，由于水分、降落值等指标的要求相同，故这里只列出了与面筋数量和强度有关的指标。

表2-4 中国各种专用小麦粉的质量标准（LS/T 3201～3208—1993）（节录）

专用小麦粉名称	等级	湿面筋含量（％）	粉质曲线稳定时间（min）
面包用粉	精制级	≥33.0	≥10.0
	普通级	≥30.0	≥7.0
面条用粉	精制级	≥28.0	≥4.0
	普通级	≥26.0	≥3.0
馒头用粉	精制级	25～30	≥3.0
	普通级	25～30	≥3.0
饺子用粉	精制级	28～32	≥3.5
	普通级	28～32	≥3.5
酥性饼干用粉	精制级	22～26	≤2.5
	普通级	22～26	≤3.5
发酵饼干用粉	精制级	24～30	≤3.5
	普通级	24～30	≤3.5
蛋糕用粉	精制级	≤22.0	≤1.5
	普通级	≤24.0	≤2.0
糕点用粉	精制级	≤22.0	≤1.5
	普通级	≤24.0	≤2.0

说明：由于原商业部指标制定较早，以后的不少试验对这些标准提出了不同的补充修正，但由于尚未有统一的结论，因此没有作出统一的正式修订。

（一）小麦品质分类

根据我国研究和生产应用的实际情况，结合国际经验，目前的标准仍按"筋力"分类，并在原有强、中、弱筋之外，增加中强筋类。

1. 强筋类小麦 指质地较硬，硬度指数＞60，面筋含量较高且面筋强度（以筋力或面团强度作为标准）较强的小麦品种。此类小麦可用于生产较高档次的面包或与其他类型小麦搭配进行配麦。其品质水平好的（特别是春麦）可相当于美国和加拿大西部商品小麦的硬红春小麦，一般多相当于美国硬红冬类，基本上与国际上较好的硬质麦相当。

2. 中强筋小麦　也有人称为"准强筋"小麦，是我国目前北部冬麦区某些强筋小麦品种扩大种植后在商品麦生产上能达到的标准，如济南 17、郑麦 9023 等。有些品种，蛋白质数量和质量之间不够平衡，如豫麦 70，其粉质仪稳定时间可达 8min 以上，但湿面筋含量只有 28% 左右，做不成好的面包，也归属于中强筋类。

西部春麦区此类品种也较多，如宁夏、内蒙古种植的永良 4 号、永良 15 多数年份都能达到中强筋小麦标准，可用于制作一般面包，高档次的面条（包括方便面、拉面）、饺子（包括速冻饺子）等。也可以用于搭配弱筋小麦生产蒸煮类食品。大体相当于澳大利亚的硬麦水平。

3. 中筋小麦　此类小麦的面筋含量与质量均属中等，适合加工面条、北方馒头和一般饺子粉。但要指出，我国此类小麦多数还具有较好的淀粉糊化特性，因此可以补充蛋白质质量的不足而适合于我国蒸煮类食品的加工。在国内已推广的品种中此类小麦面积较大。代表性品种如豫麦 49、济麦 22、扬麦 158 等。其质量接近澳大利亚标准白麦，但澳麦普遍白度较好，延伸性较强。

4. 弱筋小麦　属于软质类型，蛋白质及面筋含量低，面筋强度弱，适于制作饼干、糕点类食品，南方馒头、包子等。我国淮河以南特别是长江中下游地区和西南麦区中此类小麦较多，但我国的弱筋小麦与国外适于饼干、蛋糕用的软麦，如美国软红冬和软白冬、澳大利亚软白麦等比较，还有一定差距。

国内强筋与弱筋两类小麦较国外硬、软小麦质量的差距，主要是因食品结构的不同，经多年自然与人工的选择而导致的品种遗传基础的不同所致。但经过近一二十年育种与栽培技术的改进，这种差距已经逐渐缩小。另外要提及一点，国外分区种植不同品质类型小麦的形成较早，且品种少，一个品种的种植规模较大，而我国品种类型较多且分散种植，分区布局起步较晚，但大体上北部地区强于南部地区，春麦强于冬麦。

（二）品质分类指标

1. 小麦品质分类标准和指标　由于目前缺乏小麦品质分类国家标准，暂以研究的小麦品种品质分类指标（国家标准送审报批稿）代替（表 2-5）。该指标是在原有的《专用小麦品种品质》（GB/T 17320—1998）标准的基础上，根据目前我国主栽小麦品种品质水平，以及科研、生产单位有关资料修订。与原有标准的区别主要是在分类上增加了"中强筋"类，并增加硬度指数以区分软、硬小麦，硬度指数≥60 为硬麦，硬度指数＜50 一般为软质。

表 2-5　小麦品种品质分类指标

项　目		指　　标			
		强　筋	中强筋	中　筋	弱　筋
籽粒	容重（g/L）	≥770	≥770	≥770	≥770
	硬度指数	≥60	≥60	≥50	＜50
	蛋白质含量（%，干基）	≥14.0	≥13.0	≥12.5	＜12.5

（续）

项目		指标			
		强筋	中强筋	中筋	弱筋
面粉	湿面筋含量（%，14%水分基）	≥30	≥28	≥26	<26
	Zeleny 沉淀值（mL）	≥40	≥35	≥30	<30
	吸水率（%）	≥60	≥58	≥56	<56
	面团稳定时间（min）	≥8.0	≥6.0	≥3.0	<3.0
	最大抗延阻力（EU）	≥350	≥300	≥200	—
	能量（cm²）	≥90	≥65	≥50	—

注：能量被定义为记录曲线所包含的面积，描述拉伸测试面块时所做的功。

2. 有关指标的说明

①表 2-5 指标只是作为强、中、弱筋品种的初步区别。在判定规则里给出了面包用强筋小麦指标，较表 2-5 的强筋小麦增加了籽粒角质率≥70%，籽粒蛋白质含量改为≥14.5%，稳定时间≥8.0min，最大抗延阻力改为≥400EU，拉伸面积≥100cm²，降落值≥350s，面包评分≥80。其中面包评分是最重要的评价标准。对适于加工蛋糕、饼干用的软质弱筋小麦指标增加了角质率≤30%，籽粒蛋白质含量改为≤12%，吸水率改为≤55%，稳定时间≤3.0min，要求蛋糕评分≥80 或曲奇饼干的宽度、厚度比>8.0。

②表 2-5 指标主要作为分类用指标，在实际应用中，还应根据小麦品种的品质类型、小麦品种的制粉特性、小麦品种加工特性进行综合评价。在研究中还提出了实验室馒头、面条、曲奇饼干和蛋糕的制作及评价方法，这些综合的评价结果更有利于农业部门对品种品质的完整评价和粮食部门加工企业对品种的利用。故评价品种品质时应作综合考虑且以加工食品评价为重要参考标准。由于不同品种类型在不同生态环境和栽培条件下生产的商品小麦会有不同的品质表现。因此，应参考小麦生产的品质区划合理布局不同品质类型品种，并采用适当的栽培措施以适应不同加工食品的需要。不同生态区也可根据当地条件参照表 2-5 内容制订具体地区指标标准。

③淀粉质量对中国蒸煮类食品的品质有较大影响且与蛋白质质量有一定互补作用，但由于没有统一的试验作出明确的指标，故在现有指标标准中均未列入。但在实际应用中则应加以考虑，例如弱筋小麦如其淀粉糊化特性较好，仍可做出较好的馒头，中筋小麦淀粉质量好的也可做出优质面条。此外，中国馒头、面条对白度多数地区有较高要求，现有指标标准中也未列入。蛋白质含量和籽粒硬度与白度为负相关，在选用小麦类型时要予以注意。

3. 我国不同类型品种改良的重点 从国内近年各地品种的品质分析结果来看，与国际同类品种相比，我国强筋小麦蛋白质含量差异不大，但蛋白质的质量仍有差距，不论面团的弹性还是延伸性多不及国外优质品种，今后除注意改进粉质仪稳定时间和抗延阻力外，还要注意延伸性的改良，使抗延性与延伸性同步得到改良。对中筋小麦而言，除蛋白质性状外还要注意淀粉糊化特性和白度的提高以及影响面条褐变的因素。对弱筋小麦而言，除注意蛋白质含量的降低外，还要注意延伸性的提高，以适应蛋糕、饼干等不同产品要求。

二、不同食品对籽粒和面粉品质性状的要求

（一）面包

本文面包指主食面包（以国外 pan bread 听装面包类，如土司切片的三明治为代表，国内分类属主食中软质面包）。这种面包要求强筋小麦，故其加工品质可作为衡量强筋小麦的重要指标。小麦原料对面包品质的影响主要在其蛋白质的质量和数量上，此外，淀粉特性、糖类、脂类、酶类等也有一定影响。

1. 蛋白质数量 从近几年全国小麦样品的分析结果可知，面包评分在 80 分以上的品种样品，其小麦籽粒粗蛋白质含量多在 14％（干基）以上，小麦粉面筋含量多在 32％以上，可视为优质面包基本要求。籽粒蛋白质含量和质量均将影响面包的质量。20 世纪 80 年代以前，由于历史上饮食结构的不同，我国生产上应用品种（包括农家种和改良种）虽也有蛋白质含量较高品种（籽粒蛋白质含量在 14％以上，高的可达 17％），仍不能做出较好面包。但 20 世纪 80 年代后，随着我国小麦品质育种的开展，种植品种的蛋白质质量得以提高，籽粒蛋白质含量与面包体积和评分的相关性显著提高。中国农业科学院作物育种栽培所根据 1984、1985 两年各地品种区试试验结果分析，粗蛋白含量与面包体积和评分的相关系数达 0.469 和 0.450，均达到极显著水平，湿面筋含量与面包体积、评分的相关系数分别为 0.258 和 0.303，也达显著水平。农业部谷物品质监督检验测试中心（北京）（以下简称"谷物品质检测中心"）2008 年根据近几年面包评分达到 80 分以上品种的 700 多份材料，统计显示评分与蛋白质含量相关系数达 0.497，极显著相关。统计材料还显示湿面筋含量与面包体积相关可达 0.438 相关，也极显著。还有一些报告表明，干面筋含量较湿面筋与面包评分关系更为密切。需要说明的是，蛋白质（面筋）含量对面包品质的影响与蛋白质组分有关，面筋蛋白的组成主要是麦谷蛋白和醇溶蛋白，一般认为麦谷蛋白更多影响面团的弹性，尤其是高分子麦谷蛋白，而醇溶蛋白更多影响延伸性，二者需有适宜的比例。同样麦谷蛋白，又因其亚基组成不同而对面包有不同影响，如高分子麦谷蛋白 D 组的 5＋10 亚基，B 组的 7＋8、17＋18、13＋16 亚基对面包有正面影响，低分子麦谷蛋白亚基中 B3d 也有正面影响。除亚基类型外，还与其含量有关，如亚基 7 的超量表达可表现为超强筋。而含 1B/1R 易位系的材料则对面包品质有负影响。除品种遗传特性外，种植环境与栽培技术对蛋白质及其组成也有较大影响。

2. 流变学特性 上面所述蛋白质组分的变化是影响蛋白质"质"的内因，"质"的量化表现需用一定的仪器进行测定，一般以不同仪器测定面团形成过程流变学特性代表。面粉（小麦粉）加水揉和的面团为具有黏弹性的半流体物质，在受到特定负载后形成的曲线中，应力、应变与时间之间的关系所导致的弹性、塑性、韧性以及形变的各种特性，称为面团的流变学特性。此种特性主要与蛋白质质量有关，但也受蛋白质数量的影响，育种单位和加工企业常以这些特性作为表征加工质量的重要指标。常用的测定流变学特性的仪器包括粉质仪、拉伸仪、揉混仪、吹泡（示功）仪。目前国内科研单位与企业单位常用的为粉质仪，但据农业部谷物品质检测中心（北京）统计结果，拉伸仪面积与面包体积和评分相关性分别达 0.481 与 0.463，均达极显著标准；延伸性相关亦达 0.39 以上，均高于粉

质仪形成与稳定时间。但拉伸仪面粉用量较大且费时较长，故一般多用粉质仪。美国也常用揉混仪，取其用量少，检测时间短，主要用于育种单位。

（1）粉质仪指标

1）形成时间　形成时间与面粉在水合过程中影响面筋形成的因素有关。中国农业科学院作物所曾用 17 个国内外品种在 6 个不同环境下的平均值测定形成时间和面包评分关系，两者相关显著，但评分达 80 分以上面包，其面团形成时间也有高有低，最低才 3min 左右，高的可达 20min 以上（多为国外材料）。从国内近年面包鉴评结果看，优质面包的面团形成时间多在 4～7min。由于形成时间与耗能有关，故不必过长，但也不宜低于 3min。

2）稳定时间　在揉面过程中，面团在搅拌器对面团切入、撕拉所产生的动态下降历程，反映面团的耐揉性，面团稳定时间长的，面包体积和评分也高（也有研究表明，稳定时间与面包体积是二次曲线相关），但并非越长越好，因其与耗能和成品加工时间有关。在农业部组织的历届面包鉴评中，优质面包多在 12min 以上，但也有 7～9min 即达较高评分（＞80 分）的，一般进口的加拿大小麦面粉稳定时间多在 9～10min，故 9min 以上的面团强度稳定时间若其他指标配合较好，即可烘烤出体积大、评分高的较好面包。另外，形成时间和稳定时间也有一定的互补效应，形成时间可能对面包体积影响更大。

3）弱化度与其他粉质仪指标　一些研究表明，弱化度或公差指数指标和面包体积的相关较稳定时间更为密切。优质面包弱化度多小于 30FU。而评价值由于综合了形成、稳定时间和弱化度的表现，故评价更为全面。电子型粉质仪的质量指标 FQN 与评价值有相似功能。此外，面团吸水率与面包体积有关。农业部谷物及制品检测中心（哈尔滨）以春小麦品种测定面团吸水率与面包体积相关系数 0.552 3，达极显著相关。研究表明，面团吸水率与籽粒硬度以及蛋白质和戊聚糖含量等有关。由于过去国内缺乏硬度指标，甚至育成品种的稳定时间长而为籽粒硬度表现软质的小麦，达不到优质面包的要求。故国内品种制成的面粉的吸水率整体偏低，而国外优质强筋麦面粉的吸水率多在 60％ 以上。这也是今后品种改良应注意改进的内容之一。

（2）拉伸仪指标　拉伸仪反映面团在拉伸时抵抗拉伸的能力，也是反映面筋强弱重要指标。由于测定时用的是醒发面团，且可以较直观测定其延伸性，故对面包评价有重要意义。

1）抗延阻力　一般在 135min 时测定面团的最大抗延阻力（R_{max}），面包要求＞400 EU。国外硬红春更高，可达 500EU 以上，国内烘烤优质面包用的小麦也可达 450EU 以上。抗延阻力并不是越高越好，过强则面团僵硬，其延伸性不相配合，反而降低了面包体积，面包瓤的结构也变差。

2）延伸性　以往国内研究多强调面团抗延阻力而忽视延伸性，近几年农业部谷物及制品检测中心（哈尔滨）研究延伸性与面包评分相关系数为 0.362 2，达极显著相关，与体积相关系数为 0.295 6，亦达显著相关。农业部谷物品质检测中心（北京）统计多年面包品质达标的小麦品种，延伸性与面包体积和评分的相关系数分别达 0.393 和 0.392，均达极显著标准，相关密切程度均高于粉质仪的有关指标。国外优质面包小麦，如加拿大和美国硬红春可达 18cm 以上。过去国内多用粉质仪评价品种加工品质的优劣，故整体而言其延伸性不如国外同类型品种，这是值得引起注意的问题。不过，近几年育成品种已有较大改善，面包用品种已可达 16cm 以上。

3）拉伸面积 该项指标包括抗延阻力与延伸性，以拉伸曲线所包围面积（cm²）表示。对面包烘烤品质而言，基本上属直线性相关，与面包体积和面包评分相关均极显著，国外小麦如加拿大春小麦品种，其面粉（团）的粉质仪稳定时间不是很高，但其拉伸仪指标却很突出。国内期货强筋小麦的拉伸仪面积标准定为≥90cm²，国内部分优质面包小麦拉伸仪面积可达100cm²以上。

表2-6中列出农业部谷物品质检测中心（北京）2007年测试的国内部分达到烘烤面包标准的小麦样品的品质分析结果。这些指标在不同年度间都有一定变化，如师滦02-1的2009年测试样品，平均稳定时间为17.1min，面包评分只达82分，郑麦366稳定时间9.4min，面包评分85分。表2-6中除烟农19外，其他品种基本上是多年的加工品质性状表现比较稳定品种。

表2-6 我国部分优质面包用小麦品种的品质分析结果
（农业部谷物品质检测中心，北京，2007）

品种名称	籽粒蛋白（%，干基）	沉降值（mL）	湿面筋（%）	吸水率（%）	形成时间（min）	稳定时间（min）	最大抗延阻力（EU）	延伸性（mm）	拉伸面积（cm²）	面包体积（cm³）	面包评分
师滦02-1	16.02	39.9	32.7	58.3	6.4	21.7	805	167	173	873	94
郑麦366	15.60	41.3	34.3	61.6	6.8	11.1	533	183	128	883	94
藁城9415	14.36	37.3	30.2	59.9	7.7	12.3	585	146	111	788	88
济麦20	15.03	42.6	33.9	57.6	5.9	15.1	523	166	115	781	79
藁城9618	15.53	34.0	31.4	61.0	9.5	19.3	649	139	117	773	83
山农12	15.83	68.3	34.4	59.0	6.0	15.4	602	188	150	808	84
烟农19	14.33	39.0	33.0	60.7	4.4	6.6	308	160	69	815	84
豫麦34	14.94	46.1	31.1	60.9	4.7	8.3	468	178	111	781	88
淄麦12	14.50	40.8	31.7	62.2	6.8	9.1	449	189	114	824	91
平均值	15.12	43.25	32.52	60.13	6.46	13.21	546.88	168	120.88	814	87.22

注：面包体积在总评分中占40%。

从表2-6可以看出，多数优质面包用小麦品种样品，其籽粒蛋白质含量均在14%（干基）以上，湿面筋含量基本在32%以上，粉质仪形成时间大部分在6min以上，但也有只4min以上的，稳定时间在12min以上，低的在7～9min之间。拉伸仪面积除个别外均在110cm²以上，最大抗延阻力基本在450EU以上，延伸性达到国外硬红春水平（>180mm）的较少，多只接近美国硬红冬水平。上述品种硬度指数均>60。此外，还可以看出蛋白质数量与质量之间有互补作用，例如藁城系列品种湿面筋低于32%，但稳定时间与抗延阻力均高，故也能做成较好的面包。

（3）揉混仪（揉面仪、和面仪） 其工作原理与粉质仪类似，优点是用粉量少，只需10g面粉（微量可用2.5g)，适用于育种工作者早代品质测定。从有关试验看，与面包体积和评分均可达到显著或极显著相关，因其样品用量少，也常为一些初步研究工作（例如添加剂使用）采用，根据其结果再作进一步研究。其应用中的最大问题是具体指标飘忽不稳，被测材料的蛋白质含量、水分含量以及实验室温、湿条件等均影响具体结果。例如同品种蛋白质含量提高 2%，峰高相差可达 30%，峰值宽度同样受影响。国内品种有蛋白质含量高而品质不好的。各家报道的相关性高的性状也不同，衰落值有认为相关显著，有认为没有什么相关。相关显著的有认为 8min 峰宽与面包关系较大，但也有认为尾高重要，具体指标差别也较大。例如有 8min 峰宽 12mm 左右，面包体积即达 800cm^3，也有 >20mm 而面包体积 <750cm^3 的，以该仪器测试结果对区分强、中、弱筋有效，同在强筋范围中，则对面包的评价不宜以一、两个指标来确定。中国农业科学院作物科学研究所根据其多年测试结果，认为峰高 >55mm，峰值面积 >140cm^2，8min 带宽 >15mm，指标均达标面包较好，可供参考。另外，8min 积分（曲线下面积）近似粉质仪的评价值，是多项指标的综合表现，可作为重要参考。各地结果还显示，和面时间以 3~5min 较好。该仪器（电子型）介绍中附有 8 级揉面图，在应用时可与对照品种比较，似更为适用。5 级以上即可做出较好面包，8 级又嫌过强，可用于配麦配粉。

对面包用品种还有用吹泡仪指标表示，该仪器本来用于对面团强度要求不太高的法式面包，优点是可以直观看出面团的延伸性，现已为国际上采用。面包用小麦要求面团的 W 值（能量功）>300，但对筋力很强的小麦不够敏感，需对仪器使用方法作一些调整。该仪器对软质麦作用更大。

3. 其他有关性状

（1）沉降值　沉降值（沉淀值）受小麦蛋白质数量和质量的双重影响，因用量甚小，故常作为品质育种早代筛选指标之一。一般泽伦尼（Zeleny）沉降值作为面包用者需 >40mL，与美国硬红冬相近。国外优质春麦沉降值可达 60mL 左右。目前还有 SDS 沉降值微量测定，均可用于育种早代，但要注意测试操作条件、粉粒大小等均影响结果。测试要严格控制试验条件与制粉条件，并在每一批次中加入对照样品，以保证测试结果的重演性。

（2）其他指标　近几年一些研究表明，大分子谷蛋白聚合体（GMP）含量的多少与面包表现有密切相关。因其用量极少，可作育种者早代筛选应用，但其测试方法对绝对值有较大影响，可与对照品种比较定优劣。面筋指数也较常用，>90 较好，但该指数主要反映面筋弹性，与延伸性关系较小。

上述面包指标是按国家标准直接发酵法在中长时间发酵（90min）下制作面包得到的结果，中种发酵法（二次发酵）要求筋力更强。硬式面包如法式面包则要求筋力达到中强筋即可。

（二）面条

面条为我国主食，种类较多，除手工面条外，机制、半机制面条，也有不同类型。此外，南方多加碱，北方多加盐。本文以北方机制加盐干面条（挂面）为代表加以介绍。

1. 蛋白质含量与质量　蛋白质含量和质量影响面条的内在与外观品质，一般蛋白质含量较高，面筋强度强者有利于面条韧性和咬劲，但过强者不适合机器加工（回缩严重），干燥后易弯曲，煮熟后表面粗糙，外观变差。蛋白质含量和白度还有一定负相关，影响外观品质。蛋白质含量过低，面筋强度不足，则易断条，不耐煮，口感韧性、弹性不足。由于蛋白质含量与面条外观（特别是色泽）负相关，故一般选用蛋白质含量中等，面筋适当偏强的品种，以弥补量的不足。从多数研究来看，籽粒蛋白质含量以 12%~14%（干基）

为宜。据 2005 年全国面条用品种品质鉴评结果，12 个面条评分在 85 分以上的品种平均值，其籽粒蛋白质含量为 12.4%（干基），面团形成时间 4.1min，稳定时间 7.8min，湿面筋含量 28.5%，拉伸面积 91cm²。但从 2005—2008 年的面条鉴评结果看，前三名中均有稳定时间在 5min 左右，拉伸面积在 50～70cm² 的品种，如荔高 6 号、徐州 856 等，优质面条代表性品种永良 4 号常年稳定时间均在 6min 左右，均属于中筋至中强筋小麦范畴。河南、山东等地研究还表明，软化度可更好评价面条质量，而稳定时间与面条评分则呈二次曲线关系，弱化度以＜100FU 为好。此外，方便面、拉面等面筋含量宜稍高。面团的延伸性与干面条、拉面评分也有较显著正向影响，宜予注意。

除蛋白质含量外，蛋白质组成分也有影响。如有研究认为醇溶蛋白含 45 号谱带品种面条品质较好，而含 41 号（有的报道为 42 号）谱带者较差，低分子谷蛋白中 A3d、B3d 亚基等也对面条品质有正向影响。还有认为中分子量麦谷蛋白亚基与面条品质有关。

2. 淀粉性状　淀粉是小麦籽粒中最主要的成分，赋予面条黏弹性。从制面适宜性角度看，与面条加工品质相关的是小麦籽粒淀粉粒的软硬。澳大利亚及日本小麦等食感评价高的小麦淀粉粒全部为软质。表示淀粉软硬的指标之一是直链和支链淀粉的比值，直链淀粉含量低，糊化温度低，容易糊化的为软质。

（1）淀粉糊化特性对面条煮面品质的影响　一般而言，淀粉糊化峰值黏度越高，面条在光滑性、黏弹性方面的品质越好。淀粉膨胀势作为简易测定面条质量的指标，具有快速、样品用量少的特点，RVA（快速黏度仪参数）所测峰值黏度与面条食感呈极显著相关性。小麦面粉（或淀粉）的黏度值和膨胀势可作为面条品质的评价指标之一。山东省农业科学院作物研究所（2002）认为，优质面条要求淀粉糊化峰值黏度≥2 900cP，膨胀势和峰值黏度与面条的所有指标皆为正相关，r 介于 0.10～0.50 之间，说明提高淀粉糊化特性确能改善面条品质，而且对其他性状没有负向影响。

（2）淀粉组成对面条质量的影响　制作优质面条的小麦品种应具有合适的直链淀粉与支链淀粉比值，直链淀粉含量低是面条小麦品种的共性。直链淀粉含量高的小麦粉制成的面条食用品质差，韧性差；而直链淀粉含量低或中等的小麦粉制成的面条品质较好，有韧性。一般来说，支链淀粉比例高一些，糊化温度低一些的面条口感较好。安徽农业大学农学系研究（2000）认为，直链淀粉含量与面条评分存在负相关，相关系数为－0.53。黑龙江省农业科学院研究（2001）认为，面粉白度高，面条褐变低，直链淀粉含量低于 23%，淀粉糊化过程中回生黏度小，面条质量较好。直链淀粉含量和糊化温度可作为面条小麦的选种指标。山东农业大学（2002）研究也表明，直链淀粉含量和 TOM 值（煮面冲洗水中总有机物含量）与面条品尝评分呈极显著负相关，但后者直接通径系数最大而前者间接通径系数最大。

小麦直链淀粉的含量主要取决于颗粒结合的淀粉合成酶（简称 GBSS 或 Wx 蛋白），GBSS 的 3 个基因位于染色体的 7AS、4AL 和 7DS 上，分别被命名为 Wx-A1、Wx-B1 和 Wx-D1。Wx 蛋白催化直链淀粉的合成，因而与小麦品质密切相关。直链淀粉含量的减少程度既与 Wx 基因的数目（1 个、2 个或 3 个）有关，也受遗传背景的制约。这 3 种蛋白质可通过 SDS-PAGE 分离鉴定，澳大利亚和我国都已开展了它们的 PCR 标记，如果这 3 种 Wx 蛋白均缺失，则淀粉中只有支链淀粉而没有直链淀粉，即糯小麦。我国小麦品种中 Wx - B1 缺失类型较多，可作为优质面条小麦品种选育生化指标。

对中国面条来说，蛋白质的品质最为重要，其次为淀粉特性。蛋白质质量和淀粉糊化特性都对面条有重要作用，因而二者对面条品质具有一定的相互补偿作用，其不同之处是蛋白质为面条提供理想的适口性和不利的外观，淀粉则提供良好的外观和富有弹性的质地。降低直链淀粉含量，改善淀粉糊化特性是面条小麦改良的目标。

3. 色泽　面条对色泽也有一定要求，要求面粉亮度要高，色彩色差仪 L 值要高，而 b 值宜较低。国外强筋麦 b 值多较高，中国近年在培育强筋麦中也有这个问题。b 值（黄色度）对面条感官评价往往因筋力偏强类型韧性强、口感好而掩盖了过黄的不利影响，这方面研究有不同观点。如历年农业部组织鉴评出的优质面条 b 值多偏高，而中国农业科学院作物科学研究所认为，面条评分与 b 值 $r = -0.61$，达极显著负相关。此外，a 值（红色度）也影响色泽，低值较好，南方面条与方便面对色泽要求不同，可以偏黄。此外，鲜面条还受多酚氧化酶（PPO）影响，PPO 活性高的放置后易褐变，对外观不利。侯国泉（1997）认为，好的方便面为面粉蛋白质＜11.8％（14％湿基），沉降值＞42mL，最高黏度＞650BU，色泽上 L 值＞90.5。其后来的报告认为，有关蛋白质、淀粉质量和数量指标均以中等略偏上为好。

与面包相比，对面条研究还较少，在感官评价上还存在一些问题，例如黏弹性和适口性、光滑性均属主观评价，不同人嗜好不同将影响评价结果。目前，已有人开始利用仪器如质构仪对面条的黏弹性、咀嚼性进行测试，但由于重视性和相关性还较差，如何与感官评价结合起来尚待进一步研究。也有人利用煮面干物质失落率、煮制吸水率等来进行间接评价，可进一步研究。此外，加工方法与煮面时间等均影响评价结果。总体看，评价体系仍有待完善。此外，由于蛋白质和淀粉特性之间对面条的影响方向不同，二者也有互补作用。对小麦蛋白质特性与淀粉特性、磷脂等的相互作用还有待深入研究。

面条的实验加工宜用标准轧面机器并注意实验室温、湿度的调控。干面条可在相对湿度65％、温度不高于40℃的恒温恒湿箱内干燥，加水量按面粉吸水率的50％～60％调节，加水量为面粉重量的32％～33％。这一加水量较挂面厂的加水量相对稍高。目前挂面厂多用仿日本生产线分段调节温、湿度，加水量多在30％±2％。鲜面条的加水量可在35％左右。中国农业科学院研究认为，一般混合麦35％较好，硬质麦可提高到36％，有1B/1R 易位系的材料酌减1％。

（三）馒头

馒头是我国重要的面制品，尤以北方为主，一般要求色泽偏白，表皮光滑，北方要求口感有一定咬劲，高与直径比值大，体积适中（比容2.5左右）；南方则喜松软类，比容较大，但太松者亦不宜。

1. 蛋白质性状　馒头对小麦粉适应性较宽，多数中筋小麦和部分中强筋小麦均可制作北方型偏硬馒头。

（1）蛋白质含量　制作馒头小麦粉的蛋白质含量（14％湿基）在10％～12％之间较适宜。筋力弱的13％也可用。蛋白质含量过高且筋力强的小麦粉制作的馒头表面有皱缩、孔隙开裂、烫斑、气泡等现象，且色泽变差；蛋白质含量较低的低筋粉制作的馒头表面光滑，但咬劲差。

（2）**流变学特性** 稳定时间较长有利于提高馒头挺立度（高/径比值）和口感，但过强者反致馒头皱缩，不利外观品质。但稳定时间过短筋力过弱者在发酵过程易塌陷，且馒头扁平，咬劲差。与面条类似，软化度与馒头品质的相关性优于稳定时间，质构仪测定，软化度与馒头弹性和回复性均呈显著相关。加工方式也有影响，机制馒头由于机械搅拌力度一般大于手工，故对稳定时间要求更高些。但总体看，稳定时间 3～7min，弱化度 ≤130FU（≤100FU 更好）已可满足馒头要求。北方馒头又称硬质馒头，要求筋力较强，而南方馒头筋力要求较弱，希望口感更松软，故弱筋小麦亦可利用。北方馒头则以中筋小麦较为适宜，白度好的中强筋小麦也可利用。

（3）**淀粉特性** 淀粉组分对馒头质量有一定影响，一般要求直链淀粉相对含量较低，支链淀粉含量较高，这样的面粉制作馒头体积较大，结构较好，口感弹韧性好，且老化速度慢，复蒸性好，淀粉与蛋白质性状间也有一定互补作用。中国农业科学院研究认为，淀粉糊化峰值与馒头评价呈正相关。

2. 白度 消费者嗜好偏白，色泽较亮类型。影响白度除黄色素类（如胡萝卜素）外，前已提及蛋白质含量与白度呈负相关，故馒头用小麦不要求蛋白质含量太高而以适当提高面筋强度来弥补口感等内在质地。此外，籽粒硬度也与白度呈负相关，馒头用小麦以半硬质类型较适（南方可用软质），硬质小麦中要注意其白度表现，有的硬质小麦白度也较好，如小偃 6 号及其衍生品种。生产上还可利用强筋硬麦与弱筋软麦搭配方式解决内在与外观的综合品质。

此外，加工工艺对馒头品质也有影响，如揉和程度。还有报道认为强筋麦可利用多加水（按吸水率调整）来缓和外观的不利因素，但对机械性生产而言，一般要求恒定的加水量和生产工艺，不可能随品种来调整，需加注意。另外一点是，含 1B/1R 材料由于黑麦碱吸水量大，机械搅拌常易发黏，影响口感，如无优质小麦蛋白质的（如含谷蛋白优质亚基材料）互补，也影响馒头加工品质。

3. 馒头制作与评价 不同实验室馒头的制作方法不同，有添加辅料或不加辅料；有加碱或不加碱；发酵时间 40～150min；有二次发酵或一次发酵法；有手工制作或机械制作等不同方式。同一类型小麦由于制作方法不同，对馒头质量影响也不同。

有关馒头品质的评价方法和指标，还处于探索阶段。目前，对馒头品质的评价大多借鉴面包的评价指标与方法，且常采用感官评价。评价指标包括：馒头体积、比容、表皮色泽、外观形状、内部结构、弹性、韧性等。也有用质构仪测定馒头的硬度、黏度、松弛弹性和附着性等。还有待进一步探讨更客观标准的方法。

总体来看，馒头对小麦品质的要求不太严格，从外观与内在质地两方面综合评价，以蛋白质含量和面筋强度中等，直链淀粉含量较低，不易回生老化，白度较高的中筋小麦为宜，手工馒头用弱筋小麦，淀粉质量好的也可做出较好馒头。北方偏硬及机械加工馒头对面筋强度要求稍高，而南方偏软馒头要求面筋强度较低。

（四）饼干、糕点

此类食品主要以弱筋软麦为主要原料。饼干类型较多，我国原商业部对食品专用粉的指标为酥性饼干湿面筋含量 22%～26%，粉质仪稳定时间为≤2.5min 和≤3.5min 两个等级。酥性（包括甜酥性）饼干要求口感酥松，不需要面筋网络的形成，是弱筋小麦加工食品的代表性品种，市场需要量也较大。糕点中弱筋类国内代表性品种如江南的酥饼（原商业部作评价食品代表），粤式早点多数也是用弱筋小麦粉。西式糕点中代表性品种如海绵蛋糕等也常作为评价弱筋麦代表性品种。

酥性饼干和酥饼的延展度和总评分，均与粉质仪的吸水率、形成时间、拉伸仪的 R/E 值、吹泡仪的 P/L 值呈极显著负相关，而与拉伸仪 E 值呈显著正相关。粉质仪稳定时间与饼干直径相关为负而不显著，但与形成时间负相关达显著水平。中国农业科学院（2005）的研究认为，酥性饼干籽粒蛋白质含量 9%～11.5%，吹泡仪弹性（P 值）≤40mm，弹性/延伸性（P/L）≤0.50，碱水保持力（AWRC）≤59%，水溶剂保持力≤53%。由于碱水保持力和水溶剂保持力与粉质仪吸水率高度相关，故粉质仪吸水率亦可作重要参考。一些研究还表明，沉降值与酥性饼干、酥饼呈显著负相关，优质者宜<25mL。

从近年中国小麦质量报告中看，饼干宽度/直径>8.0，蛋糕体积>1 000cm³，以长江中下游种植的宁麦 9 号（生产厂家接受的饼干用麦）和豫麦 18 等为代表的弱筋小麦，其沉降值均<22mL，湿面筋含量在 24% 左右，吸水率在 55% 以下，形成时间在 2min 左右，稳定时间在 1.5～3.4min 之间。总的来看，酥性饼干（包括甜酥性）也有较多类型。例如有的要求表面花纹较清晰，有的对口感疏松度要求较高，加之高糖油比有一定反水化作用的关系，因此对面筋的数量适应范围较宽，在质量上与面包相反的是要求抗延力相对较小，而延伸性较好，吸水率则是重要因素。碱水保持力受戊聚糖和籽粒硬度影响较大，这一点与吸水率表现一致，二者相关系数可达 0.7 以上。由于测定时用量小，早代可以利用，酥性饼干宜<59%。

碱水保持力与戊聚糖含量及破损淀粉有关，故影响吸水率。饼干生产过程中，对面筋网络的要求与面包相反，当饼干生坯含水量高而面筋弹性又较高时，不利直径的延展，易造成收缩和口感粗糙，且饼干成品要求含水量低于 3%，吸水率高，干燥过程耗能也大。沉降值也可应用，且适于育种早代选择。饼干类型很多，韧性饼干等口感较硬的，筋力可稍强。而另一大类发酵饼干如苏打饼干常用筋力较强小麦粉进行第一次发酵以保持一定气体，然后再加入弱筋粉完成发酵程序。

蛋糕对小麦品种品质的要求国内研究较少，商务部蛋糕专用粉指标为湿面筋 22%～24%，稳定时间≤2min。蛋糕类型也较多，一般以海绵蛋糕（主要成分为面粉、鸡蛋、糖）作为评价标准。河南省农业科学院（2000）的研究表明，蛋糕比容（代表蛋糕品质重要指标）和总评分与面粉蛋白质含量均呈显著或极显著负相关，总评分与沉降值也呈极显著负相关。粉质图指标中，吸水率与总评分相关系数为 -0.9339，达极显著相关，与稳定时间相关甚弱而未达显著水平。与形成时间为极显著负相关（-0.95），拉伸图中同样以延伸性相关系数 0.768 8 达极显著，R/E 值则高达 -0.969 6。不过，该研究也表明，面粉强度如过弱，则蛋糕过于松散易碎。粗脂肪含量对海绵蛋糕有负作用，以游离脂肪对打发的蛋糊有消泡作用。就淀粉酶活性而言，试验中降落值在 310s，即有顶部塌隔问题，但活性过低（>450s），蛋糕心易发硬。蛋糕用小麦粉的蛋白质含量一般为 7%～9%，对于奶油蛋糕（除蛋糖外，还要加奶油、奶水、发酵粉等），除其加工工艺不同外，高等级蛋糕面粉还常常用氯气漂白处理，其作用为将大分子蛋白分解为小分子蛋白质，避免搅拌中起筋，且颜色更洁白。另外要注意蛋糕用粉灰分要低，常用出粉率50％左右的细粉。还有研究认为，淀粉糊化温度偏高，热稳定性差者，易变形回缩。

除蛋糕外，一般糕点也多用软质弱筋小麦，如美国主要用软白麦或软红冬麦。我国商务部标准中糕点用粉的指标是湿面筋含量≤22％或≤24.0％，粉质仪稳定时间≤2.0min，有些糕点宜用较弱的中筋粉生产。

参照有关材料，以酥性饼干和海绵蛋糕为代表的糕点的籽粒蛋白质含量宜<12％（干基），Zeleny沉降值<25mL，形成时间较稳定时间更重要，以<2min为好。关键是吸水率要低，好的宜在52％左右，最高不宜超过55％。对酥性饼干更要求较好延展性，按吹泡仪指标，吹泡仪L值>100mm较好，P/L<0.6为宜。有条件地方可测定溶剂保持力，以水溶剂或碳酸钠保持力与曲奇饼干关系较密切，因其用粉量少，对软质麦育种早代筛选有较好价值，宜予倡导。目前，具体指标不同研究结果还不一致，例如中国农业科学院作物科学研究所研究结果建议水保持力≤53％，碳酸钠保持力≤66％为好，而江苏省农业科学院研究结果水溶剂保持力<57％较好，碳酸钠保持力以<75％为好。该结果与江苏里下河地区农科所研究结果相似。结合美国近年品质年报中软白麦与软红冬数据，水溶剂保持力<57％，碳酸钠保持力<75％可作为初步筛选参考标准。结合我国现有偏弱筋品种情况看，由于面团延伸性多偏低（拉伸仪E值<150mm，吹泡仪L值<100mm），因此一些研究报告中常可看到面筋含量偏高（>25％），以量（面筋含量与延伸性一般呈正相关）补质来制作酥性饼干获得较好结果的现象。这方面与国外品种差距较大，这一点是今后育种应改进的地方。由于糕点类型较多，有些属于糕点中需发酵面团制作的，筋力可较强。

第三节　小麦品质与环境条件的关系

一、品种的遗传性对小麦品质的影响

小麦品质受遗传因素影响。王小燕等（2005）根据小麦成熟期籽粒蛋白质含量、谷蛋白大聚合体含量、湿面筋含量、沉降值和面团稳定时间等蛋白质品质指标的差异，用聚类分析的方法将9个小麦品种分为3组：高谷蛋白大聚合体含量、高面团稳定时间组（组Ⅰ），低谷蛋白大聚合体含量、低面团稳定时间组（组Ⅱ），中谷蛋白大聚合体含量、中面团稳定时间组（组Ⅲ）。研究表明，蛋白质含量与谷蛋白大聚合体含量、沉降值、面团稳定时间之间无显著相关性，谷蛋白大聚合体含量与品质指标呈显著正相关。

小麦高分子量谷蛋白亚基对烘烤品质影响较大。黄兴峰等（2003）研究表明，不同面筋强度的小麦品种高分子量谷蛋白亚基组成存在显著差异，强筋品种含有较多的1或2*、7+8或17+18或14+15、5+10亚基组合类型，亚基总评分一般为9~10分；弱筋品种含有较多的Null、7+9、2+12亚基组合类型，亚基总评分一般为5~8分；中筋品种则处于中间类型，亚基总评分差异较大。然而，有些中筋甚至弱筋小麦品种也含有5+10亚基或者一般强筋品种才具有的亚基组合，有的强筋小麦品种反而没有5+10亚基，说明低分子量谷蛋白亚基和醇溶蛋白组分对面筋强度也具有重要影响。

高分子量谷蛋白亚基与谷蛋白大聚合体含量的动态变化一致，含有优质高分子量谷蛋白亚基组合的小麦品种籽粒高分子量谷蛋白亚基积累较多，醇溶蛋白积累较少（邓志英，2004）。

二、生态环境对小麦品质的影响

（一）地理纬度和海拔高度

1. 地理纬度 小麦籽粒蛋白质含量和面筋含量与纬度呈正相关。李鸿恩等（1995）指出，在我国北纬 31°51′～45°41′范围内，纬度每升高 1°，籽粒蛋白质含量增加 0.442 个百分点。林素兰（1997）用辽春 10 在我国东北、华北、华东和西北 8 个试验点的试验表明，籽粒蛋白质含量在黑龙江、辽宁北部的高纬度地区高于江苏低纬度地区，沉降值也是高纬度地区较高，低纬度地区较低。郭天财等（2003、2004）用代表 3 种品质类型的 6 个小麦品种在河南省 5 个纬度点（北纬 32°～36°）种植，除个别纬度点外，籽粒蛋白质含量、湿面筋含量、面团形成时间、评价值、延伸性、抗延伸性和最大延伸性都有随纬度升高逐渐增加的趋势，吸水率呈降低趋势，多数品质性状在中国信阳（北纬 32°）与驻马店（北纬 33°）间有一个明显的分界线；反映籽粒淀粉糊化特性的峰值、低谷和最终黏度均随纬度降低呈逐渐下降趋势，所有品种的淀粉糊化指标均以纬度为北纬 32°的信阳试验点最低。

2. 海拔高度 我国主要小麦产区的品质测定结果表明，各品种的籽粒蛋白质含量和赖氨酸含量均随海拔升高而降低，二者呈负相关（金善宝，1992）。张怀刚（1994）在黄土高原西部的甘肃省河西走廊 3 个海拔高度（1 700m，1 900m 和 2 400m）种植高原 602 小麦品种，其籽粒蛋白质含量随海拔升高而下降，与高原 338 小麦品种在青藏高原 3 个海拔高度（2 100m，2 400m 和 2 900m）地区的表现一致。芦静等（2003）对种植在新疆石河子、奇台、昭苏和额敏的优质小麦品种新春 8 号试验表明，籽粒蛋白质含量、湿面筋含量、面团形成时间、面团稳定时间和最大强度均随海拔的升高而下降。于亚雄等（2001）以云南省推广的 7 个小麦品种在 3 个海拔高度（昆明 1 960m、文山 1 272m、芒市 914m）的试验表明，出粉率、面团形成时间和稳定时间表现为中、低海拔生态点高于高海拔生态点。蛋白质含量、湿面筋含量、沉降值和评价值则表现为高、中海拔生态点高于低海拔生态点。其中硬粒小麦品种 780 在相同栽培条件下，蛋白质含量、湿面筋含量、沉降值和耐揉指数等随海拔高度的升高而升高，出粉率、吸水率等随海拔高度的升高而降低，面团稳定时间、弱化度、和面时间、断裂时间等表现为中海拔点高于低海拔点和高海拔点。

（二）气候条件

1. 温度 温度对小麦品质的影响分气温和土壤温度两方面，其中气温影响较大。秦武发等（1989）研究认为，春季地温在 8～20℃范围内，与籽粒蛋白质含量呈高度正相关，地温每升高 1℃，籽粒蛋白质含量平均增加 0.4%，原因是较高的地温有利于土壤中的氮素矿化，提高根系对氮的吸收能力。

籽粒灌浆到成熟期间的温度条件对小麦产量和品质有重大影响。灌浆期较高的温度能促进籽粒中氮的积累，增加蛋白质含量。温度对小麦籽粒蛋白质含量的影响，还可通过调节籽粒产量起作用：第一，较高的温度缩短了籽粒灌浆期，减少了淀粉积累量，降低了产量，增加了籽粒氮素含量。第二，较高的温度增加了植株的呼吸强度，消耗较多的碳水化合物，降低了产量，因而籽粒中的蛋白质含量增加。第三，较高的温度可以缩短幼穗分化进程，从而减少穗粒数，引起产量降低，使籽粒中氮素浓度提高。

开花至成熟期，在 15～30℃ 范围内，随温度升高，籽粒中氮、磷浓度及蛋白质含量提高（秦武发，1989）。李鸿恩、李宗智等对我国小麦籽粒蛋白质含量和沉降值与温度的相关分析表明，抽穗至成熟期间日平均气温每升高 1℃，蛋白质含量增加 0.435%，沉降值增加 1.09mL。但小麦灌浆期间温度大于 30℃ 时，籽粒蛋白质的积累受到限制，面粉筋力也随之下降（尚勋武，2003）。

赵辉等（2005）研究指出，日平均气温 28℃ 的处理比日平均气温 20℃ 的处理提高了地上部营养器官中游离氨基酸含量及籽粒清蛋白、球蛋白和醇溶蛋白含量，降低了灌浆后期籽粒游离氨基酸含量和谷蛋白含量，导致谷蛋白/醇溶蛋白含量比值降低。高温下较高的营养器官游离氨基酸含量及籽粒对氨基酸的快速利用是籽粒蛋白质含量增加的生理原因。

吴东兵等（2003）对西藏和北京异地种植的小麦的品质变化进行分析得出，西藏小麦品种的品质性状参数低于内地（北京）品种，其主要原因是西藏小麦籽粒蛋白质形成过程中日平均气温大部分地区不足 20℃，有些地区只有 14～18℃。

小麦籽粒蛋白质含量与气温年较差呈显著正相关，气温年较差每升高 1℃，蛋白质含量提高 0.286%，沉降值增加 0.55mL。张国泰等（1991）分析了全国小麦生态研究中 31个品种在分期播种条件下籽粒蛋白质含量与温度的关系，发现籽粒蛋白质含量与开花至成熟期间的昼夜温差呈正相关。汪永钦等（1990）关于 27 个试验点、6 个气象因子的相关分析也表明，开花至成熟期间的气温日较差是影响小麦蛋白质含量的主要气象因子，尤其 5 月的气温日较差大，有利于蛋白质的合成和积累。但也有研究认为，昼夜温差小，夜温高，夜间呼吸消耗大，不利于碳水化合物积累，而有利于蛋白质在籽粒中积累。

灌浆期温度从 25℃ 升至 30℃ 有利于总淀粉积累，温度超过 30℃ 时，随温度升高，总淀粉含量下降，40℃ 时含量最低。相同温度条件下，小麦淀粉的形成以花后第 25～27d 高温胁迫影响最大，花后第 33～35d 高温胁迫影响最小。40℃ 高温胁迫下，弱筋小麦扬麦 9号籽粒淀粉粒呈椭圆形，与蛋白质鞘结合较疏松，角质化程度低；中筋小麦扬麦 12 籽粒淀粉粒受到伤害，呈扁圆形，并出现裂纹，说明灌浆期短暂高温胁迫对扬麦 12 的影响大于扬麦 9 号（刘萍，2006）。与日平均气温 20℃ 的处理相比，日平均气温 28℃ 的处理显著降低了籽粒中总淀粉及支链淀粉的含量，而对直链淀粉含量的影响较小，导致支/直比值显著降低（赵辉，2006）。

籽粒形成期间，不同阶段的温度变化对籽粒品质的影响不同。籽粒形成中晚期（最大粒重 80%～95%），高温对面团拉力影响最大，而在早期（最大粒重 60%），温度效应很小。李永庚等（2005）研究表明，灌浆前期（开花后 1～10d）25℃/35℃（夜/昼）和灌浆后期（开花后 21～30d）25℃/35℃（夜/昼）的高温处理比对照 20℃/30℃（夜/昼）的籽粒蛋白质含量不同品种分别提高 6.94%～8.69% 和 7.78%～11.15%，灌浆中期（开花后 11～20d）25℃/35℃（夜/昼）的高温处理与对照相比，蛋白质含量无显著变化。气温变化影响蛋白质的积累，主要表现在积累速率变化和峰期出现迟早的不同。高温胁迫开始后，小麦籽粒蛋白质积累速率明显加快；高温胁迫结束后，蛋白质积累速率开始下降，并且导致灌浆速率高值持续期缩短。其中灌浆前期的高温影响最为明显，蛋白质积累峰值出现时间较对照处理提前了大约 5d。

前期高温导致谷蛋白含量/醇溶蛋白含量比值、谷蛋白大聚合体含量、湿面筋含量、沉降值、膨胀势和高峰黏度提高；灌浆中期高温导致上述指标降低；灌浆后期高温提高了蛋白质含量，但淀粉品质下降。

2. 水分 降水和土壤水分影响小麦品质。降水的总量及分布，决定了空气湿度，影响气温变化，并且给土壤以水分补偿，还关系到地下水位的高低等。因此，降水是影响小麦品质的重要因素。

（1）降水 小麦生育期的降水量及其分布对小麦品质有重要影响，尤其是小麦生长关键时期的降水量及分布比全生育期总降水量更重要。

全国小麦品质检测发现，就蛋白质含量、制粉品质和面包烘烤品质三方面而言，总的趋势是由北向南筋力逐渐变弱。降水后土壤水分充足，小麦生长发育良好，籽粒产量显著提高，大量的碳水化合物稀释了籽粒中的氮素，使籽粒蛋白质含量降低。王绍中等（1988）对 60 个试点、3 个品种的研究表明，随冬前 9～10 月份降水量增加（超过100mm），小麦蛋白质含量呈下降趋势。陈光斗等（1987）试验表明，当小麦生育期降水量超过 400mm，小麦品质趋于下降。

降水对小麦品质的影响主要表现在籽粒灌浆期间，此期过多的降水使籽粒蛋白质含量降低（金善宝，1992）。

小麦灌浆至成熟期间过多降水对清蛋白和球蛋白形成不利，使赖氨酸含量下降，同时还降低面筋弹性，增加其张力，降低了烘烤品质。随抽穗至成熟期间的总降水量减少，蛋白质含量、赖氨酸含量和面筋含量均增加（王旭清，1999）。我国南方较北方软质小麦多，这与小麦生育后期湿度高和气温较低有关，使面筋蛋白质和谷蛋白的合成受阻。

降水量不仅影响蛋白质的积累，也影响淀粉性状。土壤水分亏缺可显著影响支链淀粉和直链淀粉积累，提高支/直比值，有利于改善淀粉品质。淀粉糊化特性的所有参数也均受抽穗至成熟期降水量的显著影响，其中低谷黏度和峰值时间还受播种至抽穗期降水量影响。峰值黏度和稀懈值与抽穗到成熟期的降水量呈极显著负相关，说明抽穗至成熟期的多雨对黏度性状不利。

（2）土壤水分 土壤水分对小麦籽粒品质有显著影响。小麦植株所需水分主要由土壤供给，因此，只有土壤湿度适宜，水气协调，营养平衡，才有利于小麦生长发育和籽粒品质形成。适度干旱会限制籽粒淀粉沉积，促进植物体氮素再转运，籽粒蛋白质含量增加，但严重干旱胁迫也会抑制氮素再转运。王月福等（2002）试验表明，小麦全生育期土壤水分含量由田间最大持水量的 70％减少到 55％，可提高蛋白质含量、湿面筋含量、沉降值和出粉率，延长面团稳定时间和形成时间；土壤水分含量减少到田间最大持水量的 45％，品质降低。

小麦不同生育期对水分的需求不同，生育前、中期要保持一定土壤含水量才能保证产量；生育后期尤其是灌浆期土壤水分含量高，会降低籽粒蛋白质含量和品质。在雨养麦田，籽粒建成期间土壤水分每增加 25mm，籽粒蛋白质含量下降 0.4～0.8 个百分点（秦武发，1989）。土壤湿度越大，蛋白质含量下降越多，湿度不足时，蛋白质含量较对照提高 6%～30%。

3. 光照　光是小麦进行光合作用的能量来源，光照强度、日照长度和光谱成分都与小麦生长发育及其籽粒蛋白质合成有密切关系。

（1）光照强度　小麦生长期间光照强度与小麦产量呈显著正相关，而与籽粒蛋白质含量呈负相关。低光照强度有增加蛋白质含量的作用，往往是籽粒产量降低的结果。据试验，当光照强度从 48 400lx 和 16 100lx 降至 8 100lx 时，粒重明显下降，籽粒的氮浓度显著提高。孙彦坤等（2003）认为，春小麦的籽粒产量随灌浆期光照度增大而增加，而蛋白质含量则随光照增大而下降，原因是产量的提高稀释了蛋白质含量。

李永庚等（2001）研究表明，灌浆期遮光后小麦籽粒谷蛋白和醇溶蛋白含量均升高，谷蛋白升高的幅度大于醇溶蛋白，使谷蛋白与醇溶蛋白的比值升高；谷蛋白大聚合体含量和粉质仪参数也显著提高；籽粒灌浆前期或中期遮光对上述指标的影响较小，籽粒品质的形成与灌浆后期的光照条件关系更为密切。

（2）日照时数　研究表明我国北方 13 个省、自治区、直辖市，小麦全生育期平均日照总时数 1 504.6h，籽粒蛋白质含量平均为 15.65%；南方 12 个省、直辖市，小麦全生育期平均日照总时数为 906h，籽粒蛋白质含量平均为 13.58%。前者比后者日照时数长 598.6h，籽粒蛋白质含量平均高 2.07%，说明长日照对小麦籽粒蛋白质的形成和积累有利。曹广才等（1990）在北京的试验表明，播种至生理拔节期的长日照有利于蛋白质含量的提高，但开花至成熟期间的平均日照时数与蛋白质含量呈负相关关系，说明光照对籽粒蛋白质形成的影响在整个生育期间都存在，但在不同时期影响不同。

在青海高原，尤其是柴达木盆地种植的小麦籽粒蛋白质含量比在平原地区种植的小麦低，是由于该地区太阳辐射和日照时数是全国最高的地区之一，小麦灌浆期间光照充足，白天气温适中，利于光合作用，昼夜温差大，利于光合产物的积累，从而形成高的千粒重，获得高的籽粒产量，造成籽粒蛋白质含量降低，品质较差（张怀刚，1994）。小麦抽穗至成熟期间的总日照时数与湿面筋含量呈极显著正相关（吴东兵，2004）。

（3）光质　光质对蛋白质及其氨基酸的形成也有影响（白宝璋，1992）。蓝光下，碳水化合物合成少，而蛋白质合成较多；红光下则相反，蛋白质合成少而碳水化合物合成多。

4. 二氧化碳（CO_2）浓度　白莉萍等（2005）在中育 5 号和中优 9701 小麦品种开花至蜡熟期间施加 CO_2 处理，结果表明，CO_2 浓度从 451μl/L 增加到 565μl/L 时，两品种的面粉蛋白质含量分别下降了 4.5% 和 3.1%；沉降值降低，但影响较小；对面团流变学特性如面团形成时间和延伸性有负影响；CO_2 浓度增加不利于面团烘烤品质，尤其面包体积下降明显。

王春乙等（2000）通过 3 种 CO_2 浓度（700μl/L、500μl/L、350μl/L）对中麦 3 号从拔节到抽穗期模拟试验表明，与 CO_2 浓度为 350μl/L 处理相比，浓度为 700μl/L 处理的小麦籽粒粗蛋白、赖氨酸、粗脂肪和粗淀粉含量分别增长 3.0%、3.0%、8.5% 和 －2.3%；500μl/L 处理分别增长 4.4%、9.1%、11.3% 和 －1.7%。

蒋跃林等（2005）对皖麦 33 小麦品种返青至成熟期控制大气 CO_2 浓度，结果表明，与

正常大气 CO_2 水平相比，CO_2 浓度为 $550\mu l/L$ 和 $750\mu l/L$ 时，小麦籽粒蛋白质含量和氨基酸总量均呈降低趋势，但蛋氨酸、苯丙氨酸和蛋白质含量显著增加，蛋氨酸增加了 8.2% 和 29.6%，苯丙氨酸增加了 7.0% 和 17.9%，小麦籽粒氨基酸评分值提高了 3.1 和 4.6。

5. 大气湿度 湿度对小麦籽粒品质的影响与生育阶段以及气温高低有关。我国北方麦区的小麦籽粒皮薄、蛋白质含量高、出粉率高，与其干燥的气候条件有关；南方麦区麦粒皮厚、蛋白质含量低、出粉率低，与其湿润的气候有关。

（三）土壤条件

土壤是水、肥、气、热等诸因素的载体，小麦产量形成所吸收的养分大部分来自土壤，即使施肥供应的养分，也主要通过土壤供给小麦。土壤理化性质和肥力水平对小麦的生长发育和品质形成具有重要影响。

1. 土壤类型和土壤质地 一般认为小麦籽粒蛋白质含量随土质的黏重程度增加而增加。王绍中等（1995）研究表明，随土壤质地由沙变黏，小麦籽粒蛋白质含量由 10.4% 升到 14.91%，质地进一步变黏，蛋白质含量又有所下降。在进行优质面包小麦生产时，要求选择沙性适中的壤土或偏黏的土壤。

赵淑章等（2004）认为，同一自然气候条件下，土壤类型影响小麦的籽粒品质，但土壤质地本身并不是决定因素，不同质地土壤中氮、磷、钾含量是决定品质的关键因素。土壤中全氮含量与面团稳定时间呈显著正相关；土壤中速效氮含量与籽粒蛋白质含量、面团稳定时间和湿面筋含量呈极显著正相关。

2. 土壤肥力 土壤肥力高，供应小麦生长所需水分和养分的能力强，尤其是氮素供应能力强，利于小麦合成较多蛋白质，营养品质和加工品质优良。一般来说，土壤肥力高适宜发展强筋小麦生产，土壤肥力低适宜发展弱筋小麦生产。

王光瑞等（1984）对我国北方冬麦区、黄淮北片和黄淮南片小麦区域试验品种的品质分析表明，高肥组比中肥组产量提高，加工品质改善（表 2-7）。

表 2-7 肥力水平对冬小麦产量和品质的影响

（中国农业科学院作物研究所，1984）

区试组	北方水地高肥	北方水地中肥	黄淮北片水地高肥	黄淮北片水地中肥	黄淮南片水地高肥	黄淮南片水地中肥
产量（kg/hm²）	4 875	4 335	6 165	5 370	6 315	5 565
容重（g/L）	780	794	788	789	770	789
蛋白质含量（%）	14.5	13.8	14.0	13.2	11.1	12.1
湿面筋含量（%）	35.1	34.8	32.5	30.8	26.8	26.2
沉降值（mL）	30.9	31.5	26.1	25.9	22.4	20.8
形成时间（min）	4.28	3.07	3.05	2.93	2.62	2.37
稳定时间（min）	4.68	3.73	3.73	3.14	3.67	3.53
评价值	47.7	44.3	42.5	41.8	42.5	40.4

王月福等（2002）的研究结果亦表明，高肥力土壤栽培的小麦比低肥力土壤栽培的籽粒蛋白质含量、湿面筋含量、沉降值、吸水率、面团形成时间、面团稳定时间、断裂时间

和评价值均显著提高。清蛋白和球蛋白含量占总蛋白含量的比例为低肥力土壤高于高肥力土壤，而醇溶蛋白和谷蛋白含量为高肥力土壤高于低肥力土壤，其原因是高肥力土壤栽培小麦的籽粒醇溶蛋白和谷蛋白灌浆后期合成得快。

3. 土壤营养元素

（1）氮素　氮素占蛋白质含量的 16%～17%，氮不仅能提高蛋白质含量和面筋含量，而且能改变制作面包的工艺质量指标，增加容重、面粉强度和面包体积，在小麦所需营养元素中，氮对小麦产量和品质影响最大。

小麦籽粒中的氮素约 80% 来自开花前叶片、茎秆、根系等营养器官贮存的氮素的再转运，20% 左右为开花后吸收的。小麦开花后尽管植株的氮素吸收量下降，但植株仍然维持着一定的氮素吸收能力，并且在籽粒灌浆过程中能同化氮素。因此，开花后吸收同化的氮素对籽粒蛋白质积累作用也很大。田纪春等（1994）研究表明，籽粒产量相近而蛋白质含量不同的小麦品种，开花前吸收的氮素无显著差异，而开花后的吸收量与籽粒蛋白质含量呈极显著正相关。

（2）磷素　磷素对植物体内磷、氮化合物及脂肪代谢起着重要作用，缺磷时，植物体内累积硝态氮、蛋白质合成受阻，植株生长矮小，籽粒数减少。磷占小麦籽粒干重的 0.4%～1%，适量的磷肥可提高蛋白质质量，过量施用磷肥会降低面筋含量，但能提高面筋质量。在缺磷和含磷中等的土壤中，氮、磷配合施用，对小麦产量和蛋白质含量的提高有显著效果。

（3）钾素　钾素是植物体内多种酶的活化剂，参与物质循环，具有促进作物光合作用和蛋白质合成，增强作物抗逆性等多种作用。于振文等（1996）研究指出，K_2O 浓度为 80mg/L 的营养液比浓度为 10mg/L 的营养液促进了小麦开花后对氮素的吸收，改善了 ^{15}N 同化物的转运分配状况，使其以较高的比例转运至籽粒，提高了籽粒蛋白质、氨基酸含量和产量。

（4）硫素　硫被列为植物生长的第四大营养元素，植物从土壤中吸收的硫酸根离子，进入植物体后一部分仍保持不变，大部分被还原成硫，并进一步被同化为含硫氨基酸，如胱氨酸、半胱氨酸和蛋氨酸等，所以硫是蛋白质的主要组成部分。硫素与小麦品质密切相关，在缺硫条件下，这些氨基酸及清蛋白和球蛋白的合成数量减少，进而影响氨基酸的组成和蛋白质含量。在缺硫土壤上施硫能明显增加籽粒产量和赖氨酸、蛋氨酸含量，进而影响面粉的氨基酸组成和营养品质（田惠兰，1985）。缺硫小麦的面粉中二硫键减少，面筋品质变劣，粉质仪和面时间显著变短，公差指数变小，拉伸仪面团弹性变大，延伸性变小，面包烘焙制品质差。土壤缺硫的临界值为每千克土 12mg，但一般认为每千克土壤有效硫含量低于 16mg 时，作物就有缺硫的可能性。有机质含量低的轻质土壤容易出现缺硫问题。

（5）微量元素　微量元素对小麦生长发育非常重要，从营养角度讲，小麦品质性状还应包括微量元素的营养平衡。小麦对微量元素的需求量较小，过量添加会产生毒害。施微肥主要针对缺素土壤，在一般土壤上施微肥对小麦品质和产量的作用非常弱。

1）硼　硼是核酸和蛋白质合成所必需的，在有效硼不足的土壤上适量施硼能提高籽粒蛋白质含量和必需氨基酸含量。

2）钼　钼是硝酸还原酶的组分，在电子传递中起作用，是氮素同化所必需的，施钼肥能促进叶绿体的光合活性和提高抗低温能力。在缺钼的酸性黄棕壤上施钼肥，既增加冬小麦产量，也能改善其品质。提高钼含量可以改变蛋白质组分，使大分子蛋白质含量增加，小分子蛋白质含量减少；氨基酸组分也发生变化，丙氨酸、异亮氨酸和亮氨酸比例上升，胱氨酸和蛋氨酸比例下降（魏文学，1998）。

3）铜　铜为多酚氧化酶、抗坏血酸氧化酶和脲酶的成分，在作物体内参与光合和呼吸作用。在缺铜土壤上，分蘖后期叶面喷铜可使面团及其烘烤品质稍有改良，而孕穗期施铜则使面团流变学特性和面包体积有明显改良。

4）锌　锌是多种酶的组成成分，也是某些酶的活化剂，具有参与植物体内多种代谢活动、参与蛋白质合成、维持细胞膜稳定等功能。缺锌使小麦植株生长受阻、产量下降、品质变劣。施用锌肥可提高小麦产量，改善品质。

5）钙　钙是小麦细胞壁胶层组成成分，并能促进氮代谢，在作物体内有某些调节作用。

6）镁　镁是叶绿素的组成成分，并可促进脂肪、蛋白质的合成及维生素 A、维生素 C 的形成。施镁肥可提高千粒重、籽粒容重、蛋白质含量和面筋含量。

7）锰　锰是硝酸还原酶的活化剂，植物缺锰会影响其对硝酸盐的利用。锰肥试验表明，拌种、喷施和底施都能增加小麦产量，而且可以提高小麦对氮素的吸收，加速氮素从其他器官向穗部转运，提高籽粒蛋白质含量，改善品质。

8）钴　在土壤有效钴为 0.154mg/kg（土）的条件下研究发现，施钴处理较对照增产 7.4%～20.3%。施钴量在 0.75kg/hm² 以内，小麦产量随施钴量的增加而增加，当施钴量超过 0.75kg/hm²，增产率下降。施用适量的钴可以改善小麦品质，提高蛋白质含量和蛋白质产量，以施钴量 0.75kg/hm² 处理最高。施钴量为 0.45～0.75kg/hm²，可提高面粉的沉降值、总评价值和湿、干面筋含量，而施钴量大于 1.35kg/hm²，面粉沉降值、总评价值和湿、干面筋含量下降。土壤有效钴含量与施钴量呈极显著的正相关，小麦籽粒中钴含量与施钴量呈显著正相关。

9）微量元素配施　不同微量元素配施对小麦品质有调控作用。张会民等（2004）研究表明，钾锰配施处理与对照（不施）相比，湿面筋含量平均增加 16.7～28.2g/kg，沉降值平均增加 1.16～2.29mL，面团稳定时间平均延长 0.42～0.95min，蛋白质含量的增加幅度为 10.4～19.8g/kg。

10）喷施微肥　灌浆期喷施钼、锌、镁肥可以不同程度地提高小麦旗叶硝酸还原酶活性和谷丙转氨酶活性，改善小麦的营养品质和加工品质。其中喷施钼肥对小麦品质的影响最大，可提高粗蛋白含量、沉降值、吸水量、面团形成时间和稳定时间；喷施锌肥可提高沉降值、湿面筋含量、吸水量和稳定时间；喷施镁肥可使蛋白质含量、沉降值、吸水量增加，面团稳定时间延长（徐立新，2003）。

三、栽培措施对小麦品质的影响

（一）施肥

1. 氮肥

（1）施氮量　当施氮量处在较低水平时（图 2-1 中从 O 至 A），随施氮量增加，籽粒产量明显增加，但由于氮素供应贫乏，籽粒蛋白质含量保持在一个最低水平上不变。有时甚至因增产而稍有降低，称之为"增产不增质区"。随着施氮量的继续增加（图 2-1 中从 A 至 B），籽粒产量逐渐提高，同时蛋白质含量和蛋白质产量也逐渐提高。到 B 点时籽粒产量达到最高，在这个水平上增施氮肥可同时收到增加产量和提高蛋白质含量的效果，称之为"产、质同增区"。施氮量继续增加（图 2-1 中从 B 至 C），籽粒产量开始下降，但籽粒蛋白质含量却继续增加。在这个区间（B 至 C），增施氮肥主要是为了提高小麦蛋白质含量，增加小

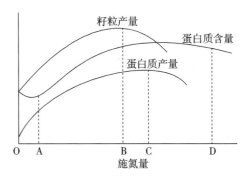

图 2-1 施氮量与籽粒产量、蛋白质含量、蛋白质产量的关系
（《中国小麦学》，1996）

麦商品价值。从 C 点到 D 点（图 2-1），随着施肥量的增加，会由于群体过大易发生倒伏或病害严重等原因，反而使籽粒产量明显下降。

范荣喜等（1993）研究结果表明，在每公顷施 0～225kg 纯氮范围内，产量随施氮量增加而提高；每公顷施氮量超过 225kg，尽管籽粒蛋白质含量进一步提高，但由于籽粒产量下降较多，蛋白质产量开始下降，兼顾高产、优质，每公顷施氮量不宜越过 225kg，即 0～225kg 为产质同步增长区，225～300kg 为增质减产区。王月福等（2003）认为，在公顷施纯氮 240kg 范围内，增加施氮量既能提高籽粒蛋白质含量又能提高籽粒产量，超过此范围虽然有利于籽粒蛋白质含量的提高，但籽粒产量降低。蒋纪芸等（1991）在旱地进行的小麦施氮量研究结果表明，小麦高产与优质同步提高的施氮范围为每公顷 0～135kg。

施氮肥在影响小麦籽粒蛋白质含量的同时，对蛋白质组分也有影响。彭永欣等（1992）研究指出，籽粒中清蛋白、球蛋白、醇溶蛋白和谷蛋白含量均随施氮量的增加而提高，但各组分占总蛋白质含量的比例不同，清蛋白和球蛋白所占的比例随施氮量的增加而降低，醇溶蛋白和谷蛋白所占的比例随施氮量的增加而升高。王月福等（2002）则认为，清蛋白、球蛋白和谷蛋白含量随施氮量的增加所占的比例升高，醇溶蛋白和剩余蛋白则随着施氮量的增加所占比例下降。增施氮肥提高了小麦籽粒蛋白质含量并改变了蛋白质各组分所占的比例，是改善小麦加工品质的重要原因。

一定范围内，小麦的湿面筋含量、沉降值、面团形成时间和稳定时间均随施氮量的增加而逐渐提高，处理间变异系数均达 12% 以上；延伸性、面包体积和面包评分也均随施氮量提高而增加，处理间变异系数在 6% 以上；沉降值和吸水率相对稳定，不同处理间变异系数很小，但吸水率仍有随施氮量增加而提高的趋势（赵广才，2006）。

施氮量对小麦籽粒氨基酸含量也有影响。人体必需的各种氨基酸含量均随施氮量增加而提高，也随蛋白质含量的增加而提高。一定范围内，每公顷增施 15kg 纯氮，赖氨酸、苏氨酸、异亮氨酸、亮氨酸、苯丙氨酸的相对含量分别提高 2.20%、3.30%、4.10%、3.99% 和 4.78%。

施氮对小麦产量和品质的影响与土壤肥力有关。朱明哲等（2004）研究表明，在 0～300kg/hm² 施氮范围内，每增施纯氮 15kg/hm²，高、中、低肥地的蛋白质含量分别提高

0.364%、0.057%、0.053%，湿面筋含量分别提高 0.182%、0.271% 及 0.538%，沉降值分别增加 1.196mL、0.654mL、0.538mL。高肥地施氮量在 184.50kg/hm² 、中肥地在 217.50kg/hm² 、低肥地在 277.50kg/hm² 范围内，面团稳定时间随施氮量的增加而上升，施氮再多则逐渐下降。吴国梁等（2004）认为，高肥力条件下施氮显著提高粗蛋白和清蛋白含量；低肥力条件下施氮极显著地提高粗蛋白、清蛋白、醇溶蛋白和谷蛋白含量。

施氮量对小麦品质的调控作用还与品种有关。曹承富等（2004）研究结果表明，施氮量在 0～300kg/hm² 范围内，强筋小麦皖麦 38 和中筋小麦皖麦 44 的蛋白质含量均随施氮量的增加而直线上升，二者呈极显著正相关，每公顷增施 15kg 纯氮，籽粒蛋白质含量分别增加 0.08% 和 0.06%；而弱筋小麦皖麦 18 的籽粒蛋白质含量则与施氮量呈二次曲线关系，当公顷施氮量为 225kg 时，籽粒蛋白质含量达到最大值 13.81%。施氮量与皖麦 44 和皖麦 18 的面团稳定时间呈极显著或显著正相关，与皖麦 38 的面团稳定时间也呈正相关，但未达显著水平。说明施氮对强筋和中筋小麦面团稳定时间的调控效应大于弱筋小麦。

（2）施氮时期　小麦在不同生育期对养分吸收的数量和比例不同，不同生育期追施氮肥，对小麦品质影响较大。山东农业大学选用中筋小麦品种鲁麦 22 和强筋小麦品种烟农 15，在每公顷施 210kg 纯氮，底施氮肥与追施氮肥量各占 50% 的条件下，设置起身期、拔节期、挑旗期、开花期追肥 4 个处理，研究追施氮肥时期后移对小麦籽粒品质的影响。结果表明，与起身期施氮肥相比较，拔节期和挑旗期追施氮肥，提高了籽粒蛋白质含量、容重、出粉率和湿面筋含量及沉降值，延长了面团稳定时间，同时籽粒产量亦显著增加；追氮时期推迟至开花期，虽然籽粒蛋白质含量较高，但籽粒容重、出粉率和湿面筋含量降低，面团稳定时间缩短，籽粒产量降低。将品质与产量结果结合分析，拔节期是优质、高产、高效的追氮时期。

在江苏淮南麦区的研究发现，氮肥施用时期对弱筋小麦品质有显著影响。在每公顷施纯氮 225kg、基肥与追肥比为 1：1 的条件下，生育后期施氮可使宁麦 9 号的蛋白质品质由弱筋向中筋转变。随着氮肥追施时期后移，籽粒容重、硬度、干面筋含量和沉降值均上升。全基施处理、越冬期和四叶期追氮处理的湿面筋含量达到或接近优质弱筋小麦湿面筋含量标准，满足酥性饼干要求；抽穗期追氮处理的湿面筋含量满足韧性饼干的要求。返青前追氮处理降低了籽粒的营养品质和面团的评分值，但却优化了弱筋专用品质（张军，2004）。

不同氮肥施用时期对淀粉的糊化特性也有明显的调节效应，对峰值黏度、稀懈值、最终黏度、低峰黏度和反弹值调节分别达到 7.16%、8.83%、6.96%、5.4%、7.31%。拔节期施氮处理的峰值黏度达到面条小麦的黏度要求，越冬期及越冬期前施氮处理黏度指标较低，不利于改善面条品质，但对改善饼干品质有利（张军，2004）。

（3）氮肥底施与追施比例　王立秋等（1996）试验结果表明，春小麦的籽粒产量、蛋白质产量和蛋白质含量均随追氮比例的增加而增加，但在追氮 75% 以前增加较快，超过 75%，增加速度减慢；沉降值和湿面筋含量则在追氮 0～50% 范围内，随追氮比例的增加而增加，追氮超过 50%，表现下降趋势。贾效成等（2001）研究表明，适当增加追氮比例，籽粒品质改善，产量提高，认为氮素以 1/3 底施、2/3 追施为兼顾品质与产量的最佳方案。

王渭玲等（1996）在旱地研究发现，氮肥分期施用比一次作底肥施用不仅能增加小麦产量，而且能改善品质，孕穗期和扬花期追施氮肥，能提高小麦籽粒蛋白质含量、面筋含量和沉降值。

追氮比例与施氮量配合对小麦籽粒产量和品质有显著的调节作用。朱新开等（2003）研究表明，适当增加施氮量或提高中后期施氮比例，均能提高不同类型专用小麦籽粒产量、增加蛋白质含量、湿面筋含量、降落值、沉降值、吸水率、面团形成时间、面团稳定时间和评价值。强筋、中筋小麦在施氮量为 $180\sim240kg/hm^2$ 范围内，氮肥施用以基肥：平衡肥：拔节肥：孕穗肥为 3：1：3：3 的处理最优；其次为 5：1：2：2 处理。弱筋小麦以施氮量 $180kg/hm^2$，基肥：平衡肥：拔节肥为 7：1：2 的处理易实现高产与优质协调。

不同施氮量处理间比较，分次追施时高施氮量处理的沉降值、面团形成时间和面团稳定时间显著优于低施氮量处理，但当改为拔节期一次全量追施时，不同施氮量处理间无显著差异（贺明荣，2005）。

不同穗型小麦品种产量和品质对氮肥基追比的反应不同。在总施氮量为 $240kg/hm^2$ 的条件下，多穗型品种少施底氮，重施追氮，产量增加较多，面团形成时间和评价值等品质指标明显改善；大穗型品种随追氮比例增大品质有所改善，但幅度较小；重施底氮，少量追氮，产量较高。多穗型品种以氮肥基追比 5：5 或 3：7 为宜；大穗型品种以 7：3 为宜（刘万代，2003）。

（4）氮肥形态　多数研究认为，$NH_4^+ - N$ 对小麦更适宜，根系吸收 $NH_4^+ - N$ 比 $NO_3^- - N$ 快，进入体内后能更快地参与植物蛋白质的构成，耗能也少。因此，施用 $NH_4^+ - N$ 比 $NO_3^- - N$ 产量高，籽粒蛋白质含量和面筋含量也较高，但这种差异只有在施肥量大时才较显著。河南农业大学（2004）研究表明，不同类型氮肥对小麦叶片氮代谢和籽粒蛋白质及其组分的影响不同，强筋小麦豫麦 34 在酰胺态氮肥（尿素）处理下，开花期叶片硝酸还原酶活性较强，氮素含量相对较高，籽粒中蛋白质含量较高，清蛋白含量和谷蛋白/醇溶蛋白含量比值最大，营养品质和加工品质较好；中筋小麦豫麦 49 在铵态氮肥作用下，籽粒蛋白质含量、清蛋白含量和谷蛋白/醇溶蛋白含量比值均最大；弱筋小麦豫麦 50 在铵态氮肥处理下，籽粒蛋白质含量和谷蛋白/醇溶蛋白比值均较低，加工品质较好。因此，强筋小麦适宜用酰胺态氮肥，而中筋和弱筋小麦适宜用铵态氮肥。

不同形态氮肥对春小麦的沉降值有所影响，以施用 $(NH_4)_2SO_4$ 沉降值最高，其次为 NH_4NO_3、KNO_3 和尿素（王珏，2004）。不同形态氮素对籽粒醇溶蛋白及其 4 种组分 α-醇溶蛋白、β-醇溶蛋白、γ-醇溶蛋白、ω-醇溶蛋白的形成和最终积累水平有不同调节效应，并因品种而异。比较而言，酰胺态氮素更有利于醇溶蛋白及其组分的形成与积累（吴秀菊，2005）。对春小麦淀粉及其组分积累的调节效应因品种而异，且对支链淀粉的调节效应高于直链淀粉。施用酰胺态氮显著提高了东农 7742 总淀粉、支链淀粉含量；施用硝态氮对高蛋白低产品种 Roblin 和辽 10 总淀粉、支链淀粉的提高和直支比的降低更为有利（尹静，2006）。

2. 磷肥　一般来说，在土壤缺磷或大量施用氮肥的情况下，施用磷肥不仅能显著提高小麦籽粒产量，而且可以改善小麦品质。范荣喜等（1993）研究表明，在每公顷施磷

（P_2O_5）0～75kg 范围内，随施磷量增加，面筋含量增加，每公顷超过 75kg 后略有降低。在每公顷施 0～150kg P_2O_5 范围内，随施磷量增加，沉降值先下降后上升，但升降的幅度不大。毛凤梧等（2001）在速效磷（P_2O_5）含量为 26.7mg/kg 的潮土麦田上研究认为，在施磷（P_2O_5）0～150kg/hm² 范围内，随施磷量增加，对品质的改善效应增大，超过 150kg/hm²，品质趋于稳定，进一步增加磷肥用量对小麦品质的影响减小。

王旭东等（2006）研究表明，与不施磷相比，每公顷施磷（P_2O_5）105kg 显著提高了中筋小麦鲁麦 22 籽粒谷蛋白和醇溶蛋白含量，对强筋小麦济南 17 提高幅度较小。姜宗庆等（2006）试验结果表明，施磷对不同类型小麦品种籽粒蛋白质各组分含量的调控幅度不一，主要增加中筋和强筋小麦籽粒谷蛋白和醇溶蛋白含量以及弱筋小麦籽粒谷蛋白含量。

施磷对小麦品质和产量的影响与土壤速效磷含量有关。孙慧敏等（2006）在 0～20cm 土层土壤速效磷含量分别为 15.94mg/kg（中磷）和 30.44mg/kg（高磷）的地力条件下，研究结果表明，施磷提高了中磷地的籽粒产量，但对高磷地产量无显著影响；提高了中磷地的籽粒蛋白质含量、湿面筋含量、面团稳定时间和评价值。施磷（P_2O_5）75kg/hm² 处理的籽粒营养品质和加工品质均最优。施磷（P_2O_5）45kg/hm² 和 75kg/hm² 的处理对高磷地小麦品质无显著影响，施磷量超过 75kg/hm² 的处理，小麦籽粒加工品质变劣。

小麦籽粒蛋白质含量主要受氮肥的影响，磷肥对籽粒蛋白质含量的作用主要是通过促进氮肥的吸收，促进蛋白质的合成，因此磷肥必须与氮肥配合施用。

3. 钾肥 一定范围内增施钾素有利于提高灌浆前中期小麦旗叶中可溶性蛋白质和游离氨基酸含量，增强内肽酶和羧肽酶活性，促进籽粒中游离氨基酸转化为蛋白质，提高籽粒清蛋白、球蛋白、醇溶蛋白和谷蛋白的含量，从而改善籽粒品质（王旭东，2003）。施钾（K_2O）量 37.5～112.5kg/hm²，小麦的沉降值、面团稳定时间，尤其是湿面筋含量和蛋白质含量及蛋白质产量都显著增加，施钾（K_2O）量超过 112.5kg/hm²，上述品质指标都表现下降的趋势（张会民，2004）。

安徽省农业科学院土壤肥料研究所（2006）研究表明，钾肥追施时期后移，显著提高了强筋小麦籽粒蛋白质含量、湿面筋含量和沉降值。与钾肥全部基施的处理相比，60%基施、20%拔节期追施、20%抽穗期追施的处理的蛋白质含量、湿面筋含量和沉降值分别提高了 7.76%、11.35%和 3.25%；钾肥 60%基施、40%拔节期追施的处理的蛋白质含量、湿面筋含量和沉降值分别增加了 4.36%、6.05%和 1.90%。贾振华等（1992）研究表明，籽粒蛋白质含量随施钾时期的推迟逐渐增加，在底施、拔节期和扬花期追施的 3 个处理中，以扬花期施钾处理蛋白质含量最高。这是由于扬花期吸收的钾，促进和参与植株体内氮的代谢活动，促进了小麦对氮素的吸收与利用，并很快转化为蛋白质，因此有效地提高了籽粒的蛋白质含量。

总的来说，适当施钾可以改善小麦品质。但必须有充足的氮、磷供应才能显示出良好的效果，因施钾促进了对氮的吸收，若氮素供应不足，则不能很好地发挥钾素的作用。

4. 硫肥 王东等（2003）研究表明，在有效硫含量为 5.84mg/kg 的地块上施硫 67.5kg/hm²，显著提高了籽粒蛋白质含量，改善了加工品质，增加了籽粒产量和蛋白质产量；施硫量为 90kg/hm²，蛋白质含量不再显著提高，品质无显著改善，籽粒产量和蛋白质产量亦不再显著增加。

刘万代等（2005）在 $0\sim20cm$ 土层土壤有效硫含量为（ 14.67 ± 0.62 ） mg/kg 的沙薄地上试验表明，拔节期追硫可显著提高籽粒产量、籽粒硬度、出粉率、面团吸水率，延长面团形成时间和稳定时间，增加弱化度，但降低了灰分含量、蛋白质含量和湿面筋含量；不同品种对追硫量的反应不同，弱筋小麦豫麦 50 的适宜追硫量为 $22.5kg/hm^2$，中筋小麦豫麦 49 的适宜追硫量为 $45.0kg/hm^2$。

小麦籽粒的 17 种氨基酸总量因施硫而显著提高，最多可提高 1.97%。当施硫量为 $60kg/hm^2$ 时，含硫的蛋氨酸含量比不施硫肥的处理增加 0.5%；不含硫的天门冬氨酸、苏氨酸、丝氨酸、谷氨酸、甘氨酸、亮氨酸和苯丙氨酸含量因硫肥的施用而提高，但是达到最大含量的硫肥用量差别很大；京冬 8 号小麦的 17 种氨基酸中，含硫的胱氨酸含量增加幅度最大，达 $7\%\sim28\%$（刘宝存，2002）。

硫和氮的代谢有密切关系。赵首萍等（2004）研究表明，硫对籽粒蛋白质含量的影响与氮水平有关，在施尿素 $128kg/hm^2$ 条件下，施硫可增加籽粒蛋白质含量，提高湿面筋含量和沉降值，对高蛋白品种作用更明显。高蛋白品种在氮供应较充足的条件下，硫才能发挥改善各项品质指标的作用，否则氮将成为硫发挥作用的限制因素。氮施用水平较高时，硫可提高不同品种的总氨基酸和含硫氨基酸含量，且含硫氨基酸与湿面筋含量和沉降值呈正相关。

施硫对小麦籽粒淀粉组分具有调节作用，但这种调节作用的发挥要以一定的氮水平为基础。在施尿素 $60kg/hm^2$ 或 $128kg/hm^2$ 条件下，施用硫肥有利于降低直链淀粉与支链淀粉的比值，改善淀粉品质（韩占江，2006）。

5. 有机肥　有机肥是一种完全肥料，含有丰富的有机质和各种营养元素，增施有机肥可以改善小麦籽粒品质，增加籽粒蛋白质含量和面筋含量，降低降落值。

有机肥对小麦籽粒品质的影响与基础肥力有关，在有机肥用量相同的条件下，中高肥地上的小麦籽粒蛋白质含量和赖氨酸含量均高于中低肥地上的含量，说明培肥地力是增加产量、改善品质的重要途径。在基础肥力较差时增施有机肥的效果更好，在一定范围内，随有机肥施用量的增加，籽粒蛋白质含量极显著地提高。王兆荣等（1994）6 年的培肥定位研究结果表明，不同施肥处理对小麦籽粒蛋白质含量、赖氨酸和蛋氨酸含量都有提高，但以有机肥料处理增幅较大；淀粉含量以化肥区最高。施用生物有机肥可显著提高春小麦的籽粒容重、蛋白质含量、面筋含量和沉降值，提高籽粒产量（蒋春来，2004）。

（二）灌溉

许振柱等（2003）研究表明，适宜的灌水处理有利于籽粒积累较多的谷蛋白大聚合体和贮藏蛋白，改善品质。严重水分亏缺和过多灌溉则降低籽粒容重、面筋含量、沉降值、面团形成时间、面团稳定时间和评价值。适宜的灌水提高了籽粒中可溶性淀粉合成酶、淀粉粒结合态合成酶和 Q 酶的活性，增加了籽粒总淀粉、支链淀粉和直链淀粉含量，土壤水分亏缺严重和过多灌溉显著降低了其含量。但土壤水分亏缺提高了籽粒中淀粉的支/直比值，有利于改善淀粉品质。

掌握适宜时期灌水能达到优质高产的目的。小麦生育后期灌水有利于保证碳水化合物和蛋白质代谢的平衡，使其同步增长，但要避免因供水量过大造成蛋白质含量下降。小麦乳熟至蜡熟阶段，适当控制浇水，可使面团稳定时间延长 0.1～1min（田纪春，1995）。王育红等（2006）研究表明，小麦生育后期灌水和增加灌水次数对强筋小麦的品质不利，特别是灌浆水降低了强筋小麦的品质。王晨阳等（2004）研究结果表明，在花前限量灌水条件下，开花后灌水可显著提高小麦籽粒产量及蛋白质产量；虽然多数品质性状在花后不灌水条件下获得最大值，但灌 1 次水未引起品质性状的明显变化；随着灌水次数增加，各品质性状变劣，其中灌 2 次水或灌 4 次水使部分品质性状显著或极显著下降。

灌水对品质的影响与降水量有关。干旱年份进行不同时期灌水和灌水量处理，均能显著提高籽粒产量、蛋白质含量和赖氨酸含量以及蛋白质产量，且有随着灌水次数和灌水总量的增加而增长的趋势。在雨水正常年份，籽粒产量和蛋白质产量随灌水次数和数量增加而提高，但是，除少量灌水使蛋白质含量提高外，蛋白质含量随灌水次数和数量的增多而递减。

李雁鸣等（1996）研究指出，增加水分促进了淀粉的合成与积累，籽粒中淀粉含量增加，蛋白质积累相对降低。而增加施肥可以使这种稀释效应得以缓解，即在相同灌水量条件下，籽粒蛋白质含量随追氮量的增加而升高，表明灌水量大或次数多引起籽粒蛋白质含量的降低可由多追氮肥而得到改善。

（三）其他栽培措施

1. 种植密度　种植密度小于 112.5 万株/hm² 时，随密度增加，产量提高，蛋白质含量和赖氨酸含量降低；种植密度大于 112.5 万株/hm² 时，随密度增加，产量降低，蛋白质含量和赖氨酸含量升高（杨永光，1989）。曹承富等（1997）以 PH85‐4，海江波等（2002）以小堰 503 为材料的试验结果表明，密度对小麦籽粒蛋白质含量的影响甚微。胡承霖（1994）认为密度对小麦蛋白质含量的影响呈二次曲线关系，密度过大或过小均引起蛋白质含量的降低，而密度对湿面筋含量没有影响，对沉降值的影响也很小，密度过大还导致籽粒角质率下降。

2. 播种期　小麦播种期不同，使小麦整个生育过程所处的生态条件也不同，从而影响小麦籽粒的产量及品质。王法宏等（1997）对 11 个品种在 4 个生态类型区 5 个试验点分期播种的试验结果表明，春播小麦的籽粒蛋白质含量比秋播小麦高 0.5%～1.5%，沉降值高 2～5mL。蒋纪芸等（1988）的试验结果表明，随播期的推迟，籽粒产量呈下降趋势，而蛋白质含量、赖氨酸含量和湿面筋含量均比早播有所增加，但也不是越晚越好。

过早或过晚播种均对产量和品质不利，加工品质最优的播期不一定是产量最高的播期，但是产量较高的播期，产量高的适宜播期和品质优的适宜播期可以在一定程度上得到统一（王东，2004）。

3. 收获期　随着收获时间推迟，蛋白质含量、沉降值增大；由乳熟期到蜡熟期收获，面团稳定时间和断裂时间呈增加趋势，完熟期收获又下降，其中面团稳定时间蜡熟期收获比完熟期收获高 12%，比乳熟期收获高 36%。王东（2003）选用强筋小麦品种研究表明，自乳熟末期至蜡熟末期，随收获期的延迟，籽粒产量、籽粒粗蛋白含量及沉降值增高，蜡熟末期达最大值；蜡熟末期收获，面团稳定时间和断裂时间较长，可以实现优质强筋小麦籽粒产量和品质的统一；过早或过迟收获均会造成产量损失并导致蛋白质含量降低，品质变劣。另据金福平等（1994）研究认为，不同收获时期蛋白质含量的变化趋势为蜡熟中期＞黄熟期＞迟收 5d＞迟收 10d＞迟收 15d，干、湿面筋含量也表现相同的变化趋势。

第四节　氮肥和水分与强筋小麦品质

小麦的产量和品质不仅受遗传基因制约，而且受生态条件和栽培措施的影响。中国农业科学院作物科学研究所组织河南、河北、山东、安徽、江苏、陕西和山西等省的科研单位，采用豫麦 34、8901‑11、济麦 20、皖麦 38、烟农 19、陕 253 和临优 145 等 7 个优质强筋小麦品种，统一设计不同的施肥和灌水处理，分别在不同生态条件的试验点进行试验，研究不同肥水处理对各品种营养品质和加工品质的影响。

一、氮肥与籽粒蛋白质含量

（一）基因型、环境、施氮及其互作与籽粒蛋白质含量

通过对蛋白质含量进行方差分析，表明生态环境（试验点）、施氮量、基因型（品种）以及各交互作用 F 值测验均极显著。从环境、施氮量、基因型及各项交互作用的平方和占总平方和的百分比分析，施氮量＞基因型＞环境＞环境×施氮量＞环境×基因型＞环境×施氮量×基因型＞施氮量×基因型。从广义上讲，可把施氮量和生态环境统称栽培环境，生态环境与施氮量的互作也纳入栽培环境中，3 项相加，广义的栽培环境占 56.73%；把基因型和有基因型的互作划归广义的基因型，4 项相加，广义的基因型占 29.20%。表明在各种影响蛋白质含量变异的因素中，栽培环境的影响最大，进而可以理解为小麦蛋白质含量的栽培可塑性很强，合理的栽培环境对提高小麦籽粒蛋白质含量有明显的效果。

试验研究认为，随施氮量提高，不同试验点间的小麦籽粒蛋白质含量变异系数渐小，表明适当施氮可以有效降低不同试验点间的品质差异。变异系数小的品种，表明其品质对生态环境适应性较强，其籽粒蛋白质含量的静态稳定性较好；变异系数大的品种，其品质的栽培可塑性较强。不同施氮量下各品种在各试验点的表现有显著差异，以任丘试验点临优 145 为例，不施氮处理的籽粒蛋白质含量为 11.16%，每公顷施氮 150kg 的处理为 13.97%，施氮 225kg 的处理为 15.77%，施氮 300kg 的处理为 16.62%，极差为 5.46 个百分点，其他品种的极差都在 3 个百分点以上；在其他试验点，不同施氮量的蛋白质含量极差多数在 2 个百分点以上。表明施氮量对各供试品种的籽粒蛋白质含量有显著影响。不同品种对氮肥的敏感程度有差异，有些品种在不同施氮量下籽粒蛋白质含量差异很大，施氮对其籽粒蛋白质含量的可塑性很强，合理的栽培环境对改善其品质的效果更为明显。

相同品种在不同生态环境和栽培条件下种植其蛋白质含量有很大变异，在各种影响蛋白质含量变异的因素中，氮肥的影响最大，表现为施氮量＞基因型＞生态环境（试验点），同时表明栽培环境的影响大于基因型。

（二）同一生态条件下施氮与籽粒蛋白质组分含量

施氮量对不同蛋白质组分的影响不同，对清蛋白和球蛋白（可溶性蛋白）影响小，不同处理间的变异系数分别为 5.65% 和 7.36%，对醇溶蛋白和谷蛋白（贮藏蛋白）影响大，处理间的变异系数分别为 23.97% 和 17.11%。贮藏蛋白是面筋的主要成分，对烘焙品质有重要影响。施氮可以显著提高贮藏蛋白含量，随施氮量的提高，贮藏蛋白占总蛋白的比例逐渐增加，进而改善加工品质。不同施氮量之间湿面筋含量、沉降值、吸水率、形成时间、稳定时间、延伸性、面包体积和面包评分等主要指标均与贮藏蛋白含量呈显著或极显著正相关（$r \geq 0.90$）。从总蛋白含量分析，总蛋白含量越高，贮藏蛋白占的比例越大，二者呈极显著正相关（$r = 0.99$）。不同品种之间清蛋白和球蛋白含量变化较小，醇溶蛋白和谷蛋白含量变化较大。因此认为，不同品种之间可溶性蛋白相对较稳定，贮藏蛋白的遗传变异较强。

（三）不同生态条件下施氮与籽粒蛋白质含量

除山西盐湖外，山东兖州、安徽涡阳、江苏丰县、河南新乡、河北任丘等试验点不同施氮处理对籽粒蛋白质含量的影响均表现显著或极显著差异，不同处理间的变异系数以任丘最大，其极差达到 3.99 个百分点。从不同处理各试验点间的变异系数分析，表现为随施氮量增加而逐渐变小的趋势，表明适当增施氮肥，可有效地降低不同试验点间的籽粒蛋白质含量差异。

不同品种的籽粒蛋白质含量在各试验点的表现不尽相同，品种与试验点的交互作用显著，在兖州和新乡以 8901-11 表现最好，盐湖以豫麦 34 蛋白质含量最高，涡阳和丰县以临优 145 突出，任丘以陕 253 较好。各试验点不同品种间蛋白质含量的变异系数为 2.96%~6.87%，以丰县最高。同一品种在不同试验点的蛋白质含量有较大变化，其中临优 145 的极差为 3.15 个百分点，8901-11 为 1.92 个百分点。各品种在不同试验点间的变异系数为 2.04%~7.03%，变异系数较小的品种表明在不同环境中蛋白质含量静态稳定性好；变异系数较大的品种，表明生态条件对其影响大，其品质的栽培可塑性强。从环境指数分析，以江苏丰县最高，为 15.25%。以下依次为涡阳、新乡、盐湖、任丘、兖州，这与不同试验点的生态条件和土壤养分含量有一定关系，不同试验点间的差异达到极显著水平。

肥料处理和品种的交互作用显著，不同品种对肥料处理的反应不尽相同。在不施氮条件下，以 8901-11 的蛋白质含量最高；在施氮量为 150kg/hm² 条件下，8901-11 和临优 145 并列第一，在每公顷施氮 225kg 和 300kg 时，临优 145 均表现最好。临优 145 的蛋白质含量在施氮处理间的变异系数最大，处理间极差达到 2.87 个百分点；其次为烟农 19，极差为 2.19 个百分点，其他品种在不同施氮处理间的极差也均在 1.63 个百分点以上。可见，施氮对品种的蛋白质含量有重要影响，不同品种的籽粒蛋白质含量均对氮肥敏感。有些强筋小麦品种在每公顷施氮 150kg 以下时，籽粒蛋白质含量不能达到强筋标准，如烟农 19、济麦 20 和皖麦 38，而在施氮量超过 225kg/hm² 时，供试品种蛋白质含量均达到国家强筋小麦标准。因此，在实际生产中，为保证达到强筋小麦的国家标准，强筋小麦施

氮水平应掌握在 $225kg/hm^2$ 左右。

二、氮肥与籽粒加工品质

（一）基因型、环境、施氮及其互作与加工品质

用 AMMI 模型对主要品质性状进行分析，各主要加工品质的环境［生态环境（试验点）＋栽培环境（施氮量）］效应、基因型（品种）效应以及二者交互效应均达极显著差异水平。从环境、基因型及其交互作用的平方和占总平方和的百分比分析，湿面筋为环境＞基因型＞基因型（G）×环境（E），其中环境效应占 64.10％，基因型效应占 16.86％，其余为基因型×环境的交互效应，3 个交互效应主成分（PAC1、PAC2、PAC3）分析结果均达 1％显著水平。沉降值为基因型＞环境＞基因型×环境，三者分别占 48.68％、29.32％和 22.00％，3 个交互效应主成分分析结果均达极显著水平。吸水率为基因型＞基因型×环境＞环境，三者分别占 56.86％、24.73％和 18.41％，3 个交互效应主成分分析中 PAC1 和 PAC2 达极显著水平。形成时间为环境＞基因型×环境＞基因型，三者分别占 42.91％、32.85％和 24.23％，3 个交互效应主成分分析结果均达极显著水平。稳定时间为基因型＞基因型×环境＞环境，三者分别占 45.52％、27.80％和 26.68％，3 个交互效应主成分分析结果分别达 1％或 5％显著水平。拉伸面积为基因型＞环境×基因型＞环境，三者分别占 67.14％、17.55％和 15.31％，3 个交互效应主成分分析中 PAC1 和 PAC2 达 1％显著水平。延伸性为环境＞环境×基因型＞基因型，三者分别占 43.14％、36.57％和 20.29％，3 个交互效应主成分分析中 PAC1 和 PAC2 达 1％显著水平。面包体积为基因型×环境＞环境＞基因型，三者分别占 40.85％、34.79％和 24.36％，3 个交互效应主成分分析结果分别达 1％或 5％显著水平。面包评分为基因型×环境＞环境＞基因型，三者分别占 46.22％、28.11％和 25.56％，3 个交互效应主成分分析结果分别达 1％或 5％显著水平。

从所选的 9 个主要加工品质指标分析，湿面筋、形成时间、延伸性、面包体积、面包评分等 5 项指标为环境效应大于基因型效应；沉降值、吸水率、稳定时间、拉伸面积等 4 项指标与此相反，可见不同加工品质性状对环境和基因型的反应有很大差异。

（二）同一生态条件下施氮与加工品质

在同一试验点中，湿面筋、沉降值、形成时间和稳定时间亦均随施氮量的增加逐渐提高，处理间变异系数均达 12％以上，表明施氮量对其有明显影响。降落值和吸水率相对稳定，不同施氮处理间变异系数很小，表明其相对较稳定。延伸性、面包体积和面包评分也均随施氮量提高而增加，处理间变异系数在 6％以上，其中施氮处理比对照的面包体积增加 59～106cm³，面包评分增加 11～16 分，表明面包体积的栽培可塑性较强。施氮量的拉伸面积和最大抗延阻力也比对照增加。

在同一地点相同施氮处理下，不同品种的主要加工品质指标亦有很大变化，其中品种间沉降值、形成时间、稳定时间、拉伸面积和最大抗延阻力等指标的变异系数为 16％～37％；吸水率的变异系数虽较小，但品种间的极差达到 4.2 个百分点。湿面筋、延伸性、

面包体积和面包评分的变异系数为 4%～6%，其中面包体积品种间的极差为 $70cm^3$。可见，在同一生态环境条件下基因型对主要品质指标亦有重要影响。

从上述品种差异分析，湿面筋、沉降值、吸水率、形成时间、稳定时间、拉伸面积、延伸性、最大抗延阻力、面包体积和面包评分的品种间极差分别为 3.4 个百分点、19.2mL、4.2 个百分点、2.5min、6.2min、$61.5cm^2$、32cm、285.3EU、$60cm^3$ 和 11分。从施氮处理间的差异分析，上述指标的极差分别为 10.1 个百分点、14.7mL、2.4 个百分点、3.1min、1.8min、$19.8cm^2$、32.9cm、40.7EU、$106cm^3$ 和 16 分。可见施氮量对湿面筋含量、面包体积、面包评分的影响大于品种间差异，而沉降值、吸水率、稳定时间、拉伸面积和最大抗延阻力受品种本身遗传因素的影响大于施氮量。

（三）不同生态条件下施氮与加工品质

不同施氮量对主要加工品质性状的影响不同，其中湿面筋含量、沉降值、吸水率、形成时间、稳定时间、延伸性、面包体积均随施氮量的提高而增加，拉伸面积和面包评分也呈逐渐增加的趋势。但各品质性状在不同施氮量间的变异系数有很大差异，其中形成时间、稳定时间、湿面筋含量、沉降值变异较大，表明这些性状对氮肥反应敏感；吸水率变异较小，对氮肥反应迟钝，稳定性较好；拉伸面积、延伸性、面包体积和评分对氮肥的反应居中。

研究表明，在一定施氮量范围内，各项加工品质指标均有随施氮量增加而提高的趋势，但提高的百分率逐渐降低。

在品种和施氮处理相同的条件下，不同试验点的主要品质性状仍有很大差异，说明生态条件（包括土壤肥力）对品质性状有很大影响，其中稳定时间在不同试验点间的变异系数最大，其次为拉伸面积和形成时间，吸水率的变异系数最小，其他性状居中。变异系数大的品质性状表明其对生态环境（包括土壤肥力）的反应敏感，变异系数小的品质性状表明其相对较稳定。

相同的 7 个强筋小麦品种在 6 个试验点种植，其加工品质性状有很大变化。由环境因素影响的小麦品种粉质参数的变异程度以稳定时间最大，吸水率最小；由基因型（品种）引起的加工品质变异，仍以稳定时间最大，吸水率最小。可见稳定时间受环境因素和基因型的影响均较大，吸水率相对稳定。

分析 6 个试验点不同施氮量的平均值，在试验点和施氮量相同的条件下，不同品种的主要加工品质指标差异很大，沉降值、形成时间、稳定时间、拉伸面积的变异系数为 13.16%～33.37%；吸水率的变异系数虽较小，但品种间的极差达到 4 个百分点，也有明显差别；湿面筋、延伸性、面包体积、面包评分的变异系数为 3.3%～7.26%，其中面包体积品种间的极差为 $101cm^3$。在生态环境和施肥量相同时，强筋小麦品种间加工品质性状的差异主要受其遗传基因制约。

同一品种在不同施氮处理下面包体积的比较（图 2-2），在同一地点利用同一品种，随施氮量增加面包体积显著扩大，说明适当施氮对面包体积有显著的调节效应。在相同施氮量条件下，同一品种在不同试验点间面包体积差异显著，表明生态环境对面包体积亦有显著影响（图 2-3）。

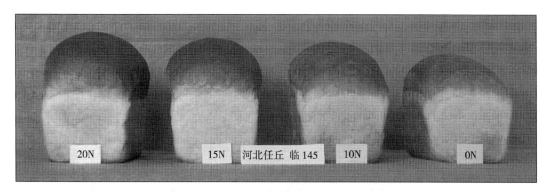

图 2-2　同一品种不同施氮量下面包体积比较

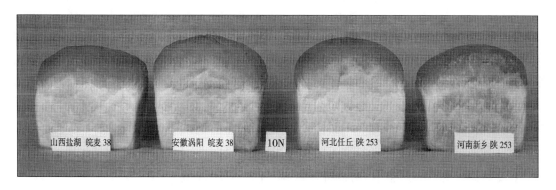

图 2-3　相同施氮量条件下于不同地点种植的小麦面包体积比较

三、灌溉与籽粒蛋白质含量

（一）基因型、环境、灌溉及其互作与籽粒蛋白质含量

在小麦生育期间降水偏少的年份，于陕西岐山、河南新乡、江苏丰县、山东兖州、山西盐湖、安徽涡阳、河北任丘等 7 个试验点利用 7 个强筋小麦品种进行每次灌水量一致的不同次数的灌水试验。结果表明，不同灌水次数的籽粒蛋白质含量差异显著，随灌水次数增加，平均蛋白质含量有逐渐降低的趋势。但在降水量过少的任丘试验点，增加灌水次数，蛋白质含量有所提高。同一品种在不同试验点的蛋白质含量有较大变化。在各试验点间变异系数小的品种，其蛋白质含量静态稳定性较好；而变异系数大的品种则对生态环境变化有较大反应，说明其品质的栽培可塑性较强。

对籽粒蛋白质含量的方差分析表明，生态环境（试验点）、灌水次数、基因型（品种）及其交互作用 F 值测验均达极显著水平。各因素平方和占总平方和的比例表现为环境＞基因型＞环境×基因型＞环境×灌水次数×基因型＞环境×灌水次数＞灌水次数×基因型＞灌水处理。在仅有灌水次数的条件下，环境因素对小麦籽粒蛋白质含量的影响最大，其次是基因型，灌水次数及各项交互作用对蛋白质含量也有一定影响。

各试验点不同灌水次数的籽粒蛋白质含量均表现差异显著，不同处理间的变异系数以盐湖点最大，其蛋白质含量极差达到 1.05 个百分点。各试验点的平均值呈现随灌水次数增加蛋白质含量渐少的趋势，但各试验点的结果不尽相同，如任丘试验点由于降水过少，土壤墒情不足，过于干旱不利于植株吸收氮素和籽粒蛋白质的形成，增加灌水反而使籽粒蛋白质含量有所提高。

品种与试验点的交互作用显著。在兖州以 8901-11、任丘以陕 253 蛋白质含量最高，涡阳、丰县、新乡、盐湖和岐山均以临优 145 蛋白质含量最高。各试验点不同品种间蛋白质含量的变异系数为 3.13%～6.75%，以盐湖最高。同一品种在不同试验点的蛋白质含量有较大变化，其中临优 145 的极差为 3.31 个百分点。各品种在不同试验点间的变异系数为 4.39%～7.41%，变异系数较小的品种表明在不同环境中蛋白质含量静态稳定性好（相对动态稳定性而言，指品种的表现不随环境变化而变化或变化较小）；变异系数大，表明生态条件对其影响较大，其品质的栽培可塑性强。从环境指数分析，以盐湖最高，为 15.27%，依次为新乡、任丘、涡阳、岐山、兖州、丰县，不同试验点间的差异达到极显著水平。

在一定范围内，不同灌水处理的籽粒蛋白质含量差异显著，随灌水次数增加试验点间平均蛋白质含量有逐渐降低的趋势，但降水量过少的任丘试验点，适当灌水有增加籽粒蛋白质含量的作用。在各试验点间蛋白质含量变异系数小的品种，其蛋白质含量的静态稳定性强。变异系数大的品种，其品质的栽培可塑性强，通过合理的栽培措施，创造适宜的栽培环境，可以有效地改善品质。

（二）同一生态条件下灌溉与籽粒蛋白质组分含量

在任丘小麦生育期降水 47.9mm 的条件下，不同灌水次数对清蛋白、球蛋白和谷蛋白含量有一定影响。总蛋白含量以灌 3 水的处理和灌 4 水的处理较多，显著高于灌 2 水的处理。可见在特别干旱的年份，适当增加灌水对提高籽粒蛋白质含量是有利的。不同处理各种蛋白质组分及总蛋白含量虽有差异，但不同灌水次数下各组分占总蛋白的比例差异不显著，不同蛋白质组分占总蛋白的比例差异极显著，以谷蛋白占总蛋白的比例最大，依次为醇溶蛋白、清蛋白、球蛋白。春季灌 1 水至灌 4 水处理下，清蛋白占总蛋白的比例依次为 17.10%、17.57%、17.38% 和 16.99%；球蛋白的比例依次为 10.18%、10.43%、10.52% 和 10.48%；醇溶蛋白的比例依次为 28.09%、27.59%、29.03% 和 28.20%；谷蛋白的比例依次为 37.99%、37.20%、36.95% 和 38.02%。可溶性蛋白（清蛋白和球蛋白）占总蛋白的比例依次为 27.27%、28.00%、27.90% 和 27.47%；贮藏蛋白（醇溶蛋白和谷蛋白）的比例依次为 66.08%、64.79%、64.85% 和 66.22%，贮藏蛋白比可溶性蛋白多 1 倍以上。

不同品种的蛋白质组分含量不同，品种间各种蛋白组分含量均表现出显著差异，品种间变异系数最大的是谷蛋白含量，而谷蛋白在总蛋白中所占比例最大，因此谷蛋白含量对总蛋白有重要影响。供试品种的谷蛋白占总蛋白含量的比例为 33.6%～40.4%；其次是醇溶蛋白，占总蛋白的比例为 25.85%～30.64%；清蛋白占总蛋白的比例为 16.05%～18.12%；球蛋白占总蛋白的比例为 9.76%～10.99%。可溶性蛋白占总蛋白的比例为 26.66%～28.5%，贮藏蛋白占总蛋白的比例为 62.18%～66.85%。贮藏蛋白与总蛋白含量呈极显著正相关。

不同灌水次数下各品种间的蛋白质组分含量差异显著。灌 1 水处理，8901-11 籽粒中总蛋白质含量最高，其次为临优 145 和陕 253，极显著高于其他品种；谷蛋白含量以8901-11、临优 145、陕 253 和豫麦 34 极显著高于其他品种。灌 2 水处理，总蛋白含量以临优 145 最高，陕 253 次之，二者之间及与其他品种之间差异显著；谷蛋白含量，临优145、陕 253 和豫麦 34 之间无显著差异，但都显著高于其他品种。灌 3 水处理以陕 253 的总蛋白含量最高，8901-11 和临优 145 次之，均显著高于其他品种；谷蛋白含量表现为豫麦 34、陕 253 和临优 145 显著高于其他品种。灌 4 水处理，仍以陕 253 的总蛋白含量最高，豫麦 34、临优 145 和 8901-11 其次，差异显著；谷蛋白含量为陕 253 和临优 145 显著高于其他品种。清蛋白和醇溶蛋白含量虽然在品种间亦有差异，但均呈渐变趋势，变异系数较小。

灌水次数对小麦品质的影响比较复杂，与供试品种、气候条件、具体处理的时间和数量均有关系。一般情况下随灌水次数增多，品质有下降的趋势，但在干旱年份，适当增加灌水次数对提高籽粒蛋白质含量是有利的，然而不同品种的表现有一定差异。不同处理各种蛋白质组分及总蛋白质含量虽有差异，但不同灌水次数处理下各组分占总蛋白质的比例无显著差异。不同灌水处理对醇溶蛋白的影响较大，其中以灌 3 水的处理醇溶蛋白含量最高，与灌 1 水和灌 2 水的处理差异显著。不同品种间各蛋白质组分均差异显著，在不同灌水次数条件下均表现为谷蛋白含量＞醇溶蛋白＞清蛋白＞球蛋白，其比例约为 3.6 ：2.7 ：1.7 ：1。品种间谷蛋白含量的变异系数最大。

四、灌溉与籽粒加工品质

（一）基因型、环境、灌溉及其互作与加工品质

在灌水、施肥和供试品种等相同条件下，不同试点间吸水率、湿面筋、干面筋、稳定时间、面包体积和面包评分等各项加工品质性状均差异显著，表明在排除栽培措施和品种基因型的因素外，生态环境对强筋小麦主要加工品质性状有重大影响，其中湿面筋和干面筋含量在各试点间的变异系数较大，表明生态环境对此性状调节作用较强。

同一品种在相同灌水和施肥条件下，面粉吸水率、湿面筋、面团稳定时间和面包体积等主要加工品质性状在不同试验点间均有较大变异，其中面粉吸水率在各试点间以济麦20 和皖麦 38 的变异系数最大，湿面筋含量的变异系数以陕 253 最高，干面筋含量因与湿面筋含量呈极显著的正相关（$r=0.99$），因此干面筋含量的变异系数仍以陕 253 最大。稳定时间的变异系数以豫麦 34 和 8901-11 最大，面包体积的变异系数以济麦 20 最大，面包体积在面包评分中所占的比重最高，一般面包体积较大的面包评分亦较高，因此面包评分的变异系数仍以济麦 20 最大。各主要加工品质性状在各试点间的变异系数的排列顺序为稳定时间＞面包评分＞面包体积＞湿面筋＞干面筋＞吸水率。变异系数较大的性状表明其受生态环境的制约较强，或称之为生态可塑性较强；变异系数较小的性状表明在品种基因型和栽培措施相同时其生态稳定性较好。

从强筋小麦主要加工品质性状在不同试验点间的环境指数分析，面粉吸水率、湿面筋

含量、干面筋含量、面团稳定时间、面包体积、面包评分的环境指数最高试验点分别为任丘、涡阳、涡阳、任丘、盐湖、任丘，环境指数高的试验点表明其对强筋小麦的某一加工品质性状适合度较好，但试验点的生态环境不仅包括经度、纬度、海拔高度、土壤类型、土壤质地、土壤肥力、光照、温度等相对稳定或变异较小的因素，还包括变异较大的自然降水这一重要因素，自然降水对强筋小麦的加工品质性状有较大的影响，因此某个品质性状的环境指数在不同年份会有一定的变化。

（二）同一生态条件下灌溉与加工品质

在任丘全生育期降水只有 47.9mm 的条件下，不同灌水处理的面筋含量随灌水次数增加呈逐渐提高趋势，其中灌 3 水和 4 水处理的湿面筋含量显著高于灌 1 水和 2 水的处理；干面筋含量以灌 4 水的处理显著高于其他 3 个处理，灌 3 水和灌 2 水的处理显著高于灌 1 水的处理；面筋指数也呈现随灌水次数增加而提高的趋势。可见在干旱年份，增加灌水有利于提高面筋含量和改善面筋质量。从上述 3 项指标的变异系数分析，面筋指数的变异系数最小，表明其受灌水的影响较小，相对较稳定。

品种间湿面筋含量变异系数为 6.29%，以皖麦 38 最高，显著高于除临优 145 以外的其他品种。干面筋含量变异系数为 5.88%，以临优 145 最高，显著高于除皖麦 38 和陕 253 以外的其他品种。面筋指数变异系数为 6.33%，以 8901‐11 最高，显著高于皖麦 38 和烟农 19。8901‐11 湿、干面筋含量均最少，但面筋指数最高，表明其面筋质量较好。

从不同灌水处理下各品种面筋含量和面筋指数分析，在灌 1 水处理中，品种间湿面筋含量的变异系数为 6.03%，以皖麦 38 湿面筋含量最高，显著高于 8901‐11、豫麦 34、济麦 20 和陕 253；干面筋含量变异系数为 5.39%，以临优 145 最高，显著高于 8901‐11、豫麦 34、烟农 19 和济麦 20；面筋指数变异系数为 7.49%，以烟农 19 最差，其次为皖麦 38，均显著低于其他品种。在灌 2 水处理下，湿、干面筋含量均以临优 145 显著高于其他品种，面筋指数仍然以烟农 19 和皖麦 38 较差，显著低于其他品种。灌 3 水和 4 水处理下，皖麦 38、临优 145 和陕 253 湿、干面筋含量均显著高于其他 4 个品种，烟农 19 和皖麦 38 面筋指数显著低于其余 5 品种。

综上所述，在小麦生育期间降水较少的干旱年份，适当增加灌水次数对提高面筋含量和改善面筋质量是有效的。供试品种之间面筋含量和面筋指数呈负相关趋势（$r=-0.486$）。面筋含量高的品种在各灌水条件下均表现较高，面筋指数低的品种在不同灌水处理中均表现较低，表现为品种基因型效应显著。不同品种的面筋含量对灌水次数反应有别，其中烟农 19 和济麦 20 的面筋含量对灌水次数反应较小，其他品种反应相对较大。

在同一试验点不同灌水次数对面团形成时间、稳定时间和吸水率亦有显著影响。面团形成时间随灌水次数增加逐渐延长，灌 2 水、3 水、4 水的处理显著长于灌 1 水处理。稳定时间以灌 2 水处理最长，与灌 1 水处理差异显著。吸水率亦随灌水次数增加逐渐提高，灌 4 水处理显著高于灌 1 水和 2 水处理。上述 3 项指标在不同灌水次数处理间面团形成时间的变异系数最大，其次为稳定时间，吸水率变异系数最小。上述指标供试品种间差异显著，其中以 8901‐11 面团形成时间最长，皖麦 38 最短，品种间变异系数高达 40.13%。

稳定时间与形成时间呈极显著正相关，品种间变异系数为 28.70％。面团吸水率以豫麦 34 最高，皖麦 38 最低，品种间差异显著，但变异系数较小，仅为 3.05％。表明面团形成时间和稳定时间受品种基因型和灌水处理的影响较大，吸水率相对较稳定。

不同灌水条件下各品种间的面团流变学特性差异显著。在灌 1 水处理下，8901 - 11 面团形成时间和稳定时间均显著长于其他品种，品种间变异系数分别为 47.08％和 35.11％。吸水率以烟农 19 最高，其次为豫麦 34 和皖麦 38，均显著高于其他品种，品种间变异系数较小，为 2.98％。灌 2 水、3 水和 4 水处理均以 8901 - 11 的面团形成时间和稳定时间最长，与其他品种差异显著。吸水率在灌 2 水处理下以豫麦 34 最高，显著高于其他品种；灌 3 水处理下以豫麦 34、烟农 19 吸水率较高，与其他品种差异显著；灌 4 水处理下以豫麦 34 最高，但与 8901 - 11、皖麦 38、烟农 19 和陕 253 差异不显著。从面团形成时间和稳定时间的变异系数分析，有随灌水次数增加而变小的趋势。

综上所述，在小麦生育期降水极少的条件下，适当增加灌水次数对面团形成时间、稳定时间和吸水率均有正向影响，灌 2 水、3 水和 4 水处理均显著优于灌 1 水处理。不同灌水条件下各品种的流变学特性表现不一，其中面团形成时间和稳定时间表现为随灌水次数增加品种间变异缩小，吸水率则表现为随灌水次数增加品种间变异增大的趋势。在不同灌水处理下，品种间比较均以 8901 - 11 的面团形成时间和稳定时间最长，显著长于其他 6 个品种。

不同灌水次数处理间面包体积和面包评分差异显著，其中灌 3 水和 4 水处理的面包体积显著大于灌 1 水和 2 水的处理，面包评分则以灌 4 水处理显著高于其他处理。供试品种间面包体积和评分亦有显著差异，豫麦 34 面包体积最大，评分最高，与其他品种差异显著，其中面包体积极差达到 106.7cm³，可见品种的遗传因素对面包体积的影响较大。

不同灌水条件下各品种面包体积和评分差异显著。豫麦 34、临优 145 和陕 253 均表现随灌水次数增多，面包体积逐渐增大。烟农 19 的面包体积对灌水反应不敏感，处理间变化不大。其他 3 个品种随灌水次数增加面包体积呈增大趋势。面包体积在面包评分中占有较大比重，二者呈极显著正相关。在不同灌水条件下，豫麦 34、临优 145 和 8901 - 11 的面包体积和评分均分列前 3 位，灌 1 水处理下与其他品种差异显著；在灌 2 水处理下，豫麦 34 面包体积和评分显著高于其余品种；灌 3 水处理下，豫麦 34 面包体积显著大于除临优 145 外的 5 个品种，面包评分显著高于烟农 19 和皖麦 38；灌 4 水处理下，豫麦 34 面包体积显著大于除临优 145 以外的品种，面包评分显著高于烟农 19、皖麦 38 和济麦 20。

综上所述，在本试验条件下，适当增加灌水次数有利于改善小麦的加工品质。随灌水次数增加，面筋含量和面筋指数均有提高；增加灌水对面团形成时间、稳定时间和吸水率均有正向影响；面包体积和评分也随之增加。供试品种间加工品质有一定差异，不同品种及不同品质指标对灌水次数的反应程度不同，其中烟农 19 和济麦 20 的面筋含量对灌水次数的反应较小。面团形成时间和稳定时间表现为随灌水次数增加品种间变异缩小，吸水率则表现为随灌水次数增加品种间变异增大的趋势。烟农 19 的面包体积对灌水次数反应不敏感，不同灌水次数处理间变异不大，其他品种的面包体积对灌水次数反应较大。在不同灌水次数处理下，均以 8901 - 11 的面包体积最大，其中在灌 4 水处理下面包体积最大和评分最高。可见灌水次数和品种的基因型对面团体积和评分均有重要影响。

参 考 文 献

白莉萍，仝乘风，林而达，等 . 2004. 大气 CO_2 浓度增加对冬小麦品质性状的影响 [J] . 自然科学进展，14 (1)：111-115.

白玉龙，林作楫，金茂国，等 . 1993. 冬小麦品质性状与蛋糕、酥饼烘烤品质性状关系的研究 [J] . 中国农业科学，26 (6)：24-29.

北京中国农业大学作物育种教研室 . 1989. 植物育种学 [M] . 北京：北京农业大学出版社 .

曹承富，汪芝寿，孔令聪，等 . 1997. 氮素与密度对优质小麦产量和品质的影响 [J] . 安徽农业科学，25 (2)：115-117.

曹承富，孔令聪，汪建来，等 . 2004. 氮素营养水平对不同类型小麦品种品质性状的影响 [J] . 麦类作物学报，24 (1)：47-50.

曹卫星，郭文善，王龙俊，等 . 2005. 小麦品质生理生态及调优技术 [M] . 北京：中国农业出版社 .

邓志英，田纪春，刘现鹏 . 2004. 不同高分子量谷蛋白亚基组合的小麦籽粒蛋白组分及其谷蛋白大聚合体的积累规律 [J] . 作物学报，30 (5)：481-486.

范荣喜，胡承霖 . 1993. 小麦高产优质同步优化栽培模式 [J] . 安徽农业科学，21 (1)：28-34.

郭天财，马冬云，朱云集，等 . 2004. 冬播小麦品种主要品质性状的基因型与环境及其互作效应分析 [J] . 中国农业科学，37 (7)：948-953.

海江波，由海霞，张保军 . 2002. 不同播量对面条专用小麦品种小偃 503 生长发育、产量及品质的影响 [J] . 麦类作物学报，22 (3)：92-94.

侯国泉，Mark Kruck，Jin Petrusich . 1997. 面粉特性与中华方便面品质间关系的研究 [J] . 中国粮油学报，12 (3)：7-13.

贺明荣，杨雯玉，王晓英，等 . 2005. 不同氮肥运筹模式对冬小麦籽粒产量品质和氮肥利用率的影响 [J] . 作物学报，31 (8)：1047-1051.

胡承霖，谢家琦，范荣喜 . 1994. 综合栽培技术对小麦籽粒品质的调控作用 [J] . 安徽农业大学学报，21 (2)：151-156.

黄兴峰，马传喜，司红起，等 . 2003. 小麦品种高分子量谷蛋白亚基的组成分析 [J] . 安徽农业大学学报，30 (4)：377-381.

贾效成，于振文，张永丽 . 2001. 氮素不同底追比例对冬小麦品质和产量的影响 [J] . 山东农业科学 (6)：30-31.

贾振华，李华 . 1992. 施钾对提高小麦籽粒产量和蛋白质含量的初步研究 [J] . 北京农学院学报，7 (1)：5-14.

姜宗庆，封超年，黄联联，等 . 2006. 施磷量对不同类型专用小麦籽粒蛋白质及其组分含量的影响 [J] . 扬州大学学报：农业与生命科学版，27 (2)：26-30.

蒋春来，李淑芹，王东，等 . 2004. 生物有机肥对春小麦品质产量的影响 [J] . 东北农业大学学报，35 (5)：526-528.

蒋纪芸，翟允禔，杨惠侠 . 1991. 旱肥地小麦高产优质施肥问题的研究 [J] . 西北农业大学学报，19 (4)：12-17.

蒋跃林，张庆国，张仕定，等 . 2005. 大气 CO_2 含量增加对小麦籽粒营养品质的影响 [J] . 中国农业大学学报，10 (1)：21-25.

金善宝 . 1996. 中国小麦学 [M] . 北京：中国农业出版社 .

康立宁，魏益民，欧阳朝辉，等 . 2004. 小麦品种品质性状基因型因子分析 [J] . 西北植物学报，24

（1）：120-124.

兰静，王乐凯.2006.小麦蛋白质和淀粉与面条品质的关系［J］.粮食加工，31（4）：58-60.

李雁鸣，张立言，李振国.1996.春季肥水运筹对冬小麦籽粒产量和品质的影响［J］.河北农业大学学报，19（1）：1-6.

李永庚，于振文，张秀杰，等.2005.小麦产量与品质对灌浆不同阶段高温胁迫的响应［J］.植物生态学报，29（3）：461-466.

李永庚，于振文，梁晓芳，等.2005.小麦产量和品质对灌浆期不同阶段低光照强度的响应［J］.植物生态学报，29（5）：807-813.

李宗智.1984.小麦品质遗传改良［J］.国外农学·麦类作物（2）：6-9；（3）：4-6.

李宗智.1986.小麦品质的遗传［G］.全国小麦品质改良研讨班资料选编，53-70.

李保云，刘广田.2002.小麦高分子量谷蛋白亚基与小麦品质性状关系的研究［J］.作物学报，22（3）：33-37.

林作楫.1994.食品加工与小麦品质改良［M］.北京：中国农业出版社.

林作楫，雷振生，王乐凯.2006.我国小麦品质分类的探讨［J］.粮油食品科技，14（17）：6-8.

刘爱华，何中虎，王光瑞，等.2000.小麦品质与馒头品质关系的研究［J］.中国粮油学报，15（2）：10-14.

梁荣奇，张义荣，唐朝辉，等.2001.利用Wx基因分子标记辅助选择培育面条专用优质小麦［J］.农业生物技术学报，9（3）：269-273.

梁荣奇，张义荣，姚大年，等.2002.小麦淀粉品质改良的综合标记辅助选择体系的建立［J］.中国农业科学，35（3）：245-249.

梁荣奇，张义荣，唐朝辉，等.2002.糯性普通小麦的籽粒成分和淀粉品质研究［J］.中国粮油学报，17（4）：12-16.

刘宝存，孙明德，吴静，等.2002.硫素营养对小麦籽粒氨基酸含量的影响［J］.植物营养与肥料学报，8（4）：458-461.

刘建军，何中虎，赵振东，等.2002.小麦品种籽粒品质与干白面条品质关系的研究［J］.作物学报，28（3）：7-16.

刘广田.1985.有关小麦籽粒品质育种的几个问题［J］.北京农业科学（7）：13-17.

刘广田.1986.小麦品质育种目标、途径和方法［G］.全国小麦品质改良研讨班资料选编，1-52.

刘广田，庄巧生.1994.发展高产优质小麦，扩大专用面粉生产［M］//陈俊生.建设高产优质高效农业.北京：中国农业出版社.

刘广田，李保云.2003.小麦品质遗传改良的目标和方法［M］.北京：中国农业大学出版社.

刘广田.2003.我国小麦品质现状及小麦品质改良［R］//优质专用小麦保优节本规范化生产技术.

刘萍，郭文善，浦汉春，等.2006.灌浆期短暂高温对小麦淀粉形成的影响［J］.作物学报，32（2）：182-188.

刘万代，樊树平，晁海燕，等.2003.氮肥基追比对不同穗型优质小麦产量及品质的影响［J］.华北农学报，18（2）：56-59.

刘万代，朱云集，谭金芳，等.2005.沙薄地追施硫肥对小麦产量和品质的影响［J］.中国农学通报，21（11）：235-237.

马新明，王志强，王小纯，等.2004.不同形态氮肥对不同专用小麦叶片氮代谢及籽粒蛋白质的影响［J］.中国农业科学，37（7）：1076-1080.

毛凤梧，赵会杰，段藏禄.2001.潮土麦田施磷对小麦品质的影响初探［J］.河南农业大学学报，35（4）：400-402.

毛沛，李宗智，卢少源.1995. 小麦高分子量谷蛋白亚基对面包烘烤品质的效应分析［J］. 华北农学报，10（增刊）：55-59.

潘庆民，于振文.2002. 追氮时期对冬小麦籽粒品质和产量的影响［J］. 麦类作物学报，22（2）：65-69.

秦武发，李宗智.1989. 生态因素对小麦品质的影响［J］. 北京农业科学（4）：21-24.

石书兵，马林，石庆华，等.2005. 不同施氮时期对冬小麦子粒蛋白质组分及其动态变化的影响［J］. 植物营养与肥料学报，11（4）：456-460.

孙辉，刘广田.1998. 普通小麦谷蛋白大聚合体的含量与烘烤品质的相关关系［J］. 中国粮油学报，13（6）：13-14.

孙辉，姚大年，李保云，等.2000. 小麦谷蛋白大聚合体的影响因素［J］. 麦类作物学报，20（2）：23-27.

孙慧敏，于振文，颜红，等.2006. 不同土壤肥力条件下施磷量对小麦产量、品质和磷肥利用率的影响［J］. 山东农业科学（3）：45-47.

孙彦坤，王丽娟，严红.2003. 籽粒灌浆过程气候因子对不同品质类型春小麦产量和蛋白质含量的影响之三：光照的影响［J］. 中国农业气象，24（3）：5-6.

田纪春，张忠义，梁作勤.1994. 高蛋白和低蛋白小麦品种的氮素吸收和运转分配差异的研究［J］. 作物学报，20（1）：76-83.

万富世，王光瑞，李宗智.1989. 我国小麦品质现状及其改良目标初探［J］. 中国农业科学，22（3）：14-21.

王晨阳，郭天财，彭羽，等.2004. 花后灌水对小麦籽粒品质性状及产量的影响［J］. 作物学报，30（10）：1031-1035.

王春乙，郭建平，崔读昌，等.2000. CO_2 浓度增加对小麦和玉米品质影响的实验研究［J］. 作物学报，26（6）：931-936.

王东，于振文，王旭东.2003. 硫素对冬小麦籽粒蛋白质积累的影响［J］. 作物学报，29（6）：878-883.

王东，于振文，张永丽，等.2003. 收获时期对优质强筋冬小麦籽粒产量和品质的影响［J］. 山东农业科学（5）：6-8.

王法宏，赵君实，荆淑民，等.1997. 小麦不同类型品种的籽粒产量及品质在不同生态区的表现［J］. 莱阳农学院学报，14（2）：100-104.

王光瑞，林晓曼，曾浙寄，等.1999. 我国小麦主要优良品种的面包烘烤品质研究［C］//庄巧生论文集. 北京：中国农业出版社.

王光瑞，周桂英，王瑞.1997. 烘烤品质与面团形成和稳定时间相关分析［J］. 中国粮油学报，12（3）：1-5.

王立秋，靳占忠，曹敬山.1996. 氮肥不同追肥比例和时期对春小麦籽粒产量和品质的影响［J］. 国外农学·麦类作物（6）：45-47.

王立秋，靳占忠，曹敬山，等.1997. 水肥因子对小麦籽粒及面包烘烤品质的影响［J］. 中国农业科学，30（3）：67-73.

王绍中，季书勤，刘发魁，等.1995. 小麦品质生态及品质区划研究 II. 生态因子与小麦品质的关系［J］. 河南农业科学（11）：3-6.

王渭玲，张冀涛.1996. 旱地分期施用氮肥对小麦产量和品质的影响［J］. 干旱地区农业研究，14（2）：41-44.

王小燕，于振文.2005. 不同小麦品种主要品质性状及相关酶活性研究［J］. 中国农业科学，38（10）：

1980 - 1988.

王旭东，于振文，王东 . 2003. 钾对小麦旗叶蛋白水解酶活性和籽粒品质的影响 [J] . 作物学报，29
　（2）：285 - 289.

王旭东，于振文，石玉，等 . 2006. 磷对小麦旗叶氮代谢有关酶活性和籽粒蛋白质含量的影响 [J] . 作
　物学报，32 （3）：339 - 344.

王珏，杜金哲，胡尚连，等 . 2004. 不同形态氮肥对春小麦籽粒沉淀值的调节作用 [J] . 莱阳农学院学
　报，21 （1）：53 - 55.

王育红，姚宇卿，吕军杰，等 . 2006. 水分调控对强筋小麦产量和品质影响 [J] . 干旱地区农业研究，
　24 （6）：25 - 28.

王月福，陈建华，曲健磊，等 . 2002. 土壤水分对小麦籽粒品质和产量的影响 [J] . 莱阳农学院学报，
　19 （1）：7 - 9.

王月福，于振文，李尚霞，等 . 2002. 土壤肥力对小麦籽粒蛋白质组分含量及加工品质的影响 [J] . 西
　北植物学报，22 （6）：1318 - 1324.

王月福，于振文，李尚霞，等 . 2002. 施氮量对小麦籽粒蛋白质组分含量及加工品质的影响 [J] . 中国
　农业科学，35 （9）：1071 - 1078.

王兆荣，吴秀清，侯中田，等 . 1994. 黑土培肥效果的定位研究Ⅲ . 不同培肥途径对作物产量和品质的影
　响 [J] . 东北农业大学学报，25 （3）：209 - 213.

王宪泽，李菡，于振文，等 . 2002. 小麦籽粒品质性状影响面条的通径分析 [J] . 作物学报，28 （2）：
　240 - 244.

魏文学，徐驰明 . 1998. 钼营养与冬小麦籽粒蛋白质和氨基酸组成的关系 [J] . 华中农业大学学报，17
　（4）：364 - 368.

魏益民，康立宁，欧阳朝辉，等 . 2002. 小麦品种品质性状的稳定性研究 [J] . 西北植物学报，22 （1）：
　90 - 96.

吴东兵，曹广方，强小林，等 . 2003. 西藏和北京异地种植小麦的品质变化 [J] . 应用生态学报，14
　（12）：2195 - 2199.

吴国梁，崔秀珍，宋小顺，等 . 2004. 不同土壤肥力条件下施氮量对强筋小麦产量和蛋白质组分的影响
　[J] . 河南农业科学，10：46 - 49.

吴秀菊，李文雄，胡尚连 . 2005. 春小麦醇溶蛋白 α、β、γ、ω-组分积累规律及氮素调节效应 [J] . 中
　国农业科学，38 （2）：277 - 282.

吴兆苏 . 1985. 小麦品质改良问题 [J] . 作物杂志 （1）：1 - 3.

吴兆苏 . 1990. 小麦育种学 [M] . 北京：农业出版社 .

吴兆苏，张树榛，刘广田 . 1995. 作物育种学各论 [M] . 北京：中国农业出版社 .

徐立新，赵会杰，郭占玲，等 . 2003. 灌浆期喷施钼、锌、镁肥对小麦品质的影响 [J] . 河南农业大学
　学报，37 （3）：217 - 218，223.

徐兆飞，张惠叶，张定一 . 1999. 小麦品质现状及其改良 [M] . 北京：气象出版社 .

杨金，张艳，何中虎，等 . 2004. 小麦品质性状与面包和面条品质关系分析 [J] . 作物学报，30 （8）：
　739 - 744.

姚大年，李保云，朱金宝，等 . 1999. 小麦品种主要淀粉性状及面条品质预测的研究 [J] . 中国农业科
　学，32 （6）：84 - 88.

姚大年，李保云，梁荣奇，等 . 2000. 小麦品种面粉黏度性状及其在面条品质评价中的作用 [J] . 中国
　农业大学学报，5 （3）：25 - 29.

姚金保，Edward Souza，马鸿翔，等 . 2010. 软红冬小麦品质性状与饼干直径的关系 [J] . 作物学报，

36（4）：695-700.

叶一力，何中虎，张艳.2010.不同加水量对中国白面条品质性状的影响［J］.中国农业科学，43（4）：795-804.

尹静，胡尚连，肖佳雷，等.2006.不同形态氮肥对春小麦品种籽粒淀粉及其组分的调节效应［J］.作物学报，32（9）：1294-1300.

于振文，张炜，余松烈.1996.钾营养对冬小麦养分吸收分配、产量形成和品质的影响［J］.作物学报，22（4）：442-447.

于振文，王月福，王东，等.2001.优质专用小麦品种及栽培［M］.北京：中国农业出版社.

于振文.2007.小麦产量与品质生理及栽培技术［M］.北京：中国农业出版社.

翟凤林.1992.作物品质育种［M］.北京：中国农业出版社.

张怀刚.1994.青海高原春小麦籽粒品质特点［M］//陈集贤.青海高原春小麦生理生态.北京：科学出版社.

张会民，刘红霞，王留好，等.2004.钾锰配施对旱地冬小麦植株养分含量及产量和品质的影响［J］.西北农林科技大学学报：自然科学版，32（11）：109-113.

张会民，刘红霞，王林生，等.2004.钾对旱地冬小麦后期生长及籽粒品质的影响［J］.麦类作物学报，24（3）：73-75.

张建华，姬虎太，冯美臣，等.2006.灌浆期喷施微肥对小麦临优2018产量及品质的影响［J］.陕西农业科学（5）：6-7.

张军，许轲，张洪程，等.2004.氮肥施用时期对弱筋小麦宁麦9号品质的影响［J］.扬州大学学报：农业与生命科学版，25（2）：39-42.

张岐军，张艳，何中虎，等.2005.软质小麦品质性状与酥性饼干品质参数的关系研究［J］.作物学报，31（9）：1125-1131.

赵辉，戴廷波，荆奇，等.2006.灌浆期高温对两种品质类型小麦品种籽粒淀粉合成关键酶活性的影响［J］.作物学报，32（3）：423-429.

赵辉，戴廷波，荆奇，等.2005.灌浆期温度对两种类型小麦籽粒蛋白质组分及植株氨基酸含量的影响［J］.作物学报，31（11）：1466-1472.

赵会杰，段藏禄，毛凤梧.2003.小麦品质形成机理与调优技术［M］.北京：中国农业科学技术出版社.

赵广才，常旭虹，刘利华，等.2006.施氮量对不同强筋小麦产量和加工品质的影响［J］.作物学报，32（5）：723-727.

赵广才，万富世，常旭虹，等.2006.不同试点氮肥水平对强筋小麦加工品质性状及其稳定性的影响［J］.作物学报，32（10）：1498-1502.

赵广才，万富世，常旭虹，等.2007.强筋小麦产量和蛋白质含量的稳定性及其调控研究［J］.中国农业科学，49（5）：895-901.

赵广才，常旭虹，刘利华，等.2007.不同灌水处理对强筋小麦籽粒产量和蛋白组分含量的影响［J］.作物学报，33（11）：1828-1833.

赵广才，万富世，常旭虹，等.2008.灌水对强筋小麦籽粒产量和蛋白质含量及其稳定性的影响［J］.作物学报，34（7）：1247-1252.

赵广才，常旭虹，杨玉双，等.2010.追氮量对不同品质类型小麦产量和品质的调节效应［J］.植物营养与肥料学报，16（4）：859-865.

赵乃新，王乐凯，陈爱华，等.2003.面包烘烤品质与小麦品质性状的相关性性［J］.麦类作物学报，23（23）：33-35.

赵乃新，王乐凯．2006．馒头与小麦品质关系的研究［J］．粮食加工，31（4）：55 - 57．

赵首萍，胡尚连，杜金哲，等．2004．硫对不同类型春小麦湿面筋和沉降值及氨基酸的效应［J］．作物学报，30（3）：236 - 240．

赵淑章，季书勤，王绍中，等．2004．不同类型土壤与强筋小麦品质和产量的关系［J］．河南农业科学（7）：52 - 53．

朱金宝，刘广田．1996．小麦籽粒高低分子量谷蛋白亚基及其与品质关系的研究［J］．中国农业科学，29（1）：34 - 39．

朱明哲，吴国梁，翟素琴，等．2004．三种土壤基础肥力不同施氮量对优质小麦产量及品质的影响［J］．河南职业技术师范学院学报，32（2）：15 - 18．

朱新开，郭文善，周君良，等．2003．氮素对不同类型专用小麦营养和加工品质调控效应［J］．中国农业科学，36（6）：640 - 645．

Lin Z J，Miskelly D M，Moss H J．1990．Suitability of Various Australian Wheat for Chinese-steamed Bread［J］．Journal of the Science of Food and Agriculture（53）：203 - 213．

第三章　小麦加工与产需分析

第一节　小麦加工

20世纪50年代以来，全球小麦产业链得到了极大的发展和延伸，以面粉工业规模化、集约化的进程和大型食品加工业的形成为契机，促进了世界小麦产量增加和品质改善。谷物深加工科学技术的进步，新设备、新工艺的出现，自动化程度的提高，也使小麦得到更加充分的利用。

了解小麦加工的科技进步和发展状况，熟悉小麦加工业对于各类小麦的品质特性、加工特性、食用及营养特性的一般要求和特殊要求，深化优质专用小麦育种与栽培技术的研究，满足市场需求，对促进小麦产业链的可持续发展有重要意义。

一、加工业概况及发展趋势

制粉工业是小麦的一次加工业，其目的是将籽粒中的胚乳、麦麸和麦胚分离，并将胚乳磨细筛分成面粉，用以制成各种面制食品。同时，副产品麦麸和麦胚也能更为集中有效地利用。

从人类种植小麦以来，使用石臼、石磨等原始手段加工小麦成面粉经历了悠久的历史时期。直到19世纪中叶辊式磨粉机和多层式筛粉机的出现，引起小麦制粉业设备和工艺的革命性变革，极大地提高了生产力和效率。又经历一百多年的科技进步，至今用于小麦清理的除杂、润麦；小麦制粉的磨研、筛分和提纯设备及工艺又有了重大变化，科技水平极大提高，但加工小麦成为面粉的基本目标没有改变，加工设备和工艺的基本原理也得以保持。我国作为世界第一小麦生产国和消费国，拥有庞大的小麦加工能力和一批具有先进科技水平的面粉厂，小麦加工机械设备的生产总量也在世界上占有重要地位。

小麦粉制食品以花色品种繁多著称，其中最大宗的面条类，就有拉、切、削和挤出成型等多种手工制作方式，其基本原理及操作方法至今仍是机械化制面工业的基础。遍布全国不同地域的馒头、馍、馕、饼等蒸制或烤制食品广受人们喜爱。随着我国经济发展，小麦粉食品加工业欣欣向荣，已经成为小麦加工业的重要组成部分，形成了以方便面、挂面、冷冻水饺、包子、馄饨等蒸煮食品的工业化生产和面包、饼干、蛋糕等焙烤食品的规模化生产。遍布城乡或进入超级市场的现制现售饼屋和中央厨房，也为广大消费者提供多种面制食品，呈现一派全新格局。

（一）主产区与面粉"产地加工"为主的布局

我国主产小麦的10省（自治区）播种面积占到全国小麦播种总面积的80%，产量占全国总产量的90％以上。分布在小麦主产区的面粉厂打破了仅供本地区需求的局限，转变为面向全国市场。颇具规模的一批面粉厂，经过从小到大、从弱到强的发展和集约化程度的提高，有些大型面粉工业集团的日加工能力已高达数千吨或万吨小麦。

我国面粉工业布局是以"一片两线"为主（图3-1）。"一片"是指位于冀、鲁、豫、皖、苏5省主产区的新建、整合、兼并和集约化的面粉厂，即图3-1中所示颜色最深，面粉厂分布最为密集的地区。这些面粉厂得益于主产区小麦价格优势，在全国面粉工业中居于主导地位；"两线"中的一"线"是指沿陕、甘、宁、内蒙古和新疆产麦区布点的一批面粉厂，分布延伸至西北；而呈新月形的另一"线"，则是指沿海岸线城市布点的一批面粉厂，主要面向较发达的大中城市市场。

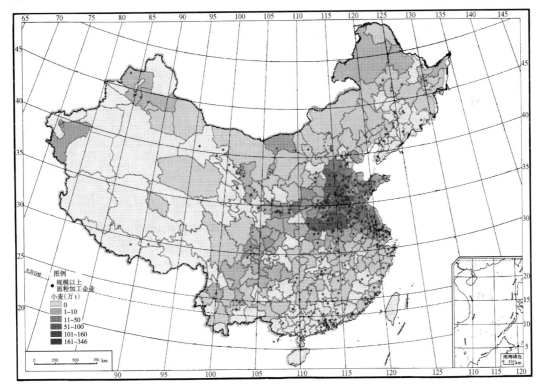

图3-1 我国以地区为单位面粉厂分布概图（截至2002年）

（说明：本图以2002年各省、自治区、直辖市年鉴为主形成小麦产量按地区的分布，

并叠加规模以上面粉加工企业分布）

21世纪的最初10年，我国面粉工业的集约化程度又有所提高。据国家粮食局2009年度《粮油加工业统计报告》的数据，入统面粉加工企业达到2 787家，年加工能力为12 167万t小麦。入统企业年度小麦粉实际总产量为5 532.7万t，如按小麦平均出粉率高于70％折算，实际加工小麦约7 500万t以上。与我国年总消费面粉6 500万～7 000万t的实际水平相比约占80％（表3-1）。其余部分的小麦制粉应是由未能纳入统计中的面粉厂和分散各产区的小型厂（机组）加工的。

从2005年和2009年的对比看出（表3-1），虽然入统企业厂家数相近，但2009年入统面粉厂总产量达5 532.7万t，而2005年仅为3 480万t。从面粉厂的集约化程度来看，

2009 年全国日加工小麦 1 000t 以上的面粉厂（集团）达 50 家，而 2005 年仅为 26 家；相反，日加工能力 100t 以下的厂家明显减少，日产能 200～400t 的面粉厂家数增加，其产能占全部入统企业总产能的近一半，仍是我国面粉工业的主力。不容忽视的众多小型厂（机组）以"两代一换"——代农储麦、代农加工、以麦换面的方式为麦农服务。呈现面粉加工业大中小型并存的格局。

表 3-1　我国入统小麦粉加工企业数量、规模和实际产量

（国家粮食局）

年度	入统企业数	按日加工能力分（t/d）							加工小麦能力（万 t/年）	实际面粉产量（万 t）
		<30	100		100～200	200～400	400～1 000	≥1 000		
			30～50	50～100						
2005	2 815		1 848		517	310	114	26	8 090	3 480
2009	2 786	307	351	632	672	562	212	50	12 167	5 332.7

近年来各种等级面粉和专用粉的比例基本保持相对稳定（表 3-2）。其中包括各精度等级的通用小麦粉（特制一等、特制二等和标准粉）合计占总产量的 80% 以上，精度较高的面粉所占的比例趋大，而专用小麦粉仅占总量的 10%。这一方面反映了我国小麦粉消费仍以通用粉为主的现实和不同层次消费水平对面粉精度的市场需求；另一方面也反映了我国面制食品加工业仍欠发达，专用粉的比例仍然较低。

表 3-2　2009 年入统企业各类各等级小麦粉产量和所占百分比

	特一粉	特二粉	标准粉	全麦粉	专用粉	营养强化粉	其他	总计
产量（万 t）	2 465	1 422.4	837	50.9	551.5	21.6	184.3	5 532.7
%	44.6	25.7	15.1	0.9	10	0.4	3.3	100

（二）面制食品和综合利用现状

小麦制粉工业是小麦的一次加工业。小麦二次加工业主要包括两个方面：一是小麦粉加工成各种食品；二是以小麦或小麦粉、麦胚/麦麸为原料的综合利用深加工业。

1. 小麦粉食品　小麦粉制品是我国城乡居民，特别是北方居民的传统主食品。其中蒸制类的馒头、包子等和煮制类的面条、水饺等是消费量最大的主食品，据估算，约占到全国小麦粉消费总量的 2/3 以上。随着改革开放进程和生活水平的提高，西方各种烘焙类食品也越来越受国人青睐，各种主食面包、花色面包，以及饼干、蛋糕、比萨饼等日益增加市场份额。但就其占小麦粉消费总量的比例仍然较低，估算约占小麦粉总量的不足 5% 用于面包制作；饼干类用小麦粉略多，约占总量的 7%。

我国面食品工业与发达国家相比规模尚小，产业化程度不高。特别是麦农自己消费的主食品仍以家庭手工制作为主，工业生产的面制品除方便面、挂面和饼干外，尚难以在农村市场普及。

（1）方便面和挂面类煮制食品　我国方便面产量居世界第一位，2009 年产量达到 431.16 亿包（份），已经超过世界总产量的 50%，总销售额达 443.18 亿元。如按每包

（份）需 80g 小麦粉计算，每年需原料面粉 350 万 t 以上，折合需用面条小麦 500 万 t。近年来，我国方便面产业处于稳步发展时期，其中中档面仍为消费主体，约占总产量的2/3，高档容器面的比例逐步提高。

2009 年我国挂面产量以入统的 22 家大型企业计达到 160 万 t，总销售额达到 55.78 亿元。以所需同等数量的小麦粉计算，加上小企业的需量，约需面粉 200 万 t，折合小麦接近 300 万 t。近年来，挂面企业在市场开发方面做出了不懈努力，如蔬菜、骨汤、杂粮挂面等广受消费者欢迎。以上两大产业，年需原料小麦 800 万 t 左右，是我国需用小麦粉最大的面制品产业。此外，我国的非油炸、小麦杂粮混配和新工艺方便面及其他面制品正在进行市场开拓，尽管在总量上仍不足 5%，但具有一定的市场前景。冷冻食品中的饺子、馄饨等面制品也占有一定比例。

（2）馒头和包子类蒸制食品　馒头是我国最大消费量的面制食品，据估算，我国年消费面粉总量中约占 1/3 用于制作蒸制食品。主食馒头品种类别繁多，大致分为北方和南方两大馒头类型。北方馒头比容较低，干物质含量高，口感偏硬；南方馒头则相反，偏于松软，弹柔性好。

由于馒头的水分含量高，没有面包烘焙后的较硬外表皮，即使在常温下也容易产生霉菌，不利于储存和保管，目前仍难于进入现代物流链。因此，仍以手工或小型作坊现制现售为主。进入 21 世纪以来，馒头生产线的科技开发有了极大进展，具有先进的光机电一体化的高水平馒头生产线，包括防菌防霉冷却包装的设备已经出现，为馒头等蒸制类食品进入物流链打开了局面，具有普及推广的巨大潜力。

加馅的蒸制食品——包子品种更加多种多样，主要有蔬菜包、果馅包和肉类海鲜包等。其小麦粉外皮的加工与主食馒头大致相同，唯北方包子的外皮比主食馒头面团要软，便于包馅加工。

（3）面包饼干类等烘焙食品　近年来，我国饼干行业发展非常迅速，增长速度在食品行业居领先地位。包括硬脆的韧性饼干、发酵饼干和酥性饼干、曲奇饼干等各类新产品不断涌现。超市饼屋和连锁饼屋的出现，使生日蛋糕和各种现制现售蛋糕得到极大普及。蛋糕生产线生产的小包装点心蛋糕和西点果馅饼（派）、蛋挞及面包圈等各种以弱筋面粉为主料的食品也受到消费者的欢迎。

我国传统烤制饼类，大多仍处于现制现售作坊加工。

2. 小麦深加工综合利用　随着谷物加工的科技进步，通过干法、湿法或酶解等发酵工程、生物工程手段，对谷物籽粒的不同组分进行分离、重组和转化，然后分别加以利用和增值，这就是谷物的综合利用精深加工业。

小麦与其他谷物一样，其籽粒的不同组分具有综合利用价值。小麦胚乳富含淀粉和蛋白质；麦麸富含膳食纤维，也含有低聚糖成分；麦胚比例虽小，麦胚油却富含具有功能性的维生素 E。湿法分离技术生产的小麦淀粉，可以转化成为淀粉糖，或通过改性修饰生产多种变性淀粉。与其他淀粉源一样，小麦淀粉经发酵工程能生产酒精、氨基酸和多种衍生产品，成为重要的生物能源和营养源。小麦谷朊粉（活性面筋粉）是重要的面粉增筋剂和食品添加剂。麦麸富含营养素，通过深加工可以制成膳食纤维、多糖或用于全麦食品；麦胚加工后分离出的蛋白质和油以及维生素 E 都是功能性食品。

以小麦为原料的综合利用精深加工有广阔的前景，其产品具有极大的增值潜力和空间。但由于我国小麦总产量和供需总量平衡以及价格方面的原因，目前在谷物深加工原料中所占比例仍很低。

（三）加工业发展趋势

首先，就年度需求和加工总量进行粗略预测。根据国际谷物委员会（IGC）的统计数字，当前我国年食用面粉总量比20世纪90年代呈缓慢下降趋势，约为6 500万t，折合小麦约8 600万t左右。由于食用小麦粉总量受人口增长和人均消费量两方面因素的影响，随着我国经济发展和生活水平的提高，恩格尔系数的降低，预计谷物食品直接摄入量会保持一定水平，但饲用粮会显著增加。因此，小麦粉的食用需求量有可能保持相对稳定，预计面粉工业的年加工量增幅不会很大。

其次，展望面粉工业科技进步和集约化规模化的进展趋势。目前我国面粉加工业处于大中小型厂并存的格局，其中，现代化的大型面粉厂拥有先进的设备和工艺，实现计算机可编程控制，具有很强的适应性和加工各种通用和专用小麦粉的能力，是我国面粉工业的骨干力量；中型面粉厂为数众多，是我国小麦加工业的主体，这些厂的科技进步和集约化程度会稳步提高；遍布城乡的小型面粉厂虽然设备工艺滞后，其优势是直接为"三农"服务，仍然有自己的生存空间。随着今后我国经济发展和城镇化水平的提高，大型面粉集团优势明显，预计对小型加工厂的整合、兼并和集约化进程将会加快。

第三，展望面粉加工装备制造水平的提高。我国作为面粉工业大国，加工设备需用量大，年产总机台量已居世界制造大国之列。随着近年来外资、合资以及机械行业的科技进步，国产面粉设备的加工精度和制造水平与国际先进水平的差距在不断缩小，我国面粉工业集约化和新建、技术改造的需要，将会加快小麦加工业的科技进步和设备工艺的创新。

我国的面制食品工业仍然会是以传统蒸煮类食品为主。其中，馒头、包子保鲜储存技术"瓶颈"的突破，货架期的适当延长将为产业化的实现打下基础，使其纳入现代物流的渠道，进入千家万户。已经形成产业化的面条工业将会得到进一步发展和提高。

二、小麦制粉设备与工艺

现代化面粉厂加工工艺由原料接收入仓开始，至成品面粉和副产品出厂止，由小麦清理、制粉和面粉后处理三部分组成。

（一）清理和润麦

小麦清理的基本目的是清除杂质和实现小麦加工前的制备，即进行水分调节（润麦）。

小麦清理的传统方式是：人工操作竹篾筛、柳条簸箕等简单工具，以"筛、簸、扬、拿"等手工方式去除小麦中的杂质。此外，小麦还需要加水或漂洗历时一昼夜的"润麦"后才可以加工磨面。这种历经久远的传统清麦方法和润麦过程实际上就是现代化面粉厂小麦清理工艺中的筛选、去石、风选、精选和洗麦、润麦各道工序的原始形态，经过长时期的演变，由传统的手工操作发展成为完全自动化的连续作业。特别是20世纪50年代以来现代科技和装备的应用，使清麦和润麦工序更加简化和高效。小麦清理和润麦已经成为面粉厂确保产品安全卫生，保持生产和成品质量稳定，满足消费者和食品厂需求，以及用最低成本获得最大效益的关键环节。

国家标准《小麦粉》（GB1355）对小麦粉的纯度给予高度重视，特别规定了沙石含量、磁性金属含量等具有我国特色的指标，这就要求清麦工序必须配备足够的设备和合理的工艺。随着食品工业的发展，为保证消费者的食用安全和延长货架期，对面粉的卫生指标要求不断提高。因此，对于小麦清理的要求也会越来越严格。

1. 清理的原理和方法　在小麦生长、收割、脱粒、运输、储藏过程中不可避免地混入不适宜于加工制粉的杂质，主要有三类：不完善粒，即指有虫蚀、病斑、黑胚、破损、生芽、生霉粒等；无机杂质，如沙石、砖瓦及金属等；有机杂质，包括异品种粮、草籽、秸秆、麦壳、绳串、席篾等。所有这些杂质应在加工制粉前清理干净。

小麦清理设备具有清除杂质和清洁麦粒表面两方面功能。除杂设备的原理是利用小麦与杂质的物理特性的差异将二者分离，主要有：

（1）筛选　利用麦粒与杂质之间粒度的差别，在麦粒与筛板的相对运动中，借助筛孔除去与小麦粒度不同的杂质。筛选设备主要有圆筒初清筛、平面回转筛、高速振动筛和借助麦粒重力自流的溜筛等。

（2）风选　物体在气流中处于悬浮状态时的气流速度称为"悬浮速度"，以 m/s 表示。风选的原理是利用麦粒与杂质之间，或麦粒与不同品种谷粒之间在空气中悬浮速度的差异，借助气流除杂或进行粒度分级。风选设备主要有吸风分离器等。20 世纪 90 年代出现利用循环风力的风选器，使所需风量大大减少，不但降低了风机的能源消耗，也减少了除尘过滤面积。

（3）比重分选　利用麦粒与杂质之间，或麦粒与不同品种谷粒之间比重的差异去除杂质或分级麦粒。干法比重分选是借助气流和筛面的作用去石或分级，如去石机、重力分级（去石）机等；湿法比重分选是水洗小麦去除沙石或重物，如洗麦（去石）机等。由于洗麦时的污水处理问题，目前已较少采用，大多采用干法清麦工艺。

（4）磁选　利用磁力吸出麦流中的磁性金属物，如永磁滚筒等。

（5）精选　利用麦粒与其他品种谷粒之间形状或长度的差别分离出杂质，如滚筒精选机、盘片精选机。前者是在旋转的滚筒内表面，后者是在圆盘形盘片表面上预铸"袋孔"，当小麦流过时，与麦粒长度不同的杂质或其他谷粒会嵌入袋孔使二者分离。螺旋精选机则利用圆形草籽与小麦在倾斜表面上滚动轨迹的不同使二者分离。

（6）色选　色选机利用光电原理区分并清除与麦粒色泽不同的黑斑粒、有色谷粒或杂质。

清洁麦粒表面设备是为除去麦毛及黏附于麦粒表面的灰尘或秽物，借助打击、撞击、摩擦或刷理麦粒表面来实现，如打麦机、擦麦机、刷麦机等。打刷小麦的打板或刷帚转子外部均配备有适当筛孔的金属板，经打、撞、擦、刷麦粒后碎麦及杂质、灰尘等被筛分或经风选方式去除。

现代小麦清理设备，大多是利用上述除杂和精选几种方式的组合，清除小麦杂质或清洁麦粒表面。组合式清麦设备的利用简化了小麦清理流程，减少清麦车间建筑面积，提高清理效率并降低能源消耗。

2. 配麦及水分调节（润麦） 小麦制粉工艺要求进入第一道制粉工序的小麦不但要清洁，而且要品质稳定、水分稳定，这就需合理的配麦和水分调节才能实现。小麦搭配是面粉厂根据不同用途面粉的质量特性，达到所需技术指标的根本保证，也是稳定生产、降低成本的重要环节。

（1）小麦搭配的原则 配麦工序应针对客户对面粉的质量要求，根据加工不同面粉的特性，按照小麦的冬/春、红/白、软/硬类型合理配比。尤其是加工"强筋"、"弱筋"小麦粉时，应注意同品质、异品种小麦的配比，才能保证小麦粉质量的稳定性。选用小麦，应做到"因材施用"，避免"优材劣用"，以最低成本选准原料小麦是面粉厂的基本功之一。

在清理工序前进行配麦，称为毛麦配麦；在小麦着水润麦后配麦，称为净麦配麦。为充分利用仓容和易于掌握润麦时间，现大多采用毛麦配麦。

（2）毛麦仓和润麦仓 一般为水泥或钢结构的圆柱形或方形仓体，二者都应有与生产能力相匹配的配麦和润麦仓容。为防止小麦入仓时产生自动分级现象，在麦仓入口处安装锥形分流器，使小麦分流入仓。为防止小麦出仓时中心部分首先流出造成的自动分级，采用仓底多出口，克服后入仓的小麦反而先出仓的现象，保证小麦"先入先出"，这对保证润麦时间均衡和水分稳定尤其重要。

（3）配麦器 为实现配麦比例准确，在每个仓下均装有配麦器。配麦器有容积式和重力式两种，前者为机械传动，结构简单，配麦时按小麦容积由人工设定比例和流量。如换仓及变更配比，需人工重新设定。后者则由麦流经重力冲击传感板的冲力大小转换为电信号，反馈控制气动仓门关/开，保持出仓流量的稳定和配麦比例的准确。需调节流量和配比时，可在控制台遥控设定。

（4）水分调节 通过水热处理的方法改善小麦加工品质和食用品质的方法称为小麦的"水分调节"或"润麦"。根据我国所处纬度和气候条件，绝大多数地区的面粉厂只需对小麦进行常温水分调节就能满足工艺条件，可节约热水所需的能源。处于高纬度和高寒地区的面粉厂，根据需要进行水热处理。

（5）着水机 小麦的加水量因原麦水分、目标水分的不同而异。常规着水机是由一水平或倾斜向上的螺旋输送机（绞龙）推动并搅拌小麦，同时用节门控制加水量。经过一定的搅拌后，水分均匀地附着在麦粒表面并进入润麦仓，在仓中静置一定时间润麦。自动着水机的基本结构与人工设定的着水机相同，但在绞龙上的小麦入口处以"电容法"或"射线法"自动连续检测原麦水分含量，与设定的目标水分进行比较后计算加水量，并反馈到加水节门增加/减少加水量，实现自动着水。

（6）润麦过程 小麦着水后润麦开始，先是麸皮，然后是糊粉层和胚乳吸水膨胀。随着时间的推移，由于麦胚、麦麸和胚乳吸水顺序、吸水速度和能力、膨胀系数的不同，使麦粒中三部分的结合力发生位移、松动和变化，一方面使胚乳内出现裂纹，结构疏松便于碾磨成粉；另一方面，麦麸吸水后变得更加柔韧，在碾磨时不易破碎，这是小麦制粉所需要的最佳制备状态。

（7）润麦时间 因小麦品质和环境温度而异。一般掌握在24h左右，加工硬麦或冬季低温时需要更长的润麦时间；反之，加工软麦或夏季高温时则可适当缩短润麦时间。

3. 小麦清理工艺流程　小麦清理工艺流程（也称"麦路"）是指清除杂质、清洁麦粒表面、按照比例配麦、完善水分调节，实现小麦制粉前制备的全过程。

小麦在毛麦仓配麦后的输送是由斗式输送机垂直提升，由刮板机或螺旋输送机水平输送，在溜管内靠重力自上而下流动。流经各道计量、清理、着水设备，在润麦仓内静置进行水分调节后完成制备，最终被输送到制粉工序。

（1）**计量**　清麦车间第一道计量秤对于稳定流量，发挥清理效率以及计算毛麦出粉率是重要的。可选用电子秤或机械秤，两种秤都是将小麦的连续流变为断续流，因此要装秤下缓冲仓，才能使清理设备流量保持连续和稳定。机械秤由于结构较复杂维修难度大，现多被电子秤取代。

（2）**毛麦清理**　小麦在着水润麦前的清理称为毛麦清理，或第一次清理。根据产能需要和所用小麦的含杂量多少配备适当的设备台数和道数，如安排一/二道筛选，一/二道去石和打麦。

（3）**小麦分级**　重力分级的作用是更好地提高设备效率。重力分级去石机将麦流中的沙石去除，同时将约占总流量70%的较重麦粒和30%的较轻麦粒分开。重粒中可能仍含有沙石，可再次经一道去石；轻粒中会含有轻杂、草籽和长粒谷物。由于经过分级机后的轻粒只有总流量的30%，所需精选机既能减少台数，又能充分发挥效率。

（4）**净麦清理**　小麦在润麦出仓后的清理称为净麦清理，或第二次清理。此时的流量与制粉工序同步，一般设一筛、一打，必要时增加一道去石。

（5）**二次着水**　当加工特别硬质的小麦或原麦水分含量特别低，在寒冷的条件下可能需要二次着水。经过第一次着水润麦后的小麦，再次提升进入第二次着水机和麦仓，再次润麦许多小时后才能达到目的水分含量和最佳制粉条件。此时，一次着水可采用常规着水机，二次着水采用自动着水机能准确达到目标水分。

（6）**喷雾着水**　在净麦入磨前于绞龙上再增加一次喷雾着水，能增加麸皮的湿润度和韧性。喷雾着水加水量约为麦量的0.5%，润麦时间30～40min。

（7）**通风除尘**　是清麦流程的组成部分。具有两方面的功能：一方面，适当风压和充足风量的风机为风选设备提供所需空气；另一方面，吸风系统使全部清麦设备和输送设备处于负压状态以防止粉尘飞逸，保持清洁卫生。除尘过滤设备杜绝含尘空气的排放，使现代化面粉厂实现"一尘不染"。

（8）**下脚处理**　对杂质、异品种谷粒、麦毛、麦土等分类存放，并配备处理及包装设施。

（二）制粉

小麦制粉是将麦粒中的胚乳、麦胚和麦麸尽可能地分离，并将胚乳研磨成一定精度和粒度面粉的工艺过程。通过对麦粒的破碎、研磨或撞击后进行风选和筛分，使麦渣和麦麸精细分离（清粉），然后将不同粒度的纯净麦渣和麦心碾磨成面粉。这一干法分离工艺仅改变小麦各组分的物理形态，其自身化学特性、和面后的面团流变学特性与食用品质均基本保持不变。

1. 小麦的加工特性　麦粒的一端是麦胚，约占麦粒重量的2%～3%，其余部分是主要由淀粉组成的约占 81%～83% 的胚乳，由约占 14%～16% 的麦麸所包覆。虽然，经研磨或粉碎把麦粒加工成一定细度的全麦粉也可以制成各种食品，但绝大多数小麦制粉过程是分离出麦胚和麦麸，加工胚乳成精细的面粉。

麦粒的皮层分为 6 层，由表皮、外果皮、内果皮、种皮、珠心层和糊粉层组成。其中糊粉层是介于胚乳和麸皮之间的、富含维生素和矿物质，但又属色泽发暗、灰分含量很高的麸皮内层，在加工低等级粉（高灰分）时可以磨制到面粉中。

国家标准 GB1351—2008《小麦》规定了小麦根据粒质和皮色可分为 5 类：硬白麦、软白麦、硬红麦、软红麦和混合小麦。各等级小麦的质量要求，包括小麦中不完善粒、杂质和水分含量及色泽、气味等，其中容重为定等指标（表 3-3）。

表 3-3 GB 1351—2008 规定的小麦质量要求

等级	容重（g/L）	不完善粒（%）	杂质（%）		水分（%）	色泽、气味
			总量	其中矿物质		
1	≥790	≤6.0				
2	≥770					
3	≥750		≤1.0	≤0.5	≤13.5	正常
4	≥730	≤8.0				
5	≥710	≤10.0				
等外	<710	—				

GB 1351—2008 除规定了与小麦制粉特性相关的容重指标外，千粒重指标也与小麦加工特性有关。其定义为：

（1）容积重（容重） 小麦籽粒在单位容积中的质量，以（g/L）表示。

（2）千粒重 1 000 粒小麦的质量（g）。

这两项指标均与小麦出粉率呈正相关，其中尤以容积重与麦粒自身结构、形状（长宽比）有关，小麦颗粒越饱满出粉率越高。

（3）水分 小麦中水分质量占总质量的百分比（%）。毛麦水分含量越低，润麦时加水量增多，取得的经济效益越高。制粉过程中受研磨产生热量的影响，面粉水分会低于入磨麦的水分，称为"研磨损失"。

以下各项指标虽然未列入 GB 1351—2008，但也属于小麦加工特性的重要指标：

（4）灰分 小麦经高温灼烧，有机物被氧化消失后的残余物质量与灼烧前小麦样品质量的百分比（%）。小麦灰分与麦粒表面附着的无机灰尘的量有关，更与麦麸厚度、糊粉层含量及胚乳与麸、胚的比例有关，其中越接近麦粒内心的胚乳灰分含量越低，制成的面粉粉色越呈胚乳的白或乳白本色，但蛋白质含量较低。面粉灰分含量高，说明加工精度低，面粉中混入的麸屑或糊粉层越多，出粉率较高。

（5）蛋白含量 小麦蛋白含量越高，通常其面筋含量也高，但不能全面反映其筋力的强弱。加工后的小麦粉会低于小麦的蛋白含量称为"蛋白损失"。

（6）湿（干）面筋含量 面粉和水搅拌形成面团，在充足的水量中冲洗面团，其中的淀粉和水溶物被洗出分离，剩余的黏弹性胶体状物是湿面筋。其质量与面团质量之比

（％）是湿面筋含量；烘干后的质量是干面筋含量。面筋复合物主要由麦胶蛋白和麦谷蛋白组成，面筋含量高低和强弱是决定小麦粉筋力、分类和用途的最重要指标之一。

（7）小麦硬度指数　在规定条件下粉碎小麦样品，留存在筛网上的样品质量占测试样品质量的百分比，简称 HI。硬度指数越大，表明小麦硬度越高，反之表明小麦硬度越低。GB 1351—2008 附录 A 规定了硬度指数的测定仪器结构和主要技术参数。HI 尚未列入小麦分类规定等的指标要求。

此外，判定小麦加工特性和筋力强弱的指标还有面筋指数、沉淀值（cc）等。各项指标的检测方法应按照相关的标准执行。

2. 小麦制粉设备

主要设备：磨粉机，用于破碎、剥刮小麦及将麦渣、麦心研磨成粉；筛粉机，用于筛理麸片、麦渣/麦心、粗粉和面粉，完成麦麸、麦胚与面粉的分离；清粉机，用于精选分离细麸细渣，保证面粉的加工精度。

辅助设备：撞击机和松粉机，处理心磨光辊的磨下物料；振动圆筛，用于筛分黏细的吸风粉和打麸粉；打（刷）麸机，用于降低麦麸含粉等。

物料输送设备：各种粒度的麸、渣、麦心和粗粉等在制物料的垂直提升，采用气力输送系统；水平输送采用螺旋输送机（绞龙）。各出粉点面粉的收集和调配采用并列的三/四联绞龙。

（1）磨粉机

1）工作原理　辊式磨粉机是由一对以不同转速相对转动的圆柱形磨辊和向两辊间轧距喂料的机构组成。麦粒或其他中间物料（各种粒度的皮、渣和麦心）经过两辊间的轧距受到挤压、剪切和剥刮的综合作用，统称为"研磨作用"。两辊转速的比例称为速比，将慢辊的转速设为"1"，则皮磨齿辊的快慢辊速比一般为 2.5：1，渣磨速比为 1.5～2.0：1，心磨光辊的速比一般为 1.25～1.5：1。

麦粒各个组成部分的物理特性不同，在研磨过程中麸皮的韧性使其能经受碾磨或粉碎时的挤压、剪切和研磨，从而使黏附于麦麸上的胚乳得以分离，成为粒度不同的麦渣、麦心、粗粉和面粉。一部分仍然黏有胚乳的麦麸和麦渣、麦心和粗粉将在筛净面粉后，继续送往各系统中的下道磨粉机研磨。

2）结构　现代面粉厂多采用有两对辊的复式四辊磨粉机；八辊磨粉机实际是两台叠置的四辊磨粉机。无论四辊或八辊磨均中间隔开，每对磨辊都独立工作。物料由顶部进料口进入，喂料阀门调节喂料流量，喂料辊或喂料绞龙使物料均匀分布在全部磨辊接触长度上喂入两磨辊之间的轧距，下部有集料斗及出料口，磨下物料经自溜管或直接进入集料斗的气力输送提料管。磨粉机两侧分别设电机驱动和产生两辊间速差的传动机构。调节轧距手轮可精细调节两磨辊间的轧距。

①磨辊。是磨粉机的主要工作部件。由于承受较高的工作压力和较高转速，采用合金冷硬铸铁浇铸，磨辊表面高硬度、耐磨损。

按磨辊表面的技术特性分为"齿辊"和"光辊"两类：齿辊需刨削出磨齿（称为"拉丝"），用于皮磨系统破碎麦粒和剥刮麸皮，有时粗渣磨也用细密的齿辊。磨辊表面技术参数包括齿数、齿形、磨齿斜度和排列等，每项参数都会对研磨效果产生影响。光辊是精加工磨光的无齿表面，但需经喷沙等方式进行无光泽处理，目的是增加对入磨物料的研磨力，用于心磨系统研磨麦渣成粉。渣磨可采用齿辊，也可采用光辊。

②喂料机构。包括可控制喂料流量的阀门和喂料辊，保证物料进入磨辊工作区的连续和均匀。自动化的磨粉机可根据进料流量大小，由传感器发出信号，使磨粉机顶部观察筒内的料位保持在一定的范围内，避免磨辊断料或堵塞。

③磨辊的离合和轧距调节。在没有小麦或物料进入时，磨粉机处于空载状态，此时两磨辊间的轧距分开，称为"离闸"；当磨粉机顶部进料后，气动磨粉机自动通过气路和相关机构使喂料辊旋转，喂料阀门开启，两磨辊靠近并形成轧距，成为"合闸"状态。磨辊合闸后，可用调节手轮实现轧距微调。

④传动机构。电机与快辊间由 V 形带传动。快辊与慢辊间的速差传动方式不同，可采用齿轮传动、双面同步带或齿楔带传动。磨粉机的电机功率配备因入磨物的特性和流量的不同而异。

（2）筛粉机（平筛）

1）工作原理 筛粉机是筛理分离各道研磨后物料的设备。物料中所含麦麸、麦渣和麦心的粒度不同，经由筛粉机中筛孔各异的多层筛网，筛理分离麸、渣、心和面粉，各道筛分出的面粉汇集到三联绞龙。麸皮、麦渣、麦心及麦胚再进入下一道磨粉机研磨，直到胚乳全部加工成一定精度和细度的面粉，并且分离出粗麸、细麸和麦胚。

"筛理"和"磨粉"二者相辅相成，如果磨粉机研磨效率低下，筛粉机不可能筛出面粉；反之，如果筛理效率低下，也会影响下道的研磨效果。

2）结构 现代化面粉厂大多采用高方平筛。平筛的主体结构是由悬吊式的多仓方形筛箱和每仓内部装满并压紧的筛格组成。筛箱的中间部分是使筛体产生平面回转运动的传动机构。筛上/筛下的进料/出料口与料管连接，由于筛体运动的轨迹，进/出料口与料管接口均须用柔性连接。

①筛箱和筛格。高方平筛的筛体有 4 仓、6 仓、8 仓式，甚至有 10 仓式筛箱，每仓中分别有 20～30 层方形筛格组合在一起。物料的筛理在每一仓内独立进行，完成特定的筛理工艺。各种筛上物和筛下物经由分别的内/外通道流向底层分配格的出料口，再经由溜管流向下一道工序。

每层筛格的筛框内嵌入一个粘贴筛绢或钉筛网的筛面格，筛框中有承受筛下物的底板。筛面上放置推料块，筛面与底板间放置清理块，防止筛网孔眼糊堵。每层筛格只有一层筛面，将物料筛分为筛上物和筛下物。筛面格与筛框之间、各层接触面之间及各通道之间都必须严密，防止不同粒度物料发生窜漏。

②悬吊装置。高大的方形筛体做平面回转运动，是由木/藤制或玻璃钢制的吊杆悬吊在混凝土梁或钢架下，为保证安全也有附加钢丝绳悬吊。

③传动机构。安装在两侧筛箱的中部，由电动机传动主轴和可调偏重块旋转产生离心力使筛体做平面回转。

④筛路与筛网。筛路指叠放在平筛特定筛箱中的顶格、筛格和底格的选型组合与排列，借以引导进筛物料在筛体运行时按规定的路线进行筛理，实现制粉工艺预定的分级或出粉目标。根据各道筛理物料的特性和工艺要求配备筛路，是面粉厂能否达到良好效果的

重要组成部分。有多种方式利用筛格层数和出入口方式，实现不同工艺要求和充分利用筛理面积的目的。

筛网是钉牢绷紧在筛格上用以筛理物料分级的金属筛网或织物筛网；出粉则大多用织物筛网。筛孔的大小与单位面积中经纬线的稀密程度及经纬线自身的粗细有关。

3）影响平筛筛理效率的因素　小麦品质和物料的水分含量、筛理特性、环境因素、平筛运行的工作参数，以及运转时的水平度均对筛理效率产生影响，应在试运行时调整到良好的工作状态。各层筛面均应保持适当张紧度和运转中的良好清理，防止筛面松弛或筛孔糊堵，降低筛理效率。

应保持进入筛仓适当的物料流量，合理配备筛理面积。根据我国面粉加工精度和单位产量，一般每 24h 每 100kg 小麦配备筛理面积是 $0.08\sim0.1m^2$。加工软麦和需面粉较细时，应配备较多筛理面积。根据物料特性和流量决定每一道工艺应该配备筛粉机的仓数和筛理面积。

（3）清粉机

1）工作原理　清粉机是利用气流和筛理的联合作用提纯胚乳颗粒的设备。用于将经粗筛和分级后三种粒度相近的麦麸片、粘连麦麸的麦渣和纯净麦渣的混合物料，利用其在气流中各自悬浮速度不同而分离开，使麦渣、麦心不含麸屑。

粒度均匀的物料进入清粉机后，随筛体的震动、气流的悬浮作用和麦渣、麦麸的容重不同，在筛面上的各层物料会产生"自动分级"现象，形成不同的物料层。最上层是较大的片状麦麸，依次向下是：较大的麸渣混合粒、较小的麸渣混合粒、较大的纯净胚乳粒和最小的纯净胚乳粒。首先通过筛孔的是最细最纯净的麦心，沿筛面长度纯净麦心的粒度逐渐加大。

物料自动分级后，从筛体底部向上进入的气流穿过筛孔，使最上层的轻麸片不能接触筛面呈悬浮状态，其中最轻的麸屑被气流吸至通风除尘的过滤器中。

2）结构　一般为复式双筛体三层筛面结构，每一筛体可单独处理不同的物料。筛体安置在有柔性结构支撑的机架上，机身倾斜一定角度由振动电机或用偏心机构产生振频。清粉机必须有足够的筛面长度使物料自动分级产生。物料从筛体的入料口进入并分布在首层筛面上筛理，筛体上部的吸风管道产生的负压使空气沿一定方向穿过三层筛面的筛孔，使筛面上的麸片呈悬浮状态，细麦渣、麦心则穿过筛面，进入下面一层再次产生自动分级。

①喂料机构。随筛体一起振动，物料进入后落在筛面上，调节板使其均匀分布并可控制筛面流量和物料厚度。

②筛体与筛格。三层筛面的每层又分为四段抽屉式筛格，可沿筛体侧面的滑槽顺序推拉就位。筛格装有承托清理刷的两条导轨，刷毛与筛网接触进行清理。

③出料拨斗箱。内有拨板，可根据工艺需要将筛上物和筛下的各种粒度的纯净胚乳颗粒汇集进入下一道工序。

④传动机构。振动电机传动的清粉机每个筛体各装一台振动电机，与筛体一起振动，振幅和筛面倾斜度都可以调节。

⑤风量调节。机架上方装有分段的吸风室，装有风量调节活门。从筛面下部进入的气

流向上经吸风室进入吸风道，汇入风管。

3）影响清粉机效率的因素　与筛粉机相比，增加的气流因素，影响清粉机效率。物料必须布满全部筛面是发挥应有效率的先决条件之一，否则气流将从没有物料的筛面迅速通过，而物料层厚的部分筛面气流难于通过，将不会产生对轻麸的悬浮作用。其他因素，如筛体运动参数、筛网配置、筛面工作状态、物料流量和风量调节都会对清粉机效率产生影响。特别应注意的是物料特性，进入清粉机的物料应不含粉，并尽量保持在一定的粒度范围内。如物料含粉易堵塞或沉积在风道中；如发生稍大的粘麸麦渣和稍细的纯净麦渣悬浮速度一致的情况，单纯的筛理就会降低清粉机的效率。小麦软硬程度和水分高低不同，均会影响物料在清粉机筛面上的运动速度和提纯效果。清粉机是调节点较多的设备，多因素综合处于最佳状态，才能提高效率，达到良好的物料分级提纯效果。

清粉机台数配备的一般规律是，由于硬麦研磨后产生的颗粒（麦渣）多，有利于在气流中清除同等粒度的麦麸，应该多配备清粉设备，提高麦渣纯度和精粉出率；加工软麦时则与之相反。

（4）辅助设备

1）辅助研磨设备

①打板松粉机。在工作圆筒内，主轴上装有带条形打板的转子，当物料进入圆筒后被打击松散，便于筛理。

②撞击机。是在蜗旋状的壳体内装有带均匀分布柱销的圆形转子，当物料从蜗壳中部进入后，受到柱销的强力撞击，转子高速旋转产生的离心力将物料抛向内圈，使物料碰撞粉碎。

③撞击磨。其工作原理与撞击松粉机相似，只是转子直径更大，转速更高，配备的动力负荷也更大。来自清粉机的纯净麦心经强力撞击，可以大大提高取粉率。撞击磨转子转速高，柱销线速度高，还可用于击碎面粉中残存的虫卵，防止害虫滋生，延长储存期。

2）辅助筛理设备

①打麸机。用于处理经数道皮磨齿辊剥刮后的麦麸，此时麸片内的胚乳已接近剥刮殆尽，再次经过打麸机转子打板的击打，松动残存的胚乳和打落附着的黏细麸粉，是清除麸皮黏粉的有效方式。

②振动圆筛。用于筛理吸风机的布袋过滤器粉和打麸粉等黏细的粉状物料，有卧式和立式两种。其特点是：圆柱形筛筒内有打板转子，借助离心力将细粉筛出；圆筛内部的打板转子主轴上装有偏重块，旋转时使筛体产生高频振动，有效防止物料糊堵筛孔。

3. 小麦制粉工艺流程概论　小麦制粉工艺是通过研磨、筛理和清粉等设备的合理组合及配置，实现胚乳、麦麸和麦胚分离，并将胚乳颗粒（麦渣）研磨成为一定精度和细度的面粉的全过程。

日加工能力不同的面粉厂其区别在于，大型厂配备的磨/筛/清主机及其他辅助设备台数虽比小型厂多，但工艺流程各系统的分工和道数，仍然遵循相同的基本原理。大型厂的优势仅在于，更有利于根据物料特性细分研磨或筛理，改善工艺效果。

（1）制粉工艺的基本原理　19世纪中期，辊式磨粉机的出现改变了用一磨、一筛多次反复研磨和筛理进行小麦制粉的历史。多台磨粉机和筛粉机所组成的制粉工艺，开始致使用齿辊剥开和刮研胚乳颗粒的"皮磨"（或称"破碎磨"）与用光辊研磨纯净的胚乳颗粒成为细粉的"心磨"两大系统的分工，形成了由"反复研磨"向"逐步研磨"制粉工艺的转变。

小麦制粉工艺的"逐步研磨"概念有两方面的内容：一是经过数道采用齿辊的皮磨，首先剥开麦粒，然后再逐步把麦粒中的胚乳从麦麸上剥刮下来，称为"皮磨系统"；另一方面，经过数道采用光辊的心磨，把皮磨剥刮下来的胚乳逐步研磨成所需精度和粒度（细度）的面粉，称为"心磨系统"。

随着对面粉精度，即对胚乳和麦麸更加精细分离的要求，出现了专门处理粘连麦麸胚乳颗粒的渣磨系统和利用气流提纯麦渣的清粉机；心磨系统中又衍生出专门分离麦胚和细麸的粗心磨系统（又称"尾磨系统"），使得小麦制粉工艺各系统的分工进一步明确，其工艺效果表现在高等级（低灰分含量）精粉的出率明显提高。

制粉工艺流程设计是根据所加工小麦的品质特性和所需面粉的质量要求，制订从小麦粒进入第一道磨粉机（1皮磨）开始，至面粉、麦麸和麦胚分离结束的全过程中各物料的流向及其分配比例，确定各系统的分工、工艺参数和相应设备配置的应用科学。综合评价制粉工艺流程的效果，要求达到"高产量、高精度、高效率、低能耗"的"三高一低"。高产量是指同样磨粉机台数的情况下，达到或超过设计产量；高精度和高效率是指加工精度高（灰分含量低）的面粉出粉率高；而低能耗是指加工吨麦或吨粉所需的电能消耗低。这些技术指标的优劣高低与所加工的小麦特性密切相关，因此，同一制粉工艺流程加工不同的小麦时应该作出相应的调整，达到的工艺效果也会有所不同。当然，制粉工艺流程的效果也与面粉厂的管理水平密切相关。

（2）皮磨系统　皮磨系统的作用是在尽量保持麸皮完整的情况下，剥开麦粒并剥刮胚乳颗粒，经筛理进行粒度分级，分别送至渣磨及清粉系统，与此同时，尽可能少出高灰分的皮磨粉。

1皮磨是制粉工艺的第一步，在剥开麦粒时会剥下部分粗渣，保持完整片状的麸皮易于与麦渣筛分。过多的细麸会污染纯净的麦渣和麦心，影响渣磨和心磨系统出粉的精度。因此，前路皮磨应尽量避免麸皮过度破碎，后路皮磨以刮净麦麸残粉为度。

皮磨系统全部采用齿辊。各道皮磨齿辊的技术参数选择是：磨齿逐步加密，沿辊长的轴向螺旋度（斜度）逐步缩小，齿顶角逐步变钝。即前路皮磨破碎力强，多出粗渣好渣；后路皮磨剥刮力强，刮净麸皮。

皮磨系统的磨研接触长度约占总接长的 35%～40%。产能较大的面粉厂或者加工硬麦时，皮磨系统所占比例略低；加工软麦时，皮磨所占比例略高。

为了给清粉系统提供粒度相近的粗渣，皮磨物料筛理应以粒度分级为主。筛孔配备原则是"前粗后密"；而对每仓筛的筛网配备应是"上粗下密"。

1皮、2皮产生的粗渣和中渣直接送入1清（P1）和2清（P2），经过风选和筛理将纯净的麦渣送至前路心磨出粉。1皮、2皮、3皮的细渣则经过分级筛（DIV1、DIV2）筛除含粉后，送入3清（P3）提纯。

皮磨剥刮率是控制皮磨系统各道研磨轧距松紧的主要操作指标。是以一定筛孔大小（1 000 μm）的筛网，筛理皮磨磨下物，计算筛下物占磨上物流量的百分比。剥刮率越高，说明磨研轧距越紧，剥刮程度越高。有时为控制不当操作，还要对一对磨辊的两端分别筛理剥刮率，考查其松紧程度是否平衡。为了减少皮磨粉和避免过度破碎麸片，1皮、2皮磨的剥刮率要严格控制在合理范围，不能任意提高。

（3）清粉及渣磨系统　清粉机分离提纯麦麸和麦渣；渣磨则是将黏麸的麦渣轻轻剥刮后使其分离，目的都是为心磨系统提供纯净麦渣和麦心。

"清粉"的确切含义是"净化"或"提纯"，单纯的筛理难于将麸渣分离，而清粉机的气流和筛分的双重作用，将麦麸吸除并将纯净麦渣送往心磨系统。清粉机的进机物料在相近的粒度范围内，才能提高提纯效率。因此，大量剥刮麦渣的1皮和2皮磨在筛粉机中应配备同样的筛网来限定物料的粒度。由于3P、4P的物料减少，其配备的筛面宽度一般仅为1P或2P的1/2。

经过清粉机的物料分成3类：一是筛下物，基本是不同粒度的纯净麦心，以入口端的筛下物麦心最细最纯，出口端的粗渣略含麸屑，均直接送往心磨系统（C1A、C2A）出粉；二是筛上物，主要是仍然黏有麦麸或混有胚乳的细麸，分别送往细皮磨（3Bf）或渣磨（C2B）处理；三是气流提取物，含有粉尘和麸屑。前两种物料的灰分含量差别越大，说明提纯效果越好，清粉机的效率越高。

渣磨处理来自皮磨的黏有麦麸的细胚乳颗粒，其中有些是麸和糊粉层。这些渣的粒度小于进入细皮磨的物料，又因纯度低也不能直接进入心磨出粉，渣磨处理介于皮磨和心磨之间的物料。渣磨的设置有的用细齿辊，也有的用光辊，前者是用齿辊的轻刮分离麸和渣，再将二者筛分；后者是用光辊碾压碎麦渣后再筛分未破碎的麸。齿辊渣磨不宜过紧，以避免破碎麦麸。

（4）心磨系统　心磨系统的作用是将皮磨剥刮出来的麦渣和麦心，经筛理分级、清粉提纯后研磨成一定细度的面粉，同时轻碾麸屑和麦胚使其经筛理分离。

心磨系统工艺流程仍是"逐步研磨"过程。因为来自清粉机和渣磨的胚乳颗粒粒度不同，通常分为粗、中、细麦渣，粗、细麦心和粗粉等，每一道心磨只研磨出一定数量的面粉，而存留在粉筛筛网上尚未达到面粉细度的麦渣、麦心则须顺序进入下一道心磨继续研磨。在逐步研磨过程中应及时筛分麦麸和麦胚，避免其影响下一道入磨物的纯度而降低面粉质量。心磨系统中包括专门处理麦麸和麦胚的称为"粗心磨"系统，又称"尾磨"系统。

制粉工艺流程中除了上述各系统外，心磨磨下物入筛前配备撞击机或松粉机，打松可能产生的片状物。另外，还配备了打麸机、振动圆筛等专门处理麸皮、麸粉和吸风粉的设备，尽可能多出低等级的面粉，提高总出率。

（三）面粉散仓及后处理

现代化的面粉厂均设有散粉仓和配粉及面粉后处理设备，为开发多种用途的专用粉，适应市场的不同需求提供了重要手段。

1. 散粉仓的作用

（1）面粉均质化　小麦粉的质量均衡和稳定是最重要的，特别是为食品工业提供的专用小麦粉必须保证日复一日、年复一年的质量稳定。而实现面粉质量均衡稳定的基础，仍然是小麦质量的均衡稳定，而散粉仓的设立为面粉均质化提供保证，同品种面粉的多仓混合配制能提供质量更加均衡稳定的面粉。

（2）配粉　不同品质小麦分别加工是开发专用小麦粉的主要手段。按照配方混配各基本粉仓中的不同品质的面粉，可以实现面粉品种多样化。现代电子计算机可以储存大量配方实现配粉。

（3）面粉后处理　是设立散粉仓的最主要功能。

1）添加食品改良剂　小麦粉作为各种食品的基本原料，必须满足各种食品厂家的需求，而添加改良剂是现代食品工业不可或缺的。改良剂的作用除改善面制品的"色香味"自身质量外，还能改善其持水性以及具有保鲜抗老化、延长货架期等功能。我国允许在小麦粉和各种食品中使用的添加剂，均见国家标准《食品添加剂使用卫生标准》（GB 2760—1996）。面粉厂在添加改良剂时应和食品厂共同制定配方，确定添加种类和添加量。

2）添加微营养素　为改善微营养素缺乏而引起的疾患，以小麦粉为载体添加微营养素是公认的重要预防措施之一。面粉强化微营养素的优点是：受众广泛，无须单独食用补充剂，无须单独包装运输，成本低廉。强化的微营养素主要有维生素（如 B 族维生素、维生素 A 等）和微矿物质（如铁、锌、钙、硒等）。我国允许在小麦粉和各种食品中添加的微营养素，均见国家标准《食品营养强化剂使用卫生标准》（GB 14880—1994）。

3）面粉物理性处理　如调节成品面粉水分的热风干燥处理和喷雾着水处理，以及小麦粉经预糊化热处理后，可替代预糊化淀粉用于食品工业等。目前在我国面粉厂中尚不普及。

4）面粉倒仓　粉仓中的散装面粉散落性很差，特别是夏季高温潮湿天气，极易出现在仓内"结拱"现象（又称"搭桥"）。散粉仓可以实现散粉原仓循环或倒入其他粉仓防止结拱。散粉仓还可以方便地接受客户退货和粉间产生的其他回机粉。

5）面粉散装散运　散粉仓的设立为面粉散存、散装、散运、散卸创造了条件。实现小麦粉"四散"，节约大量的面粉包装材料和人工搬倒的费用。国内现有面粉厂和大型方便面厂家之间已实现面粉的"四散"，是良好的示范。

散粉仓还可以实现"三班生产、集中打包"，为采用高速打包机，节约人工、提高效率创造了条件。

2. 面粉散仓及后处理设备与工艺

（1）入仓输送系统　主要包括面粉计量秤对制粉工序加工的各种面粉进行精确计量，保证出粉率计算和进入各仓散粉数量的准确。入仓输送系统可以用斗式提升机和绞龙等机械输送；也可采用先进的正压气力输送系统，高压气流沿管道和分路阀将散粉送入各基本粉仓中。除尘系统，无论是采用中央吸风还是单仓吸风都应配备布筒过滤器将压运气流和通风系统中的面粉卸入粉仓，避免粉尘外逸。

（2）散粉仓　包括相当数量的基本粉仓、配粉仓和打包粉仓。基本粉仓的数量和仓容均根据日产量、基本面粉种类和是否需要"三班生产、集中打包"而定。配粉仓打包仓的配备应"小而多"，分别满足配方要求和打包机的产量需要。每个散粉仓下都需安装振动卸料器，当散粉出仓时卸料器产生的振动，使散粉呈"流态化效应"，保证面粉连续出仓。

（3）配粉系统　每个配粉仓的振动卸料器下出口都要连接一水平管式绞龙，将面粉输送至配粉秤。配粉秤是定量秤，即每批次所配制的面粉总量固定，最常用的是1t/次或2t/次。配粉所需添加的改良剂或营养素由微量秤和添加系统精确地添加到配粉秤中。根据配方待一批次的配粉和添加剂全部称重结束后，配粉秤下部的卸料门打开，直接卸入混合搅拌机搅拌。搅拌均匀的配粉经过输送系统送入打包仓。在面粉发放前，配混的面粉还要经检查筛和撞击杀虫机后方可打包或散运发放。

（4）计算机控制系统　是散粉仓配粉和后处理的中枢。散粉仓和后处理中的全部监测计量一次仪表的数据，除了最基本的产量、出粉率、仓容量、发放量等的实时和累计统计外，还有配方的内存和处理，可全部实现计算机管理。

（5）包装及发放　主要设备是打包秤和打包机。包装秤是定量秤；打包机则与相应的袋装容量相匹配。

（6）散粉发放　散粉发放仓下需安装流态化卸料器，散粉能快速出仓装入散粉运输车，接收厂家也需有相应的散粉接卸系统。

（四）小麦粉制食品加工

小麦粉制作的主食品种类繁多，其中，我国传统主食品以蒸煮类为主；西式面制品则以焙烤类为主。制成品所需的小麦粉大致可分为强筋、强中筋、中筋和弱筋面粉四类。本节内容分别以馒头、面条、面包和饼干等食品为例，分别对其加工工艺及所需面粉品质，也就是对原料小麦的品质特性做简单介绍。

1. 小麦粉的分类和用途

（1）"统粉"和"等级粉"及"通用粉"和"专用粉"的定义　这是两个方面的不同概念，"统粉"是相对于"等级粉"而言：前者是在小麦制粉工艺中将全部出粉点混合在一起，所生产的一种面粉；而"等级粉"则是按照所需面粉的精度要求（主要指灰分含量的高低），将小麦粒中的高精度出粉点（低灰分）与低精度出粉点分成不同等级的面粉。20世纪70年代前后的"标准粉"就是典型的全粉流混合的"统粉"；而现在的标准粉则是提取了麦粒中高等级面粉后生产的低等级面粉。

"通用粉"和"专用粉"则是另一方面的概念。在面粉工业发展史上，长时期以来"通用粉"占有主导地位，只用一种"规格型号"的面粉来制作各种各样的面制品，并没有选择针对特定食品的面粉。"专用粉"是规模化食品工业发展的结果，是针对某种特定食品品质所需的面粉，如用冠名"面包粉"的小麦粉制作的面包，应该比用"通用粉"制作的面包质量好。但如果用"面包粉"制作饼干，则还远不如"饼干粉"，甚至不如"通用粉"制作的饼干质量好。

食品工业的发展，自动化程度的提高，对原料品质均衡性、稳定性提出了更高的要求。大规模食品厂、中央厨房和现代快餐业的蓬勃发展，对制成品的规格化标准化要求更加严格，面粉工业提供的"专用"小麦粉的各项质量指标都被限制在相当狭小的允许范围内。这要求面粉厂对小麦原料品质、水分、制粉工艺及配粉工艺加强管理，才能实现成品面粉的稳定性。

面制食品加工从和面搅拌工序起就强调吸水量的稳定，因为定量的面粉和定量的水经过搅拌才能使面团的柔软性、黏弹性及其延伸性、可塑性保持一致，从而生产出外形、大小、体积相同的制成品来，才便于包装材料的规格化、统一化。现代物流业的发展，运输用具也需统一规格。可以说，从原料到成品，从加工到运输的每道工序、每个环节都要求食品质量的均衡稳定。

（2）小麦粉国家标准和行业标准　国家标准《小麦粉》（GB 1355—1986）规定的等级指标和其他质量指标的面粉属于中等筋力、不同精度的通用小麦粉。其规定见表3-4，加工小麦粉必须严格执行。

表 3-4　GB 1355《小麦粉》等级指标和其他质量指标

等　级	灰分 （%，以干物质计）	面筋质 （%）	含沙量 （%）	磁性金属物 （g/kg）	水分 （%）	脂肪酸值 （以湿基计）	气味口味
特制一等	≤0.70	≥26.0					
特制二等	≤0.85	≥25.0	≤0.02	≤0.003	13.5±0.5	≤80	正常
标准粉	≤1.10	≥24.0					
普通粉	≤1.40	≥22.0					

小麦清理工艺的除杂效率和麦粒表面的清洁程度对面粉纯度有重要影响。国家标准GB 1355—1986中规定：

1）含沙量　指小麦粉中细沙含量占总量的百分比（%）。

2）磁性金属含量　指小麦粉中磁性金属含量占总量的百分比（%）。

3）粉色麸星　是一项感官检测指标。用压粉比色法按实物标样对照，观察小麦粉的粉色和含有的麸星（麸皮屑）。如粉色发暗，麸屑明显，表明加工精度低。

4）灰分（干基）　低灰分含量表明加工精度高。面粉的灰分含量越低，不仅表明小麦清理效果良好，而且表明制粉工艺的胚乳与麦麸分离良好，面粉中糊粉层和麸屑含量也低。

5）水分含量　小麦粉水分含量越低，干物质比例越高，加工制成品时的吸水量越高。

6）粗细度　小麦粉越细其色泽越显光亮，白度越高。标准中规定各等级小麦粉的粗细度（%）为：特制一等粉全部通过 CB36 号筛网；留存在 CB42 号筛网的不超过10.0%；特制二等粉全部通过 CB30 号筛网；留存在 CB36 号筛网的不超过 10.0%；标准粉全部通过 CQ20 号筛网；留存在 CB30 号筛网的不超过 20.0%；普通粉全部通过 CQ20号筛网。

此外，标准《小麦粉》还规定了与小麦品质与发芽有关的面粉气味、口味、脂肪酸值/氢氧化钾（KOH）/mg/100g 和降落数值（s）等。

1993 年行业标准主管部门发布实施了 8 类专用小麦粉的行业标准，包括：面包、面条、饺子、馒头、发酵饼干、酥性饼干、蛋糕、糕点用粉（LS/T 3201～LS/T 3208，表3-5）。

表 3-5　小麦粉行业标准（LS/T 3201～LS/T 3208）**各项主要技术指标的综合**

行业标准 编号及名称	等级	水分（%） ≤	灰分（%，干基） ≤	湿面筋（%，14%水分） ≥	稳定时间（min） ≥	降落数值（s） ≥
LS/T 3201 面包粉	精制级	14.5	0.60	33.0	10.0	200
	普通级		0.75	30.0	7.0	

（续）

行业标准编号及名称	等级	水分（%）≤	灰分（%，干基）≤	湿面筋（%，14%水分）≥	稳定时间（min）≥	降落数值（s）≥
LS/T 3202 面条粉	精制级	14.5	0.55	28.0	4.0	200
	普通级		0.70	26.0	3.0	
LS/T 3203 饺子粉	精制级	14.5	0.55	28.0～32.0	3.5	200
	普通级		0.70			
LS/T 3204 馒头粉	精制级	14.0	0.55	25.0～30.0	3.0	250
	普通级		0.70			
LS/T 3205 发酵饼干粉	精制级	14.0	0.55	24.0～30.0	3.5	250～350
	普通级		0.70			
LS/T 3206 酥性饼干粉	精制级	14.0	0.55	22.0～26.0	2.5	150
	普通级		0.70		3.5	
LS/T 3207 蛋糕粉	精制级	14.0	0.53	22.0～24.0	1.5	250
	普通级		0.65		2.0	
LS/T 3208 糕点粉	精制级	14.0	0.55	22.0～24.0	1.5	160
	普通级		0.70		2.0	

表3-6为小麦粉分类的主要指标及相应各类面制食品的主要用途，供参考。

表3-6　小麦粉的分类及用途示例

指标	强筋小麦粉		（强）中筋小麦粉北方型			中筋小麦粉南方型		弱筋小麦粉
湿面筋含量（%，14%水分）	≥32.0		≥28.0			≥24.0		<24.0
面筋指数（%）	≥70		—			—		—
稳定时间（min）	≥7.0		≥4.5			≥2.5		<2.5
用途举例	冷冻面团	汉堡圆包	起酥类面包	饺子皮	方便面	北方蒸制食品	烙饼类	蛋糕类
			薄皮比萨饼	馄饨皮	挂面		中式糕点	饼干类
	保鲜面团	吐司面包	花色面包	拉面	新鲜面		月饼皮	曲奇类
			中式炸油条	乌冬面		春饼	厚皮比萨	"派"皮
			墨西哥饼	春卷皮	煮制食品类	南方蒸制食品	多纳圈	蛋"挞"皮
				欧（法）式面包				早茶面点

注：表中所示为小麦粉制中西式主食品的大致用途分类，其筋力强弱的顺序（由左向右）在实践中有交叉，仅供参考。面筋含量和以面筋指数/粉质仪稳定时间所表示的面筋筋力等对各类小麦粉的指标规定，实际上仅是对该类小麦粉的最低要求。

1）吐司面包即主食方面包，是"toast"的音译。

2）起酥类面包：指加入起酥油的多层面包如丹麦酥和羊角面包等。

3）花色面包即西方的"rolls"。

4）多纳圈即"doughnuts"的音译，也有的意译为"面包圈"。

5）墨西哥饼即"tortilla"，类似于我国的春饼。

6）曲奇即"cookie"的音译，如丹麦牛油曲奇。

7）蛋"挞"即"tartlets"或"tart"的音译，也有的译为蛋"塔"。

8）"派"即"pie"的音译，也有的意译为"果馅饼"，以上两种均为西式饭后甜点。

2. 发酵面团食品　发酵面团食品是利用小麦粉中的淀粉，经发酵产生的二氧化碳气体充盈在以面筋蛋白为网络的面团内使面团起发，再经蒸制或焙烤后的食品。

发酵面团食品中的馒头和面包都是最大宗的主食品。馒头和面包的内部结构均呈细密的海绵状组织，松软而富有弹性，口感细腻，保持了天然麦香风味，易于消化吸收，因而受到广泛喜爱。馒头和面包除了"蒸"和"烤"两种方式的区别外，在面团发酵制备方面多有相似之处。但因发酵程度的差异，蒸类食品用中筋小麦粉，而焙烤面包则大多需要强筋小麦粉制作。

（1）**基本原辅料**

1）**小麦粉**　各种发酵面团食品所需小麦粉的质量要求不同。

2）**酵母**　属真菌类单细胞微生物，含有丰富的蛋白质。酵母以面团为培养基，能在一定的温度、湿度、pH 和供氧条件下，在有碳源、氮源等作为营养物时迅速繁殖。在这一过程中发生有氧呼吸和以酒精发酵为特点的厌氧呼吸，产生大量的二氧化碳气体，从而使面团膨胀成熟，呈细密气孔的海绵结构。同时，酵母可以改善制品风味，增加营养。

酵母分为鲜酵母和干酵母，干酵母比鲜酵母活性高且稳定，发酵力强，优点明显，但成本略高。正确使用酵母要始终保持酵母的活性，各道工序要创造适宜酵母生长繁殖的条件。应根据纬度、季节、气候的变化保持面团温度稳定，这与发酵速度、时间和面团发酵的老化程度关系密切。因此，因时因地适当调整酵母用量十分关键。

3）**水**　面团的形成要经面粉与水的和面搅拌过程。水质，尤其是水温、pH 和水的硬度对面团形成、发酵和制成品质量影响很大。水的浊度、色度及微生物指标都应符合饮用水国家标准的要求。面团加水量以小麦粉为 100 外加的水量计算，通过调节水量可以调控面团黏稠度，以利制品成型。和面水温应因地因时而异，但任何时候水温都不应超过 50℃，以免影响酵母菌的繁殖。

4）**盐**　盐在面包中用量虽少，但不可或缺。盐能改善制品风味，强化面筋并调节发酵作用，改善面包心的致密、松软程度，因此各种面包的配方中均含有少量的盐。但由于盐对酵母繁殖有抑制作用，蒸馒头中极少添加。

5）**其他辅料**　馒头包馅——"包子"的馅料有肉禽蛋菜、海鲜及各种豆沙、果料、果酱等种类繁多。面包中的辅料还有糖、油脂、乳品、蛋品和常用的杂粮、谷粒、果仁、果料、果馅以及多种品质改良剂，形成门类齐全的原辅料庞大"家族"。

（2）**基本生产工艺**　发酵面团制作要经过和面搅拌、面团发酵、成型整形、醒发和蒸熟/焙烤等工序制成馒头或面包。直接食用新鲜热馒头和刚出炉的热面包，具有最佳口感、风味。然而，进入物流链的制成品还需经过冷却和包装工序才能走向市场。

1）**和面搅拌**　水和面粉使全部原辅料充分混合，小麦粉吸水加速胀润，一定力度的搅拌扩展面筋促进面筋网络的形成，成为质量均衡的、具有一定黏弹性、韧性和延伸性的面团。面团中的面筋网络，构成制品的"骨架"，同时，淀粉吸水膨胀形成制品的"形体"，但制粉时经磨辊研磨产生破损淀粉的数量对面团吸水量也有影响。馒头和面包面团的加水量不同，前者为面粉的 36%～42%，后者达到 60% 甚至更多。和面搅拌形成的面团也不同，前者较硬而流动性差，后者黏软而摊展性好。

和面搅拌的面包面团因吸水量大，柔软而具有良好的延伸性，表面光泽细腻，用手拉伸面团能拉出均匀的薄膜，达和面搅拌的最佳状态，此时应停止搅拌。

2）面团发酵　面团的发酵是一个复杂的生化反应过程，是在酶的作用下将各种双糖和多糖转化为单糖，再经酵母的作用转化成二氧化碳气体（使面团体积膨胀）和其他发酵物质（主要是酒精）的过程。

发酵方法有传统的酸面团法以及一次发酵（直接发酵）法和二次发酵（中种）法等。面包面团中的气体在面团中的充盈，使面筋受到膨胀力而延伸，这是对和面搅拌中形成面筋网络的一种补充作用，以承受产生气体的内压力而不会破裂，充分保留发酵过程产生的二氧化碳，达到最大的产气量和保留量。然而，馒头面团因南、北方要求的软硬程度不同，适度控制产气和保留气体，馒头质量才能达到要求。

观察面团体积，馒头面团发酵至原来体积的 1.5～2 倍时（视北方、南方馒头而定），面包面团到 4～5 倍时即发酵完成。

3）成型整形　馒头或面包的形状各异，可以手工或用机械进行面团分割及整形，规模化生产大多采用分割机与揉圆机。先将大面团分割成所需的大小，面团切块后会失去一部分气体，因此分割成型后的小块面坯须静置 15～20min（或称"中间醒发"期）。保持面坯处在 27～29℃，相对湿度 70%～75%，使面筋松弛。面坯经过整形做成最终制品的形状，并在表面撒干粉。

4）醒发　面坯成型整形后，要在有温、湿调节的醒发箱内醒发，恢复其柔软性，扩展面筋网络，增强延伸性和持气性，以利于保持形状和体积。可使最终产品组织松软，外观饱满，并保有多种风味物质。醒发适宜程度：北方馒头醒发到面坯体积的 1.5～2.5 倍，南方馒头为面坯体积的 3 倍左右；面包面坯要醒发到原体积的 5 倍为宜。

5）蒸制馒头　蒸箱属非受压容器，水达沸点产生的蒸汽在 100℃ 左右。蒸制初始随温度升高面团中的淀粉逐渐吸水膨胀，并在 55℃ 时开始糊化；面团中的蛋白质在 70℃ 左右时开始变性凝固，使蒸制食品形状固定下来。蒸制时间因馒头体积大小而异，75g 和100g 的馒头蒸制时间为 18～22min。

6）焙烤面包　焙烤温度为 190～230℃。面包面坯的淀粉开始糊化和蛋白开始凝固的温度与馒头蒸制时相同。焙烤时间因面包体积不同而异，需 15～30min。

7）冷却和包装　馒头冷却一般采用自然冷却，应注意提高环境湿度，防止馒头表皮水分过度流失而干裂变硬，尽量保持馒头的组织柔软。

馒头的包装和保鲜技术至今仍是一个制约产业化生产的"瓶颈"。馒头与焙烤的面包不同，没有一层金黄色的外皮，而且水分大，在适当温度下包装后形成微生物易于孳生的小环境，直接影响馒头的保鲜和货架期。因此建议冷冻储存或冷藏，但这涉及制冷链的成本。

（3）馒头/包子

1）馒头/包子专用小麦粉　蒸馒头一般用中筋粉制作，对筋力和灰分含量的要求也不严格。湿面筋含量 25%～28%，灰分含量 0.55%～0.70% 的面粉都可制作馒头。因馒头面团和面包面团加水量和搅拌状况的不同，实际上，稳定时间在 2.0～4.5min 之间，各种精度等级的中筋粉都可以制作起发良好的馒头。

我国不同地区有不同的膳食习惯，著名的山东硬面馒头用较强筋力的面粉制作，馒头水分含量低、干物质含量高，外皮光滑亮泽，具有小麦粉自身的乳白色或略呈乳黄，形状规则对称稍坚挺；内心组织细密均匀，口感有弹韧性耐咀嚼，具麦香味，风味独特。而粤式软馒头是南方馒头的典型，用经增白处理的低筋粉制作，有时添加适量的小麦淀粉。软馒头外皮色极白亮，内心有规则的密孔，口感松软，口味发甜富有弹性。

除了这两类差异明显，而其他类型的馒头绝大多数介于二者之间。用中筋粉制作的馒头，有软硬程度，也就是"比容"的差异。馒头的比容一般在 2.0～3.0ml/g 之间，其中北方馒头比容为 1.7～2.3ml/g，南方馒头为 2.3～3.0ml/g。除加工工艺有所区别外，应根据不同质量要求选用面粉。馒头专用粉的制成品检测评分方法参阅行业标准 LS/T 3204 的规定。

2008 年 1 月 1 日实施的国家标准《小麦粉馒头》GB/T 21118 规定的小麦粉馒头的理化指标为：比容≥1.7ml/g，水分≤45.0%，pH5.6～7.2，并规定了卫生指标。适用于以小麦粉为原料生产的商品馒头。标准的 3 个规范性附录分别规定了馒头比容、pH 和水分的测定方法为促进产业化发展奠定了基础。

2）基本配方和制作程序 图 3-2 所示为蒸馒头的基本工艺流程，以框图表示馒头的一次/二次发酵方法的各道工序。馒头基本配方和制作程序的说明见表 3-7。

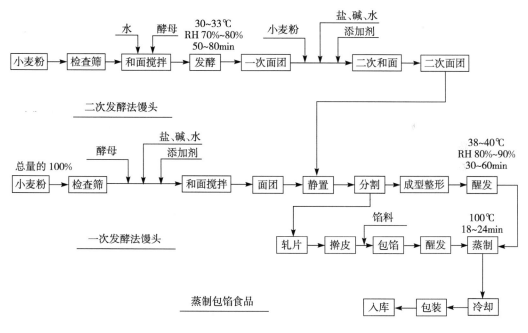

图 3-2 蒸制馒头的基本工艺流程

表 3-7 一次发酵法馒头和二次发酵法馒头的基本配方和制作程序

项 目	一次发酵法	二次发酵法	
		主面团	二次面团
基本配方			
小麦粉（份）	100	60～80	20～40
水（份）	36～42	总量的 70%～90%	总量的 10%～30%

（续）

项　目	一次发酵法	二次发酵法	
		主面团	二次面团
干酵母	0.3～0.4（鲜 1.0）	0.16～0.2（鲜 0.5）	
碱	0.05～0.1	适量	
制作程序			
和面搅拌	原料混合 2min，加水搅拌 1min，连续搅拌 10～12min	3～4min	8～12min
面团温度	30～35℃	28～32℃	33～35℃
成型	面团静置 10min，机械/手工成型		
发酵	温度 38～40℃，湿度 85%～90%，时间 60min	一次发酵 温度 30～33℃，湿度 70%～80%，时间 50～80min	最终醒发 温度 38～40℃，湿度 80%～90%，时间 60min 机械/手工成型
	蒸制	至二次面团搅拌	蒸制

（4）面包

1）面包专用小麦粉　随着我国改革开放的进程，面包类食品消费量逐年增加，不但主食面包和花色面包进入了人们的餐桌，以汉堡包和比萨饼为典型的西式快餐业也遍地开花。连锁西饼屋和超市面包房迅速发展，花色品种也在不断翻新，独具特色的法式面包棍、丹麦酥、高糖面团面包等风格各异的面包款式和不同风味都为我国消费者提供了新的风味。全麦面包等功能性食品也有一定的市场份额。

面包用小麦粉在 8 类食品专用粉中筋力最强，由于面包发酵时间长，需要足够强的面筋网络和薄膜来保留面团中的二氧化碳，以达到一定的制成品体积。行业标准 LS/T 3201规定精制和普通面包粉的湿面筋含量分别为≥33.0%和≥30.0%；面团粉质仪稳定时间分别为≥10.0min 和≥7.0min。新修订的小麦粉国家标准规定：强筋小麦粉的湿面筋含量≥32.0%，面筋指数≥7.0。这些指标是从国产强筋小麦品质状况的实际出发，仍属面包用小麦粉筋力的下限。面团粉质仪稳定时间要求因面包的品种而异，吐司切片（三明治）面包一般要求面粉的稳定时间不低于 12min，吸水量在 60%左右。制作冷冻面团、吐司面包、汉堡圆包的面粉要求筋力更强，面团稳定时间要高于非冷冻的同类面包，吸水量甚至超过 60%；欧式面包则不一定需要很高筋力的面粉，强中筋甚至中筋粉也能制作质量良好的法式面包和欧式硬餐包。

国家标准 GB 14610《小麦粉面包烘焙品质试验法　直接发酵法》和国家标准 GB14611《小麦粉面包烘焙品质试验法　中种发酵法》分别规定了一次发酵面团和二次发酵面团制作面包的烘焙试验的标准方法。

小型西饼屋和超市面包房现制现售的面包，一般都用强筋小麦粉制作，依靠面包师的技能和手艺，做出花色不同、风味各异的面包来。优秀的面包师经验丰富，能根据小麦粉的特性适当调节加水量和酵母量，调整发酵时间，因此对小麦粉的指标要求没有工业化大生产那样严格。

2）主要品种的基本配方　图3-3为焙烤面包的基本工艺流程，以框图表示了面包等的一次/二次发酵方法。面包的花色品种极为丰富，大致归纳为以下几类主要品种，其基本配方见表3-8。

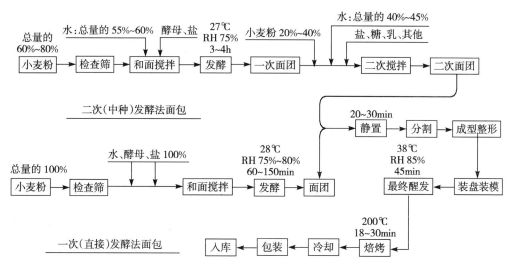

图3-3　焙烤面包的基本工艺流程（一次/二次发酵方法）

表3-8　主要面包品种的基本配方

| 项　目 | 主食面包 | 汉堡、热狗面包 | | 甜面团面包 | 欧（法）式面包 | 起酥面包 | 全麦面包 |
		一次面团	二次面团				
强筋小麦粉	100	65～70	35～30	100	100	100	强筋粉50
							全麦粉50
酵母	1			1.5～2	0.8～1	1.8～2	1.5
水	58～62			40～50	50～56	54～56	58～60
盐	2	2	2	2	2	2	2
糖	2～6		2	20	0～3	15	
油	2～6		8	10～15	2	8～10	4
蛋	0～2		3	5	0～5	8～15	
奶粉				4		4～5	4
麦芽糖浆	0～2				1		6
起酥油						40～60	
改良剂				适量			

注：表中所列各种原辅料比例为大致范围，会因时因地因面包师而异，仅供参考。

3）主要品种的制作程序　各类面包的特点是：主食面包，包括吐司（toast）面包、三明治（sandwich）面包等可用一次发酵法的配方，也可以用二次发酵法制作（表3-9）。甜面团面包是高糖、高油甜面团制成，加入较大比例的糖和油，减少了加水量，使面团的特性受到影响，多用于小批量多品种制作。汉堡圆面包和"热狗"长面包均可采用二次发酵法制作。法式"面包棍"皮心比例约各占总量的一半，和欧式硬餐包一样都有金黄色外皮，松脆耐咀嚼。由于法国仅产中筋小麦，长期形成"强力揉面、缓慢发酵"的传统制作程序，面团发酵时间长达 4h 左右。用我国产小麦加工的强中筋粉能制作很好的法式面包，搅拌揉面时间可缩短。起酥面包是著名的丹麦松饼，配方中加入了高比例的起酥油，为了达到夹油面团的多层结构的效果，必须用强筋粉。

全麦面包富含麦麸中的微矿物质和维生素以及丰富的膳食纤维，在膳食的营养取向日益寻求回归自然和全谷物的背景下，全麦粉制烘焙食品有其积极意义。以东方蒸煮类为传统主食品的人们，虽然很难接受全麦粉的面条和馒头，但是却可以接受全麦面包。表 3-9 的配方用全麦粉/强筋粉各 50%，全麦粉的比例还可以多些，但面包体积会更小些。吸水量的增加是因面粉中的麦麸吸水较高。还可在强筋粉中直接加入 10%的麦麸做全麦面包，麦麸要事先浸泡透，避免在焙烤时烤焦。

表 3-9　制作程序简述

	主食面包	甜面团面包	汉堡包		欧式面包		全麦面包
			主面团	二次面团	法式面包	硬餐包	
和面搅拌	低速 2min,中速 4min,加入油后中速 3min高速 3min	低速 3min,中速 3min,加入油后中速 5min高速 1min	低速 2min,中速 2min,	低速 2min,中速 4min,加油中速 3min,加盐中速 3min	低速 4min,高速 6min	低速 3min,中速 6min	低速 2min,中速 8min
面团温度	27℃	26℃	27℃	28℃	24℃	27℃	26℃
发酵时间	150min	60min	150min	20~25min	60~90min	120min	150min
切块重量	500g(125g×4)	60g	→至二次发酵面团	50~70g	150~350g	50~60g	500g,50~100g
中间醒发	20min	15min		15min	30min	25min	15min
整形	整形	可包馅		整形			
最终醒发	温度 38℃,湿度 85%,50min	35℃,湿度 75%,40min		38℃,湿度 85%,45min	室温 28~30℃,90~120min	室温 32℃,醒发 40min	温度 38℃,湿度 85%,50~60min
整形				整形	表皮切 3~7 刀	压模成型	
烘焙	210℃,25~30min	200℃,10min		200℃约 12min	220℃,30min,直接在炉底板上焙烤,加饱和蒸汽	220℃,15min	230℃,约 30min

4）冷冻面团　是为解决生活快节奏与消费者喜爱新鲜热面包的矛盾而兴起的供应方式。由中央厨房式面包房制备冷冻面团，通过冷冻链配送到连锁经营的各门店；门店根据客流情况现烤现售，使顾客随时都可以吃到刚出炉的热面包。

由于冷冻面团要经历急冻—融化—焙烤的条件，因此要求小麦粉的筋力更强，配方中的酵母量加大，有时要增加一倍之多。鲜酵母受环境影响较小，在冷冻面团的使用优于干酵母。

冷冻面团分为未醒发、预醒发和预烘焙 3 种，其中未醒发冷冻面团如配方和加工储藏得当，面团可保存 6 个月之久。预醒发冷冻面团是面包成型后醒发到 7～8 成后再急冻，销售店从冰箱取出后只需焙烤 5～10min 即可食用，缺点是包装体积和运输量比前者增大。预烘焙冷冻面团是 20 世纪 90 年代的新事物，方法有两种：一是焙烤至 5 成、冷却30min 后再急冻；二是焙烤至 9 成后直接急冻。这两种方法的冷冻面团在门店的加工时间更短。

冷冻面团技术需要冷冻链的投入和能源成本的增加，目前在我国尚不普及，但随着我国经济的发展，人民生活水平的提高，未来会有一定的市场需求。

5）比萨饼 源于意大利，后在欧美普及推广。比萨饼皮是用半发酵的小麦粉面团做成；"馅"可用肉类、火腿、奶酪和各种作料及菜类等配合而成，展现色彩斑斓和不同风味。近年来，比萨饼连锁店进入了我国大中城市，广大消费者可以品尝到典型风味的比萨饼。

传统的比萨饼均为手工制作现制现售，制作工艺简单，只需小型和面机与烤炉，其余均为手工制作。有多种辅餐的配方，可以制成不同风味。比萨饼皮用粉多为当地产中筋甚至弱筋小麦粉，质量要求并不严格。生产线制作的比萨饼皮的配方见表3-10。

表 3 - 10 比萨饼皮面团参考配方

	酵母发酵 薄皮比萨饼	化学发酵 薄皮比萨饼	酵母发酵 深盘比萨饼
面粉	100	100	100
水	55～60	55～60	60～70
糖	1～2	0～2	1～5
盐	1～2	1～2	1～2
起酥油或油脂	3～14	3～14	2～5
快速酵母	0.5～1	—	0.5～1.5
丙酸钙	0.2～0.3	0.2～0.3	0.2～0.3
活性面筋粉	1～2	1～2	
泡打粉	—	0.5～4	
最佳面团温度（℃）	32～35	24～27	27～32
静置时间（min）	10～15		10～20
烘烤温度（℃）	260～315	260～315	205～260

注：表中所列为各种原辅料配方比例。

生产薄皮比萨饼的外皮需用强力小麦粉，使比萨饼外皮面团在烘烤时不会从顶部的馅中吸收汁液而变得湿黏，有时甚至需添加活性面筋粉才能达到适当的吸水量和筋力要求。薄皮比萨饼也可以用化学起发剂代替酵母。厚皮比萨饼外皮需用强中筋粉，吸水量 60%左右，饼皮结构与面包相类似。

3. 强中筋粉制品 表3-6将中筋小麦粉分为"北方型"和"南方型"两类，这不仅是指地域的差别，从指标要求来看，"北方型"中筋粉筋力较强，适用于面条、饺子皮等煮制食品和北方部分地区的硬面馒头；"南方型"筋力较弱，适用于南方的软式馒头及蒸包等制品。

家庭制作的蒸煮食品需用中筋粉。我国面制食品工业中，方便面是规模化程度最高的产业；挂面、拉面、乌冬面、鲜湿面等也具一定规模。传统的面条制品更是充满地方风味特色，如北京炸酱面，山西刀削面、"拨鱼"、"猫耳朵"等，兰州的手拉面和江、浙一带的阳春面、排骨面以及福建、台湾地区的加碱面条等，都久负盛名，经久不衰。

饺子和馄饨也是日常主副食兼备的主食品。产业化的饺子和馄饨生产多为冷冻食品，现在也日益普及，产量稳中有升。

（1）基本原辅料　以面条工业为例，简单介绍强中筋小麦粉制品的面粉品质和生产工艺。

1）小麦粉　表3-5是我国小麦粉行业标准LS/T 3202和LS/T 3203分别推荐面条粉和饺子粉的主要指标，湿面筋含量26%～32%，面团的稳定时间3.0～4.0min。表3-6中"北方型"中筋小麦粉的指标也与之相类似，只是面团稳定时间提高到4.5min。这反映了10多年来国产小麦面筋含量和质量的改善，相应地改善了面条的劲道爽滑口感。此外，用通用小麦粉制作家庭食用的手工面条和作坊的鲜湿面条，也仍占相当大的比例。

行业标准LS/T 3202还在附录中分别规定了面条和饺子的"品尝项目和评分标准"。面粉筋力越强、精度越高（灰分含量低），制作的面条或饺子皮外观色泽就越光鲜透亮，表面光滑，结构细腻；煮面不断条、不黏条，煮饺子不破皮、不黏牙；口感爽滑筋道，有咬劲，耐咀嚼；饺子皮、馄饨皮（云吞、抄手）等皮薄透明；煮面条、饺子水清澈，水溶物极少，这样的面条、饺子粉评分高，品质优。

小麦粉淀粉特性对面条、饺子质量也有重要影响，特别是20世纪80年代以来，对小麦粉的直链淀粉含量、直链/支链淀粉比例、支链淀粉结构和颗粒性状、膨胀特性等对面条制品食用品质影响的研究工作，受到科技界的广泛重视。

2）水　食品加工用水其浊度、色度及微生物指标都应达到国家关于饮用水的标准。面条生产和面搅拌时的加水量与面包、馒头生产不同，面条面团要经过多道对辊压延，延伸面团中的面筋结构，面团须含水量低，才能不黏压辊的表面。我国机制面条和面搅拌的加水量为28%～30%。

3）盐　能增强面筋的弹性和延伸性，使面条筋道有咬劲并可防止面团发黏；在制挂面时能减少断头率；盐能起抑制酵母及细菌繁殖的作用，可延长鲜湿面和乌冬面的货架期；盐能增加面条的风味，增进适口性。配方中的盐量（以面粉重为100%计）：方便面1.5%～2%；挂面2%～3%；手工拉面5%左右。

4）碱　碱与食盐一样有增强面筋的作用，增强面团的弹性、韧性和强度；碱能促进淀粉熟化，增加黏弹性使面条光滑爽口。碱使面条呈黄色或淡黄色，传统上，我国东南福建等省和港台地区，以至东南亚国家素有食用黄色带碱味的面条的习俗，成为有代表性的"中华加碱黄面条"。我国西部地区，素有食用拉面的习惯，用富含碱性的"小灰水"和面制作手工拉面。和面碱水用碱除碳酸钠（钾）外，还有多种磷酸盐可选用。加碱量一般为0.15%～0.3%

5）其他添加剂　面条及其他面制品所用的添加剂、改良剂必须符合国家标准GB2760《食品添加剂使用卫生标准》的规定，不允许超范围和超量使用。面条所采用的添加剂有增筋、增稠、乳化剂及调味、增色剂等。蔬菜汁、胡萝卜汁和番茄汁等既是天然色素，又可以改善面条制品的风味。

6）炸油 油炸方便面具有香酥脆和色泽美观等特点，蒸熟后的方便面经油炸脱水并固定面块形状，使面条膨松易复水。油炸工序用油应色泽纯正、无杂质、无异味；烟点高，稳定性好，酸价上升缓慢；炸后面体表面不油腻，不易油渍包装。方便面用炸油以棕榈油为首选，也可以调和适当比例的玉米胚油、大豆油、菜子油和动物油。

（2）制面工艺简介 面条的种类繁多，现代制面业的发展可以大致分为生面和熟面；油炸和非油炸等类别，其中非油炸面的干燥方式又有热风、微波和冷冻等。图 3-4 所示为各类面条的生产工艺流程框图。包括油炸方便面、干食（着味）面、干燥（波纹）面、挂面、保鲜熟面、鲜湿面，以及饺子/馄饨皮等的流程。仅按照图中的顺序，以方便面的主要工序为例作简介：

1）和面搅拌 制面面团比面包面团加水量低，为 30% 左右，如配方中加鲜蛋（以

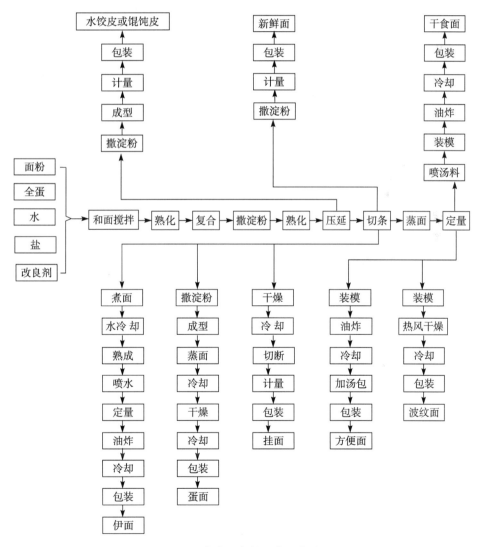

图 3-4 各类面条的生产工艺流程

0.75 折算水量），加水量相应减少。搅拌时间 18～20min，形成面团呈较硬的团粒状。面团从搅拌机出料到轧面辊前，需静置一段时间进行熟化改善工艺特性，面团在熟化机圆盘中停留 10～15min。

2）面片压延　制面面团靠多道对辊的压延，使团粒状的面块在低水分状态下，通过碾压作用延展面筋，形成更加完善网络结构的面带。面片先经复合压片，然后经过连续压片使面带达到所需的厚度。

3）切条及成纹　切面辊刀将面带切成均匀的面条后，经配重的成型挡板处，使滞留的面条卷曲呈波纹状，缩短了包装长度。更重要的是，花纹状的面块中的空隙在蒸面、油炸和食用前的复水时，增加与蒸汽、炸油和沸水的接触面，加速面条的蒸熟、油炸脱水和复水。

4）蒸面　在蒸汽中加热使淀粉糊化、蛋白改性，固定面块的花纹形状，使其"成熟"。蒸箱的蒸汽工作压力为 0.05～0.1MPa，蒸箱温度 95～100℃，蒸面时间 90～100s。

5）定量切块及分排　蒸熟的花纹状面条按固定长度（定量）切块，折叠成两层，用水喷淋进入有孔眼的模盒，为油炸做好准备。

6）油炸　油炸模具连同面块进入槽式炸锅，经深炸后面块脱水干燥。当水分达到 6% 左右时，面块硬化定型。水分逸出时面条形成微孔结构，复水时沸水通过微孔会使面条迅速吸水变软。油炸锅的温度为 140～155℃，油炸时间为 70～120s。

7）冷却及包装　面块出油炸锅须经冷风快速冷却达到储藏温度（室温＋5℃）。再经整理、面块重量检测、金属异物探测和加入汤料（脱水菜、调味油、酱）包等，经包装入袋（碗）、装箱入库或出厂。

图 3-5 为方便面生产工艺流程框图；图 3-6 为方便面生产过程示意图（班产 15 万包）。

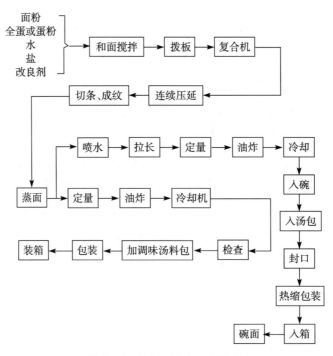

图 3-5　方便面生产工艺流程

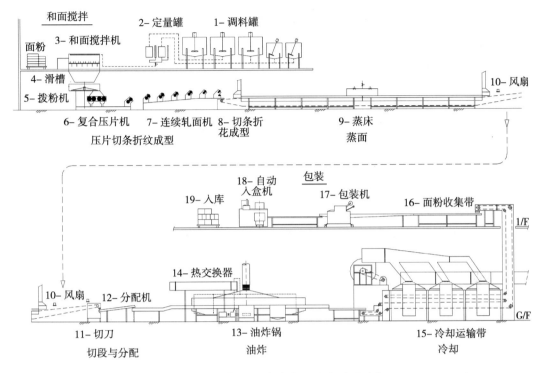

图 3-6 班产 15 万包方便面生产过程示意

（3）挂面与乌冬面技术要点

1）挂面的烘干 挂面品种日益增多，有不同条形和各式蔬菜面（番茄、胡萝卜、南瓜、香菇等）、杂粮面（玉米、荞麦、红豆、大豆等）。所用小麦粉因档次不同而异，高档挂面与方便面一样需用强中筋面粉，低档挂面大多用特一、特二粉生产。

挂面生产工序比方便面简单，没有蒸面和油炸工序。将切条后的鲜湿面不搓花纹，以一定长度挂在横杆上送入连续烘干室，经烘干、冷却、切条和包装即成。

挂面烘干用热风做介质携带去除水分，但不同于已经蒸熟后方便面块的烘干，而是生面条从面团水分降低到成品水分的烘干。成品挂面要保持其条形完整，还要耐煮不断条、不浑汤，保持煮后柔软和筋道爽滑的口感。

采用分段的"保湿干燥"法的烘干室，分为预备干燥、主干燥和完成干燥三个阶段。预备阶段的初始温度低，起"常温定条"的作用，防止湿挂面断落；主烘干阶段的前期，为"保潮出汗"区，主烘干阶段后期为"升温降水"区，挂面水分降低到 16% 左右；完成干燥阶段是降温散热区，以低于 15℃ 的冷风快速冷却，使挂面水分达到 ≤14.5% 的标准要求，完成烘干作业。

2）乌冬面的保鲜 乌冬面是外来语的音译，是非油炸的蒸熟保鲜湿面。

乌冬面需用强筋低灰分面粉，在各种面条中对面粉质量要求最高。强筋使成品面条十分筋道耐咀嚼，低灰分使面条表面没有麸星瑕疵，色泽光亮。面粉的湿面筋含量应 ≥33%，灰分含量 ≤0.4%（14% 水分湿基），折合成我国标准的干基灰分含量为 ≤0.465%。为达到优质乌东面的要求，配方中还需添加谷朊粉、淀粉、蛋粉及盐碱和其他添加剂等。

乌冬面采用真空和面、恒温恒湿熟化、波纹辊连续压延、温控水煮、水洗、酸浸包装、巴氏灭菌等新技术、新工艺，非油炸，无烘干，常温下可保存 6 个月之久，最大限度地保持了传统手工擀制、水煮面条的特点，又同样保持油炸方便面的即食性和方便性的特点，而且冷热食咸宜，预计会有一定的市场潜力。

（4）饺子皮/馄饨皮　饺子皮与馄饨（云吞、抄手）皮所需面粉与面条粉属同一类型。高精度低灰分面粉包出饺子晶莹剔透；煮饺子后的汤清澈透明，水溶物极少，饺子互不粘连、入口不黏牙，软滑爽口且筋道。

饺子粉湿面筋含量应为 28％～32％，粉质仪面团稳定时间 5～6min，灰分含量 0.5％～0.6％。饺子面团吸水量 40％左右，手工擀皮用面团吸水量可达 50％左右。无论用对辊压延制皮，还是用手工擀皮，都可见因筋力强所致的面片收缩。

冷冻饺子和馄饨皮所需面粉筋力要更强于上述指标要求，冷冻的面皮类似于面包的冷冻面团，环境条件更为严峻，筋力不足的面皮包出的饺子会沿捏合处冻裂，如人为加厚面皮会严重影响饺子的质量，降低档次。

蒸饺用不发酵面团，不同于包子类的发酵面团制品。面团和面搅拌时要提高水温，使面粉中淀粉开始糊化，更易于蒸熟。食用时口感软硬适中，比水煮饺子略显黏滞。

（5）烙饼/春饼/烤鸭薄饼/墨西哥饼　我国传统烙饼历来用低精度中筋粉烙制。烤烙制品比蒸煮食品含水量低，用筋力较强的面粉，咀嚼费力、口感坚韧。近年来，春饼和烤鸭薄饼已实现规模化生产，要求高精度面粉：灰分含量≤0.5％，蛋白含量为 9.5％～11.5％，湿面筋含量≥28％；机制饼用粉面团稳定时间≥10.0min。用低筋粉制薄饼反而质量低劣：一是揭饼时容易撕裂；二是储存运输后会出现裂纹，但机制饼比手工饼仍略显口感发硬。

热压圆形面团制作薄饼的生产工艺能保持薄饼或春饼的质量稳定。工艺流程简介如下：

和面搅拌──→切块──→揉圆──→醒面──→热压（200℃）──→烘烤──→冷却──→包装

4. 弱筋小麦粉制品　表 3-5 小麦粉行业标准 LS/T 3205～LS/T 3208 分别列出了发酵饼干粉/酥性饼干粉/蛋糕粉/糕点粉的技术指标。表 3-6 列出了中弱筋小麦粉的技术指标。

弱筋小麦粉制品中饼干用粉数量最大，此外还有多种，如蛋糕、果馅饼"派"、"蛋挞"和中式糕点等。我国著名粤式早茶面点大多属弱筋粉制品。

（1）基本原辅料

1）小麦粉　行业标准要求湿面筋含量为 22.0％～24.0％，面团粉质仪稳定时间 1.5～3.5min。也有研究将这两项指标规定为：湿面筋含量≤24.0％，稳定时间≤2.5min。饼干的酥脆、蛋糕的松软、派皮的"入口而化"都应避免面筋网络的形成，即使是用弱筋粉在和面时也要防止搅拌力过强而打起面筋形成网络。

应该指出，国产小麦全面达到弱筋粉各项指标要求的品种极少，即使是面团稳定时间能达到 1.5～2.0min 的品种，其湿面筋含量也大都超过 24.0％。有些饼干厂，不得不在配方中添加蛋白酶来适当降解小麦粉中的面筋含量。

2）淀粉　有些食品厂家在小麦粉中混配一定比例的淀粉，来降低或弱化小麦粉的面筋含量和筋力。所用淀粉的种类因制品的品质需要而异，可用玉米、马铃薯淀粉等；传统糕点有些需用支链淀粉比例较高的糯性淀粉，则要添加糯米粉等直链淀粉比例极低的淀粉。饼干用粉有时在面粉中混配 4%～5% 的小麦淀粉，此时弱筋粉的比例为95%～96%。

3）糖　作为甜味剂最重要的一种，在弱筋粉制品中具有特殊作用。糖是吸水剂，糖量增加时面团中结合水降低，阻碍面筋网络形成，降低面团弹性，使面团变软，增加可塑性；糖还是着色剂，在烘烤高温作用下产生的焦糖化反应能使饼干、蛋糕等的外皮产生金黄色泽和焙烤香味。

4）蛋　蛋清具有良好的发泡性，搅打后产生大量气泡使制品体积膨松，这对蛋糕制品十分重要。蛋黄中的油脂起起酥油的作用，磷脂是良好的天然乳化剂。鲜蛋液还可用做烘焙制品的表面上光剂。

5）乳品　乳品使制品有奶香味并具营养价值，也是良好的乳化剂，鲜乳可替代配方中部分水，能调节面团的柔软和润胀程度，改善工艺特性。

6）油脂　油脂的疏水性能阻止面团中的面筋吸水膨胀，防止网络的形成，油脂的起酥性使面团酥松。油脂也具发泡能力，增加面团和制品体积，形成蛋糕中的海绵状结构。油脂有良好的保水性使蛋糕糕点保持柔软新鲜。糕点中用的油脂有植物油、动物油、奶油和人造奶油等。

7）其他添加剂　弱筋粉制品所用的各种添加剂的允许使用范围和用量，也必须符合国家标准 GB 2760—1996《食品添加剂使用卫生标准》的规定。饼干、蛋糕等制品与面包粉中添加增筋剂相反，可添加减筋剂。弱筋粉制品所用的添加剂种类和品种更加多样化。

（2）饼干生产工艺简介　小麦粉、油脂和糖是饼干的基本原料，三者的比例决定饼干面团特性、成型方式和食用品质。配方中油脂的比例影响饼干的酥软程度，例如丹麦牛油曲奇富含牛油或人造黄油，以酥软香甜、入口而化著称。

饼干的种类繁多，名称和分类方法不尽相同。一般可分为饼干（biscuit）、脆饼干（cracker）和软饼干（曲奇-cookie）等类型。我国行业标准 QB/T 1253《饼干通用技术条件》的饼干分类要细得多，将饼干分为 11 类，其中最主要的 4 类是：酥性饼干、韧性饼干、发酵饼干、曲奇饼干等。酥性饼干与曲奇饼干类似，区别在于后者油脂的比例高得多。发酵饼干则是经发酵面团制作的饼干，又分为甜、咸等不同风味。

饼干的成型方法因配方及面团软硬的不同，有辊压、辊印、挤注、挤条和钢丝切割等方式。发酵饼干需经叠层和辊压；夹心或威化饼干在单片或多片之间添加夹心料。

因制作工艺的不同，除发酵饼干需用较强筋力的面粉外，其余绝大多数饼干均用低灰分、低筋力的弱筋粉制作，为使饼干制成品保持松酥软脆，尽量不要强搅拌打起面筋网络。小麦粉行业标准 LS/T 3205 已将发酵饼干用粉与其他饼干用粉区别开来。

低筋粉制作饼干的优越性在于，低蛋白和面筋含量使饼干面团加工特性好，节省价格昂贵的其他辅料，曲奇的摊展充分，饼干食用品质良好。饼干厂十分重视小麦粉"摊展系数"，这是国际上检测饼干用小麦粉的重要方法之一。系数越高说明饼干面团在工艺过程中没有发生因面筋筋力引起的收缩而使饼干制品直径变小、厚度增加，说明所用的弱筋粉筋力低、质量好，制成的饼干加工特性和食用品质好。

水是影响饼干面团和面的重要因素。但绝大多数水在烘焙后损失掉，饼干的成品水分含量仅为 1%～3%。

表 3-11 所示为饼干基本配方中的面粉、油和糖的比例，供参考。

表 3-11　饼干基本配方中的面粉、油和糖的比例（%）

饼干类型	面团种类	小麦粉	油脂	糖
硬脆饼干			0	0
牛油脆饼干	硬面团		45	0
奶油脆饼干			10～20	0～4
低糖饼干	半硬面团	100	10～20	20～30
高糖高油饼干	软面团		25～35	30～40

各种饼干的特点是：发酵饼干又称苏打饼干，用酵母（用量为面粉量的 0.2%）和化学起发剂于中种发酵面团，通常要经 18～20h 的发酵过程。须保持足够的筋力使饼干在焙烤时起发。如果低筋粉筋力不够，可以混配一些较强筋力的面粉。甜味饼干是由不经发酵的化学起发剂甜面团，经与上述类似的工艺和焙烤制成的甜品，又称"小食品饼干"。这种饼干通常在表面喷涂油脂、巧克力等。化学起发剂饼干也可用全麦粉制作。这些薄平的圆形或长圆形香草威化饼干和巧克力曲奇等都要求用低筋力、低黏度和高摊展系数（宽/厚比达 8.8～9.0）的小麦粉，来确保饼干的酥软和疏松。曲奇饼干的成型方法各异，软面团用喷嘴挤出或钢丝切块成型；而含水较低的凝性面团则用辊压模成型。

（3）蛋糕　蛋糕是最具特色的低筋粉食品。手工制作蛋糕的原辅料是面粉、糖、起酥油、蛋、奶、泡打粉和香精。

蛋糕用小麦粉是低灰分、低筋力而粒度最细的软麦粉。起酥油和乳化剂的应用使蛋糕货架期延长。蛋糕配方中的糖和面粉的比例超过 1∶1，有时甚至高达 1.4∶1，起酥油、蛋和液体辅料的增加，大大改善了蛋糕的食用品质和货架期。

（4）月饼　月饼皮面团的基本配方是：小麦粉 100%，糖 50%～55%，淀粉糖浆 25%，油脂 35%～40%，苏打 1%，明矾 0.04%，水 15%～25%。所用小麦粉为中筋粉，有时混配 15%～20% 的强中筋粉。要求烘烤后月饼皮外表光滑、花纹清晰，皮薄组织细密，口感松软趋于在口中融化；要避免外皮收缩、出现裂纹或表面起泡等不良产品。

（5）派（果馅饼）皮和蛋挞皮　派皮（壳）和蛋挞皮面团用低筋粉，蛋白含量 8.0%～9.5%，灰分含量 0.45% 左右，但要求不严格，最高可以用灰分含量 0.65% 的二等粉，无须增白剂。面粉粒度略粗比细好，淀粉糊化活性低比高好。用低筋软麦粉和少量的起酥油就可以达到派皮的柔软程度。

典型的派皮面团配方包括低筋粉 100%，起酥油 35%～70%，蛋 20%，加适量的水和少量的盐；糖面团要加糖 55%。

搅拌派皮面团应注意加水量，应避免打起面筋，导致派皮硬脆而不松软。搅拌温度不宜过高，可冷藏一定时间，来改善其制作特性。

（6）中式糕点　传统的中式糕点以"宫廷八件"和苏式、广式等著称享有高端市场。

行业标准 LS/T 3208《糕点用小麦粉》也属弱筋粉，所列的指标除表示 α-淀粉酶活性的降落数与 LS/T 3207《蛋糕用小麦粉》不同外，其他各项指标均相同。制作糕点的面粉不但与配方中的糖、油、蛋、乳等的比例有关，也与水合面、油和面、糖酥、油酥等的制作方式有关。

（7）粤式早茶面点　早茶面点以味道美、品类多和选择性强而著称。基本类型有发酵面团做皮的，如叉烧包、奶黄包等；不发酵面团做皮的有烧卖、虾饺、春卷等类别。

前已提及，发酵面团类的包子皮面团与南方馒头面团相类似，都是用弱筋粉水合面团发酵做成。现以"小笼包"面坯的发酵面团和"水晶虾饺"面坯的不发酵面团的制备简单介绍如下：

小笼包面皮配方：中筋粉 30％，弱筋粉 70％，水 50％，干酵母 0.5％，糖 20％左右。制备：将两种面粉混合过检查筛，干酵母和糖溶于 30～37℃ 的水中和面搅拌成面团，温度 27～30℃，湿度 75％～80％，发酵 3～4h，揉面后再醒发 1h 备用。做包子皮面团每个重 20～25g 擀成圆片，包馅料有奶黄、莲蓉及叉烧等，包好再静置约 10min 后，上小笼屉蒸熟。

水晶虾饺面皮配方：弱筋粉/玉米淀粉/马铃薯粉 3 种粉，按大致为 15∶5∶1 的比例混合均匀后，用沸水边烫边搅拌约 3min，至软硬适中。揉面团后分割成 6～10g 的面坯，擀压成圆片放入约 6g 的虾仁或其他馅料包好，上小笼屉蒸 5min 即熟。烧卖面皮与之相类似，可调整面粉配比或不加淀粉。

第二节　小麦产需分析与交易

一、产需分析

（一）小麦生产

小麦是我国第二大粮食作物，各地都有种植。目前我国小麦产量占粮食作物总产量的 22％ 左右，小麦在我国粮食生产中处于非常重要的地位。我国小麦主要分为冬小麦和春小麦两大类，全国冬小麦面积约占小麦总面积的 85％，主要分布在河南、山东、河北、江苏、安徽、四川、湖北、陕西、山西等省，其中河南、山东种植面积最大。春小麦播种面积约占 15％，主要分布在黑龙江、内蒙古、甘肃、新疆、宁夏、青海等省、自治区。

1. 我国小麦面积和产量　我国小麦产量波动相对较大，改革开放以来，我国小麦产量波动总体可以分为 3 个阶段：第一阶段是 1978—1997 年，我国小麦产量呈波浪增加的态势；第二阶段是 1998—2003 年，我国小麦产量处于明显下降趋势；第三阶段是 2004—2010 年，我国小麦产量出现了历史罕见的连续 7 年增产。我国小麦产量之所以呈现出这样的波动，是多种原因造成的，不同阶段的原因也有所不同。

第一阶段：1978—1997 年我国小麦产量实现质的飞跃。在这 20 年中，我国小麦产量快速增长，从 1978 年的 5 384 万 t，几度起落，在 1991 年突破 1 亿 t 大关，达到 10 158.7

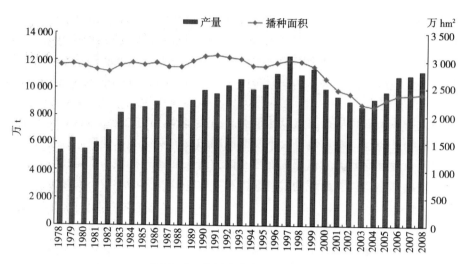

图 3-7　我国小麦产量和面积

（数据来源：《中国统计年鉴》，中国种植业信息网。2008 年数据为国家粮油信息中心 2008 年 4 月份的预测值）

万 t。至 1994 年一度减产后连续三年增产，于 1997 年小麦产量创下了 12 328.9 万 t 的历史最高水平，比 1978 年增加 129%，年均增幅为 6.79%。在此阶段，我国小麦生产保持较快发展，生产能力大幅提高。在我国粮食作物中，小麦是单产增幅最大、增速最快的粮食作物。在 1978—1997 年这一阶段，我国小麦的播种面积保持相对稳定，一直在 3 000 万 hm² 附近小幅波动，面积的波动与产量的波动呈现一定正相关关系，但面积波动幅度明显小于产量波动幅度，我国小麦的播种面积 1978 年为 2 918.3 万 hm²，1997 年为 3 005.7 万 hm²，增加幅度仅为 3%。而从 1978 年至 1997 年，我国小麦单产从 1 845 kg/hm² 提高到 4 102.5 kg/hm²，增幅达到 122%。也就是说，播种面积的变化对小麦产量有一定影响，但是单产增加的贡献大于播种面积的贡献。

　　小麦单产取决于土壤条件、气候条件、病虫害等诸多客观因素，但在我国小麦单产提高中更不可忽视的是科技进步和国家政策的作用。尤其是国家政策的引导作用。经过 20 世纪 80 年代中期、90 年代初期粮食流通体制改革的两次反复表明，在中国人多地少的小规模生产条件下，放开市场，会出现粮食生产下降或价格快速上涨的可能。为了稳定粮食生产，调动农民生产积极性，我国从 1993 年起建立粮食保护价制度，并于 1994 年、1996 年两次大幅度提高粮食收购价格，1994 年国家将小麦定购价自 0.75 元/kg 提高到 1.08 元/kg，涨幅为 43.2%；1996 年，国家再次将小麦定购价提高 40.7%，达到 1.52 元/kg，这两次提价对稳定和发展小麦生产都起到了积极作用。

　　第二阶段：1998—2003 年我国小麦产量出现下降。自 1997 年我国小麦产量达到创纪录的水平之后，1998 年产量略有下降，随后的 1999 年再度恢复性增产，连续 3 年保持在 1 亿 t 的水平之上，但在接下来的 4 年里，我国小麦产量逐年下降，均低于 1 亿 t 的水平，到 2003 年降至 8 648.8 万 t，仅相当于 20 世纪 80 年代末期的产量水平。分析这一阶段产量明显滑坡的主要原因就是播种面积的下降。从图 3-7 中可以看出，1998—2003 年我国小麦产量下降和小麦播种面积下降呈现出明显正相关关系。我国小麦播种面积从 1998 年的 3 005.7 万 hm² 下降至 2003 年的 2 199.7 万 hm²。

为了遏制我国生态环境的恶化，解决中西部地区严重的水土流失问题，扭转长江、黄河流域水患灾害，国务院决定在全国范围内实施退耕还林（草）政策，1999年开始试点，2002年全面铺开。退耕还林政策的实施，在一定程度上减少了我国小麦的播种面积。其次，这一阶段，我国粮食购销市场化进程不断加快，小麦保护价格逐年下调。2001年我国首先实现了东南沿海8个主销区粮食购销市场化。9个产销平衡区中，广西、云南、重庆、青海从2002年4月1日起，贵州从2003年4月1日起全面放开粮食市场。宁夏、西藏、甘肃和山西也部分实行了粮食购销市场化改革。主产省中，安徽、湖南、湖北、内蒙古、新疆全面放开了粮食购销；河北、河南、山东、吉林、辽宁、江西、黑龙江、四川、陕西也不同程度地放开了部分地区的粮食购销市场。2003年，在保护价收购的范围进一步缩小的同时，改革了补贴方式，小麦主产区开始部分试行直补政策。河南省2003年放开了洛阳、安阳、三门峡、商丘、信阳五市，省政府从粮食风险基金中安排2.3亿元用于5个试点市对农民的直接补贴。不实行粮食购销市场化改革的13个省、直辖市，继续执行按保护价收购农民余粮和粮食收购价内补贴政策。河北省2003年也在保护价收购范围及补贴办法方面进行重大调整，对石家庄、邢台、邯郸、保定、沧州、衡水等中南部六市的小麦继续实行保护价收购制度，其他地区全部放开，实行直接补贴。安徽省2003年则在全省放开粮食购销市场，对农民实行直接补贴。

第三阶段：2004—2010年我国小麦产量连续7年稳步增长。自2004年开始，连续7年中央"一号文件"锁定"三农"问题，吹响了全面反哺农业的进军号，"多予、少取、搞活"的方针政策深入民心，有力地调动了农民的种粮积极性。2004年至2010年连续7年实现丰产，在这一阶段，小麦产量增幅为22％，播种面积的增幅为11％，小麦面积稳步增长，是小麦产量增加的重要原因。其次是"天帮忙、人努力"，共同造就了小麦单产的稳步提高。

2003年10月中旬，国内小麦市场行情在长达6年的低迷之后，出现了一轮明显上涨行情，加之连续4年小麦产量下降，全国上下对粮食安全倍加关注，2004年初，国家出台了最低收购价政策，先是针对稻谷品种，2006年小麦品种正式启动，并不断完善。2006年实施最低收购价政策当年收购价定为中等白小麦1.44元/kg，红麦、混合麦1.38元/kg。2007年下半年以来，国内农资价格持续上涨，种植成本大幅增加，已影响到农民对种粮的投入和农村经济的发展。政府调控部门立足国家粮食安全大局，于2008年根据种植成本变化在2月和3月两次提高2008年小麦最低收购价水平，达到中等白小麦1.54元/kg，红麦、混合麦1.44元/kg，确保了农民种粮收益。在此基础上，一改往年春季发布当年最低收购价的惯例，首次在2008年秋冬播季节提前公布并大幅提高了2009年最低收购价水平，收购价格提高至中等白小麦1.74元/kg，红麦、混合麦1.66元/kg，提高幅度分别为13％、15.3％、15.3％。2011年收购价格提高至中等白小麦1.90元/kg，红麦、混合麦1.86元/kg。不仅在国际粮价大跌的背景下，免除了农民的后顾之忧，又充分发挥了价格在资源配置中的作用，使粮食生产可持续发展有了坚强保障。在各种支农惠农政策的鼓舞下，农民种植积极性显著增强，我国小麦种植面积逐年恢复，加之农民得到实惠，更加注重精耕细作，对生产的投入也有所增加，最终实现了我国小麦产量连续7年增产的历史性佳绩。

2. 优质小麦生产　1985 年，农业部提出发展专用小麦。1996 年专用小麦面积只有 106.7 万 hm²。1998 年以来，随着农业结构战略性调整的展开，在小麦面积、产量调减的同时，专用小麦面积迅速扩大。2001 年全国专用小麦面积达 600 万 hm²，比 1996 年增加 493.3 万 hm²。其中，达到强筋、弱筋小麦国标的专用小麦面积达 213.3 万 hm²。2003 年 1 月 20 日，农业部发布的《优势农产品区域布局规划（2003—2007 年）》指出，我国专用小麦总体发展思路是：抓"两头（强筋和弱筋小麦）、带中间"（中筋小麦），加快构建区域化种植、标准化生产、产业化经营的专用小麦产业带，提升国产小麦质量水平和国际竞争力。发展目标是：到 2007 年，全国专用小麦面积占小麦总面积的比例达到 40％左右，比 2001 年约提高 20 个百分点；其中 3 个专用小麦带发展的优质强筋和弱筋小麦面积占全国专用小麦面积的比例达到 40％以上，比 2001 年提高 5 个百分点以上，实现基本满足国内需求，力争向东亚国家或地区出口的目标。专用小麦优势区的发展目标是：到 2007 年，黄淮海专用小麦产业带优质强筋小麦面积达 293.3 万 hm²，长江下游专用小麦产业带优质弱筋小麦面积达 133.3 万 hm²，大兴安岭沿麓专用小麦产业带优质强筋春小麦面积达 40 万 hm²。

谈到优质小麦，不能不提期货市场对优化小麦品种品质结构的促进作用。在期货市场上市强筋小麦期货之前，小麦现货市场往往同时流通着几十个乃至上百个细分品种，这些品种在品质上存在着较大差异。再加上当时优质品种相对于普通品种而言产量略低一点，在此情况下，农户一般会选择种植普通小麦。随着强筋小麦期货的上市和逐步发展，在套期保值企业的带动下，种植优质小麦能够卖得好价钱的观点深入人心，农民种粮选择不断优化。在农民看来，优质优价再加上农业产业化政策和良种补贴的推行，农户竞相种植优质小麦，推动了优质小麦的种植面积和产量的日益扩大。1999 年优质小麦种植面积占全国小麦种植面积的比例为 6％，2000 年提高到 12％，2005—2007 年扩大到 42％～45％；产量占全国小麦产量的比例由 1999 年的 6％，增长到 2000 年 13％，2005—2007 年扩大到 45％～48％。实现了政府调整小麦种植结构的目的，使我国粮食安全不仅有数量上的要求，而且有了质量上的保证。但由于受农户小面积种植模式的限制，加之优质小麦品种品质还有待提高。因此，市场流通中内在品质能达到优质小麦的商品数量远低于优质小麦的产量，但基本已能满足国内企业加工生产专用面粉的需求。

（二）小麦消费

我国既是小麦生产大国，也是小麦消费大国，生产量和消费量都保持在 1 亿 t 左右。我国小麦生产主要集中在黄淮海小麦产区，而小麦消费相对分散，同时小麦生产大省基本也是消费大省。近年来，小麦消费量较大的省份依次是河南、山东、河北、安徽，年消费小麦均在 500 万 t 以上。山西、陕西、广东、四川、湖北、新疆年消费小麦也在 300 万 t 以上。我国小麦主要用于食用，制粉消费约占小麦产量的 85％以上，饲用消费和种用消费各占约 4％，工业消费比例约 2％。改革开放以来，我国小麦消费变化大致可分为三个阶段：第一个阶段是 1978—2000 年，我国小麦消费量呈现稳步增长趋势；第二个阶段是 2001—2005 年，我国小麦消费逐年下降；第三个阶段是 2006—2008 年，我国小麦消费再度出现小幅增长趋势。鉴于数据的延续性和完整性，下面笔者对我国小麦消费的分析均采用美国农业部的数据，与国内实际有一些差别，但总体基本一致（图 3-8）。

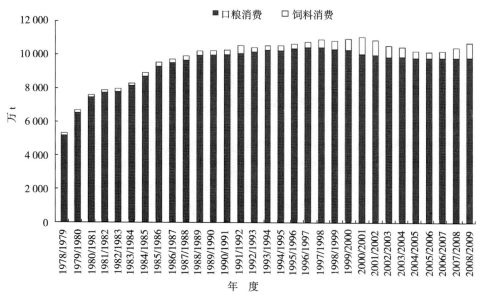

图 3-8 中国小麦消费量

（数据来源：美国农业部）

第一阶段：1978—2000 年我国小麦消费量呈现稳步增长趋势。在这一阶段，我国小麦消费增长呈现先快后慢的特征。1978—1988 年我国小麦消费从 5 288.7 万 t 快速增长至 10 182.6 万 t，跨上了亿吨新台阶，增幅高达 93%。之后的 12 年，我国小麦消费增速有所放缓，主要原因是人口增速减慢。这期间除了 1992 年我国小麦消费略有下降，我国小麦消费量总体呈现小幅增长趋势，2000 年达到历史最高水平的 11 027.8 万 t，比 1988 年增长 8%。

第二阶段：2001—2005 年我国小麦消费逐年下降。尽管我国人口呈刚性小幅增长，但在进入 2000 年之后，随着国民生活水平的不断提高，饮食结构逐步改变，人均主食消费下降，小麦制粉消费总量有所下降，到 2005 年，我国小麦消费量下降至 10 150 万 t，基本回到了 1988 年的水平，与 2000 年时相比，降幅为 8%。

第三阶段：2006 年以后我国小麦消费再度出现小幅增长趋势，2006 年我国小麦消费量为 1.07 亿 t，与 2005 年相比增加 5%。在此阶段，我国小麦消费中口粮消费保持稳定，一直徘徊在 9 800 万 t，而饲料消费呈现出较为明显的增长，2006、2007、2008 年分别是 400 万 t、600 万 t 和 900 万 t，年递增率都在 50%。20 世纪 90 年代以前，我国小麦饲料消费保持在较低水平，随着人民生活水平的不断提高，我国饲料养殖业发展迅猛，对饲料原料的需求稳步增加。在澳大利亚、欧洲和加拿大小麦已大量用作畜禽饲料粮。试验结果表明，在小麦饲料粮中添加合适的酶制剂，再加上适当的加工方法，可以用小麦部分或者全部替代畜禽饲料粮中的玉米。作为饲料原料小麦有其特有的优势，诸如小麦中的营养成分比较容易消化；小麦蛋白质含量高于玉米，有的品种甚至高过一倍；赖氨酸含量较高，而苏氨酸含量与玉米相当，小麦氨基酸利用率与玉米没有显著差别；小麦总磷的含量高于玉米，而且利用率高；小麦面粉遇水易变得黏稠，是很好的自然黏结剂，有利于制粒等。但是小麦饲料用量的多少，还在很大程度上取决于小麦和玉米的比价关系。

由于笔者在此引用的是美国农业部的小麦消费数据，只把我国小麦消费分为口粮消费和饲料消费。实际上，我国小麦消费除了口粮消费和饲料消费外，近年来工业消费也呈现出小幅增长态势。我国小麦的工业消费主要是用于淀粉、变性淀粉、谷朊粉、酿酒、工业酒精、麦芽糖、调味品等生产领域。近年来，随着国民生活水平的不断提高，以及科学技术的发展，国内小麦工业消费呈现稳中略增趋势，目前已与饲料消费占比接近。小麦谷朊粉是小麦工业加工产品之一，近年来发展势头良好。小麦谷朊粉又称活性面筋粉，是以小麦为原料，经过深加工提取的一种纯天然谷物蛋白。它由多种氨基酸组成，是营养丰富的植物蛋白资源。谷朊粉的用途较为广泛，在面粉工业上，作为一种纯天然添加剂，添加到筋力差的面粉中，可作为生产面包粉、饺子粉、方便面粉、挂面粉等专用粉，以改善制品的烘焙品质、蒸煮品质、食用品质和营养品质。在食品工业上，谷朊粉可制成集营养、保健、方便于一体的多种食品。在饲料工业上，谷朊粉可作为黏结剂，用于幼鳗、幼鳖的饲料中，它同时可替代部分鱼粉作为蛋白源，并使氨基酸的组成更合理。在膨化饲料中使用，不仅具有蛋白源作用，对改善饲料产品外观也具有良好的效果。

（三）国际贸易

我国是世界上最大的小麦生产国，也是国际市场上主要的小麦进口国之一。我国小麦长期呈净进口态势，1978—1997 年的 20 年中我国累计进口小麦 19 866 万 t，年均净进口小麦 993.3 万 t。我国主要进口的是高品质的小麦，以一定比例作为配粉用于食品生产加工。改革开放以来，我国小麦进出口状况大致可以分为三个阶段：第一阶段是 1978—1992 年，我国小麦进出口呈现只进不出格局；第二阶段是 1993—1999 年，我国小麦进口量不断下降，且自 1993 年我国小麦开始对国际市场出口；第三阶段是 2000—2008 年，我国小麦进出口形势波动较大，进出口以调剂国内小麦供求结构不平衡为主（图 3-9 和图3-10）。

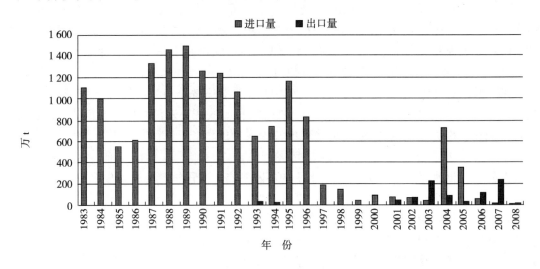

图 3-9　我国小麦进出口情况

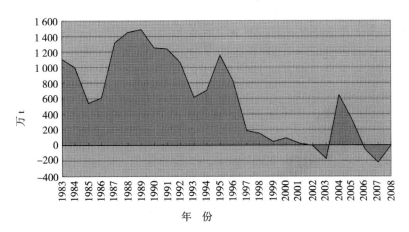

图 3-10　我国小麦净进口量

（数据来源：中国海关总署）

第一阶段：1978—1992 年，我国小麦进出口呈现只进不出格局，在一定程度上可以说此阶段我国小麦市场国际依存度较高。由于此阶段除了 1978 年我国小麦当年产需盈余 100 万 t 之外，其他年份国内小麦当年产不足需局面持续发生，只能通过大量进口小麦来弥补缺口，且进口量通常大于缺口数量。在这一阶段我国累计净进口小麦 1.65 亿 t，年均净进口小麦 1 110 万 t，净进口小麦总量占该阶段小麦供给总量的 12%，也说明此阶段我国小麦生产能力不足，国内小麦安全水平较低。

第二阶段：1993—1999 年，我国小麦进口量不断下降，且自 1993 年我国小麦开始对国际市场出口，我国小麦对国际市场依存度下降。在此阶段，由于单产的快速提高和种植面积的基本稳定，我国小麦总产量快速提高，多数年份国内小麦产量已经能够满足国内消费。1997 年我国小麦产量创历史最高水平，当年小麦进口量也降到了 200 万 t。与此同时，我国居民生活水平的提高，小麦消费结构发生变化，对优质小麦需求大幅增加，虽然国内优质小麦生产潜力很大，但短期内在品质上难以替代国外优质小麦品种，所以还需要通过进口优质小麦来满足国内市场的需求。国际小麦市场对我国小麦市场的影响逐步从数量优先向质量优先转变，在此阶段我国累计净进口小麦 2 880 万 t，年均净进口小麦 410 万 t，净进口小麦总量占该阶段小麦供给总量的 4%，我国小麦国际市场依存度明显下降。

第三阶段：2000—2008 年，我国小麦进出口形势波动较大，进出口以调剂国内小麦供求结构不平衡为主，我国小麦国际市场依存度较低。在此阶段，2002 年我国首开制粉小麦出口先河，一改以往只出口饲料小麦的历史。2003 年我国制粉小麦出口形势喜人，与饲料小麦出口几乎平分秋色，全年共出口小麦 223.748 万 t，净出口 181.33 万 t。2006—2008 年，由于我国小麦连年增产，供求环境较为宽松，我国小麦再度呈现净出口格局，3 年累计出口小麦 257.67 万 t，净出口 187.73 万 t。在此阶段，我国小麦进出口数量开始和世界小麦市场行情挂钩，2006—2007 年国际市场小麦行情暴涨，导致进口成本增加，我国小麦进口量大幅萎缩。2008 年后期国际市场小麦行情一路下跌，进口小麦与国产小麦比价关系良好，仅 12 月份我国就进口 3.15 万 t 的小麦，也就是说近年来国际市场小麦行情已成为影响我国小麦进出口的关键因素之一。此外，我国小麦进出口在一定程度上还受到政府宏观调控的影响，这在 2008 年尤为突出。2006—2008 年，国际市场小麦行情犹如过山车般的巨幅波动，导致众多小麦出口国纷纷出台出口限制政策，我国也不例外，自 2007 年 12 月 20 日起，国家先是取消了小麦、稻谷、大米、玉米、大豆等 84 类原粮及制粉产品的出口退税，接着从 2008 年 1 月 1 日至 12 月 31 日，对小麦、玉米、稻谷、大米、大豆等原粮及其制粉共 57 个产品征收 5％～25％不等的出口暂定关税。麦类和麦类制粉出口暂定税率最高，分别为 20％、25％。最后从 2008 年 1 月 1 日起对面粉实行配额制管理。一系列政策的出台，使我国小麦及小麦粉出口可能性降至最低，也导致我国小麦出口量大幅减少。

（四）产需格局与趋势

1. 产需格局 1978—2008 年，我国小麦产需出现缺口的年份远多于产需有盈余的年份（图 3-11），产需缺口累计达到 17 823 万 t，而我国是依靠国际市场进口小麦来弥补此缺口的，通过进口小麦的调剂，绝大多数年份我国小麦市场供需平衡有余。进入 21 世纪，我国进口小麦以品种调剂为主，国际小麦市场对国内小麦市场的调节已经从仅仅满足数量的需求转向满足结构变化的需求。

1978—2008 年，我国小麦产需情况可以大致分为四个阶段：第一阶段是 1978—1991 年，我国小麦供需缺口较为明显；第二阶段是 1992—1999 年，我国小麦产需总体基本平衡；第三阶段是 2000—2005 年，我国小麦产需缺口相对较大；第四阶段是 2006—2008 年，我国小麦连续 3 年当年产需出现盈余，供需关系较为宽松（图 3-12）。

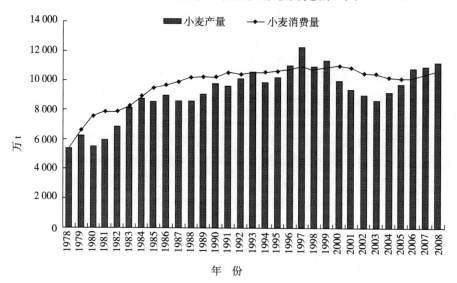

图 3-11 我国小麦产量和消费量

（数据来源：产量为国家统计局数据，消费量来自美国农业部）

第一阶段：1978—1991 年我国小麦消费处于快速增长期，产需缺口非常明显。在此阶段，小麦消费从 1978 年的 5 290 万 t 增加到 1991 年的 1.05 亿 t，年均消费 8 782.6 万 t；小麦产量从 1978 年的 5 380 万 t 增加到 1991 年的 9 595.3 万 t，年均产量 7 866.2 万 t，产需

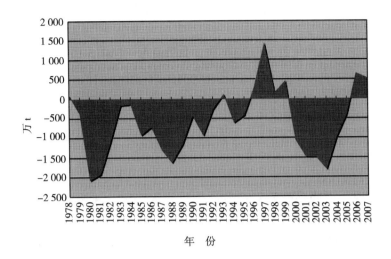

图 3-12 我国小麦产、消平衡图

（数据来源：产量为国家统计局数据，消费量来自美国农业部）

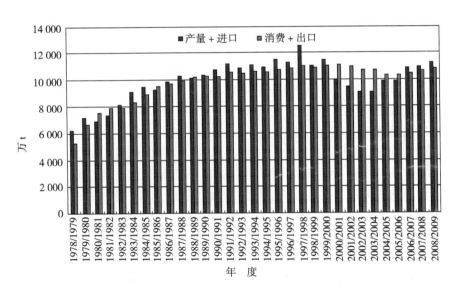

图 3-13 我国小麦总需求与总供给平衡图

（数据来源：产量为国家统计局数据，消费量和进出口量来自美国农业部）

之间总缺口达 1.28 亿 t，年均缺口 916.4 万 t。产销缺口最大的两个年份分别是 1980 年和 1988 年，分别缺口 2 080 万 t 和 1 640 万 t。此阶段除了 1978 年我国小麦产需基本平衡以外，其他年份都处于当年产不足需，需要通过进口小麦来弥补产需缺口。在此阶段，我国累计进口小麦 1.58 亿 t，年均进口 1 129.3 万 t，我国小麦市场不仅产需缺口得到弥补，并出现 3 000 万 t 左右的盈余，保证了国内小麦市场总供给量大于总需求量。

第二阶段：1992—1999 年我国小麦年度产需余缺现象交替发生，总体基本平衡。在此阶段，我国小麦消费呈现缓慢增长趋势，1992—1995 年我国小麦种植面积减少，单产也出现波动，总产量减少，从而导致小麦产销在 1993 年刚刚出现少量盈余的情况下再次发生缺口。1996年开始我国小麦种植面积和单产同时走出低谷，小麦总产量在1997年创历史最高纪录，达到1.23亿t，1997年也是我国小麦产需盈余最多的一年，达到1 420万t。由于小麦需求弹性较小，在突然出现产量大幅度增长的情况下，1997年出现的生产过剩造成了"卖难"问题。在此阶段，我国小麦年度之间产量变化较大，产需余缺交替发生，但后期产需缺口消失，实现了产需总量平衡、略有盈余的历史性转变。

第三阶段：2000—2005年我国小麦连年产不足需，产需缺口迅速扩大。进入2000年之后，由于我国全面推进粮食市场化改革、进行农业结构调整、推进城市化和工业化等，造成了包括小麦在内的粮食作物种植面积大幅减少，粮食连续4年减产，直至2004年才开始有所恢复。小麦在这4年间累计减产26.3%，年均减幅为6.6%。尽管在此期间我国小麦消费首次出现年度间递减趋势，但消费减幅远小于产量减幅，年均消费减幅仅为1.1%。在此阶段，我国产需缺口累计达到5 840万t，年均缺口1 460万t。2003年缺口1 800万t，成为自1978年以来的第二大小麦产需缺口年。

第四阶段：2006—2008年我国小麦产量连年大幅增加，当年产需平衡有余。2006年，我国开始实施小麦最低收购价政策，小麦价格在2003年上涨的基础上连续走高，对提高农民种植小麦的积极性有极大促进，我国小麦生产取得了连续5年大幅增产、连续3年产需盈余的历史佳绩，3年共盈余小麦1 726.4万t，基本扭转了自2000年以来连续6年出现较大产需缺口的境况，我国小麦市场总量上初步实现了自给自足。

除了通过进出口调节小麦市场供需关系之外，我国还不断完善储备粮调节制度，通过粮食库存来调节市场年度之间的产需变化，对均衡市场供需和稳定市场价格起到了重要的支持作用，尤其值得一提的是最低收购价政策。2004年以来，我国政府连续成功实行粮食最低收购价政策，既有效地促进了粮食增产、农民增收，又充分验证了"手中有粮，心中不慌"的政策理念。在国家有计划、持续提高收购价格的同时，又以中国储备粮管理总公司为市场主体承担收储、组织、管理任务，不但有效地贯彻落实了国家政策，而且形成了代表国家意愿的中央企业主导市场粮源的局面，确定了以市场为基础，最低收购价粮食竞价销售定价的价格形成格局，权威、正确地引导了企业对市场价格的预期，树立了粮农对未来粮食市场的信心，从根本上保护了粮农的生产积极性，保持了既增产又增收的可喜局面。最低收购价政策的做法，从根本上实现了国家手中有粮，农民不慌、企业不慌、市民不慌、政府不慌的政策理念，为维护我国粮食安全起到了重要作用。2008年国际粮食市场风云变幻，短期内价格大起大落，国家粮食调控部门快速灵活应对，根据不同时期市场需求强度差异及价格变化，适时调节市场投放量，使我国小麦供需关系处于相对平衡状态，基本实现了粮食稳产和农民增收，切实保障粮油市场供应和价格基本稳定。

2. 产需趋势 在我国，粮食始终是经济发展、社会稳定和国家安全的基础，是关系全局的重大战略问题。新中国成立以来，我国始终把农业放在国民经济发展的首位，千方百计促进粮食生产，较好地解决了人民吃饭问题，也为世界粮食安全作出了巨大贡献。改革开放以来，我国农业和粮食生产又取得了长足发展。特别是2004年以来，在党中央、国务院一系列支农惠农政策支持下，粮食生产实现连年丰收，国内粮食供求形势明显改善，小麦生产更是连续3年当年产需平衡且有盈余，保证了居民食物消费和经济发展对粮食的基本需求。但是，不容忽视的是我国粮食需求总量保持继续增长趋势。据预测，到

2020年人均粮食消费量为395kg，需求总量5 725亿kg。粮食消费结构升级，口粮消费减少。据预测，到2020年口粮消费总量2 475亿kg，占粮食消费需求总量的43%。饲料用粮需求增加，据预测，到2020年将达到2 355亿kg，占粮食消费需求总量的41%。工业用粮需求趋于平缓。

党的十七届三中全会通过的《中共中央关于推进农村改革发展若干重大问题的决定》强调，粮食安全任何时候都不能放松，必须巩固和加强农业基础地位，始终把解决好十几亿人口吃饭问题作为治国安邦的头等大事，加快构建供给稳定、储备充足、调控有力、运转高效的粮食安全保障体系。2008年11月13日，《国家粮食安全中长期规划纲要（2008—2020年）》（简称《纲要》）正式出台。《纲要》强调了我国粮食安全面临的7大挑战：消费需求刚性增长；耕地数量逐年减少；水资源短缺矛盾凸现；供需区域性矛盾突出；品种结构性矛盾加剧；种粮比较效益偏低；全球粮食供求偏紧。《纲要》预测，到2020年人均粮食消费量为395kg，需求总量为5 725亿kg。同时受到耕地减少、水资源短缺、气候变化等对粮食生产的约束，我国粮食的供需将长期处于紧平衡状态，保障粮食安全面临严峻挑战。《纲要》基于"坚持立足于基本靠国内保障粮食供给，加大政策和投入支持力度，严格保护耕地，依靠科学技术进步，着力提高粮食综合生产能力，增加食物供给；完善粮食流通体系，加强粮食宏观调控，保持粮食供求总量基本平衡和主要品种结构平衡，构建适应社会主义市场经济发展要求和符合我国国情的粮食安全保障体系"的指导思想，在保障粮食安全目标选择上，关于粮食自给率，提出要稳定在95%以上，稻谷和小麦保持自给。当前我国小麦供需总量基本平衡，但品种优质率有待进一步提高。

《纲要》的出台在一定意义上为这一阶段我国粮食安全指明了方向，提出了保障粮食安全的6大主要任务：提高粮食生产能力；利用非粮食物资源；加强粮油国际合作；完善粮食流通体系；完善粮食储备体系；完善粮食加工体系，以及保障粮食安全的8大主要政策和措施：强化粮食安全责任；严格保护生产资源；加强农业科技支撑；加大支持投入力度；健全粮食宏观调控；引导科学节约用粮；推进粮食法制建设；制定落实专项规划。《纲要》还列举了拟编制的10大重点专项规划：全国新增500亿kg粮食生产能力规划（2009—2020年）；耕地保护和土地整理复垦开发规划；水资源保护和开发利用规划；农业及粮食科技发展规划；节粮型畜牧业发展规划；油料及食用植物油发展规划；粮食现代物流发展规划；粮食储备体系建设规划；粮食加工业发展规划和居民科学健康消费粮油的政策措施。这一切都基于保障我国粮食安全，从小麦这一品种来看，通过上述一系列的政策调控和科技进步，能够继续保持产需相对平衡状态。

二、国内交易方式

小麦作为一种关系国计民生的粮食商品，其市场运行受到国家政策的调控，其交易方式的演变是与小麦市场发展相联系的。伴随着粮食流通体制的改革，每当市场活跃的时候，小麦交易方式的进化也就比较明显。除此之外，小麦供求形势的变化，市场形势的紧张和宽松、交易品种的性质和质量标准、融资体制的保障、国家的有关政策以及市场主体创新的主观愿望等，都会对交易方式有重大影响。

新中国成立以来，我国在相当长一段时间内都以计划经济为主，粮食政策主要是统购统销制度。1978 年开始进行粮食流通体制改革，由粮食统购统销向议购议销过渡，并逐步实施粮食购销市场化改革。1993 年小麦期货开始在郑州商品交易所上市交易，标志着我国小麦市场已经形成兼有现货与期货的多层次、多方位的交易体系。

以交易时间为依据，小麦交易方式可划分为现货交易、远期交易、期货交易、期权交易几种方式。在我国，小麦交易方式的进化受国家政策与市场状况的双重影响。当现货交易无法完全解决这些矛盾的时候，远期合同交易和期货交易、期权交易便不断发展起来。

（一）交易方式的历史沿革

我国人口众多，历来是一个重农国家，以粮为纲、重农轻商的思想古来有之。新中国成立以来，对粮食生产与供应长时期实行计划经济，小麦交易方式也有着鲜明的历史烙印。

1. 历史悠久的集贸市场及跨区域贩运　1949—1952 年为粮食自由购销阶段，我国粮食市场上多种经济成分并存。一方面，国家成立了国有粮食经营系统和管理组织体系，逐步收紧对粮食的集中统一管理；另一方面，私营粮食企业仍可合法经营，但实行"利用、限制、改造"的政策。其中两条主要措施是：调整公私经营范围，调整批零差价和地区差价。因粮食仍能自由购销，小麦交易手段灵活多样，既有固定在某一地点的集贸市场，也有跨区域贩运。

无论集贸市场还是跨区域贩运都是历史悠久的交易手段，截至目前仍然比较活跃。小规模的集贸市场中也有相当一部分发展为摊位式的粮食批发市场，以批发为主，兼有零售。至于跨区域贩运，目前仍然广泛存在。虽然大多数面粉厂选择建立在小麦主产区，以降低生产成本，但跨区域的小麦交易仍是必要的，直接以原粮形式调运的小麦，主要由小麦主产省河南、山东、河北、江苏、安徽等地发往广东、福建、上海、北京及东北地区，以调剂余缺，保证供应。

2. 特殊时期的统购统销　1953—1984 年我国粮食市场实行统购统销制度。1953 年开始，我国进入大规模的社会主义经济建设时期，对包括小麦在内的商品粮需求日益增长，当时的粮食情况却极不适应。为了保证国家经济建设和人民生活的需要，国家开始对粮食市场实行计划收购和计划供应，并由国家严格控制粮食市场，中央对粮食实行统一管理。这就是粮食统购统销。

统购统销从 1953 年开始执行，1985 年结束，长达 32 年之久。随着这项政策执行经验的积累和粮食生产的曲折发展，这项制度也不断变化和完善。

3. 新旧杂陈的议购议销　包括两个阶段：一个是 1985—1997 年的合同定购、国家定购和价格双轨制阶段。这个阶段，国家开始实行粮食流通体制改革，粮食购销体制由统购统销走向"双轨制"，即国家规定任务以内的粮食实行合同定购、国家定购外的粮食放开经营。目的是在保证政府能够稳定地掌握一定数量的粮食、在稳定粮食供给的前提下，放开粮食市场购销。国家定购粮按国家确定的定购价收购，而议购粮按保护价敞开收购，保护价就是国务院确定的定购基准价。1993 年全国 95% 以上的县（市）都放开了粮食价格和经营。全国的粮食销售价格基本全部放开，实行了 40 年的城镇居民粮食供应制度（即统销制度）被取消。

另一个是1998年至今的粮食购销市场化改革阶段。粮改的原则是"四分开、一完善"，即政企分开、中央与地方责任分开、储备与经营分开、新老财务账目分开，完善粮食价格机制。工作思路是"三项政策，一项改革"，即落实按保护价敞开收购农民余粮、粮食收储企业实行顺价销售、粮食收购资金封闭运行三项政策，对国有粮食企业进行改革，使国有粮食收储企业真正建立起自主经营、自负盈亏的机制，形成秩序井然的粮食收购市场。

在改革进程中，国家一方面不断放开粮食市场，另一方面不断加强和改善宏观调控，发挥国有粮食企业的主渠道作用和储备调节作用。尽管这么多年来，国家一直在小麦的市场化问题上收收放放，但坚持放开粮食市场的基本思路没有改变，方向没有动摇。不断向全面放开粮食收购市场，实现粮食购销市场化和市场主体多元化的方向迈进。

在加强宏观调控方面，赋予粮食行政管理部门管理全社会的粮食流通和对市场主体准入资格审查的职能；通过对国有粮食企业的改革、改组和改造，提高其经营效益和市场竞争力，使其发挥在粮食市场的主渠道作用，达到国家调控目的；同时国家将粮食流通体制改革的重点放在保护粮食主产区和农民种粮积极性上，不断探讨将通过流通环节的间接补贴改为对农民的直接补贴。

国家对于粮食流通改革的成效通过在小麦市场实施最低收购价政策得到充分的体现。2006年起国家开始在小麦市场实施最低收购价政策，2006—2008年国家每年都收购大量最低收购价小麦，控制了小麦市场的大部分粮源。这些措施不仅有效保证了我国小麦市场在连续多年增产时价格仍能稳中有升，保持稳定，保护了农民种粮积极性，而且在2007年及2008年国际社会遭遇金融危机及粮食危机时，通过在粮食供应紧张时组织大力度的有序拍卖，保障了我国小麦市场的充足供应及平稳运行。2009年国家在世界经济危机普遍爆发的情况下，继续在小麦市场实行最低收购价政策，并坚定地较大幅度提高了最低收购价水平。通过这些措施，国家确实达到了在放开市场的同时加强了对市场调控的目的。尽管国家手中掌握大量小麦粮源，似乎更像是政府行为，而不是市场手段，但不可否认的是，国家的这些行为都是通过市场运作的。

在国家粮食流通体制改革进程中小麦现货交易方式表现出两种模式：一种是小麦议购议销的一般模式；另一种是议购议销的电子商务模式。

（1）议购议销的一般模式　根据已有关系进行现货交易，具有价格随行就市、成交货款两清的特点。

（2）议购议销的高级模式　利用网上发布供求信息，获得买卖机会，然后双方签订合同交割。远在四面八方的交易商通过电脑，足不出户就可以完成交易。

在国家掌控小麦粮源的2006—2009年，这种网上交易的方式得到极大推广。目前，国家托市小麦的拍卖就是通过网上形式拍卖组织交易的。此外，国家还在平时通过网上交易的形式组织日常交易。郑州粮食批发市场、河南省粮食物流交易市场及安徽粮食批发市场及其分会场是国家托市小麦的主要交易场所，国家托市拍卖大大促进了粮食电子商务的发展。

4. 逐步试水的预购预销　伴随国家粮食流通体制改革，一部分粮食企业开始将产业链条向上游及下游拓展，成为农业产业化龙头企业，对小麦交易方式演进起到推动作用。

前面所谈议购议销，形式上是即期，真正交货还是属于远期合同。如网上报价，可以通过网上出价、应价，但真正签订的合同大多属于远期。从这个意义上说，议购议销与预购预销二者有重叠部分。大体分为：

（1）一般小麦合同交易　在小麦主产、主销区开展合同定购、洽谈并沟通产销区之间的信息。如全国小麦交易会，为产销双方提供了衔接洽谈的机会。这类合约都比较个性化，相互之间并不相同，所以持有者很难将其二次出售或者反向对冲，使其缺乏市场流动性。

（2）订单小麦　小麦订单作为农产品预购（预销）合同，受土壤、气候、环境等因素的影响，具有市场性、期货性和风险性，但可以减少生产的盲目性和结构调整的趋同性。

从目前我国各地的情况看，订单小麦主要有以下几种形式：

农户＋龙头企业：主要依托龙头企业或引入外资，由公司牵头，与农户签订产销合同。

农户＋中介组织或经纪人：依托中介组织发展小麦生产与经营。

农户＋专业批发市场：主要依托专业批发市场发展小麦的生产与销售。

农户＋科研单位：主要依托科研技术服务部门签订小麦制种合同，发展种业生产与营销。

农业技术推广部门企业或客商：农业技术推广部门通过反租倒包耕地，组织生产订单小麦。

订单小麦因价格确定缺乏准确依据、价格风险没有有效的转移渠道以及标准不统一，质量不稳定，影响了优质小麦订单贸易方式的推广，尤其是在小麦价格出现波动的情况下，签约双方为了各自利益往往有意毁约，使很多订单农业处于名存实亡的境地。但也有一些企业在化解订单小麦中的风险时充分利用了期货交易，回避价格下跌的风险，使小麦订单成功实行，推动了农业发展，促进了农民增收、企业增效。

5. 规避风险的期货交易　期货交易是在现货交易和现货远期交易的基础上发展起来的，它们最本质的区别在于期货交易的对象是标准化的期货合约，而现货交易及远期交易的对象则是具体的商品实物。期货合约是由期货交易所统一制定、规定在将来某一特定的时间和地点交割一定数量和质量商品的标准化合约。期货交易参与者正是通过在期货交易所买卖期货合约，转移价格风险，获取风险收益的。

在期货市场交易的期货合约，其标的物的数量、质量等级和交割等级及替代品升贴水标准、交割地点、交割月份等条款都是标准化的，因此期货合约具有普遍性特征。期货合约中，只有小麦期货价格是唯一变量，在交易所以公开竞价方式产生。

目前美国小麦期货有3个合约，分别在3个交易所进行交易。软红冬小麦期货合约，在美国芝加哥期货交易所上市交易；硬红冬小麦期货合约，在美国堪萨斯期货交易所上市交易；硬红春小麦期货合约，在美国明尼阿波利斯期货交易所上市交易。

我国小麦期货交易与国外小麦期货交易的产生有很大不同，国外小麦期货交易产生于市场主体规避价格风险的需求，而我国小麦期货交易却产生于政府的推动。我国小麦期货交易市场是国家在推动粮食流通体制改革过程中发起而成立的，是国家放开粮食市场经营的产物，也是国家实行粮食市场化改革的必要手段和工具。

我国小麦期货交易起步于1990年，郑州粮食批发市场的建立标志着我国期货交易试点开始。在现货远期交易成功运行两年以后，1993年正式推出小麦期货交易，普通小麦（后逐步演变为硬麦合约）期货合约在郑州商品交易所挂牌上市，交易至今。2003年3月28日又挂牌上市了优质强筋小麦期货。因此，国内小麦期货有两个合约，一个是优质强筋小麦（简称强麦）期货合约，另一个是硬白小麦（简称硬麦）期货合约。

（二）分类及各自特点

按照交货时间的不同，小麦交易可分为现货交易、远期交易、期货及期货期权交易等几种方式。

1. 现货交易　从其发货、付款等来看一般都是即期发货或付款。较熟悉的客户中，也有一些是采用赊销的方式。一般来说，小麦现货交易方式可以分为对手交易和拍卖交易两种。

对手交易是指买卖双方面对面的议价交易，是一种传统的产品交易方式，主要体现为"集贸交易"。其特点是交易灵活，对产品质量没有统一要求。但相对交易成本高、成交效率低、议价过程耗时费力。

对手交易可分为三种模式：一是买卖双方规模相当的对手交易，在我国较为常见。二是以配送中心为主的对手交易，它依托独立的配送中心，和小麦生产基地及农户通过契约等结成稳定的连接体，将小麦加工后运输和销售给消费者。这一方式主要流行于欧洲。三是在美国较普及的超市为中心的对手交易。超市通过其独立的配送中心收购小麦或初级制成品并进行简单加工后，在超市里销售。

拍卖交易是指卖方以公开竞价的方式在众多的买方中选定最高报价者并与之缔约的买卖方式。其特点是信息完全公开，卖方和买方可通过竞争形成交易价格。

（1）小麦现货交易的特点

1）存在时间长　小麦现货交易是一种最古老的交易方式，同时也是一种在实践过程中不断创新、灵活变化的交易方式。如由传统的面对面的洽谈发展到如今的网上交易等。

2）覆盖范围广　由于小麦现货交易不受交易对象、交易时间、交易空间等方面限制，全国各地都有交易。因此，它又是一种运用较为广泛的交易方式。

3）交易随机性大　由于现货交易没有其他特殊的限制，交易又较灵活方便。因此，交易的随机性大。

4）交收时间短　这是小麦现货交易区别于远期合同交易与期货交易的根本所在。小麦现货交易通常是价格随行就市，即时成交，货款两清，或在较短的时间内完成小麦的交收活动。

5）成交的价格信号短促　由于现货交易是一种即时的或在很短的时间内就完成的小麦交收的交易方式，因此，买卖双方成交的价格只能反映当时的市场行情，不能代表未来市场变动情况，因而现货价格不具有指导生产与经营的导向作用。如果生产者或经营者以现货价格安排未来的生产与经营活动，则要承担很大的价格波动风险。

（2）小麦现货交易的功能

1）小麦现货交易是满足小麦消费者需要的直接手段　现货交易是人们接触最多的一

种交易方式。消费者获得自己生活消费和生产消费所需要的小麦,主要是直接通过多种形式的现货交易来达到的。所以,现货交易具有强大的生命力,从产生到今天,一直是各社会普遍存在的一种交易方式。

2)小麦现货交易是小麦远期合同交易和小麦期货交易产生与发展的基础 从时间上来看,小麦远期合同交易与小麦期货交易的历史,都比小麦现货交易的历史短,尤其是期货交易的历史更短。这是因为远期合同交易与期货交易都是在现货交易发展到一定程度的基础上和社会经济发展到一定阶段产生客观需要时,才形成和发展的。因此,没有一定规模的现货交易,或者说超越现货交易这一阶段,远期合同交易和期货交易便无从发展。

(3)小麦现货交易的不足 小麦现货交易方式带有一定的偶然性,买卖双方能否按照预期的价格、数量出售或买进商品,都是不确定的;现货交易双方都是基于信用进行交易的,由于约束机制不强,容易出现商务纠纷、三角债等;小麦现货价格是由少数的买方和卖方在分散的条件下通过互相协商、讨价还价之后达成的,只是反映了某一地区某种质量的个别的价格,这样形成的小麦现货价格难以反映全面价格状况,这就使得现货市场价格机制的调节带有滞后性的特点,进而引起现货市场价格的周期性波动,因此,小麦现货交易中不可避免地存在价格波动较大、暴涨暴跌的情况。

2. 远期交易 远期交易主要发生在较熟悉的买卖用户中间,为稳定产销关系,签订远期买卖合同。通过中介组织的远期交易主要是通过粮食批发市场达成的。

作为买卖双方交易中介的粮食批发市场有别于在集贸市场基础上发展起来的批发市场。

在粮食集贸市场基础上发展起来自发形成的粮食批发市场,以粮食现货批量交易为特征,场内设置若干粮食经营摊位,批发和零售兼营,以批发为主,简称为摊位式粮食批发市场。由于投资主体多为民间,也称民办粮食批发市场。现在这类批发市场还广泛存在。

为买卖双方提供中介服务的粮食批发市场则是粮食商品批量交易服务的一种流通服务组织,是粮食供给者和需求者的平台,自身并不从事粮食商品买卖活动,如郑州粮食批发市场,简称会员式粮食批发市场。由于投资主体多为政府,也称为官办粮食批发市场。小麦的远期交易,主要是由这类批发市场承担的。这类批发市场多位于粮食产区,面向全国产销商及加工企业,提供交流平台和服务。一般来说,这类批发市场为买卖双方的交易中介,交易通过协商、竞价或网上交易达成等,批发市场为会员提供代办结算、协调商务纠纷等服务。

官办粮食批发市场随着粮食供求形势的变化、购销政策和流通体制的改革以及购销市场化程度的不断提高,而逐步形成和发展壮大。1990年郑州粮食批发市场的建立,标志着我国粮食批发市场开始进入规范化发展阶段。这类批发市场在搞活粮食流通、调节粮食供求、配置粮食资源等方面发挥了积极作用。

(1)远期交易的特点 与现货交易相比,远期合同交易的特点主要表现在以下几个方面:

远期合同交易买卖双方必须签订远期合同,而现货交易则无此必要;远期合同交易买卖双方进行商品交收或交割的时间与达成交易的时间,通常有较长的间隔。而现货交易通常是现买现卖,即时交收或交割,即便有一定的时间间隔,也比较短;远期合同交易往往要通过正式的磋商、谈判,双方达成一致意见签订合同之后才算成立,而现货交易则随机性较大，方便灵活，没有严格的交易程序；远期合同交易与现货交易虽然有很大的区别，但从本质上讲，二者交易的标的物都是小麦的实物商品，交易的目的都是为了小麦商品所有权的转移和小麦商品价值的实现，因而仍属于现货交易的范畴。

（2）小麦远期交易的局限性　小麦远期合同交易虽然在一定程度上解决了现货交易存在的问题，但这种交易方式仍未能完全解决即期现货交易所带有的缺陷和不足，它还存在着以下一些问题：

一是现货远期合约的规范化程度比较低，给交易带来了许多不便，每次交易都必须另行磋商，不仅交易手续烦琐，业务量大，而且也增加交易成本。二是合约最后是否一定能按条件履约或是否一定能得到履约，都只能以签约双方的信誉作为担保，存在着一定的信用风险，容易发生违约、毁约的现象。如目前很多地方的小麦订单往往成为一纸空文，毫无约束力。三是远期合约是在分散的条件下私下协商签订的，并未形成一个集中统一的市场，所以，寻找成交对象比较不易。而且，成交之后想把合约转手买卖也不易。四是合约中成交价格的形成多是秘密的，虽然能在一定程度上对未来供求关系进行预期，但是，仅仅能反映少数买方和卖方对于市场供求状况及其未来变化的判断。五是远期合约中预先固定成交价格的方式，虽然能在一定程度上为交易者转移价格波动的风险，但是，这并不能完全达成转移价格风险的目的，只不过是把价格波动的风险在买方和卖方之间进行，转移价格波动的风险仍然停留在商业领域中。

同时，这种预先固定价格的方式也相应地降低了价格的灵活性，使得现货价格不能随时反映市场供求的变化。

3. 期货交易　期货交易是小麦市场的重要组成部分，具有发现价格、转移风险的重要功能和作用。小麦期货交易的交易对象是小麦期货合约，这是一种规定了数量、质量、交割地点及交易时间的标准化合约。在交易时，实行保证金机制及每日无负债结算制度，同时有一系列的风险控制制度。因此，交易中保证金的杠杆作用使得交易效率较高，而每日无负债及交易所担保的结算制度则消除了交易对手的信用风险，风险控制制度保证了交易的公开、公平与公正。

相对于其他交易方式而言，小麦期货交易的优点就在于它的流动性很强。在合约有效期内，交易的任何一方都可以及时转让合约，不需要征得其他人的同意。履约可以采取实物交割的方式，也可以采取对冲期货合约的方式。因为期货交易的对象不是具体的实物商品，而是一纸统一的"标准合同"——小麦期货合约。在期货交易成交后，买卖双方并没有真正转移商品的所有权。

（1）期货交易作用　规避风险：生产经营者通过在期货市场上进行套期保值业务，有效地回避、转移或分散现货市场上价格波动的风险。套期保值是在期货市场买进或卖出与现货交易方向相反的商品期货，以期在未来某一时间通过卖出或买进期货合约而补偿因现货市场价格不利变化带来的损失。套期保值的基本经济原理就在于某一特定商品的期货价格与现货价格在同一时空内会受相同的经济因素的影响和制约，因而一般情况下两个市场的价格变动趋势相同。套期保值就是利用两个市场上的这种价格关系，取得在一个市场上出现亏损，而在另一个市场上获得盈利的结果。此外，两个市场走势的"趋同性"也使套期保值交易行之有效，即当期货合约临近交割时，现货价格与期货价格趋于一致，二者的基差接近于零。有助于现货企业稳定经营，提高市场竞争力。

发现价格：指在期货市场通过公开、公正、高效、竞争的期货交易运行机制形成具有真实性、预期性、连续性和权威性价格的过程。期货市场形成的价格之所以为公众所承认，是因为期货市场是一个有组织的规范化的市场，期货价格是在专门的期货交易所内形成的。期货交易所聚集了众多的买方和卖方，把自己所掌握的对某种商品的供求关系及其变动趋势的信息集中到交易场内，从而使期货市场成为一个公开的自由竞争的市场。这样通过期货交易所就能把众多的影响某种商品价格的供求因素集中反映到期货市场内，形成的期货价格能够比较准确地反映真实的供求状况及其价格变动趋势。期货价格对现货市场价格形成具引导作用，利于健全粮食市场形成价格机制，有利于逐步形成国家调控市场、市场形成价格、价格引导生产和流通的市场机制，为国家粮食宏观调控提供良好的市场基础。

风险投资：对期货投机者来说，期货交易还有进行风险投资，获取风险收益的功能。无论投资主体是具体为了获取转移风险的经济收益，还是为了获得超额利润，都属于风险投资行为。风险投资者的活动可以有效熨平现货价格，保持价格的相对稳定。

(2) 期货交易的不足　对保证金追加要求较高。期货交易实行保证金制及每日无负债结算制度，每日价格波动都会产生新的盈亏及保证金变动，要求在规定时间内补足，虽然最低交易保证金并不大，但每日盈亏及保证金变动产生的追加保证金不在小数，且时间要求较高，对资金管理水平要求较高。

套期保值仍会有风险。大多数情况小麦期货价格与小麦现货价格走势基本相同，套期保值可以转移现货价格波动风险。但期货交易是关于远期标准化合约的交易，与现货交易相比，存在时间上及空间上的差别，套期保值时，也会存在基差不稳定的风险，造成套期保值达不到预期效果（图 3-14）。

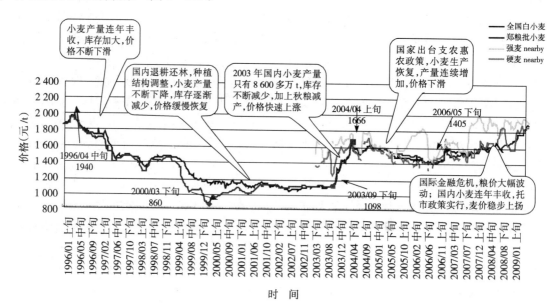

图 3-14　小麦期现货价格走势对比图

4. 期货期权交易　小麦期货为涉麦企业提供了较好的风险对冲工具，使企业在经营中有效锁定成本和利润，实现稳健经营。但期货套期保值并非没有风险，有时会出现基差不稳定，套期保值达不到预期目标的风险。对于涉麦企业及小麦生产者来说，大多数企业规模较小，实力不强，需要一种风险更小的工具规避经营风险，期货期权很好地满足了企业及生产者的这种需求。

相对于期货而言，期货期权是一种买卖期货的选择权。期权的买方只需付出期权费，便可拥有在选定价位买进或卖出期货合约的权利。买方一旦买入期权，便可在价位对他有利时执行，得到价格有利变动的好处；如果价位变动不利，则放弃执行权利，只损失期权费。由于风险有限而权利无限，尤其适合中小企业及农民使用。美国便是以补贴农民期权费代替对粮食的最低收购价形式来保证农民的卖粮收益的，这种方式可使农民得到最低价位的保护，同时享受价格上涨的收益。

国外期货与期货期权几乎是同时交易的，美国的三家有小麦期货的交易所都上市了小麦期货期权。目前，我国小麦期货期权还没有上市。

（三）强筋小麦期货交易对优质小麦市场作用及其启示

优质强筋小麦期货交易于 2003 年 3 月 28 日在郑州商品交易所上市交易。强筋小麦期货的上市完善了小麦期货市场体系，也是对我国小麦市场的完善和健全。从此，我国小麦期货市场不仅有普通小麦的价格信号，而且有了优质强筋小麦的价格信号。强筋小麦期货在引导我国小麦种植结构改善，促进优质小麦产业发展方面起到了重要作用。

1. 强筋小麦期货市场的作用　强筋小麦期货上市之前，小麦现货市场往往同时流通着几十个乃至上百个细分品种，这些品种之间在品质上存在着较大差异。但由于现货价格不透明、不公开，缺乏有效现货价格信号的引导，优质品种和普通品种之间的价格差异很小，无法体现优质优价的定价原则。尽管政府大力号召推广优质小麦，但效果并不理想，强筋小麦期货的上市大大推动了优质专用小麦的生产和发展。

强筋小麦期货上市后，在套期保值企业的带动下，种植优质"期货麦"能够卖得好价钱的观点深入人心，农民种粮选择不断优化。在农民看来，优质优价可以带来更多的收益，农户竞相种植优质小麦，推动了优质小麦的种植面积和产量的日益扩大。优质小麦种植面积占全国小麦种植面积的比例 1999 年为 6%，2000 年提高到 12%，2005—2007 年扩大到 42%～45%，产量占全国小麦产量的比例由 1999 年的 6%，2000 年增长到 13%，2005—2007 年扩大到 45%～48%。从而实现了政府调整小麦种植结构的目的，使我国粮食安全不仅有数量上的要求，而且有了质量上的保证。

对企业来说，随着企业对"期货麦"品质的认可，与"期货麦"标准紧密相连的"国标"也日益得到重视，企业开始根据国标逐渐将小麦标准划分为种子粮、期货交割粮、面粉厂专用粮、市场粮等多个品质的现货标准，行业内小麦现货的品种也日益集中到几类优质小麦品种上，生产环节和加工环节的对接日益紧凑。随着优质专用小麦种植面积的日益扩大，现已逐渐实现优质小麦既优质也高产的目标。

2. 成功案例　在这一过程中，涌现了很多企业增效、农民增收、政府调整种植结构目标实现的案例。

（1）延津模式　河南延津金粒公司通过与全县 10 万余农户签订了约 3.3 万 hm² 的小麦订单，并搞好从种植到收购的全程服务，形成"公司＋协会＋农户"、"订单＋期货"的新模式，提高了农民的组织化程度，将农民分散生产和大市场实现有机结合。生产过程中，实现小麦生产环节的"五个统一"是指统一供种、统一机播、统一管理、统一机收、统一收购；在小麦的收储环节，彻底改变混收、混存的传统做法，根据市场需求单收单储，分品种、分级别单仓存放，单独销售，提高了小麦质量。

通过利用强筋小麦期货套期保值，延津金粒公司实现了稳健经营，成为集种业、肥业、麦业及面业于一体的省级农业龙头化企业，在带动农民增收方面贡献突出。

（2）藁城模式　目前，国内小麦产业的现状是科研部门负责小麦种子研究，农业部门负责小麦生产，粮食部门负责小麦流通，面粉企业使用小麦制粉，小麦产业链条各环节相互独立，致使一个环节出了问题，小麦的质量就难以保障。以强筋小麦期货价格为引导，以市场需求为导向，融小麦生产和流通于一体的"藁城模式"，则是各环节主动联合，自觉利用市场信号调整各自工作，有效提升了小麦质量，逐步将藁城建设成为一个重要的具有辐射力的优质小麦商品粮基地。小麦期货促进藁城小麦育种、生产、加工、流通一体化，提高了小麦品质，推动了优质小麦的大力发展。

据粗略估计，能达到强筋小麦期货交割标准及受面粉厂欢迎的河北 9415 品种，仅在 2005、2006、2007 年三年，种植面积累计已达 100 万 hm²，推广范围由藁城发展到冀中南，又推广到山东、河南。这一重要的种植结构模式对大多数地区及大多数企业具有较高的参考价值。

3. 启示　对于优质专用小麦来说，优质强筋小麦期货的上市具有划时代的意义。强筋小麦期货使优质专用小麦市场有了自己的价格信号，并无时无刻不在传递着强筋小麦优质优价的价格信号，一批现货企业通过参与强筋小麦期货套期保值，带动农民种植优质小麦，实现了政府调整小麦种植结构的调控意图，迎来优质专用小麦市场的大发展，对于农民增收及农业发展作出了贡献。强筋小麦期货的发展也给我们很多启示：

（1）小麦生产过程中需要进一步重视品质的提高　目前，尽管优质小麦的生产得到空前发展，每年都会有可观的增长，但大多优质小麦注重的是产量的增加，对于内在品质的提升重视不够，内在品质能够达到国家有关标准的数量仍有待提高。

（2）小麦品质提高需要从育种和标准化栽培等环节做起　我国小麦生产过程客观存在小生产与大市场的矛盾，制约了小麦生产的规模化及规范化，使小麦品质无法达到均匀一致的要求，影响了其实用品质。这一矛盾也使得流通领域中的企业为保证小麦品质，在小麦收购及储存中实行单打、单收、单储，有时还提前进行检测，无形中增加了重复检验费用、保管费用等，增加了小麦成本。如果能自育种环节注意小麦品种的单一性及一致性，在生产中采用良种良法配套的标准化栽培技术，则小麦产后的后续环节可大大简化及优化，从源头提高小麦质量。

（3）小麦育种及生产需要以市场需求为导向　由于历史原因，小麦育种、生产、流通、加工等各环节互相脱节，各自从自己的需要出发，寻找最优的办法提高本环节的质量，结果导致小麦育种不考虑生产者的需要，小麦生产不考虑市场的需要，流通领域的小麦经营及储备不考虑加工环节的需求，由此造成小麦产业链整体水平下降，竞争力不强。

强筋小麦期货价格向市场提供了一个明确的指导信号，对小麦产业链的完整提出了要求。在这一链条中，育种环节起到关键作用，只有自育种环节开始重视小麦品质并保持小麦品质的一致性，才能真正使小麦品质得以提高。因此，小麦终端消费水平的提高需要小麦育种及小麦栽培以市场需求为导向，保持小麦品质的一致性，提高小麦质量。

（四）展望

随着小麦市场化程度提高，多种小麦交易方式的引进，小麦市场将会呈现出一种多元化发展趋势，小麦现货市场也将会与小麦期货市场日益融合，成为一体。小麦现货交易方式将会出现一种新的交易方式——基差交易：经营者在现货贸易中以期货交易价格加减一定的升贴水进行定价，同时各自对现货头寸进行套期保值，锁定成本与利润。

基差是现货价格与期货价格的差价，与商品的现货价格与期货价格的绝对水平没有关系，只与二者之间的相对价格水平有关系。由于有两个市场价格作为参照，判断同一商品的期现货价格之间的关系远较判断某一价格的绝对水平及趋势容易。通过在现货贸易中进行基差交易，以某个时点或某个时间段的期货价格为基础加上或减去一定的升贴水达成现货交易价格，然后现货企业各自通过期货市场进行套期保值，便可不再理会现货价格的波动，达到锁定成本与利润，稳定经营的目的。由于这种交易使贸易商不需要再去判断未来价格变化，只需要判断基差的变动趋势便基本可稳操胜券。因此，这种交易方式在国外农产品贸易中广泛应用，国外的期货交易与现货交易也基本融为一体，成为一个市场。相信，随着国内小麦市场的发展，基差交易将会出现，并不断得到推广，成为大的现货企业的主要交易方式。

参 考 文 献

陈应均.1994.面粉与速食面制造讲义［R］.

郭祯祥.2003.小麦加工技术［M］.北京：化学工业出版社.

国家粮食局.2010.粮油工业统计报告［R］.

李耀国.1987.面包生产工艺［R］.

林作楫.1994.食品加工与小麦品质改良［M］.北京：中国农业出版社.

刘长虹.2001.蒸制面食生产技术［M］.北京：化学工业出版社.

沈再春.2001.现代方便面和挂面生产实用技术［M］.北京：科学出版社.

张元培.1990.现代制粉工艺讲义［R］.

中国食品科学技术学会面制品分会.2009年中国面制品产业发展报告［R］.

Lockwood. 1960. Flour Milling［M］. Published by Henry Simon Ltd.

The Practice of Flour Milling, Volume I & II, 2nd Revised editipn, 1979.

W Hirsch. 1997. China's Flour Milling Industry into 21st Century. US Wheat Associates.

W T Yamazaki，C T Greenwood. 1981. Soft Wheat：Production，Breeding，Milling and Uses. AACC.

Y Pomeranz. 1978. Wheat：Chemistry and Technology. AACC.

第四章 中国小麦品质区划

　　小麦品质的优劣不仅由品种本身的遗传特性所决定，而且受气候、土壤、耕作制度、栽培措施等因素特别是气候与土壤的影响较大，品种与环境的相互作用也影响品质。品质区划的目的就是依据生态条件和品种的品质表现将小麦生产的区域划分为若干不同的品质类型，以充分利用天时地利等自然资源优势和品种的遗传潜力，实现优质小麦的高效生产。它是因地制宜培育优质小麦品种和生产品质优良、质量稳定商品小麦的前提，也是实现产、供、销一体化乃至发展国际贸易的基础。

一、国外小麦品质区划现状

　　小麦产业发达的国家如美国、加拿大、澳大利亚等，早已对本国的小麦产区进行了品质区划，并且随着研究工作的逐步深入和国际市场需求的变化，对品质区划和小麦品质分类不断进行补充和完善。这一举措有力地推动了优质小麦的遗传改良和出口贸易的发展。例如美国把小麦产区分为硬（质）红（粒）冬（小麦）、硬红春、软红冬、软白麦、硬白麦和硬粒小麦区，其中硬白麦是近几年出现的新类型。普通小麦中的硬质小麦蛋白质含量高、面筋强度大、延展性好，适合制作面包；软质小麦蛋白质含量低、面筋强度弱、延展性好，适合加工饼干和糕点。硬粒小麦是区别于普通小麦的另一品种类型，专门用于加工通心粉类的面制品。加拿大主要生产春小麦，其小麦分为红春麦（硬红春）、硬粒小麦、草原春麦（红粒和白粒）、超强红春麦、硬红冬小麦、软红春小麦、软红冬小麦和硬白春小麦，前4类占主导地位，其中超强红春麦为新的小麦品质类型。澳大利亚小麦分为优质硬麦、硬麦、优质白麦、标准白麦、软麦和硬粒小麦。

　　对美国、加拿大和澳大利亚的小麦品质区划及其优质麦生产进行分析可以看出：

　　①各国小麦品质分类分区的基本原则相同，即根据籽粒颜色、冬春性、硬度、蛋白质含量和面筋质量进行分类。

　　②品质类型的分布是有地区性的，但同一类型的小麦可能在不同地区生产（例如澳大利亚的标准白麦可在4个地区生产），同一地区也可能生产几种不同类型的小麦。这主要取决于特定地区的气候、地貌、土壤类型、质地与肥力以及栽培管理措施等，例如澳大利亚昆士兰和新南威尔士州西北部95％的小麦品种都具备澳大利亚优质硬麦的品质，但由于受灌浆期温度和土壤肥力的影响，当地所生产的小麦则依蛋白质含量高低分为优质硬麦、硬麦和标准白麦。因此，品质区划又是相对的。

　　③品质区划的形成与国内外市场需求紧密相关。收获前后降雨偏多的地区适宜发展红粒麦，以避免穗发芽危害产品质量。白皮小麦有助于磨粉行业提高出粉率，东方面食品对色泽的要求较高，通常喜用白麦做原料，因此在气候许可的条件下，主张发展白粒小麦。

由于各国面对的市场需求不同，品质分类略有差别。

④各国的小麦品质区划是在多年品质研究和小麦生产与贸易市场分析的基础上逐步完善起来的。小麦科研与生产、收购、市场营销紧密结合，通过严格的品种审定制度、收购时的质量控制、优质优价以及相应的分类贮运系统来实现商品小麦等级化、优质化和质量的一致性。

二、制定我国小麦品质区划的必要性

（一）不同地区间品质差异较大

我国常年播种小麦 2 600 万～2 800 万 hm^2，地域分布范围广，生态类型复杂。1996年出版的《中国小麦学》将我国分为春播麦区、冬（秋）播麦区和冬春麦兼播区，并进一步细分为 10 个麦区。各麦区的气候特点、土壤类型、肥力水平和耕作栽培措施不同，造成了地区间小麦品质存在较大的差异。

我国粮食部门在收购小麦时首先看粒色，分红、白两大类，红、白相混者为花麦；再辨质地，分硬、半硬、软 3 种，以此为标准定级。1999 年发布的国家标准 GB1350—1999《小麦》将其分为白硬冬、白软冬、红硬冬、红软冬、白硬春、白软春、红硬春、红软春和混合小麦 9 类，但这并没有反映蛋白质含量和质量等内在指标。粒色和质地的地理分布有一定的规律性，长江以南由于雨水多，收获时怕穗发芽多种植红皮小麦；淮河以北地区越往北气候越干旱，农民喜种植白皮小麦，因其皮色浅，皮层较薄，出粉率高，即使有一部分麸皮混磨于面粉也不至于明显影响粉色。硬度方面，北方冬麦区和春麦区以硬质和半硬质为主，而南方冬麦区软质和半硬的比例较高。总体上，北方冬麦区的蛋白质数量和质量都优于南方冬麦区和春播麦区。就北方冬麦区而言，由北向南品质逐渐下降。这些情况有利于进行品质区划。但是，即使是相同品种，在不同地区或在同一地区的不同地点种植，其品质也有差别，甚至同一品种在相同地点的不同地块种植，其产品质量也颇有差异。如郑州 831 在河南省 60 个试点不同施肥条件下种植，其蛋白质含量的变异范围为9.8%～22.7%，说明环境因子对小麦品质具有重大影响。因此，在品质区划时必须考虑土壤、肥力水平及栽培措施的影响。

（二）品质差异与品种的遗传特性有关

品种的遗传特性是造成各地小麦品质差异的内在因素，上述麦区间和麦区内的品质差异也与各地育种中所用的骨干亲本不同有关。如北部冬麦区多为美国中西部硬红冬麦区种质的衍生后代，意大利品种则在黄河以南、长江流域的种质改良中发挥了关键性作用，而东北春麦区的主体品种多为美国和加拿大硬红春麦的后代。因此，我国在 20 世纪 80 年代中期对现有品种的品质筛选时，陆续鉴定出如烟农 15、小偃 6 号、辽春 10、中作 8131 等优质麦品种。

20 世纪 80 年代前期全国各地开始重视小麦加工品质研究，积累了不少基础资料，并取得一些共识：既要大力加强优质面包麦和饼干麦品种的选育，也要在现有基础上进一步开展面条和馒头加工品质的研究。20 世纪 90 年代中后期，各地已先后育成一批适合制作面包、面条、饼干的专用或兼用小麦品种并大面积生产应用，为优质麦的区域化、产业化生产创造了有利条件。对优质麦的大量需求势必要求因地制宜，选择当地适合的品质类型，以实现优质麦的高效生产。

三、制定我国小麦品质区划的可行性

（一）产业结构调整的需要

近年来，我国的粮食生产和消费形势发生了根本性变化，各级政府都在致力于农业结构调整，小麦优质化已成为种植业结构调整的重点。全国性的小麦品质区划方案已经完成，这给各级农业主管部门的宏观决策及投资以有力的支撑，也对企业与生产部门的合同种植和原料采购提供了参考，促进了品质改良的发展。

（二）已有一定的资料积累

冬小麦生产省、自治区已分别对本省（自治区）的小麦品质区划做了研究，这些工作虽然受到行政区域和试验材料的限制，但所获结果对全国的小麦品质区划仍有参考价值。同时，也对全国秋播和春播麦区的品质性状及其与环境的关系进行了研究。这些资料及1982—1984年和1998年2次全国品质普查的结果都为全国小麦品质区域的初步划分提供了可能。基于以上条件，各级政府、生产部门、加工企业和科研单位都迫切期望早日提出我国小麦品质区划方案，以充分发挥自然条件和品种资源合理配置的优势，做到地尽其利、种得其所，推动我国优质麦生产区域化、产业化的发展。

四、我国小麦品质现状与存在问题

根据1998年我国小麦品质的普查结果以及中国农业科学院作物育种栽培研究所对全国小麦主栽品种面包、馒头和面条品质的研究结果，结合20世纪80年代有关品质研究所积累的资料，我国小麦品质具有以下4个特点：

①品种的籽粒性状、磨粉品质、面团流变学特性及食品加工品质的变异范围大，品质类型多。主要原因是我国的小麦育种一直以产量为主要目标，忽视了对品质性状的选择，因此就品质性状而言，我国小麦品种就像是一个未经选择的混合群体，各种类型都有可能出现。

②制作优质面包的硬质、高蛋白、强筋型小麦和制作优质饼干、糕点的软质、低蛋白、弱筋型小麦缺少，中间类型较多。总体而言，我国小麦的蛋白质含量并不算低（14.2%，干基），但面筋质量较差，表现为粉质仪形成时间（2.4min）和稳定时间（3.4min）短，拉伸仪的最大抗延阻力（268EU）、延伸性（16.9cm）和图谱面积（63.5cm²）小，因此烘烤的面包体积较小，质地较差。按软质麦的品质要求，现有品种蛋白质含量过高，不适宜制作饼干糕点。多数小麦品种适合手工制作馒头和面条，但由于不耐快速搅拌，适合制作机制面条和馒头的品种较少。因此，为了提高我国小麦加工面条和馒头的品质，应该改进现有品种的面筋质量，适当延长其面团形成时间和稳定时间，提

高面团的延展性，并改善有关的淀粉特性；针对加工饼干、糕点软质小麦的要求，则要降低其蛋白质含量和面筋强度；对于烘烤优质面包的硬质小麦来说，更要注意延长面团形成时间、稳定时间和延展性，并注意提高蛋白质含量。

③磨粉品质亟待改良。现有品种的出粉率和面粉颜色差异较大，国内育种单位只在考种时注意选择籽粒饱满度和容重，尚未将出粉率与面粉灰分等列入选择目标。馒头、面条、水饺等我国的传统食品，对面粉白度的要求高于面包和饼干、糕点，而现有品种的面粉和面团白度高的品种较少，因此我国小麦品种的出粉率及面粉颜色需要提高。

④生产上小麦品种数多，面积超过 0.67 万 hm² 的就有 300 多个，农户经营规模小，管理水平参差不齐，造成品质一致性较差。现行的小麦品质分类、分级标准落后，仅以籽粒颜色作为分类的依据，以角质率、硬度和容重作为定级的主要指标。运行机制也较混乱，一般采取混收、混运、混贮，导致商品小麦不仅质量差，而且品质的稳定性也差，给加工利用带来很大困难。

五、制定我国小麦品质区划的原则

（一）生态环境及栽培措施对品质的影响

根据国内外相关研究，影响小麦品质的主要因素包括：

（1）降雨量　较多的降雨和较高的湿度对蛋白质含量和硬度有较大的负向影响，收获前后降雨还可能引起穗发芽，导致品质下降。旱地小麦蛋白质含量总体高于水地小麦。

（2）温度　气温过高或过低都影响蛋白质的含量和质量。

（3）日照　较充足的光照有利于蛋白质含量和质量的提高。

（4）海拔　蛋白质含量随海拔的升高而下降，较高的海拔对硬质和半硬质小麦的品质不利。

在其他气候因素相似的情况下，土壤质地是决定籽粒蛋白质含量的重要因素。沙土、沙壤土和黏土以及盐碱土不利于蛋白质含量的提高，中壤至重壤土、较高的肥力水平有利于提高蛋白质含量。采取分期施肥、适当增加后期施氮量的方法，有利于提高蛋白质含量，这已得到国内外大量试验的验证。与棉花、豆类、玉米轮作，有利于提高蛋白质含量；与水稻、薯类轮作，蛋白质含量下降。因此，不同类型的优质专用小麦，要采取不同的栽培模式。

（二）品种品质的遗传性及其与生态环境的协调性

尽管品种的品质表现受品种、环境及其互作的共同影响，但不同性状受三者影响的程度差异巨大。总体来讲，蛋白质含量容易受环境的影响，而蛋白质质量或面筋强度主要受品种遗传特性控制。国内外的研究表明，高低分子量麦谷蛋白亚基是决定小麦面筋质量的重要因素，尽管亚基的含量受环境条件的影响较大，但亚基组成不随环境的改变而变化。我国小麦面包加工品质较差与优质亚基 5+1 等缺乏有关，导入 5+10 亚基有助于提高我国小麦的加工品质。同样，籽粒硬度、面粉色泽等皆受少数基因的控制，环境因素影响较小。在相同的环境条件下，品种遗传特性就成为决定品质优劣的关键因素。由于自然环境等难以控制或改变，品种改良及其栽培措施在品质改良中便充当主角。尽管我国华北地区适宜发展硬质麦，即便栽培措施配套，目前主栽品种的加工品质仍然很差。这些充分说明品种品质改良的重要性。在优质麦的区域生产中，要充分利用环境和栽培条件调控蛋白质数量，将生态优势和科技优势转化为经济优势。

（三）小麦的消费状况和商品率

近年来面包和饼干、糕点等食品的消费增长较快，其总量约占小麦制品的15％，面条和馒头等传统食品仍是我国小麦制品的主体。农村的小麦消费几乎全为传统食品。因此，从全国来讲应大力发展适合制作面包（可兼做配粉用）、面条和馒头的中强筋小麦，在少数地区种植强筋小麦，在南方的特定地区适度发展软质小麦。我国小麦的平均商品率接近30％，但地区间差异较大，小麦商品率较高的地区应加速发展强筋或弱筋小麦，其他地区以中筋类型为主。

（四）以主产区为主，注重方案的可操作性

尽管我国小麦产地分布十分广泛，但主产区相对集中，因此品质区划以主产麦区为主，适当兼顾其他地区。为了使品质区划方案能尽快在农业生产中发挥一定的宏观指导作用，也考虑到现有研究的局限性，品质区划不宜过细，只提出框架性的初步方案，以便日后进一步补充、修正和完善。需要说明的是，我国尚存在对优质麦含义理解上的偏差或不准确性。本文中强筋小麦是指硬质、蛋白质含量高、面筋强度强、延展性好、适于制作面包的小麦；弱筋小麦是指软质、蛋白质含量低、面筋强度弱、延展性好、适于制作饼干、糕点的小麦；中筋小麦是指硬质或半硬质、蛋白质含量中等、面筋强度中等、延展性好、适于制作面条或馒头的小麦。

六、我国小麦品质区划的初步方案

根据上述原则，将我国小麦产区初步划分为3大品质区域。每个区域因气候、土壤和耕作栽培条件有所不同，进一步分为几个亚区。

（一）北方强筋、中筋白粒冬麦区

北方冬麦区包括北部冬麦区和黄淮冬麦区，主要地区有北京市、天津市、山东省以及河北、河南、山西、陕西省大部、甘肃省东部和苏北、皖北。本区重点发展白粒强筋和中筋的冬性、半冬性小麦，主要改进磨粉品质和面包、面条、馒头等食品的加工品质。在南部沿河平原潮土区中的沿河冲积沙壤至轻壤土地区，也可发展白粒软质小麦。

1. 华北北部强筋麦区　主要包括北京、天津和冀东、冀中地区。年降水量400～600mm，多为褐土及褐土化潮土，质地沙壤至中壤，肥力较高，品质较好，主要发展强筋小麦，也可发展中强筋面包面条兼用麦。

2. 黄淮北部强筋、中筋麦区　主要包括河北省中南部、河南省黄河以北地区和山东西北部、中部及胶东地区，还有山西中南部、陕西关中和甘肃的天水、平凉等地区。年降

水量500～800mm，土壤以潮土、褐土和黄绵土为主，质地沙壤至黏壤。土层深厚、肥力较高的地区适宜发展强筋小麦，其他地区发展中筋小麦。山东胶东丘陵地区多数土层深厚，肥力较高，春、夏气温较低，湿度较大，灌浆期长，小麦产量高，但蛋白质含量较低，宜发展中筋小麦。

3. 黄淮南部中筋麦区　主要包括河南中部、山东南部、江苏和安徽北部等地区，是黄淮麦区与南方冬麦区的过渡地带。年降水量600～900mm，土壤以潮土为主，肥力不高，以发展中筋小麦为主，肥力较高的砂姜黑土及褐土地区也可种植强筋小麦，沿河冲积地带和黄河故道沙土至轻壤潮土区可发展白粒弱筋小麦。

（二）南方中筋、弱筋红粒冬麦区

南方冬麦区包括长江中下游和西南秋播麦区。因湿度较大，成熟前后常有阴雨，以种植较抗穗发芽的红皮麦为主，蛋白质含量低于北方冬麦区约2个百分点，较适合发展红粒弱筋小麦。鉴于当地小麦消费以面条和馒头为主，在适度发展弱筋小麦的同时，还应大面积种植中筋小麦。南方冬麦区的中筋小麦其磨粉品质和面条、馒头加工品质与北方冬麦区有一定差距，但通过遗传改良和改进栽培措施大幅度提高现有小麦的加工品质是可能的。

1. 长江中下游麦区　包括江苏、安徽两省淮河以南、湖北大部及河南省的南部地区。年降水量800～1 400mm，小麦灌浆期间雨量偏多，湿害较重，穗发芽时有发生。土壤多为水稻土和黄棕土，质地以黏壤土为主。本区大部分地区适宜发展中筋小麦，沿江及沿海沙土地区可发展弱筋小麦。

2. 四川盆地麦区　大体可分为盆西平原和丘陵山地麦区。年降水量约1 100mm，湿度较大，光照严重不足，昼夜温差小。土壤多为紫色土和黄壤土，紫色土以沙质黏壤土为主，黄壤土质地黏重，有机质含量低。盆西平原区土壤肥力较高，单产水平高；丘陵山地麦区土层薄，肥力低，肥料投入不足，商品率低。主要发展中筋小麦，部分地区发展弱筋小麦。现有品种多为白粒，穗发芽较重，经常影响小麦的加工品质，应加强选育抗穗发芽的白粒品种，并适当发展一些红粒中筋麦。

3. 云贵高原麦区　包括四川省西南部、贵州全省及云南的大部分地区。海拔相对较高，年降水量800～1 000mm，湿度大，光照严重不足，土层薄，肥力差，小麦生产以旱地为主，蛋白质含量通常较低。在肥力较高的地区可发展红粒中筋小麦，其他地区发展红粒弱筋小麦。

（三）中筋、强筋红粒春麦区

春麦区主要包括黑龙江、辽宁、吉林、内蒙古、宁夏、甘肃、青海、西藏和新疆种植春小麦的地区。除河西走廊和新疆可发展白粒、强筋的面包小麦和中筋小麦外，其他地区收获前后降雨较多，穗易发芽影响小麦品质，宜发展红粒中强筋春小麦。

1. 东北强筋、中筋红粒春麦区　包括黑龙江省北部、东部和内蒙古大兴安岭地区。这一地区光照时间长，昼夜温差大，土壤较肥沃，全部为旱作农业区，有利于蛋白质的积累。年降水量450～600mm，生育后期和收获期降雨多，极易造成穗发芽和赤霉病等病害发生，严重影响小麦品质。适宜发展红粒强筋或中筋小麦。

2. 北部中筋红粒春麦区　主要包括内蒙古东部、辽河平原、吉林省西北部，还包括河北、山西、陕西的春麦区。除河套平原和川滩地外，主体为旱作农业区，年降水量250～400mm，但收获前后可能遇雨，土地瘠薄，管理粗放，投入少，适宜发展红粒中筋小麦。

3. 西北强筋、中筋春麦区　主要包括甘肃中西部、宁夏全部以及新疆麦区。河西走廊区干旱少雨，年降水量50～250mm，日照充足，昼夜温差大，收获期降雨频率低，灌溉条件好，生产水平高，适宜发展白粒强筋小麦。新疆冬、春麦兼播区，光照充足，降水量少，约150mm，昼夜温差大，适宜发展白粒强筋小麦。但各地区肥力差异较大，在肥力高的地区可发展强筋小麦，其他地区发展中筋小麦。银宁灌区土地肥沃，年降水量350～450mm，生产水平和集约化程度高，但生育后期高温和降雨对品质形成不利，宜发展红粒中强筋小麦。陇中和宁夏西部地区土地贫瘠，少雨干旱，产量低，粮食商品率低，以农民食用为主，应发展白粒中筋小麦。

4. 青藏高原春麦区　主要包括青海和西藏的春麦区。这一地区海拔高，光照充足，昼夜温差大，空气湿度小，土壤肥力低，灌浆期长，产量较高，蛋白质含量较其他地区低2～3个百分点，适宜发展红粒软质麦。但西藏拉萨、日喀则地区生产的小麦粉制作馒头适口性差，亟待改良。青海西宁一带可发展中筋小麦。

参 考 文 献

曹广才，王绍中．1994．小麦品质生态［M］．北京：中国农业科学技术出版社．

何中虎，等．1998．我国小麦磨粉特性和面包烘烤品质研究［C］//全国作物育种学术讨论会文集．北京：中国农业科技出版社．

金善宝．1996．中国小麦学［M］．北京：中国农业出版社．

钱存鸣，马兆祉，周朝飞，等．1990．江苏省小麦品质区划研究［J］．江苏农业科学（6）：8-11．

商业部谷物油脂化学研究所，北京粮食科学研究所．1985．我国商品小麦三年品质测定报告［R］．

王光瑞，等．1989．我国小麦主要优良品种的面包烘烤品质研究［D］．北京：中国农业科学院作物育种栽培研究所．

王乐凯．2000．全国大面积种植小麦品种品质普查鉴定报告［R］．济南：全国小麦育种学术研讨会．

王绍忠，李春喜．1995．小麦品质生态及品质区划研究［J］．河南农业科学（10）：3-11．

张勇．1998．基因型与环境对我国春播小麦品质性状的影响［D］．合肥：安徽农业大学．

张艳，何中虎，周桂英，等．1999．基因型和环境对我国冬播麦区小麦品质性状的影响［J］．中国粮油学报，14（5）：1-5．

Bassett L M，Allan R E，Rubenthaler G L．1989．Genotype ×environment interaction on soft white winter wheat quality［J］．Agronomy Journal（1）：955-960．

Peterson C J，Graybosch R A，Baenziger P S，et al．1992．Genotype and environment effects on quality characteristics of hard red winter wheat［J］．Crop Sciences（32）：98-103．

Ron Depauw，et al．2000．Canadian wheat pool//The World Wheat Book，A History of Wheat Breeding．Lavoisier Pubisher：479-513；611-664．

U. S. Wheat Association．2000．2000 Crop Quality Report［R］．Beijing．

第五章　北方强筋、中筋冬麦区品质区划与高产优质栽培技术

第一节　北京市小麦品质区划与高产优质栽培技术

一、小麦生产生态环境概况

（一）地理概况

1. 行政区划　北京位于北纬 $39°28'\sim41°05'$，东经 $115°25'\sim117°30'$ 之间。南北长 176km，横跨纬度 $1°37'$；东西宽 160km，经度相间 $2°05'$。中心位于北纬 $39°54'$，东经 $116°23'$。处于华北平原西北边缘，东面与天津市毗连，其他与河北省相邻。北接滦平、丰宁、赤城和承德等县；西临怀来、涿鹿等县；南临涞水、涿县、固安、永清、廊坊及天津市的武清等县（市）；东与大厂、香河、三河、兴隆和天津市的蓟县等县为邻。北京市下辖 16 个区、2 个县。2009 年种植冬小麦面积超过 1 333.3hm² 的区、县有 8 个，分别是房山区、顺义区、通州区、昌平区、大兴区、平谷区、怀柔区和密云县。其中主产区为房山区、顺义区、通州区和大兴区 4 个区，其种植面积占全市种植面积的 85% 以上。

2. 地理概况　北京市在地质构造上正处于华北地区中部—燕山沉降带的西部。北京地区的岩性条件比较复杂，大体上可划分为松散堆积物和基岩两大类。堆积物主要分布在山前平原区，其厚度从山前数米向东南逐渐加厚至数百米，主要为各类壤上、沙壤土、沙、卵砾石。基岩多出露在山区，主要有岩浆岩类、变质岩类、沉积岩类。中生代燕山运动形成了北京地区的基本地形骨架：西部山地、北部山地和东南平原三大地貌单元。全市土地面积 16 400km²，其中平原面积 6 339km²，占 38.6%；山区面积 10 072km²，占 61.4%。地貌类型主要有中山、低山、丘陵、平原、山间盆地等。北京平原的海拔高度在 $20\sim60$m，市中心海拔 43.71m，是小麦的主要产区；山地一般海拔 1 000$\sim$1 500m，与河北交界的东灵山海拔 2 309m，为北京市最高峰。北京的地势是西北高、东南低。西部是太行山山脉余脉的西山，北部是燕山山脉的军都山，两山在南口关沟相交，形成一个向东南展开的半圆形大山弯，人们称之为"北京弯"，它所围绕的小平原即为北京小平原。

（二）气候特点

北京的气候为典型的暖温带半湿润大陆性季风气候。年平均气温 $10\sim12$℃，全年无霜期 $180\sim200$d，日平均温度 $\geqslant0$℃的积温为 4 000$\sim$4 600℃，近 30 年，全市年平均降水量为 585mm。60m 以下的平原区（小麦种植区）年平均气温 $11\sim12$℃，无霜期 190$\sim$

195d，日平均温度≥0℃的积温为4 400～4 600℃。全年气候特点是春季干旱，夏季炎热多雨，秋季天高气爽，冬季寒冷干燥。春季气温回升快，昼夜温差大，干旱多风沙；冷空气活动频繁，急剧降温，出现"倒春寒"天气，易形成晚霜冻；大风多，8级以上大风日数占全年总日数的40%。春季降水稀少，素有"十年九春旱"之说。夏季酷暑炎热，降水集中，形成雨热同季，全年降水的80%集中在夏季6、7、8三个月。7月平均温度为25～26℃，极端最高气温在42℃以上。秋季天高气爽，冷暖适宜，光照充足。入秋后，北方冷空气开始入侵，降温迅速。冬季寒冷漫长，若以平均温0℃以下为严冬，则有3个月（12月至翌年2月）。隆冬1月份平均温度为-7～-4℃，极端最低气温平原为-27.4℃。冬季降水量占全年降水量的2%，常出现连续1个月以上无降水的记录。

北京各县、区太阳总辐射量年平均为470～571kJ/cm²，平原区年平均总辐射量为567kJ/cm²，年日照时数为2 600～2 800h，日照百分率平均为60%～65%。

1. 气温 各区县年平均气温有较大差异，从南到北、从东到西依次下降。8个区县中大兴最高，其次是通州、顺义、房山（由于该区多山区，平均温度偏低，但其平原部分温度高于顺义和通州），可达12.1℃，怀柔最低，只有8.6℃。0℃以上生长期天数249～293d，10℃以上生长期天数176～211d，不同区县有较大差异。其中0℃以上生长期天数可相差44d，10℃以上生长期天数可相差35d。

2. 降水量 8个区县平均降水量为605.8mm，高于全市平均值。各区县也有较大差异，大兴最多，达632.4mm；其次是平谷、顺义、密云、通州、房山和怀柔，昌平最少，只有541.2mm。房山区虽然平均降水量较少，但其平原麦区降水量可达610～638mm，与通州和顺义相当。

北京地区冬小麦适宜播种期在9月下旬至10月上旬，收获期在翌年6月中旬，全生育期255～265d。小麦生育期间总的气候特点是：秋季温度适宜，但部分年份底墒不足，需要灌底墒水保全苗，部分两茬平播地块由于积温不足，常造成小麦晚播，冬前积温不足；冬季雨雪稀少，常出现剧烈降温，并伴有大风天气，对小麦越冬保苗不利；春季气温回升快，小麦穗分化时间短，不利于形成大穗，部分年份有倒春寒发生，春季少雨、干旱，需要补充土壤水分；入夏气温偏高，易发生干热风和高温逼熟，对小麦灌浆和增加粒重不利。北京气候特点造成北京地区主要以发展多穗型品种为主。

3. 水资源状况 北京市水资源由地表水、地下水和入境水组成。境内多年平均降水量595mm，形成地表径流21.78亿m³，地下水资源25.21亿m³，扣除重复计算量，当地自产水资源总量36.29亿m³，人均水资源量250m³，不足全国人均水平的1/8。水资源总量年际波动大，1999—2003年水资源总量不足20亿m³，实际水资源量不足25亿m³。虽然2003年后止降略增，但与城市总用水量仍存在很大的差距。随着城市人口的急剧增长，生活和环境用水大幅度增加，为了减少用水矛盾，北京市不得不逐年减少农业用水量。2007年农业用水占全市总用水量的35.7%，比1990年用水量（21.74亿m³）下降了42.8%，比1980年用水量（31.49亿m³）下降了60.5%。

（1）地表水 地表水指由北京境内降雨形成的地表径流量，不包含入境水。北京市地表水资源量为17.7亿m³，并呈现逐年减少态势。市界内地表径流量在20世纪50年代为40.83亿m³，60年代20.63亿m³，80年代进一步减少为16.41亿m³，90年代下降至

16.3亿 m³，21世纪以来下降至6.9亿 m³。

（2）地下水资源　北京市地下水资源也呈逐年减少趋势。1960年北京市地下水位不足4m，但自20世纪60年代以来，由于长期超采又得不到充分补给，地下水资源萎缩，地下水位逐年下降。1980年超过9m，1990年超过10m，2000年超过15m，2007年达到22.8m。比1960年地下水位下降18.8m，储量减少100.4亿 m³。2007年埋深超过10m的地下水严重下降区达到5 195km²。

（3）入境水　北京有大小河流200余条，主要有属于海河水系的永定河、潮白河、北运河、拒马河以及属于蓟运河水系的泃河等五大河流，大多发源于西北山地或蒙古高原，向东南蜿蜒于平原之上，汇入海河后注入渤海。其中，永定河为流经北京市西部、西南部、南部的重要河流；潮白河为流经北京市北部、东部的重要河流。市境流域面积6 531km²，占全市面积33.4%。随着北京市上游地区社会和经济发展，取水量急剧增加，流域内修建了大小100余座水库，层层拦蓄径流和引水灌溉，导致了北京市入境水量呈现明显的衰减趋势。1956—1960年北京市入境水量34.73亿 m³，20世纪60年代不足20亿 m³，70年代不足17亿 m³。进入21世纪减少幅度更大，到2007年入境水量只有3.45亿 m³。

（三）土壤条件

1. 土壤类型分布　1980年北京市进行了第二次土壤普查，将北京市土壤共划分为7个大类、17个亚类。7个大类为：山地草甸土、山地棕壤、褐土、潮土、沼泽土、水稻土、风沙土。其中褐土面积最大，占65%左右；其次是潮土，占24.7%；第三位的是山地棕壤，占9.5%左右；其他四类土壤（山地草甸土、沼泽土、水稻土和风沙土）面积很小，总计占0.8%。

2. 土壤质地分布　土壤质地是指土壤中各级土粒含量的相对比例及其所表现的土壤沙黏性质，是土壤较稳定的自然属性，也是影响土壤一系列物理与化学性质的重要因子。土壤质地不同对土壤结构、孔隙状况、保肥性、保水性、耕性等均有重要影响。北京市生产小麦的主要8个区县土壤质地以轻壤土为主，占48%；其次是沙壤土，占32%，二者合计占80%。中壤土和沙质土分别占7.8%和6.9%，其他土壤质地类型占的比例很小。轻壤质土是比较理想的土壤，土壤质地适中，通透性好，春季升温快，稳温性好；土壤供肥性能好，保水、保肥性能较好；干湿易耕，耕后无坷垃，宜耕期长。沙壤土通透性好，供肥性能好，但保肥、保水能力较差，作物易早衰。

3. 土壤肥力分布　近年来，北京市对全市耕地土壤通过网格法空间布点方法，共布设土壤肥力检测样点20 000余个，对全市土壤进行有机质、全氮、碱解氮、有效磷、有效钾等土壤养分检测，部分区县还加测了微量元素和重金属含量，以便对全市耕地质量进行科学评价。本文参照《北京市土壤养分分等定级标准》中的土壤养分指标评分规则（表5-1）将检测结果分为极高、高、中、低和极低5个水平。并根据土壤养分综合指数计算公式得出各区县土壤综合养分指数（表5-2），同时根据北京市土壤养分等级划分规则将土壤肥力分为极高、高、中、低和极低5个水平（表5-3），以便对土壤肥力进行科学评价。

表 5-1　北京市土壤养分指标评分规则

项　目	单　位	评　分　规　则				
养分指标	评分（F）	极高	高	中	低	极低
有机质	g/kg	≥25	25～20	20～15	15～10	<10
	分值	100	80	60	40	20
全氮（N）	g/kg	≥1.20	1.20～1.00	1.00～0.80	0.80～0.65	<0.65
	分值	100	80	60	40	20
碱解氮（N）	mg/kg	≥120	100～90	90～60	60～45	<45
	分值	100	80	60	40	20
有效磷（P）	mg/kg	≥90	90～60	60～30	30～15	<15
	分值	100	80	60	40	20
速效钾（K）	mg/kg	≥155	155～125	125～100	100～70	<70
	分值	100	80	60	40	20

注：各指标数值分级区间的分界点包含关系均为下（限）含上（限）不含，例如有机质"高"等级中，"25～20"表示"大于或等于20，且小于25的区间值"，其他类同。

表 5-2　北京市土壤综合养分指标权重

项　目	权重（W）
有机质	0.30
全氮或碱解氮（N）	0.25
有效磷（P）	0.25
速效钾（K）	0.20
合计	1.00

表 5-3　北京市土壤养分等级划分规则

等　级	综合指数（I）
极高	100～95
高	95～75
中	75～50
低	50～30
极低	30～0

从各区县土壤肥力综合指数看，除大兴综合指数为49，属于低肥力外，其他区县土壤肥力总体上处于中等肥力水平。但各区县主要营养成分差异较大，房山区由于有机质明显偏高、昌平区和平谷区碱解氮明显偏高、通州区速效磷偏高，使这4个区县综合指数位于前列。各区县单项指标比较，碱解氮含量昌平区和平谷区最高，其次是通州、怀柔、顺义、大兴和房山为中等；速效磷含量总体处于低至中等水平，其中通州和密云最高，其次为昌平、房山、平谷，顺义、怀柔和大兴未达到中等水平；速效钾含量总体水平较高，除

大兴、顺义和密云在中等水平外，其他5个区县均为极高水平；有机质含量各区县差异较大，房山为高，平谷、通州、昌平和怀柔为中等水平，顺义、大兴和密云为低（表5-4）。

表5-4 北京市各区县土壤养分指标统计表

区县	有机质 （g/kg）	碱解氮 （mg/kg）	速效磷 （mg/kg）	速效钾 （mg/kg）	综合 指数	种植面积 （万 hm²）
顺义	14.9	74.0	29.7	112.1	54.5	5.1
通州	16.9	78.9	47.9	159.3	68.0	3.5
大兴	11.5	73.4	27.3	102.7	49.0	3.8
房山	23.4	52.7	35.0	182.5	69.0	2.3
平谷	17.9	91.0	33.1	188.9	73.0	1.2
昌平	16.6	92.5	35.7	166.6	73.0	1.9
怀柔	15.3	77.0	28.4	159.6	62.5	1.8
密云	13.4	73.6	43.3	107.9	54.0	2.4
加权平均	15.7	75.2	34.8	137.4	60.3	—
算术平均	16.2	76.6	35.1	147.5	62.9	—

注：加权平均是按各区县耕地面积求的各指标的平均数。

二、小麦品质区划

在农业部2001年发布的《中国小麦品质区划方案》（试行）中，北京市被列为优质强筋小麦区。2001年，北京市结合优质小麦产业化工作的开展，在全市布置了200余个优质小麦采样点，安排种植当时的主要优质小麦品种：京9428和中优9507，并对各点加工品质进行检测，取得试验资料。同时，结合各区县土壤类型、土壤质地、肥力水平等资料，对北京市优质专用小麦优势区域进行了划分，初步将北京市优质专用小麦划分为2大区域，即东北部强筋麦区（Ⅰ区）和西南部准强筋麦区（Ⅱ区）。具体分述如下：

（一）东北部强筋麦区

本区包括通州、顺义、平谷、昌平、怀柔和密云等东部和北部区县。主要是潮白河流域，土壤类型以潮土为主，还有一部分为褐土；土壤质地以轻壤为主，还有一部分沙壤，土壤养分中等。土壤肥力中等，碱解氮含量中等偏高，有利于蛋白质和面筋的形成。2001—2002年小麦品质检测结果，本区域蛋白质含量平均为16%以上，湿面筋含量为33%以上，沉降值45mL以上，面团稳定时间10min以上，拉伸面积达到120cm²，最大抗延阻力达到450EU以上，达到国标一级强筋麦标准。

（二）西南部准强筋麦区

本区包括房山和大兴两个西南部区县。主要是永定河流域，土壤类型为潮土和褐土。土壤质地大兴以沙土为主、房山以轻壤为主。养分含量不平衡，大兴土壤肥力综合指数只有 49，肥力水平低，除碱解氮中等以外，其他三项指数均为低或中等偏低，而且土壤保肥保水能力差。房山区虽然肥力综合指数达到了中等，但对形成蛋白质起主导作用的碱解氮含量低，有效磷也属于中等偏低水平。2001—2002 年小麦品质检测结果，本区域蛋白质含量、湿面筋含量与东北部无明显差异，但面团稳定时间下降 2~4min，拉伸面积下降 20~40cm^2，最大抗延阻力下降 80~100EU，达到国标二级强筋麦标准。

三、主要品种与高产优质栽培技术

（一）优质强筋小麦品种

1. 中作 8131 中国农业科学院作物科学研究所于 1981 年育成的强筋小麦新品种，亲本组合为（京 771×中 7606）×引 1053。1987 年通过北京市农作物品种审定委员会审定。

该品种营养品质和加工品质兼优。籽粒蛋白质含量 20.88%，湿面筋含量 43.6%，沉降值 41.8mL。粉质仪测定面粉吸水率为 63.1%，面团形成时间 12.6min，稳定时间 12.3min，评价值 88，拉伸仪测定拉抻面积 160.9cm^2。烘焙实验 100g 面粉的面包体积 842cm^3，评分 90.6 分。1983—1984 年品比试验平均产量为 5 040kg/hm^2，比对照增产 6.2%；1984—1985 两年在全国多点试种鉴定，平均产量分别为 4 998kg/hm^2 和 4 197kg/hm^2，在大面积生产条件下每公顷产 3 750~4 500kg。

栽培要点：在早春 2 月底至 3 月初顶凌播种，施足底肥。每公顷基本苗 600 万左右，以苗保穗。起身拔节期适当追施尿素，保证分蘖成穗。后期可施叶面肥，促进籽粒灌浆，提高千粒重和产量。

2. 京 9428 北京市种子公司选育的优质中强筋小麦新品种，亲本组合为京 411×德国一吨半。2000 年通过北京市农作物品种审定委员会审定。

该品种蛋白质含量 16.01%，湿面筋含量 35.8%，沉降值 54mL，粉质仪稳定时间 16.7min，100g 面粉烘烤面包体积 840cm^3，评分 91.4 分。该品种突出特点是面粉白度高，适合制作优质饺子粉。在 1997—1999 年三年评比中，产量比对照品种京 411 增产 2%~5%。

栽培要点：该品种适于中上等肥力地块种植，注意灌好冬水保苗越冬。氮肥运筹，底肥和追肥比例为 5∶5 或 4∶6，重施拔节肥，并且在抽穗开花期补施部分氮肥和钾肥，以提高粒重，改善品质。灌浆期，注意养根护叶，在有条件的地方，结合防治蚜虫，叶面喷施适量氮肥和钾肥。

3. 中优 9507 中国农业科学院作物科学研究所选育的优质强筋小麦新品种，亲本是从中优 8 号系统选育而成。2001 年通过北京市农作物品种审定委员会审定。

该品种粉质仪测定吸水率 61.5%，籽粒蛋白质含量 16.5%（干基），湿面筋含量 35%。沉降值 53mL，面团形成时间 13.0min，稳定时间 19.3min，评价值 87。100g 面粉面包体积 980cm^3，烘烤品质达到国外一级优质面包麦标准，并且富含铁、锌、钙等微量元素。1996—1997 年连续两年品比试验和大田示范中产量与大面积推广品种 411 持平。

栽培要点：基本苗 300 万/hm^2 左右。冬季灌好冬水，防寒保温。氮肥底肥和追肥比例为 5∶5 或 4∶6，重施拔节肥，并且在抽穗开花期补施部分氮肥和钾肥，以提高粒重，改善品质。灌浆期，注意养根护叶，结合防治蚜虫，叶面喷施适量氮肥和钾肥。

4. 农大 135　中国农业大学作物学院选育而成，亲本组合为陕 225×临汾 5064。2004 年通过北京市农作物品种审定委员会审定。

该品种蛋白质含量 16.0%，湿面筋含量 38.5%，干面筋含量 12.9%，沉降值 69.3mL，吸水率 61.9%，面团形成时间 4.5min，稳定时间 8.6min，耐揉指数 25，拉伸面积 100cm^2，延展性 201mm，最大阻力 366EU。面包体积 815cm^3，面包评分 82 分。2002—2003 年参加北京市品种审定委员会区域试验，两年平均比对照京 411 减产 2.98%。

栽培要点：该品种抗寒性稍弱，适宜在北京平原中上等肥力地块种植。栽培时应施足底肥，适期播种，播种量以保证基本苗达到 300 万/hm^2 左右为宜。返青期应注意松土保墒，根据苗情和天气情况，适量施用返青肥水。拔节期应重施肥水，以减少不孕小穗、小花数，提高穗粒数和千粒重。须浇好孕穗水、灌浆水。

5. 农大 195　中国农业大学小麦育种研究室于 2000 年育成，亲本组合为陕优 225×临汾 5064。2005 年通过北京市农作物品种审定委员会审定。

该品种品质达到强筋小麦标准。粗蛋白含量 17.0%，湿面筋含量 37.5%，吸水率 60.3%，面团形成时间 5.6min，稳定时间 23.5min，面包体积 818cm^3，面包评分 84 分。两年品种区域试验平均产量 5 886kg/hm^2，比对照京 411 减产 5.0%。

栽培要点：施足底肥，适期播种，9 月 25 日播种基本苗以 300 万/hm^2 为宜。返青期松土保墒，拔节期重施拔节肥水，提高成穗率和穗粒数。浇好孕穗水和灌浆水，以提高千粒重。

6. 烟农 19　山东省烟台市农业科学院小麦研究所选育，亲本组合为烟 1933×陕82 - 29。北京市农业技术推广站于 2000 年引入北京试种成功，2006 年通过北京市农作物品种审定委员会审定。

2005 年，经农业部谷物品质监督检验测试中心检测，容重 776g/L，粗蛋白（干基）含量 15.02%，湿面筋含量 31.8%，沉降值 37.0mL，吸水率 62.0%，面团形成时间 4.4min，稳定时间 5.4min。两年品种区域试验平均产量 6 739.5kg/hm^2，比对照京 411 减产 2.2%。

栽培要点：精细整地，施足底肥；适期晚播，合理调整播量，一般情况下 9 月 28 日至 10 月 8 日播种为宜，基本苗 345 万～570 万/hm^2。冬前灌足冬水，保苗安全越冬。春季促控结合，因苗管理，壮苗在返青期和起身期以控为主，重施拔节肥，有条件的地方在抽穗期每公顷施 45～75kg 尿素，可起到提高产量和改善品质的作用。生育后期控制灌水，加强蚜虫、吸浆虫等病虫害的防治。

7. 中优 206　中国农业科学院作物科学研究所选育，亲本组合为 CA9614×中优 9507。2007 年通过北京市农作物品种审定委员会审定。

2006 年，经农业部谷物品质监督检验测试中心检测，该品种粗蛋白含量 15.1%，湿面筋含量 30.8%，沉降值 65.5mL，吸水率 55.6%，面团形成时间 5.8min，稳定时间 41.0min，拉伸面积 191cm^2，最大抗延阻力 804EU，面包体积 810cm^3，面包评分 84.5 分。两年品种区域试验平均产量 6 129kg/hm^2，比对照减产 0.7%。

栽培技术要点：施足底肥，精细整地；适期播种，基本苗 300 万/hm^2 左右。春季因苗管理、促控结合，对于水肥条件较好、群体适宜或偏大的麦田，以控制春季分蘖为主，返青期不施肥浇水，拔节期浇水施肥，促大蘖成穗和提高小花结实率，增加穗粒数；对于群体小或苗弱的地块，返青后应及时追肥浇水，提高春季分蘖成穗率。抽穗期结合防治蚜虫，喷粉锈宁一次，在浇好灌浆水的同时，适当补充氮素肥料，以增加籽粒蛋白质含量，提高粒重。

（二）高产优质栽培技术

1. 选择适宜的土壤和肥力水平的地块　强筋小麦应在沙壤土或黏壤土上种植，弱筋小麦种在沙土或沙壤土上有利于品种特性的发挥。随肥力水平提高蛋白质含量增加，而且沉降值、干湿面筋含量也与蛋白质含量呈极显著正相关。因此，优质强筋小麦的种植需要有较高的土壤肥力。一般要求土壤有机质含量≥1.3%，全氮≥0.08%，碱解氮≥100mg/kg，有效磷≥30mg/kg，有效钾≥100mg/kg。

2. 严把整地质量关　玉米秸秆粉碎、深耕、轻耙，达到地表平整，土壤上虚下实，不留明暗坷垃。

3. 品种选择　选用适合当地生态条件的优质、高产、稳质、抗逆性好的品种，播前应对种子进行精选，测定发芽率。

4. 适期播种，保证合理的群体结构　研究表明，随播种期推迟，小麦蛋白质含量和湿面筋含量增加，小麦品质改善，但播种过晚影响小麦产量。因此，应选择当地的适宜播种期。北京地区可从9月25日至10月5日播种，并要保证有足够的基本苗数和成穗数。

5. 防治病虫草害　小麦的散黑穗病、腥黑穗病、白粉病、地下害虫及灰飞虱等对小麦的产量和品质均有不利的影响，应根据当地病虫害发生的种类，播种前进行种子包衣或直接进行药剂拌种，减少病虫害的危害。越年生杂草较多的地块，在小麦浇冬水前要进行防治；其他杂草可在起身前用2，4-滴丁酯进行防治。

6. 根据土壤肥力，推广优质高产平衡施肥技术　研究表明，小麦的品质随施氮量的增加而改善，大部分研究结果认为小麦全生育期施氮量为240kg/hm² 对品种的品质表现是最佳施肥量。钾肥可以促进氮的吸收和转化，磷肥虽然对改善品质没有直接的作用，但磷肥缺乏对小麦产量和品质均不利。因此，需要根据土壤的肥力水平适当施用。表5-5是北京地区小麦全生育期氮、磷、钾施用量推荐方案，其中氮肥的底肥和追肥比例以5：5或4：6更有利于产量和品质的协调发展。

表5-5　北京地区优质冬小麦高产稳质平衡施肥推荐方案

地力水平	有机质（%）	碱解氮（mg/kg）	施氮量（kg/hm²）	有效磷（mg/kg）	施磷量（kg/hm²）	速效钾（mg/kg）	施钾量（kg/hm²）
高	>1.7	>100	195～225	>60	90～120	>120	45
中	1.3～1.7	80～100	225～255	30～60	120～135	100～120	60
低	<1.3	<80	240～300	<30	135～150	<100	75

注：春小麦由于生育期较短，施肥量可以适当减少。

7. 合理施用追肥，创建合理群体结构　优质小麦的施肥原则是氮肥的施肥期向后推移，磷、钾的施肥由一次底施改为底肥和拔节期各半的方式，更有利于兼顾产量和品质。

冬小麦地区，地力高且群体较大的地块，采用在拔节期追肥和抽穗开花期补肥的方式；地力中下等或群体较小的地块，在返青期适当补充部分氮肥，拔节期和抽穗开花期追肥量与高产地块相同。春麦地区，在底施 40%～50% 氮肥的情况下，其追肥的比例为三叶期和开花期 7：3 或 8：2 为宜。

8. 加强后期管理，促进小麦灌浆和蛋白质的积累　在生育后期密切注意小麦白粉病和锈病的发生和发展，及时防治。在浇好抽穗、扬花水后，灌浆期尽量少灌水，否则对优质小麦的品质影响较大。如确需灌水，适当施部分氮肥可减少小麦品质下降的程度。另外，在灌浆期，结合防治蚜虫，可采用叶面喷微肥的方法，提高小麦的品质。

9. 适时收获，保证丰产丰收　由于小麦的蛋白质积累是随着生育期的推迟逐渐增加的，因此要保证大部分小麦达到完熟期时再行收获。但更要注意天气变化，避免穗发芽。

10. 严格掌握晾晒条件　在晾晒时如果温度过高，会造成蛋白质变性，影响小麦的后熟和品质的改善。因此，小麦收获后晾晒时应注意晾晒厚度，使小麦的温度不要高于 50℃ 为宜。

11. 单存、单放，防止混杂　为了保证其品质的稳定，一定要实行单存单放，避免与其他小麦发生混杂。

第二节　河北省小麦品质区划与高产优质栽培技术

一、小麦生产生态环境概况

（一）地理概况

河北省地处华北，位于东经 113°27′～119°50′，北纬 36°03′～42°40′之间。东部濒临渤海，东北部与辽宁交界，北部和西北部与内蒙古接壤，西部与山西省为邻，南部与河南连接，东南部与山东省相邻，内环京、津两个直辖市。总面积为 18.77 万 km²，占全国土地总面积的 1.96%。

河北省地势西北高东南低，主要分为高原、山地和平原 3 个地形区。高原区在西北部，习称"坝上"，属于内蒙古高原南端，位于张家口、承德北部，海拔 1 200～1 500m。张家口地区的高原一般称为张北高原，承德地区的高原称为围场高原。山地位于冀西和冀北，西部山地主要是连绵于太行山，太行山地南北段高低差异较大，东坡陡西坡缓，山中多小盆地。北部山地则延绵于燕山，燕山山地构造复杂，沟壑纵横，最高峰达 2 800m 以上。山地和高原约占全省面积的 55.2%。平原主要有山前冲积平原、中部冲积平原和滨海平原 3 种类型。山前冲积平原地下水丰富，土质肥沃；中部冲积平原地势坦荡，有洼地和缓岗交错，如白洋淀、宁晋泊、衡水湖等；滨海平原环渤海分布，地势低平，土壤盐渍化严重。平原区海拔平均在 300m 以下，为主要农业区。境内河流众多，分属海河、滦河、内陆河、辽河 4 个水系，其中海河为河北省第一大河。河北境内兼有海滨、平原、湖泊、丘陵、山地和高原种类齐全的地形地貌，造就了河北独特的自然气候。

全省辖石家庄市、唐山市、秦皇岛市、邯郸市、邢台市、张家口市、承德市、廊坊市、沧州市、保定市、衡水市等 11 个地级市。

（二）气候特点

河北属温带至暖温带、半湿润至半干旱大陆性季风气候，大部分地区四季分明。具有冬季寒冷少雪，春季干旱，风沙较多，夏季炎热多雨，秋季晴朗，寒暖适中等特点。全省南北气候差异较大，年均气温为 -0.3～13℃，由北向南递增，各地的气温年较差、日较差都较大，造成小麦品种类型有明显区别。全年日照时数 2 400～3 100h。无霜期一般110～220d，其中坝上无霜期 110d，北部山区 120～180d，长城以南大部分地区为 180～220d。全省年平均降水量分布很不均匀，年变率也较大。一般年平均降水量 340～800mm，燕山南麓和太行山东侧迎风坡，形成两个多雨区，张北高原偏处内陆，降水一般不足 400mm。一年的降水主要集中在夏季，冬季最少，秋季稍多于春季。春季全省降水一般在 40～80mm，约占全年降水量的 10%；夏季燕山南侧降水最多，在 500mm 以上，沿河、中部平原及北太行山东南侧为 400～500mm，其余地区 400mm 以下，约占全年降水量的 65%～75%；秋季一般降水 80～120mm，约占全年降水量的 15%；冬季一般为 5～15mm，南部多于北部，约占全年降水量的 2%。夏季降水常以暴雨形式出现，春季雨少多风，春旱、夏涝常对农业生产造成不利影响。冬小麦生育期间日照时数为 2 000～2 200h，大于 0℃积温约 2 200℃，常年降水 150～200mm。但近年来，干旱频发，有些年份一些地区冬小麦生育期间降水不足 50mm。春小麦生育期间日照时数为 1 000～1 100h，大于 0℃积温 1 800～2 200℃，降水 100～300mm。

（三）土壤条件

河北省土壤类型多样，土壤质地不同，土壤肥力各异。据河北省土壤普查结果，全省土壤包括 21 个土类、55 个亚类。其主要土壤类型有：褐土，占河北省土壤面积的25.81%，主要分布在山麓平原及 700～1 000m 以下的低山丘陵地带，适宜种植业发展；潮土，占 25.81%，主要分布在京广铁路线以东、京山铁路线以南的冲积平原，适宜发展种植业；棕壤，占 14.02%，主要分布在 700～1 000m 的山地、低丘陵地带，适宜发展林业；粗骨土，占土壤面积的 8.81%，主要分布在低山丘陵，适宜发展林业和牧业；栗钙土，占 7.75%，主要分布在坝上高原，以牧业为主，农业为辅；栗褐土，占 4.46%，主要分布在坝下山间盆地，适宜发展种植业；石质土，占 2.34%，主要分布在低丘陵地带，适宜发展牧业；滨海盐土，占 1.23%，主要分布在冀东、沧州的滨海地带，以水产和盐田为主；风沙土，占 1.11%，主要分布在河流两岸及故河道，适宜发展林、果业和牧业；灌淤土，占 0.51%，主要分布在坝下引洪淤灌区，以种植业为主；砂浆黑土，占 0.40%，主要分布在冀东及冀中南部平原、洼地和扇缘洼地，以种植业为主；草甸土，占 0.42%，主要分布在坝上高原、滩地及山区河谷地，可发展农牧业；水稻土，占 0.30%，洼地及洼淀周边地带，适宜种水稻；红黏土，占 0.01%，主要分布在低山、丘陵地带，适宜发展农、林业。其他一些土壤类型占比例很小，且均不适宜发展种植业，如灰色森林土，占0.64%；沼泽土，占 0.43%；新积土，占 0.45%；山地草甸土，占 0.26%；盐土，占0.21%；碱土，占 0.01%；黑土，占 0.01%。综上所述，河北省适宜种植业发展的主要土壤类型是褐土和潮土；其次为栗褐土。也有其他适宜种植业发展的土壤类型，但所占比重很小。

河北省平原土壤和宜耕土壤比例大，土壤质地和酸碱度比较适中，其中平原土壤占全省面积的 36%，适宜种植业发展的土壤占全省面积的 43%。壤质土壤占全省面积的 60.2%，pH6.5～7.5 的占 32.1%，pH7.5～8.5 的占 56.4%。耕种土壤耕层有机质含量平均为 1.22%，非耕种土壤有机质含量平均为 3.29%，有机质含量总趋势为非耕种土壤＞耕种土壤，山地＞高原＞平原，在同一类土壤中有机质含量为北部、东部＞南部、西部，表土＞心土＞底土，黏土＞壤土＞沙土。全省耕种土壤有机质含量达到 1 级（＞4%）的占 0.96%，2 级（3%～4%）的占 1.53%，3 级（2%～3%）的占 5.04%，4 级（1%～2%）的占 46.28%，5 级（0.6%～1%）的占 39.64%，6 级（＜0.6%）的占 6.55%。全省土壤全氮含量在 0.02%～0.2% 之间，耕种土壤平均值为 0.074%，非耕种土壤平均值为 0.115%，不同地区间有较大差异，总趋势为北部高于南部，西部高于东部。全省耕种土壤全氮含量达到 1 级（＞0.2%）的占 0.96%，2 级（0.15%～2%）的占 1.85%，3 级（0.1%～0.15%）的占 7.98%，4 级（0.075%～0.1%）的占 23.58%，5 级（0.05%～0.075%）的占 45.68%，6 级（＜0.05%）的占 19.95%。土壤中全磷含量一般在 0.02%～0.08% 之间，特殊高者可达 0.2%，不同地势间差异表现为山地高于平原，洼地高于平地，自然土壤高于耕种土壤。全省土壤全磷含量达到 1 级（＞0.1%）的占 7.4%，2 级（0.081%～0.1%）占 4.91%，3 级（0.061%～0.08%）占 13.82%，4 级（0.041%～0.06%）占 39.69%，5 级（0.02%～0.04%）占 23.26%，6 级（＜0.02%）占 10.91%。全省土壤中速效磷含量幅度为 1～100mg/kg，一般为 3～7mg/kg。耕种土壤中速效磷含量大于 40mg/kg 的土壤占耕种土壤面积的 0.31%，速效磷含量为 20～40 mg/kg 的占 1.88%，10～20mg/kg 的占 9.29%，5～10mg/kg 的占 29.67%，3～5mg/kg 的占 29.20%，小于 3mg/kg 的占 29.65%。土壤中全钾含量平均值为 1.92%。滨海盐土全钾含量＞2.0%，为富钾土类；风沙土和粗骨土全钾含量＜1.9%，为贫钾土类，其余为中钾土类。全省土壤速效钾含量平均为 135mg/kg。耕种土壤速效钾含量大于 200mg/kg 的占耕种土壤面积的 10.45%，150～200mg/kg 的占 18.30%，100～150mg/kg 的占 36.42%，50～100mg/kg 的占 30.35%，30～50mg/kg 的占 3.79%，小于 30mg/kg 的占 0.69%。

河北省土壤在农业生产上存在的障碍因素主要有：一是部分土壤营养元素缺乏，如农田有机质含量低于 1% 的土壤占 46.1%，全氮含量低于 0.075% 的土壤占 65.6%，速效磷含量低于 5mg/kg 的土壤占 58.8%。二是部分土壤质地不佳，沙质和砾质土壤占 6.5%，夹有漏沙层、砾石层、砂姜层、钙积层等障碍层次的土壤占 5.4%，黏重板结土壤占 3.4%，全省约有 1/6 的土壤物理性状不良。三是部分土壤盐碱化，农田土壤约 8.2% 存在不同程度的盐碱化危害。四是部分土壤钙质偏高，使磷、锌、铁等元素易被固定，从而增加肥料的需求和造成浪费。五是部分土壤水分条件差，干旱缺水田占 50.8%，易涝农田占 4.7%。六是部分土壤生态状况不良，如土壤侵蚀、风蚀沙化严重，土壤污染等。

近年来大力推广秸秆还田、保护性耕作等措施，有利于保护土壤环境和改良土壤理化性状，使部分地区的土壤有机质含量有了明显的提高。测土配方施肥对平衡土壤肥力起到良好作用，适当的倒茬轮作及合理灌溉技术减轻了土壤对农业生产的障碍因素的影响。

（四）种植制度

河北省南北狭长，纬度跨度较大，气候类型多样，不同地区年积温、日照、无霜期、降水均有较大差异，导致种植制度变化多样。冀北地区（张家口、承德）积温低，降水少，无霜期短，种植制度以一年一熟为主，主要农作物玉米、谷子、糜子、黍子、绿豆、蚕豆、红小豆、马铃薯、甘薯、燕麦、胡麻、春小麦等，均为春种，夏、秋季收获，冬季休闲。冀东地区（唐山、秦皇岛）种植制度有两年三熟、一年一熟和一年两熟等多种方式，主要农作物有玉米、小麦、水稻、花生、甘薯等，小麦—玉米连作为一年两熟的主要种植方式，其他作物均为一年一熟或与小麦倒茬实行两年三熟。其他地区均以一年两熟为主，间有一年一熟的作物。主要农作物有小麦、玉米、棉花、大豆、甘薯、花生、谷子等，其中小麦—玉米连作一年两熟是主要种植方式，其他作物以一年一熟为主，间有在小麦收获后，夏播大豆、甘薯、花生、谷子等。

二、小麦产业发展概况

（一）生产概况

河北省 2009 年小麦播种面积和总产量分别占全国的 9.86% 和 10.6%，单产为全国平均的 108.3%，是仅次于河南、山东的第 3 大小麦生产省。小麦是河北省的主要粮食作物，播种面积占粮食作物总面积的比例从 1949 年的 21.7% 逐渐上升到 2007 年的 39.1%，产量占粮食总产的比例从 1949 年的 17.98% 逐渐上升到 2007 年的 42.0%。在 2001 年及以前，小麦播种面积、总产均居河北省各类粮食作物的首位，近年来随着种植结构的调整，从 2002 年开始其播种面积少于玉米，从 2003 年开始总产略低于玉米，但其单产一直高于玉米。从表 5-6 可见小麦播种面积呈增加、降低的变化趋势。小麦面积占粮食作物播种面积的比例由 1949—1958 年这一阶段的 25.8% 上升到近阶段（1999—2007）的 38.05%，可见小麦在粮食作物生产中的重要地位。

表 5-6 河北省小麦历年播种面积与粮食作物面积比较

年　度	面积（khm²）	平均值（khm²）	变异系数（%）	占粮播面积（%）
1949—1958	1 599.2～2 666.4	2 097.7	16.96	25.80
1959—1968	1 820.2～2 414.0	2 127.8	8.93	27.48
1969—1978	2 186.7～3 041.2	2 554.2	12.75	21.25
1979—1988	2 243.0～2 844.0	2 470	7.8	31.88
1989—1998	2 453.1～2 764.0	2 558.9	4.11	36.96
1999—2007	2 161.5～2 729.9	2 444.7	7.98	38.05

从表 5-7 和图 5-1 可见，小麦单产呈明显逐步增长的趋势，尤其在 1969 年以后有大

幅度增长趋势，至 1997 年达到最高峰，比 1949 年增长 8.35 倍。2004 年以后小麦单产亦均比 1949 年增长 8 倍以上。从各阶段小麦单产变异系数分析，可见近年来小麦单产相对维持在较稳定的高水平。从小麦单产与粮食作物平均单产的比较分析，在 1988 年以前，小麦单产均低于粮食作物平均单产，其后有了很大转变，比粮食作物单产增加 10% 以上。

表 5-7　河北省小麦历年单产与粮食作物平均单产比较

年　度	小麦产量（kg/hm²）	平均值（kg/hm²）	变异系数（%）	与粮作单产比较（%）
1949—1958	522.3～871.4	673.9	17.42	−28.80
1959—1968	397.2～919.1	728.6	20.83	−35.62
1969—1978	1 040.4～2 109.3	1 406.2	23.27	−18.90
1979—1988	1 391.3～3 317.3	2 608.3	27.61	−1.16
1989—1998	3 487.5～4 890.9	3 974.7	12.53	10.71
1999—2007	4 352.0～4 948.0	4 677.4	4.24	16.05

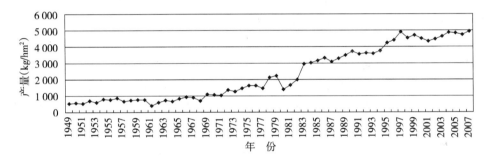

图 5-1　河北省历年小麦单产

从小麦历年总产的变化分析，随着面积和单产的逐步增加，总产提高的幅度更大，到 2006 年总产比 1949 年增加 13.28 倍，其中 1997 年达到最高峰，总产比 1949 年提高 14.92 倍。从小麦总产占粮食作物总产的比例分析，从 1949—1968 年 20 年间小麦总产占粮食作物总产的 18% 左右，上升到 1989—2007 年间的 40% 以上（表 5-8、图 5-2）。

综合上述分析，小麦播种面积、单产、总产都呈逐步上升的趋势，其在粮食生产中的地位越来越重要。

表 5-8　河北省小麦历年总产与粮食作物总产比较

年　度	总产量（kt）	平均值（kt）	变异系数（%）	占粮作总产（%）
1949—1958	836～1 996	1 433.1	28.52	18.50
1959—1968	892～2 020	1 548.1	22.31	17.60
1969—1978	2 275～6 415	3 677.5	35.65	26.47
1979—1988	3 840～8 268	6 380.3	25.42	34.92
1989—1998	8 555～13 307	10 209.0	16.35	41.01
1999—2007	10 188～12 805	11 418.0	7.03	44.23

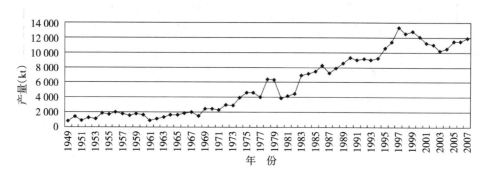

图 5-2 河北省历年小麦总产

（二）品质概况

根据农业部公布的小麦品质区划方案，河北省处于北方强筋、中筋冬春麦区，其中河北中部在华北北部强筋麦（亚）区，南部在黄淮北部强筋、中筋麦（亚）区，包括了河北省的主要小麦产区。河北省种植的品种主要为中筋小麦和部分强筋小麦。由于河北省地形南北狭长，跨越北部春麦区、黄淮冬麦区和北部冬麦区，小麦品种类型复杂，品质情况各异。

1. 近年审定品种的品质概况　在 2003—2008 年河北省审定的 67 个小麦品种中，按小麦春化类型分类，其中冬性小麦品种 15 个，半冬性小麦品种 52 个；白粒品种 66 个，红粒品种 1 个；硬质品种 58 个，半硬质品种 6 个，粉质品种 1 个，半粉质 2 个。千粒重 33～50g，平均 39.3g，变异系数为 8.09%；容重 753～808g/L，平均 785g/L，变异系数 1.72%。按品质类型分类，其中完全达到国家优质强筋小麦标准的品种仅 12 个，其余多数品种为单项达标，其中蛋白质含量达到 14% 以上的品种 55 个，占测定品种的 82.1%；湿面筋含量达到 32% 以上的品种 37 个，占 55.2%；稳定时间达到 7min 以上的品种 21 个，占 31.3%。各品种蛋白质含量的变化幅度为 13.1%～17.6%，平均蛋白质含量为 14.8%，变异系数 6.13%，新育成的品种蛋白质含量均较高，品种间变化较小。沉降值的变化幅度为 11.6～55.9mL，平均 26.7mL，变异系数为 34.41%；湿面筋含量为 26.9%～40.2%，平均 32.6%，变异系数为 8.99%；吸水率为 49.6%～64.8%，平均 59.2%，变异系数为 4.55%；形成时间为 1.3～17.3min，平均 4.7min，变异系数为 80.13%；稳定时间为 1.0～23.4min，平均 6.1min，变异系数为 105.62%，极差达到 22 倍。品质性状中，品种间稳定时间的变异居首位。

2. 小麦品质性状的生态表现　2005/2006 年度在河北省 22 个小麦区试点安排种植了 4 个小麦品种，收获后分别取样统一测定小麦品质。区试点遍布河北省的主要小麦产区和不同的生态类型区。从北至南分别为遵化、滦县、易县、徐水、保定、安国、青县、黄骅（中捷农场）、沧州、南皮、鹿泉、辛集、栾城、赵县、宁晋（大曹庄农场）、新河、衡水、冀州、邢台、临西、曲周、邯郸（码头镇）。供试品种分别为强筋小麦品种 8901-11，中强筋小麦品种石新 733，中筋小麦品种石 4185 和京冬 8 号。

从表 5-9 可以看出，京冬 8 号平均千粒重最高，地点间的变异系数最小；8901-11 千粒重最低，地点间变异系数最大。不同地点各品种的平均千粒重亦有较大变化，其中徐水、易县、宁晋、赵县、栾城等试点的千粒重环境指数较高。

表 5-9　不同品种小麦千粒重（g）比较

品种	8901-11	石新 733	石 4185	京冬 8 号	平均	标准差	CV（%）
平均值	33.06	38.71	34.90	45.55	38.06	5.52	14.51
标准差	4.37	4.28	3.28	3.34	3.15		
CV（%）	13.22	11.05	9.39	7.32	8.28		

不同品种在各试点籽粒平均容重为京冬 8 号最高（表 5-10），变异系数最小；8901-11 容重最低，变异系数最大。其中辛集、邢台、临西等地容重较高，宁晋、青县、保定等地的容重较低。

表 5-10　不同品种小麦容重（g/L）比较

品种	8901-11	石新 733	石 4185	京冬 8 号	平均	标准差	CV（%）
平均值	786.65	794.33	786.90	805.70	793.4	8.94	1.13
标准差	33.32	19.27	19.47	15.73	18.84		
CV（%）	4.24	2.43	2.47	1.95	2.38		

各试点的不同品种平均蛋白质含量均较高，8901-11 为 14.9%，变异系数为 6.38%。其他 3 个中筋小麦品种的平均蛋白质含量亦均在 13% 以上，变异系数为 5.58%～7.54%（表 5-11）。不同试点各品种蛋白质含量的平均值变化较小，表明各品种蛋白质含量在各试点的表现均较好。

表 5-11　不同品种小麦籽粒蛋白质含量（%）比较

品种	8901-11	石新 733	石 4185	京冬 8 号	平均	标准差	CV（%）
平均值	14.90	13.28	13.29	13.44	13.73	0.78	5.71
标准差	0.95	1.00	0.81	0.75	0.69		
CV（%）	6.38	7.54	6.11	5.58	5.02		

沉降值是反应小麦烘焙品质的重要指标，与多项品质性状相关密切。从表 5-12 可见，强筋小麦品种 8901-11 在各试点的沉降值平均在 40mL 以上，不同试点间的变异系数较大。其他 3 个中筋小麦品种的沉降值平均为 31.4mL，变异系数为 10.71%～11.09%，不同试点各品种的平均值变化较小。

表 5-12　不同品种沉降值（mL）比较

品种	8901-11	石新 733	石 4185	京冬 8 号	平均值	标准差	CV（%）
平均值	40.57	34.65	29.44	30.22	33.72	5.11	15.16
标准差	5.53	3.84	3.56	3.24	3.06		
CV（%）	13.63	11.09	12.11	10.71	9.08		

湿面筋含量是国家专用小麦的品质指标之一。图 5-3 所示 4 个品种在不同试点的湿

面筋含量，试点间的变异系数为 7.7%。

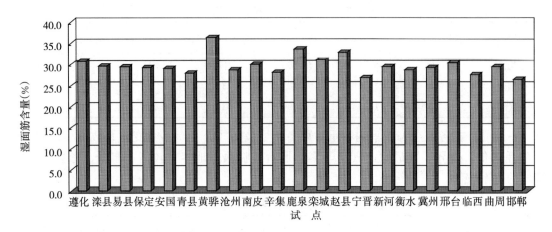

图 5 - 3 不同试点小麦湿面筋含量

面团稳定时间与烘焙品质密切相关。从表 5 - 13 可见，8901 - 11 稳定时间平均为 12.02min 以上，但地点间的变异系数较大；3 个中筋小麦品种的稳定时间为 2.34～ 3.69min，变异系数较小。

表 5 - 13   不同品种面团稳定时间（min）比较

品种	8901 - 11	石新 733	石 4185	京冬 8 号	平均值	标准差	CV（%）
平均值	12.02	3.69	2.34	2.73	5.17	4.55	80.79
标准差	4.82	1.03	0.55	0.98	1.62		
CV（%）	40.07	27.96	23.51	35.83	31.29		

（三）生产优势及存在问题

河北省的气候类型、土壤条件等生态环境适合小麦生产。河北省有悠久的种麦历史，农民有丰富的种麦经验，小麦生产受到各级政府和农民的普遍重视。河北省具有较强的小麦科研实力，有一批适合河北省不同区域种植的优良品种及其配套的栽培技术，有较强的农业技术推广队伍，这些都是河北省小麦生产的优势所在。

小麦生产中目前仍然存在一些制约因素：一是水资源短缺制约小麦单产提高。河北省常年降水量 536mm，全省水资源总量 230 亿 m³，人均水资源占有量为 311m³，仅为全国人均占有量的 1/7，耕地平均水资源占有量为 3 120m³/hm²，亦为全国平均水平的 1/7。河北省降水季节间分布不均，夏季降水占全年总降水量的 70% 左右，小麦生育期间降水仅占全年降水量的 25%～35%，不能满足小麦高产的需要。降水年际间变化大，个别年份有些地区冬小麦生育期间降水不足 50mm，严重影响小麦生产。由于水资源匮乏，一些地区小麦生育期间不能充分供水（包括降水和灌溉），限制了小麦单产的进一步提高和全省的均衡增产。二是土壤肥力有待进一步提高。部分土壤营养元素缺乏，农田有机质含量偏低，氮、磷含量不足，一些土壤中缺乏必要的微量元素；部分土壤理化性状不良。这些均对小麦生产造成不利影响。三是小麦—玉米两茬复种受有效积温限制，尤其是冀东的唐山地区和冀中北的保定、廊坊地区更甚。近年来全球气候变暖，使这些地区的积温不足问题有所缓解，推广玉米晚收小麦晚种技术，对延长玉米灌浆，增加粒重，提高全年粮食产量有利，但过晚播种对发挥小麦单产潜力有一定影响。四是良种良法配套技术储备有待进一步加强，技术到位率有待提高。目前较为迫切的问题是秸秆还田后，耕深较浅，小麦播种前土壤镇压不实，影响出苗或出苗后根际暗空，造成麦苗生长不良或受旱冻死苗；有的地区病虫草害防治不及时，均限制小麦单产的进一步提高。

（四）优质小麦产业发展前景

随着社会的发展和人民生活水平的不断提高，对优质小麦的需求逐渐增加，国家对优质小麦生产的扶持力度继续加强，优质优价的政策和市场需求进一步促进了优质小麦的生产。优质小麦品种培育和优质栽培技术的配套为优质小麦生产提供了保障。大型面粉加工企业与优质小麦产区的订单生产和收购初步形成良性互动，农民种植优质小麦的积极性普遍提高。近年来河北省的优质小麦生产取得了长足发展，优质小麦生产面积不断扩大，产量稳步提高，品质逐渐改善。目前河北省小麦总产在 1 150 万 t 左右，人均占有小麦原粮 170kg 左右，生产略大于本省需求，在基本满足省内消费的基础上，还有部分小麦外销。河北省有适宜优质小麦生产的生态条件，有品质优良的优质强筋小麦品种，有稳定的市场需求，各种有利因素促使优质小麦生产稳步发展。

三、小麦品质区划

（一）品质区划的依据

小麦品质区域划分是在种植区域划分的基础上发展起来的，尽管侧重点有所不同，但其划分的依据仍有很多共同之处。地理地域（气候区域）、品种特性（春化类型）、品质特性（营养品质和加工品质）、栽培环境（平原、丘陵、雨水和灌溉条件等）是区域划分的重要依据。小麦赖以生存的生态环境中，光、热、水、土、气等是最主要的自然因素，这些都对小麦的产量和品质产生重要影响。品种的选择、品种特性和品质性状的表达，都是品质区划中需要考虑的因素。行政区划涉及小麦生产的组织管理、品种引进、生产规模、种植习惯、技术推广等小麦生产中的重要技术问题，因此行政区划也是本区划需要考虑的重要因素之一。各分区的基本单元为县级行政区。本区划主要参考《中国小麦品质区划方案》所制定的依据和原则，同时借鉴了其他省份的区划经验，并结合河北省的实际情况进行分区。

（二）品质区划

1. 冀北强筋、中筋春性小麦生态区　本区包括张家口市和承德市，位于河北省的最北部，与辽宁、内蒙古、山西、北京等省、自治区、直辖市交界。全区地处内陆，包括坝上高原区、冀北山地区和冀西山间盆地区等多种地貌，属暖温带大陆性亚干旱季风气候，冬季严寒漫长，夏季凉爽短促，春、秋干燥多风沙。全区日照充足，光照资源丰富。但降

I.冀北强筋、中筋春性小麦生态区
II.冀东强筋冬性小麦生态区
III.冀中北强筋冬性小麦生态区
IV.冀中南强筋半冬性小麦生态区
V.冀南强筋、中筋半冬性小麦生态区

图5-4 河北省小麦品质生态区划图

水不足，保证率低，常年降水 360～500mm，属半干旱、干旱地区。种植制度以一年一熟为主。全区小麦面积很小，主要为春小麦，冬小麦不能越冬。春小麦 4 月上中旬播种，7月中下旬收获，全生育期110d 左右。播种至成熟期积温（＞0℃）为 1 800～2 200℃，降水量 100～300mm，日照时数 1 000～1 100h。本区农作物种植区主要土壤类型为褐土、棕壤土和栗钙土，壤性土占60％以上，但以轻壤土为主。目前种植的春小麦经抽样调查，强筋小麦品种籽粒蛋白质含量为 14％以上，沉降值 48mL 以上；中筋小麦品种蛋白质含量为 12％～13％，沉降值27～38mL。本区域土壤肥力较高的地区可以生产强筋春小麦，土壤肥力较差的地区生产中筋春小麦。

本区早春干旱，后期高温逼熟，干热风危害，青枯早衰以及收获期遇烂场雨等，是小麦生产中的主要问题。应注意选择优质强筋或中筋抗旱品种；实行抗旱播种，注意保墒；增施有机肥，培肥地力；合理、节水灌溉，采取适期灌水或生长调节剂防御，或减轻干热风危害，合理施用氮肥等，是提高本区春小麦产量和品质的主要措施。

2. 冀东强筋冬性小麦生态区　本区包括唐山市和秦皇岛市，位于河北省东部，与辽宁、天津等省、直辖市交界。本区南临渤海，北依燕山，地貌多样，属暖温带半湿润大陆性季风气候，内陆地区春季干旱多风，夏季炎热多雨，秋季昼暖夜寒，冬季寒冷干燥。沿海地区气候相对温和。全年日照 2 600～2 900h，年平均气温 12.5℃，无霜期 180～190d，常年降水 500～700mm，降霜日数年平均 10d 左右。该区地势北高南低，形成北部山区—低山丘陵区—山间盆地区—冲积平原区—沿海区。按热量资源大部分地区只能两年三作或一年一作，但小麦—玉米种植区以一年两作为主。本区种植强冬性小麦，一般 9 月下旬播种，6 月下旬收获，全生育期 275d 左右。播种至成熟期积温（＞0℃）2 200℃左右，降水 150～200mm，日照时数 2 000h 左右。

本区农作物种植区主要土壤类型为褐土和潮土，壤质土占耕地的 70％以上。经定点试验，在本区种植强筋小麦品种籽粒蛋白质含量可达 16.0％，湿面筋含量 32％，面筋指数 80％以上，沉降值 41.9mL，面团稳定时间 7.4min；种植的中筋小麦品种平均籽粒蛋白质含量达到 13.6％，湿面筋含量 30％，面筋指数 75％以上，沉降值 31.8mL，面团稳定时间 2.1min。本区种植强筋小麦和中筋小麦品质均表现优良，适宜发展强筋小麦，土壤条件较差的地区可种植中筋小麦。

本区处于冬小麦北界，小麦越冬期负积温较大，一般在－300～－600℃，且春季寒流频繁，容易造成冻害死苗。春旱严重，不利小麦生长。麦收较晚，接近雨季，易遭烂场雨危害。本区需种植强冬性小麦，以确保安全越冬。强冬性强筋小麦品种缺乏也是制约本区发展强筋小麦生产的主要问题之一。生产中应注意选择强冬性中筋和强筋小麦品种；针对气候变暖的情况，在传统播期基础上适当推迟播种期；注意采取冬季防寒措施，适当灌冻水，推迟春水，增加后期氮肥施用比例，提高小麦品质；适时收获，确保丰产、丰收。

3. 冀中北强筋冬性小麦生态区　本区包括保定市、廊坊市，沧州市的任丘市、河间市、肃宁县、青县、沧县和黄骅市，石家庄市的行唐县、灵寿县、平山县和井陉县。位于河北省中部偏北，与山西、北京、天津等省、直辖市交界。本区西部为太行山脉，中东部为华北平原，东临渤海，其地势为西高东低。平原地区是河北省冬性小麦主要种植区，种植制度以一年两熟为主。全区地处内陆，属暖温带亚湿润大陆性季风气候，四季分明，冬季严寒少雨雪，春季干旱多风。该区种植冬性小麦能安全越冬，半冬性小麦在该区南部过渡区内亦有种植，但遇冷冬年份、倒春寒，或暖冬年份再遇倒春寒易造成小麦冻害死苗。该区小麦一般 9 月下旬至 10 月上旬播种，6 月中旬收获，全生育期 260d 左右。播种至成熟期积温（＞0℃）在 2 200℃左右，降水 150～200mm，日照时数为 2 000～2 200h。

本区农作物种植区主要土壤类型为潮土和褐土，其中廊坊及沧州的部分县市以潮土为主，保定市以褐土居多。全区土壤质地以壤质为主，其中沧州的部分县市有少量黏壤土。经定点试验，在本区种植强筋小麦品种籽粒蛋白质含量可达 14.7％，湿面筋含量 31％，面筋指数 93％以上，沉降值 43.5mL，面团稳定时间 12.4min。种植的中筋小麦品种平均籽粒蛋白质含量达到 13.5％，湿面筋含量 30％，面筋指数 82％以上，沉降值 32.6mL，面团稳定时间 4.0min。本区种植强筋小麦和中筋小麦品质均表现优良，适宜发展强筋小麦，土壤条件较差的地区可种植中筋小麦。

本区为河北省冬性小麦的主要产区，其南界是冬性小麦和半冬性小麦的分界线和过渡区。本区的平原地区地势平坦，土壤较肥沃，是小麦的主要种植。本区冬、春寒冷干旱，对小麦生长不利。此外，冬性强筋小麦品种不足是制约本区强筋小麦生产的主要因素。针对本区特点，应因地制宜，加强农田基本建设，培肥地力；选用抗寒优质高产冬性品种；针对气候变暖的情况，在传统播期基础上适当推迟播种期，确保冬前合理的有效积温，培育壮苗；增施有机肥料，合理平衡施用化肥，氮肥后移，实行抗逆节水优质高产综合栽培技术，以提高单产、改善品质；大力发展优质专用小麦生产。

4. 冀中南强筋半冬性小麦生态区 本区包括衡水市，石家庄市大部（除行唐县、灵寿县、平山县和井陉县），邢台市的柏乡县、宁晋县、新河县，以及沧州市除任丘市、河间市、肃宁县、青县、沧县、黄骅市以外的大部。位于河北省中部偏南，与山西省和山东省交界。西依太行山脉，东临渤海湾，地势西高东低，大部为平原区，是河北省小麦主要产区之一。属暖温带亚湿润大陆性季风气候，为温暖半干旱型。气候特点是四季分明，冷暖干湿差异较大。夏季潮湿闷热、降水集中，冬季气候干冷、雨雪稀少，春季干旱少雨多风，秋季则秋高气爽。该区种植以半冬性小麦为主，其北界附近间或有冬性小麦种植。10月上旬播种，6月中旬收获，全生育期 250d 左右。播种至成熟期积温（＞0℃）在 2 200℃左右，降水量 150～200mm，日照时数为 1 800～2 000h。

本区农作物种植区主要土壤类型为潮土和褐土，其中石家庄市的部分县（市）以褐土为主，邢台和沧州的部分县（市）以潮土居多。土壤质地以壤质为主。经定点试验，在本区种植强筋小麦品种籽粒蛋白质含量可达 15.0％，湿面筋含量 31％以上，面筋指数 89％以上，沉降值 41.2mL，面团稳定时间 12.2min；种植中筋小麦品种平均籽粒蛋白质含量达到 13.4％，湿面筋含量 30％以上，面筋指数 80％以上，沉降值 30.9mL，面团稳定时间 3.7min。本区种植强筋小麦品质表现突出，中筋小麦品质表现优良，适宜发展强筋小麦，土壤条件较差的沿海地区可种植中筋小麦。

本区为河北省半冬性小麦的主要产区，其北界是冬性小麦和半冬性小麦的分界线和过渡区，区内石家庄地区地势平坦，土地肥沃，小麦种植技术水平较高，是河北省小麦的高产区和强筋区。本区冬季寒冷干旱，春季多风，偶有倒春寒发生，对小麦生长不利。目前适合本区生长的优质强筋小麦品种较多。结合本区特点，应充分合理利用水资源，提高灌水技术，实行科学节水灌溉。针对气候变暖的情况，在传统播期基础上适当推迟播种期，确保冬前合理的有效积温，培育壮苗，防止或减少冬前旺苗的出现。因地制宜选用优质高产品种，推广小麦优势蘖利用技术，充分利用小麦优势蘖成穗，合理调节群体结构和群体质量，合理应用水肥促控技术。后期注意防止青枯早衰，减轻干热风危害，及时防病治虫除草。可大力发展优质强筋小麦生产。

5. 冀南强筋、中筋半冬性小麦生态区 本区包括邢台市除柏乡县、宁晋县、新河县以外的大部和邯郸市，位于河北省最南部，与河南、山东、山西三省交界。西部是太行山区，东部是华北平原区，全区地处内陆，属温带半温润大陆性季风气候，一年四季分明，冬冷夏热，年温差较大，雨量集中于夏季。本区全部种植半冬性小麦，一般 10 月上旬播种，6 月上旬至中旬收获，全生育期 240d 左右。播种至成熟期积温（>0℃）2 200℃左右，降水量 150~200mm，日照时数为 1 800~2 000h。

本区农作物种植区主要土壤类型为潮土和褐土，其中潮土面积大于褐土。土壤质地以壤土为主，其中有小部分黏壤土。经定点试验，在本区种植强筋小麦品种籽粒蛋白质含量可达 14.4%，湿面筋含量 27% 以上，面筋指数 86% 以上，沉降值 36.5mL，面团稳定时间 13.5min；种植中筋小麦品种平均籽粒蛋白质含量达到 13.0%，湿面筋含量 26% 以上，面筋指数 81% 以上，沉降值 30.7mL，面团稳定时间 2.8min。本区种植强筋小麦和中筋小麦品质均表现较好，可以发展强筋小麦，土壤条件较差的地区可种植中筋小麦。

本区种植的小麦全部为半冬性。区内东部平原地区地势平坦，土地较肥沃，是小麦的主要产区；西部山地丘陵区小麦种植面积较小。本区仍以冬季寒冷、春季干旱多风为特点影响小麦前期生长。目前适合本区生长的优质强筋小麦品种较多。针对本区生态特点，因地制宜选用优质高产品种，面对气候变暖的情况，在传统播期基础上适当推迟播种期，确保冬前合理的有效积温，培育壮苗，防止或较少冬前旺苗的出现，防止冬前旺苗早春冻害。推广小麦优势蘖利用技术，充分利用小麦优势蘖成穗，合理调节群体结构和群体质量，合理运筹肥水。后期注意防止或减轻干热风危害，及时防治病虫草害。可积极发展优质强筋小麦生产。

四、主要品种与高产优质栽培技术

（一）主要优质强筋品种

1. 8901 - 11 河北省藁城市农业科学研究所选育，亲本组合为 77546 - 2×临漳麦。1998 年通过河北省农作物品种审定委员会审定。半冬性。籽粒蛋白质含量 15.75%，赖氨酸含量 0.39%，沉降值 51.3mL，湿面筋含量 36.1%，面团稳定时间 29.27min，面包体积 732cm³，面包评分 83.3 分。抗倒，落黄差。中抗条锈病，对叶锈病免疫，中感白粉病。一般产量 6 000kg/hm² 左右。10 月上旬播种，播种量 105~120kg/hm²。重施拔节肥水，及时防治蚜虫及各种病害。适宜河北省中南部中上等肥水地块种植。

2. 石新 733 石家庄市小麦新品种新技术研究所选育，亲本组合为大拇指矮×石新163。2001 年通过河北省农作物品种审定委员会审定。半冬性。容重 781g/L，蛋白质含量 13.4%~14.4%，湿面筋含量 26.6%~32.2%，沉降值 35.6~48.9mL，吸水率 61.6%~61.8%，面团稳定时间 5.2~8.0min，最大抗延阻力 254~375EU，拉伸面积 54~80cm²。2000—2001 年两年参加冀中南水地优质组区试平均产量 7 735.5kg/hm²，2001 年生产试验平均产量 7 189.5kg/hm²。适宜播种期为 10 月上旬，基本苗 240 万~300万/hm²；施足底肥，精细耕地，足墒下种，浇好冬水；重施起身拔节肥，浇好抽穗、灌浆水。适宜河北省中南部中高肥力地块种植。

3. 济麦 20 山东省农业科学院作物研究所选育，亲本组合为鲁麦 14×鲁 884187。2003 年通过山东省农作物品种审定委员会审定，2004 年通过国家农作物品种审定委员会审定。半冬性。籽粒蛋白质含量 14.3%~14.9%，湿面筋含量 31.6%~34.5%，沉降值

38.1～54.2mL，吸水率 56.4%～61.4%，面团稳定时间 7.2～28.6min，最大抗延阻力 325～565EU，拉伸面积 77～126cm²。2002/2003 年度区试平均产量 6970.5kg/hm²。2003/2004 年度参加生产试验，平均产量 6652.5kg/hm²。适宜播期为 10 月上旬。适宜在河北省中南部中高产水肥地种植。

4. 藁优 9618 藁城市科炬优质种业有限公司选育，亲本组合为 8515‐4×8901‐11‐14。2005 年通过河北省农作物品种审定委员会审定。2004、2005 两年河北省农作物品种品质检测中心检测分析结果分别为：籽粒蛋白质含量 15.71%、15.70%，沉降值 32.3mL、28.3mL，湿面筋含量 32.0%、31.0%，吸水率 62.2%、62.9%，面团形成时间 8.7min、15.7min，稳定时间 11.5min、10.3min，面包评分 68.4 分、70.1 分。2004 年冀中南优质组冬小麦区域试验，平均产量 8 317.1kg/hm²；2005 年同组区域试验平均产量 7 408.8kg/hm²，2005 年同组生产试验平均产量 7 381.7kg/hm²。适宜河北省中南部冬麦区中高水肥条件下种植。

5. 河农 4198 河北农业大学选育，亲本组合为（河农 326×♯409）×河农 94342。2005 年通过河北省农作物品种审定委员会审定。2004、2005 两年河北省农作物品种品质检测中心检测分析结果分别为：籽粒蛋白质含量为 15.48%、15.13%，沉降值 42.4mL、37.0mL，湿面筋含量为 33.7%、31.9%，吸水率 59.1%、57.7%，面团形成时间 9.3min、3.3min，稳定时间 9.8min、11.4min，面包评分 74.0 分、72.2 分。2004 年冀中南优质组冬小麦区域试验，平均产量 8 169.6kg/hm²；2005 年同组区域试验产量 7 114.8kg/hm²，2005 年同组生产试验平均产量 7 164.3kg/hm²。适宜播种期为 10 月上旬，播种量为 150～180kg/hm²。浇好冬水和起身水，加强早春管理，适当追肥。适宜河北省中南部冬麦区中高水肥条件下种植。

6. 师栾 02‐1 河北师范大学、栾城县原种场选育，亲本组合为 9411×9430。2004 年通过河北省农作物品种审定委员会审定，2007 年通过国家农作物品种审定委员会审定（国审麦 2007016）。半冬性。2005、2006 年分别测定混合样：容重 803g/L、786g/L，蛋白质含量 16.30%、16.88%，湿面筋含量 32.3%、33.3%，沉降值 51.7mL、61.3mL，吸水率 59.2%、59.4%，面团稳定时间 14.8min、15.2min，最大抗延阻力 654EU、700EU，拉伸面积 163cm²、180cm²，面包体积 760cm³、828cm³，面包评分 85 分、92 分。春季抗寒性一般。2004/2005 年度参加黄淮冬麦区北片水地组品种区域试验，平均产量 7 375.5kg/hm²。2006/2007 年度生产试验，平均产量 8 413.5kg/hm²，比对照石 4185 增产 1.74%。适宜播期 10 月上中旬，适宜基本苗 150 万～225 万/hm²。适宜在河北省中南部中高水肥地种植。

7. 坝优 1 号 张家口市坝下农业科学研究所选育，亲本组合为 77132×8505M1‐3。2000 年通过张家口市农作物品种审定小组审定。春性。籽粒粗蛋白质含量 15.85%，湿面筋含量 36.8%，干面筋含量 11.6%，沉降值 55.4mL，面团吸水率 62.4%，面团形成时间 4.3min，稳定时间 11.4min，面包体积 950cm³，评分 88.6 分。大田生产，一般产量 4950kg/hm² 左右。3 月中旬顶凌播种，播种量 262.5～300.0kg/hm²，基本苗 525 万～600 万/hm²。播前施足底肥，施磷酸二铵 112.5～150.0kg/hm² 作种肥。适宜张家口市坝下河川区中上等肥力地块种植。

（二）高产优质栽培技术

1. 冬小麦优势蘖利用高产优质栽培技术 该技术的主要内容是以优势蘖利用为核心的"三优二促一控一稳"高产栽培技术体系。适宜在黄淮冬麦区和北部冬麦区的中高产麦田应用，具有显著的保优、增产效果。

（1）三优

1）优良高产品种选用 根据在豫、鲁、冀、苏等高产麦区多年多点试验及生产实践，确定应用品种指标为具有超高产潜力（产量潜力在 9 000kg/hm² 以上）、矮秆（株高在 80cm 左右）、抗逆（抗病、抗倒）和产量结构协调（成穗 600 万～750 万/hm²，穗粒数 33～36 粒，千粒重 40～50g）。

2）优势蘖组的合理利用 根据高产小麦主茎和分蘖的生长发育形态生理指标和产量形成功能的差异，提出优势蘖组的概念和指标，即在利用多穗型品种进行超高产栽培中，主要利用主茎和一级分蘖的 1、2、3 蘖成穗，在基本苗 180 万～270 万/hm² 时，单株成穗 3～4 个，即充分利用优势蘖的苗蘖穗结构。

3）优化群体动态结构和群体质量 根据对高产小麦群体结构和群体质量的研究，提出优化群体动态结构指标为：基本苗 180 万～270 万/hm²，冬前总茎数 1 050 万～1 200 万/hm²，春季最高总茎数 1 350 万～1 650 万/hm²，成穗数 600 万～750 万/hm²。优化群体质量主要指标为：最高叶面积系数为 7～8，开花期有效叶面积率在 90% 以上，高效叶面积率为 70%～75%。开花至成熟期每公顷干物质积累量在 7 500kg 左右，收获期每公顷群体总干物质量在 20 250kg 以上，花后干物质积累量占籽粒产量的比例在 80% 左右。

（2）二促

1）一促冬前壮苗，打好丰产基础 根据多年多点对超高产麦田土壤养分测定分析，提出应培肥地力使之有机质含量达到 1.2%～1.5%，全氮含量在 0.1% 左右，速效氮、速效磷、速效钾含量分别达到 90mg/kg、25mg/kg、100mg/kg 左右；根据超高产小麦对多种营养元素的吸收利用的特点，提出在上述地力指标的基础上，施足底肥，每公顷施纯氮 112.5～135kg，磷（P_2O_5）肥 120～135kg，钾（K_2O）肥 90～120kg，实现冬前一促，保证冬前壮苗和底肥春用。

2）二促穗大粒多粒重，高产优质 第二促即在拔节后期（雌雄蕊分化至药隔期）重施肥水促进穗大、粒多、粒重，一般每公顷施纯氮 112.5～135kg。为促进冬前分蘖和保证早春壮长，底施氮肥应占计划总施氮量的 40%～50%，雌雄蕊分化期是小麦生长发育需氮的高峰期和管理的关键期，随灌水施入计划总施氮量的 40%～50%，扬花期施入计划总施氮量的 5% 左右。

（3）一控 合理控水、控肥，控蘖壮长。在返青至起身期严格控制肥水，控制旺长，控制无效分蘖，调节合理群体动态结构，使植株健壮，基节缩短，防止倒伏。

（4）一稳 后期健株稳长，促粒防衰。后期管理以稳为主，适当施好开花肥水，一般可每公顷追施 30kg 左右氮素，或结合一喷三防进行叶面喷肥，促粒大粒饱，提高粒重，同时做好防病治虫，保证生育后期稳健生长，防止叶片早衰，确保正常成熟。

在这一体系中还体现了节水栽培的内容，即播前保证足墒下种，具体操作视墒情而决定是否浇底墒水。冬前看天气及墒情和苗情决定是否浇冬水，节省返青水，推迟春水，浇好拔节水和开花水，全生育期重点浇好三水，即底墒水或冬水、拔节水和开花灌浆水，比过去的一般高产田节约1～2水。

2. 冬小麦高产优质高效应变栽培技术　根据多年试验研究和小麦生产实践，结合近年来全球气候变暖的实际情况，研究提出以"两调两省"，即根据气温变化调整播期，根据优势蘖理论和生产实践调整基本苗，根据小麦水肥利用效率和节本增效原则节约灌水和氮肥施用量及相应的配套技术为核心内容的冬小麦高产高效应变栽培技术。

（1）两调

1）根据气温变化，因地制宜调整播期　由于全球气候变暖，近年来我国冬小麦播种后到越冬前积温（>0℃）比常年同期高100℃左右。冬前积温过高，播种偏早的小麦可能形成旺苗，据2006年调查，部分早播麦田冬前苗高达50cm以上，少数麦田出现冬前拔节现象，穗分化进程过快，个别麦苗越冬前达到小花分化期，冬前总茎数达到150万以上。麦苗素质差，抗寒能力明显降低。翌年早春遇冻害或突然发生的低温天气，造成大量死苗、死茎或小穗发育不全，给小麦生产造成严重损失。

近年来小麦越冬前高出这100℃左右的积温相当于最适播期6d左右的积温。因此，应在过去常规适期播种范围的基础上推迟播种期5～7d，以确保小麦越冬前（播种至越冬）大于0℃的积温控制在550～600℃，最高不超过650℃。培育冬前壮苗，防止或减少旺苗。具体推荐的推迟播期是：河北省播种的冬性小麦品种推迟5d左右，由于不同年份之间的温度有一定变化，在调整播期时还应注意当时的气温变化，把最佳播期控制在日平均气温17℃左右的范围内。

2）根据优势蘖理论，因地、因时调整基本苗　适期播种要节约用种，适当降低播量，创建合理群体，提高群体质量。小麦的播种量应以基本苗为标准来确定，具体应根据小麦的千粒重、发芽率、田间出苗率等因素计算。北部冬麦区的南部高产田（半冬性至冬性品种）基本苗可控制在225万～270万/hm²，单株利用优势蘖成穗2.7～3.5个；中部高产田（冬性品种）控制在225万～300万/hm²，单株利用优势蘖成穗2.4～3.5个；北部高产田（冬性品种）控制在300万/hm²左右，单株利用优势蘖成穗2.4～2.8个。

过晚播种要适当增加播种量。过晚播种指冬前大于0℃的积温低于500℃，冬前总叶片少于5片叶的情况下，要根据实际播期、品种分蘖特性等因素，在适宜播种量的基础上，冬前大于0℃的积温每减少15℃，每公顷增加15万基本苗，以确保有足够的成穗群体。

（2）二省

1）省水　推迟春季灌水时期，重点节省返青水。冬前降水少、墒情差的麦田及时灌好冬水，墒情好、播种晚的麦田，节省冬水。一般年份推迟春季灌水时期，非特别干旱年份节省返青水。对于已灌底墒水和冬水、土壤墒情较好的麦田，早春管理的主要目标是提高地温，促苗早发，控苗壮长，将春季第一次肥水管理应推迟到拔节期（春5叶露尖前后）进行。

2）省肥　合理运筹施肥，降低施用量。

各类中高产麦田推荐施肥量为：中强筋小麦中高产田全生育期施氮素210～240 kg/hm²，高产麦田 240～270kg/hm²，磷（P_2O_5）和钾（K_2O）各 90～120kg/hm²，底施和追施氮肥的比例为 5∶5 或 4∶6，拔节期追肥。磷、钾肥可全部底施。弱筋小麦中高产麦田全生育期施氮素 180～225kg/hm²，底施和追施比例为 7∶3，磷（P_2O_5）和钾（K_2O）各 75～105kg/hm²。磷、钾肥可全部底施，也可以留 1/3 做追肥。

本技术体系中还要注意三防，即适时防病虫、防草害、防倒伏。

第三节　河南省小麦品质区划与高产优质栽培技术

一、小麦生产生态环境概况

（一）地理概况

河南省地处我国中东部，黄河中下游，华北大平原的南部，秦岭山系余脉的东端，位于北纬 31°23′～36°22′、东经 110°21′～116°39′之间，南北纵跨 530km，东西横亘 580km，素有"中州"、"中原"之称。全省地势西高东低，西部、西北部和西南部有太行山、伏牛山、桐柏山、大别山四大山脉环绕，中部是广阔的黄淮冲积平原。全省地貌地势主要由三块山地（豫北山地、豫西山地、豫南山地）、一个大平原（豫东大平原）和一个大盆地（南阳盆地）组合而成，土地总面积 16.7 万 km²，占全国总面积的 1.74%。全省山区丘陵与平原面积约各占一半。河南省是我国重要的农业生产大省，粮棉油等主要农产品产量均居全国前列，是全国重要的优质农产品生产基地。

（二）气候特点

河南省跨北亚热带和暖温带两个热量带，气候的过渡性特征极为明显，兼有南、北气候的特色。从全省所处的气候来看，河南正处于北亚热带向暖温带的过渡地带。全省以伏牛山主脉和淮河干流为界，其南部为北亚热带湿润气候，这里热量充沛，降水丰富，年平均温度 14～16℃，年降水量 800～1 200mm，该区种植的小麦属于长江中下游冬麦区；北部为暖温带半湿润气候，由南向北，热量和降水量呈递减趋势，年平均气温 12～14℃，年平均降水量从 800mm 递减到不足 600mm，该区种植的小麦属于黄淮平原冬麦区，约占全省麦田面积的 80% 左右。

河南省冬小麦一般在 9 月下旬至 10 月中下旬播种，翌年 5 月底至 6 月初收获，全生育期 220～240d。小麦生育期间总的气候特点是：秋季温度适宜，中部和南部多数年份秋雨较多，麦田底墒充足，西部和北部播种期间降水量年际间变幅较大；冬季少严寒，雨雪稀少；春季气温回升快，光照充足，常遇春旱；入夏气温偏高，易受干热风危害。这样的气候条件形成了河南小麦的生长发育具有"两长一短"的特点，即分蘖期长、幼穗分化期长，籽粒灌浆期短。

1. 光照　河南省光能资源丰富，光照时数充足。河南年平均太阳总辐射量在 4 400～5 200MJ/m² 左右，低于青藏高原和西北地区，但高于我国江南各地。其中，小麦全生育期内太阳总辐射量介于 2 700～2 900MJ/m² 之间，其光合有效辐射为 1 300～1 400MJ/m²。日照时数除淮南麦区、南阳盆地及山区不足 1 300h 外，绝大部分地区均在 1 300～1 600h

之间，完全能够满足小麦生长发育和产量形成的需要。全省日照时数自南向北递增，在小麦抽穗至成熟期间，河南省大部分地区以晴朗天气为主，日均日照时数为13~14h，累计实照时数250~350h，唯有淮南麦区常常阴雨连绵，光照不足，影响小麦籽粒形成与灌浆，使得同一小麦品种的千粒重较黄河以北低4~7g，且品质低劣，成为豫南稻茬麦区提高小麦产量和品质的限制因素之一。

2. 气温 河南省属暖温带大陆性季风型气候，全省的热量资源比较丰富，年均气温12~15℃，1月份平均气温为−3~−1℃。从全国1月份平均气温分布状况看，1月份0℃等温线大体上从河南省中部穿过，在河南省境内大致和淮河干流及伏牛山的走向相一致。全省日平均气温≥10℃的积温在4 500~4 900℃之间，其中，北部和豫西丘陵为4 400~4 600℃，黄河与汝河之间及南阳盆地的东北部为4 600~4 800℃，南阳盆地的西南部达5 000℃以上。全省多年平均无霜期为195~245d，初霜期在10月中下旬，终霜期在3月下旬至4月中下旬。小麦生育期间≥0℃积温除豫西、豫北山区少于1 800℃外，绝大部分地区均在1 900~2 250℃之间，冬前利于培育壮苗的≥0℃积温大部分地区只要适期播种均能达到550~650℃。据近30年的资料统计，除了在强寒流侵袭下少数麦区有过短暂的−22℃以下的极端低温外，其余年份极端最低气温平均在−14~−10℃之间，小麦安全越冬保证率较大。但气温年际变化大，秋冬降温早晚、快慢不同，春季气温上升一般较快，5月下旬高温多风以及有些年份3~4月的晚霜冻，对小麦高产稳产均带来不良影响。

3. 降水 河南省年平均降水量600~1 200mm，自东南向西北逐渐递减。淮河以南降水量1 000~1 200mm，黄河两岸和豫北平原600~700mm。由于受东南季风影响，全省年降水量季节分配不均，尤以7、8两月降水最多，约占全年降水量的50%~60%，降水集中的程度越往北越高。河南省大部分地区春季降水量80~140mm，占年降水量的15%~20%；秋季降水量150~200mm，占20%左右；冬季受大陆干冷气团控制，降水量少，只有20~100mm，占年降水量的3%~10%。根据1951—2000年降水量资料分析可知，河南省冬小麦生长发育与自然降水分布错位，降水量分布趋势呈现南多北少和从豫东南向豫西北方向递减的特点，且地域间差异明显，阶段分配很不均衡，年际间变化较大。其中，黄河以北地区冬小麦生育期间降水量小于300mm，通常需要灌溉；淮河以南平均降水量达450mm，小麦常受湿害；淮河以北、黄河以南地区降水量200~450mm，其中驻马店和南阳部分县为300~450mm，降水保证率达50%~60%，降水量比较适中，但年际间变率较大。全省多数年份秋雨较多，加上夏季雨水集中，播种期底墒较好；多数年份冬春干旱；后期降水南北差异很大，淮南常常雨量过多，北中部偏旱年份较多，且常有干热风危害。利用50年（1951—2000年）气象资料绘制的河南省冬小麦年平均净灌溉需水量分布图可以看出，冬小麦缺水量与生育期降水量关系密切，豫南的降水量可基本满足冬小麦的用水需求，而豫北、豫中缺水量较大，最大达到300mm。由于全省大部分地区降水都不能满足冬小麦正常生长对水分的需要，因此，必须通过农田灌溉给予保障。

根据国家小麦工程技术研究中心（2006）研究指出（图5-5），河南省高产灌区、中产灌区和旱作区三种类型区冬小麦的阶段耗水量以拔节至抽穗期最大，其次是灌浆至成熟期，越冬至返青期最小；日耗水量以抽穗至灌浆期最高，越冬至返青期最小；冬小麦总耗水量、阶段耗水量和日耗水量均表现为高产区＞中产区＞旱作区。

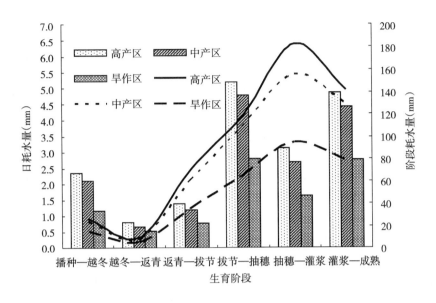

图 5-5 不同类型区冬小麦的日耗水量和阶段耗水量

4. 水资源分布

（1）水系分布 河南境内河流众多，分属黄河、淮河、海河和长江四大水系，大小河流 1 500 多条，全省流域面积在 100km² 以上的河流有 490 多条，其中流域面积 1 000km² 以上的有 60 多条，超过 5 000km² 的有 16 条。境内有大、中、小型水库 2 394 座，水库容量 267 亿 m³，加上地下水资源，全省水资源总量年平均达 430 亿 m³，按耕地面积计算，每公顷水资源为 592.5m³，只相当于全国平均水平 1/6。

黄河水系横贯河南中北部，省内干流长 711km，在河南境内流域面积为 3.62 万 km²，占全省面积的 21.7％，占黄河流域面积的 5.1％。淮河水系横贯河南东南部，境内干流长 340km，境内流域面积 8.83 万 km²，占全省面积的 52.8％，占淮河流域总面积的 46.2％。海河水系分布于河南北部地区，境内流域面积 1.53 万 km²，占全省面积的 9.2％。长江水系主要分布于西南部的南阳盆地，有唐河、白河、丹江等汉水支流，境内流域面积为 2.7 万 km²，占全省面积的 16.3％。

（2）地表水资源 河南多年平均地表水资源总量约为 313 亿 m³，仅占全国地表水资源总量的 1.15％，在全国排第 19 位。全省每公顷耕地拥有地表水 4 380m³，人均占有地表水 435m³，在全国占第 21 位。河南多年平均降水量为 782mm，由于降雨是地表径流的决定因素，所以地表水的区域分布极不均匀，淮南山地径流深 300～600mm，干旱指数小于 1，水量充沛，气候湿润，属多水带；豫北平原径流深小于 50mm，干旱指数大于 2，水量较小，气候干燥，属少水带；其他地区径流深 50～300mm，属过渡带。全省地表水量约有 70％集中在山地丘陵区，平原地区地表水量只占 30％，其区域分布由南向北递减。同时，地表水资源的分布在时间上也存在年际间分配不均，季节间变化大的特点。主要河流汛期水量占年径流的比例在山区为 50％～70％，平原为 65％～85％。汛期水量集中在

7、8 两个月，并常因局部特大暴雨，使山区洪水暴涨，平原排水能力低，造成洪涝灾害。枯雨季节雨量稀少，水源不足又常出现干旱。

（3）地下水资源　河南地下水资源包括浅层地下水和中深层地下水两部分，且以前者为主。平原区浅层地下水丰富，具有储量大、埋藏浅、增补快、宜开采的特点。与地表水结合，井渠并用，是农田灌溉的主要水源。地下水资源补给有限，不宜超采，易形成地下漏斗区等。浅层地下水主要分布在黄、淮、海冲积平原、南阳盆地和伊洛河平原。河南省地下水资源总量为 210 亿 m^3 左右，其中浅层地下水约 160 亿 m^3，中深层地下水 50 亿 m^3，每公顷耕地平均 310m^3 左右。浅层地下水物理性状较好，酸碱度在 6.5～9.0 之间，其中山区、岗地均为淡水，平原地区有淡水和微碱水两类，淡水占平原面积的 96%。特别需要指出的是，近年来随着乡镇和城市工业的发展，污染源及其排污量的增加，致使近 2/3 的水资源受到不同程度的污染，且有不断加重的趋势，对农产品的安全生产造成威胁。

河南省冬小麦主产区年降水量在 600～800mm，且主要集中在 6～9 月份，而在小麦生长期间，多为干旱、少雨、多风天气，自然降水与小麦需水缺口较大，全省多数年份需要补充灌溉。因此，搞好节水栽培是冬小麦实现优质高产高效的重要技术措施。

（三）土壤条件

河南省耕地的主要土类为潮土、褐土、黄褐土、砂姜黑土、水稻土，这五大土类占全省耕地面积的 96.5%，此外还有风沙土、盐碱土和棕壤土。其中，潮土的面积最大，占全省耕地面积的 43.2%，其他依次为褐土、黄褐土、砂姜黑土和水稻土，分别占耕地面积的 16.4%、15.3%、13.9% 和 7.7%。这些土类的大致分布是：潮土主要分布在豫东、豫北黄淮海冲积平原，其西部以京广铁路为界与褐土相连，南部以沈丘、项城、商水一线与砂姜黑土接壤，东部和北部直达省界，在土体剖面的垂直分布上多为层次状排列，形成沙、壤、黏质地的层次复式构型。潮土区一般地势平坦，土层深厚，水资源丰富，耕作层的有机质含量一般在 1% 左右，低的仅为 0.13%～0.4%。褐土是河南省仅次于潮土的第二大土类，主要分布在黄土高原与黄淮海平原的结合部，在伏牛山主脉至沙河一线以北，京广线以西，褐土呈中性至微碱性，土质较肥沃，耕作历史悠久，熟化程度高。黄褐土大致分布在伏牛山南坡 800～900m 等高线与淮河干流一线以南的丘陵区，包括驻马店南部、信阳和南阳的大部分，土壤结构不良，有机质含量低，特别是有黏盘层，多上浸，影响作物生长。砂姜黑土是河南省分布较广的一种土壤类型，主要分布在周口南部，许昌、驻马店东部，信阳北部和南阳盆地中南部的低洼地区，在多雨季节容易积涝成灾，有机质含量在 1% 左右，土壤结构性差，表现为干时坚硬，湿时泥泞，难耕难耙，适耕期较短。水稻土主要分布在淮河以南的信阳地区和沿黄河两岸，全省水稻土面积约占耕地总面积的 3.8%，该类土壤耕层松软，暗厚，肥力较高。风沙土主要分布在黄河故道两侧，养分缺乏，保水能力差。盐碱地主要分布在东部开封、商丘黄淮海平原的低洼地区和北部新乡、安阳、濮阳临近黄河或卫河的地区，并呈条带状或斑块状分布在潮土区，土壤物理性质恶化，湿时膨胀泥泞，干时收缩板结、坚硬，通气、透水性和耕性极差。棕壤土主要分布在西部山地，腐殖层较厚，自然肥力高，呈微酸性。

二、小麦品质区划

河南省不仅是我国小麦的优势产区，也是全国优质强筋小麦的重要产区。根据农业部2001年发布的《中国小麦品质区划方案》（试行），河南省北部属于黄淮北部强筋、中筋麦区，中部属于黄淮南部中筋麦区，南部属于长江中下游中筋、弱筋麦区。

从20世纪80年代开始，河南省的一些科研单位和大专院校就开始了优质小麦品种选育与栽培研究工作，在此基础上，河南省从1998年开始进行小麦品种与品质结构调整，特别是2001年河南省提出要把全省建设成为全国重要的优质小麦生产与加工基地的战略决策，经过多年的建设和发展，目前已基本形成了优质与高产并重、质量与效益并举、生产与加工结合的小麦生产新局面。21世纪初我国小麦生产发展史上的三个历史性突破，即2002年11月，河南优质小麦出口东南亚国家；2002年12月，郑州小麦价格首次列入路透社全球硬质小麦报价系统；2003年3月，郑州商品交易所优质强筋小麦挂牌交易，这三个历史性突破都发生在河南，标志着河南优质小麦已进入一个新的历史发展阶段。据农业部门连续6年调查统计，农民种植1hm² 优质小麦较普通品质小麦增收600多元，据此推算，2001—2006年河南省累计发展优质小麦119.7万 hm²，使农民增收70亿元以上。

20世纪80年代，河南省小麦高（产）稳（产）优（质）低（成本）研究推广协作组和河南省农业科学院等单位，采用统一设计、统一供种、统一检测分析的方法，开始对河南小麦品质生态区划进行研究。根据品质分析结果，并结合各地生态条件，应用生物统计学方法，把全省划分为7个小麦品质生态区。但由于当时小麦生产上缺乏优质强筋和弱筋小麦品种，进行品质区划研究的供试品种多为生产上推广的中筋普通小麦类型，所测试的品质指标也多以蛋白质含量等营养品质为主。因此，难以适应以加工品质为主要内容的优质小麦生产发展需要。为充分利用河南省各地的自然资源，发挥优质小麦品种的遗传潜力，促进优质小麦的区域化、规模化生产，国家小麦工程技术研究中心于2001年开始，在河南省重大科技攻关项目的资助下，参照原有的小麦品质生态区划研究结果，以加工品质为主要内容，采用统一布点、统一供种、统一取样，按国家规定的小麦加工品质指标进行统一检测分析，取得各点光照、温度、降水等主要生态环境因子数据和品质指标数据，采用DPS数据分析系统对获取数据进行系统分析，并根据不同类型小麦品种与气候、土壤等自然生态因素的关系，结合河南省各地的气温、降水、土壤类型、土壤质地、土壤有机质、养分的分布状况和水文分布等资料，对河南省优质专用小麦优势区域中心进行了划分，将全省优质专用小麦生产划分为六大生态区域（图5-6）。具体分述如下：

（一）豫西北强筋麦区（Ⅰ区）

该区主要地貌为黄土台地和山前洪积、冲积平原，包括安阳、鹤壁、新乡、焦作、济源及洛阳的孟津、偃师等市（县）。土壤属于褐土类的不同土种。土壤质地多为中—重壤，有机质和氮素含量较高，80%左右的耕地有机质含量达到1%～2%，全氮0.075%～

图 5-6　河南省小麦品质生态区划图

0.15％。该区光、温条件较好，全生育期≥0℃积温 1 900～2 100℃，日照时数 1 400～1 500h,冬季温度适宜，光照充足，有利于培育冬前壮苗和安全越冬。小麦拔节抽穗期春旱概率较高，10 年 5～6 遇。该区主要问题是生长后期干热风危害重，自然降水少，小麦生育季节降水约为 160～200mm，与小麦需水量相差很大，属于土壤水分亏缺区和严重亏缺区，多数年份小麦生育受到一定程度的水分胁迫，然而由于地下水资源丰富，灌溉条件良好，能缓和自然降水少的矛盾，且土壤肥力较高，因而大部分麦田适合优质强筋小麦生长，为全省小麦加工品质最优区域。据 2000—2001 年对不同品质类型品种在该区种植的品质性状测定结果，其蛋白质含量平均在 14％以上，湿面筋含量在 30％以上，沉降值46mL 以上，面团形成时间 6min 以上，稳定时间 9min 以上。

（二）豫西强筋、中筋麦区（Ⅱ区）

该区主要包括洛阳、三门峡等市。该区土壤质地普遍较黏，多为重壤，部分为中壤。年平均气温 12～14℃，小麦生育期内≥0℃的积温 2 000～2 200℃，全生育期日照时数 1 200～1 400h。小麦生育季节降水甚少，干旱危害严重，10 月至翌年 5 月份仅为 180～200mm。多为丘陵旱作区，土质黏重，通气性差，适耕期短，耕作比较困难。该区麦田多为山地，由于地势较高，气温偏低，灾害频繁，土壤瘠薄，耕作粗放。该区适宜面条、挂面、水饺面的小麦生产，在中壤质含有机质较丰富的地块，应选用适宜的强筋优质小麦品种，采取配套的栽培技术，发展优质强筋小麦。据 2000—2001 年对不同品质类型品种在该亚区种植的品质性状测定结果，其蛋白质含量平均在 15% 以上，湿面筋含量 30% 以上，沉降值 44mL 以上，面团形成时间 6min 以上，稳定时间 7min 以上。

（三）豫东北强筋、中筋麦区（Ⅲ区）

该区位于河南省东北部，主要包括京广线以东黄河沿岸的南乐、内黄、清丰、范县、濮阳、滑县、原阳、延津、长垣、封丘等县（市），为黄河故道和卫河冲积平原。小麦生育期间≥0℃的积温 2 000 ℃左右，小麦全生育期日照时数 1 400～1 600h，小麦生育期间降水 200～250mm，冬春干旱季节大风出现频率较高，小麦生育后期常出现干热风，干旱和风沙是小麦生产的主要障碍因素。土壤主要特点是沙土面积大，沙土、沙壤土面积约占 60% 以上；土壤肥力较低，保水、保肥能力差，有机质含量大多在 1% 以下，绝大多数耕地全氮含量在 0.05%～0.075%；磷、钾含量也较低。因土壤养分供应不足，一定程度上影响强筋小麦品质。同时由于土壤耕层和土体的沙、黏不均匀，造成强筋小麦不同的品质指标变异较大，影响小麦的商品价值。但该区并非完全不能种植强筋小麦，在肥力较高的黏土、壤土区采用优质面包小麦品种，配合增施有机肥和氮肥为主的配套技术，也可生产出适宜制作面包等的强筋商品小麦。一般田块适宜种植优质中筋小麦品种。

另外，该区沙土面积较大，虽然气候条件不完全适合弱筋小麦生长，但可在灌水条件较好或降水较多的沙土、沙壤土区发展弱筋小麦。据多点种植豫麦 50（弱筋小麦品种）的品质测试结果，只要栽培技术适当，沙质土上也可生产出保持原有弱筋小麦主要品质指标的商品小麦。

（四）豫中、豫东中筋、强筋麦区（Ⅳ区）

该区主要位于豫中、东部平原，包括商丘、开封、郑州及周口、许昌部分县（市）的潮土地带。其主要土壤类型为黏质潮土和两合土。地势平坦，光、热、水条件均衡，小麦全生育期间≥0℃的积温为 2 100～2 300℃，日照时数 1 300～1 400h，小麦生育期降水 200～300mm，春季降水变率大，旱涝交替出现，连阴雨天气较少，光照充足达 500 h 以上，对穗粒形成较为有利。小麦生育后期日较差常大于 12℃，有利于千粒重的提高。但干热风常出现，为次重干热风区。该区的主要问题是自然降水偏少，且生育期内分布与小麦生长需求不相吻合，干旱往往影响小麦正常生长和光热资源的充分利用。此外，春季低温霜冻对小麦具有一定影响。与河南省西北部相比，种植在该区小麦蛋白质含量约低 1～2 个百分点，干面筋含量低 2.2 个百分点，面团稳定时间短 2.2min。该区是河南省的主要产麦地带，小麦种植面积大，商品率高，虽然自然生态条件对强筋小麦生长发育不如河南省西北部有优势，但作为次优势区还是可以发展一定面积的强筋优质小麦。在发展强筋小麦的过程中，应注意选择加工品质比较稳定，地区间、年际间变异较小的优质小麦品种，并要注重提高土壤有机质含量，增加小麦生育期间的氮素供应水平。

（五）豫中南、西南中筋、强筋麦区（Ⅴ区）

该区位于河南省的中南部，包括漯河全部、周口、驻马店和平顶山的大部及南阳盆地的方城、唐河、南阳、镇平、邓县、社旗等县以及西南部海拔700m以下的浅山丘陵地区，也是河南省主要产麦区。其土壤类型比较复杂，主要是砂姜黑土（重壤）、黄棕壤（重壤—轻黏壤）和小面积壤质潮土。全生育期≥0℃的积温为2 200～2 300℃，日照时数1 200～1 300h，较中北部地区略少。小麦全生育期降雨充沛，达300～400mm，比豫北要多1～2倍，正常年份可以满足对水分的需要。主要问题是春季连阴雨天气较多，出现概率10年3遇，光照不足，气温偏低，加之土质黏重，胀缩性强，多雨年份常有湿害发生，而在缺雨年份又受到干旱威胁，这是影响小麦高产稳产的主要因素。5月份灌浆期日较差小，加之抽穗后常降水较多，对小麦灌浆攻籽、粒重提高影响较大，是本区小麦常年粒重较低，品质较差的主要原因。此外，该区在小麦收获时易出现多雨天气，穗发芽现象时常发生，使之丰产不能丰收。结合本区域的气候、土壤条件，大部分地区应以发展优质中筋小麦为主，某些土壤质地偏黏、肥力较高、小麦生育后期降水偏少的地区也可发展优质强筋小麦。

（六）豫东南弱筋、中筋麦区（Ⅵ区）

该区位于河南省南部地区，主要包括泌阳、桐柏、确山、平舆、新蔡、正阳、信阳、罗山、光山、新县、潢川、商城、固始、淮滨、息县等县（市）的全部或一部分。土壤以黄棕壤和砂姜黑土为主。小麦生育期≥0℃的积温多于2 500℃，日照时数1 140～1 290h，小麦全生育期降水450～600mm。冬前气温高，播种较晚，麦苗生长弱。春季多雨，且连阴雨频繁，多数年份湿害严重，对小麦穗形成不利。小麦灌浆期间高温、多雨、日较差较小，不利于小麦籽粒蛋白质和面筋的形成，面团强度较低，不利于强筋小麦生产，相反适合弱筋小麦发展。据2000—2001年对不同筋力类型品种在该区种植的品质性状测定结果，其蛋白质含量在12%左右，湿面筋含量24%左右，沉降值18～34mL，面团形成时间1.7～2.4min，稳定时间1.2～2.0min。在该区范围内，不同土壤类型对弱筋小麦品质也有明显影响。一般在质地较沙、淋洗程度较重的水稻土上，种植弱筋小麦的品质较好，而在肥力较高、土质较黏的砂姜黑土和黄棕壤耕地上，较适宜种植中筋小麦。

三、主要品种与高产优质栽培技术

（一）主要优质品种

1. 强筋小麦品种

（1）豫麦34　由河南省郑州市农业科学研究所选育而成。1994年通过河南省、1998年通过国家农作物品种审定委员会审定。

据1994年和1995年两年河南农业大学种质研究中心、郑州粮食学院品质分析结果，豫麦34主要指标均已达到优质强筋小麦标准。根据蛋白质含量、湿面筋数量和质量、沉降值、面团流变学特性、粉质仪指标和烘烤品种等综合评价，豫麦34可作为面食加工多用粉和面包专用粉。1990—1993年参加河南省区域试验，3年区试的产量结果分别为

5 230.5kg/hm²、5 593.5kg/hm² 和 5 553kg/hm²，比对照品种分别增产 4.85%、1.11% 和 3.6%；1993/1994 年度参加河南省生产试验，平均产量为 4 732.5kg/hm²，比对照西安 8 号减产 1.4%。适合黄淮南片麦区中高肥晚茬地种植，适宜间作套种，可与棉花、花生、红薯等作物间作套种。

（2）豫麦 47　由河南省农业科学院小麦研究所选育而成。1997 年通过河南省农作物品种审定委员会审定。

弱春性多穗型中早熟品种。据河南省农业科学院实验中心检测，籽粒蛋白质含量 15.68%～15.80%，赖氨酸含量 0.44%～0.495%，沉降值 43.4mL，湿面筋含量 37.8%～42.8%，干面筋含量 14.06%，吸水率 62.4%～63.5%，面团形成时间 4.3～7.5min，稳定时间 5.5～13min，评价值 54～68，面包体积 771cm³，面包评分 81.6 分。1995/1996 年度参加河南省超高产春水组区试，平均产量 7 695 kg/hm²，与对照基本持平，居第 3 位。1996/1997 年度继续参加试验，平均产量 8 025 kg/hm²，较对照增产 0.4%，居第 4 位。1996/1997 年度参加河南省北片晚播早熟组生产试验，平均产量 6 396 kg/hm²，比对照略减，居第 3 位。适宜黄淮麦区豫中北中、晚茬中上等肥力地块种植，高产田更佳。适宜土壤为肥力水平较高的两合土和黏土地。

（3）郑麦 9023　由河南省农业科学院小麦研究所引进西北农业大学杂交组合材料选育而成的强筋类型优质小麦新品种。2001 年通过河南省、2003 年通过国家农作物品种审定委员会审定。

弱春性早熟品种。据连续 3 年 29 次测定结果，粗蛋白质含量 15.02%，湿面筋含量 35.7%，沉降值 55.2mL，吸水率 62.4%，面团形成时间 9.5min，稳定时间 18.6min，弱化度 28.1，评价值 77.2，面包评分 86.6 分。1998/1999 年度参加河南省高肥春水组区试，平均产量 7 546.5kg/hm²，比对照豫麦 18 减产 1.42%，差异不显著，居第 6 位；1999/2000 年度参加河南省高肥春水组续试，平均产量 7 498.5kg/hm²，比对照豫麦 18 减产 1.19%，居第 4 位。1999/2000 年度参加河南省优质小麦对比试验，平均产量 7 809kg/hm²，比对照豫麦 34 增产 3.3%，居第 3 位。适宜黄淮南片冬麦区中高水肥中晚茬地种植。

（4）新麦 18　由河南省新乡市农业科学研究所选育而成。2003 年通过河南省、2004 年通过国家农作物品种审定委员会审定。

半冬性中熟品种。2003 年测定混合样：容重 786 g/L，蛋白质含量 15.2%，湿面筋含量 32.7%，沉降值 41.1mL，吸水率 57.4%，面团稳定时间 7.2min，最大抗延阻力 286 EU，拉伸面积 68cm²。另据 2004 年测定混合样：容重 808g/L，蛋白质含量 15.8%，湿面筋含量 31.9%，沉降值 42.3mL，吸水率 58.5%，面团稳定时间 5.6min，最大抗延阻力 346 EU，拉伸面积 80cm²。2002/2003 年度参加黄淮冬麦区南片冬水组区域试验，平均产量 7 240.5kg/hm²，比对照豫麦 49 增产 5.5%；2003/2004 年度续试，平均产量 8 374.5kg/hm²，比高产对照豫麦 49 增产 3.2%，比优质对照品种藁麦 8901 增产 9.9%。2003/2004 年度生产试验平均产量 7 558.5kg/hm²，比对照豫麦 49 增产 3.7%。在河南、安徽、江苏三省表现优异，平均产量 7 596kg/hm²，比豫麦 49 增产 5.02%。适宜在河南省高中产水肥地早中茬种植。

（5）郑农 16　由河南省郑州市农业科学研究所选育而成。2003 年通过河南省、2004

年通过国家农作物品种审定委员会审定。

弱春性早熟品种。2002 年测定混合样：容重 771g/L，蛋白质含量 15.9%，湿面筋含量 36.3%，沉降值 59.6mL，吸水率 63.1%，面团稳定时间 8.4min，最大抗延阻力 424 EU，拉伸面积 109cm²。另据 2003 年测定混合样：容重 785g/L，蛋白质含量 15.1%，湿面筋含量 34.7%，沉降值 49.6mL，吸水率 63.5%，面团稳定时间 5.1min，最大抗延阻力 256 EU，拉伸面积 64cm²。2001/2002 年度参加黄淮冬麦区南片春水组区域试验，平均产量 6 780kg/hm²，比对照豫麦 18 增产 3.2%；2002/2003 年度续试，平均产量 6 388.5 kg/hm²，比对照豫麦 18 减产 2.5%。2003/2004 年度参加生产试验，平均产量 6 835.5 kg/hm²，比对照豫麦 18 增产 1.3%。适宜在河南省高中产水肥地晚茬种植。

（6）郑麦 005　由河南省农业科学院小麦研究所选育而成。2004 年通过国家农作物品种审定委员会审定。

弱春性。2003 年、2004 年分别测定混合样：容重 804g/L、780g/L，蛋白质含量 15.26%、15.4%，湿面筋含量 33.5%、33.3%，沉降值 56.7mL、46.8mL，吸水率 57.8%、58.8%，面团稳定时间 9.2min、5.6min，最大抗延阻力 472EU、364 EU，拉伸面积 118cm²、87cm²。2002/2003 年度参加黄淮冬麦区南片春水组区域试验，平均产量 6 735kg/hm²，比对照豫麦 18 增产 2.8%；2003/2004 年度续试，平均产量 7 737kg/hm²，比对照豫麦 18 增产 3.6%，比优质强筋对照豫麦 34 - 6 增产 0.7%。2003/2004 年度生产试验，平均产量 6 912kg/hm²，比对照豫麦 18 增产 2.4%。适宜在河南省中产水肥地中晚茬种植。

（7）济麦 20　由山东省农业科学院作物研究所选育而成。2003 年通过山东省、2004 年通过国家农作物品种审定委员会审定。

半冬性。2003 年测定混合样：容重 789 g/L，蛋白质含量 14.3%，湿面筋含量 31.6%，沉降值 54.2mL，吸水率 56.4%，面团稳定时间 28.6min，最大抗延阻力 565 EU，拉伸面积 126cm²。2001/2002 年度参加黄淮冬麦区北片水地组区域试验，平均产量 6 949.5kg/hm²，比对照石 4185 减产 0.3%；2002/2003 年度续试，平均产量 6 970.5kg/hm²，比对照石 4185 减产 0.2%。2003/2004 年度参加生产试验，平均产量 6 652.5kg/hm²，比对照石 4185 减产 1.1%。适宜在河南省北部高中产水肥地种植。

（8）郑麦 366　由河南省农业科学院小麦研究所选育而成。2005 年分别通过河南省和国家农作物品种审定委员会审定。

半冬性。2005 年测定混合样：容重 794g/L，蛋白质（干基）含量 15.29%，湿面筋含量 33.2%，沉降值 47.4mL，吸水率 63.1%，面团形成时间 9.2min，稳定时间 13.9min，最大抗延阻力 470 EU，拉伸面积 104cm²，品质达优质强筋小麦标准。2003/2004 年度参加黄淮冬麦区南片冬水组区域试验，平均产量 8 173.5kg/hm²，比高产对照豫麦 49 增产 0.7%，比优质对照藁麦 8901 增产 7.2%；2004/2005 年度续试，平均产量 7 243.5kg/hm²，比高产对照豫麦 49 减产 0.3%；比优质对照藁麦 8901 增产 6.5%。2004/2005 年度参加生产试验，平均产量 6 900kg/hm²，比对照豫麦 49 增产 0.3%。适宜在河南省中北部中高产水肥地早中茬种植。

（9）西农 979　由西北农林科技大学选育而成。2005 年分别通过陕西省和国家农作物品种审定委员会审定。

半冬性。2005 年测定混合样：容重 784g/L，蛋白质（干基）含量 15.39%，湿面筋含量 32.3%，沉降值 49.7mL，吸水率 62.4%，面团形成时间 6.1min，稳定时间 17.9min，最大抗延阻力 564 EU，拉伸面积 121cm²。2003/2004 年度参加黄淮冬麦区南片冬水组区域试验，平均产量 8 052kg/hm²，比高产对照豫麦 49 减产 1.5%，比优质对照藁麦 8901 增产 5.6%；2004/2005 年度续试，平均产量 7 233kg/hm²，比高产对照豫麦 49 减产 0.6%，比优质对照藁麦 8901 增产 6.4%。2004/2005 年度参加生产试验，平均产量6 864kg/hm²，比对照豫麦 49 减产 0.2%。适宜在河南省中北部中高产水肥地早中茬种植。

（10）周麦 19　由周口市农业科学院选育而成。2004 年通过河南省农作物品种审定委员会审定。

半冬性。2004 年抽取区试混合样，经农业部谷物品质监督检验测试中心（郑州）测定，容重 798 g/L，粗蛋白（干基）含量 14.78%，湿面筋含量 29.2%，沉降值 39.8 mL，吸水率 58.7%，面团形成时间 6.2min，稳定时间 12.5min，品质达国家一级强筋小麦标准。2004 年参加河南省区试，8 点汇总，平均产量 8 778kg/hm²，其中有 3 处超过9 000 kg/hm²，最高产量达 9 439.5kg/hm²。2005 年参加河南省区试，平均产量 7 192.5kg/hm²，比优质对照豫麦 47 增产 4.06%，比高产对照豫麦 49 增产 2.87%。同年参加河南省生产试验，平均产量 7 116kg/hm²，比对照豫麦 49 增产 2.2%。适宜在河南省中北部高肥水地早中茬种植。

2. 主要中筋小麦品种

（1）豫麦 49　由河南省温县祥云镇农技站用系统选育方法从温 2540 大田中选育而成，原名温麦 6 号。1998 年通过河南省、2000 年通过国家农作物品种审定委员会审定。

半冬性。经农业部农产品质量监督检验测试中心测试，籽粒粗蛋白含量 14.32%，赖氨酸含量 0.40%，干面筋含量 10.52%，湿面筋含量 27.86%，出粉率 62.5%。1996/1997 年度参加河南省高肥冬水组区试，平均产量 7 395kg/hm²，较对照增产 1.92%。1996/1997 年度参加河南省超高产试验，平均产量 8 371.5kg/hm²，较对照增产 4.19%，居第 1 位。1996/1997 年度参加河南省生产试验，平均产量 7 017kg/hm²，较对照增产 4.21%，居第 1 位。适宜河南省高肥水地和中高肥水地种植。

（2）偃展 4110　由豫西农作物品种展览中心选育而成。2003 年分别通过河南省和国家农作物品种审定委员会审定。

弱春性。容重 825g/L，粗蛋白（干基）含量 13.66%，湿面筋含量 27.5%，吸水率 61.18%，稳定时间 1.2min，沉降值 16.5mL，降落值 386 s。2001/2002 年度参加河南省高肥春水组区试，平均产量 7 339.5kg/hm²，比对照豫麦 18 增产 8.34%，达极显著水平，居参试品种第 1 位；2002/2003 年度续试，平均产量 7 408.5kg/hm²，比对照豫麦 18 增产 7.33%，居参试品种第 1 位。黄河以北试点汇总增产 6.39%，黄河以南、许昌以北试点汇总增产 6.53%，许昌以南试点汇总增产 8.53%。2002/2003 年度参加河南省晚播组北片生产试验，平均产量 6 456kg/hm²，比对照豫麦 18 增产 2.45%，居参试品种第 1 位。适宜黄淮麦区南片中晚茬中上等肥水地种植。

（3）周麦 18　由河南省周口市农业科学院选育而成。2004 年通过河南省、2005 年通过国家农作物品种审定委员会审定。

半冬性。2005 年测定混合样：容重 795 g/L，蛋白质（干基）含量 14.68%，湿面筋含量 31.8%，沉降值 29.9mL，吸水率 58.6%，面团形成时间 3.2min，稳定时间 3.2min，最大抗延阻力 192 EU，拉伸面积 44cm²。2003/2004 年度参加黄淮冬麦区南片冬水组区域试验，平均产量 8 617.5kg/hm²，比对照豫麦 49 增产 6.1%；2004/2005 年度续试，平均产量 8 028kg/hm²，比对照豫麦 49 增产 10.3%。2004/2005 年度参加生产试验，平均产量 7 584kg/hm²，比对照豫麦 49 增产 10.2%。适宜在河南省中北部中高产水肥地早中茬种植。

（4）百农矮抗 58　由河南科技学院选育而成。2005 年通过河南省和国家农作物品种审定委员会审定。

半冬性。2005 年测定混合样：容重 804g/L，蛋白质（干基）含量 14.06%，湿面筋含量 30.4%，沉降值 33.7mL，吸水率 60.5%，面团形成时间 3.7 min，稳定时间 4.1min，最大抗延阻力 176 EU，拉伸面积 34 cm²。2003/2004 年度参加黄淮冬麦区南片冬水组区域试验，平均产量 8 610kg/hm²，比对照豫麦 49 增产 5.4%；2004/2005 年度续试，平均产量 7 990.5kg/hm²，比对照豫麦 49 增产 7.7%。2004/2005 年度参加生产试验，平均产量 7 614kg/hm²，比对照豫麦 49 增产 10.1%。适宜在黄淮冬麦区南片的河南省中北部中高产水肥地早中茬种植。

（5）豫农 949　由河南农业大学选育而成。2005 年通过国家农作物品种审定委员会审定。

弱春性。2005 年测定混合样：容重 790g/L，蛋白质（干基）含量 14.39%，湿面筋含量 32.8%，沉降值 33.9mL，吸水率 54%，面团形成时间 2.6min，稳定时间 2.6min，最大抗延阻力 190EU，拉伸面积 50cm²。2003/2004 年度参加黄淮冬麦区南片春水组区域试验，平均产量 8 238kg/hm²，比对照豫麦 18‑64 增产 9.9%；2004/2005 年度续试，平均产量 7 717.5kg/hm²，比对照豫麦 18‑64 增产 14.5%。2004/2005 年度参加生产试验，平均产量 7 221kg/hm²，比对照豫麦 18‑64 增产 13.4%。适宜在河南省中北部中高产水肥地中晚茬种植。

（6）豫麦 49‑198 系　由河南平安种业有限公司从豫麦 49 变异单株中优选育成。2005 年通过河南省农作物品种审定委员会审定。

半冬性。适宜在黄淮流域产量 6 000～9 000kg/hm² 的中高产水肥地早中茬种植。

3. 弱筋小麦品种

（1）豫麦 50　由河南省农业科学院小麦研究所从中、美、澳等国内外 20 多个优异资源组成的抗白粉病轮回群体中选择优良可育株，并经多年系谱和混合选择选育而成。原名丰优 5 号。1998 年通过河南省农作物品种审定委员会审定。

弱春性。据河南省农业科学院实验中心分析结果：容重 780～800g/L，粗蛋白含量 9.89%～11.9%，湿面筋含量 20.8%～24.6%，沉降值 13.50～37.5mL，面团形成时间 1.15～2.0min，稳定时间 1.05～1.5min。1997 年参加中肥春水组区试，平均产量 6 340.5 kg/hm²，比对照豫麦 18 增产 5.58%，居第 2 位。1998 年续试，平均产量 5 514kg/hm²，比对照豫麦 18 增产 11.62%，达显著水平，居试验第 1 位。1998 年参加河南省生产试验，平均产量 4 695.5kg/hm², 比对照豫麦 2 号增产 6.68％, 居第 2 位。适宜河南省中部、北部中晚茬种植, 特别是在单产 6 000kg/hm² 左右水平地区、轻沙地及稻棉晚茬麦区, 具有较强的适应性和较大的增产潜力。

（2）郑麦 004　由河南省农业科学院小麦研究所选育而成。2004 年通过河南省和国家农作物品种审定委员会审定。

半冬性。2004 年测定混合样: 容重 799g/L, 蛋白质含量 12.4％, 湿面筋含量 25.1％, 沉降值 12.8mL, 吸水率 53.7％, 面团稳定时间 1.0min, 最大抗延阻力 120EU, 拉伸面积 13cm²。2002/2003 年度参加黄淮冬麦区南片冬水组区域试验, 平均产量 7 243.5 kg/hm², 比对照豫麦 49 增产 5.5％; 2003/2004 年度续试, 平均产量 8 524.5kg/hm², 比对照豫麦 49 增产 4.3％。2003/2004 年度生产试验, 平均产量 7 600.5kg/hm², 比对照豫麦 49 增产 4.3％。适宜在河南省高中产水肥地早中茬种植。

（二）高产优质栽培技术

发展优质专用小麦生产, 只有实现高产与优质协调统一, 才会获得较大的经济效益, 达到优质高产并重的目的。优质专用小麦高产栽培应在深刻认识小麦品种的生物学特性及其与环境条件相互关系的基础上, 明确发展适宜类型的优质专用小麦, 确定适宜的耕作制度和种植结构, 采取既利于优质又利于高产高效无公害的综合栽培技术措施, 充分利用环境条件中的有利因素, 克服不利因素, 调节小麦与环境的关系, 形成一个小麦个体与群体协调发展的农田生态系统, 才能获得优质高产高效。

1. 播前准备和播种　这是奠定优质高产的基础, 必须高标准、严要求地完成每一项技术环节, 达到创造提高小麦品质的地力, 培育壮苗, 建立合理动态群体结构的目的。

（1）培肥地力及施肥原则　土壤肥力低, 是小麦不能优质、高产、稳产的最主要障碍。较高的土壤肥力有利于提高小麦产量和改善品质。因此, 进行小麦优质高产栽培, 必须以较高的土壤肥力和良好的土肥水条件为基础, 特别要注意保持较高的有机质含量和土壤养分平衡。而培肥地力最基本、最有效的手段是增施有机肥和进行秸秆还田。生产实践表明, 土壤肥力达到耕层有机质含量 1.0％以上, 全氮 0.09％以上, 水解氮 70mg/kg 以上, 速效磷 20mg/kg 以上, 速效钾 90mg/kg 以上, 有效硫 16mg/kg 以上, 在这种地力条件下, 经配方施肥, 良种良法配套, 均可实现优质高产。

在上述地力条件下, 施肥种类应考虑到土壤养分的余缺, 平衡施肥, 以利良种优质潜力的发挥, 并提高肥料利用率, 减少氮素淋溶污染地下水。总施肥量一般每公顷施有机肥 45 000kg, 氮 180～210kg, 磷（P_2O_5）105kg, 钾（K_2O）75～112.5kg。硫酸铵和硫酸钾不仅是很好的氮肥和钾肥, 两者也是很好的硫肥, 最好选用这两种肥料。

上述总施肥量中, 有机肥全部, 化肥氮肥的 50％, 全部的磷肥、钾肥均施作底肥, 第二年春季小麦拔节期再施余下的 50％氮肥。

提倡每公顷施用 750～1 125kg 生物有机肥。

（2）选用优质高产良种　小麦的品质和产量虽然受环境条件影响很大, 但在相同的栽培条件下, 品种的遗传特性仍起主导作用, 即优质高产品种的品质性状和籽粒产量始终高于一般品种。因此, 应选用品质优良、单株生产力高、抗倒伏、抗病、抗逆性强、株型较紧凑、光合能力强、经济系数高、不早衰的良种，并根据其特征特性，采用相应的栽培技术措施，实现品质与产量的协调统一。根据河南省近年来的研究结果，适宜种植的强筋小麦品种有豫麦 34、郑麦 9023、豫麦 47、陕优 225、西农 979、郑麦 366 等；中筋小麦品种有豫麦 49、豫麦 49 - 198 系、周麦 16、周麦 17、周麦 18、豫麦 58 号、矮抗 58、偃展 4110、新麦 18、豫农 949 等；弱筋品种有豫麦 50、郑麦 004 等。

（3）精细整地，足墒下种　精细整地是实现小麦优质高产高效的重要措施之一。生产上，要适当深耕，打破犁底层，不漏耕，以加深耕层，改善土壤理化性状，增加土壤蓄水保墒能力，扩大根系生长和吸收水分、养分的范围，为根的生长创造深厚疏松的耕作层。同时，还要拾净根茬，多耙细耙，不留明暗坷垃，做到上松下实，表层不板结，下层不暄空，还要平整作畦，以利于灌水，为优质小麦生长创造良好的土壤环境。这里需要指出的是，近几年来麦田旋耕面积和小拖拉机耕地面积偏大，造成耕层太浅，影响小麦根系的生长发育，使高产麦田存在有早衰和倒伏的潜在危险，应引起各地重视。

实践证明，足墒下种是打好播种基础，争取苗全、苗匀、苗壮，获得增产的重要一环。墒足种子发芽快、发根多，小麦分蘖早、分蘖快。因此，在播种前应保证底墒充足，以确保出苗齐全均匀、生长健壮。播种时田间适宜的土壤含水量为：两合土 18%～20%，黏壤土 20%～22%，黏土 22%～24%。若播种时土壤含水量低于上述指标，应浇好底墒水，并注意保好表墒，确保一播全苗。

（4）适时精匀播种，提高播种质量　早播旺，晚播弱，适时播种苗子壮，并且播期和播种量对小麦籽粒的营养品质均有不同程度的影响。在精细整地、肥水适宜的前提下，适时精匀播种是保证小麦利用冬前积温、培育冬前壮苗和建立合理群体结构的重要一环。播期过早，冬前积温多，麦苗生长发育快，群体偏大，土壤和植株养分过度消耗，会形成先旺后弱的"老弱苗"，且春性较强的品种还有可能在冬季造成冻害；若播种过晚，会因冬前积温不够，苗龄小、分蘖少，根系发育不好，形成晚播弱苗。因此，应根据品种的冬春性和当年当地气候条件，协调优质与高产的关系，实行良种良配套，确定当地优质且高产的适宜播期，运用机械适量均匀播种。根据河南省多年的经验，在正常年份，半冬性品种的适宜播期为 10 月 5～10 日，弱春性品种以 10 月 15～20 日播种为宜。豫南地区应稍晚，豫北地区可稍提前。种植规格，一般应适当扩大畦宽，以 2.5～3.0m 为宜，畦埂宽不超过 40cm，以充分利用地力和光能。可采用等行距或宽窄行种植，平均行距以 20～25cm 为宜。

适宜播种量的确定应根据品种特性、整地质量和土壤墒情等具体情况而定。在精细整地、足墒下种的情况下，一般半冬性品种以每公顷基本苗 150 万～180 万株为宜，折合每公顷播种量 75～90kg；弱春性品种以每公顷基本苗 195 万～225 万株为宜，折合每公顷播种量 105～120kg。播期推迟，应适当加大播量。具体到每一品种的播种量还应根据籽粒大小、发芽率和分蘖成穗率高低等情况来确定。这里要特别强调的是，播种前一定要做好种子处理或种子包衣，要大力提倡机播或精播机播种，尤其要做到均匀播种，深浅一致，播种深度以 3～5cm 为宜，达到苗全、苗匀的播种标准，为培育优质丰产苗奠定基础。

2. 田间管理

（1）冬前管理技术 搞好冬前麦田管理是充分利用积温，培育冬前壮苗，提高成穗率，增强抗灾能力，保证小麦优质高产稳产的重要环节。冬前管理的主攻目标是，促使小麦早分蘖、分大蘖、盘好根，育壮苗，确保麦苗安全越冬。冬前麦田管理的主要措施包括：

1）查苗补种，疏密补稀 小麦出苗后，要及时进行田间查苗，对 10cm 以上严重缺苗断垄地段，要用同一品种的种子进行浸种催芽补种，墒差时要顺沟少量浇水，种后盖土踏实。如果没有留同一品种的种子，也可在小麦分蘖后就地进行疏密补稀移栽，移栽时覆土以"上不压心，下不露白"为原则，并及时浇水，确保成活。另外，出苗后遇雨或土壤板结，应及时进行划锄，破除板结，以利通气、保墒，促进根系生长，为保证苗全、苗壮打下良好基础。

2）因苗制宜，分类管理 小麦冬前壮苗标准为：叶龄，半冬性品种 7 叶或 7 叶 1 心，春性品种 6 叶或 6 叶 1 心。根据叶蘖同伸规律，此时半冬性品种有 6～7 个分蘖，单株总茎数 7～8 个；春性品种有 4～5 个分蘖，单株总茎数 5～6 个。不管半冬性品种还是春性品种，小麦冬前的合理群体为每公顷 1 050 万头左右，且大蘖、壮蘖的比例要高。在生产实践中，往往由于种种原因会出现不同类型的麦苗，在田间管理上一定要因苗制宜，实行分类管理。

弱苗管理：生产上往往由于误期晚播、整地粗放、地力及墒情不足等多种原因而形成弱苗。针对误期晚播，积温不足，苗小根少、根短的麦苗，冬前只宜浅中耕，以松土、增温、保墒，而不宜施肥浇水，以免降低地温，影响幼苗生长；对整地粗放，地面高低不平，明、暗坷垃较多，土壤暄松，麦苗根系发育不良的麦田，应采取镇压、浇水、浇后浅中耕等措施来补救；对因地力不足、墒情较差造成的弱苗，在进入分蘖期以后，要进行先追肥后浇水，及时中耕松土，以促根增蘖、促弱转壮。

壮苗管理：因播种基础不同，壮苗也有多种情况。对肥力基础稍差，但底墒充足的麦田，可趁墒适量追施速效肥料，以防脱肥变黄，促苗一壮到底；对肥力、墒情都不足，只是由于适时早播，生长尚属正常的麦田，也应及早施肥浇水，防止由壮变弱；对底肥足、墒情好，适时播种，生长正常的麦田，可采用划锄保墒的方法，促根壮蘖，灭除杂草，一般不宜追肥浇水。若天气特别干旱，一定要在夜冻日化时再进行浇水，避免因浇水过早降低地温，影响分蘖和根系生长。

旺苗管理：对肥力基础较高，施肥量大，墒情适宜，播期偏早等生长过旺的麦田，应采用连续深中耕或镇压的方法进行控制。对地力不太肥，只是因播种量过大，基本苗过多而造成的群体大，麦苗徒长，根系发育不良的麦田，一般不宜深中耕控制，可采取镇压并结合深中耕措施，以控制主茎和大蘖生长，控旺转壮。

3）严禁畜禽啃青 各级各类麦田都要严禁畜禽啃青，以免影响小麦产量。

4）巧用冬前肥水 根据强筋小麦的生育特点，浇水次数不宜过多。对于小麦播种时底墒充足，达到冬前壮苗的麦田，冬前一般不要浇水；对播种期干旱，底墒不足，有一定表墒的麦田，为促壮苗越冬，可在小麦分蘖期浇水；对播期比较干旱，底肥不足，冬前群体、个体达不到壮苗标准，且群体头数较少的麦田，可结合追施速效氮素肥料浇越冬水。浇冬水要把握好时间，浇得太早会导致麦苗过旺，过晚易积水结冰，不利于麦苗安全过冬。生产上，一般在日平均气温7～8℃时开始浇水，4～5℃时结束，大约在立冬至小雪之间。冬灌水量不宜过大，但要浇透，以灌后当天全部渗入土中为宜，切忌大水漫灌、地面积水结冰。浇分蘖水或越冬水后，待地面干时，一定要适时划锄松土，防止地面龟裂透风，伤根死苗。不浇水的麦田也要进行浅中耕，达到除草的目的。

5）推广化学除草　由于杂草株龄越大，抗药、耐药性就越强，就要增加药量，这样既增加了防治成本，又极易对后茬作物产生药害。在正常播种的麦田，12月上旬麦田杂草已出苗90％以上，这时杂草幼苗组织幼嫩，抗药性弱，而且麦田覆盖度小，喷洒的农药与杂草接触面积大，杂草易被杀死。因此，12月上旬以前是麦田化学除草的最佳时期。喷施时除正确选用化学除草剂外，还要严格按照产品说明书进行，不可随意加大药量，不能漏喷、重喷，同时要避开恶劣天气，选择无风晴朗天气进行。对猪殃殃、野油菜、米米蒿、荠菜等杂草，可用20％使它隆每公顷750mL，或72％巨星每公顷15g，或70％麦草净每公顷1 050g进行防治；对野燕麦等单子叶杂草可用6.9％骠马每公顷900mL或3％世玛每公顷375mL进行防除。

（2）返青至起身期管理技术　小麦进入返青、起身阶段，生长发育进程加快，此期田间管理的主要目标是，通过肥水等管理措施，控制春生分蘖过多，避免田间群体过大，加速两极分化，建立合理群体结构，促弱控旺防倒伏，并做好麦田病虫草害防治工作，使麦苗稳健生长。此期田间管理应抓好以下几项措施：

1）中耕保墒　无论是丘陵旱地还是水浇地，无论是旺苗还是弱苗，在此期都应及时进行中耕划锄，以疏松土壤，保墒灭草，提高地温，增强土壤通透性，促进根系发育。对于丘陵旱薄地，应在地皮初解冻时，立即顶凌划锄，并与镇压相结合，做到勤中耕、细中耕。土壤墒情很差或土壤裂缝多的麦田，应先镇压再中耕。对于每公顷群体超过1 350万头的旺长或有明显旺长趋势的麦田，要在返青后进行深锄断根，一般2～3次，间隔10d左右，结合适当镇压，以控制无效分蘖，加速两极分化，促其由旺转壮；对于弱苗、受冻苗和根系发育较差的麦田，要进行浅中耕、细中耕，以防伤害麦根或坷垃压苗，达到提墒保墒、灭除杂草，促进麦苗健壮生长；对于生长正常的麦田，可浅中耕1～2次，以增地温、促早发，确保穗足、穗大，后期不倒伏。

2）喷素防倒　倒伏对小麦的产量和品质影响很大。因此，对于植株偏高、基部节间较长的品种和群体过大的旺长麦田，在返青至起身期，除进行深中耕控外，每公顷用450～600mL壮丰胺或15％多效唑粉剂450～600g进行喷洒，以控制基部节间伸长，增强抗倒伏能力。进行麦田喷素防倒时，一定要注意掌握喷施时间、喷施方法和喷施浓度，以提高防效。一般豫北地区在2月下旬至3月5日、豫中南地区在2月15日至2月底前，麦苗返青开始时（此期小麦生长处于生理拔节期）及早采取化控措施，可有效控制倒伏。若喷洒时期过晚（到拔节期），则起不到防止倒伏的效果，费工费时，甚至会带来不良后果。

3）防治纹枯病　近年来，小麦纹枯病有逐年加重发生的趋势，尤其是冬季温度偏高、春季雨水较多的年份，纹枯病发生更重。纹枯病发生麦田会引起倒伏、白穗，使产量和品质降低。据调查，小麦受纹枯病危害产量损失一般在10％～20％，严重时可达70％以上。在小麦返青期至起身期是防治纹枯病的最佳时期，可用12.5％烯唑醇（禾果利）可湿性粉剂1 500倍液喷雾。

4）肥水管理 对于生长正常、群体适宜的麦田，此期一般不宜施肥浇水，以控制春季无效分蘖过多和基部节间过长。若群体偏小，苗质偏弱，可在起身期结合浇水每公顷追施尿素100～150kg，以促进苗情转化。

（3）拔节至孕穗期管理技术 小麦进入拔节、孕穗阶段，气温变化大，群体和个体发育很快，植株生长量大，需水、需肥较多，营养生长与生殖生长同时并进，是小麦一生中矛盾最多、变化最快的时期，也是麦田管理的关键时期。此期田间管理的主攻目标是：促使茎、蘖、叶健壮生长，根系发达，保持合理群体结构，个体生长健壮，稳定合理穗数，减少小穗、小花退化，增加结实粒数，并为提高粒重打好基础。对于优质专用小麦来说，此期肥水管理对提高品质、增加产量尤为重要。

1）肥水管理 种植强筋小麦的田块，因其生育中后期的吸肥能力，特别是吸氮能力显著高于一般普通小麦，所以，应在拔节至孕穗期结合浇水，每公顷追施氮肥75～90kg。研究表明，在该生育期追肥，可有效减少小穗、小花退化，增加每穗结实粒数，同时，可提高籽粒蛋白质含量1％～2％，提高面筋含量和质量，面团流变学特性也会有不同程度提高。因此，该期肥水管理是强筋小麦高产、优质同步优化提高的一个关键措施。此期肥水管理的具体时间应根据品种特性、地力水平和麦田苗情而定。对分蘖成穗率低的大穗型品种，或地力较差、群体偏小的优质强筋麦田，可在拔节初期进行追肥浇水；对于分蘖成穗率高的品种，或地力水平较高、群体适宜或偏大的优质强筋麦田，宜在拔节中后期追肥浇水；而对于种植弱筋小麦的田块，如果此期没有明显的脱肥症状，应严格控制氮肥供应，并结合适当浇水，以降低蛋白质含量。

2）防治病虫害 小麦拔节后，群体、个体发展很快，尤其是叶面积系数增长很快，田间通风透光条件变差，很容易发生病虫害。因此，要搞好麦田病虫预测预报，备好对路农药和药械。条锈病可用12.5％烯唑醇可湿性粉剂每公顷225～300g加水600～750kg喷雾防治；白粉病在发病初期采用20％三唑酮乳油1 000倍液或12.5％烯唑醇可湿性粉剂1 500倍液喷雾防治。红蜘蛛在每米单行麦垄有虫体600头以上时，用15％扫螨净乳油1 500倍液，或1.8％齐螨素乳油4 000倍液喷雾防治；对上年度小麦吸浆虫发生严重的地块，在4月中下旬羽化出土盛期，每公顷用50％辛硫磷3 000～4 500mL制成毒土，顺麦垄撒施；麦蚜达到每百株500头或有蚜株率达25％的麦田，用3％啶虫脒可湿性粉剂2 500倍液或10％吡虫啉可湿性粉剂2 000倍液进行防治。

（4）后期麦田管理技术 小麦生育后期，是产量和品质形成的关键时期，此期田间管理的主攻目标是：养根护叶，协调碳氮营养，促进光合产物的合成与积累，延长绿色叶片功能期，防止早衰和青枯，提高品质，增加粒重。

1）合理控制水分 小麦进入乳熟期，是叶片制造的光合产物和茎秆贮存的氮化物向籽粒快速输送期，也是产量、品质形成的高效期。但此期小麦根系活力及从土壤吸收肥水的能力已明显减弱。试验证明，小麦乳熟至成熟期间，适当控制浇水，可提高籽粒的光泽度和角质率，明显减少"黑胚"籽粒的比率，提高籽粒蛋白质含量，延长面团稳定时间，而对产量影响不大，同时，还可防止降雨后遇大风发生倒伏现象。所以，种植强筋小麦的麦田，除非特别干旱以致有可能严重影响产量必须及时浇水外，从高产、优质同步优化提高考虑，在小麦抽穗后一般不再浇水。试验证明，此期 0～20cm 土层含水量在土壤持水量 50％以上时，控制水分基本上不会影响产量，而对提高品质却十分重要。对于弱筋小麦品种来说，小麦抽穗后，适当增加土壤水分含量，可降低籽粒蛋白质含量，有利于提高品质。

2）防治病虫害 小麦生育后期是多种病虫害发生的重要时期，也是防治的关键时期。尤其是强筋小麦品种，植株内可溶性糖及可溶性氮化物较多，特别容易遭受蚜虫危害。因此，除做好白粉病、锈病等防治工作外，要特别注意防治小麦穗蚜，并要注意及时防治赤霉病和叶枯病，以延长绿叶功能期，促进籽粒灌浆，提高粒重。

3）喷洒尿素和其他植物生长调节剂 对于种植强筋小麦的田块，在小麦灌浆期每公顷用 15kg 尿素对水 750kg 配制成尿素溶液进行叶面喷洒，对提高品质效果很好。用河南省农业科学院研制的"小麦丰优素"进行叶面喷洒，对提高品质也有较好效果。

4）去杂保纯 优质小麦生产田不论作为种子，还是商品粮，纯度都是一个很重要的质量指标。所以，一定要做好田间去杂去劣，确保纯度达到一定指标。

5）适时收获 收获过早，籽粒灌浆不足，不能充分发挥品种的增产潜力；收获过迟，灌浆停滞，籽粒因呼吸代谢而引起粒重下降。我国大部分麦区收获季节常有阴雨、大风、冰雹等灾害性天气，常引起穗发芽、籽粒霉变以及掉穗、落粒等损失。因此，适期收获对确保小麦丰产丰收非常重要。小麦的适宜收获期应考虑品种特性、气候条件和收割方法等，以减少产量损失，增产增收。此外，优质专用小麦收获后，还要注意分品种单翻晒、单脱粒、单入仓储藏保管。

第四节 山东省小麦品质区划与高产优质栽培技术

一、小麦生产生态环境概况

（一）地理概况

山东省地处我国东部、黄河下游，位于北纬 34°23′～38°23′，东经 114°19′～112°43′之间，南北最长约 420km，东西最宽约 700km，总面积 15.72 万 km²。境域东临海洋，西接大陆。西部内陆部分自北而南依次与河北、河南、安徽、江苏 4 省接壤。

山东地形，中部突起，为鲁中南山地丘陵区；山东东部半岛大都是起伏和缓波状丘陵区；西部、北部是黄河冲积而成的鲁西北平原区，属华北大平原的一部分。境内山地约占全省总面积的 15.5％，丘陵占 13.2％，洼地占 4.1％，湖沼平原占 4.4％，平原占 55％，其他占 7.8％。

2008 年底，全省行政区划分为济南、青岛、淄博、枣庄、东营、烟台、潍坊、济宁、泰安、威海、日照、莱芜、临沂、德州、聊城、滨州、菏泽 17 个地级市；县级单位 140 个，其中市辖区 49 个，市 31 个，县 60 个。

（二）气候特点

山东省南北相距 4 个纬度，东西跨越近 8 个经度。属暖温带季风气候，四季变化明显。冬季多偏北风，雨雪稀少，寒冷而干燥；春季气候多变，多西南大风，地面增温快，蒸发大，降水少，常干旱；夏季炎热而湿润，降水集中，时有暴雨、冰雹天气出现；秋季云雨较少，秋高气爽，但有些年份也出现秋雨连绵天气。

1. 光能　全省年太阳辐射量在 4 870～5 344MJ/m² 之间，其分布内陆地区随纬度增加而递增，南北相差 50MJ/m² 左右；山东半岛由东南向西北增加。冬季（12 月至翌年 2 月）全省太阳辐射量在 756～837MJ/m²，仅占年总辐射量的 14%～16%；春季（3～5 月）太阳辐射量在 1 523～1 675MJ/m²，占年总辐射量的 31%～33%；夏季（6～8 月）太阳辐射量在 1 500～1 694MJ/m²，占年总辐射量的 30%～33%；秋季（9～11 月）太阳辐射量在 1 049～1 146MJ/m²，占年总辐射量的 21%～22%。

山东省全年日照时数为 2 335～2 768h，年日照百分率为 55%～63%。总的分布趋势是由南向北增加，山东半岛东南部、鲁东南丘陵和鲁南、鲁西南日照时数较少，不足 2 600h；鲁中、鲁北和山东半岛西北部日照时数较多，常在 2 650h 以上。从季节看，春季全省日照时数在 640～780h 之间，占年总日照时数的 27%～30%，东南沿海、鲁南、鲁西南不足 700h，其他地区在 700h 以上。夏季日照时数在 560～670h 之间，占年总日照时数的 24%～25%，鲁南、鲁西南不足 600h，滨州、东营在 660h 以上。冬季日照时数在 470～570h 之间，占年总日照时数的 19%～22%，鲁南、鲁西南在 500h 以下，东营、滨州在 560h 以上。

2. 热量　山东省平均气温 12.0～14.3℃，济南、菏泽为全省高值区。温度分布特点是：西部高于东部；南部高于北部；内陆高于沿海；平原高于山区。温度分布总趋势是：由东北向西南递增。冬半年，因纬度影响而造成的温度南北差异大于海洋影响造成的东西差异；夏半年，海洋影响造成的温度东西差异大于纬度造成的南北差异。另外，地形明显影响温度的垂直变化，山区平均温度低于平原区。

山东省无霜期在 200d 以上的地区，是半岛沿海、鲁西南、鲁南大部、鲁东南、黄河以北以及济南、烟台，最长近 250d；鲁中山区中部和北部、半岛内陆在 200d 以内，莱阳最少为 173 天。

3. 降水　山东省降水的时间和空间分布特点是：降水季节间分布极不均匀，一年中大约有 60% 的雨量集中在夏季（6～8 月份），而冬季则降水稀少；降水量的分布自东南向西北递减。

全省年平均降水量一般在 550～850mm 之间，分布趋势为南部多于北部，沿海多于内陆，山区多于平原。按照年降水量的多少，全省可划分为 3 个雨区：鲁中山区南侧、鲁东南沿海及半岛南部为多雨区，年降水量在 700mm 以上。其中枣庄、临沂、日照、郯城一带降水最多，在 800mm 以上；半岛北部、鲁中山区、鲁西平原为中等雨量区，年降水量 600～700mm；鲁北、鲁西北平原为少雨区，降水量在 600mm 以下。

（三）土壤条件

山东地形复杂、地貌类型多样，大体可分为中山、低山、丘陵、山间谷地、山前倾斜地、山前平原和黄河冲积平原、现代黄河三角洲等基本地貌类型。山地丘陵 53 375km²，占山东总面积的 34.9%；平原盆地约 97 920km²，占 64%；河流湖泊 1 683km²，占 1.1%。

山东境内分布有棕壤、褐土、潮土、砂姜黑土、盐渍土和水稻土。棕壤全省约有 27 715km²，占土地总面积的 18.1%。主要分布在胶东半岛及鲁东南丘陵地区，泰山等山体也有存在。除部分山地外，棕壤大部分已开垦耕种，土层深厚，水分较充足，保肥蓄水能力较强，土壤多呈中性反应，适于栽培多种粮食作物和经济作物，是山东省主要的高产稳产农田。

褐土全省约有 36 070km²，占土地总面积的 23.5%，集中分布于鲁中南低山丘陵及胶济、津浦铁路两线的山麓平原地带，褐土与棕壤土过渡地区的蓬莱、龙口、莱州也有分布。潮土是全省分布最广、面积最大的一种土壤，约 68 189km²，占土地总面积的 44.1%，集中分布在鲁西北和鲁西南黄泛平原，在山丘地区的河谷平原、滨海洼地也有分布。这类土壤质地适中，多含钙、磷、钾等矿质养分，是山东省粮、棉重要生产区。砂姜黑土全省 9 970km²，占土地总面积的 6.5%，主要分布在莱西、即墨盆地，胶莱河谷平原，临沭、郯城、苍山洼地。盐土、碱土以及各种盐化、碱化土壤统称盐渍土或盐碱土，全省共有 4 760km²，占土地总面积的 3.1%。主要分布在鲁西北黄泛平原地势低平地段、河间洼地和滨海地带。水稻土主要分布在鱼台、金乡、济南市郊区、临沂、日照、章丘、历城等地。

据 2008 年统计，山东省总耕地面积 7 507.1khm²，水浇地和旱地占 98.3%，7 379.5 khm²，主要分布在鲁中南及鲁东低山丘陵的中上部和黄泛平原。其中水浇地 4 526.8 khm²，占总耕地面积的 60.3%，主要分布在胶济铁路沿线、湖东地区的山前平原、山丘地区的山间盆地、河谷平原及黄泛平原各灌区；水田 127.6khm²，占总耕地面积的 1.7%，主要分布于南四湖滨湖洼地，临、郯、苍湖沼平原及沿黄洼碱地区。

综合比较各项肥力因素和产量水平，高肥力土壤分布在胶东半岛山前平原的棕壤及鲁中、鲁中南山前平原、河谷平原的褐土区，这部分土壤自然肥力较好，养分较丰富，保肥供肥能力较强，肥水条件好；中肥力土壤集中分布在胶莱、沂、沭、泗、汶河河谷平原及胶济、津浦铁路两侧的山前冲积平原，这部分土壤多为沙、壤相间的褐土，灌溉条件好，水质好，水源丰富；低肥力土壤主要分布在鲁北黄泛平原的潮土、褐土化潮土、盐化潮土区，这些地区潜水位和矿化度较高，土壤瘠薄，旱涝频繁，土壤肥力偏低，严重缺磷。

（四）种植制度

山东省种植的粮食作物以小麦、玉米、甘薯为主，大豆、高粱、谷子次之；经济作物以棉花、花生、烟叶、麻类较多。冬小麦具有秋播、耐寒、高产稳产的特点，能够利用冬季和早春自然资源，适合于间套复种，是间作套种的主体作物。种植制度基本上以小麦为中心，根据各地自然条件特点，形成一年两作制、两年三作制、一年一作制等。

50 多年来，由于复种指数不断提高，总体上看，以小麦为主的一年两作面积不断扩大，两年三作面积逐步下降。其中在 20 世纪 80 年代初，经济作物棉花、花生大发展，一年一作面积有所扩大；从 80 年代中期开始，为了兼顾粮食作物、经济作物的发展，减少各种作物争地的矛盾，又较迅速地扩大了粮—粮、粮—棉、粮—油、粮—菜等作物的间套作面积，因而一年一作的面积明显减少，一年两作、三作的面积进一步扩大。山东省的作物复种指数也由 1950 年的 130％提高到现在的 170％。

山东省小麦间套复种主要有四种类型：一是小麦与其他粮食作物间套复种型，即以小麦为主体作物，选择适宜的粮食作物进行间套复种。如小麦/玉米//大豆或绿豆；小麦/玉米//谷子；小麦/甘薯。二是小麦与经济作物间套复种，即以小麦与棉花、花生、黄烟等经济作物进行间套复种。如小麦/棉花六、二式间套；大小行畦播小麦套种花生等。三是瓜菜参与间套复种型，即在搞好麦粮、麦棉、麦油、麦烟等作物间套的基础上，间套种蔬菜。如小麦//越冬菜/玉米/大白菜；小麦//越冬菜/玉米/黄瓜（或西瓜）；小麦/西瓜//花生/玉米等。四是果园、林地间套复种型。为了充分利用幼龄果园和林地冬春季节的自然资源，增加小麦播种面积，在离果树或林木一定距离的空地播种小麦，并在麦田的畦背或大行间套种越冬菜或春季套种花生、大豆、绿豆等。山东省鲁西南地区的桐—麦间作，潍坊、临沂地区的桑—麦间作，德州、滨州和东营的枣—麦间作等，都属于这种类型。

二、小麦产业发展概况

（一）生产概况

1949 年山东省小麦种植面积为 358.38 万 hm^2，单产只有 616.5kg/hm^2，总产量22.15 亿 kg。

新中国成立以后，山东小麦生产先后经历了恢复发展时期（1950—1957）、总产徘徊时期（1958—1970）、较快发展时期（1971—1978）、快速发展时期（1979—1997）、结构调整和稳步增长时期（1998—2009）5 个发展时期。小麦生产水平不断提高，产量不断增加，高产、优质、高效全面发展，为全省粮食生产的稳定发展作出了重要贡献。1997 年，小麦总产量创出历史最高水平，达 224.13 亿 kg。之后由于农业结构调整，小麦面积和总产有所下降。自 2003 年以来，小麦单产和总产不断提高，种植面积亦逐渐回升，至 2009年全省小麦种植面积 354.52 万 hm^2，总产 2 047.3 万 t，每公顷产量平均 5 775kg，实现小麦连续 7 年增产。

由于我国小麦品质育种及有关品质性状的研究起步较晚。20 世纪 90 年代以前，山东省大部分推广品种达不到优质专用小麦品质指标的要求。表 5 - 14 是 1991 年对当时山东省主要栽培小麦品种品质分析的结果，其中烟农 15 的综合品质指标较好。1998 年以来，随着种植业结构调整和我国优质专用小麦生产发展的需要，科研单位选育出多个优质强筋小麦品种（表 5 - 15），促进了优质专用小麦生产的快速发展。优质专用小麦种植面积由1998 年的 53.3 万 hm^2，发展到 2005 年的 166.7 万 hm^2，占全省小麦种植面积的53.65％。同时，以"订单农业"为代表的优质小麦产业化模式发展较快，通过产销结合，把生产者、农业部门、粮食部门、加工企业结合起来，使优质小麦的规模化生产、优质优价与增加农民收入和企业效益结合起来，形成产业化链条，进一步促进了农业结构调整，提高了国产小麦的市场竞争力。

表 5 - 14　1991 年山东省主要栽培小麦品种的品质状况

品种	硬度	籽粒蛋白质含量 (%)	湿面筋含量 (%)	面团形成时间 (min)	面团稳定时间 (min)	评价值
鲁麦 14	19.76	14.14	31.45	2.95	5.55	53
鲁麦 15	30.14	13.93	29.04	1.65	2.15	38
鲁麦 1 号	30.20	13.08	28.87	2.00	2.15	43
烟农 15	46.58	15.81	41.35	2.83	8.25	53
215953	29.29	14.12	35.08	1.91	2.10	45
鲁麦 13	18.70	14.56	33.69	5.71	10.25	68
鲁麦 16	36.25	14.78	32.63	2.01	1.95	43
鲁麦 19	17.90	15.60	38.02	3.41	6.39	56
平均	28.60	14.50	33.77	2.81	4.85	49.9

表 5 - 15　2007 年山东省部分栽培小麦品种的品质状况

品种	粗蛋白含量 (%)	湿面筋含量 (%)	沉降值 (mL)	吸水率 (%)	面团形成时间 (min)	面团稳定时间 (min)
济麦 20	14.25	31.6	54.2	56.4	4.9	28.6
烟农 19	17.64	37.2	43.3	60	9.0	18.7
济南 17	17.84	39.7	54.7	62.0	8	25.2
淄麦 12	14.46	33.0	49.0	61.8	6	12.0
烟农 15	17.2	37.4	43.5	55.4	4.5	9.3
济麦 19	13.7	31.2	32.8	59.3	3.5	3.9
济麦 21	14.30	32.3	30.6	59.8	4.5	3.5
烟农 24	12.86	28.6	23.8	53.3	2.7	3.4
潍麦 8 号	15.34	33.0	34.1	58.3	3.7	3.5

(二) 生产优势及存在问题

1. 生产优势　山东省的气候资源和土壤资源适宜小麦和多种作物生长，尤其适宜种植小麦。此外，在基本农田建设、生产投入、科技进步、政策支持和技术指导等方面对小麦种植亦具有较好的优势。

（1）农田基本建设　山东省对农田基本建设十分重视，投入了大量人力、物力和财力，组织了大规模的兴修水利和整地改土活动，取得了较大成就。农田有效灌溉面积由 1949 年的 247.7khm² 发展到 2008 年的 4 857.5khm²，由占耕地面积的 2.8％ 增加到 64.7％，旱涝保收面积达到 2 379.8khm²，为发展小麦生产创造了良好条件。

（2）农用物质投入　山东省各级政府积极发展支农工业，努力增加农用物质生产，保证作物生产的物质投入。到 2007 年底，全省农业机械总动力达到 9 917.8 万 kW。目前，山东省小麦生产中的耕地、耙地、播种、浇水、田间施肥、收割脱粒已实现机械化。

（3）科技进步

1）新品种的选育和更换　随着品种的更替，新品种的产量潜力和综合抗性（抗病性、抗倒伏、抗寒性、耐高温等）不断提高。进入 21 世纪，随着农业结构调整和人民生活水平的提高，优质被列为与高产同样重要的育种目标，优质专用、高产、高效成为育种的总体目标。山东省小麦育种工作者先后选育出了一大批特色鲜明的新品种。如优质高产的济南 17、济麦 19、济麦 20、淄麦 12、烟农 19 等；具有 9 000kg/hm² 以上超高产潜力的济宁 13、潍麦 8 号、山农 664、泰山 21、汶农 5 号等，有些品种如济麦 22、泰农 18、汶农 6 号、汶农 14 等产量达到 10 500kg/hm² 以上；耐晚播早熟高产的菏麦 13、山农 1135、淄麦 7 号、山农 11 等；适于旱作节水的烟农 18、烟农 22、青农 6 号、山农 16 等；耐盐碱的济南 18、德抗 961 等。这些品种较好地满足了山东省不同生态区、不同生产条件、不同用途小麦生产发展的需要。

2）栽培技术的创新和大面积应用　进入 21 世纪以来，小麦栽培的研究由过去只注重高产，发展为高产、优质并重。但从经营管理的角度考虑，还应当注意降低成本；从食品安全和保护环境的角度考虑，应当注意化肥、农药的合理施用，做到无公害生产。栽培技术的改革提出了小麦高产、优质、高效、生态、安全栽培的技术目标。这一时期研究成功的"小麦氮肥后移高产优质栽培技术"适用于优质强筋和中筋小麦栽培，在高产地力条件下利用这一技术比常规栽培可提高强筋和中筋小麦籽粒蛋白质含量，延长面团稳定时间，改善小麦的品质稳定性，并可提高氮肥利用率，增加单产。"小麦垄作高效节水技术"改传统平作的大水漫灌为垄作的小水沟渗灌，进行沟内集中施肥，提高了水肥利用率和光能利用率，增加了产量。这些技术在生产上大面积应用，获得了高产、优质、节水、高效的显著效果。

2. 存在的问题

（1）水资源短缺　山东省水资源严重短缺，人均占有量偏低。全省人均水资源占有量为 537.9m³，不到全国人均占有量的 1/6。从区域分布看，水量分布极不均匀，表现为南部多于北部，沿海多于内陆，山区多于平原。从自然降水的季节分布上看，一年中大约有 60% 的雨量集中在夏季（6~8 月份），而冬、春季降水稀少，不能满足小麦高产的需要。干旱是山东省重要的气象灾害，几乎每年都有不同程度的发生。水资源短缺已经成为山东省小麦发展的重要制约因素之一。

（2）土壤养分不平衡，土壤肥力有待进一步提高　研究表明，公顷产量 9 000kg 以上的超高产麦田的土壤肥力较高，一般 0~20cm 土层土壤有机质含量 ≥1.2%，全氮含量 ≥0.09%，水解氮 ≥70mg/kg，速效磷 ≥25mg/kg，速效钾 ≥90mg/kg，有效硫 ≥12mg/kg。同时，作物正常生长还需要其他中量元素（Ca、Mg）和微量元素（B、Mn、Mo、Zn、Cu、Fe 等）。山东省麦田的土壤状况是土壤有机质含量偏低，普遍缺氮，部分地区严重缺磷，部分缺钾。应大力推广作物秸秆还田技术，并广开肥源，增加农家肥用量，积极推广配方施肥技术，以保证各种营养元素的均衡供应。

（3）抗灾能力有待提高　山东省常年旱地小麦 866.7khm² 左右，这部分地块由于受水资源限制或农业基础设施薄弱，无水浇条件，产量受气候条件制约，遇到干旱年份，减产明显。受全球变暖气候条件的影响，山东省最近几年冬春干旱、低温冷害、冻害、倒春寒等频发，在一定程度上影响了小麦的生产，农田水利条件有待加强。

（三）优质小麦产业发展前景

山东省属于北方强筋、中筋冬麦区，气候资源和土壤资源适于优质强筋和中筋小麦生产。据对我国10个小麦主产省（自治区）商品小麦的综合分析，山东省商品小麦的综合品质高于全国平均值。山东优质小麦品种资源丰富，具有较好的优质小麦育种和栽培技术研究基础。山东省先后育成烟农15、PH82-2-2、济南17、济麦20等优质强筋小麦新品种。"小麦氮肥后移优质高产栽培技术"适用于强筋和中筋小麦生产，不仅增加单产，而且提高籽粒蛋白质含量，延长面团稳定时间，改善小麦的品质稳定性，实现了优质强筋和中筋小麦产量和品质的协同提高。山东省地理位置优越，东靠大海，西接内陆，港口、铁路、公路、航空等交通发达，具有发展国内和国际优质小麦市场的良好环境。正是由于山东省所具有的生态、科研、生产和地理等方面的优势，山东省内逐渐形成从品种选育到面粉及食品加工的产业链条，国内许多大型面粉企业亦纷纷到山东采购优质小麦，外销量逐年增加。山东省优质小麦产业具有广阔的发展前景。

三、小麦品质区划

（一）品质区划的依据

1999—2003年，选用济麦20、济南17、烟优361、冀8901四个强筋小麦品种和鲁麦1号、鲁麦14、鲁麦15、鲁麦21、鲁麦22、鲁麦23、济南16、泰山288、烟96L166、935031、93-52、鉴146十二个中筋小麦品种，依据地理位置和生态类型代表性原则在山东省的文登、乳山、烟台、莱阳、龙口、莱州、平度、即墨、诸城、潍坊、沂水、莒县、临沭、临沂、费县、沂源、泰安、博山、桓台、滨州、菏泽、利津、沽化、阳信、陵县、荏平、阳谷、郓城、单县、济宁、滕州等31个县进行试验，试验地选择小麦常年产量为6 000～7 500kg/hm² 的高肥力壤土水浇地，统一供种、统一栽培管理技术，籽粒收获并放置3个月后测定品质指标。利用各试验点1999—2003年的气象资料，计算出小麦灌浆中期（开花后10～20d）平均日最高气温，开花至成熟期平均气温、平均气温日较差、总日照时数和总降水量。参照吕川根等和童碧庆等的方法，以开花至成熟期间的各气象因子为自变量，分别以籽粒蛋白质含量、沉降值和面团稳定时间作为因变量，应用DPS2000数据处理系统进行逐步回归和一元非线性回归分析，确定影响籽粒品质的主要气象因子及强筋和中筋小麦品质形成的气象因子最适值。在此基础上，确定气象因子分级标准，采用模糊综合评价法对各地气象条件综合评价，制定山东省强筋和中筋小麦的品质气候区划。气象资料来源于各试验点当地气象站。

1. 地域间气象因子和籽粒品质性状变异分析 对各试验点小麦开花至成熟期各气象因子4年的数据分析（表5-16）表明：在开花至成熟期间各气象因子地域间变异明显。各试验点的强筋和中筋小麦容重、吸水率变异系数均<10%，而籽粒蛋白质含量、湿面筋含量、沉降值和面团稳定时间变异系数均>10%，地域间变异明显（表5-17），说明开花至成熟期的气象条件对其有显著影响。

表 5-16　各试点小麦开花至成熟期间气象因子的变异

气象因子	平均值	差异范围	极差	标准差	变异系数（%）
$\bar{T}_M$	27.1	22.8～30.0	7.2	3.69	13.62
$\bar{T}_日$	21.5	18.2～24.0	5.8	2.59	12.05
$\bar{T}_d$	11.8	10.4～14.1	3.7	1.86	15.76
R	45.7	10.9～86.6	75.7	33.74	73.83
S	289	246～350	104	54.65	18.91

注：$\bar{T}_M$：灌浆中期平均日最高气温（℃）；$\bar{T}_日$：日平均气温（℃）；$\bar{T}_d$：平均气温日较差（℃）；R：总降水量（mm）；S：总日照时数（h）。

表 5-17　各试点小麦籽粒品质性状的变异

品质类型	品质性状	平均值	差异范围	极差	标准差	变异系数（%）
强筋小麦	蛋白质含量（%）	15.23	14.20～17.00	2.80	2.24	14.71
	湿面筋（%）	38.23	33.31～42.87	9.56	3.91	10.23
	沉降值（mL）	48.6	36.7～54.7	18.0	6.85	14.09
	面团稳定时间（min）	10.7	5.3～20.8	15.5	6.27	58.60
	容重（g/L）	783	735～824	89	22.98	2.93
	吸水率（%）	62.8	60.5～66.1	5.6	3.50	5.57
中筋小麦	蛋白质含量（%）	13.4	12.1～14.8	2.7	1.92	14.33
	湿面筋含量（%）	31.80	28.09～34.73	6.64	4.76	14.97
	沉降值（mL）	37.0	27.3～42.5	15.2	10.19	27.54
	面团稳定时间（min）	4.0	2.2～6.8	4.6	2.75	68.75
	容重（g/L）	777	721～810	89	44.24	5.69
	吸水率（%）	61.5	58.3～65.8	7.5	4.93	8.02

2. 籽粒品质形成的主要气象因子最适取值分析　分别以开花至成熟期间的各气象因子为自变量，以籽粒蛋白质含量、湿面筋含量、沉降值和面团稳定时间为因变量，经一元非线性回归分析，建立回归模型，并利用边际分析的方法，分析各气象因子的边际效应值，研究各品质性状与开花至成熟期气象因子间的定量关系。结果表明，在山东省气象条件范围内，延长强筋和中筋小麦面团稳定时间的最适平均气温分别为 20.0℃和 20.5℃；提高强筋和中筋小麦籽粒蛋白质含量的最适气温日较差分别为 12.7℃和 11.7℃；提高强筋和中筋小麦沉降值的最适降水量分别为 48.6mm 和 52.1mm，最适日照时数分别为297h 和 299h；延长强筋和中筋小麦面团稳定时间的最适降水量分别为 53.5mm 和53.9mm，最适日照时数分别为 295h 和 298h。单一气象因子对籽粒蛋白质含量、沉降值和面团稳定时间的影响不完全同步。

3. 用于气象条件评价的主要品质性状及影响籽粒品质的主要气象条件的确定　在各品质性状中，沉降值和面团稳定时间能综合反映蛋白质的含量和质量，二者是影响面包和面条品质的共同品质性状。强筋和中筋小麦面团稳定时间与沉降值呈极显著正相关,相关系数分别为:0.655 8(n=31,P<0.01)和 0.667 5(n=31,P<0.01)。可选择面团稳定时间作为对气象条件评价的主要品质性状。

各气象因子间相关分析表明,开花至成熟期平均气温与灌浆中期平均日最高气温呈极显著正相关,与平均气温日较差呈显著正相关。为避免因子间重复,尤其相关很密切者不宜一并列入。以开花至成熟期间的各气象因子为自变量,以面团稳定时间为因变量,经逐步回归分析比较,确立平均气温、总日照时数、总降水量构成影响籽粒品质形成的主要气象条件组合。

4. 强筋小麦籽粒品质形成的气象条件模糊综合评价　对各试点强筋小麦面团稳定时间数值分布分析表明,31 个点中有 19 个点的面团稳定时间在 10min 以上,10 个点在 7min 以上,2 个点低于 7min,分别占总试点数的 61.29%、32.26% 和 6.45%。说明山东的生态气候条件适宜优质强筋小麦品质形成。依据强筋小麦最适气象值及各气象因子实际数值范围大小和分布情况,根据国家标准 GB/T17892—1999,将 ≥10min 面团稳定时间对应的气象因子数值范围定为优Ⅰ区,<10min 面团稳定时间对应的气象因子数值范围定为优Ⅱ区。制定的各气象因子的分级标准见表 5-18。

表 5-18　强筋和中筋小麦籽粒品质气象因子分级标准

气象因子	强筋小麦			中筋小麦		
	a_{-1}	a	a_1	a_{-1}	a	a_1
$\overline{T}_日$	18.4	20.0	22.8	—	20.5	23.2
S	257	295	335	251	298	340
R	32	53.5	70	24	53.9	86.6

注:$\overline{T}_日$:日平均气温(℃);S:总日照时数(h);R:总降水量(mm)。

采用层次分析法分析气候因子对强筋小麦籽粒品质形成的贡献,确定开花至成熟期平均气温、总日照时数、总降水量的权重系数分别为:0.667、0.221 和 0.112。应用模糊综合评价方法,得到各试验点气象条件的综合评判结果:强筋小麦优Ⅰ区:文登、乳山、烟台、莱阳、龙口、平度、即墨、诸城、潍坊、沂源、泰安、临沭;强筋小麦优Ⅱ区:莱州、博山、桓台、滨州、利津、沾化、阳信、陵县、茌平、阳谷、鄄城、菏泽、单县、济宁、滕州、费县、临沂、沂水、莒县。

5. 中筋小麦籽粒品质形成的气象条件模糊综合评价　对各试点中筋小麦面团稳定时间数值分布分析表明,31 个点中有 24 个点的面团稳定时间在 3.5min 以上,6 个点在 3min 以上,1 个点低于 3min,分别占总试点数的 77.42%、19.35%、3.23%。说明山东的生态气候条件适宜优质中筋小麦品质形成。依据中筋小麦最适气象值及各气象因子实际数值范围大小和分布情况,根据行业标准 SB/T 10138-93(饺子用小麦粉)和 SB/T 10139-93(馒头用小麦粉),将 ≥3.5min 面团稳定时间对应的气象因子数值范围定为中筋小麦优Ⅰ区,<3.5min 面团稳定时间对应的气象因子数值范围定为中筋小麦优Ⅱ区。制定的各气象因子的分级标准见表 5-18。

采用层次分析法分析气候因子对中筋小麦籽粒品质形成的贡献,确定开花至成熟期平均气温、总日照时数、总降水量的权重系数分别为:0.625、0.250 和 0.125。应用模糊综合评价方法，得到各试验点气象条件的综合评判结果：中筋小麦优Ⅰ区：文登、乳山、烟台、莱阳、龙口、莱州、平度、即墨、诸城、潍坊、沂水、莒县、临沭、临沂、费县、沂源、泰安、博山、桓台、滨州、菏泽；中筋小麦优Ⅱ区：利津、沾化、阳信、陵县、茌平、阳谷、鄄城、单县、济宁、滕州。

（二）品质区划

依据上述评判结果、强筋小麦和中筋小麦各区叠合的范围，将山东省划分为：胶东、鲁中强筋、中筋小麦优Ⅰ区，鲁西北和鲁西南强筋、中筋小麦优Ⅱ区，鲁南强筋小麦优Ⅱ区、中筋小麦优Ⅰ区（图5-7）。

图5-7　山东省小麦品质区划图

1. 胶东、鲁中强筋、中筋小麦优Ⅰ区　位于胶东和鲁中地区，西北部以寿光、临淄、桓台、周村、莱芜、泰安市的西北部行政分区线为界，西南部沿肥城市、岱岳区、新泰市西南和南部行政区界，南部以蒙阴、沂水、诸城、胶南的南部行政分区线为界，包括威海市、烟台市、青岛市、潍坊市、莱芜市的全部，淄博市的临淄区、桓台县、周村区、博山区、淄川区、沂源县，泰安市的岱岳区、肥城市、新泰市，临沂市的蒙阴县、沂水县。

区内小麦全生育期≥0℃积温1 852.7～2 231.6℃，降水量187.9～310.8mm。灌浆中期平均日最高气温22.8～26.8℃；开花至成熟期平均气温18.2～21.7℃，总降水量37.1～69.3mm，总日照时数271～326h，平均气温日较差10.4～12.8℃，对强筋和中筋小麦品质形成最为适宜。

区内，胶东地区以种植冬性品种为主，播种期较早，有利于分蘖和提高分蘖成穗率，是山东省小麦成熟最晚的地区。山丘面积大，棕壤土多，部分麦田土层薄，质地差，土壤肥力不高；水资源缺乏，干旱威胁大；耕地不足，粮田面积逐年减少。所以，深翻整地，培肥地力，合理灌溉，发展优质强筋小麦生产，因地制宜推广配套技术，实行规范化栽培，努力提高单产，是发展本区小麦生产的主要措施。

鲁中地区土地面积较广，但山丘面积大，灌溉面积少，自然降水少，干旱威胁大，小麦产量较低。区内山峦起伏，气温北部比南部低，山区比平原低，山上比山下低，阴坡比阳坡低，致使同一区域内收种时间差异较大，灾害性天气各有差别。由于其气候、地貌、土壤等生态因素错综复杂，决定着小麦生产在品种使用、栽培措施、产量构成因素方面存在很大差异。因此，发展小麦生产的对策在山丘地区和平川地区有所不同。山丘地区应治山治水，改善生态环境，开展小流域治理，实行农、林、牧协调发展，调节气候，涵养水源，保持水土，修建蓄水池、小塘坝，增施肥料，秸秆还田培肥地力；选用抗旱耐瘠的冬性、半冬性品种，推广综合配套的小麦旱作增产技术。在平川地区，应加强中、低产田改造，增施有机肥料、秸秆还田，深翻加厚活土层，修建水利工程，改善排灌条件，实行低定额灌溉，选用节水高产品种，实施配套技术，努力提高单产。

2. 鲁西北和鲁西南强筋、中筋小麦优Ⅱ区　主要分布在鲁西南和鲁西北的黄泛平原地区。包括东营市、滨州市、德州市、济南市、聊城市、菏泽市、济宁市的全部，淄博市的高青县，泰安市的东平县、宁阳县，枣庄市的滕州市、薛城区。

区内小麦全生育期≥0℃积温约2 190℃，降水量162.0～291.9mm。灌浆中期平均日最高气温26.9～30.0℃；开花至成熟期平均气温21.8～24.0℃，总降水量鲁西北为10.9～32.2mm，鲁西南为43.6～75.0mm，总日照时数鲁西北为316～350h，鲁西南为251～278h，平均气温日较差11.6～14.1℃。该区小麦开花至成熟期温度过高，鲁西南降水量偏高，日照时数偏少，鲁西北降水量偏少，日照时数偏高，小麦籽粒蛋白质含量高，但沉降值和面团稳定时间相对较低，是强筋、中筋小麦品质较优地区。

区内，鲁西北是大平原，间有岗、坡、洼相间的微地貌，区内潮土最多，土层深厚，肥力中等，盐碱、涝洼面积较大。小麦生产发展的障碍因素是自然降水少，小麦需水亏缺大，土壤养分含量低，养分构成比例不合理，光照资源利用率低。发展小麦生产的对策是以抗旱治水为中心，加强中低产麦田的改造；大力发展秸秆还田，增施肥料，提高土壤肥力；因地制宜选用冬性和半冬性品种，发展强筋或中筋优质专用小麦，搞好麦棉、麦油、麦菜的间套复种，适当扩大小麦种植面积，努力提高单产。

鲁西南以平原为主，少有缓丘，其湖洼面积居全省之首。土壤类型主要是潮土、褐土，其次是砂姜黑土、棕壤、盐碱土及水稻土等。以种植半冬性品种为主，小麦播种期较晚，成熟期最早。水资源较丰富，但灌溉设备及渠系配套等不健全，开发利用不够；土壤肥力差，供肥能力弱。应有计划地兴修水利，节约用水，提高水分利用率；培肥地力，合理选用品种，发展强筋或中筋优质专用小麦生产；充分利用本区温、光、水、土等优越的生态条件，大力推广以小麦为主体作物的间套复种技术。鲁西南地区的山区，中上部多为棕壤，山麓坡地褐土居多，盆地及谷地的中央多为潮褐土。山区以种植冬性品种为主，平原谷地种植冬性和半冬性品种。发展小麦生产的途径是，在山丘地区开展小流域治理等水土保持工作，改善生态环境，大力推广旱作技术；在平川地加速中低产田改造，合理开发水资源；选用优质强筋或中筋小麦品种，努力提高小麦单产。

3. 鲁南强筋小麦优Ⅱ区、中筋小麦优Ⅰ区　主要分布在临沂市、日照市和枣庄市。包括日照市全部，临沂市的平邑县、费县、苍山县、郯城县、临沭县、莒南县、沂南县、河东区、罗庄区，枣庄市的山亭区、峄城区和台儿庄区。

区内小麦返青至 5 月底前≥0℃积温平均为 1 237.0℃，小麦全生育期降水 275.8mm 左右。灌浆中期平均日最高气温 26.0～29.0℃；开花至成熟期平均气温 21.1～22.4℃，总降水量 62.7～86.6mm，总日照时数 246～259h，平均气温日较差 11.6～12.2℃。温度较适宜，降水量偏高，日照时数偏少，籽粒蛋白质含量较高，沉降值一般，面团稳定时间中等，是强筋小麦较优、中筋小麦优质地区。

该区土壤质地不均，肥力不等，耕性各异，但生产水平较高，复种指数高达 173%，为山东省内最高区之一。所以，应继续搞好以小麦为主体作物的间作套种，增加投入，采取综合措施，改造涝洼和低产田，推广配套的旱作和高产栽培技术，实行规范化、标准化栽培，是争取小麦生产上一个新台阶的有效途径。

四、主要品种与高产优质栽培技术

(一)主要强筋品种

1. 济南 17　山东省农业科学院作物研究所以临汾 5064 为母本、鲁麦 13 为父本配置杂交组合，经有性杂交系谱法选育而成的高产优质强筋小麦。1999 年通过山东省农作物品种审定委员会审定。

该品种冬性，幼苗半匍匐。1997—1998 年参加山东省小麦高肥组生产试验，平均单产 7 068.75kg/hm²，比对照鲁麦 14 增产 5.8%。籽粒容重 770.3g/L 左右，籽粒硬度 14.15s，粗蛋白含量 15.16%，湿面筋含量 36.6%，吸水率 62.3%，面团稳定时间 15.7min 左右，100g 面粉面包体积 800cm³，面包评分 81.6 分，馒头评分 89 分。多年多点的分析表明，该品种面筋强度大，面包制作品质优良。通过配粉也可用其生产高档水饺、面条(方便面)和馒头等食品。

2. 济麦 20　山东省农业科学院作物研究所以鲁麦 14 为母本、鲁 884187 为父本，经有性杂交系谱法选育而成的高产优质面包小麦。2003 年通过山东省农作物品种审定委员会审定；2004 年通过国家农作物品种审定委员会审定。

该品种冬性，幼苗半直立。2002—2003 年参加山东省小麦高肥组生产试验，平均单产 7 700.55kg/hm²，比对照鲁麦 14 增产 8.69%。籽粒蛋白质含量 17.02%(干基)，湿面筋含量 37.2%，沉降值 52.9mL，吸水率 61.2%，面团形成时间 11.7min，稳定时间 24.0min，100g 面粉面包体积 930cm³，评分 96.3 分。

3. 烟农 19　烟台市农业科学院以烟 1933 为母本、陕 82‑29 为父本有性杂交，经系谱法选育成的优质强筋小麦品种。2001 年分别通过山东省农作物品种审定委员会和江苏省农作物品种审定委员会审定；2003 年通过安徽省农作物品种审定委员会审定；2004 年通过山西省农作物品种审定委员会审定。

该品种冬性，幼苗半匍匐。1999—2000 年参加山东省小麦高肥组生产试验，平均单产 7 190.4kg/hm²，比对照鲁麦 14 增产 1.3%。籽粒容重为 824g/L，粗蛋白含量 13.56%，湿面筋 35.5%，面团稳定时间 16.5min。与优良加工品质密切相关的谷蛋白大聚合体含量高达 5.8%。

（二）氮肥后移高产优质栽培技术

1. 氮肥后移高产优质栽培技术的特点　氮肥后移栽培是适用于强筋小麦和中筋小麦高产、优质、高效相结合，生态效应好的栽培技术。

在冬小麦高产优质栽培中，氮肥的运筹一般分为两次：第一次为小麦播种前随耕地将一部分氮肥耕翻于地下，称为底肥；第二次为结合春季浇水进行的春季追肥。传统小麦栽培，底肥一般占 60%～70%，追肥占 30%～40%，追肥时间一般在返青期至起身期。还有的在小麦越冬前浇冬水时增加一次追肥。上述施肥时间和底肥与追肥比例（以下简称底追比例）使氮素肥料重施在小麦生育前期，在高产田中，会造成麦田群体过大，无效分蘖增多，小麦生育中期田间郁蔽，后期易早衰与倒伏，影响产量和品质，氮肥利用效率低。氮肥后移技术将氮素化肥的底肥比例减少到 50%，追肥比例增加到 50%，土壤肥力高的麦田底肥比例为 30%～50%，追肥比例为 50%～70%；同时将春季追肥时间后移，一般后移至拔节期，土壤肥力高的田块采用分蘖成穗率高的品种可移至拔节期至旗叶露尖时。这一技术，可以有效地控制无效分蘖过多增生，塑造旗叶和倒二叶健挺的株型，使单位土地面积容纳较多穗数，形成开花后光合产物积累多，向籽粒分配比例大的合理群体结构；能够促进根系下扎，提高土壤深层根系比重，提高生育后期的根系活力，有利于延缓衰老，提高粒重；能够控制营养生长和生殖生长并进阶段的植株生长，有利于干物质的稳健积累，减少碳水化合物的消耗，促进单株个体健壮，有利于小穗小花发育，增加穗粒数；能够促进开花后光合产物的积累和光合产物向产品器官运转，有利于提高生物产量和经济系数，显著提高籽粒产量；能够提高籽粒中清蛋白、球蛋白、醇溶蛋白和麦谷蛋白的含量，提高籽粒中谷蛋白大聚合体的含量，改善小麦的品质。

2. 氮肥后移高产优质栽培的理论基础

（1）提高粒重和籽粒产量　选用鲁麦 14 和鲁麦 22 两个品种，在总施氮量一致（每公顷 210kg 纯氮），底施氮肥与追施氮肥量各占总施氮量 50% 的条件下，设置了起身期或拔节期追施氮肥两个处理，研究氮肥后移提高粒重和产量的生理基础。

表 5-19　不同时期施氮对开花后旗叶光合速率 [CO₂，μmol/(m²·s)] 的影响

| 品种 | 追氮时期 | 开花后天数（d） | | | | | 产量 |
		0	8	16	24	30	（kg/hm²）
鲁麦 14	起身期	19.04	18.73	12.69	6.26	1.45	5 808.75
	拔节期	19.65	19.21	13.87	9.73	4.86	6 341.40
鲁麦 22	起身期	23.18	22.35	19.80	15.24	6.39	8 367.30
	拔节期	24.07	23.84	20.62	17.42	9.05	9 530.85

1）提高小麦开花后旗叶的光合速率　从表 5-19 可以看出，开花后旗叶的光合速率

持续降低，但鲁麦 14 开花后 8d 内，鲁麦 22 开花后 16d 内，基本维持在较高水平，之后才迅速降低。处理之间，拔节期施氮的处理旗叶光合速率显著高于起身期施氮的处理。说明追氮时期由起身期推迟到拔节期，提高了开花后旗叶的光合速率，尤其是在灌浆中后期对减缓旗叶的光合衰减有重要意义。

2）增强了小麦生育后期根系的吸收能力，延缓了根系的衰老　在小麦根系的不同层次进行放射性同位素 ^{32}P 吸收和运转分配的研究（表 5-20），可以看出，施氮肥后移提高了根系总的吸收能力、不同层次根系的吸收能力和向叶片运输 ^{32}P 的数量，有利于延缓衰老，提高吸收能力和促进产品器官的发育。

表 5-20　不同施氮时期对小麦 ^{32}P 吸收和运转、分配的影响（土柱栽培）

追氮时期	标记层次（cm）	叶			鞘			茎			穗			Bq/土柱	Bq/土柱
		1	2	3	1	2	3	1	2	3	1	2	3		
起身	0~20	27	160	5.68	11	66	2.34	9	159	5.64	45	2 433	86.43	2 818	
	20~40	86	499	22.24	33	208	9.27	29	484	21.57	20	1 065	46.26	2 244	8 088
	40~100	79	470	15.53	34	288	9.52	18	263	8.69	44	2 055	67.91	3 026	
灌浆后期	0~20	52	349	8.02	39	280	6.43	14	296	6.80	60	3 429	78.76	4 354	
	20~40	149	790	27.02	35	207	8.54	36	558	23.02	28	1 369	56.48	2 924	10 570
	40~100	131	690	21.05	89	649	23.24	15	239	8.56	33	1 711	61.28	3 292	

注：品种为鲁 215953，标记日期为 1993 年 5 月 27 日，灌浆后期；1、2、3 分别表示放射性活度（Bq/g）、每土柱放射性活度（Bq/土柱）、占总放射性活度的百分数（%）。

3）提高了开花后旗叶可溶性蛋白质含量，延缓旗叶的衰老　从表 5-21 可以看出，拔节期施氮处理的旗叶可溶性蛋白质含量显著高于起身期，尤其以灌浆后期差异显著。小麦开花后保持旗叶较高的可溶性蛋白质含量，有利于延长旗叶光合速率高值持续期，增强其生产和供应光合产物的能力。

表 5-21　不同施氮时期对旗叶可溶性蛋白质含量的影响［mg/g（鲜重）］

品种	追施时期	开花后天数（d）					
		0	7	14	21	28	35
鲁麦 22	起身期	51.13	48.08	40.42	33.18	17.25	8.31
	拔节期	52.48	50.24	43.67	37.26	24.01	10.22

4）促进光合产物向穗部的分配，有利于提高经济系数　由表 5-22 可以看出，挑旗期标记的 ^{14}C 同化物在成熟期向籽粒中分配的比例，拔节期追肥的处理显著高于起身期追肥的处理；而旗叶的滞留比例和其他营养器官的分配比例，拔节期追肥的少于起身期追肥的处理。表明氮肥后移至拔节期追施，可促进挑旗期生产的光合产物向籽粒的分配，减少旗叶的滞留比例及向其他营养器官的分配比例，有利于提高经济系数、提高粒重和旗叶的光合速率。

表 5 - 22　不同追氮时期处理挑旗期标记的旗叶^{14}C 同化物成熟期在植株体内的分配（%）

品种	追氮时期	旗叶	其他营养器官	穗轴＋颖壳	籽粒	千粒重（g）
烟农 15	起身期	12.63b	32.36b	14.99	40.02b	28.52b
	拔节期	11.70c	30.80c	14.37	43.13a	30.47a
	挑旗期	12.01c	30.49c	14.12	43.38a	30.36a
	开花期	13.37a	33.40a	14.81	38.42c	27.38c

5）促进了挑旗期至成熟期的干物质积累量，增加了总干物质积累量　由表 5 - 23 可以看出，拔节前干物质日积累量较少，干重增加缓慢，拔节后干物质日积累量迅速增加，至灌浆中后期干重增长缓慢。处理间比较，在挑旗期以前，起身期施氮处理的干物质日积累量均大于拔节期施氮的处理，或两者无显著差异；挑旗以后，拔节期施氮处理干重的增长速率快于起身期施氮的处理；至开花期，拔节期施氮处理的日积累量显著高于起身期施氮的处理；成熟时，拔节期施氮处理的干物质总量显著高于起身期施氮的处理。说明将施氮时期由起身期推迟至拔节期，挑旗前干物质积累较慢，开花后干物质的日积累量增长快，成熟期总生物产量较高，这是高产或超高产小麦的干物质积累模式。

表 5 - 23　不同施氮时期对不同生育阶段干物质日积累量 $[kg/(d \cdot hm^2)]$ 的影响

品种	追施时期	出苗—越冬	越冬—起身	起身—拔节	拔节—挑旗	挑旗—开花	开花—灌浆	灌浆—成熟
鲁麦 14	起身期	39.15	4.95	64.95	197.25	252.60	175.50	61.35
	拔节期	39.00	5.10	61.20	189.90	267.90	201.30	70.95
鲁麦 22	起身期	52.95	10.80	46.50	175.80	264.00	343.35	150.75
	拔节期	53.25	10.80	40.65	171.00	292.50	362.70	152.25

（2）改善籽粒品质　利用中筋小麦鲁麦 22 和强筋小麦烟农 15 品种，在总施氮量一致（每公顷 210kg 纯氮），底施氮肥与追施氮肥量各占 50% 的条件下，设置了起身期、拔节期、挑旗期、开花期追施氮肥的 4 个处理，研究追施氮肥后移对小麦籽粒品质的影响。

1）追氮时期对籽粒蛋白质含量的影响　籽粒蛋白质的含量呈 V 形变化，随追氮时期后移，蛋白质含量呈增加的趋势，但鲁麦 22 拔节期、挑旗期与开花期追氮差异不显著，烟农 15 挑旗期与开花期追氮差异不显著，而追氮时期过早（起身期）会显著降低籽粒蛋白质含量。

2）施氮时期对籽粒清蛋白和球蛋白积累的影响　清蛋白和球蛋白是与籽粒营养品质密切相关的两种蛋白质组分。拔节期、挑旗期和开花期追施氮肥的 3 个处理，籽粒清蛋白和球蛋白含量差异不显著，但均显著高于起身期追氮肥的处理。

3）施氮时期对籽粒醇溶蛋白和谷蛋白积累的影响　醇溶蛋白积累表现为开花期追施氮肥的处理最高，拔节期和挑旗期追施氮肥的处理间差异不显著，但显著高于起身期追施氮肥的处理；谷蛋白积累表现为，挑旗期追施氮肥的处理最高，起身期追施氮肥的处理最低，拔节期和开花期追施氮肥的处理差异不显著且居中。表明追施氮肥过早（起身期）不利于籽粒醇溶蛋白和谷蛋白的积累。

4）施氮时期对品质和产量的影响　从表 5 - 24 可以看出，两品种的湿面筋含量和面团稳定时间均是拔节期或挑旗期施氮的处理较好，起身期施氮的处理较差。说明氮肥后移可以改善小麦品质，产量也随之提高。但是施氮时期过晚，在开花期施，虽然籽粒蛋白质含量较高，但面团稳定时间变短，籽粒产量也降低。将品质与产量结果结合分析，拔节期是优质、高产、高效的追氮时期。

表 5-24　追氮时期对小麦品质和产量的影响

品种	追氮时期	容量 (g/L)	出粉率 (%)	湿面筋含量 (%)	面团稳定时间 (min)	穗数 (×10⁴/hm²)	穗粒数 (个)	千粒重 (g)	籽粒产量 (kg/hm²)
鲁麦22	起身期	735.66	83.5	34.2	1.9	481.5	45.3	47.0	8 434.5
	拔节期	741.78	84.6	36.7	2.9	477.0	45.8	52.6	9 535.5
	挑旗期	743.59	84.3	37.8	3.0	465.0	45.2	51.6	9 016.5
	开花期	727.14	82.2	35.5	2.6	460.5	44.1	46.1	7 867.5
烟农15	起身期	808.96	85.6	40.2	6.9	835.5	36.0	28.5	8 173.5
	拔节期	814.38	86.3	42.3	8.0	831.0	37.1	30.4	8 791.5
	挑旗期	816.36	86.9	44.4	8.6	828.0	36.7	30.6	8 661.0
	开花期	799.39	87.4	41.4	7.4	825.0	34.3	27.3	7 743.0

5) 氮肥底施与追施比例对小麦品质和产量的影响　"底肥＋追肥"是水浇地高产田施用氮肥的模式。在小麦高产栽培中，一般提倡总氮量的 1/2 底施，总氮量的 1/2 拔节期追施。在高产地力条件下，由于土壤肥力较高，减少底施氮量，增加追施氮量，会不会改善小麦籽粒品质，为此进行了试验。在 0～20cm 土层土壤有机质含量 1.2%，水解氮 101.18mg/kg，速效磷 20.4mg/kg，速效钾 81.4mg/kg 的地力条件下，设置了氮、磷、钾施用量一致，氮素底施、追施比例不同的两个处理：Ⅰ．总量的 1/2 底施，1/2 拔节期追施；Ⅱ．总量的 1/3 底施，2/3 拔节期追施，品种采用强筋小麦济南 17 和中筋小麦鲁麦 21。

表 5-25　氮素不同底追比例对小麦品质和产量的影响

品种	氮素处理	容量 (g/L)	出粉率 (%)	蛋白质含量 (%)	湿面筋含量 (%)	面团稳定时间 (min)	籽粒产量 (kg/hm²)	蛋白质产量 (kg/hm²)
济南17	Ⅰ：1/2 底 1/2 追	792.8	64.74	13.58	35.69	8.0	7 991.6	1 085.3
	Ⅱ：1/3 底 2/3 追	792.3	65.67	13.67	40.77	8.0	9 227.9	1 261.5
鲁麦21	Ⅰ：1/2 底 1/2 追	803.8	71.86	11.62	31.52	2.8	9 944.0	1 155.5
	Ⅱ：1/3 底 2/3 追	811.6	74.96	11.22	33.01	3.5	9 966.5	1 118.3

从表 5-25 可以看出，随着氮素追施比例的增加，处理Ⅰ与处理Ⅱ相比，籽粒蛋白质含量差异不显著；两品种湿面筋含量为处理Ⅱ高于处理Ⅰ；增加追氮比例，显著延长了鲁麦 21 品种的面团稳定时间。从表中还可以看出，增加追施氮素的比例显著地提高了济南 17 小麦的籽粒产量，两品种的出粉率也有所提高。说明在高产土壤肥力条件下，适当减少底施氮肥比例，增加追施氮肥的比例有利于小麦高产、优质、高效的统一。

（3）提高了植株对氮素的吸收利用　由表 5-26 可以看出，小麦吸收土壤中的氮约占 2/3～3/4，吸收肥料中的氮约占 1/4～1/3，在肥料氮中吸收追肥氮的量要高于底肥氮。

可见，培肥地力是获得小麦高产的基础。从表中还可以看出，两品种在拔节期施氮的处理提高了植株对氮素的吸收利用，每株的吸氮量均有所增加；拔节期施氮处理较起身期施氮处理，吸收肥料氮的数量和比例增加，吸收土壤氮的量增加但比例减小。

表 5 - 26　不同施氮时期对土壤氮和肥料氮（^{15}N）的吸收利用

| 品种 | 追氮时期 | 单株总氮量（mg/株） | 来自肥料氮的量 | | | | | | 来自土壤氮的量 | |
| | | | 追肥氮 | | 底肥氮 | | 合计 | | mg/株 | 占总氮（%） |
			mg/株	占总氮（%）	mg/株	占总氮（%）	mg/株	占总氮（%）		
鲁麦14	起身期	155.61	21.28	13.68	15.38	9.88	36.66	23.55	118.95	76.44
	拔节期	169.42	25.07	14.80	20.32	11.99	45.39	26.79	124.03	73.21
鲁麦22	起身期	212.24	29.02	13.67	24.89	11.73	53.91	25.40	158.33	74.60
	拔节期	225.92	36.03	15.94	28.81	12.76	64.84	28.70	161.08	71.30

3. 氮肥后移高产优质栽培技术规程

（1）品种选择　选用单株生产力高、抗倒伏、抗病、抗逆性强、株型较紧凑、光合能力强、经济系数高、不早衰的强筋或中筋小麦品种。

（2）产地环境选择及小麦秸秆免耕、玉米秸秆旋耕还田的地力培肥　按照小麦产地环境技术条件标准（NY/T851—2004）的规定，选择产地环境。采用小麦秸秆免耕还田、玉米秸秆旋耕还田方式，实施多年连续小麦、玉米秸秆还田培肥地力，提高土壤保水保肥能力。

（3）播种要求　小麦从播种至越冬开始，以 0℃以上积温 600～650℃ 为宜。鲁东、鲁中、鲁北的小麦适宜播期为 10 月 1～10 日，其中最佳播期为 10 月 3～8 日；鲁西的适宜播期为 10 月 3～12 日，其中最佳播期为 10 月 5～10 日；鲁南、鲁西南为 10 月 5～15 日，其中最佳播期为 10 月 7～12 日。选用小麦精播机或半精播机播种，精确调整播种量，播种深度为 3～5cm，下种均匀，深浅一致，不漏播，不重播，地头、地边播种整齐。种植规格，一般应适当扩大畦宽，以 2.5～3.0m 为宜，畦埂宽不超过 40cm，以充分利用地力和光能。采用等行距或大小行种植，平均行距为 21～25cm 为宜。

（4）培育个体健壮抗病虫的群体结构　分蘖成穗率低的大穗型品种，每公顷 225 万～270 万株基本苗，冬前每公顷总茎数为计划穗数的 2.3～2.5 倍，春季最大总茎数为计划穗数的 2.5～3.0 倍，每公顷穗数 450 万左右，每穗粒数 45 粒左右，千粒重 45g 左右；分蘖成穗率高的中穗型品种，每公顷基本苗 180 万～225 万，冬前总茎数为计划穗数的 1.2 倍，春季最大总茎数为计划穗数的 1.8～2.0 倍，每公顷穗数 525 万～675 万，每穗粒数 33～35 粒，千粒重 43～45g；分蘖成穗率高的多穗型品种，每公顷基本苗 120 万～180 万，每公顷穗数 690 万～825 万。晚播小麦相应提高基本苗量，采用以主茎成穗为主的途径，每公顷基本苗 375 万～525 万。

（5）精量施肥提高肥料利用率　高产与超高产水平条件下：0～20cm 土层土壤有机质含量≥1.0%，全氮含量≥0.09%，碱解氮≥70～80mg/kg，速效磷≥20mg/kg，速效钾≥90mg/kg，有效硫≥12mg/kg 的条件下，每公顷生产小麦 6 000～7 500～9 000kg，每公顷总施肥量：纯氮 180～210～240kg，磷（P_2O_5）75～93～112.5kg，钾（K_2O）75～

93～112.5kg，硫（S）65kg，提倡增施有机肥，合理施用中、微量元素肥料。上述总施肥量中，全部有机肥、磷肥，氮肥的30%～50%，钾肥的50%作底肥，第二年春季小麦拔节期再施余下的50%～70%的氮肥和50%的钾肥。硫素采用硫酸铵或硫酸钾肥料。

中产水平条件下：0～20cm土层土壤有机质含量0.8%左右，全氮0.06%～0.08%，碱解氮60～70mg/kg，速效磷10～15mg/kg，速效钾60～80mg/kg，有效硫≥12mg/kg的条件下，每公顷生产小麦4 500～6 000kg，每公顷总施肥量：纯氮180～210，磷（P_2O_5）75～105kg，钾（K_2O）75～105kg，硫（S）65kg，提倡增施有机肥，合理施用中、微量元素肥料。上述总施肥量中，全部有机肥、磷肥，氮肥和钾肥的50%作底肥，第二年春季小麦拔节期再施余下50%的氮肥和钾肥。硫素采用硫酸铵或硫酸钾肥料。

（6）节水灌溉，提高水分利用率

1）拔节期追肥浇水　施拔节肥、浇拔节水的具体时间要根据品种、地力、墒情和苗情掌握。分蘖成穗率低的大穗型品种，在拔节期前（幼穗分化期）或拔节初期（雌雄蕊原基分化期）追肥浇水。分蘖成穗率高的中穗型品种，地力水平较高时，群体适宜的麦田，宜在拔节初期或中期（药隔期）追肥浇水；地力水平高、群体适宜的麦田，宜在拔节后期（旗叶露尖）追肥浇水，灌水量每公顷600m³左右。

2）后期水分管理　一般应于挑旗期进行。如小麦挑旗期墒情较好，可推迟至开花期浇水，以后不再浇水；如小麦挑旗期和开花期墒情较好，可推迟至灌浆初期浇水，灌水量每公顷600m³左右。

（7）小麦病虫草害防治　选用高效低毒低残留杀菌剂和高效低毒选择性杀虫剂，施药时间避开自然天敌对农药的敏感时期，控制适宜的益害比。小麦播种前选用14%纹枯灵小麦种衣剂包衣。按照病虫害测报调查规范标准，适时防治条锈病、赤霉病、白粉病、纹枯病等病害和麦蚜、黏虫、红蜘蛛等虫害。于冬前小麦分蘖期或返青期，选用10%苯磺隆可湿性粉剂防治双子叶杂草，用3%世玛乳油防治单子叶杂草。

（8）适时收获　蜡熟末期收获，蜡熟末期籽粒的千粒重最高，籽粒的营养品质和加工品质也最优。蜡熟末期的长相为植株茎秆全部黄色，叶片枯黄，茎秆尚有弹性，籽粒含水率22%左右，籽粒颜色接近本品种固有光泽，籽粒较为坚硬。在蜡熟末期收获，提倡用联合收割机收割，麦秸还田。实行单收、单打、单储。

第五节　山西省小麦品质区划与高产优质栽培技术

一、小麦生产生态环境概况

（一）地理概况

山西省位于华北西部，黄土高原东缘，地处北纬34°36′～40°44′，东经110°15′～114°32′之间。北接内蒙古自治区，南界河南，西隔黄河与陕西相望，东以太行山与河北为邻。全省南北长680多km，东西宽380多km，土地面积15.6万km²，占我国国土面积的1.6%。

（二）气候特点

山西省地形狭长，跨越 6 个纬度，属于暖温带与中温带两个气候区。虽小麦面积至今已降至约 73 万 hm²，但南北狭长带来的气候特点使小麦生产跨越黄淮冬麦区、北部冬麦区和北方春麦区。加之地势为内陆黄土高原，境内多山，东有太行山、恒山、五台山，西有吕梁山，南有中条山，平均海拔 1 000m 左右，境内耕地仅占 20% 左右。由于纬度、海拔的叠加效应加上山脉的切割与黄土高原雨水冲刷，不仅地形地势山峦起伏，沟壑纵横，而且耕地多为山（地）、台（地）、丘（陵）、盆（地），其中适宜小麦生长的地带主要分布在由南向北的运城盆地、临汾盆地、晋中盆地、上党盆地（长治、晋城）、忻定盆地及大同盆地，农区之间温、光、水、热气候差异大，梯度明显，相互嵌合渗透。复杂多样的气候生境造就了复杂多样的小麦品种生态类型与生育差异，从南到北历时近 3 个月都有小麦的成熟。一年之中除 8 月中下旬外，都有小麦生长。在品种的温光发育类型上，几乎涵盖了我国由强冬性到弱冬性到春性到强春性的温光反应类型。在小麦栽培生态类型上，由于自然生态的多样性，山西也存在半湿润地区栽培型、平川水地栽培型、沟壑沟坝旱地栽培型、梯田小麦栽培型、高寒及丘陵旱地栽培型、下湿盐碱地栽培型等多样性的不同。

1. 温光特点

（1）温度特点　山西省大部分地区年平均温度在 4~14℃ 之间，总的趋势为由南到北、由盆地到丘陵山区递减。运城盆地及中条山以南的河谷地带年平均温度可达 13~14℃，是山西热量资源最丰富的地区；临汾盆地的年平均温度为 12℃ 左右，东、西丘陵山区年平均温度为 9~11℃；晋中盆地、忻定盆地、晋中东西山区、上党地区年平均气温为 8~10℃；大同盆地年平均温度为 6.5~7.5℃。>0℃ 积温分布趋势与年平均温度相一致，运城、临汾盆地多达 4 600~5 100℃，上党盆地的晋城为 4 100~4 400℃，晋中盆地为 3 800℃ 左右，大同盆地为 3 300~3 500℃。小麦从播种到成熟需要 >0℃ 的活动积温为 1 700~2 400℃，温度、热量条件完全可以满足小麦正常生长发育所需。但在不同的生育阶段，温度的起伏变化常常会影响到小麦的正常生长发育，尤其是越冬冻害、晚霜冻害、成熟阶段的高温与干热风危害，导致灾害性减产。

（2）光照特点

1）太阳辐射　山西省全年太阳辐射总量介于 486~607kJ/cm²，由北向南总趋势是日照时间相对变短，年辐射总量也相应减少。临汾市、运城市年太阳辐射总量为 486~578kJ/cm²；长治市、晋城市为 538~569kJ/cm²；晋中市、吕梁市、太原市为 565kJ/cm² 左右；北部地区及晋西北地区晴天多，太阳辐射总量也多，一般为 553~607kJ/cm²。

2）日照时数　山西各地的日照时数介于 2 200~2 900h 之间，其分布主要与纬度有关，随着纬度的增加，日照时数逐渐加长。运城市及南部中条山地区年日照时数在 2 300h 左右，为省内日照时数低值区。临汾市及晋东南的大部分地区为 2 550h 左右，其中临汾市不足 2 500h，晋城市只有 2 400h；晋中市为 2 600~2 700h；忻州市、吕梁市为 2 700~2 800h；大同市为 2 700~2 900h，是省内日照时数的高值区。

2. 降水与地下水　山西省全年降水量在 400~600mm 之间，多年平均降水量为 518mm，是我国降水量较少的省份。省内大部分地区属于半干旱气候区，少部分为半湿润气候区。降水量在地区间分布不均匀，东南部的晋城、长治降水量较为丰富，年水量达到 600mm 以上，少数高山地区可达 700mm；运城、临汾盆地在 500～550mm 之间，晋中盆地为 450～500mm，忻定盆地为 450mm，大同盆地不足 400mm。山西的降水特点直接关系到土壤水分与地下深层水源，由于降水在 500mm 左右，所以即使在雨季亦很少有多余水分向土壤深层 2～3m 以下渗漏积蓄。而山西约占 50％以上的旱地麦田主要分布于黄土高原地区，地下水深达百米以上，为永久性旱地。即使盆地井灌区，由于地下水过多开采，水源一般亦在 50～100m 之间。

由于受大陆性季风气候的影响，常年 500mm 左右的降水分布很不均匀，60％（约250～300mm）集中在 7、8、9 三个月，这样的气候特点形成了山西晋南以冬小麦为主要作物的农耕制度，小麦播种在雨季过后的 9～10 月份，充足的土壤水分可保证小麦在秋季形成壮苗和强壮的根系，以利安全越冬和旱季到来时利用土壤深层水分。由于不同年际间降雨的差异，直接影响到土壤水分的积蓄、消耗与小麦产量的波动。

（三）土壤条件

1. 土壤类型　山西由南向北，随着气温逐渐降低、降水逐渐减少、风力逐渐增强、干燥度增大，自然植被由森林草原向干草原演化，土壤黏性化程度、碳酸钙淋溶程度由强变弱，钙层部位逐渐增高。土壤类型由半干旱型的褐土与石灰性褐土渐变为干旱型的栗褐土和栗钙土。盆地盐碱土的组成也由南部以碳酸盐、氯化物为主，逐步演化为北部以苏打土为主，盐碱积累逐渐增多。受风力影响，黄土的机械组成也由南到北逐渐变粗。

石灰性褐土是山西省五大盆地水地小麦的主要土壤类型，分布在地势低平宽阔的区域，海拔 360～1 000m，碳酸钙含量下层明显高于上层。石灰性褐土是开垦历史悠久的土壤，具有深厚肥沃的熟化层，土体深厚，以壤质为主，pH7.8～8.3，是山西省中南部平川和晋东南主要麦区的土壤类型，也是该区域水热条件优越的高产地区。山西省盆地灌溉小麦区域的土壤类型还有栗钙土、潮土、盐化潮土和冲积土等，大部分分布在春小麦产区。

山西省旱地小麦占到小麦面积的 50％以上，主要土壤类型有褐土性土、黄绵土、栗褐土、浅栗褐土、淋溶褐土。褐土性土广泛分布于恒山以南、吕梁山以东的吕梁、太行、太岳山脉，中低山地、丘陵、垣地、平原阶地等各种地形上面，一般海拔高度 800～1 500m。褐土性土有机质、氮、磷养分含量总的来说偏低，一般有机质含量约为 0.87％，全氮含量约为 0.065％，速效磷 7.35mg/kg，速效钾 138.28mg/kg，容重 1.2g/cm³，孔隙比 1∶1；由于土层深厚蓄水保证性好，有利于作物生长。

2. 土壤质地　山西省土壤质地采用国际制标准共分为沙土、壤土、黏壤土、黏土四类。面积最大的是壤土类，占到全省土壤总面积的 70％以上。

（1）沙土类　全省面积 26.4 万 km²，占土壤总面积的 1.82％。这类土壤分布于喘急河流两侧的高河漫滩或一级阶地及部分弯曲河流两侧、河心滩。土体水分不易保蓄，是一种抗旱能力很弱的土壤。

（2）壤土类　是全省面积最大的一类土壤，包括沙质壤土、壤土、粉沙质壤土，广泛分布于山地、丘陵、平川各种地形部位。此类土壤孔隙中等，肥力状况良好，土壤保水保肥性中等，耕性良好，宜耕期长，通气性好，导温性、导热性及其收缩性、胶结力均适中，最适宜小麦的种植，是山西省小麦种植的主要土壤质地类型。

（3）黏壤土类　全省面积为344.8万 km²，占土壤总面积的23.72%，包括沙质黏壤土、黏壤土、粉沙质黏壤土。主要分布于丘陵下部及河流两岸的低洼地带。质地较黏，保水保肥性、耕性、耕作质量均较好，但宜耕期较短。土壤在雨期泥泞，干旱期较坚硬，对耕作有一定影响。土壤通气性稍差，但一般不影响作物生长。土性发凉，肥力较高，后劲较大。是山西省小麦种植较好的土壤质地类型。

（4）黏土类　全省面积为47.1万 km²，占土壤总面积的3.23%，主要分布在丘陵、沟壑及河流两侧下游低洼地带。该类型土壤有较强的黏着性、可塑性和吸附作用，保水保肥性强，潜在养分状况良好，但释放缓慢，速效养分不高。黏土质地通透性差，耕作困难，属于不良质地类型。

3. 土壤肥力　根据1990—1994年山西省耕地土壤肥力动态监测结果，山西省土壤养分平均含量，经过数年的氮、磷补充，有机质含量为14.2g/kg，全氮为0.84g/kg，速效磷为12.2mg/kg，速效钾为155mg/kg，以全国水平衡量，前3个指标为中等水平，钾肥为中上等。所以山西省土壤在一定程度上改善了以往缺磷、少氮、钾丰富的现象。

（四）种植制度

由于山西由北向南地处黄土高原半干旱至半湿润易旱地区的过渡带，水热资源同步性与组合性差异的特点，决定了山西省小麦的两大栽培种植类型与五种种植方式，即水地栽培类型与旱地栽培类型，水地栽培类型又因供水的限制分为饱浇地小麦与不饱浇地小麦，同时根据水热资源同步的特点分为南部小麦—玉米—小麦两茬平播一年两作的周年高产高效区，中部小麦—大豆—小麦两茬平播一年两作的周年高产中效区，北部小麦一年一作低产低效区。旱地又因自然降水不同也可分为一年一作和一年二作。

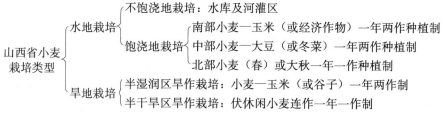

由上述种植模式可以看出，山西受自然气候资源的限制，除东南部地区晋城市所属半湿润地区及水热资源同步的山西南部地区，小麦、玉米可搭配构成高产高效的种植制度外，其余晋中、吕梁、晋北等地区都缺乏周年高效的小麦种植制度。

二、小麦产业发展概况

（一）生产概况

小麦是山西省仅次于玉米的第二大粮食作物，在粮食生产中占有重要地位，也是主要越冬作物。全省从南到北均有小麦种植，主要种植区域是运城市、临汾市、晋城市、晋中市、长治市、太原市和吕梁市等7个市。运城和临汾两市的小麦面积占到全省面积的80％以上。全省常年播种面积67万～74万 hm²，单产在3 000～3 750kg/hm² 之间，总产在220万～250万 t。单产与总产变动幅度较大的原因是干旱。旱地面积占小麦播种面积的50％以上。

山西小麦品质优良，在古老的传统面食文化和特殊的地理自然环境，以及长期人工选择和自然选择双重作用下，众多地方农家小麦品种以蛋白质含量高、口感好、品质优良著称，尤其适宜制作面条和馒头。近年新育成的现代改良品种也有蛋白质含量较高、沉降值和稳定时间等筋力指标较高的特点，如忻2060、太原136、临优145、临优2069等。山西省是我国强筋、中筋优良小麦产区之一。

改革开放以来，山西省小麦生产经历了4个发展阶段。

1. 快速增长阶段（1978—1987）　十一届三中全会解放了生产力，联产承包责任制和农业经济政策的改善，小麦生产迅速发展。这一阶段山西省小麦面积稳定在100万 hm² 左右，单产由1 500kg/hm² 增加到2 250kg/hm² 以上，总产由129万 t 增加到234万 t。

2. 稳定提高阶段（1988—1997）　这一阶段各级政府高度重视小麦生产，把发展小麦生产作为解决温饱问题的战略重点，调动了农业科技人员从事小麦高产品种选育与研究、推广高产栽培技术的积极性，使优良品种更新换代的速度加快，高产品种在生产上覆盖率达80％以上。地膜覆盖、秸秆覆盖等抗旱抗逆技术在丘陵旱地上大面积实施，小麦生产达到新中国成立以来的最好水平。小麦面积稳定在100万 hm² 左右，单产由1988年的2 356.5kg/hm² 增加到1997年的3 664.5kg/hm²，总产由234.8万 t 增加到348.6万 t。

3. 结构调整阶段（1998—2003）　随着全社会温饱问题的基本解决，小麦生产效益低下的矛盾日益突出，整个农业生产面临产业结构的重大调整。其中主要是晋南麦区部分旱地小麦改种果树，使全省小麦面积由1998年的96.34万 hm² 减少到2003年的72万 hm²，与此同时连续遭受了1999、2000、2001年连续3年的干旱，使单产降到3 000kg/hm² 以下，但其余年份仍维持在3 000kg/hm² 以上，总产维持在220万～250万 t 之间。

4. 产量品质效益并重提升阶段（2004—2008）　2004年以后，经过调整的小麦面积基本维持在66.7万～73.3万 hm²，面积虽然小了，但小麦品质结构发生了较大变化，各级政府实施优质小麦产业化发展战略，促进了高产优质小麦品种的选育，推动了强筋优质商品小麦生产加工产业化的发展，同时发挥山西中、强筋小麦产区的区域自然优势，优质专用小麦生产飞速发展，优质高产小麦品种的覆盖率大幅度提高，基本形成了"区域化种植、标准化生产、产业化经营"的现代小麦生产格局。

（二）生产优势及存在问题

1. 生产优势

（1）自然地理气候条件有利于优质小麦生产　山西海拔高、温度高、光照足、气候干燥、温差大。从全国生态区划分，山西属中晚熟冬麦带，生育期较长，生产的小麦品质较好。据多次的全国普查和省内普查结果，山西省小麦在蛋白质、湿面筋含量和沉降值等主要反映品质指标上，高于全国平均值，属我国优质产麦区之一，特别适宜发展强筋小麦。

（2）优质专用小麦品种的选育引进和繁育工作成效显著　山西省优质小麦育种工作起

步较早，先后育成了太原136、临汾5064、忻2060等优良品种。太原136曾被评为全国优质面包小麦品种，忻2060也是当时国内超强力粉小麦品种资源。目前这些品种均是国内小麦品质育种的主要优质资源。以此为亲本选育出了太原752高产优质新品系及临汾127、临汾255等相关新品种，其品质达到了优质面包粉小麦的标准。山西还先后从山东、北京、陕西等地引进了济南17、PH82-2-2、高优503、京9428等新品种。从试验结果和品质测定分析看，这些品种的产量与当地推广的普通小麦产量相近，主要品质指标可与进口优质麦相媲美，完全可以替代或部分替代进口产品。

（3）优质专用小麦的产业化开发已经起步　受优质加工专用小麦市场需求量大、价格高、产品竞争力强的吸引，省内部分制粉企业、粮食收贮企业已积极参与优质麦的产业开发。长治市面粉厂面粉加工设备是从国外引进的，生产的面粉质量较高，已获得中国绿色食品发展中心认证，取得了"绿色食品"证书，产品市场销量稳步上升。为了保证原料质量，该厂以高于普通小麦10％的价格和黎城县东社乡签订优质面包专用小麦意向合同。运城市盐湖区强力面粉厂从1992年开始生产面包粉、面条粉等6个专用系列面粉，并通过确定品种、签订合同等形式，组织农民种植优质专用小麦品种，收购价格比当时国家定购价每千克高0.04～0.08元。

（4）山西有以面食为主的传统饮食习惯　长期以来，山西人有以面食为主的饮食习惯，随着生活水平的提高和工作生活就餐习惯的改变，馒头、方便面及各地代表地方特色的面食加工，以及各式面包产品深受不同消费者的喜好，不仅促进了山西小麦品质多样性的发展，而且也为山西发展优质小麦提供了广阔稳定的市场。

2. 存在问题

（1）**市场品质加工标准达标率不高**　山西省小麦品种依制粉品质要求，根据容重指标分析，中力粉和弱力粉分别达标率为51.6％和80.6％，强力粉仅有38％的达标率，特强力粉更低，为12.9％；蛋白质含量符合强力和中力粉的达标率为41.9％～58.1％，特强力粉达标的仅为3.2％；湿面筋含量90％以上达到强力、特强力粉的标准；沉降值仅有25.8％的品种达强力粉、61.3％达中力粉标准。山西省小麦品种依加工专用面粉要求，蛋白质含量方面：制作酥性饼干的品种达标率为0，制作方便面的达标率为100％，制作面条的达标率为41.9％，制作馒头的达标率为96.7％，制作面包的达标率为41.9％；湿面筋含量方面：除酥性饼干外，方便面、面条、馒头、面包都是100％达标；沉降值方面：适于面条加工的达标率最高达93.5％，其次为制作馒头达标率为87.1％，制作面包的达标率也在32.2％，制作酥性饼干的达标率仅为3.2％。

（2）**生产成本偏高，比较效益低**　山西省农业生产条件与自然资源较差，同河北、河南等小麦主产省相比，生产同等数量的小麦，投入却高出许多。以1995年和1999年为例，山西省小麦每50kg生产成本分别为42.06元和58.89元，分别比河北高9.05元和17.49元，比河南高3.68元和15.89元。在农作物内部，小麦几乎是所有农作物中比较效益最低的。山西省农业厅对全省14个县的140个农户调查，1998年全省小麦每公顷平均纯收益为831.15元，分别比棉花、玉米低6 501.75元和1 341.9元。特别是近几年，因干旱严重造成投入相对增加，种麦效益持续下降。运城市调查，引黄水浇1hm^{2}小麦约975元，井水灌溉450～600元，扩浇地灌溉1 050～1 200元。

（3）制粉工业发展滞后，产品结构单一，加工转化水平低　全省粮食系统现有面粉加工企业 200 余家，其中大型企业 12 家，但目前开工严重不足。从制粉企业所用的原料看，大多是外省小麦；从产品结构看，以普通面粉为主，饺子粉、面条粉数量较少，面包专用粉、方便面专用粉等高档面粉尚属空白。从产品市场占有率看，外省面粉的市场份额不断扩大。

三、小麦品质区划

（一）品质区划的依据

小麦品质分区是在小麦综合自然生态分区与品种温光生态型分区基础上的三级分区，即专题性分区，其特点有三：

①品质分区的指标更为具体，针对性更强，具体地说分区更偏重于小麦品质形成的外因气候条件，即通过分区更好地发挥气候对品质形成的潜力。

②在外因条件中，更偏重于抽穗到成熟阶段的气候条件。这是因为籽粒品质优劣除与品种遗传有关外，后期气候因素、土壤肥力因素决定着小麦品质的形成。

③小麦品质分区带有社会、市场经济性的考虑，最终落足于优质生产而非单纯生物性、技术性的考虑，包括区域的小麦面积、人均占有的产量与商品粮数量等社会因素，都应作为品质优势生产的内容。没有一定的生产规模，即使气候适宜性强也不应纳入优质区域之内。当然也要考虑其发展的潜势。

根据上述特点，品质区划基本上是在自然生态区划基础上选择适合品质生产的县市组成优质生产区域而非某区域全部县市纳入优质区。山西小麦品质分区是在多指标自然生态区划的基础上进行了适当的调整，如将行政区划中晋西吕梁地区的平川产麦县归于晋中优质区。在小麦品质区划自然因素分析中，主要选择山西省冬麦区的 5、6 月份和春麦区的6、7 月份的自然生态因子。这些因子包括总积温（有利延长灌浆时期）、昼夜温差（有利光合积累）、日照时数（有利光合效率和灌浆强度）、>30℃温度出现的天数、相对湿度、自然降水、风速、干燥度等。在对全省优质麦生产县市进行优质气候适应性分区时，同时考虑县市小麦面积一般在 0.67 万 hm² 以上、平均单产 3 000kg/hm² 以上、人均占有小麦200kg 以上，才被列入优质区域之中。

（二）品质区划

1. 品质区划　根据上述分区依据，将山西省优质小麦优势生产区划分为四大区、七亚区（图 5-8）：

Ⅰ. 晋南盆地及丘陵旱地强中筋优质优势区

　　Ⅰ-1. 临汾盆地及丘陵旱地强中筋优质优势亚区；

　　Ⅰ-2. 运城盆地及丘陵旱地强中筋优质优势亚区。

Ⅱ. 晋东南盆地及丘陵旱地中强筋优质优势区

　　Ⅱ-1. 长治盆地及丘陵旱地中强筋优质优势亚区；

　　Ⅱ-2. 晋城盆地及丘陵旱地强中筋优质优势亚区。

Ⅲ. 晋中盆地强中筋优质优势区

　　Ⅲ-1. 忻定盆地中强筋冬春麦优质优势亚区；

　　Ⅲ-2. 晋中盆地强中筋优质优势亚区（包括汾阳、文水、孝义）。

Ⅳ. 晋北大同盆地中筋春性优质优势区。

Ⅰ.晋南盆地及丘陵旱地强中筋优质优势区
　　Ⅰ-1.临汾盆地及丘陵旱地强中筋优质优势亚区
　　Ⅰ-2.运城盆地及丘陵旱地强中筋优质优势亚区
Ⅱ.晋东南盆地及丘陵旱地中强筋优质优势区
　　Ⅱ-1.长治盆地及丘陵旱地中强筋优质优势亚区
　　Ⅱ-2.晋城盆地及丘陵旱地中强筋优质优势亚区
Ⅲ.晋中盆地强中筋优质优势区
　　Ⅲ-1.忻定盆地中强筋冬春麦优质优势亚区
　　Ⅲ-2.晋中盆地强中筋优质优势亚区(包括汾阳、
　　　　文水、孝义)
Ⅳ.晋北大同盆地中筋春性优质优势区

图 5-8　山西小麦优质优势分区图

2. 山西省小麦优质区抽穗至成熟的气候特点　从表 5-27 看出，山西小麦优质区抽穗到成熟阶段主要气候因子的共同点：

（1）日均温适宜，积温高　虽然麦区不同，但该阶段的日均温差异不大，而积温因不同麦区地形、地势、熟期与生育期差别较大，变幅在 650～900℃ 之间。

（2）昼夜温差大　平均 13～14℃，最大可达 20～25℃，是山西麦区的最大特点与优势，不仅有利于光合产物积累，而且遇到白天高温（＞30℃）危害，夜晚亦可得到良好的自我调节与恢复。

（3）日照充足　抽穗到成熟日照时数 500 余 h，平均日照时数 10h 以上，有利于光合产物的积累与运输。

（4）抽穗到成熟＞30℃高温的日数各麦区差异大　由 6d 到 18d，其中晋东南及晋南浅山丘陵区高温出现频率最低，因此该区很少有干热风危害，粒重形成稳定。

（5）抽穗到成熟阶段降水量少　一般仅 50mm 左右，而且降水分散、降水过程较短，一般很少发生连绵阴雨，小麦籽粒淋溶和穗发芽现象很少，充足的阳光对赤霉病、白粉病等控制有利，有利于籽粒灌浆与品质形成。

表 5 - 27　山西省小麦优质区抽穗到成熟的气候因素

优质优势生态区		代表县	抽穗到成熟天数(d)	日均温(℃)	积温(℃)	日最高平均温(℃)	≥30℃日数(d)	日较差(℃)	最大日较差(℃)	干燥度	日照时数(h)	旬降水量(mm)	旬相对湿度(%)	旬风速(m/s)
Ⅰ 晋南盆地及丘陵旱地优质优势区	Ⅰ-1 临汾盆地及丘陵旱地区（5月上旬至6月中旬）	洪洞、尧都、襄汾、浮山、翼城	34	22.1	750	32.7	14.6	15.0	27.4	2.7	393.8	14.9	50.2	2.67
	Ⅰ-2 运城盆地及丘陵旱地区（4月下旬至6月上旬）	永济、闻喜、万荣、盐湖	32	19.6	626	32.2	16.6	13.6	25.6	2.0	379.4	16.1	49.3	2.73
Ⅱ 晋东南盆地及丘陵旱地优质优势区	Ⅱ-1 长治盆地及丘陵旱地区（5月中旬至6月下旬）	长治、襄垣、屯留、长子	37	19.3	714	31.9	17.1	14.3	25.0	2.1	409.4	16.9	53.6	2.48
	Ⅱ-2 晋城盆地及丘陵旱地区（5月上旬至6月中旬）	泽州、阳城、高平	37	20.6	763	31.2	6.9	13.1	23.3	2.3	410.3	17.1	51.9	2.58
Ⅲ 晋中盆地优质优势区	Ⅲ-1 忻定盆地区（5月下旬至7月上旬）	忻州、定襄、原平	40	21.1	842	34.1	17.9	14.6	25.8	2.0	432.9	19.6	53.9	2.67
	Ⅲ-2 晋中盆地区（5月中旬至6月下旬）	榆次、太谷、文水、介休	35	20.3	711	33.8	18.1	14.9	24.6	2.5	425.7	12.2	51.6	2.65
Ⅳ 晋北大同盆地春麦优质优势区（6月中旬至7月下旬）		大同、阳高、应县	35	20.9	732	32.9	10.8	13.4	22.6	—	425.2	28.0	62.8	2.12

注：气候因素冬麦区为 5～6 月的平均；春麦区为 6～7 月的平均。

3. 分区描述

（1）晋南盆地及丘陵旱地强中筋优质优势区

1）临汾盆地及丘陵旱地强中筋优质优势亚区　所属县市包括洪洞、临汾、襄汾、翼城、侯马、浮山等，是山西省第二大小麦产区，面积约 13.5 万 hm²。小麦生产除部分分布在汾河河谷盆地外，大部分分布于黄土丘陵地区，其中旱地面积占 50% 左右。该区光热资源好，水地小麦一般为小麦、玉米一年二熟；旱地小麦为一年一作休闲耕作制。由于黄土高原土层深厚达百米以上，蓄水、保水、保肥性好，加之休闲期降水集中，旱地小麦播在雨季之后，因此该区与运城区的旱地麦田共同构成山西省南部旱地优质优势小麦产区。该区土壤以褐土为主，质地黏重，有机质含量 0.71%～1.64%，速效磷 7.0～29.3mg/kg。由于冬季不甚寒冷，小麦带绿越冬，即使最冷的 1 月，白天亦或有 0℃以上的温度，有利于分蘖成穗与穗粒数的增加，加之该区气候为冬性-半冬性的过渡带，历史上就有引种石家庄地区品种的习惯。近年亦常引进河北大穗优质品种而获成功，使该区产量、品质都有所提高。该区高产田穗数一般为 600 万～675 万/hm²，穗粒重 1～1.2g，超高产田穗数可达 750 万/hm²，穗粒重 1.2～1.3g。2008 年洪洞县李堡一块 0.18hm² 的麦田，种植品种为宁远 3 158，单产达 9 030kg/hm²。

该区推广的优质品种较多，既有本省品种，亦有山东、河北品种，主要包括黄淮冬麦区品种。其主要优质性状：粗蛋白含量平均为 13.2%，湿面筋含量为 39%，沉降值为 42.2%，面团形成时间、稳定时间差异较大，稳定时间高者平均达 11.8min 以上，是山西省强筋硬质优质麦的主要产区。

2) 运城盆地及丘陵旱地强中筋优质优势亚区　包括运城盐湖、永济、稷山、夏县、垣曲、万荣、临猗、闻喜、平陆、芮城、绛县等，面积 27 万 hm²，是山西省面积最大的麦区。除涑水河沿线及运城、永济、临猗坡下外，大部分麦田分布在东、西丘陵高坡地区，丘陵旱地面积占整个晋南麦区的 50% 以上。由于多丘陵、台地、沟壑，地形复杂，小气候多样，海拔一般 600～800m，年降水 500～600mm，光热水资源较丰富。土质多为垆土，土层深厚，蓄水保水性好，但由于旱作多为一年一作的连茬麦田，因此土壤有机质含量低，土壤速效磷含量多在 10mg/kg 以下。浅山红土旱地土壤磷、钾俱缺，对磷、钾肥反应敏感。该区属于黄淮麦区，冬、春利于麦苗生长，幼穗分化期长，种植品种除本省育成的品种外，多引进适应性较好的山东品种。

晋南旱地小麦产量受年气候及土壤肥力影响，变异较大，年际间平均产量在 3 000～4 500kg/hm² 之间，丰收年份产量达 6 000kg/hm² 以上的地块亦不少见。遇到歉收年份，产量 2 250kg/hm² 以下甚至更低的地块亦不足为奇。晋南丘陵旱地由于土层深厚，黏性强，加之丘陵旱地地势高、昼夜温差大，品质一般优于水地。

(2) 晋东南盆地及丘陵旱地中强筋优质优势区

1) 长治盆地及丘陵旱地中强筋优质优势亚区　包括长治、襄垣、屯留、长子，面积 3 万 hm²，多为旱地。由于该区降水量为全省之首，地势高，蒸发小，历史上水过麦田而不浇，无种麦浇地的习惯。该区海拔 800～1 000m，年降水 600～650mm，是山西省唯一的半湿润盆地，是小麦旱作面积大的主要原因。该区以玉米种植为主，近十余年来，认识到小麦也可高产，成为山西省的主要旱地新麦区。土壤多为轻黏土，农民素有秸秆还田的习惯，土壤肥力较高，有机质含量达 1.01%～2.22%，速效磷为 10～38mg/kg，蓄水保水力较好。该区大型水库多，水资源丰富。该区处于山西省东南部，地势较高，雨量充沛，光照充足，昼夜温差大，相对湿度适宜，是山西省唯一没有干热风危害的麦区，也是最为稳定的优质区。

2) 晋城盆地及丘陵旱地强中筋优质优势亚区　所属县市包括晋城、阳城、高平，纬度与运城盆地基本相同，只是海拔较高，平均在 600～800m，群山环绕，年降水量 600～650mm，小麦生育期降水达 270mm，为半湿润气候。由于小麦底墒充足，生育期降水又多，气候温和，因此有利该区小麦实施节水灌溉，加之本区属煤炭基地，麦田秸秆全部实施还田，土壤有机质含量达 $1\%\sim1.5\%$，全氮 $0.063\%\sim0.096\%$，速效磷 $10\sim30\mathrm{mg/kg}$，素有有机旱作之称，是山西省旱地的高产区。由于该区气候对小麦产量构成三要素都有利，因此也是山西省水旱地都有较大开发潜力的超高产区。该区品种多从运城、北京、临汾引进，品种温光特性为冬性长日敏感型。

（3）晋中盆地强中筋优质优势区

1）忻定盆地强中筋冬春麦优质优势亚区　所属县市有原平、忻州、定襄。该区是山西省冬麦的北界，也是春麦的南界，构成我国北方少有的冬春麦交错的过渡带，盆地海拔 800m 左右。冬小麦越冬冻害是该区冬麦生产的主要特点。由于该区越冬温度低，要求超强冬性品种，如 20 世纪推广的东方红 3 号。而春小麦在这里有良好的气候优势。近年来，小麦面积总体呈缩减趋势，种植制度以秋作杂粮为主，冬、春小麦主要以自产自销为主。土壤多为淡褐土，但肥力较大同盆地为高，土壤类型亦较复杂，有机质含量 $0.97\%\sim1.3\%$，全氮 $0.066\%\sim0.085\%$，速效磷 $12\mathrm{mg/kg}$，土壤轻度盐渍化。该区冬小麦 9 月中旬播种，春小麦 3 月上旬播种，7 月上旬冬小麦收获，春小麦略晚于冬小麦收获。该区冬小麦品种温光发育类型为强冬性长短日敏感型，最适春化日数在 50d 以上；春性品种为春性、强春性长日敏感型。

该区产量结构：春麦类型同大同盆地；冬麦由于品种分蘖力强，春季幼穗分化时间短，故仍以多穗型结构为主。穗粒数一般在 25 粒左右，千粒重 35g 以内。

2）晋中盆地强中筋优质优势亚区　所属县市包括太原、清徐、榆次、太谷、祁县、平遥、介休、汾阳、孝义、文水、交城平川地带及灵石，小麦面积 5.3 万 hm^2，皆为水地（包括井水地及水库灌区）。

该区盆地海拔平均 $700\sim800\mathrm{m}$，地势平坦，土壤肥沃，有机质含量 $0.8\%\sim1.0\%$，全氮含量 $0.064\%\sim0.105\%$，速效磷 $6.4\sim30\mathrm{mg/kg}$，水利基础条件较好，经济发达，小麦投入较高，为山西省的小麦高产优质区。该区日照长，秋季气候温和，适宜幼苗生长和培育壮苗，春季干燥，后期光热资源充足，昼夜温差大，有利灌浆与品质形成。是我国品质分区中的北方晚熟冬麦区的强筋优质区。该区品种温光发育类型为冬性强冬长日敏感类型。该区小麦优质栽培的主要问题是大肥大水大播种量的传统技术。应从播种量入手建立高产优质的合理群体结构与调控配套新技术。

该区小麦产量结构仍为大播量大穗型结构，成穗数 675 万～750 万，穗粒数在 25 粒左右，千粒重 $35\sim38\mathrm{g}$。近年来随着育成品种穗粒数与千粒重的提高及科技人员的试验示范，播量逐渐下降到每公顷 $180\sim225\mathrm{kg}$，成穗仍可达到 675 万以上，穗粒重约 $1\sim1.2\mathrm{g}$。

（4）晋北大同盆地中筋春性优质优势区　所属县市包括大同、天镇、阳高、怀仁、浑源、应县灌溉区。该区纬度为山西省最高，达北纬 40° 以上，盆地海拔平均在 $800\sim1\,000\mathrm{m}$，整体位置在山西省的东北角。小麦面积约 $1\,600\sim2\,000\mathrm{hm}^2$，且都集中在水地种植。土壤为栗钙土，多为沙壤或轻壤土。土质疏松，肥力较差，有机质含量 $0.83\%\sim0.99\%$，全氮 $0.039\%\sim0.53\%$，速效磷 $4.2\sim15\mathrm{mg/kg}$。地下水位较高，仅 $1\sim1.25\mathrm{m}$，土壤盐渍化较为严重。该区气候冬季严寒，少有积雪，即使强冬性小麦也难以越冬。

该区属于我国北方春麦区，一般 3 月中下旬播种，4 月上中旬出苗，5 月下旬至 6 月上旬抽穗，7月中下旬成熟，全生育期120d左右。品种温光反应类型为春性强春性长日敏感型。该区由于纬度高，抽穗到成熟阶段光照长而强烈，昼夜温差达15～20℃，加之地下水源充足，灌溉条件好，群体内通风透光适宜大群体的生长发育，十分有利于灌浆期粒重与品质的形成，但由于土壤沙性强，有机质含量低，传统施肥时期（三叶期）早，后期土壤氮素供应不足，碳氮比（C/N）失调，特别是灌浆中后期由于进入雨季，常导致籽粒形成粉质粒较多，种皮色深。但若后期成熟前雨水少、光照充足，实施后期补氮技术，其品质仍可达到蛋白质含量高的硬质红粒优质小麦标准。该区推广的主要春麦品种的品质：粗蛋白含量平均13.3%，湿面筋含量37.5%，沉降值45mL，但面团稳定时间与形成时间短，不宜制作高档面包等加工食品。

该区由于春麦分蘖成穗率甚低，因此产量结构为多苗多穗型结构。高产田每公顷穗数675万～825万，穗粒数25粒左右，千粒重35g左右。

（三）山西小麦品质的宏观变异分析

小麦品质受遗传与气候及栽培措施的影响，其中自然生态因子温、光、水、土，不仅直接作用于产量，而且作用于品质，造成不同品种之间、同一品种不同生态环境与栽培条件之间的差异。

1. 山西小麦品质在省内主要麦区间的差异　2003—2005年，采用不同品种在山西省主要麦区进行品种及栽培试验，两年分别获得699个样点样品，并对各样点样品的主要品质指标蛋白质、湿面筋、干面筋含量及沉降值进行了测定，将众多的样点分析数据依大数法则进行统计次数分布的整体分析，得出山西省小麦品种与环境互作的蛋白质含量、湿面筋含量、沉降值空间常态分布图（图5-9、图5-10、图5-11）。

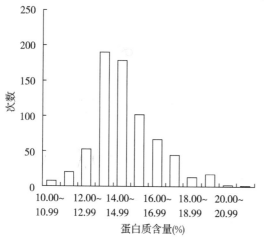

图5-9　蛋白质含量次数分布图
（山西农业大学）

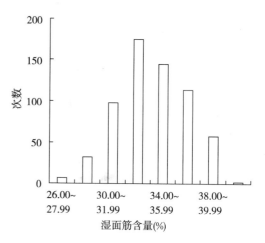

图5-10　湿面筋含量次数分布图
（山西农业大学）

由图5-9看出，699份样品蛋白质含量次数分布呈"偏高常态分布"。其平均数为14.68%，标准差为1.26，变异系数12.01%。表明品种与环境互作后的蛋白质含量高于品种平均含量，说明山西省环境条件对蛋白质形成的适合性。此外，常态分布呈向右偏

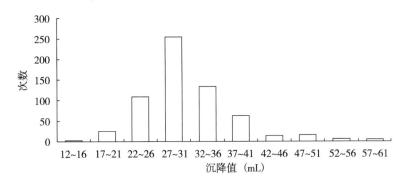

图 5-11　沉降值次数分布图

（山西农业大学）

移，表明高蛋白的数量偏多。

由图 5-10 看出，湿面筋含量的空间变异亦呈"偏常态分布"，但总体含量较高，变幅为 26.10%～40.20%，平均为 34.11%，变异系数为 8.10%。表明品种与环境互作下，湿面筋平均含量变异不大，环境影响湿面筋含量变异较品种间变异小。

由图 5-11 看出，沉降值亦呈偏高的"偏常态分布"，其平均为 31.05mL，变异系数21.9%，变幅 15～58mL，极差 43mL。表明沉降值变异较大，品种及地区间都表现稳定性差，易受环境影响。综上分析看出，山西省小麦沉降值总体属中上水平，提高沉降值应成为育种的重要加工品质目标。

2. 不同品种在山西省不同麦区的品质差异　山西小麦的主产区依次为晋南运城地区、晋南临汾地区、晋东南地区、晋中地区、晋北地区。南北气候差异大，品种亦属不同温光反映类型，冬性强弱亦有较大差异，采用相同品种在不同地区依统一计划种植，既可看出品种生态类型的生育适应性、产量适应性，亦可看出品质的适合性与稳定性，同时也鉴定了环境对不同品质特性形成的影响。供试的 6 个品种蛋白质含量变幅为 13.97%～15.95%，从差异显著性分析可分为两个档次，即 15.25%～15.95%（含 4 个品种），13.97%～14.11%（含 2 个品种）；湿面筋含量变幅为 32.25%～38.19%，各有 3 个品种；沉降值变幅为 30.93～38.93mL，多重比较可分为 3 个档次。从不同种植地区看，蛋白质含量在 4 个地区 5 个县市差异达到显著标准，变幅在 13.87%～16.02%，相差2.15%。其晋南的永济与晋东南的黎城蛋白质含量最高，其次为临猗、曲沃，晋中的清徐。不同地区湿面筋含量变幅在 33.66%～36.67%之间，各区间差异显著性大而分散，4个地区 5 个县市，依多重比较可分为 4 个档次，最高为晋南临猗 36.67%，其次黎城、永济为 35.79%～36.01%，最低的曲沃 33.66%。沉降值在 4 个地区 5 个县市的变幅为28.28～34.06mL，变异幅度也较大，多重比较分析可分为 4 个等级。其中晋中的清徐沉降值最高，其次为黎城和永济。

根据上述综合分析，看出供试的不同育成品种在蛋白质含量、湿面筋含量、沉降值方面各有特点，三项全优者在 6 个品种中尚无一例。两项相对优良者有中优 9507、晋麦 54、晋麦 57。同时可以看出，由于山西气候、地形地势复杂，品质指标的地区性差异较大，特别是沉降值差异更为显著。

3. 主要品质性状的变异作用力分析　山西省 4 个主要麦区环境、6 个品种对 4 个主要品质性状影响的作用力分析研究，两年试验结果：品种对蛋白质作用力为 46.34％～60.12％，地区环境对蛋白质的作用力 25.08％～46.00％；沉降值品种的作用力为 49.46％～60.77％，环境的作用力为 31.30％～42.52％；品种对湿面筋含量的作用力为 59.78％～77.37％，环境的作用力为 18.04％～20.82％（表 5 - 28）。表明小麦品质受品种遗传差异的作用占到 60％以上，但地区环境的影响平均占到近 30％，亦不能忽视。因此，进行合理品质区划，充分利用自然潜力"做到优种优区"相适，才是最佳选择。

表 5 - 28　小麦主要品质性状的作用力（％）分析

（山西农业大学）

作用力项目	品种作用力（％）		地区环境作用力（％）	
	2005	2006	2005	2006
蛋白质含量	46.34	60.12	46.00	25.08
沉降值	60.77	49.46	31.30	42.52
湿面筋	70.37	59.78	18.04	20.82
干面筋	78.74	—	17.64	—
平均	63.33		29.06	

注：环境作用力（％）＝环境变量（平方和）/总变量（总平方和）×100；

品种作用力（％）＝品种变量（平方和）/总变量（总平方和）×100。

（四）山西小麦品质气候生态与省外气候生态优越性的比较

山西小麦品质生态区，不论晋南黄淮中熟麦区，还是晋中晚熟冬麦区皆被列为全国强筋麦区。为探明山西气候生态在全国品质气候区化中的地位与对品质形成的适合性。相关人员于 2000—2002 年采用山西生产上应用的 10 个品种分别在我国小麦主要生态区进行了 7 个点的定位观察。这些点是长江中上游的四川中江，长江中下游的武汉、扬州，黄淮麦区的山东泰安、莱阳及河南郑州，北部冬麦区的山西长治。

1. 国内不同生态区小麦粗蛋白含量的差异　由表 5 - 29 看出，各地种植的山西 10 个品种，蛋白质变异幅度为 12.79％～15.47％，平均为 14.4％，变异系数 8.89％～12.07％。从区域差异看，蛋白质含量排序是山西长治（16.53％）＞山东莱阳（16.16％）＞山东泰安（15.28％）＞河南郑州（14.83％）＞江苏扬州（13.29％）＞湖北武汉（12.75％）＞四川中江（11.95％）。总趋势是愈向东与北蛋白质含量愈高。显著性分析，差异达到 5％显著性水平。

表 5 - 29　山西推广品种在国内不同生态区蛋白含量的差异

（山西农业大学）

品种	四川中江	湖北武汉	江苏扬州	河南郑州	山东泰安	山东莱阳	山西长治	均值	CV（％）
中优 9507	12.52	14.35	13.87	15.28	15.94	16.77	18.00	15.25	12.13
8205	13.94	11.31	13.42	15.53	16.49	16.01	16.45	14.74	13.10
河东乌麦 526	11.10	14.90	13.90	15.65	17.39	18.14	17.22	15.47	15.79
临汾 256	12.76	10.62	13.11	15.60	13.87	15.04	16.64	13.95	14.46
京 841	9.37	12.90	12.86	14.32	14.90	15.49	16.54	13.77	17.07

（续）

品种	四川中江	湖北武汉	江苏扬州	河南郑州	山东泰安	山东莱阳	山西长治	均值	CV（%）
忻 2060	9.68	13.56	12.17	13.76	13.80	15.91	13.67	13.22	14.42
太原 136	14.84	12.51	13.57	14.56	15.80	18.09	17.89	15.32	13.69
太原 752	12.10	12.52	13.00	15.04	14.90	15.04	16.18	14.11	10.99
苏引 10	13.42	14.21	14.90	15.25	15.91	16.63	17.36	15.38	8.89
晋麦 18	9.79	10.69	12.14	13.28	13.80	14.45	15.37	12.79	15.80
均值	11.95	12.75	13.29	14.83	15.28	16.16	16.53	14.40	12.20
CV（%）	15.94	11.96	6.27	5.53	8.07	7.78	7.77	9.05	—

2. 不同生态区主要品质指标综合比较　从表 5 - 30 看出，供试品种的主要品质指标在我国不同小麦生态区差异显著，蛋白质含量、面筋含量及沉降值都表现趋东优势与趋北优势的特点，特别是关系加工品质的沉降值，西南四川中江与山西长治相差近 1 倍。值得指出的是，地处山西晚熟冬麦区的长治，由于其地处黄土高原东侧，昼夜温差大，水、热、光照适宜，周有太行山围绕，气候近于半湿润易旱地区，籽粒形成期少有干热风危害，是最适宜强筋小麦品质形成的区域。

表 5 - 30　10 个山西小麦品种品质指标在国内不同生态区的差异

（山西农业大学）

地　点	蛋白质含量（%）	湿面筋含量（%）	干面筋含量（%）	沉降值（mL）
四川中江	11.95	28.50	9.00	22.10
湖北武汉	12.74	28.60	8.85	24.40
江苏扬州	13.29	29.00	9.60	25.30
河南郑州	14.83	35.20	11.75	28.10
山东泰安	15.28	37.40	12.10	29.50
山东莱阳	16.16	39.40	12.70	34.10
山西长治	16.53	40.10	12.90	42.80
均值	14.40	34.03	10.99	29.47
变异系数 CV（%）	12.20	15.38	16.14	28.10

3. 国内主要优质品种在不同生态区的蛋白质差异　2002 年在无锡全国小麦栽培会议上，由小麦学组倡议发起开展全国小麦品质生态研究，由主要产麦省推荐品种，统一种植。参加省份有湖北、江苏、山东、河南、河北、山西，推荐的参试品种 9 个，均为所在省推广的优良品种。

（1）**不同品种在不同省区的蛋白质差异**　蛋白质含量分析结果表明，品种间变幅为 11.78%～15.10%，多数品种间达到 5% 与 1% 显著水平。地点之间蛋白质含量平均变幅为 11.78%～14.98%，其排序为山西太谷＞河南郑州＞河北保定＞山东泰安＞江苏扬州＞湖北武汉。但郑州、保定、泰安未达到显著标准，扬州与武汉也未达到显著标准，达到显著标准的为太谷，蛋白质含量显著高于郑州、保定、泰安三地，又显著高于扬州与武汉。再次表明我国愈向北、向东的气候差异愈有利强筋小麦品质的形成。特别是地处纬度地势较高的黄土高原麦区更有利于强筋小麦的品质形成。

（2）品种、环境对小麦品质影响作用力分析　主要品质性状品种之间和地点之间的变异明显不同：蛋白质含量、灰分含量、面团形成时间、耐揉指数4个指标，地点间变幅大于品种间变幅，表明蛋白质和淀粉含量（营养品质）受环境影响大。而沉降值、硬度、稳定时间品种间变幅大于地点间的变幅，表明加工品质性状受品种遗传作用力大。根据方差分析中的变异因子，计算品种基因型与环境作用力可以看出，硬度、沉降值、稳定时间表现为品种间作用力大于地区间作用力，而形成时间、耐揉指数、粗蛋白含量、灰分含量则是区间作用力大于品种间作用力。

四、主要品种与高产优质栽培技术

（一）不同麦区主要推广优质品种

1. 晋南盆地及丘陵旱地强中筋优质优势区　该区种植的水地品种主要有：晋麦60、晋麦61、高优503、临优145、临汾138、济南17、临丰615、济麦20、济麦21、烟农19、邯6172、运9805等；旱地品种主要有：运旱21-30、临旱536、运旱22-33、临旱6号、晋麦47等。

2. 晋东南盆地及丘陵旱地中强筋优质优势区　该区种植的水地品种主要有京9428、中优9507、晋麦69、晋麦64、石4185等；旱地品种主要有：泽州1号、泽州2号、长6878、长6359、晋麦47、晋麦67、晋麦68、晋麦69、晋麦71、晋麦72等。

3. 晋中盆地强中筋优质优势区　该区种植的水地品种主要有：京9428、农大3214、轮选987、晋太170、汾4439、太原752、京437、中优9507等；旱地品种主要有：太核5116、长6878、长6359、晋麦47、泽州2号等。

4. 晋北大同盆地中筋春性优质优势区　该区种植的品种主要有：晋春9号、晋春14、晋2148、玉兰麦、晋春6号、晋春7号等。其品质性状见表5-31。

表5-31　不同优质麦区主要推广的水旱地部分品种品质性状

（山西农业大学）

优质区域	水旱地	品种	容重(g)	粗蛋白含量(%)	湿面筋含量(%)	干面筋含量(%)	沉降值(mL)	形成时间(min)	稳定时间(min)
晋南盆地及丘陵旱地强中筋优质优势区	水地	晋麦60	750	13.7	39.3	13.1	30.5	3.6	4.8
		晋麦61	791	12.9	37.3	12.4	27.5	3.2	7.0
		高优503	782	12.8	35.6	12.3	49.0	7.0	16.0
		临优145	782	14.8	43.0	13.5	59.0	16.0	24.0
		临汾138	789	14.0	38	12.5	50.5	10.0	18.0
		济南17	769	12.7	40.0	13.0	38.6	6.1	14.9

（续）

优质区域	水旱地	品种	容重（g）	粗蛋白含量（%）	湿面筋含量（%）	干面筋含量（%）	沉降值（mL）	形成时间（min）	稳定时间（min）
晋南盆地及丘陵旱地强中筋优质优势区	水地	临丰 615	798	15.1	31.2	10.2	25.0	2.5	2.1
		济麦 20	879	15.9	35.9	—	57.9	—	15.0
		济麦 21	783	15.2	33	—	32.5	5.0	4.9
		烟农 19	798	15.1	33.5	—	40.2	4.0	13.5
		邯 6172	796	14.2	32.1	—	28.2	—	2.5
		运 9805	—	13.2	—	—	—	8.5	12.0
	旱地	运旱 21 - 30	800	13.79	28.3	—	24.0	—	2.5
		临旱 536	804	15.26	32.7	10.9	52.5	5.5	7.2
		晋麦 47	—	14.29	28.4	—	—	—	—
		运旱 22 - 33	792	13.56	28.7	—	35.7	4.0	4.9
		临旱 6 号	—	14.00	40.2	—	—	3.6	4.0
晋东南盆地及丘陵旱地中强筋优质优势区	水地	中优 9507	782	14.7	44.0	15.0	48.0	62.6	5.2
		京 9428	767	14.5	38	11.6	40	59.6	6.0
	旱地	泽州 1 号	—	11.69	38	13.4	27.2	—	21.5
		泽州 2 号	—	13.27	32.6	35.1	—	—	2.7
		长 6878	—	14.93	32.7	—	31.2	2.7	3.9
		长 6359	787	13.75	29.9	—	24.3	—	2.0
		晋麦 47	—	14.29	28.4	—	—	—	—
		晋麦 67	—	16.74	42.0	—	43.8	4.7	11.1
		晋麦 68	—	14.94	42.2	14.4	35.4	5.5	7.6
		晋麦 69	—	16.7	36.9	—	58.1	—	—
		晋麦 71	—	16.7	35.4	—	40.5	—	—
		晋麦 72	804	15.2	45.5	14.6	34.4	—	—
晋中盆地强中筋优质优势区	水地	京 9428	767	14.5	38	11.6	40.0	6.0	2.4
		农大 3214	—	12.8	34.2	—	—	—	—
		轮选 987	987	14.2	32.6	25.6	—	2.4	2.2
		晋太 170	—	11.26	38	—	—	—	21.5
		汾 4439	786	16.41	32.8	22.4	—	—	—
		太原 752	782	14.1	42.0	14.8	41.0	—	—
		京 437	782	14.1	46.0	14.0	49.0	—	—
		中优 9507	782	14.7	44.0	15.0	48.0	5.2	7.2
	旱地	太核 5116	777	15.5	50	17.0	40.0	4.3	4.0
		长 6878	792	14.14	32.4	32.2	—	3.0	4.4
		长 6359	772	16.49	35.1	60.6	—	9.8	21.2
		晋麦 47	—	14.29	28.4	—	—	—	—
		泽州 2 号	—	13.27	32.6	35.1	—	—	2.7

（续）

优质区域	水旱地	品种	容重 (g)	粗蛋白含量 (%)	湿面筋含量 (%)	干面筋含量 (%)	沉降值 (mL)	形成时间 (min)	稳定时间 (min)
北部春麦区	水地	晋春9号	764	13.8	40.0	18.0	43.0	—	
		晋春14	774	13.9	47.8	17.0	39.0	3.4	4.5
		晋2148	753	12.9	33.1	11.0	26.2	2.0	2.7
		玉兰麦	759	13.0	36.7	11.1	25.7	2.3	2.5
		晋春6号	775	11.9	31.1	9.5	28.3	2.5	2.7
		晋春7号	738	14.5	36.1	12	43.3	2.5	—

（二）高产优质栽培技术

1. 合理施肥突出氮肥，有机无机配合、氮磷配合　小麦品质与产量除受品种遗传与气候影响外，还受栽培因素的影响。在众多栽培因素中，最主要的是土壤营养与施肥，特别是氮素及氮磷的合理配合。为排除土壤肥力的干扰，山西农业大学采用地表2m以下接近黄土母质的生土进行施肥对小麦籽粒产量和蛋白质含量影响的研究，其生土含氮101mg/kg，速效磷3.5mg/kg，速效钾86.9mg/kg（山西石灰性黄土一般不缺钾），有机质4.9g/kg。由表5-32可以看出：

①在土壤营养缺乏的生土地上，对照不施肥处理、仅施氮、仅施钾以及氮钾处理，产量极低，209～376kg/hm²，属于非正常产量。蛋白质含量虽较其他处理低，但仍属正常。这一现象表明小麦在营养极其亏缺下，为了延续后代，形成种子，就要维持保证与生命关系密切的蛋白质含量。

②在所有处理中，NPK＋有机肥（纯牛粪）的产量最高，蛋白质含量也最高；其次为NP＞NPK＞P＞有机肥。看出NP配合不仅是形成高产的基础，也是形成品质的基础。

③高质量的有机肥既含有完全营养又携带大量微生物，既有利改善土壤物理结构，也有利土壤物质能量的分解转化，因此不论单施与混施都对品质形成具有特殊的作用。

表5-32　生土盆栽不同肥料组合小麦产量与蛋白质含量的多重比较

（山西农业大学）

处理	产量平均（kg/hm²）	处理	蛋白含量平均（%）
NPK＋有机肥	2 222.6Aa	有机肥	19.23Aa
NP	2 123ABa	NPK＋有机肥	18.54ABb
NPK	1 863.6BCb	NPK	17.8BCc
P	1 601.8Cc	NP	17.13DCd
有机肥	1 586.8Cc	P	17.02DCd
N	376.8Dd	N	16.49DEde
CK	268.5Dd	NK	16.01Ee
NK	260.4Dd	K	15.83Ee
K	209.7Dd	CK	14.54Ff

注：表中数字后的大、小写字母，分别表示0.01和0.05水平上的差异。下同。

表 5-33 是大田耕作土壤不同底肥组合对小麦品质的影响研究的结果。可以看出，所有有机肥和氮（N）、磷（P）、钾（K）不论单施、配合施用还是完全配合施用，其湿面筋含量与沉降值都高于化肥单独施用，但对蛋白质影响不明显。此外，在试验中排前三位的分别是：有机肥＋NPK＞有机肥＋NP＞有机肥＋N，3 个处理除蛋白质含量外，湿面筋含量与沉降值都显著高于其他 9 个施肥处理。这一现象表明，特别是沉降值对施肥更为敏感，变异幅度较大，这在品质调控上具有重要的应用价值。

表 5-33 大田耕作土壤不同底肥组合对小麦品质的影响

（山西农业大学）

处 理	蛋白质含量（％）	湿面筋含量（％）	沉降值（mL）
NPK＋有机肥	15.28±0.14 a A	33.56±0.03 ab A	34.33±1.33 ab AB
有机肥＋NP	14.45±0.12 a AB	32.53±0.09 abc AB	34.00±0.33 abc ABC
有机肥＋N	14.36±0.09 a AB	33.80±0.25 a A	36.00±0.58 a A
有机肥＋P	14.35±0.17 a AB	33.60±0.25 ab A	32.33±0.67 bcde ABC
有机肥＋K	14.32±1.20 a AB	33.23±0.09 ab A	32.66±0.33 bcde ABC
有机肥	14.29±0.24 a AB	32.93±0.41 ab A	31.66±0.58 bcde ABC
NP	14.28±0.30 a AB	32.80±0.49 ab AB	30.66±0.89 de BC
NPK	14.20±0.16 a AB	32.70±0.46 abc AB	32.33±0.33 bcde ABC
N	14.09±0.04 a AB	32.56±0.42 abc AB	33.66±0.33 bcde ABC
CK	12.96±0.39 bc B	30.90±1.83 bcd AB	30.00±1.15 e BC
K	12.91±0.43 bc B	30.80±0.20 cd AB	31.00±0.58 cde BC
P	12.83±0.21 c B	30.00±0.78 d B	29.66±1.86 e C

需要指出的是，在以优质为第一目标生产的超强筋小麦，在氮、磷的配合上不仅要突出氮素的供应而且在底肥中适当控制磷素的施用。从山西农业大学在闻喜县 43 个水旱肥料试点的试验结果看，籽粒角质、粉质比例明显受氮、磷肥的影响，氮（N）素促进硬质粒的形成，磷（P）素促进软质粒的形成，特别是磷多氮少，软粒粉质型小麦明显增加，只有两者适当配合才有利于品质的形成。

2. 适量播种，保持群体、个体协调平衡生长 优质栽培要求群体适度，个体稳健，株、穗、粒生长整齐一致，这样才能获得优质均匀的产品。群体过密，株间、穗间竞争激烈，极易形成群体高度不一、穗层不一，最终籽粒大小不一，甚至由于群体过大发生倒伏，导致品质恶化。与此相反，播量过低，个体分蘖期延长，放任发展，大、中、小蘖整齐度差，粒质差异明显。

3. 播期适当偏晚，保持较高主穗率，有利于品质均匀一致 关于播期与产量的关系，大量研究表明，随播种期的推迟，产量呈下降趋势。播期越晚对产量影响越大，但播期推迟对品质影响却不大，甚至不少试验表明随播期的推迟，某些品质性状有增强的趋势，表现出播期与产量呈负相关关系，而与品质除蛋白质差异不明显外，其余有关面筋指标、沉降值、形成时间、稳定时间都与播期推迟呈正相关关系。晚播条件下，主穗率增加，群体生长发育、幼穗分化以及开花灌浆相对一致，有利于品质稳定。

4. 因地因苗调控中后期氮素供应 小麦从拔节开始营养生长加速，氮素代谢加强，土壤中氮素消耗加快，因此拔节期追施氮素化肥已成为成熟而必须的措施，在目前我国中低产麦田仍然占主导地位，加之复种指数的提高，麦田土壤肥力仍处于中低水平下，起身至拔节的氮肥适时充足的供应是保证小麦高产稳产的关键措施。对于中低产田的高产优质施肥技术，应当采取起身期施足，后期（灌浆期）补助的施肥方式，即抽穗阶段适当少量补氮或采用根外喷氮的方式。对每公顷产 7 500kg 以上的麦田，在拔节期追肥。

5. 浇好灌浆水，防止灌浆中断与早衰 小麦灌浆期是攻粒攻籽的关键时期，也是光合产物合成、调运、转移、积累的关键时期，加之该阶段北方正处高温季节，蒸发耗水和生理蒸腾耗水量均较大，要因苗因墒灌溉供水。

6. 水旱地产量与品质差异 山西从 21 世纪以来，随着种植结构的调整，小麦面积由过去的近 100 万 hm² 减少到现在的 73 万 hm²，其中近 50％以上是旱地。旱地小麦主要分部在年平均降水量在 500mm 以上的晋南运城丘陵区、临汾丘陵区以及晋东南的晋城长治丘陵旱地区，这些丘陵旱地大多地势较高，凸凹不平，通风好，昼夜温差大，常年降水条件下，有利品质形成。此外，晋城属半湿润地区，年降水达 600mm。这些麦区常年由于夏秋 7、8、9 三月降雨集中，雨量较大，春季 3～4 月份常有一次小雨过程，加之黄土高原深厚的土层具有良好的孔隙度，能极好地接纳贮存强势降雨，从而为小麦生长奠定良好的根深叶茂培育壮苗的基础，加之土壤较肥沃。因此，自古以来就形成黄河中游的晋、豫、陕黄河大三角的旱作老茬休闲制麦区，不仅产量能保持稳定，而且品质好（表 5-34）。

表 5-34 不同品种不同试点水旱地小麦产量与品质的差异

（山西农业大学）

品质性状	水旱地	晋麦 54	晋麦 64	晋麦 67	晋麦 71	小堰 54	晋麦 57	中优 9507	平均
蛋白质含量（％）	水地	15.06	17.86	17.17	17.46	17.95	15.02	16.09	
	旱地	16.19	19.21	16.67	18.87	20.36	15.52	19.29	
差异（％）		−1.13	−1.35	0.95	−1.23	−2.41	−0.50	−3.20	−1.54
沉降值（mL）	水地	27.67	23.00	27.67	24.00	40.00	28.00	35.00	
	旱地	28.00	22.33	35.00	23.67	39.67	28.00	35.07	
差异（mL）		−0.33	0.67	−7.33	0.33	0.33	0.00	−0.07	−0.84
湿面筋含量（％）	水地	30.17	36.97	35.90	37.47	37.87	30.77	30.70	
	旱地	33.60	37.93	36.60	38.90	39.67	32.37	35.07	
差异（％）		−3.43	−0.96	−0.70	−0.43	−1.80	−1.60	−4.37	−2.04
干面筋含量（％）	水地	10.17	12.27	11.90	12.83	12.50	10.13	10.17	
	旱地	11.17	12.53	12.17	12.90	13.27	10.73	11.63	
差异（％）		−1.00	−0.26	−0.27	−0.07	−0.77	−0.60	−1.46	−0.63
产量（kg/hm²）	水地	4 881.0	4 403.0	4 923.0	4 214.0	3 513.0	5 729.0	4 349.0	
	旱地	2 880.0	1 869.0	2 867.0	1 844.0	1 212.0	2 840.0	2 531.0	
差异（kg/hm²）		2 001.0	2 534.0	2 056.0	2 370.0	2 301.0	2 889.0	1 816.0	2 278.7

7. 积极防治病虫害　影响品质形成的主要病虫害，最突出的是白粉病、三锈病（条锈、叶锈、秆锈病）、赤霉病以及穗蚜。

第六节　陕西省小麦品质区划与高产优质栽培技术

一、小麦生产生态环境概况

（一）地理概况

陕西位于我国中部，地处东经 105°29′～111°15′、北纬 31°42′～39°35′之间，属内陆省份。全省南北长约 870km，东西宽约 500km，面积 20.56 万 km²。陕西地形地貌总的特点是南、北高，中间低，以北山和秦岭为界，南北狭长的陕西被分割形成黄土高原（陕北）、关中平原（关中）和秦巴山地（陕南）三大自然特色明显的区域。陕北沟壑纵横，塬、墚、峁交错，海拔 900～1 500m；关中为全国较大的盆地型平原，东西长约 400km，被称为"八百里秦川"，海拔 320～800m；陕南为秦（岭）巴（山）山地，两山之间夹有汉中盆地、安康川道，海拔 1 000～3 000m。全省自北向南，年均气温由低渐高（冬季温差大、夏季温差小），年降水量由少渐多（多集中于夏季，且暴雨居多），年日照时数由多渐少。

（二）气候特点

陕西省属于大陆性季风气候，全省由北向南分属 3 个气候带。陕北为中温带半干旱气候区，关中为南温带半干旱、半湿润气候区，陕南为北亚热带湿润、半湿润气候区。

1. 热量　陕西省热量资源比较丰富，全省年均气温 11.6℃。陕北年均气温 7～11℃，最低气温（1 月）－10～－4℃，最高气温（7 月）21～25℃，年极端最高温度 36.5℃。关中平原年均气温为 11.5～13.7℃；通过 0℃的起始时间为 2 月上中旬，终止时间为 12 月上旬，共 290～310d，≥0℃的积温为 3 700～5 000℃，可满足一年两熟；无霜期为 200～230d。陕南年均气温 14～15℃，最低气温（1 月）0～3℃，最高气温（7 月）24～27℃，年极端最高温度 38.5℃。

2. 降水量　陕西省降水量南多北少，年降水量 300～1 000mm，由南向北递减。陕北年降水量 300～600mm，关中年降水量 500～700mm，关中西部比东部年降水量多 50～100mm。陕南年降水量 700～1 000mm。降水多集中在 7～9 月，其降水量占年降水量的 35%～50%。

3. 光能　陕西省光能比较丰富，太阳年辐射总量为 378～601kJ/cm²，由南向北随纬度的增加而增加。陕南为 378～483kJ/cm²，关中为 483～504kJ/cm²，渭北和陕北为 504～601kJ/cm²。日照时数为 2 000～2 400h，日照率为 45%～55%。

4. 灾害性天气　陕西农业灾害性天气主要有干旱、雨涝、霜冻、风灾等。据统计，在这些灾害性天气中，干旱占 46%、雨涝占 32%、霜冻占 10%、风灾及其他灾害占 5%。就关中而言，干旱出现的概率为 44.4%；雨涝平均每年 0.87～1.5 次；冰雹年均 0.2～1.3 次；霜冻年平均 0.45 次，其中春霜冻危害最重；干热风是关中麦区常见的灾害性天气，主要发生在 5 月下旬至 6 月上旬，持续日数自西向东增加，干热风过后小麦青干枯熟，严重减产。

5. 水资源 陕西河流水资源总量为 514.6 亿 m^3，总耗水量为 33.2 亿 m^3。其中黄河流域总量为 165.8 亿 m^3，总耗水量为 19.3 亿 m^3；长江流域总量为 348.8 亿 m^3，总耗水量为 13.9 亿 m^3。地下水年可开采量 28.7 亿 m^3。全省人均占有水量为 1 532 m^3，其中关中人均 578 m^3。水资源分配不均，关中耕地水资源占有量不足 3 000 m^3/hm^2，渭北耕地平均不足 750 m^3/hm^2。

全省降水总量中 68.4% 形成了土壤水，为土壤蒸发与植物蒸腾所消耗，31.6% 形成河川径流。全省地下水开采量占可开采量的 61.8%，径流水的利用率占相应频率的河川径流总量的 13.2%，其中关中径流利用率为 28.3%，渭北高原为 45.5%，陕南仅占 8.5%。

（三）土壤条件

土地资源现状是小麦生产的重要基础。良好的土地资源是实现小麦高产、优质、高效、生态、安全的重要条件。土地资源包括土地类型资源和土地面积资源两个方面。按照地表形态特征和地面组成物质分为山地、丘陵地、塬地、川道、沙地和沼泽等 6 个类型。陕南主要以山地、川道地为主；关中主要是塬地和川道地；陕北主要为丘陵地和山地，以山地为主。全省总耕地面积 552.1 万 hm^2，其中川地 120.1 万 hm^2，塬地 116.1 万 hm^2，山丘坡地 315.9 hm^2，分别占总耕地面积的 21.81%、20.05% 和 57.2%。近年由于工业化、城镇化的快速发展以及种植业结构调整，全省耕地面积已减少到 278.3 万 hm^2，其中陕北耕地 73.4 万 hm^2，关中耕地 152.5 万 hm^2，陕南耕地 52.4 万 hm^2。关中平原是全国小麦的优势产区，也是陕西小麦主产区。

二、小麦生产与品质概况

小麦是陕西省主要粮食作物，常年种植面积 160 万 hm^2 左右，种植面积最大的 1998 年达 190 万 hm^2，1999 年以后种植面积逐年减少，近几年种植面积基本稳定在 120 万 hm^2 左右。小麦年总产量 400 万 t 以上，年际间波动较大，总产量最高的 1997 年达 562.7 万 t，最低的 2005 年仅 401.2 万 t，年际间变幅达 36.2%。1999—2005 年连续 7 年总产较低，2006 年总产才开始回升。单产为波动性递增，年均单产 2 771.68 kg/hm^2，最高的 2004 年达 3 561 kg/hm^2，最低的 1988 年仅为 2 415 kg/hm^2，年际间变幅为 39.5%。2003 年及以后的连续 4 年平均单产达 3 435.75 kg/hm^2，较近 20 年平均单产提高了 24.0%。

陕西省粮食作物 1985—2006 年平均种植面积 384.5 万 hm^2，年均总产 1 060.5 万 t，年均单产 2 720.96 kg/hm^2，小麦年均种植面积和年均总产分别占粮食作物的 40.1% 和 41.3%，年均单产较粮食作物单产高 5.2%（表 5 - 35）。可见，陕西小麦生产在粮食生产中占有较大的比重，促进陕西小麦生产对确保陕西粮食安全有重要作用。

表5-35　陕西省粮食生产与小麦生产概况

（西北农林科技大学，2007）

年份	粮食面积（万hm²）	粮食总产（万t）	粮食单产（kg/hm²）	小麦面积（万hm²）	小麦总产（万t）	小麦单产（kg/hm²）
1985	396.56	951.9	2 400	169.35	423.3	2 505
1986	397.75	965.5	2 430	169.80	444.1	2 610
1987	410.62	987.9	2 400	169.76	417.7	2 460
1988	407.38	983.6	2 415	169.65	410.9	2 415
1989	410.62	1 082.6	2 640	168.66	493.0	2 925
1990	413.47	1 070.7	2 595	169.07	463.7	2 745
1991	408.87	1 047.0	2 565	168.80	440.6	2 610
1992	405.93	1 031.6	2 535	166.00	418.3	2 520
1993	404.93	1 215.6	3 000	164.33	495.5	3 105
1994	410.38	944.6	2 302	162.38	403.5	2 485
1995	380.77	913.4	2 399	160.02	410.4	2 565
1996	405.28	1217.3	3 003	159.78	405.7	2 539
1997	381.15	1 044.4	2 740	160.28	562.7	3 511
1998	403.01	1 303.1	3 233	161.05	504.2	3 131
1999	402.69	1 081.6	2 686	158.95	405.5	2 551
2000	382.16	1 089.1	2 850	153.73	418.6	2 723
2001	351.76	976.6	2 776	142.42	406.6	2 855
2002	339.50	1 005.6	2 962	135.67	405.5	2 989
2003	315.73	968.4	1 878	125.51	429.0	3 418
2004	336.20	1 160.0	3 450	115.27	410.5	3 561
2005	345.33	1 140.0	3 300	121.15	401.2	3 311
2006	348.45	1 150.9	3 302	120.45	466.0	3 453
2007	309.98	1 067.9	3 445	114.46	359.1	3 137
2008	312.60	1 111.0	3 554	114.00	391.5	3 434
2009	313.40	1 131.4	3 307	114.60	383.1	3 343

（一）生产概况

　　陕西省小麦从北到南依次分为长城沿线风沙滩地中早熟春麦区、陕北丘陵沟壑晚熟冬麦区、渭北高原中晚熟冬麦区、关中平原中早熟冬麦区、陕南平坝早熟冬麦区和秦巴浅山丘陵中熟冬麦区6个类型麦区。各个麦区在全省的小麦生产中的地位和作用大不相同，关中平原中早熟冬麦区是陕西省小麦主产大区。

　　长城沿线风沙滩地中早熟春麦区：原有小麦面积2.1万hm²，约占全省小麦面积的1.3%，由于种植业结构调整和工业化的快速发展，目前小麦仅有零星种植。陕北丘陵沟鳌晚熟冬麦区原小麦面积 9.8 万 hm²，约占全省小麦面积的 5.8％，由于退耕和种植业结构调整，目前小麦面积不足 1 万 hm²。本区小麦系黄土高原生态类型，冬性或弱冬性，生育期 270～300d。种植制度多为小麦和秋粮连作，中间播种豆科作物，一年一熟。川地小麦收后回种豆、谷或夏糜，第二年种春玉米，两年三熟，或小麦、玉米两熟套种。该区冬季严寒干旱，春季大风较多，温差大，对小麦越冬不利，常有春寒危害和黄矮病发生，水、旱地冬小麦均属次适宜区。小麦生产要以农田基本建设和培肥地力为中心，建设高产稳产农田，选用适应性强的抗寒耐冻、抗旱、抗干热风、高产良种，精细整地，提高播种质量，加强田间管理，提高小麦生产水平。

渭北高原中晚熟冬麦区：地处宝鸡、咸阳和渭南三市北部及延安地区南原的黄土高原，常年小麦面积 39.3 万 hm²，约占全省麦田面积的 23.3％。小麦是该区首要粮食作物，也是陕西省仅次于关中平原麦区的第二个小麦生产区。随着果园面积的扩大和建设用地增加，目前小麦种植面积已减少为 27 万 hm²。该区以高原旱地小麦为主体，水地小麦仅有 9 万 hm² 左右，冬小麦在水地属适宜区，旱地为次适宜区。小麦品种属华北-北部生态类型，冬性，中晚熟，生育期 240～260d。传统的轮作方式为豆科作物后夏季休闲，秋播小麦，连种 3～4 年后回种糜、荞，2～3 年后再种豆科作物养地。以春玉米、油菜为小麦的倒茬作物占有一定比重。本区小麦生产的主要限制因素是土壤瘠薄、有机质含量低；干旱缺水，降水季节分布不均，小麦生育期降水少，冬、春多干旱；境内河流少，水土流失严重，地下水位低，灌溉水资源贫乏。本区冬小麦生产的光热资源比较丰富，冬小麦有较高的生产潜力，促进该区小麦发展的途径：一是搞好农田基本建设，控制水土流失，提高土壤蓄水保肥能力；二是推广传统旱作农业技术和现代旱作节水技术，以蓄水（伏雨）保墒为中心，提高自然降水的利用效率；三是努力培肥地力，增加化肥使用量，有机肥与无机肥配合，推广配方平衡施肥技术，提高肥料利用效率。

关中平原中早熟冬麦区：包括关中原区（平原区）和关中川道区。该区常年小麦面积 86.5 万 hm²，占全省麦田面积的 51.2％，小麦总产 300 万 t 左右，占全省小麦总产的 64％左右，是陕西省小麦主产区。随着城镇建设和种植业结构调整，目前小麦种植面积已减少为 53.3 万 hm²。本区以水地冬小麦为主体，中部和西部灌区属小麦适宜区，东部灌区和旱地属小麦次适宜区。关中平原气候温和，雨量较多，地势平坦，土壤肥沃，有优越的小麦生态环境，农业生产历史悠久，生产经验丰富，经济技术基础好，因而小麦生产水平高。北部平原区小麦品种系华北平原生态类型，为冬性或弱冬性小麦品种；川道区小麦品种为黄淮平原生态类型，以弱冬性品种为主体，搭配种植半春性品种。生育期 220～250d，中早熟。灌区种植制度以小麦、玉米一年两熟为主，东部棉区多为棉花后种小麦，小麦后种玉米，两年三熟；旱地多为麦后夏休闲，秋播复种小麦，或麦后种植短秋养地作物，再秋播小麦。该区小麦生产的限制因素有：一是整地质量差，撒、播量大、早播麦田在有些区域占有较大比重；二是土壤肥力低，虽然目前土壤肥力水平有较大提高，但有机肥用量少，化肥使用上重氮轻磷，氮磷比例失调，施肥方式上多采用"一炮轰"；三是虽然灌区面积大，但麦田实际灌溉面积有限，部分麦田仅冬灌或春灌一次，部分麦田甚至一水未灌；大密度播种，群体大，个体弱，病虫草害较重，且东部常有干热风发生，区域生产潜力未能充分发挥。为了能充分利用该区优越的小麦生态环境，较好发挥该区的小麦生产潜势，一是要广开肥源，增施有机肥，推广秸秆还田技术，提高土壤有机质含量，培肥地力；二是推广测土配方平衡施肥技术和氮肥后移技术，提高肥料利用效率；三是推广旱作农业技术和节水灌溉技术，提高土壤蓄水保水能力，合理利用水资源，扩大灌溉面积，提高自然降水和灌溉用水的利用效率。

陕南平坝早熟冬麦区：原有小麦面积 7.6 万 hm²，占全省麦田的 4.5%。由于种植业结构调整和城镇化用地，目前小麦面积不足 5 万 hm²，小麦是本区仅次于水稻的第二大粮食作物。小麦品种属长江中下游平原生态类型，弱春性，早熟，生育期 210～240d。水田以稻麦两熟为主，旱坡地以小麦、玉米一年两熟为主。小麦生产的主要限制因素是：秋淋夏涝，湿害严重，整地粗放，播种质量差，农家肥施用量少，土壤养分低，麦田病害多，为小麦条锈病重发区。水、旱地均属小麦次适宜区。本区小麦面积虽小，但由于食用粮以大米为主，因而小麦商品率高，是陕西仅次于关中麦区的小麦商品粮生产基地。该区要通过排灌渠系配套根除湿害和涝害，精细整地，提高小麦播种质量；推广秸秆还田，增施有机肥料，搞好配方施肥，提高和改善土壤肥力，改造低产田；选育和推广抗病性好的偏春性耐晚播早熟高产品种，充分发挥该区自然经济条件好的生产优势，大幅度提高小麦生产水平。

秦巴浅山丘陵中熟冬麦区：原有小麦面积 22.8 万 hm²，占全省麦田的 13.5%。由于退耕还林和种植业结构调整，目前小麦面积已减少为 21.3 万 hm²，小麦是本区仅次于玉米的第二大粮食作物。本区地貌复杂，小麦主要分布在中低山区，水、旱地均属次适宜区。小麦品种主要为长江中下游平原生态类型，品种以半冬性和弱春性为主，中熟，生育期多为 240～270d。水田稻麦互作，缓平地小麦、玉米一年两熟。小麦生产的限制因素是坡地多，耕作技术粗，整地质量差；降水变幅大，旱涝灾害频繁，旱灾频率高，土层薄，肥力低，小麦生产水平低而不稳。本区小麦生产要通过农田基本建设和培肥地力来改善小麦生产条件，要针对复杂的小麦生态环境进行合理的品种布局，以稳定和提高小麦生产水平。

（二）品质概况

小麦是陕西除汉中以外的传统主食粮食作物，以"北山"为北界、秦岭北麓为南界的关中平原气候温暖，半湿润，地势平坦；土壤肥沃，水资源丰富，光照充足，热量较高，是我国优质强、中筋小麦的主产区之一。以优质强、中筋小麦粉为原料的地方面食品种类繁多。馒头、面条是陕西城乡居民大众化传统面食品，20 世纪 80 年代之前选育推广的碧蚂 1 号、丰产 3 号、矮丰 3 号等都是制作馒头和面条的优质中筋品种。80 年代之后，我国小麦品质研究逐步加强和深化，小麦品质分类逐步与世界接轨，陕西优质小麦品种选育与推广也逐步向优质专用方向发展，相继育成并推广了小偃 6 号、荔垦 2 号、陕麦 150、陕优 225、陕 253 等优质强筋品种。"十五"以来，西农 979、西农 9718、西农 889、陕麦 159、西农 9871 等产量水平高的优质强筋小麦品种的育成，有效地促进了关中麦区优质小麦生产，多个县区组建了优质小麦生产合作社，多个加工企业与优质小麦生产基地签订了产销订单合同，目前关中麦区已成为 40 万 hm² 优质小麦集约化种植产业带。

三、小麦品质区划

《中国小麦品质区划》将我国小麦产区初步划分为三大品质区域，陕西小麦涉及中国小麦三大品质区的 5 个亚区。陕北长城沿线为中、强筋红粒春麦区的北部中筋红粒春麦亚区，长城以南至关中北沿为北方强、中筋白粒冬麦区的华北北部强筋亚区，关中则为该大区的黄淮北部强、中筋亚区。以秦岭为北界的陕南归属南方中、弱筋红粒冬麦区的长江中下游（中、弱筋）亚区（秦岭南麓、商洛川坝及安康盆地）和四川盆地（中、弱筋）亚区（巴山沿线及汉中盆地）。这个小麦品质分区基本符合陕西小麦的品质区域实际，但由于陕西自然条件、社会经济条件和农业生产条件区域间、区域内差异较大，对小麦品质有较大的不同影响。例如关中麦区是陕西小麦生产大区，在国家小麦品质区划中归属黄淮北部强、中筋亚区，但该区涉及关中原区和关中川道两大生态区，存在东、西部气候差异和川灌、原灌、旱原等不同栽培区，在小麦商品性上表现出比较明显的区域差异。为了充分利用地域资源优势和区域品质优势，选育和生产不同类型优质专用小麦，促进优质小麦产业化发展，很有必要对陕西小麦进行优质小麦种植区域细划。

参照《中国小麦品质区划》，兼顾陕西小麦生产的自然布局，按自然条件和社会经济条件两个指标体系，结合区域小麦生产中的品质特征，运用主成分分析法，在主成分得分的基础上，运用聚类分析法，进行陕西省小麦品质综合区划。

（一）品质区划的依据

小麦的品质受品种、环境及其互作的共同影响，但小麦品种的品质遗传特性是小麦品质类型的内因，是品质优劣的内在决定因素，各种环境因素都是以品种的品质遗传性为载体而发挥作用，因此优质品种是优质麦生产的主体。但优良品质遗传特性的表现程度又受环境条件的制约，只有在良好的生态环境下，品种的优良品质遗传性才能充分表达，才能生产出优质小麦，否则就难以保证品质的优良。因此，优质麦生产必须优质品种与良好的生态环境相配合。品种的品质遗传特性可以按需通过遗传改良不断优化提高，而生态环境却相对稳定，难以控制或改变。因此，小麦品质区划应以小麦生态环境中对小麦品质效应大的生态因子进行品质分区。主要包括下列因素：

地形地貌：包括地理形态结构、地貌形态特征、地质结构、地面组成物质、海拔等。

气候特点：包括温度、降水、日照及灾害性天气等。

土壤质地与肥力：包括土质、土壤 pH 及土壤有机质、氮、磷、钾营养等。

栽培技术与措施：包括施肥、灌溉、管理、轮作茬口、播期播量、群体动态、产量结构等。

小麦籽粒商品性与品质稳定性：包括籽粒质量（容重、硬度、色泽等）的检验指标、主要品质特性（蛋白质含量、湿面筋含量、沉降值、面团粉质参数——稳定时间、拉伸面积等）测定指标。

品种农艺性状与生态环境协调性：包括越冬性、耐寒（抗春寒）性、抗倒性、抗病性、早熟性等。

陕西省历史上小麦分布十分广泛，从北界到南界，除特殊地域外都有小麦分布。但由于种植业结构调整，工业化、城镇化建设等原因，小麦分布范围已相对缩小，如延安市以北已基本无小麦种植，对其进行品质划区已无实际意义。而小麦主产区相对集中，如关中麦区小麦种植面积和总产量分别占到全省小麦面积和总产的80％和85％左右，是陕西小麦产业化建设的主区。因此，陕西小麦品质分区应以关中麦区为主，兼顾陕北和陕南麦区。另外，为了便于优质小麦品种布局、规模化生产和优质小麦栽培技术方案的制订与实施，陕西小麦品质分区应尽可能与陕西小麦生态区划相接近。基于上述综合因素对陕西小麦进行品质分区。

（二）品质区划

1. 渭北高原强、中筋冬麦区　该区域内台塬、墚峁、沟壑、浅山等地貌交错分布，海拔多在700～1 000m之间，个别地区高达1 200m。为雨养旱作农业区，小麦多为单料作物，全年降水量分布不均，夏、秋暴雨和淋雨占总降水量的60％以上，小麦生长季节降水不足40％，夏、秋土壤蓄水保墒是重要农业措施之一。该区小麦常年播种面积约26万hm²，占总农用耕地的60％左右，其他为秋作物和果木。

本区可分为东、西两个区段。东区段包括韩城、合阳、澄城、蒲城、富平等县（市）北部，黄龙、宜川、洛川等县南部及白水、铜川、耀县等县（市）全部。该段小麦品种类型为冬性，冬前苗小，耐寒性强，产量群体偏小，耐旱、耐高温，籽粒硬度大，角质率高，皮薄，色亮，光泽度好，容重较高，商品性佳。小麦生产的主要影响因素是干热风、蚜虫、红蜘蛛等，因而有时表观籽粒饱满度欠佳。由于病虫害非常少，多数年份可以不施化学农药防治，因而可以提高粮食安全性。该区段是优质强筋小麦生产适宜区。

西区段包括礼泉、乾县、扶风、岐山等县（区）北小部，淳化、旬邑、永寿、彬县、长武等县（区）全部，以及宝鸡、千阳、陇县等县（市）部分山坡台地。与东区段相比，该区段小麦品种越冬耐旱指标略弱，株高略低，产量潜力略大，耐旱、耐高温的要求强度小，籽粒光泽度略差于东区段。该区段自东向西，对品种抗条锈性渐求严格，白粉病、蚜虫等病虫害有偶发危害。由于该区段大都早种晚收，收获期多雨往往影响籽粒品质和外观商品性，严重时造成穗发芽。该区段适于优质中、强筋以上的小麦生产。

2. 关中平原北部强、中筋冬麦区　本区面积大，约占关中小麦种植面积的60％以上，且生态条件相对一致性好，籽粒品质及外观商品性虽在东、西段之间略有差异，但一般不影响总体评价。本区自东向西包括韩城、合阳、澄城、蒲城、富平、礼泉、乾县、扶风、岐山、凤翔等县（市）南部，大荔与临渭的北部，阎良、高陵、三原、泾阳、咸阳、兴平、武功、杨凌等县（市、区）全部，总面积约37万hm²。

该区灌溉用水为黄河（抽黄灌区）、洛河（洛惠灌区）、泾河（泾惠灌区）、渭河（渭惠灌区、宝鸡峡灌区）和地下水（井灌区）。小麦生育期内自然降水仅210mm左右，按照高产栽培技术要求应实施小麦冬、春两灌，但因水资源有效保证困难和灌溉费用的增加，多数地区一般只冬灌或春灌一次。耕作制度为一年两熟，多为小麦、玉米两茬；小麦产量潜力和品质表现大都较南部川灌带偏高，而且比较稳定；小麦品种多为弱冬性、半矮秆（75～80cm）、大群体多穗型、偏大粒、高产潜力7 500kg/hm²以上类型。该区优质小麦生产应改氮、磷配合"一炮轰"为氮、磷、钾配合，氮肥底、追分施的模式，推行小麦"氮肥后移"技术。本区对小麦产量的主要影响因素有干旱（旱、涝不均）、干热风（东部严重）、倒伏、病虫草害等。主要病害有条锈病、白粉病、赤霉病以及近年来有所发展的全蚀病；主要虫害为麦蚜；主要草害有燕麦草、米蒿等。该区西部除条锈病为历史上的常发和重发病害以外，白粉病、麦蚜和燕麦草等都已呈现常发趋势，应引起足够重视，并加强农业措施和化学防治技术的有效应用。

3. 关中平原南部中、强筋冬麦区 该区东起潼关，沿渭河而上直至陇县，包括渭河两岸及渭河以南至秦岭北麓的东西狭长区带，有华阴、华县、渭南（临渭区）、临潼、长安、户县、周至、蓝田、眉县、陈仓、千阳、陇县等县（市、区）的沿河平川区域。该区海拔高度 320～480m，小麦面积约 27 万 hm²。

本区土壤质地有洪淤中壤黏土、沙壤土、垆盖沙，西区段有少量潮土、水稻土等。区内土壤 pH 呈微碱性，但较中北部略低。该区虽临渭河，但直接利用渭水灌溉的面积并不充分，有一些灌溉工程如西区段渭水北岸的渭惠渠灌区。由于该区域地下水位较高，不仅可以较方便地利用井水灌溉，而且一般土壤湿度较大，加之邻近秦岭北麓，温度略高（年均高出平原灌 1℃）、降水稍多（小麦生育期内平均多于平原灌区约 30mm），从而导致小麦病虫危害较重。因此，本区域小麦品种之抗病性要求较高，其他生产对农艺性状和生态类型的要求基本与关中中部平原灌区相同。若按生态条件分析，该区域产量潜力应大于平原灌区带，但实际产量表现却并不占优势，籽粒商品性较差，角质率下降，粒色灰暗无光泽，皮厚，面团流变学特性（形成时间、稳定时间、拉伸面积）亦较差。周至、眉县等也有一部分与关中西部平原灌区条件近似的小麦种植区。各县（市、区）及有关粮食、面粉及加工企业可以利用这一部分面积，组织优质强筋小麦产业化生产。

4. 陕南中、弱筋冬小麦区 本区域由于受秦巴山特殊气候影响，生态生产条件复杂，分为陕南平坝早熟中弱筋冬麦区和秦巴浅山丘陵中弱筋冬麦区。前者包括汉中、城固、洋县、南郑、石泉等县（市）的大部，西乡、勉县、安康、汉阴等县的一部分。本区地处秦岭、巴山浅山之间的汉中盆地及其以东的汉江干支流各地。主要属北亚热带温热湿润气候区，年平均降水量 750～900mm，代表土壤为黄褐土。在汉中盆地的高河漫滩及低阶地上主要为草甸土，高阶地上有草甸褐土及黄褐土，由于水稻面积大，所以分布着大量的水稻土。本区水、旱地均属小麦次适宜区。陕南平坝地区自然经济条件好，水田多，以稻、麦两熟为主，历来是陕南的粮仓。由于当地人习惯食用大米，因而小麦商品率较高。本区小麦品种属长江中下游平原生态类型，弱春性，早熟。小麦面积 7.6 万 hm²。

秦巴浅山丘陵中弱筋冬麦区包括太白、凤县、商县、丹凤、山阳、镇安、柞水、留坝、佛坪、镇巴、宁强、略阳、旬阳、白河、平利、镇坪、岚皋、紫阳、宁陕县的全部，城固、西乡、勉县、安康、汉阴、石泉、洛南等县（市）的大部，长安、宝鸡、眉县、周至、户县、潼关、华阴、华县、蓝田、汉中、南郑、洋县等县（市）南部秦岭山区的一部分。本区地貌复杂，小麦主要分布在秦巴中低山区，年平均降水量 800～900mm 以上。主要自然灾害，秦岭丘陵区是霜冻和秋淋，巴山丘陵区是春旱和秋淋。秦岭中低山丘陵棕壤土分布广泛，巴山中低山丘陵以肥力较低的黄褐土和始成黄棕壤性土，习惯称黄泥土和山地石渣土分布比较普遍，侵蚀较强的陡坡有死黄泥，平缓坡地有熟化程度较高的小黄泥，山地中也有红、黄色山地沙土，河谷平坝为淤土和水稻土。本区水、旱地均属小麦次适宜区，秦巴中高山以上为不适宜区。以弱冬性或弱春性品种为主。小麦面积21.6万 hm²。

陕西省小麦品质区划见图5-12。

　区界
　小麦商品粮生产基地
Ⅰ.渭北高原强、中筋冬麦区
Ⅱ.关中平原北部强、中筋冬麦区
Ⅲ.关中平原南部中、强筋冬麦区
Ⅳ.陕南中、弱筋冬麦区

图5-12　陕西省小麦品质区划图

四、主要品种与高产优质栽培技术

（一）主要品种及其布局

随着小麦育种水平的提高和生产条件的变化，品种也在不断地演替和更新。陕西小麦的区域特点，决定了品种布局的年代适应性和多样性。依据 2008 年 5 月份全省小麦的观摩评比，陕西省农业厅提出了 2008/2009 年度小麦的分区布局的指导意见，要求在栽培措施上，对半春性及偏春性品种要适期晚播或分期播种（播期不要集中在同一时间）；严禁品种越界种植（种植范围不能超出适宜区）；注意及时防治病虫害；做到良种良法配套。

1. 关中灌区

东部灌区：以西农 88、小偃 22、西农 979 为主栽品种；搭配种植武农 148；大力推广荔高 6 号、西农 889 和渭丰 151。

中部灌区：以小偃 22、西农 979、闫麦 8911 为主栽品种；搭配种植西农 2611、武农 148、陕麦 139、远丰 175、陕农 757 和陕 627；大力推广西农 889、荔高 6 号、西农 2000、闫麦 9710。

西部灌区：以小偃 22、西农 979、西农 889 为主栽品种；搭配种植武农 148、秦农 142、远丰 175、陕麦 139；大力推广西农 2000、西农 9871。

2. 渭北旱塬

东北部地区：以晋麦 47、晋麦 54 为主栽品种；搭配种植铜麦 3 号、西农 928、普冰 143。

西部地区：以长旱 58、西农 928、晋麦 47、铜麦 3 号为主栽品种；搭配种植宝麦 6 号、长武 134、普冰 143。

铜川塬区：以铜麦 3 号、晋麦 47 为主栽品种；搭配种植长旱 58 和普冰 143、西农 928。

3. 陕南地区

商洛地区：以小偃 15 和新洛 8 号、新洛 11、秦麦 9 号为主栽品种；搭配种植陕麦 8007、商麦 9215、小偃 22；积极示范推广商麦 5226、商麦 9722。

安康地区：以绵阳 31、绵阳 26 为主栽品种，搭配种植川麦 107 和绵阳 29。

汉中地区：以绵阳 31 和汉麦 5 号为主栽品种，积极推广川育 16 和川麦 42。

（二）高产优质栽培技术

1. 选择前茬 关中北部旱塬带多为一年一熟，基本为小麦和油菜茬口，其中小麦正茬约占 60%，有 20% 的玉米茬口则属当年雨水充足而复种的一茬。灌区一年两熟，川灌区全部为玉米前茬，平原灌区除 85% 的玉米茬口外，其余为油菜和其他茬口。积极推行养地作物为前茬。

2. 科学施肥 关中小麦栽培施肥以氮、磷肥为主，普遍实行"一炮轰"，即全作基肥一次施足。施用有机肥者不足 1/4，施用钾肥者不足 1/10。施氮水平在水、旱地之间无明显差别，平均为施氮 150～195kg/hm²。平原灌区施磷（P_2O_5）水平最高，平均为 171kg/hm²；旱地次之，为 130.5kg/hm²；川灌区普遍用磷偏少，仅 111kg/hm²。有灌溉条件的高产地区，结合小麦早春灌溉，推行"氮肥后移"技术，提高小麦籽粒蛋白质含量，改进蛋白质品质，但要同时注意小麦田间群体过大，荫蔽倒伏的发生。

3. 适期精量播种和半精量播种 播种时间和播种量的确定要因区、因种、因塬、因时、因苗综合考虑。常年北部原旱区播期为 9 月 18～26 日，播量在 105～150kg/hm²；中部平原灌区和南部川道灌区播期为 10 月 1～15 日，播量 105～135kg/hm²。2002 年播期基本正常，北部旱塬区为 9 月 19～26 日，播量为 127.5kg/hm²；中部平原灌区播期在 9月 30 日至 10 月 14 日，播量平均 118.5kg/hm²；南部川道播期在 10 月 3～13 日，播量为112.5kg/hm²。2003 年秋播不正常，除部分丘陵旱地按期抢播外，其余几乎所有试点播期均有所推迟，时间后延 10～20d，旱塬为 10 月 8～19 日，灌区水地多为 10 月中下旬；播量也随之增至 150kg/hm² 左右（表 5 - 36）。

表 5 - 36　陕西关中优质小麦施肥与播种

（西北农林科技大学，2002—2004）

区域名称	试点数	施　肥				播　种		前茬（点数）		
		有机肥（点数）	纯氮（kg/hm²）	磷（P₂O₅）（kg/hm²）	钾（K₂O）（kg/hm²）	播期（月/日）	播量（kg/hm²）	玉米	小麦	油菜
北部旱塬区	11	3	198	132	45	9/19～26	128	4	6	1
中部平原灌区	14	7	206	171	75	9/30～10/14	119	12		2
南部川道灌区	8	2	203	101	36	10/3～13	113	8		
北部旱塬区	16	1	155	129	72	9/15～10/18	135	4	9	3
中部平原灌区	14	7	198	119	62	10/14～22	143	12	1	1
南部川道灌区	10	2	173	114	70	10/10～26	156	10		

4. 合理灌水　灌水是小麦高产栽培的重要技术措施之一。在 65 个灌区试点中，坚持冬灌已非必须措施，不足 60% 的试点进行了一次冬灌，一次春灌者近 30%，一次未灌水者就有 6 个试点，仅有个别试点实施了冬、春双灌。从灌水记录资料和品质分析结果，很难看出灌水与否对品质优劣的影响，但灌水对于产量提高的影响是显著的。对灌水重视程度的降低以及灌水后移（冬灌改春灌、春灌不及时、不见旱象不灌水）现象，与水资源的日渐贫乏、种粮效益低等原因有关。建议进行宽畦改窄畦（1.5～2.0m）、长畦改短畦（30～60m，以地面灵活调整），实施小麦田间节水灌溉。

5. 调整群体结构　通过对不同品种生产试验中的群体动态趋势和最终产量结构的系统调查，可以了解各大区域的基本群体结构和产量结构的关系（表 5 - 37、表 5 - 38）。2002/2003 年度可以代表常年水平；2003/2004 年度普遍晚播后加大了播量，尽管冬前群体偏小，在春雨偏多而及时、加强管理的情况下，最终仍达丰产结构。

表 5 - 37　小麦群体动态与产量结构

（西北农林科技大学，2002/2003）

区域	点数	基本苗（万/hm²）	冬蘖（万/hm²）	春蘖（万/hm²）	穗数（万/hm²）	粒数粒/穗	千粒重（g）	产量（kg/hm²）
北部旱塬地	12	237	900	1 146	432	26.9	35.9	3 600
平原灌区	14	206	881	1 248	549	31.0	38.7	4 028
川道灌区	7	218	698	1 217	495	32.3	37.6	5 240

对两个优质品种两年大田生产试验中收取的籽粒样品进行主要品质指标测定，并进行

区域统计、简单分析和直接比较（表 5 - 39、表 5 - 40）。结果显示：容重表现比较稳定，年际间和区域间无明显规律性差异。品种间及其籽粒蛋白质含量、湿面筋含量、面团稳定时间多表现年际间系统差异。陕优 225 的各项品质指标均优于陕 253；2003/2004 年度与 2002/2003 年度相比，蛋白质含量和稳定时间提高，湿面筋含量却表现降低；沉降值和稳定时间在关中自北向南三大区域带表现渐次下降趋势。说明气候条件对小麦品质特性具有系统影响。

表 5 - 38　小麦群体动态与产量结构

（西北农林科技大学，2003/2004）

区域	点数	基本苗 （万/hm²）	冬蘖 （万/hm²）	春蘖 （万/hm²）	穗数 （万/hm²）	粒数 （粒/穗）	千粒重 （g）	产量 （kg/hm²）
北部旱塬地	17	302	656	1 070	489	28.7	38.5	4 976
平原灌区	17	297	434	1 208	549	31.7	39.5	5 972
川道灌区	10	294	647	1 227	542	28.9	40.4	5 465

表 5 - 39　小麦主要品质指标区域表现

（西北农林科技大学，2002/2003）

种植区域	试点数	容重 （g/L）	沉降值 （mL）	粗蛋白 含量（%）	湿面筋 含量（%）	面团稳定 时间（min）
北部旱塬区	8	778	87.9	14.3	40.1	25.1
北部旱塬区	6	777	73.4	14.7	35.4	18.4
中部平原灌区	6	798	63.3	14.1	34.7	14.8
南部川道灌区	7	783	74.6	14.3	34.7	10.8
国家强筋小麦指标		770	45	14	32	7

表 5 - 40　小麦主要品质指标区域表现

（西北农林科技大学，2003/2004）

种植区域	试点数	容重 （g/L）	沉降值 （mL）	粗蛋白 含量（%）	湿面筋 含量（%）	面团稳定 时间（min）
北部旱塬区	10	794	58.5	15.3	34.6	27.3
北部旱塬区	7	785	48.0	15.8	30.2	25.7
中部平原灌区	9	793	44.8	15.6	31.3	22.0
南部川道灌区	10	785	42.2	15.6	32.9	20.3
国家强筋小麦指标		770	45	14	32	7

6. 加强病虫草害防治　50 多年来，伴随着农业发展、灌溉面积扩大、化肥施用量增多、小麦品种矮化、高产群体密度加大，小麦生产小气候发生了较大变化，病虫害种类及其危害程度也随之增加。陕西关中目前小麦生产中的主要病虫害有条锈病、白粉病、赤霉病、叶枯病、黄（叶）矮病、全蚀病和蚜虫、红蜘蛛（旱地）、吸浆虫（灌区）等。其中常发和重发病虫害为条锈病、白粉病和蚜虫，其他为偶发或局部发生。

小麦病虫危害是生物之间的矛盾，但却受环境条件影响或制约。从病虫危害环境与多年小麦生产实践（表5-41）可知，陕西关中小麦病虫危害趋势是：涝年多于、重于旱年；西部多于、重于东部；水地多于、重于旱地；川道灌区多于、重于平原灌区、北部旱塬。

病虫草害防治：试点记录资料表明，使用除草剂的点次，旱地不足20%，灌区超过80%；关中东部（富平县以东）未见防治条锈病、白粉病的记录，有42%的点次在小麦灌浆后期用药灭除穗蚜，只治不防；关中西部约1/4的点次实行了"一喷三防"，单独进行病（条锈、白粉）和虫（穗蚜）防治的点次也未达到50%。当然，对病、虫、草害防治力度的不足，也有近两年来危害不严重、农民对种粮不重视以及有则治、无则不防的习惯等方面的原因。

表5-41 关中小麦主要病虫危害环境条件与区域

（西北农林科技大学，2002—2004）

病、虫害	发生（流行）条件				常发、重发区域
	最适温度（℃）	相对湿度（%）	传播途径	有利环境	
条锈病	10~15	100	空气（风）大循环	低温、高湿	关中西部重于东部
白粉病	0~18	0~100	多作物侵染，就地循环	低温、高湿、通风不良 光照不足、黑暗快发	关中全部、平原灌区重害
赤霉病	24~28	80~100	种子、残茬就地循环	高温、高湿，花期多雨与玉米轮作	南部川道灌区、平原灌区西部
叶枯病	15~25	80~10	种子、病株	低温、多湿，冬雪覆盖时间长	关中西部、灌区重害
黄矮病			蚜虫	冬暖、干旱，多蚜虫	平原灌区、旱塬，关中东部重于西部
全蚀病	15~24	50~100	土壤、作物残茬、种子		关中西部
蚜虫	水、旱区皆发，冬暖、春旱易发				关中全部
吸浆虫	近河流川道高湿沙质土壤，花期多雨高湿				川道灌区
红蜘蛛	旱塬旱地多发，冬暖、春旱易发				北部旱塬

7. 关中主要农业气候灾害影响小麦品质

（1）干热风 关中是我国干热风重发区之一，一般于5月中旬始发，至6月上旬结束，总体表现东（部）早西（部）晚、东重西轻。其中小麦成熟前10d即5月末至6月上旬，关中东部发生率48%，即平均约2年一遇，关中西部发生率32%，约3年一遇。由于干热风会严重影响小麦灌浆而使千粒重和饱满度降低，因而也会影响到优质小麦的商品性。

（2）成熟期阴雨 由于大气环流作用，东南海洋暖湿气流规律性地于6月上旬北上关中。统计分析1950—1978年的干热风资料发现，关中空气相对湿度≤30%的突然终止日期是6月11日，亦即此日前后一般多有阴雨出现。统计关中6月上旬降水日频率，东部

（蒲城县）为18%，西部（武功县）为42%，即约两日一雨。显然，小麦成熟期的多雨现象，往往也会导致穗发芽或晾晒不及时而使籽粒品质和表观商品性降低。

（3）雷雨冰雹　春末夏初，季节相交，气候无常多变。关中东部旱塬、北部浅山丘陵以及秦岭北麓地区多雷雨冰雹，虽然每次仅影响局部地区，加之近年来防雹技术的重视运用和提高，一般不会造成总体受灾，但对于局部常发区而言，也是影响优质小麦生产的偶发但往往是重大灾害之一。

参 考 文 献

曹广才，王绍中．1994．小麦品质生态［M］．北京：中国科学技术出版社．

曹卫星，郭文善，王龙俊，等．2004．小麦品质生理生态及调优技术［M］．北京：中国农业出版社．

陈坤，张会金，贾宝华，等．2009．优质专用小麦生产概况［J］．种业导刊（4）：18-20．

崔读昌，刘洪顺，闵谨如，等，1984．中国主要农作物气候资源图集［M］．北京：气象出版社．

崔金梅，郭天财．2008．小麦的穗［M］．北京：中国农业出版社．

丁声俊．2001．中国小麦结构与迎接"入世"挑战［J］．粮油食品科技，9（1）：41-43．

杜秀荣．2001．河北省地图册［M］．北京：中国地图出版社．

郭天财，张学林，樊树平，等．2003．不同环境条件对三种筋型小麦品质性状的影响［J］．应用生态学报，14（6）：917-920．

郭天财，张保明，曹广才．2004．品种·环境·措施与小麦品质［M］．北京：气象出版社．

国家统计局农村社会经济调查司．2008．中国农村统计年鉴（2008）［M］．北京：中国统计出版社．

郝真，韩美，程丽，等．2009．山东省水资源承载力评价研究［J］．河北农业科学，13（10）：99-101．

河北省土壤普查成果汇总编委会办公室．1991．河北省土壤图集［M］．北京：农业出版社．

河南省小麦高稳优低研究推广协作组．1986．小麦生态与生产技术［M］．郑州：河南科学技术出版社．

何中虎，林作楫，王龙俊，等．2002．中国小麦品质区划的研究［J］．中国农业科学，35（4）：359-364．

胡廷积．2005．河南农业发展史［M］．北京：中国农业出版社．

贾效成，于振文，张永丽．2001．氮素不同底追比例对冬小麦品质和产量的影响［J］．山东农业科学（6）：30-31．

姜文来．1998．水资源价值论［M］．北京：科学出版社．

金善宝．1991．中国小麦生态［M］．北京：科学出版社．

金善宝．1996．中国小麦学［M］．北京：中国农业出版社．

康瑞昌，李铮，武怀庆，等．1997．山西省耕地土壤肥力动态监测结果与分析土壤资源环境研究［M］．北京：中国农业科学技术出版社．

李金良，侯明翠，张秀阁，等．2002．试论发展优质小麦生产的几个问题［J］．安徽农业科学，30（6）：887．

林同保，宋雪雷，孟战赢，等．2007．不同灌水量对垄作小麦水分利用及产量和品质的影响［J］．河南农业大学学报（41）：123-127．

刘晓真，郑心羽，杨业栋．2001．对优质小麦推广及中国主食产业化的探索［J］．中国粮油学报，16（4）：32-35．

刘耀宗，张经元．1992．山西土壤［M］．北京：科学出版社．

娄源功．2002．WTO框架下中国小麦供求平衡及发展趋势研究［J］．农业技术经济（6）：47-51．

陆懋曾．2007．山东小麦遗传改良［M］．北京：中国农业出版社．

马兴华，于振文，梁晓芳，等．2006．施氮量和底追比例对小麦氮素吸收利用及子粒产量和蛋白质含量的影响 [J]．植物营养与肥料学报，12（2）：150-155．

毛凤梧，赵会杰，徐立新，等．2001．水肥运筹对小麦品质形成的调控效应 [J]．河南农业大学学报（35）：13-15．

苗果园，邹权祥，王理忠．1981．增施磷钾肥对旱地小麦的增产效果 [J]．中国农业科学（6）：45-49．

苗果园．1985．论我省小麦生产决策观念的转变 [J]．山西农业科学（12）：1-2．

苗果园．2000．讨论我国小麦生产过剩与未来的发展 [C]．全国小麦会议论文集．

农业部小麦专家指导组．2007．现代小麦生产技术 [M]．北京：中国农业出版社．

农业部小麦专家指导组．2008．小麦高产创建示范技术 [M]．北京：中国农业出版社．

潘庆民，于振文，田奇卓，等．1998．追氮时期对超高产冬小麦旗叶和根系衰老的影响 [J]．作物学报，24（6）：924-929．

潘庆民，于振文，王月福，等．1999．公顷产9 000kg小麦氮素吸收分配的研究 [J]．作物学报，25（5）：541-547．

潘庆民，于振文，王月福．2001．追氮时期对小麦光合作用、^{14}C同化物运转分配和硝酸还原酶活性的影响 [J]．西北植物学报，21（4）：631-636．

潘庆民，于振文．2002．追氮时期对冬小麦籽粒品质和产量的影响 [J]．麦类作物学报，22（2）：65-69．

邵晓梅．2001．山东省农业生产条件现代化可持续发展研究 [J]．地理科学进展，20（2）：184-191．

石玉，于振文，王东，等．2006．施氮量和底追比例对小麦氮素吸收转运及产量的影响 [J]．作物学报，32（12）：1860-1866．

孙福昌．1988．陕西省种植业资源与区划 [M]．西安：陕西科学技术出版社．

孙连珠．2008．优质小麦栽培技术 [M]．太原：山西经济出版社．

王晨阳，郭天财，朱云集，等．2003．河南小麦品质性状的环境变异及其聚类分析 [J]．河南农业大学学报，37（4）：317-321．

王晨阳，郭天财，朱云集，等．2003．不同环境条件下小麦主要品质性状的聚类分析 [J]．河南农业科学（12）：9-12．

王晨阳，郭天财，彭雨，等．2004．花后灌水对小麦籽粒品质性状及产量的影响 [J]．作物学报，30（10）：1031-1035．

王东，于振文，张永丽．2007．山东强筋和中筋小麦品质形成的气象条件及区划 [J]．应用生态学报，18（10）：2269-2276．

王娟玲．1999．山西省小麦生产的发展及预测 [J]．华北农学报，14（专刊）：33-35．

王娟玲．1999．农业科技体制存在的问题与对策 [J]．山西农业科学，27（专刊）：77-80．

王娟玲，曹亚萍．2002．加入世贸山西小麦生产发展的战略构想 [J]．小麦研究，23（3）：1-8．

王绍中，田云峰，郭天财，等．2010．河南小麦栽培学 [M]．北京：中国农业出版社．

王绍中，郑天存，郭天财．2007．河南小麦育种栽培研究进展 [M]．北京：中国农业科学技术出版社．

王小纯，何建国，熊淑萍，等．2006．水分处理对专用型小麦后期氮积累及子粒蛋白质含量的影响 [J]．水土保持学报（20）：99-103．

吴金芝，李友军，郭天财．2003．小麦籽粒蛋白质品质的肥水调控技术研究现状 [J]．河南科技大学学报：农学版（23）：8-12．

吴佩林，张伟．2005．北京市水危机与水资源可持续利用对策 [J]．辽宁工程技术大学学报，24（3）：436-439．

行翠平，安林利，李世平，等．2000．山西省冬小麦育种现状及发展建议 [J]．小麦研究，21（4）：

11 -13.

徐兆飞. 2000. 小麦品质及其改良 [M]. 北京：气象出版社.

徐兆飞. 2006. 山西小麦 [M]. 北京：中国农业出版社.

余松烈. 2006. 中国小麦栽培理论与实践 [M]. 上海：上海科学技术出版社.

于振文. 1998. 冬小麦超高产栽培技术 [J]. 中国农技推广 (5)：27.

于振文，田奇卓，潘庆民，等. 2002. 黄淮麦区冬小麦超高产栽培的理论与实践 [J]. 作物学报，28
　　(5)：577 - 585.

于振文. 2006. 小麦产量与品质生理及栽培技术 [M]. 北京：中国农业出版社.

岳寿松，于振文，余松烈，等. 1997. 不同生育时期施氮对冬小麦旗叶衰老和粒重的影响 [J]. 中国农
　　业科学，30 (2)：42 - 46.

岳寿松，于振文，余松烈. 1998. 不同生育时期施氮对冬小麦氮素分配及叶片代谢的影响 [J]. 作物学
　　报，24 (6)：811 - 815.

赵广才，常旭虹，刘利华，等. 2007. 河北省小麦品质区划研究 [J]. 麦类作物学报 (6)：1042 -1046.

赵虹，王西成，李铁庄，等. 2000. 河南省小麦品种的品质性状分析 [J]. 华北农学报，15 (3)：
　　126 -131.

赵仁勇. 2001. 优质小麦生产与优质小麦标准 [J]. 粮食与饲料工业 (8)：4 - 6.

赵献林，王根松. 2002. 21 世纪优质小麦新品种产业化开发战略 [J]. 中国种业 (4)：9 - 10.

张定一，姬虎太，张惠叶，等. 2000. 山西省主要栽培品种 (系) 品质现状 [J]. 山西农业科学，28
　　(2)：3 - 6.

中国科学院南京土壤研究所. 1986. 中国土壤图集 [M]. 北京：地图出版社.

中华人民共和国农业部公告第 248 号. 2003.

中华人民共和国农业部公告第 413 号. 2004.

中华人民共和国农业部公告第 542 号. 2005.

中华人民共和国农业部公告第 794 号. 2007.

中华人民共和国农业部公告第 943 号. 2007.

中华人民共和国农业部公告第 1118 号. 2008.

中华人民共和国民政部，中华人民共和国建设部. 1992. 中国县情大全 [M]. 北京：中国社会出版社.

中华人民共和国国家统计局. 2008. 中国统计年鉴 (2009) [M]. 北京：中国统计出版社.

第六章 南方中筋、弱筋冬麦区品质区划与高产优质栽培技术

第一节 江苏省小麦品质区划与高产优质栽培技术

一、小麦生产生态环境概况

（一）地理概况

江苏省位于我国大陆东部沿海地区，介于东经 $116°18'\sim121°57'$、北纬 $30°45'\sim35°20'$ 之间，地居长江、淮河下游。境内平原辽阔，地势低平，平原主要由长江三角洲、苏北黄淮平原及沿海平原组成，山陵零散、河网稠密、湖泊众多，南有太湖，中有洪泽湖、高宝湖，北有白马湖、骆马湖，京杭大运河贯穿全省，面积 10.26 万 km^2。其中耕地面积 500.84 万 hm^2，约占全省土地面积的 49% 和全国耕地面积的 4.5%，人口密度居全国第一位，是全国人口密度最高的省份，也是全国人均耕地最少的省份之一。

（二）气候特点

江苏农业气候为过渡地带，光热资源兼有南北之长，以淮河为界，以南属亚热带湿润季风气候，以北属暖温带湿润季风气候。

1. 日照 江苏全省日照充足，全年日照时数平均为 2 000～2 600h，日照百分率为 45% 左右，$\geqslant0℃$ 的日照时数平均为 1 880～2 240h，南部少于北部。全年各地日照时数以夏季最多，占全年 29.0%～32.8%，冬季最少，占全年 20.1%～21.3%；全省天文总辐射量 460～540kJ/cm^2，小麦生长季节太阳总辐射量（9 月至翌年 5 月）日照率和总时数（10 月至翌年 5 月）由北向南递减，徐州分别是 344.41kJ/cm^2、55.25%、1 534h；扬州分别是 321.88kJ/cm^2、49.25%、1 364h；苏州分别是 299.03kJ/cm^2、42.88%、1 188h。由此表明江苏北部地区较南部地区在小麦生育期间有较大的光合优势，小麦生态产量潜力南北差异约 1 500kg/hm^2（刘乃状，1991）。

2. 温度 江苏气候温和，全省年平均气温 13.2～16℃，等温线与纬度线平行，由南向北递减，苏南 15～16℃，苏中 14～15℃，苏北 13～14℃；日平均温度稳定，通过 0℃（低于 0℃）的初始日，北部早于南部，徐州在 12 月 18 日、扬州在 1 月 2 日、苏州在 1 月 7 日，终日（高于 0℃）南部早于北部，徐州在 2 月 13 日、扬州在 2 月 7 日、苏州在 1 月 27 日；$\geqslant0℃$ 活动积温苏北为 4 900～5 300℃、苏中为 5 100～5 500℃、苏南在 5 500℃以上。根据小麦播种期平均温度 14～15℃ 的经验值，以日平均温稳定通过 15℃ 的终日为确定指标，江苏小麦的适宜播种期苏北在 10 月 5～15 日，苏中在 10 月 25 日至 11 月初，苏

南在 11 月上旬。以日均温稳定通过≤3℃的始日为指标，小麦进入越冬期苏北在 12 月 10 日左右，苏中在 12 月 25 日左右，苏南在 1 月上旬。以≥3℃的终日为指标，小麦进入返青期的始日苏北在 2 月 24 日左右，苏中在 2 月 16 日左右，苏南在 2 月 10 日左右。小麦成熟期苏北在 6 月 5～10 日，苏中在 6 月初，苏南在 5 月底。江苏小麦灌浆成熟期间≥30℃持续 3 天以上的天气时有发生，往往形成高温逼熟，影响籽粒数正常灌浆成熟。

3. 降水 江苏雨水丰沛，年降水量为 800～1 200mm，地区差异明显，东部多于西部，南部多于北部，年蒸发量为 900～1 050mm，自东向西递增，等值线大致与海岸线平行。小麦生育期降水量南部多于北部，苏南在 450mm 左右，苏中在 400～450mm，苏北在 300～350mm，由于降水分布不均匀，苏北麦区秋、冬、春旱时有发生，苏中、苏南麦区连阴雨，渍害时有发生。

综上所述，江苏小麦生育期间，光、温、水资源兼有南、北之长，具有发展专用小麦生产的良好的生态条件。

（三）土壤条件

据江苏农业发展史略资料，江苏全境除占 5％的低山丘陵发育为林地土壤外，其余广大的平原和岗地均已陆续开发为农田，发育为相应的农田土壤。土壤类型主要有潮土（占总土壤面积 35.9％）、水稻土（34.83％）、盐土（10.85％），此外还有棕壤土、砂姜黑土、黄褐土、褐土等。由于各类土壤成土母质、发育年龄的差异和种植制度、农事耕作、施肥及灌排水设施的不同，土壤基础肥力差异很大。

1. 潮土 面积约 332 万 hm²，主要分布在苏北平原和沿江、沿海平原旱地区域，由黄泛沉积母质和沂沭河冲击母质发育而来，由于兼有旱耕熟化、旱改水和地下水影响，土壤 pH7.5 左右，有机质含量 1％左右，全氮量 0.05％～0.1％，速效磷 5～10mg/kg，速效钾 50～150mg/kg，耕性良好。本区土壤经过改良和气候条件的优越，是江苏强、中筋小麦生产区域。

2. 水稻土 面积约 225 万 hm²，主要分布于太湖及里下河农业区，由江河冲积物和湖相沉积物形成，长期以水旱轮作，稻麦两熟为主。土壤基础肥力较高，pH6.5～7.5，有机质含量 2.0％左右，全氮量在 0.11％～0.12％之间，速效磷 5～10mg/kg，速效钾 100～150mg/kg，但宜耕性较差。由于土壤蓄水保肥能力强，适合优质中、弱筋小麦生产。

3. 盐土 面积约 70 万 hm²，主要分布在海岸带一线。已开发脱盐的土壤，含盐量为 0.1％～0.4％，表层土壤有机质含量在 1.0％左右，已形成麦棉轮作或稻麦轮作。

此外，在江苏长江北岸的高沙土区和沿海的脱盐沙土区，土壤养分含量低，有机质含量≤1.0％，全氮含量≤0.1％，速效磷 5～10mg/kg，速效钾 40～60mg/kg，且蓄水、保肥、供肥历期短，非常适合发展弱筋小麦生产，是江苏省优质弱筋小麦产业化优势生产区域。

（四）种植制度

依据江苏农业资源条件、农业生产现状和发展方向，江苏省划有太湖、宁镇扬丘陵、沿江、沿海、里下河和徐淮六个农业生态区，各农业区的种植制度主要有旱谷和稻麦两种类型，小麦、水稻一年两熟制是各农业区的主体结构，此外尚有小麦—玉米、小麦—大豆、小麦—棉花、小麦—西瓜、小麦—甘薯等多种模式的一年两熟旱作制。为提高农田经济效益，麦、瓜、稻，麦、稻、慈姑，麦、稻、菇（平菇），麦、棉、瓜等一年多熟制近几年有了新的发展。

二、小麦产业发展概况

小麦是江苏主要粮食作物之一，1990 年种植面积最大为 239.92 万 hm²，总产 1999 年最高为 1 071 万 t，2009 年单产最高为 4 834kg/hm²。占全国小麦总面积的近 8%、总产量的近 10%。1999 年秋播以来由于种植业结构调整，小麦面积迅速下调，2004 年种植面积降至 160.12 万 hm²，小麦单位面积产量 2003 年只有 3 750kg/hm²，之后种植面积、单产有所回升，2005、2006 年分别为 168.44 万 hm² 和 173.49 万 hm²，2006 年达 4 715kg/hm²，接近历史最高水平。2009 年种植面积为 207.76 万 hm²，单位面积产量升至 4 834 kg/hm²，单产达到历史最高水平。

由于江苏地处南北气候过渡地带，以淮河—苏北灌溉总渠为界，在全国小麦区划中分属两大麦区，淮北属黄淮冬麦区，淮南属长江中下游冬麦区。因地域生态类型、气候、土壤、耕作制度、栽培措施等生产条件以及品种与环境相互作用的影响，不同农区间小麦品质存在较大的差异。据南京财经大学粮油品质测试中心汇总近几年的小麦籽粒品质测试结果，目前江苏小麦品种以优质中筋小麦为主，其次是优质弱筋小麦，同时可以生产符合国家标准的优质强筋小麦（表 6-1）。

表 6-1　江苏省小麦品种主要品质指标分析

品质性状	质量指标	样品百分比（%）	品种百分比（%）
容重（g/L）	≤730	3.64	4.60
	731～749	15.56	17.24
	750～769	22.84	25.29
	770～789	32.78	34.48
	≥790	25.17	18.69
蛋白质含量（%）	≤11.5	26.49	27.56
	>11.5 且 <14.0	55.30	53.60
	≥14.0 且 <15.0	9.93	10.34
	≥15.0	8.28	8.05
湿面筋含量（%）	≤22.0	6.94	6.90
	>22.0 且 <32.0	48.96	51.72
	≥32.0 且 <35.0	15.9	13.79
	≥35.0	28.2	27.59

（续）

品质性状	质量指标	样品百分比（%）	品种百分比（%）
面团稳定时间（min）	≤2.5	30.46	28.74
	>2.5且<7.0	50.00	54.01
	≥7.0且<10.0	10.93	9.20
	≥10.0	8.61	8.05

2006 年江苏省作物栽培技术站在江苏省不同生态区域不同地点抽取小麦籽粒，经农业部谷物品质监督检验测试中心分析表明，在淮北农区的东海县种植的小麦烟农 19，籽粒粗蛋白含量 15.33%，湿面筋含量 32.9%，面团形成时间 4.0min、稳定时间 7.1min；在里下河农区的楚州种植的半冬性小麦淮麦 20，籽粒粗蛋白含量 13.74%，湿面筋含量 29.5%，面团形成时间 3.9min、稳定时间 6.7min；在江都种植的春性小麦扬麦 11，籽粒粗蛋白含量 12.45%，湿面筋含量 26.4%，面团形成时间 2.4min、稳定时间 5.3min；在沿江农区海安县种植的小麦扬麦 13，籽粒粗蛋白含量 9.92%，湿面筋含量 20.5%，面团形成时间 1.5min、稳定时间 1.7min；在沿海地区的大丰种植的扬麦 15，籽粒粗蛋白含量 10.42%，湿面筋含量 21.9%，面团形成时间 1.7min。综合以上测试结果，表明江苏具有生产不同类型专用小麦的品种的生态和生产条件及相关配套的栽培技术。

根据专用小麦生产的优势分析和市场需求，江苏省规划建设 33.3 万 hm² 优质弱筋小麦生产基地、6.7 万 hm² 一等优质强筋小麦生产基地、26.7 万 hm² 二等优质强筋小麦生产基地、33.3 万 hm² 优质中筋小麦生产基地。

江苏小麦商品率高，所生产的专用小麦除满足自身加工企业的需求外，还外销南方地区，市场潜力巨大。江苏专用小麦产业化程度比较发达，日加工小麦 50t 以上的面粉加工企业达数十家，其中年加工小麦 10 万 t 以上的企业有十多家。已形成了"基地＋农业技术部门＋加工企业"、"基地＋流通企业＋加工企业"、"基地＋中介公司＋加工企业"、"农户＋专业协会＋加工企业"等不同的产业化模式。目前制约江苏省优质专用小麦发展的"瓶颈"主要有：一是基地专用小麦标准化生产技术水平有待提高；二是需要落实企业订单的优质优价；三是虽有优质专用小麦品种，但优势区域种源供应量不能满足生产发展需求。因此对专用小麦生产需要按产前、产中、产后各个链式环节逐一落实。

三、小麦品质区划

根据江苏省目前麦作生产中主推品种的品质潜力和各生态农区温、光、水、肥、土等资源分析，江苏淮北麦区适合于生产制作面包等食品的优质强筋小麦；里下河农区的中筋红粒小麦品质优势尤为突出，适合作为配麦原料；沿江、沿海麦区适合于生产制作饼干、糕点等食品的优质弱筋小麦，是全国最具优势的优质弱筋小麦生产区域。为此，江苏省小麦品质区划是依据生态条件和品种的品质表现将小麦产区划分为若干不同的品质类型区（图 6 - 1），以充分利用自然资源优势和品种的遗传潜力，实现优质小麦的高效生产，以利于因地制宜培育优质小麦品种和生产品质优良、质量稳定的商品小麦，实现产业化经营。

图 6-1　江苏省小麦品质区划图

（一）淮北中筋、强筋白粒麦区

该区位于淮河和灌溉总渠一线以北，东濒黄海，西接安徽，北连山东，南与里下河麦区毗邻。全区包括徐州、连云港、宿迁市全部以及淮安和盐城市的总渠以北部分。土地面积 358 万 hm²，占全省土地面积的 34.89%。常年小麦种植面积 100 万 hm² 左右，单产 5 250kg/hm² 左右，是江苏省小麦高产区。

本区主要气候特征是，春季气温上升快，秋季降温较早；春、秋两季光照充足，昼夜温差大；夏季炎热而雨水集中，冬季寒冷而干燥。本区光照条件为全省最好：年太阳辐射总量 465.8～526.9kJ/cm²，年日照时数 2 233～2 631h，年日照百分率 50%～59%。本区年平均温度 13.2～14.4℃，小麦生育期日平均温度 7～8℃，比淮南麦区低 1～2℃，在小麦生长的中后期温度比淮南地区略高，灌浆期平均温度为 19～20℃，日较差较大，达 10.5～12.8℃，有利于灌浆物质的积累，有利于作物高产优质。本区年降水量 782～1 015mm，雨量分布不均匀，主要集中在 7～8 月份，占全年降水量的 50％以上。小麦生育期间降水量为 250～400mm，小麦拔节至成熟阶段降水量为 130～160mm，适当偏旱，有利于小麦籽粒蛋白质含量的提高。

本区主要为废黄河、沂沭河冲积平原以及湖洼地、丘陵岗地和滨海脱盐土，土壤类型多，肥力差异大，但经过多年的土壤培肥改良，土壤肥力逐渐提高，障碍因素逐步消除，有利于小麦壮苗稳长和高产优质。本区种植品种以半冬性为主，白粒，适当搭配偏冬性或弱春性品种。

本区在全国小麦品质区划中属北方强筋、中筋白粒冬麦区的南缘。由于区内土壤类型、肥力水平、气候条件差异较大，根据土壤类型、肥力水平、气候条件可分为 3 个专用小麦种植亚区。

1. 微山湖和沂沭运灌区强筋小麦亚区 本区地处江苏省西北部和陇海一线，区内包括徐州市所属的沛县东部，丰县东北部，铜山沿湖地区，新沂、邳州、睢宁的部分地区，宿迁市所属的宿豫、沭阳、泗阳 3 县的部分地区以及连云港市所属的东海、赣榆两县的部分地区。本区属微山湖、沂河、沭河、运河灌区，淤土为主，质地黏重，有机质和养分含量较高，保水保肥能力强，小麦灌浆期间受干热风影响较小，灌浆期长，有利于蛋白质的积累，既适于选择强筋品种建立面包小麦生产基地，也适于发展中强筋力品种，建立制作方便面、煎炸食品、精制级饺子的小麦生产基地。

2. 丘岗中筋小麦亚区 本区包括淮北北部及东北部、西南部，含徐州市的郊区、铜山、邳州、新沂等县（市）的部分地区，连云港市的东海、赣榆、灌南、灌云县的部分地区，沭阳、涟水等县的部分地区，以及洪泽湖、成子湖周围岗地，泗洪县南部丘陵岗地。本区地貌以丘陵低山、岗地为主，地形起伏较大，农业生产条件差，土壤类型复杂，平原以棕潮土为主，低洼地以砂姜黑土为主，丘陵低山以褐土、棕壤土、紫色土为主。其中以褐土和砂姜黑土面积最大，土壤质地黏重，耕性差，有机质含量 0.9％～1.5％，全氮 0.06％～0.12％。本区种植品种虽为淮北麦区主体品种，由于低山岗地土层薄，不利于作物生长和蛋白质的积累；低洼地的砂姜黑土土质黏重，有效养分含量低，小麦灌浆期间昼夜温差小，降水量相对偏多，应以发展中筋力的蒸煮小麦品种为宜。

3. 黄泛平原中筋、弱筋小麦亚区 本区位于淮北中部，灌溉总渠以北，废黄河两侧。包括铜山、睢宁、邳州、宿豫、泗洪、泗阳、淮阴、涟水、楚州、沭阳，以及滨海、响水、阜宁等 16 个区、县（市）的全部或部分。该区地处暖温带的最南缘，过渡性气候特点极为明显。年际间热量不稳定，降水波动大，光照不平衡。土壤类型为沙土、沙壤土为主，部分地区为花碱土，其余为滨海盐土、褐土等。土壤有机质含量 0.1％以下，全氮在 0.07％以下，保水供肥能力差，小麦总体品质为中筋偏弱。选择优质中筋品种可生产蒸煮类小麦，选择中弱筋品种则可生产普通馒头小麦或啤酒小麦。

（二）里下河中筋红粒麦区

该区是江苏省腹部地区的碟形洼地平原，自然生态条件优越，气候温暖湿润，土壤肥沃，生产条件好，产量水平与淮北相当。本区种植品种以春性、红粒为主，北部搭配弱春性品种。所产小麦的蛋白质和湿面筋含量比淮北麦区低，但高于江苏省其他麦区，是生产蒸煮类小麦的适宜区域。本区亦分为 3 个蒸煮类小麦亚区。

1. 串场河沿线优质中强筋小麦亚区　该区位于里下河北部、东北部，主要包括盐城市的阜宁、建湖、大丰、东台的一部分和淮安市的青州区沿串场河的一部分以及洪泽、金湖等县（市）洪泽湖以东的低洼平原，小麦面积 14.7 万 hm² 左右。本亚区地势低洼平坦，土壤保水供肥能力较好，气候温和湿润，有利于多种农作物的生长，小麦生育中后期温度适宜，温差偏小，利于籽粒蛋白质的形成。本亚区注重精耕细作，小麦生产水平较高，适宜发展制作优质饺子等蒸煮类中强筋小麦品种，搭配种植部分中弱筋小麦品种。

2. 沿运优质中筋小麦亚区　该区位于里下河西部，主要包括宝应、高邮、邗江等县（市）沿大运河沿线的一部分，小麦面积 2 万 hm² 左右。本亚区湖泊面积大，水体条件较好，地面较高，一般高程在 6～10m 之间。本区全年太阳辐射总量 468.4～493.5kJ/cm²，年日照时数 2 100～2 200h，年降水量 960～1 000mm。土壤主要为黄淮冲积物和湖相沉积物，耕地大部分为水稻土，局部旱地为潮土。土壤肥力中等，有机质含量为 2% 左右，速效钾含量 130～150mg/kg，速效磷含量为 5～6mg/kg，缺磷面积较大。小麦生育期间土壤供肥能力较好，利于籽粒品质的形成。因地处淮河入江水道，临近京杭大运河的部分地区可进行自流灌溉。由于地势偏低，涝、渍害仍然存在，大部分地区适宜发展制作优质面条等蒸煮类中筋小麦品种，搭配种植中弱筋小麦品种。

3. 里下河南部优质中筋小麦亚区　该区主要包括兴化、宝应、泰州市、县的全部，海安、高邮、江都、姜堰等县（市）的一部分，小麦面积 16.7 万 hm² 左右。本亚区地势低洼平坦，一般高程在 1.5～5m，河湖众多，水系发达。本区年太阳辐射总量 468.4～493.5kJ/cm²，年日照时数 2 130～2 318h，年降水量 950～1 021mm。属水稻土，保水保肥能力强，土层相对较为深厚，土壤肥力中上等，土壤有机质含量多数在 2% 左右，速效钾含量亦较高。小麦生育中后期土壤供肥能力较好，利于籽粒蛋白质的形成，生产水平和产量较高。由于地势低，涝害时有发生，大部分地区适宜发展制作优质馒头等蒸煮类中筋小麦品种，边缘高地沙土区可搭配种植弱筋小麦品种。

（三）沿江、沿海弱筋红（白）粒麦区

该区为江苏省沿长江两岸和沿海一线，沿江以江北为主，沿海以中部、南部为主，沿海北部部分地区与淮北麦区相重叠。该区种植品种以春性、红粒为主，沿海北部种植部分弱春性和半冬性的白粒品种。小麦生长后期温度偏低、温差偏小，降水相对较多，土壤沙性强，盐分含量高，蓄水、保肥供肥能力差等特点，致使小麦粗蛋白含量、面筋含量、沉降值等均较低，弱筋优势明显，是江苏省和全国优质弱筋小麦生产的优势区域。本区亦分为 4 个弱筋小麦亚区。

1. 高沙土优质弱筋小麦亚区　该区主要包括泰兴、如皋、如东、通州等县（市）的大部，海安、姜堰、江都、邗江等县（市）的一部分，小麦总面积 13.3 万 hm² 左右。本亚区地势较高，高程 4～7m，大致西北高，东南低。本亚区年太阳辐射总量 474.7～

490.1kJ/cm², 年日照时数 2 132～2 318h, 历年平均气温在 14.6～15.0℃之间, ＞0℃的活动积温为 5 206～5 358℃, 年降水量 1 000mm 以上, 小麦生育中后期温度偏低, 降水相对较多。土沙地薄, 以高沙土为主, 主要土壤有小粉土、砂姜土、盐霜土、夜潮土和黄夹沙土等, 土壤结构性差, 漏水漏肥严重, 肥力水平较低, 土壤有机质含量 0.7%～1.0%, 全氮 0.059%左右, 速效磷、速效钾含量分别为 4～5mg/kg 及 50～60mg/kg。由于土壤沙性强, 保肥蓄水能力差, 不利于籽粒蛋白质的形成, 弱筋优势明显, 是江苏发展制作酥性饼干、糕点等弱筋小麦生产的优势区域。

2. 沿江沙土弱筋小麦亚区 该区主要包括靖江、扬中、启东、海门县（市）的全部、如皋、泰兴、江都、邗江、仪征、丹徒、丹阳、张家港、常熟、太仓等县（市）濒临长江沿线的一部分, 小麦面积 12 万 hm² 左右。地势较为平坦, 一般高程 2.5～4.5m。本区全年太阳辐射总量 455.8～480.9kJ/cm², 年日照时数 2 077～2 180h, 历年平均气温在 15.0～15.1℃之间, ＞0℃的活动积温 5 387℃左右, 年降水量 1 017～1 030mm, 主要集中在上半年。土壤属长江冲积母质, 以中壤至重壤为主, 土层相对较为深厚, 土壤肥力中上等, 土壤有机质含量 1.5%～2.0%, 全氮 0.123%左右, 速效磷、速效钾含量分别为 8mg/kg、9.6mg/kg 左右, 小麦生育中后期土壤供肥能力差, 不利于籽粒蛋白质和面筋的形成, 大部分地区适宜发展制作发酵饼干、蛋糕等弱筋小麦品种, 部分土壤地力较高的轻壤土地区可搭配种植中筋小麦品种。

3. 沿海南部弱筋小麦亚区 该区包括通榆运河以东、盐城以南及南通少部地区, 包括大丰、东台、如东等县（市）的大部, 盐都、海安、通州等县（市）的部分, 小麦面积 12 万 hm² 左右。年平均气温 14.5℃, 年降水量 1 000～1 100mm, 小麦生育期间降水量 500mm 左右, 小麦灌浆期间降水量偏多, 穗芽发生年份达 30%左右。土壤多为黄潮土、盐潮土和灰潮土, 质地北部以重壤、南部以沙壤为主, 土壤有机质含量 0.9%～1.3%。该区是酥性饼干、糕点小麦的生产适宜区域。

4. 沿海北部弱筋小麦（白粒）亚区 沿海盐城以北至灌河附近, 包括建湖、阜宁、射阳、响水大部和滨海、灌云的部分地区, 小麦种植面积 10 万 hm² 左右。该区年平均气温 13.8℃左右, 年降水 800～900mm, 小麦生育期间降水 350mm 左右, 灌浆期间降水偏少。土壤多为盐土, 质地以重壤为主, 土壤有机质含量约 1%。该区适宜偏半冬性弱筋白皮小麦的种植, 品质符合生产发酵饼干、啤酒小麦的要求。

（四）苏南太湖、丘陵中筋、弱筋红粒麦区

该区位于江苏省最南部, 小麦生育期间热量资源和降水丰富, 但小麦面积急剧下降, 目前仅 20 多万 hm²。该区多为春性品种, 品质介于里下河和沿海、沿江麦区之间, 在品种的选用和栽培措施上应根据用途而有所侧重。太湖麦区土壤条件好, 但小麦生长中后期地下水位高, 降水较多, 湿害严重。太湖麦区历史上精耕细作, 技术措施和田间管理水平较高, 较适合蒸煮类小麦的生产; 丘陵麦区粗放种植, 土壤肥力较差, 加之投入不足, 小麦生育后期易脱粒早衰, 适合制作饼干、糕点类小麦的生产。本区可分为 2 个亚区。

1. 丘陵饼干、糕点小麦亚区 该区位于江苏省西南部, 又称宁镇扬丘陵地区, 包括

六合、江浦、江宁、溧水、高淳、盱眙、句容等县（市）和南京、镇江两市的郊区，丹徒、仪征两县（市）大部，邗江、高邮、金湖、丹阳、金坛、溧阳、宜兴的一部分地区。该区气候温暖，但冬季温度变幅较大，冻害、湿害较重。全区地貌比较复杂，低山、丘陵、岗地、冲沟和河湖平原交错分布，土壤类型也比较复杂，低产土壤面积大，不利于小麦产量和蛋白质、面筋含量的提高，适宜于生产制作饼干、糕点类小麦。

2. 太湖蒸煮类小麦亚区　该区位于江苏省东南部，为长江下游太湖平原的稻麦区，北部和东北部以长江与沿江麦区为界，西和西南以 10m 等高线与宁镇丘陵毗邻。境内包括江阴、锡山、吴县、吴江、昆山、武进等县（市）的全部，常熟、张家港、太仓、金坛、溧阳、宜兴和丹阳等县（市）的部分地区。该区是江苏省纬度低、气候温暖的麦作区，气候特点是秋季温度下降较慢，越冬期不明显，雨量充沛，热量条件好，土壤比较肥沃，但小麦生长中后期多阴雨，日照不足，易遭湿害和赤霉病，适宜发展抗病、耐湿的蒸煮类小麦。

四、主要品种与高产优质栽培技术

（一）主要品种

江苏省目前推广应用的专用小麦品种主要有：春性弱筋小麦品种扬麦 15、扬麦 13、宁麦 13、扬辐麦 2 号、扬辐麦 4 号、宁麦 9 号、扬麦 9 号和半冬性品种徐州 25 等；春性中筋小麦品种扬麦 16、扬麦 11、扬麦 12、扬辐麦 4 号、扬麦 14、宁麦 11、宁麦 14、华麦 1 号等，半冬性中筋小麦品种淮麦 19、徐州 856、邯 6172、淮麦 23、徐麦 29、连麦 1 号、连麦 2 号、郑麦 9023 等；半冬性强筋小麦品种淮麦 20、烟农 19、徐州 27、烟辐 188 等。

（二）不同类型专用小麦高产优质栽培技术

小麦籽粒产量和品质不仅依品种、环境和生态条件而异，而且与栽培措施有密切关系，栽培措施是通过改善作物生长环境或直接作用于植物体而对其产量和品质产生影响。改进耕作栽培技术、合理施用肥料及改进施肥方法、节水灌溉等都是提高小麦产量和改善品质的有效途径。

1. 播种技术

（1）播期　在相同的密肥调控措施下，适期播种小麦产量最高；在适宜播期范围内，播期推迟，籽粒蛋白质含量、湿面筋含量呈上升趋势；超出适宜播期，籽粒产量、蛋白质和湿面筋含量下降，播期过晚则籽粒蛋白质和湿面筋含量又有所上升（表 6-2）。因此，在大面积生产中，弱筋小麦要实现优质高产，则应在适期范围内早播，中、强筋小麦要实现优质高产，宜适期播种。

（2）播量（密度）　在少免耕机条播或稻田套播条件下，密度过高或过低，籽粒产量下降，适宜密度条件下籽粒产量最高。在一定范围内，随密度增加，籽粒蛋白质、湿面筋含量下降，密度过高，籽粒蛋白质、湿面筋含量又上升，但不同类型专用小麦品种实现产量和品质协调发展，种植密度要求不同（表 6-3、表 6-4）。少免耕机条播，弱筋小麦适宜基本苗为 210 万～240 万株/hm²，行距 20～25cm；中筋小麦 150 万～180 万株/hm²，行距 25cm 左右；强筋小麦 120 万～180 万株/hm²，行距 25～30cm。稻田套播，弱筋小麦适宜基本苗为 240 万～300 万株/hm²，中筋小麦 210 万～270 万株/hm²，强筋小麦 240 万株/hm² 左右。

表 6-2　播期对不同类型专用小麦产量和品质的影响

(扬州大学，1998—2004)

年度	品种	播期 （月/日）	产量 （kg/hm²）	蛋白质 （%）	湿面筋 （%）	淀粉 （%）	面团形成 时间（min）	稳定时间 （min）
2002/2003	苏徐 2 号 （徐州）	9/25	9 528.0	14.74	42.29	72.49	6.7	9.8
		10/2	9 535.5	15.61	40.40	70.78	7.7	10.9
		10/9	8 185.5	15.94	38.81	68.72	6.7	11.4
		10/16	6 790.5	15.22	37.52	71.66	8.0	12.1
		10/23	5 232.0	14.52	37.66	72.80	6.8	10.2
		10/30	4 228.5	14.90	37.93	71.36	6.7	9.5
1998/1999	扬麦 158 （扬州）	10/26	6 023.40	12.66	26.51	66.78	/	/
		11/10	5 368.20	13.38	27.72	68.72	/	/
		11/25	4 881.15	15.36	29.16	68.01	/	/
2003/2004	扬麦 13 （扬州）	10/22	6 212.85	11.84	22.17	75.91	/	/
		10/29	6 809.10	10.25	19.76	76.56	/	/
		11/5	5 608.80	11.36	22.91	75.03	/	/
		11/12	4 886.85	11.64	23.02	71.75	/	/

表 6-3　密度对免耕机条播小麦籽粒产量与品质的影响

(扬州大学农学院，1998—2004)

地点	品种	密度 （万株/hm²）	穗数 （万株/hm²）	穗粒数	千粒重 （g）	实际产量 （kg/hm²）	粗蛋白含量 （%，干基）	湿面筋含量 （%）
扬州	扬麦 13	105	494.95	43.25	32.73	4 484.22	12.76a	26.23a
		150	540.38	42.76	31.74	5 089.21	12.39b	25.80a
		195	557.44	42.21	31.26	5 343.97	12.04c	23.07b
		240	565.38	41.60	31.94	5 640.27	11.62d	21.91bc
		285	590.36	38.63	31.69	4 704.03	11.83cd	22.68c
扬州	扬麦 9 号	105	433.00	44.17	38.01	7 135.09	11.78	22.36
		150	458.05	43.72	37.18	7 287.39	11.47	21.10
		195	487.80	43.27	36.58	7 526.95	11.09	18.95
		240	498.67	42.67	36.43	7 601.43	10.55	17.17
		285	493.41	42.77	35.93	7 362.78	11.05	18.38

（续）

地点	品种	密度 （万株/hm²）	穗数 （万株/hm²）	穗粒数	千粒重 （g）	实际产量 （kg/hm²）	粗蛋白含量 （%，干基）	湿面筋含量 （%）
扬州	扬麦12	105	445.02	42.20	42.14	7 795.15	14.13	32.13
		150	469.92	41.69	41.90	8 042.72	13.06	31.07
		195	480.59	40.97	40.56	7 800.74	12.58	28.29
		240	488.46	39.95	39.44	7 541.45	12.50	27.35
		285	495.63	39.23	39.05	7 437.18	12.50	29.89
徐州	苏徐2号	120	372.0	51.0	45.2	6 535.5	16.48	41.55
		180	396.2	48.3	45.9	7 059.0	15.08	42.27
		240	413.4	43.4	45.3	6 825.0	14.14	37.55
		300	422.7	40.5	44.2	6 445.5	14.22	37.31
		360	439.9	39.0	43.7	6 391.5	14.53	39.31

　　注：扬麦9号和扬麦13施氮量为180kg/hm²，氮（N）肥运筹为7:1:2；扬麦12施氮量为180kg/hm²，氮（N）肥运筹3:1:3:3；苏徐2号施氮量为180kg/hm²，氮（N）肥运筹为5:1:2:2。

表6-4　密度对稻田套播小麦籽粒产量与品质的影响

（扬州大学农学院，1998—2004）

密度 （万株/hm²）	穗数 （万/hm²）	每穗粒数	千粒重 （g）	理论产量 （kg/hm²）	实收产量 （kg/hm²）	蛋白质含量 （%）
120	347.42 c	31.06 a	49.77 a	5 363.56 d	5 165.08	14.90 a
180	513.51 b	29.41 ab	48.10 b	7 261.46 c	6 250.62	14.56 b
240	562.76 b	28.21 abc	48.06 b	7 627.38 ab	6 695.85	14.36 b
300	660.83 a	26.09 bcd	45.62 c	7 924.33 a	6 800.07	14.33 b
360	695.35 a	24.81 cd	45.25 c	7 796.22 a	6 770.88	14.40 b
420	710.36 a	23.80 d	44.52 b	7 457.37 bc	6 551.61	14.43 b

　　2. 施肥技术　肥料是影响小麦品质最活跃的因子，肥料种类、用量及施用时期和比例都对小麦籽粒品质产生显著影响。

　　（1）氮肥　施用氮肥能显著影响小麦籽粒产量和品质。在一定范围内增加氮肥施用量，籽粒产量提高，超过一定范围后，籽粒产量下降，两者呈二次曲线关系；籽粒蛋白质含量和湿面筋含量随施氮量增加而增加，两者之间呈极显著正相关，施氮量与籽粒蛋白质产量呈二次曲线关系（图6-2）。因此，在大面积生产中，弱筋小麦应适当降低氮肥施用量，总施氮量应根据地力水平确定，一般掌握总施氮量180～210kg/hm²；中筋和强筋小麦应适当增加氮肥施用量，中筋小麦一般掌握220～270kg/hm²，强筋小麦一般为240～300kg/hm²。

　　由于不同生育期施用氮肥对产量和品质的调节效应不同，因此在小麦整个生育期中采用不同的氮肥运筹比例对籽粒产量和品质的调节效应亦很大。选用强筋小麦皖麦38、中筋小麦扬麦10和弱筋小麦宁麦9号3个品种，研究不同专用型小麦品种的适宜氮肥运筹

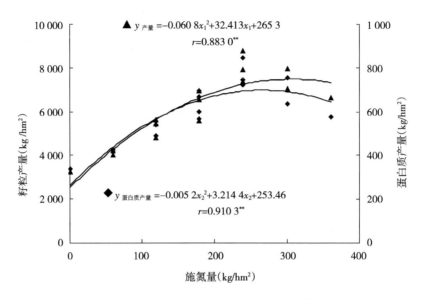

图 6-2　施氮量与籽粒产量和蛋白质产量的关系
（扬州大学农学院，2000—2001）

方式，结果表明，同一施氮量水平下，前期施氮与中、后期施氮比例不同对产量影响较大，产量排序为基肥：壮蘖肥：拔节肥：孕穗肥施用比例为 3：1：3：3＞5：1：2：2＞5：1：4＞7：1：2＞9：1，即小麦产量水平欲进一步提高，需适当增加中、后期施氮比例。不同专用型小麦籽粒品质均表现为随中、后期施氮比例提高，籽粒蛋白质含量、湿面筋含量呈上升趋势，有利于中、强筋小麦改善品质。在施氮量 180～240kg/hm² 条件下，中、强筋小麦氮肥施用比例宜采用基肥：壮蘖肥：拔节肥：孕穗肥为 3：1：3：3 或 5：1：2：2 的运筹方式，可实现优质高产；若施氮量＞270kg/hm²，宜采用 5：1：2：2 的运筹方式。基苗肥施用比例过大，易使籽粒筋力变弱，所以弱筋小麦应适当降低中、后期施氮比例。在 150 万株/hm² 基本苗条件下，生产符合国家弱筋专用小麦标准的优质高产小麦较为困难；在 240 万株/hm² 基本苗条件下，施氮量采用 180kg/hm²，可生产出筋力较弱的小麦；在施氮量 240kg/hm² 条件下则以基肥：壮蘖肥：拔节肥为 7：1：2 的氮肥运筹方式，可以生产出符合国家弱筋专用小麦标准的小麦籽粒产品，实现优质高产（表 6-5、表 6-6）。

表 6-5　氮素对强筋、中筋专用小麦籽粒产量、蛋白质和面筋含量的影响

（扬州大学农学院，2001—2002）

品种类型	施氮量 (kg/hm²)	氮肥运筹方式	穗数 (万/hm²)	穗粒数	千粒重 (g)	籽粒产量 (kg/hm²)	蛋白质含量 (%，干基)	湿面筋含量 (%，14% 水分基)
强筋小麦 皖麦 38	180	9：1	418.65	36.23	45.78	7 196.1e	11.3	24.6
		7：1：2	456.00	35.37	45.73	7 379.1de	12.9	27.9
		5：1：4	448.05	37.16	47.24	7 868.7bcd	12.9	31.2
		5：1：2：2	446.55	37.51	47.64	7 983.9bc	14.0	37.3

（续）

品种类型	施氮量 （kg/hm²）	氮肥运筹方式	穗数 （万/hm²）	穗粒数	千粒重 （g）	籽粒产量 （kg/hm²）	蛋白质含量 （％，干基）	湿面筋含量 （％，14％ 水分基）
强筋小麦 皖麦38	180	3：1：3：3	424.95	40.61	48.51	8 373.9ab	14.5	37.9
	240	9：1	461.25	35.31	44.05	7 176.9e	12.5	25.8
		7：1：2	461.85	37.22	44.99	7 735.7cd	13.2	30.3
		5：1：4	443.25	39.57	45.75	8 026.7bc	13.3	35.9
		5：1：2：2	436.65	39.49	46.80	8 073.0bc	14.4	39.1
		3：1：3：3	460.20	41.30	46.45	8 830.2a	15.0	40.3
		标准差	15.19	2.14	1.31	521.52	1.10	5.78
		变异系数	3.41	5.64	2.84	6.63	8.21	17.49
中筋小麦 扬麦10	180	9：1	413.70	37.57	45.65	7 098.0c	10.5	21.9
		7：1：2	390.15	41.69	45.34	7 376.0c	11.6	25.2
		5：1：4	408.45	43.94	45.04	8 085.6b	12.2	27.9
		5：1：2：2	417.60	43.10	45.71	8 230.5ab	12.5	28.7
		3：1：3：3	396.90	46.63	46.87	8 675.9a	12.9	29.4
	240	9：1	456.00	37.44	44.32	7 566.5c	11.3	30.3
		7：1：2	465.15	39.65	43.97	8 111.1b	11.8	30.5
		5：1：4	438.60	41.58	45.85	8 362.2ab	12.6	32.2
		5：1：2：2	453.00	41.25	44.85	8 382.2ab	12.9	32.7
		3：1：3：3	401.70	47.46	46.54	8 542.7ab	13.3	35.9
		标准差	26.95	3.38	0.91	524.28	12.16	29.47
		变异系数	6.35	8.05	2.01	6.52	0.86	3.94

注：表中同列不同小写字母表示数值间差异显著（P＜0.05）。

表6-6 氮肥和密度对弱筋专用小麦宁麦9号籽粒产量、蛋白质和面筋含量的影响

（扬州大学农学院，2001—2002）

密度 （万株/hm²）	施氮量 （kg/hm²）	氮肥运筹 方式	穗数 （万/hm²）	穗粒数	千粒重 （g）	籽粒产量 （kg/hm²）	蛋白质含量 （％，干基）	湿面筋含量 （％，14％ 水分基）
	180	9：1	428.85	43.08	42.05	7 770.2d	10.0	22.2
		7：1：2	437.10	45.26	42.36	8 383.4c	10.9	22.4
		5：1：4	446.40	47.83	42.38	9 051.9b	10.7	23.1
150		5：1：2：2	448.95	47.59	41.94	8 963.1b	11.3	23.7
		3：1：3：3	423.60	50.52	42.78	9 154.4ab	11.4	26.1
	240	9：1	443.25	44.32	41.54	8 161.2cd	10.6	18.8
		7：1：2	446.25	48.13	41.61	8 941.1b	11.4	26.4
		5：1：4	457.05	47.62	41.40	9 013.5b	11.3	27.5

（续）

密度 （万株/hm²）	施氮量 （kg/hm²）	氮肥运筹 方式	穗数 （万/hm²）	穗粒数	千粒重 （g）	籽粒产量 （kg/hm²）	蛋白质含量 （%，干基）	湿面筋含量 （%，14% 水分基）
150	240	5：1：2：2	454.80	50.63	40.68	9 369.5ab	11.7	27.6
		3：1：3：3	448.80	51.56	41.15	9 523.5a	11.8	28.4
		标准差	10.73	2.80	0.64	553.78	0.55	3.07
		变异系数	2.42	5.87	1.52	6.27	4.99	12.46
240	180	9：1	367.98	41.79	40.48	6 225.0f	8.2	18.3
		7：1：2	410.02	43.14	41.24	7 294.7d	8.7	19.8
		5：1：4	442.18	44.38	42.22	8 285.2c	9.9	22.5
		5：1：2：2	434.40	44.07	42.58	8 151.5c	10.1	22.5
	240	9：1	367.98	41.79	40.48	7 086.8e	9.2	19.5
		7：1：2	410.02	43.14	41.24	8 570.3b	10.3	21.5
		5：1：4	442.18	44.38	42.22	9 519.2a	12.1	24.8
		5：1：2：2	434.40	44.07	42.58	9 344.2a	11.9	25.0
		标准差	30.91	1.08	0.88	1 133.76	1.40	2.44
		变异系数	7.47	2.48	2.12	14.07	13.91	11.24

注：表中同列不同小写字母表示数值间差异显著（P<0.05）。

（2）**磷肥** 在缺磷的土壤上，施磷能增产，但对小麦品质的影响多数研究结果不一致。在沿江高沙土地区（土壤低磷，含磷量 5mg/kg 左右）泰兴的试验研究表明，强筋小麦以施磷量（P_2O_5）144kg/hm² 处理产量最高，中、弱筋小麦以施磷量（P_2O_5）108kg/hm² 处理籽粒产量最高，可以实现高产目标（表 6-7）。

表 6-7 施磷量对小麦籽粒产量及其构成的影响

（扬州大学农学院，2001—2002）

品 种	施磷量 （kg/hm²）	穗数 （万/hm²）	每穗粒数	千粒重 （g）	籽粒产量 （kg/hm²）
中优 9507	0	465.79b	25.45b	48.21c	5 524.43c
	72	488.30ab	26.05b	49.87b	6 228.01b
	108	510.20a	27.05a	51.05ab	6 657.99ab
	144	511.44a	27.40a	51.51a	6 870.43a
	180	507.53a	26.75ab	51.01ab	6 583.62ab
徐麦 856	0	435.87b	30.75b	48.80b	6 299.48c
	72	455.51a	31.13ab	49.40ab	6 755.38b
	108	476.10a	32.65a	51.02a	7 504.75a
	144	472.30a	32.31ab	50.62ab	7 319.32a
	180	468.14a	32.17ab	50.42ab	7 201.93a

（续）

品　种	施磷量 （kg/hm²）	穗数 （万/hm²）	每穗粒数	千粒重 （g）	籽粒产量 （kg/hm²）
宁麦9号	0	457.95b	30.86b	38.96c	5 332.00c
	72	479.52ab	32.25a	40.73b	6 190.66b
	108	502.20a	33.71a	42.31a	6 822.08a
	144	501.44a	33.25a	42.14a	6 489.01ab
	180	497.86a	33.12a	41.89a	6 310.30b
扬麦13	0	459.51b	30.50b	39.19c	5 123.99c
	72	483.52ab	31.88a	40.97b	6 235.35b
	108	508.56a	33.35a	42.82a	6 927.80a
	144	504.42a	33.26a	42.70a	6 473.12ab
	180	502.58a	33.19a	42.44a	6 391.03b

注：表中同列不同小写字母表示数值间差异显著（$P<0.05$）（下同）。

在底施磷肥基础上，拔节期追施磷肥可以提高小麦产量，但品种不同基追比应有所差异。中筋小麦扬麦12以基追比7：3的处理产量最高，弱筋小麦扬麦9号以5：5处理产量最高。施磷能提高强筋小麦中优9507与中筋小麦扬麦12醇溶蛋白、谷蛋白含量及总蛋白含量，表明施磷可以改善中、强筋小麦籽粒品质；施磷虽提高弱筋小麦扬麦9号籽粒蛋白质含量，但各个处理均低于11.5%，符合优质弱筋小麦品质指标（GB/T 17893—1999）（表6-8）。可见在缺磷土壤上适量施磷并采用适宜的基追肥比例，可提高强、中、弱筋三类专用小麦的产量和品质，小麦单产在6 500～7 000kg/km²，专用品质符合国家标准规定。强筋小麦以施磷量144kg/hm²，中、弱筋小麦以施磷量108kg/hm²，磷肥基追比例以7：3或5：5，配合适宜的氮、钾施用量和施肥技术，可以实现优质高产。

表6-8　施磷量对不同类型专用小麦籽粒蛋白质及组分含量的影响

（扬州大学农学院，2001—2002）

品　种	施磷量（kg/hm²）	清蛋白（%）	球蛋白（%）	醇溶蛋白（%）	谷蛋白（%）	蛋白质（%）
中优9507	0	1.84b	1.39a	3.78b	4.01d	12.92c
	72	1.87ab	1.25b	4.21a	4.73c	13.73b
	108	1.91a	1.22b	4.19a	5.07b	14.07ab
	144	1.86ab	1.28b	4.24a	5.30a	14.22a
	180	1.91a	1.22b	4.12a	5.13b	13.96ab
扬麦9号	0	2.03a	0.98d	2.93ab	2.80c	10.46c
	72	1.95a	1.34a	2.86b	3.52b	10.93b
	108	1.72b	1.09c	3.09a	3.81a	11.32a
	144	1.78b	1.06c	2.99ab	3.78a	11.24a
	180	1.97a	1.17b	2.65c	3.48b	11.09ab

（3）钾肥　在氮、磷供应较充足时，适量增施钾肥可以提高籽粒产量和改善品质。在土壤速效钾达 136.9mg/kg 的条件下，中筋小麦每公顷增施 90kg 的钾肥，增加产量、提高营养品质。继续提高施钾量，籽粒产量继续上升，但籽粒蛋白质含量下降；过量施钾肥，产量和蛋白质含量均下降（表 6-9）。说明小麦籽粒产量和品质随着施钾水平的提高存在不完全同步性，中筋和强筋小麦其产量增加与品质改善相协调的施钾量（K_2O）以 90～135kg/hm^2 为宜，弱筋小麦亦应注意适量施用。

钾肥运筹比例对小麦籽粒产量和品质亦有一定的调节效应。中、强筋小麦应适当增加小麦生育中期施钾量，有利于籽粒产量和品质的同步提高，以基∶追＝5∶5 为宜；弱筋小麦则应适当增加前期施用量，减少后期追施比例，一般地力水平可采用基∶追＝7∶3 的钾肥运筹比例（表 6-10）。

表 6-9　不同施钾（K_2O）量对小麦籽粒产量和品质性状的影响（％，干基）

（扬州大学农学院，1998—1999）

品种	施钾量（kg/hm^2）	产量（kg/hm^2）	蛋白质含量（％）	湿面筋含量（％）	总淀粉含量（％）
沪 95-8	0	6 568.95	13.15bc	29.60	66.24
	90	7 105.05	14.39a	29.74	66.61
	135	7 391.25	13.75ab	29.80	67.09
	180	7 117.20	12.72c	30.51	66.34
扬麦 158	0	5 681.55	12.85a	30.78	65.11
	90	6 312.30	12.28a	29.15	66.08
	135	5 501.25	12.59a	29.08	64.79
	180	4 874.55	13.55b	27.36	64.28

表 6-10　不同钾肥运筹比例对小麦产量和品质性状的影响

（扬州大学农学院，1998—1999）

施钾（K_2O）量（kg/hm^2）	钾肥运筹方式（基∶追）	籽粒产量（kg/hm^2）	蛋白质含量（％，干基）	湿面筋含量（％，干基）	总淀粉含量（％）
90	3∶7	5 892.57 b	13.84a	33.33	65.29
	5∶5	6 290.68 b	13.75a	32.74	66.61
	7∶3	7 105.05 a	13.23a	30.58	66.01
135	3∶7	6 374.88 b	13.46a	31.98	65.91
	5∶5	6 427.54 b	13.15a	29.80	67.55
	7∶3	7 391.20 a	12.79a	28.81	64.82
180	3∶7	6 598.05 b	13.49a	34.35	67.41
	5∶5	6 938.70 ab	12.72ab	30.51	66.34
	7∶3	7 117.20 a	12.48b	31.32	65.34

生产实践中，氮、磷、钾配合使用对小麦产量提高和品质改善有十分显著的作用。单一施用磷和钾肥，籽粒蛋白质含量降低，随氮肥用量的增加，磷、钾降低籽粒蛋白质含量的效应减小，在稳定施氮量的基础上，增施磷、钾肥有利于产量提高和品质改善。因此，生产上可以通过适当增施氮肥和配合施用磷、钾肥来提高中、强筋小麦的蛋白质与湿面筋含量，弱筋小麦宜采用的氮、磷、钾配比为 1∶0.4～0.5∶0.4～0.5，中筋小麦宜采用的氮、磷、钾配比为 1∶0.5～0.6∶0.5～0.6，强筋小麦宜采用的氮、磷、钾配比为 1∶0.6～0.8∶0.6～0.8，品质、产量协调性较好，经济效益较高。

3. 灌排技术

（1）灌水、排水技术对小麦品质的影响　水分对小麦品质的影响是复杂的。一般情况下灌水能增加籽粒产量和蛋白质产量，而由于增加了籽粒产量对蛋白质的稀释作用，蛋白质含量可能会略有下降。干旱在多数情况下会使蛋白质含量有所提高。在肥料充足的条件下或在干旱年份，适当灌水可以使产量和蛋白质含量同步提高。在较干旱时，肥料充足可使蛋白质含量提高，肥料不足时，干旱或湿润都使蛋白质含量降低。灌溉对小麦品质的影响与灌水时期及次数有关，扬州大学农学院在徐州试验点采用强筋小麦试验结果表明，籽粒蛋白质含量、干湿面筋含量和赖氨酸含量以"冬前＋孕穗期"灌水达最大值，处理间相比拔节期灌水，蛋白质含量、干湿面筋和赖氨酸含量均下降，而孕穗期灌水蛋白质含量、干湿面筋含量和赖氨酸含量均有所上升，以冬前和孕穗期两次灌水产量和品质最优（表6-11）。

灌水对品质的影响与降水量有很大关系。欠水年灌水可提高产量和蛋白质含量，丰水年适当少灌也可提高籽粒蛋白质含量，但灌水过多对产量和品质均不利。

（2）不同地区专用小麦的灌排水技术　江苏小麦生育期间土壤的水分管理，淮北麦区是灌排结合、以灌为主。主要是由于淮北地区小麦生长期间常出现严重干旱天气，生产优质面包粉等中高筋力小麦，适时适量灌水抗旱，能促进产量和品质的同步提高。但轻微干旱不应灌水，适当偏旱有利于提高小麦蛋白质、面筋、氨基酸含量。

表 6-11　灌水对烟 2801 产量和籽粒品质的影响

（扬州大学农学院，2002—2003）

处　　　理	实际产量 (kg/hm²)	蛋白质含量 (%)	湿面筋含量 (%)	直链淀粉含量 (%)	支链淀粉含量 (%)	赖氨酸含量 (%)
冬前灌水	6 910.5	14.8	34.5	15.76	52.97	0.34
冬前＋拔节期灌水	7 059.0	14.3	33.5	14.73	57.06	0.37
冬前＋孕穗期灌水	7 219.5	14.9	34.6	16.33	55.04	0.38
冬前＋拔节期＋孕穗期灌水	7 240.5	14.5	34.1	14.08	51.63	0.34
不灌水	6 439.5	14.8	34.5	13.17	47.71	0.33

江苏省的淮南麦区，土壤水分是灌排结合、以排为主。主要是由于该区域河网发达，常年降水偏多，因此应排水降渍，提高根系活力，以促进物质吸收和运转，提高小麦籽粒产量和品质。在生产上要搞好麦田一套沟建设，麦作生长期间要注重清沟理墒，加强土壤水分监测与管理，从而改善小麦的综合品质。

4. 生化制剂应用技术　目前，生化制剂在小麦生产上应用比较普遍，但多以控制株型、调节生理、提高产量为目的，在提高品质方面还基本上处于研究和示范阶段。扬州大学农学院在徐州的研究表明，使用生化试剂对强筋小麦产量和品质提高有一定的效应，喷施生化试剂产量均高于对照，其品质也符合强筋小麦标准，所以矮壮丰2号可以在强筋小麦生产中推广应用（表6-12）。但对于弱筋小麦而言，则不宜施用。

表6-12　生化试剂（矮壮丰2号）对烟2801产量和籽粒品质的影响

（扬州大学农学院，2002—2003）

处理（月/日）	实际产量 (kg/hm²)	蛋白质含量 (%)	湿面筋含量 (%)	直链淀粉含量 (%)	支链淀粉含量 (%)	赖氨酸含量 (%)
3/1喷施	5 767.5	14.5	38.2	13.95	57.88	0.304 0
3/19喷施	6 075.0	14.3	35.6	14.50	52.22	0.298 2
4/15喷施	6 175.5	14.0	36.0	13.91	55.94	0.297 8
3/1+4/15喷施	5 892.0	14.1	35.4	15.31	58.49	0.300 4
3/1喷清水	5 832.0	14.3	35.9	14.08	61.06	0.297 5

江苏省农业科学院的研究表明，喷粉锈宁不仅能防治宁麦9号病害的发生，亦能提高其光合生产能力，提高产量，同时影响品质的形成。除在抽穗期喷施一次常规用量的粉锈宁处理外，其他处理能降低籽粒面筋含量，面团形成时间和稳定时间缩短，对饼干小麦籽粒品质形成有利，既起到了防病的作用，又起到了改善品质的作用，在生产中应注意施用（表6-13）。

表6-13　粉锈宁对宁麦9号产量和品质的影响

（江苏省农业科学院，2002—2003）

处　理	产量 (kg/hm²)	湿面筋含量 (%)	沉降值 (mL)	面团形成时间 (min)	稳定时间 (min)	评价值
抽穗期喷1次	5 764.5	25.4	33.5	2.0	1.9	38
抽穗、灌浆期各喷1次	6 019.5	24.1	33.5	2.0	1.9	40
抽穗、开花、灌浆期各喷1次	5 830.5	23.8	29.0	1.7	1.6	38
抽穗期喷1次高浓度（正常3倍）	5 707.5	19.5	22.0	1.4	2.1	36
不喷（CK）	5 325.0	24.8	31.0	2.0	1.9	39

5. 病虫草害防治技术　病虫草害不仅影响小麦的产量，而且严重影响小麦的品质。小麦感染赤霉病、白粉病会使籽粒皱缩，降低制粉品质和面筋强度。倒伏降低了容重和千粒重，也使制粉品质和烘烤品质恶化。病虫草害的防治如果选用药剂不当，也会造成农药残留和环境污染等问题。因此，在优质小麦的生产上，要以小麦丰产、优质、保健栽培为基础，结合农业防治，坚持病虫害防治指标、科学使用农药、保护利用自然天敌控制作用的麦作病虫害综合防治策略。选用安全、无（低）残留农药防治小麦赤霉病、纹枯病、白粉病、黏虫、蚜虫和麦田杂草，在农药、化肥使用种类、浓度、时间、残留量方面按照《生产绿色食品的农药使用准则》，保证产品安全性，确保符合无公害食品标准要求。

第二节　安徽省小麦品质区划与高产优质栽培技术

一、小麦生产生态环境概况

（一）地理概况

安徽位于长江淮河下游，北纬 29°41′～34°38′、东经 114°54′～119°37′之间，南北长 5 纬度，东西宽 4.5 经度。淮河以北为辽阔平原，是黄淮海平原的一部分，海拔 20～40m；长江与淮河之间多起伏丘陵，大别山蜿蜒于西南，东部丘陵区海拔在 70m 以下；长江以南除沿江一部分圩区平原外，多数是群山毗连的山区地带，海拔 500～1 000m 左右。由于太阳辐射、大气环流和地理环境等因素的综合影响，使安徽成了暖温带向亚热带过渡的气候型。淮河以北属暖温带半湿润季风气候，淮河以南属北亚热带湿润季风气候。在全国小麦种植区划中，安徽省淮河以北属北方冬麦区的黄淮冬麦区，淮河以南属长江中下游冬麦区。

小麦是安徽省分布最广的作物，全省 17 个地市均有种植，但主要产麦区分布在北纬 31.4°～34.4°之间，包括淮河以北；沿淮河两岸和长江与淮河之间、长江以南除沿江一部分圩区平原尚有种麦习惯，其他地方均为零星种植。由于多种地形地貌和较复杂的土壤类型，各地自然气候条件、耕作制度、小麦品种适应类型和栽培技术上存在的问题各有不同，表现在生产上具有明显的地域性。

（二）气候特点

全省小麦生育期间太阳光照射的实有时数 1 436～1 922h，北部多、南部少，平原丘陵多、山区少。0℃以上积温为 2 200～2 125℃，南北虽差异不大，但最冷的 1 月份气温则相差较大，淮河以北平均气温 0～1℃，日均温低于 0℃的天数有 35～50d，而沿江江南平均气温 3～4℃，日均温低于 0℃的天数不到 20d。降水分布在 250～750mm 之间，有明显的南部多北部少、山区多平原和丘陵少的特点。

淮北地区年太阳辐射量 523～543.4kJ/cm²，是全省辐射量最优越地区。小麦生长季节内（10 月至翌年 5 月），太阳辐射量 295.4～313.4kJ/cm²，日照时数 1 373～1 436h，光照条件优越。该区常年平均气温 14～15℃，无霜期 200～220d，小麦生长季节积温 2 200℃左右，能满足冬性、半冬性、春性三种生态类型小麦品种对热量的需求。冬季最冷月（1 月）平均气温可达 0～1℃，日均温小于 0℃天数为 35～50d，平均极端最低气温 －14～－12℃，冬春季节常有寒潮天气入侵南下，造成小麦冻害和寒害。该区小麦生长季节平均降水量 250～350mm，需补水灌溉。由于降水分布不均，秋季经常少雨干旱，影响播种出苗。

淮河以南地区年太阳辐射量 497.9～506.3kJ/cm²，小麦生长季节内（10 月至翌年 5 月）太阳辐射量 221.3～291.2kJ/cm²，日照时数 922～1 195h，光照条件不及淮北地区。该区常年平均气温 15～16℃，无霜期 220～240d，小麦生长季节＞0℃积温 2 125～2 266℃，能满足半冬性或春性小麦品种对热量的需求。冬季最冷月（1 月）平均气温可达 1～4℃，日均温小于 0℃天数 20～35d，平均极端最低气温 －10～－7.5℃。该区北部播种过早的春性品种也会出现春霜冻害，而该区南部则无明显的越冬期。该区小麦生长季节平均降水量450～750mm，降水较多的3～5月份经常发生严重渍害。

（三）土壤条件

安徽省土壤分布具有明显的地域性。淮北北部属黄泛冲积平原，土壤为潮土，土层深厚，通透性好，有利于提高整地质量，但除其中的两合土外，大部分有机质含量较低。淮北的中部和南部，地处淮北各河流间的浅洼地区，属河间平原，土壤为砂姜黑土。由于砂姜黑土的物理性状差，质地黏重，遇旱涝天气，适耕期短，耕性较差，有机质含量不高，但该土壤在小麦生育后期的供肥能力较强。

长江与淮河之间岗丘地带多为马肝土、黄白土与水稻土。马肝土主要分布在江淮丘陵的岗、塝地，质地黏重，适耕期短，易旱易涝；黄白土主要分布在江淮丘陵岗地的中下部或缓岗地带，土壤通透性较好，养分含量中等，是江淮丘陵较好的旱作土壤；水稻土分布于江淮和沿江地区水稻产区，大部分质地黏重，有机质含量差异较大。

安徽南部除山区有黄、红壤外，沿江大部分地区是久经耕作种稻而发育成的各种类型的水稻土。

（四）种植制度

安徽淮河以北地区作物种植制度长期以来是二年三熟制为主，一般是小麦与夏大豆、玉米、花生、甘薯年内二熟后，再种春玉米、甘薯、棉花、烟草、黄红麻等，小麦是中心作物。近些年，为了提高复种指数，春茬作物面积逐渐减少，大部分改为夏茬，棉花则改为营养钵移栽在麦行中套种，所以种植制度变成了以小麦为主的夏秋作物一年二熟制。沿淮地区部分为小麦、水稻二熟制。江淮之间种植制度是以水旱并存的一年二熟制为主，水田以水稻为中心与小麦、油菜或绿肥等年内二熟，而旱地则是小麦、油菜与甘薯、玉米、大豆、杂豆等年内二熟。沿江、江南地区水热资源丰富，是双季稻为主的一年三熟制，一般是以早稻、晚稻、油菜或小麦、绿肥。近年来，水稻与油菜、小麦二熟制面积有所扩大。

二、小麦产业发展概况

（一）生产概况

20世纪90年代中后期，安徽小麦常年种植面积213万hm²左右，总产900万～950万t，单产4 200～4 500kg/hm²。1998年，随着全国农村产业结构调整，小麦种植面积逐年压减，到了2003年只有177.68万hm²，总产657万t，单产3 697.5kg/hm²。2004年开始，由于国家出台的一系列优惠"三农"政策，实行小麦良种补贴，农民种粮积极性有了提高，当年小麦种植面积恢复到199万hm²，总产808万t，单产4 311.8kg/hm²。自2005年秋种，安徽省实施了小麦高产攻关活动，2006—2008年连续3年总产、单产均双超历史。2008年小麦面积扩大到234.7万hm²，在2005年平均单产3 840kg/hm²基础上提高到4 977kg/hm²，增加了1 137kg，增幅29.6%，总产由811.5万t提高到1 169万t，增加356.5万t，增幅43.9%。2009年全省小麦面积235.53万hm²，总产量1 177.2万

t，单产 4 998 kg/hm²。不仅如此，小麦品种的品质也得到明显改善，优质强筋、中强筋品种的种植面积由 2000 年初的 10%～12% 增加到 2008 年的 60% 以上。由于强筋麦掺合到一般中筋麦制粉，使面粉中蛋白质的量和质有了一定提高，因而从整体上提高了安徽小麦的面粉品质。例如，2005 年前，淮北地区仍以皖麦 19、矮早 64 系、新麦 9 号等中弱筋品种为主，面团稳定时间多在 1～3min 之间。国家小麦良种补贴政策的实施大大促进了品种布局的调整，已形成以中强筋烟农 19 为主，搭配新麦 18、豫麦 70、郑麦 9023、皖麦 38 等品种的生产布局，这些品种的稳定时间多在 4～8min 之间。沿淮西部以偃展 4110 代替部分矮早 64 系，两者品质类型相似；沿淮烟农 19 部分代替皖麦 19，皖麦 33 部分替代扬麦系列，导致面筋增强；江淮地区扬辐麦 2 号、扬麦 13、皖麦 48 部分替代扬麦 158，向弱筋专用小麦方向发展。

（二）生产优势及存在问题

1. 生产优势

（1）小麦生产量和商品量大　安徽省地处我国中部地区，是全国小麦主产省份之一，常年小麦播种面积 233 万 hm²，总产 1 000 万 t 以上，居全国第 4 位，每年销售商品量占总产量的 30%～50%，属国家确定的重点优势产区。

（2）发展优质小麦生产有基础　安徽省是国内优质小麦育种和开发较早的省份，曾选育出优质强筋小麦皖麦 38、皖麦 33 和优质弱筋小麦皖麦 18、皖麦 47、皖麦 48，并重点引进推广了周边省份的烟农 19、新麦 18、济麦 20、郑麦 9023、扬辐麦 2 号、扬麦 13 等一批强筋或弱筋小麦新品种。近年来优质小麦种植面积超过 60%，有效地改善了安徽省商品小麦的品质，为小麦加工企业配粉提高面粉质量创造了优质原料基础。

（3）增产潜力大　安徽淮河以北与淮河以南两大麦区均位于北纬 33°附近，自然资源条件特别是水资源条件较好，为小麦持续增产提供了良好基础，同时增产潜力大。

（4）地理位置优越　安徽小麦产区距离长江三角洲和珠江三角洲的江苏、上海、浙江、福建、广东等省、直辖市小麦或面粉主销区较近，物流方便。

2. 存在的主要问题

（1）农田基础设施薄弱，抗御旱、涝灾害性气候的条件较差　安徽小麦生长季节降水量与北方比相对较多，但由于降水分布不均，在秋、冬、春季节有时会出现旱情，需要进行补充灌溉，而一部分地区利用地下水的井灌设施不健全，加上管喷方法落后，农民一般依赖降雨来解除旱情，往往会延误时机。此外，在春末夏初有时降水过多，特别是遇到风、雨交加的强对流天气，易引起小麦倒伏；稻茬麦等低洼田块沟渠不配套，排水降湿不及时，渍害严重。

（2）整地、播种较粗放，播种量偏大　安徽淮北、沿淮旱茬麦，砂姜黑土面积大，容易失墒，整地难以达到平整细碎、上松下实的要求。沿淮与江淮之间稻茬麦区，水稻土壤黏重，也不易整平细碎。两者都将会影响到播种质量的提高，因而农民习惯采用较大的播种量，导致群体过大，稻茬麦区撒播面积大。

（3）一次性施底肥（称为"一炮轰"施肥）　这是过去中低产水平条件下的施肥方式，而随着生产水平的提高，一次性底施化肥不仅会使小麦前期生长过旺，群体过大，而且在冬春雨雪过程中容易流失，导致中后期缺肥早衰，影响小麦产量和品质。

（4）小型农业机械作业质量难以适应小麦高产的要求　由于以往长时期使用蓄力和小型农机具，造成耕地犁底层浅（约11～12cm），土壤蓄水保墒和保肥能力差，小麦根系发育受阻，水肥吸收功能较低，在秋种遇旱情况下，整地易出现坷垃大、坷垃多的现象，严重影响小麦出苗齐全和生长一致。

（三）优质小麦产业发展前景

从饮食习惯看，安徽淮北地区主要以食面为主，淮南地区以食米为主，随着社会人口流动与方便食品的发展，南方面食品消费量有不断增长的趋势。近年来，农民自己加工面粉的现象已很少，基本上是购买大中型面粉厂加工的商品面粉。由此带动了小麦主产区面粉加工企业规模的扩张，如安徽宿州市萧县的皖王面粉集团、亳州市谯城区的大杨面粉加工集团、滁州市的同心集团面粉有限公司、淮北市的天宏集团实业有限公司和鲁王集团、安徽农垦集团雁湖面粉有限公司、阜阳市的太和面粉厂、六安市的寿州富康有限公司、和霍邱雪莲面粉有限公司、淮南市的富奥面粉公司等一大批面粉加工企业成长起来。

从表6-14中数据可以看出，安徽省国有收储企业小麦销售量的年际间变化。2003年，全国和安徽省小麦产量均降到1997年以来的最低，由于市场缺粮，安徽省粮食局所属企业售麦量增加，达到60%以上。2004年以后，虽然小麦销售量随着总产量的增加而有一定的提高，但大致维持在30%～40%水平。2007年，安徽小麦总产超过1 000万t，销售量也增加到500万t以上，销量占总产的近50%。销售量的增加反映了小麦商品率提高及消费结构的变化。但由于小麦市场的多元化，如允许面粉企业直接从农户购麦或商贩直接下农村收购转商等，因此，上述销售比例并不能完全反映商品率的变化。

表 6-14　安徽小麦生产与销售情况

（安徽农业大学，2007）

年份	面积（hm²）	单产（kg/hm²）	总产（万 t）	销售量（万 t）	销售/总产（%）
2003	177.68	3 697.5	657.0	412.0	62.7
2004	183.96	4 311.8	793.0	233.0	29.4
2005	198.95	4 061.3	808.0	371.0	42.2
2006	213.43	4 530.8	968.0	291.0	30.1
2007	233.03	4 770.0	1 111.5	522.0	47.0

注：小麦面积、单产、总产数据来自省统计局，销售数据来自省粮食局调控处（指国有收储企业销售量，含上一年库存量）。

随着社会经济日益繁荣，人们生活水平不断提高，要求提供营养丰富、适口性好的各种食品是必然的趋势。20世纪90年代前后，我国优质面包、面条、馒头、饺子等食品专用粉的加工往往依靠进口麦作为配麦的方法来实现。进入21世纪，进口麦已逐渐被国产优质麦所替代，安徽省情况也是如此。例如省级龙头企业亳州市大杨面粉集团的"良夫"、"占元"两公司，前些年就是通过与涡阳县农户签订合同，加价10%～15%收购亳州市农科所育成的皖麦38优质强筋商品小麦作为配麦，加工成特一面粉，因其品牌质量得到提高而受到省内外销售市场的青睐。近年，"良夫"公司又在亳州市利辛县兴建面粉分公司，与该县农户签订了建立特定小麦品种繁种基地合同，负责繁种、供种、回收商品小麦，以麦换面，农民可以凭换面票据随时到面粉公司取面粉，食用不受市场价格波动影响的面粉，深受农民欢迎。所有这些优质小麦产业链的延伸，不仅促使面粉企业加工增值，而且也让农民从中得到实惠，收到方便民生的社会效果。

从长远发展的角度，安徽优质小麦大面积生产一方面需要继续提高单产，节本增效；另一方面也要不断改善品质，通过品种选择和优化栽培技术两条途径来提高小麦的面筋强度，注意选择推广淀粉品质好、面团不易变色、适于制作各种专用面食品的小麦新品种。与此同时，进一步完善面粉加工龙头企业与种麦农户之间互惠互利的协作发展关系。

三、小麦品质区划

（一）品质区划的依据

安徽处于我国南北过渡地带，不同地区之间气候有一定的差异，从北到南，小麦生育期间特别是后期降水量增加，日照减少，温差减小。安徽农业大学 2006—2007 年选择品种特性差异较大的 19 个品种，在淮北北部、中部、沿淮、江淮设置 4 个试验点，试验结果表明：小麦籽粒硬度、蛋白质含量、湿面筋含量和沉降值呈下降趋势（表 6 - 15）。从小麦品种构成上看，淮北地区种植品种主要为强筋和中筋的硬质白皮品种，如烟农 19、新麦 18、皖麦 50、皖麦 52 等，淮南地区多为中筋和弱筋的红皮品种，如扬辐麦 2 号、扬麦 13 等。但由于栽培水平和管理水平的限制，从总体上看，目前两淮麦区商品小麦以中筋为主。

表 6 - 15　19 个小麦品种在安徽省不同试点部分品质性状的比较

（安徽农业大学，2007）

地　点	籽粒硬度（近红外法）	蛋白质含量（%）	湿面筋含量（%）	面筋指数	SDS 沉降值（mL）	Zeleny 沉降值（mL）
宿州（淮北北部）	59.59	14.70	35.53	52.10	57.72	39.93
怀远龙亢农场（淮北中部）	66.96	14.65	35.51	58.53	58.51	37.10
凤阳（沿淮）	65.11	13.60	33.20	64.63	50.37	33.37
合肥（江淮）	49.36	11.45	27.25	68.37	32.62	25.35

（二）品质区划

1. 淮河以北强筋、中筋小麦区　该区分两个副区，即淮北中北部强筋小麦区（图 6 - 3 中的 I-1）和淮北南部中筋小麦区（图 6 - 3 中 I-2）。淮北中北部强筋小麦区集中在淮北的砂姜黑土和潮土地区，主要分布在亳州市谯城区、涡阳、蒙城、利辛，淮北市濉溪，宿州市埇桥区、灵璧、泗县，蚌埠市固镇和怀远的北部，阜阳市太和、界首、临泉、颍泉、颍州、颍东等，常年小麦播种面积 80 万 hm² 左右。由于土壤质地黏重，后期供氮充足，有利于提高蛋白质含量，适于发展强筋小麦。该区年降水量 750～900mm，小麦生育期间降水量 250～300mm，明显高于黄淮北部强筋麦区。因此，在大多数年份，蛋白含量和面团稳定时间等品质指标只能达到二级强筋小麦国家标准（表6-16）。但淮北北部的萧县、砀山等黄河故道沙壤土地带适宜种植中筋小麦。淮北南部中筋小麦区集中在淮北南部的阜南、颍上、凤台、蒙城南部、怀远中南部、固镇南部、五河等县，常年小麦播种面积65万 hm²左右。年降水量800～1 000mm，小麦生育期间降水量300～350mm，前茬作物主要是水稻、大豆、玉米和甘薯。小麦蛋白质含量低于中北部地区，适宜种植中筋小麦。

表6-16 强筋小麦品种在淮北地区的品质表现

（安徽农业大学，2001）

品种	取样地点	蛋白质含量（%）	湿面筋含量（%）	降落值（s）	面团稳定时间（min）	面包体积（cm³）	面包评分（分）
皖麦38	亳州	15.45	31.9	266	7.2	735	83.0
皖麦38	固镇	15.83	34.2	434	8.5	700	78.0
豫麦34	固镇	15.42	31.7	392	11.5	720	83.5
郑麦9023	固镇	15.38	33.3	402	10.6	665	76.5
济南17	固镇	14.20	31.0	276	7.0	750	81.5
皖麦33	怀远	14.08	27.4	410	3.6	745	80.0

2. 淮河以南中筋、弱筋小麦区 该区主要分布在霍邱、寿县、长丰、凤阳、明光、天长、定远、来安、天长等县，部分分布在江淮南部及江南，常年小麦播种面积65万 hm²。年降水量900～1 100mm，小麦生育期间降雨量400～500mm，前茬作物主要是水稻、油菜和棉花，适宜种植中筋和弱筋小麦。该区部分岗地，土壤供肥能力不足，农民习惯于撒播和一次性底施氮肥，小麦蛋白质含量较低，适宜种植弱筋小麦。

20世纪80年代以前，由于穗发芽发生频繁，该区多种植红皮品种；90年代以后，由于收获的机械化发展较快，收割期大大缩短，沿淮地区白皮品种已成为主要的种植品种。因此，该区也可以划分为两个副区，即沿淮白皮小麦产区（图6-3中的Ⅱ-1）和江淮及沿江红皮小麦产区（图6-3中Ⅱ-2）。但从历史上分析，由于推广品种品质类型的不统一，两个区域小麦加工品质变化较大。90年代，主栽品种豫麦18、皖麦19等都是软质中弱筋小麦，而扬麦158则属硬质中筋小麦，搭配种植强筋小麦皖麦33和郑麦9023（表6-17）。

表6-17 安徽江淮、沿淮地区种植的小麦品种品质比较

（安徽农业大学，2001）

品种名称	籽粒皮色	碱性水保持力AWRC（%）	SDS沉降值（mL）	伯尔辛克值（min）	籽粒硬度
皖麦19	白	56.0	24.5	63	47.7
豫麦18	白	64.5	23.0	63	30.9
皖麦48	白	59.5	14.5	35	37.5
豫麦70	白	64.0	30.0	109	32.4
皖麦33	红	73.0	42.0	225	85.1
郑麦9023	白	70.0	35.5	205	109.7
扬麦158	红	71.0	37.5	70	101.5

Ⅰ.淮河以北强筋、中筋小麦区
　Ⅰ-1.淮北中北部强筋小麦区
　Ⅰ-2.淮北南部中筋小麦区
Ⅱ.淮河以南中筋、弱筋小麦区
　Ⅱ-1.沿淮白皮小麦区
　Ⅱ-2.江淮及沿江红皮小麦区

图 6-3　安徽小麦品质区划图

四、主要品种与高产优质栽培技术

（一）主要品种

安徽省近年小麦生产上种植面积较大的强筋品种有皖麦 38、皖麦 33、烟农 19、新麦 18、矮抗 58、西农 979、郑麦 9023、连麦 2 号；中筋品种有皖麦 50、皖麦 52、豫麦 70、偃展 4110、周麦 18、泛麦 5 号、皖麦 44、淮麦 20、扬麦 11、扬麦 12；弱筋品种有皖麦 48、扬麦 13、扬辐麦 2 号。品种分布地区大致如下：烟农 19 集中在淮北中北部及沿淮部分地区，是淮北地区种植面积最大的品种，搭配品种有皖麦 50、皖麦 52、淮麦 20 等；皖麦 38 主要在涡阳县，新麦 18、周麦 18、豫麦 70、皖麦 44 主要在亳州、阜阳两市；偃展 4110、皖麦 48、郑麦 9023 主要在沿淮地区；扬麦系列主要在江淮地区，皖麦 33 主要在滁州市。

（二）高产优质栽培技术

1. 淮北地区强筋小麦高产优质栽培技术　淮北地区的土壤有砂姜黑土与潮土两大类，其中砂姜黑土面积占耕地 2/3 以上。砂姜黑土与潮土相比，质地偏黏，有利于小麦籽粒蛋白质含量的提高，在一些肥力较高的条件下适宜种植强筋小麦；同时淮北地区小麦抽穗开花以后，晴天多、雨日少，光照充分，也有利于蛋白质积累和面筋形成。

（1）**品种选择**　将来自安徽省或相近生态区域符合国家标准 GB/T 17320—1988 规定的强筋小麦品种种植在淮北砂姜黑土生产条件下，以各项主要品质指标能够稳定，产量在 6 750～7 500kg/hm² ，且对当地逆境环境抗性较强作为品种选择的主要依据。表 6－18 资料是在淮北亳州市农业科学研究所（涡阳）按氮、磷、钾肥 225kg/hm²、105kg/hm²、90kg/hm²，氮（N）肥基∶追为 1∶1 进行的，其中烟农 19、皖麦 38、济麦 20 三个弱冬性品种较适宜淮北地区种植。近几年引进河南的新麦 18、矮抗 58 和陕西的西农 979 也表现较好，生产上已有一定面积。

表 6－18　全国优质小麦品质稳定性试验

（亳州市农业科学研究所，2004）

品种名称	产量（kg/hm²）	蛋白质含量（%）	湿面筋含量（%）	沉降值（mL）	吸水率（%）	形成时间（min）	稳定时间（min）	拉伸面积（cm²）	面包体积（cm³）	面包评分（分）	备注
烟农 19	7 551.40	13.33	30.2	39.9	63.9	4	4.4	59	700	75	
济麦 20	7 033.65	14.20	32.4	50.1	60.5	5	17.2	142	730	86	
豫麦 34	6 670.65	14.16	29.7	47.8	61.7	5.3	14.1	108	760	85	春性，抗寒性差
临优 145	6 646.20	15.50	35.4	61.4	62.5	6.5	17.1	147	800	89	高秆，抗倒伏性差
皖麦 38	6 645.75	13.89	34.7	45.6	64.3	4.5	9.1	105	765	88	
藁 8901	6 608.55	14.76	32.0	41.0	64.7	6.8	11.9	116	765	87	高秆，穗不整齐
陕 253	6 284.70	14.61	31.2	42.3	63.5	5.7	11.8	114	675	75	弱春性，成穗少

（2）**土壤基础肥力与施肥水平**　一般情况下，土壤基础肥力较高有利于提高强筋小麦的品质。淮北地区种植强筋小麦应选择中等肥力以上的砂姜黑土，耕作层有机质含量≥1.3%、全氮≥0.085%、碱解氮≥75mg/kg、速效磷≥20mg/kg、速效钾≥120mg/kg。施肥水平按 6750～7 500kg/hm² 目标产量，氮为 225kg/hm²、磷（P_2O_5）112.5kg/hm²、钾（K_2O）120kg/hm²、锌（$ZnSO_4$）15kg/hm²。曹承富等（2008）进行的 22 年长期定位试验，研究了不同施肥方式下砂姜黑土基础肥力的变化，并分析了土壤主要养分性状与强筋小麦产量和品质的关系。结果表明：土壤有机质、全氮、全磷及速效磷含量与籽粒产量、蛋白质含量、湿面筋含量和沉降值均呈正相关。以往和近年的研究资料都证明，施氮

量在 $75 \sim 225 \mathrm{kg/hm^2}$ 范围内，单位面积籽粒产量和主要品质指标，即蛋白质含量、湿面筋含量、沉降值等均随施氮量的增加而提高。若施氮量继续增至 $300 \mathrm{kg/hm^2}$ 时，上述品质指标虽仍有所提高，但籽粒产量却下降（表 6-19）。证明在现有的栽培技术条件下，施氮量 $225 \mathrm{kg/hm^2}$ 可使淮北地区强筋小麦籽粒产量与品质同步增长。

表 6-19　氮素施用量对皖麦 38 强筋小麦籽粒产量与品质的影响

（安徽省农业科学院作物所蒙城试验基地，2002）

施氮量（$\mathrm{kg/hm^2}$）	产量（$\mathrm{kg/hm^2}$）	蛋白质含量（%）	湿面筋含量（%）	沉降值（mL）
75	5 860.5	15.27	33.69	38.72
150	6 580.5	15.87	34.71	40.09
225	7 035.0	15.93	35.65	41.12
300	6 603.0	16.10	34.78	41.78

在农作物营养元素中，硫排在氮、磷、钾之后列第 4 位，它是合成蛋白质的重要组成部分。根据安徽农业大学章力干等（1999）对安徽淮北地区砂姜黑土有效硫状况的研究分析，该土壤平均有效硫含量低于缺硫临界值 $16 \mathrm{mg/kg}$。在小麦大田生产中，施用含硫的尿素比普通尿素具有促进分蘖成穗和中后期保持叶色浓绿、延缓衰老的作用，可获 5.0% 以上的增产效果。另外，安徽省农业科学院何传龙等人研究指出，含硫肥料有改善小麦品质的作用。从表 5-20 可以看出，氮肥用量为 $172.5 \mathrm{kg/hm^2}$，拔节期追施氮 $37.5 \mathrm{kg/hm^2}$，小麦籽粒蛋白质含量比一次性基施处理增加 3.7%。尿素、硫酸铵处理，小麦籽粒蛋白质含量分别为 13.33% 和 13.28%。但硫酸铵改善面筋质量的效果好于尿素，施用硫酸铵处理小麦面团稳定时间、粉质图质量指数分别比尿素处理提高 16.7% 和 5.7%，面团弱化度降低 28.6%。高氮处理（$210.0 \mathrm{kg/hm^2}$）提高面团的形成时间和粉质图质量指数，对面团稳定时间影响不大，但增加了面团的弱化度（表 6-20）。

表 6-20　不同氮肥品种对强筋小麦籽粒品质的影响

（安徽省农业科学院蒙城试验基地，2007）

氮肥用量（$\mathrm{kg/hm^2}$）	氮肥品种	施用方法	吸水率（%）	面团形成时间（min）	面团稳定时间（min）	弱化度（FU）	粉质图质量指数	籽粒蛋白质含量（%）
0	尿素		61.7	1.7	1.6	71	26	9.77
172.5	硫酸铵	基施	60.6	3.0	27.0	21	280	13.33
172.5	尿素	基施	60.2	2.4	31.5	15	296	13.28
172.5	尿素	基施＋追施						13.77
210.0	尿素	基施＋追施	61.2	23.4	27.4	48	316	14.75

（3）**适宜播期与种植密度**　淮北地区小麦前作多为大豆、玉米、花生、芝麻等早秋茬，一般在 9 月中下旬便可成熟收获。为了减少土壤水分丧失，趁墒种麦确保一播全苗显得十分重要。如果秋收作物收获前后有一次中等降雨，则对小麦一播全苗更加有利，所以这一地区比较重视趁墒早种麦。根据弱冬性、半冬性小麦品种在越冬前生长达到多蘖壮苗标准，适宜播期为 10 月 5～15 日，要求从播种到越冬前有 $>0℃$ 积温 650～700℃，越冬

开始小麦主茎生长锥进入二棱期，主茎叶龄达到 6～7 叶。种植密度应随着播种时间的早迟加以适当调整，在保证一播全苗条件下，以 180 万～225 万株/hm² 为宜。目前大面积生产上，有些地方因受过去秋旱等雨种麦和依靠多播种子立苗的传统种植习惯影响，仍然存在播量大和播期偏晚，导致麦苗群体偏大和出现晚弱苗的现象，因而是限制产量与品质提高的障碍因素。

据安徽农业大学在涡阳县试验基地调查，同样种植优质强筋小麦皖麦 38 的不同农户之间，由于播种量不同，播量大的出苗拥挤、群体大，基部叶片易分蘖缺位，虽成穗数很多，可是穗群不够整齐，小穗的比例大，平均穗粒数大大降低，结果产量减少 16.01%～18.29%（表 6-21）。

表 6-21　小麦不同种植密度对群体动态和产量结构的影响

（安徽农业大学涡阳试验基地，2006）

品种 （强筋）	播期 （月/日）	播量 （kg/hm²）	基本苗 （万/hm²）	最高茎数 （万/hm²）	穗数 （万/hm²）	穗粒数 （粒）	千粒重 （g）	产量 （kg/hm²）	减产幅度 （%）
皖麦 38	10/16	150.0	295.5	1 845.5	786.0	23.0	40.0	6 157.2	−16.01
		120.0	234.0	1 351.5	648.0	31.3	41.5	7 143.2	
新麦 18	10/18	157.5	304.5	1 887.0	751.0	28.9	38.7	7 144.3	−18.29
		127.5	246.0	1 326.0	622.5	40.3	39.8	8 486.9	

（4）田间管理　在做好及时防治病虫草害与防止倒伏等田间管理工作的基础上，重点是追施拔节肥和后期叶面喷肥，以满足中后期穗部小花发育结实、增粒增重对养分的需求。大量科学研究和生产实践指出，淮北地区种植强筋小麦，根据目标产量确定施肥量后，还须改变传统一次性基施肥方式，将氮肥中 40%～50% 留作追施拔节肥之用，这样既可以减少冬季雨雪对土壤中氮肥的淋溶损耗，又能够防止前期麦苗生长过旺而出现中后期田间脱肥早衰。表 6-22 资料列出每公顷 225kg 氮肥全部基施和 60% 基施、40% 追施拔节肥两者效果比较，结果后者比前者在品质和产量上均具有明显优势。

表 6-22　追施拔节肥对小麦产量与品质的影响

（安徽省农业科学院作物所阜南试验基地，2005）

施氮量 （225kg/hm²）	穗数 （万/hm²）	穗粒数 （粒）	千粒重 （g）	产量 （kg/hm²）	蛋白质含量 （%）	湿面筋含量 （%）	备　　注
100%基肥	567.50	30.2	40.6	6 836.7	12.55	29.07	品种为强筋小麦皖麦 38，
60%基肥＋40% 拔节肥	558.0	33.3	42.0	7 813.3	13.72	31.29	基施磷（P_2O_5）肥 90kg/hm²， 钾（K_2O）肥 112.5kg/hm²

2. 淮北地区中筋小麦优质高产栽培技术　淮北地区中等或中低肥力的砂姜黑土和潮土一般安排种植中筋小麦。

（1）品种选择　本地区长期以来种植的中筋小麦主要用来制作馒头、面条等食品。在品种选择上是以产量为目标，而不重视品质。近年来随着人们生活水平的提高，要求小麦粉制作馒头时体积大、表皮光滑、色白皮软、咀嚼爽口不粘牙等；对蛋白质含量和面筋强度要求不宜过高、过强、以 11%～12% 和 26%～32% 为宜。适合制作馒头、面条的中筋小麦品种较多，如皖麦 19、皖麦 50、皖麦 52、皖麦 44、淮麦 20、豫麦 70 等。

（2）土壤基础肥力与施肥水平　这一地区种植中筋小麦要求土壤基础肥力条件要比种植强筋小麦稍低，但只要合理施肥，同样可以获得较高的籽粒产量和优良的品质。表 6-23 资料证明，皖麦 44 中筋小麦在中等土壤基础肥力条件下，施氮量在 75～225kg/hm² 范围内，籽粒产量和主要品质指标蛋白质含量、湿面筋含量、沉降值均随着施氮量的增加而提高。当施氮量增加到 300kg/hm² 时，上述品质指标仍继续提高，而籽粒产量下降。说明施氮量 225kg/hm² 也可使淮北地区中筋小麦籽粒产量达到 6 229.5kg/hm² 左右的水平，同时品质得到同步增长。

表 6-23　施氮量对皖麦 44 中筋小麦产量结构与品质指标的影响

（安徽省农业科学院作物所阜南试验基地，2003）

施氮量 (kg/hm²)	产　量　结　构				品　质　指　标			备　注
	穗数 (万/hm²)	穗粒数 (粒)	千粒重 (g)	产量 (kg/hm²)	蛋白质含量 (%)	湿面筋含量 (%)	沉降值 (mL)	
75	514.40	28.2	37.5	5 230.0	10.57	22.07	14.43	土壤碱解氮 67.36mg/kg,
150	560.4	28.8	35.1	5 918.6	13.09	29.02	28.25	速效磷 26.42mg/kg，速效
225	568.2	30.0	35.7	6 229.5	14.36	31.80	33.53	钾 174mg/kg；基肥中磷 90
300	556.8	30.7	34.9	5 740.7	14.93	32.71	35.42	kg/hm²，钾 111.9kg/hm²

（3）适宜播期与种植密度　该地区中筋小麦多属半冬性品种，在越冬前生长达到多蘖壮苗标准，适宜播期为 10 月 10～20 日，种植密度为 210 万～240 万株/hm²，要求从播期到越冬有 0℃以上积温 600～650℃，越冬开始小麦主茎生长锥进入二棱期，主茎叶龄为 5 叶 1 心至 6 叶 1 心。

（4）田间管理　在做好及时防治病虫草害与防止倒伏等田间管理工作的基础上，重点是追施拔节肥和后期喷施叶面肥，防止早衰，延长后期叶、茎、穗的光合功能，为增粒增重提供充足养分。

3. 沿淮、江淮地区中筋小麦优质高产栽培技术　本地区小麦生育期间光、温、水资源中的光照时数少于淮北，积温和降水多于淮北，降水量在 400～500mm 之间。小麦一生中基本上无需灌溉，有时中后期降水偏多，会产生湿害，总体来说，光、温、水三者比较协调。种植中筋小麦只要各项配套技术能够实施到位，小麦产量与品质的提高便有保证。

（1）品种选择　该地区小麦前作有玉米、大豆、花生等旱地作物早秋茬与水稻茬两大类别，其中水稻又分为中籼稻和晚粳稻两种，由于这些作物的成熟收获期不一致，小麦的品种选择稍为复杂。一般旱作物早秋茬和成熟收获期较早的中籼稻茬，选用半冬性和半冬偏春性小麦品种，如皖麦 50、皖麦 52、淮麦 20、豫麦 70、阜麦 936、皖麦 44 等；成熟收获期较晚的中籼稻茬和晚粳稻茬可选用春性品种，如偃展 4110、扬麦 158 等。

（2）土壤基础肥力与施肥水平　该地区土壤类型较多，沿淮有一部分砂姜黑土，江淮地区主要有黄棕壤、马肝土、黄白土和水稻土。土壤质地偏黏重，除水稻土有机质含量较高外，一般土壤有机质含量偏低，约在 1.5%～1.2% 范围，速效氮（碱解氮）、磷、钾养分含量分别在 65～70、10～15、80～100mg/kg。按照这一地区中筋小麦 5 250～6 000kg/hm² 目标产量，要求施肥水平为氮 150～225kg/hm²、磷（P_2O_5）75～90kg/hm²、钾（K_2O）105～120kg/hm²。

根据安徽农业大学试验资料（表 6-24），施氮量在 75～225kg/hm² 范围内，籽粒产量、蛋白质含量、湿面筋含量与沉降值均随施氮量的增加而提高；施氮量增至 300kg/hm² 时，各项品质指标虽仍然有所提高，但籽粒产量却下降。说明在现有栽培技术条件下，施氮量 225kg/hm² 即可使沿淮、江淮中筋小麦的籽粒产量与品质得到同步增长。

表 6-24　氮素施用量对陕农 7859 中筋小麦籽粒产量与品质的影响

（安徽农业大学，1991）

施氮量（kg/hm²）	籽粒产量（kg/hm²）	蛋白质含量（%）	湿面筋含量（%）	沉降值（mL）
75	3 920.1	11.28	28.77	16.42
150	4 588.4	12.77	29.61	17.70
225	4 753.4	13.89	32.67	21.42
300	4 188.8	14.65	37.95	27.57

（3）适宜播期与种植密度　沿淮、江淮地区中筋小麦适宜播期主要根据前作成熟收获期和所用品种的冬、春属性来确定。一般前作为旱作早秋茬和中籼稻茬，选用半冬性或半冬偏春性品种适宜在 10 月 15～25 日播种，种植密度为 225 万～270 万株/hm²，要求从播种到越冬有 0℃ 以上积温 500～600℃，越冬开始小麦主茎生长锥进入单棱后期至二棱期之间，主茎叶龄 5～6 叶；而前作为晚粳稻茬，选用春性品种，适宜在 11 月 5～15 日播种，种植密度为 450 万～525 万株/hm²，越冬开始小麦主茎叶龄 3 叶左右。

种植密度与播期之间应相互协调，播期较早，密度降低可以提高分蘖成穗，单株分蘖较多不仅会使分蘖平均粒数增加，而且还能提高分蘖籽粒的蛋白质含量（表 6-25）。

表 6-25　小麦主茎穗与分蘖穗籽粒蛋白质含量（%）比较

（安徽农业大学，1992）

年份	品　种	主茎穗	第一分蘖穗	第二分蘖穗	第三分蘖穗	第四分蘖穗	其余分蘖穗
	西安 8 号	11.685	12.375	12.569	12.685	12.761	12.928
1986	宝丰 7228	11.575	11.588	11.691	11.839	11.988	12.084
	徐州 21	11.708	11.919	12.523	12.586	—	—
	安农 2 号	10.977	11.919	12.329	13.318	13.526	—
1987	博爱 74-22	12.398	12.557	12.643	12.919	12.933	—
1988	农鉴 1 号	10.613	10.790	12.283	12.506	—	—

（4）田间管理　在做好及时防治病虫草害与防止倒伏等田间管理工作的基础上，重点是针对稻茬麦田多雨季节进行清沟沥水防御湿害和晚播小苗早施返青肥，普施拔节肥，以及后期结合防治赤霉病、穗蚜进行叶面喷肥工作。

4. 沿淮、江淮地区弱筋小麦高产优质栽培技术　沿淮、江淮地区境内一部分沿淮河湾地及内河两边的土壤质地偏沙性，有机质含量低，土壤保水保肥性能差，小麦生育后期雨水较多，光照减少温差偏小，不利于小麦蛋白质积累和面筋形成，是发展优质饼干、糕点类弱筋小麦的适宜产区。

（1）品种选择　由于制作饼干、糕点类弱筋小麦要求低蛋白质和面筋含量，面团形成时间、稳定时间短等特定的标准，一般强、中筋小麦不具备这些特性。目前国内育成的品种为数不多，可供选择的品种主要有皖麦 18、皖麦 47、皖麦 48、宁麦 9 号、扬麦 13、扬辐麦 2 号、扬麦 15 等。

（2）土壤基础肥力与施肥水平　一般土壤基础肥力高低与小麦蛋白质、湿面筋含量呈正相关关系。从表 6-26 可以看出，氮素供应对弱筋小麦皖麦 48 产量有显著影响。同一施氮水平不同施氮时期，拔节期施氮产量显著高于返青和起身期施氮，返青期和起身期追氮产量无显著差异；同一施氮时期不同施肥水平比较，产量随施肥量的提高而增加，但到一定的氮素水平时，产量随施肥量的继续增加而下降。以每公顷追施 184.5kg 氮素产量最高，在返青期、起身期、拔节期追施，最高产量分别达到 5 062.5kg/hm^2、5 472.0 kg/hm^2、5 883.0kg/hm^2。

在施纯氮 0～225kg/hm^2 的范围内，增施氮肥能明显提高皖麦 48 的蛋白质含量、湿面筋含量和 SDS 沉降值。以中、高肥处理的蛋白质含量、湿面筋含量和 SDS 沉降值较高，拔节期、起身期施肥处理的蛋白质含量、湿面筋含量和 SDS 沉降值要明显高于返青期施肥处理（表 6-26）。

增施氮肥使皖麦 48 的面团形成时间、面团稳定时间延长，粉质仪评价值提高，而对面团吸水率和弱化度无显著性影响，施氮时间对面团形成时间、稳定时间、吸水率和弱化度均无显著影响（表 6-27）。氮素供应对吹泡仪参数 P、L、W 值均有显著影响。在施纯氮 0～225kg/hm^2 的范围内，本试验的 P 和 L 值均达到弱筋小麦标准，W 值由多元回归方程推测，返青期各施肥处理 W 值均达到弱筋小麦标准，起身期追肥低于 114kg/hm^2，拔节期追肥低于 90kg/hm^2，W 值达到弱筋小麦标准（表 6-28）。

表 6-26　施氮量和时期对皖麦 48 产量、蛋白质含量、湿面筋含量和 SDS 沉降值的影响

（安徽农业大学，2005）

施氮处理		产量（kg/hm^2）	粗蛋白含量（%）	湿面筋含量（%）	SDS 沉降值（mL）
施肥时期	拔节期	5 690.8Aa	13.90Aa	31.76Aa	26.39Aa
	起身期	5 212.3Bb	13.69Aa	31.32Aa	24.39Aa
	返青期	4 956.0Bb	13.26Bb	30.06Bb	20.00Bb
施肥量（kg/hm^2）	150	5 420.1Aa	14.66Aa	33.46Aa	28.72Aa
	225	5 403.2Aa	13.83Bb	31.89Bb	24.50Bb
	75	5 035.7Bb	12.35Cc	27.79Cc	17.56Cc
	0	4 563.2Cc	10.48Dd		11.35Dd

注：数字后大写字母表示 1% 的差异显著性；小写字母表示 5% 的差异显著性。

表 6 - 27　施氮量和时期对皖麦 48 粉质仪参数的影响

（安徽农业大学，2005）

施氮时期	施氮量 (kg/hm²)	吸水率 (%)	面团形成时间 (min)	面团稳定时间 (min)	弱化度 (FU)	粉质仪评价值
返青期	75	51.5	1.3	1.6	131.7	35.7
	150	52.2	1.4	1.8	131.3	36.0
	225	55.3	1.4	2.1	129.3	36.3
起身期	75	52.2	1.6	2.1	125.0	38.0
	150	53.3	1.9	2.3	117.0	40.0
	225	53.1	1.9	2.2	121.7	39.7
拔节期	75	53.1	2.1	2.3	118.7	40.7
	150	52.7	2.0	2.7	116.7	41.0
	225	52.9	1.9	2.3	120.3	40.3
	0 (CK)	51.7	1.1	0.9	146.3	32.0

（3）适宜播期与种植密度　适宜播期在 10 月 15 日至 11 月 5 日，种植密度为 225 万～350 万株/hm²，要求从播种到越冬 0℃以上积温有 500～600℃，越冬开始小麦主茎生长锥进入单棱后期至二棱期之间，主茎叶龄 5～6 叶。

（4）田间管理　重点是针对稻茬麦田多雨季节进行清沟沥水防御湿害和晚播小苗早施返青肥，以及后期防治赤霉病、穗蚜等工作。

表 6 - 28　施氮量和时期对皖麦 48 吹泡仪参数的影响

（安徽农业大学，2005）

施氮时期	施氮量 (kg/hm²)	P 值 (mm)	L 值 (mm)	W 值 (cm²)	P/L
返青期	75	29.00	121.70	79.60	0.24
	150	29.70	130.70	87.40	0.23
	225	32.00	139.30	89.40	0.23
起身期	75	31.70	138.70	91.80	0.23
	150	34.30	138.30	103.30	0.23
	225	35.30	149.00	124.50	0.24
拔节期	75	32.30	155.30	99.00	0.21
	150	32.30	160.00	102.90	0.20
	225	33.70	143.00	105.90	0.24
	0 (CK)	29.70	111.00	78.00	0.27

注：P、L、W 值是指吹泡仪测定的指标。P 值：吹泡过程所需要的最大压力，表示面团韧性；L 值：从吹泡开始至破裂点横坐标的长度，表示面团的延展性；W 值：由曲线面积换算的能量值，表示面粉的烘焙能力或发酵能量。

第三节　湖北省小麦品质区划与高产优质栽培技术

一、小麦生产生态环境概况

（一）地理概况

湖北省地处中国地势第二级阶梯向第三级阶梯过渡地带，全省地势呈三面高起、中间低平、向南敞开、北有缺口的不完整盆地。地貌类型多样，山地、丘陵、岗地和平原兼备。山地、丘陵和岗地、平原湖区各占湖北省总面积的 55.5%，24.5% 和 20%。地势高低相差悬殊，西部号称"华中屋脊"的神农架最高峰神农顶，海拔达 3 105m；东部平原的监利县谭家渊附近，地面高程为零。湖北省西、北、东三面被武陵山、巫山、大巴山、武当山、桐柏山、大别山、幕阜山等山地环绕，山前丘陵、岗地广布中南部为江汉平原，与湖南省洞庭湖平原连成一片，地势平坦，土壤肥沃，除平原边缘岗地外，海拔多在 35m 以下，略呈由西北向东南倾斜的趋势。根据地形的特点，湖北省常分为鄂西北山地、鄂西南山地、鄂北岗地、鄂东北低山丘陵、鄂东南低山丘陵、江汉平原等区域。小麦在湖北省上述各区域均有种植，但由于各区域地形地貌的不同，区域间小麦生产条件和小麦生育期间的气候条件各异，种植面积、生产水平等差别较大。

（二）气候特点

湖北省地处亚热带，位于典型的季风区内，除高山地区外，均属亚热带季风气候，具有四季分明，雨热同季，光、热、水资源较丰富的特点。但因境内地形复杂，资源的地域分布不均，从温度、降水、光照的分布看，不仅南、北差异明显，东、西差异和垂直差异也很显著。湖北省小麦生育期间各地气候条件的变化趋势尽管相似，但在数量的时空分布方面有很大的差异，因而对小麦的生长发育也产生了较大的影响。在温度方面，小麦进入越冬期（气温低于 3℃小麦进入缓慢或停止生长阶段）的时间南北地区相差 10～15d，低山河谷与中高山（海拔 1 000m 左右）地区相差 30～40d；越冬期的长短各地也相差较大，南北地区相差 20d 左右，低山河谷与中高山（海拔 1 000m 左右）地区相差 2～3 个月。此外，各地越冬期间的最低温度和春季"倒春寒"的发生频率也有很大的差异。在降水量地域分布方面，小麦全生育期的降水量北部地区为 450～500mm，南部地区达到 700～900mm，特别是春季的降水量南北差异十分明显。如 3～5 月的降水量，襄阳和郧阳点平均值为 258mm 和 208mm，而黄冈和咸宁点分别为 441mm 和 538mm。由于降水量和降水日数与光照日数密切相关，因此在小麦生育期的光照条件方面，特别是春季的光照日数，区域间的差异也十分明显。例如，北部的襄阳历年 5 月份的平均日照时数为 179h，南部的荆州和咸宁分别为 160h 和 144h，鄂西南的恩施仅为 113h。

湖北省小麦生育期间的气候灾害类型较多，在小麦播种阶段常出现长期秋旱和连阴雨天气，导致小麦不能及时播种或播种后出苗不均匀；春季小麦生长旺盛阶段，出现连阴雨天气的频率也较高，常造成小麦发生湿害，同时导致小麦病害加重。近年来随着冬季气温升高，小麦年前拔节的情况时常出现，导致小麦年前受冻，春季"倒春寒"天气也常使小麦遭受损失；小麦灌浆阶段的持续高温天气，常导致小麦高温逼熟，小麦千粒重大幅度降低；少数年份在小麦收获阶段出现连阴雨天气（俗称"烂场雨"），使小麦不能及时收获脱粒，发生穗发芽，造成减产和品质变差。在上述灾害中，播种阶段的干旱、春季湿害和灌浆阶段的高温天气对小麦产量的影响最大。

（三）土壤条件

由于湖北省地貌地形类型较多，导致不同区域土壤种类、土壤质地和土壤肥力水平差异很大。从土壤类型看，平原地区的土壤以水稻土、灰潮土和潮土为主，岗地土壤以黄褐土为主，低山丘陵地区以黄棕壤、棕红壤和水稻土为主，山地土壤以黄土、灰土等类型为主。各地土壤质地也有很大的差异。南部平原地区土壤质地多为沙壤土和壤土，北部和丘陵山区多为黏土和黏壤土。湖北省小麦主产区的主要土壤类型为黄褐土和水稻土，土壤质地以黏土和黏壤土为主。

在土壤肥力方面，湖北省旱地小麦土壤有机质含量多在1%～2%之间，土壤全氮含量在1.5g/kg以下的占耕地面积的70.7%，碱解氮含量在120mg/kg以下的占耕地面积的73%。土壤全磷含量一般在0.3～1.0g/kg之间，土壤速效磷含量一般在3～10mg/kg之间，全省土壤全磷含量呈现从南到北逐渐略有增加的趋势，大部分土壤缺磷，约有一半耕地严重缺磷。湖北省土壤全钾含量大多在10～25g/kg之间，鄂东南棕红壤、酸性紫色土全钾含量一般在10～15g/kg之间，江汉平原潮土、鄂中丘陵黄棕壤的全钾含量一般在10～20g/kg之间，鄂北岗地黄土等全钾含量在20g/kg左右，鄂西南山地黄壤、黄色石灰土全钾含量在15～25g/kg之间，全省土壤速效钾含量由南向北逐渐递增，缺钾土壤主要分布在长江以南地区及长江流域一带，鄂东北及鄂中丘陵区土壤也有不同程度缺乏。

（四）种植制度

湖北省地处我国南北过渡地带，小麦耕作制度和种植制度多样化。据2006年湖北省农业厅农业统计资料，全省稻茬麦面积占全省小麦总面积的54.33%；旱地小麦面积占全省小麦总面积的45.67%。旱地小麦中，麦棉间套作、麦玉（米）间套和麦花（生）间套作的面积均较大，其中麦棉的面积占小麦总面积的17.5%，麦玉（米）的面积占小麦总面积的15.9%，麦花（生）的面积占小麦总面积的6.4%。其他连作、间套作方式如小麦与芝麻、小麦与大（小）豆、小麦与马铃薯和红薯等占小麦总面积的11.5%。

二、小麦产业发展概况

（一）生产概况

湖北省位于我国小麦优势生产区域之内，是全国小麦主产省份之一。据农业部2009年统计资料，湖北省小麦种植面积和总产量分别占全国小麦面积和总产量的4.1%和2.9%，均居全国第9位。近4年来，湖北省小麦每年增产总量30万～35万t，占全国小麦年增产总量（500万t左右）的6%左右，为全国小麦生产发展和保障国家粮食安全做出了贡献。

　　在国家惠农政策和鼓励粮食生产政策的带动下，湖北小麦生产近年来得到了快速的恢复性的发展。据湖北省农业厅统计，小麦总产自 2003 年起连续 7 年增长，由 150 万 t 增长到近 300 万 t，增长近 1 倍；小麦每公顷产量由 2 160kg 增长到 3 382.5kg，增幅达 50% 以上；小麦种植面积自 2005 年以来连续 4 年增长，由不到 60 万 hm² 增长到 100 多万 hm²，增幅达 50%。

　　随着小麦种植面积和总产的增加，小麦生产在湖北省粮食生产中的重要性也显著提高。2003—2007 年的 5 年间，湖北省累计增产粮食 153.2 万 t，其中小麦累计增产 92.7 万 t，占全省粮食总产增加量的 60%。因此，2003 年以来湖北省粮食总产的增长主要依靠小麦总产的增加（表 6 - 29、表 6 - 30）。

表 6 - 29　2002—2007 年湖北省小麦和粮食收获面积和总产

（中国农业统计年鉴，2007）

年　份	收获面积（khm²）			总产（万 t）		
	粮食	小麦	小麦占粮食（%）	粮食	小麦	小麦占粮食（%）
2002	3 882.80	735.90	18.0	2 047.0	151.2	7.4
2003	3 557.80	700.10	17.0	1 921.0	165.4	8.6
2004	3 712.40	603.20	16.2	2 100.1	176.3	8.4
2005	3 926.80	716.20	18.2	2 177.4	208.9	9.6
2006	4 067.10	794.90	19.6	2 210.1	243.2	11.0
2007	3 981.40	1 096.30	27.5	2 185.4	353.2	16.2

表 6 - 30　2002—2007 年湖北省粮食和小麦增长情况

（湖北省农业信息网，2008）

年　份	粮食总产增长		小麦总产增长	
	万 t	增长率（%）	万 t	增长率（%）
2002	−91.5	−4.3	−61.8	−29.0
2003	−126.0	−6.2	14.2	9.4
2004	179.1	9.3	10.9	6.6
2005	77.3	3.7	32.6	18.5
2006	32.7	1.5	34.3	16.4
2007	−24.7	−1.1	110.0	45.2

　　近年来，湖北省小麦生产的另一个显著特点是商品小麦的品质已有了明显的改善。与"十五"期间相比，小麦品质的改善主要表现在两个方面：一是面粉加工企业外调原料的比例大幅度减少。据 2007 年对枣阳和曾都面粉企业的调查，外调原料的比例从"十五"期间的 60% 以上减少到不足 20%；二是农业部近 3 年对全国小麦主产区的小麦品质抽样测试结果表明，湖北省小麦主产区的小麦品质均达到中筋专用小麦品质标准。湖北小麦品质改善的主要原因是随着生产中小麦主栽品种的更换和优质栽培技术的推广，目前大面积推广的主栽品种均达到国家中筋专用小麦品种品质标准。此外，由于国家小麦良种补贴项

目和其他农技推广项目的实施，促进了良种的推广普及，小麦主产区优质小麦良种的覆盖率达到90%以上。

（二）生产优势及存在问题

1. 生产优势

（1）自然资源优势 湖北省地处长江中游，在气候和农业上具有南北不同、东西有别且兼有南北、东西的农业气候过渡特色。全省的区域性气候差异十分明显，湖北省以北纬31°线为界，南北两侧3～5月间的降水量、光照有着极大的差别，气候背景和特点不同地区在时空分布上也存在着显著的地域性差异。北纬31°以北地区，属中纬度亚热带气候，四季分明，年均气温15.1～16.0℃，年总降水量800～1 000mm，小麦全生育期降水量为500mm左右，年平均日照时数1 900～2 200h，气候资源优越，有利于小麦的生长发育。特别是鄂中丘陵和鄂北岗地麦区，土层深厚，保水保肥能力较强。春季光照充足，雨水调和，幼穗分化时间长，易形成大穗；4～5月雨水适中，光照充足，日温差较大，有利于小麦开花灌浆，增加粒重，提高品质。

（2）政策优势 湖北省所处的长江中下游地区是全国优势农产品区域布局规划中的小麦优势产区，湖北省与该区域中的江苏、安徽两省一直被国家列为小麦产业发展重点省份。在国家的小麦产业发展政策中，对优势区域和重点省份，给予了许多优惠政策和具体的支持。如近年来，国家在实施的粮食保护价收购政策、小麦良种补贴、小麦科技入户示范工程、小麦病虫害防治工程等方面都给予了大量的资金支持。

（3）科技资源优势 湖北省已基本形成了以部省科研、教学单位为主体，地市农业科研院所为补充的育种、栽培技术和品质与加工技术的小麦科研队伍，从事小麦育种、栽培、品质和加工等方面的科研人员近百人。以湖北省农业技术推广总站为龙头，市县农业技术推广中心为骨干，乡镇农技服务中心为基础的推广队伍也较为完备。"十五"期间，湖北省选育的符合国标中筋小麦标准的品种7个，其中鄂麦18和鄂麦23多年被湖北省农业厅推荐为湖北省小麦主导品种，鄂麦18被农业部列为2008年全国小麦主导品种。

（4）小麦生产和流通成本低的优势 正常年景下，湖北省小麦生育期间的降水量完全能够满足小麦生长发育对水分的需求，小麦全生育期无需灌溉。与北方麦区相比，既节约了大量的水资源，也节约了小麦生产成本。湖北省地处全国中心，九省通衢，交通发达，劳动力资源十分丰富，能有效降低小麦及小麦加工产品的流通费用，有利于提高优质小麦及其产品价格竞争优势。

（5）加工企业的优势 湖北省小麦加工企业20世纪90年代在全国率先引进先进设备和技术，开发新产品，产品畅销全国。近年来，这些企业正在通过技术改造、股份制重组和开发新产品，努力争创全国名牌，进一步提高产品市场占有率。

2. 存在的问题

（1）小麦单产长期在低水平徘徊 长江中下游地区是全国优势农产品区域布局规划中的小麦优势产区之一，该区域中的江苏、安徽和湖北三省均为全国小麦生产重点省份。2007年江苏省和安徽省的小麦收获面积分别达2 039.1khm^{2}和2 330.3khm^2，总产分别为9 738万t和11 113万t，均居全国第5位和第4位。3个省份相比较，湖北省不仅面积和总产比江苏和安徽两省少，单产水平的差距也较大。2007 年，江苏省小麦每公顷产量为 4 776kg，安徽省为 4 769kg，而湖北省仅为 3 222kg。

（2）小麦品种问题亟待解决　湖北省小麦生产历史上已完成了 4 次品种更新换代，目前生产上应用的第五代品种主要是郑麦 9023、鄂麦 18 和鄂麦 23，上述品种均为 2002 年前后主推的小麦品种，在生产上已应用了 7～8 年，急需选育出新的突破性小麦品种，以保证湖北省小麦生产中的品种贮备和供应。此外，从生产安全角度考虑，目前湖北省小麦生产中还存在着主栽小麦品种单一，主要品种均为白粒小麦、抗穗发芽能力不强等隐患。

（3）稻茬麦生产技术急需改革　湖北省是水稻大省，稻麦连作是湖北省粮食生产中的一种主要种植制度。湖北省小麦生产中常年有 50%～60% 为稻茬麦，稻茬麦产量不高是制约湖北省小麦单产提高、总产增加的一个重要因素。近年来，由于稻茬麦产量低，加上农村劳动力进城务工，许多地区存在大量的冬闲田，对湖北省粮食生产的稳定和持续发展以及农业结构调整带来不利影响。解决制约稻茬麦产量提高的关键是如何提高稻茬麦的播种质量，保证一播全苗。此外，如何建立稻茬麦的合理群体结构，改善稻茬麦群体通风透光程度，提高群体光合效率，减轻病害，增强后期小麦生长活力，保证小麦正常灌浆，稳定千粒重等，也是急需研究解决的技术问题。为此，需要在试验研究的基础上，提出新的稻茬麦生产技术体系。

（4）小麦生产基础条件急需改善　在鄂北岗地小麦主产区，旱地小麦基本不具备灌溉条件，且地形多为斜坡地，水肥流失严重，在小麦播种阶段，如遇到长期干旱，小麦出苗困难，不能保证一播全苗，小麦不能够高产稳产；在南部麦区，由于农田水利设施长年失修，麦田沟渠不配套，遇春季多雨年份，常导致小麦中后期渍害，导致小麦病害加重，小麦根系活力受损，后期早衰，千粒重降低。因此，急需改善小麦生产基础条件。

（5）小麦高产优质高效施肥技术急需研究、示范和推广　湖北省小麦单产水平虽然不高，但从生产实际调查的数据来看，小麦施肥量特别是氮肥的使用量却很高。据调查，湖北省小麦主产区的氮肥使用量一般在每公顷 240kg 左右，最高达到 360kg，超过了目前产量水平下小麦生长发育的需要，既增加了小麦的生产成本，又浪费了资源，加大了农田氮素污染。在施肥方法上，农民仍然习惯重施底肥，忽视后期追肥，导致肥料使用效率低，小麦产量不高，籽粒品质难以改善。急需通过研究、示范和推广应用小麦高效施肥技术，改善氮肥的运筹方式，提高氮肥的使用效率，起到增加产量、改善品质的双重效果。

（6）小麦规模化、标准化和机械化的生产程度需要进一步提高　湖北省小麦生产以农户自由分散种植为主，优质品种难以形成较大的生产规模和优势区域化种植，生产量不能满足加工业的需求。鄂北地区是湖北省小麦的主产区，据农业部小麦品质监测结果和湖北省大型小麦加工企业反馈的信息，近年来，随着优质新品种的推广应用，湖北省主产区商品小麦的品质有了明显的改善，但是小麦品质指标年度间和地区间变化较大。主要原因是主产区小麦的规模化和标准化生产程度很低，千家万户分散种植的模式，不能够在品种布局、栽培管理、收购等环节实现标准化，导致的结果是湖北省大型小麦加工企业每年仍需从河南、山东等省份调进优质小麦原料，加大了企业的生产成本。

在机械化作业方面，近年来，湖北省小麦生产机械化作业水平不断提高，麦田耕整的机械化作业率达到80%左右，收获环节的机械化作业率达到60%左右，但播种、施肥、除草等其他环节的机械化作业率仍然很低，不到10%。无论旱地小麦或稻茬麦，基本上都是撒播方式，导致小麦的播种质量不高，难以培育年前壮苗，已成为限制湖北省小麦产量进一步提高的主要因素之一。

（7）小麦加工龙头企业的规模不大，深加工技术和产品不多，带动产业发展能力不足　湖北省现有的小麦加工龙头企业主要分布在鄂北主产区的枣阳、襄阳和曾都等市区，其中枣阳金华麦面集团、襄阳万宝粮油集团和随州市银丰面粉有限公司是为数不多的几个较大的面粉加工企业，与其他省份的大型名牌企业相比，带动本省小麦产业发展的能力明显不足。

（8）产加销脱节，小麦产业监测信息技术体系尚不健全　产加销脱节一直是限制湖北省小麦产业发展的主要原因之一。农业部门、粮食部门和加工企业由于缺少统一的政策协调，不能实现产销衔接。特别是优质优价政策不能够很好落实，难以调动农民生产优质专用麦的积极性，影响到湖北省小麦产业的发展。

（三）优质小麦生产发展前景

1. 小麦消费市场需求和加工业现状

（1）商品小麦供不应求　湖北省近年商品小麦的收购量在250万t左右。据湖北省粮食局统计，2007年全省小麦收购量为230万t。同期，湖北省小麦市场需求量估计在300万t以上。因此，从总量来讲，湖北省商品小麦是供不应求。

"九五"期间，湖北省小麦加工企业的原料以本省商品小麦为主；"十五"期间，特别是2002年以后，加工企业的原料改变为省内外原料搭配使用，生产专用粉则以省外调入为主。近年来，随着湖北省地产小麦品质的提高，加工企业使用本省小麦作为加工原料的比例不断提高，特别是襄樊地区的面粉厂（如枣阳金华麦面集团），现主要使用本地生产的商品小麦作为加工原料。

湖北省市场消费的小麦粉以中筋蒸煮食品用粉为主，主要是馒头粉和面条粉两大类，占面粉消费总量的70%以上，水饺、传统煎炸食品如各种饼类、油条类等及面包、饼干等烘焙食品占30%左右。

（2）地产小麦品质有所提高　近年来，随着优质小麦品种的推广和应用，湖北省地产小麦品质有所提高。目前，湖北省大面积推广的郑麦9023、鄂麦18和鄂麦23等品种，均为湖北省农业厅推荐的优质中筋小麦品种，且覆盖率达到80%以上。上述品种的推广应用，使湖北省地产小麦的品质提升了一个档次。据湖北省粮食局的调查结果，近年来湖北省地产小麦，特别是主产区的小麦，品质有了明显的提高。对湖北省大型面粉加工企业的调查结果也证明了这一变化。由于地产小麦的品质较好，不仅湖北本省加工企业纷纷抢购，不少外省企业也到湖北省收购小麦。

（3）小麦加工企业和产品情况　目前湖北省主要小麦加工企业有：湖北金华麦面集团（枣阳市），加工能力1 800t/d，是湖北省加工能力最大的企业；武汉益康面业有限公司，加工能力1 000t/d，该公司以生产专用粉为主，设备先进；湖北麻城建元食品有限公司，加工能力150t/d。在利用小麦加工副产品生产高附加值产品方面，是湖北省起步最早的企业。此外，还有黄石欣麦面业有限公司、随州银丰面业有限公司、荆州天荣面业有限公司、潜江同光面业有限公司，生产规模均在 $150\sim400t/d$。

2. 优质小麦生产发展前景

（1）发展小麦生产是保障国家和湖北省粮食安全，实现湖北省社会经济长远目标的需要　《国家粮食安全中长期规划纲要》提出，全国粮食生产能力要在 2007 年基础上增加 500 亿 kg。湖北省委、省政府在充分调研论证的基础上，提出了到 2020 年湖北省新增 50 亿 kg 粮食生产能力规划目标。其中，到 2020 年，全省小麦总产要在 2007 年的基础上增加 12.5 亿 kg，占全省整个粮食生产能力增加总量的 25%。因此，发展小麦生产对于保障国家和湖北省粮食安全，实现湖北省社会经济的长远目标具有重要战略意义。

（2）湖北省小麦单产提高潜力较大　在湖北省小麦生产历史中，1997 年小麦面积达到 1 277km^2，同年小麦每公顷产量达到 3 495kg，总产 446.8 万 t，小麦单产和总产均为历史最高。2007 年夏收湖北省的小麦面积为 1 096.3km^2，每公顷产量为 3 222kg，总产 353.2 万 t，均低于历史最高年份。虽然由于各种原因，耕地面积不断减少，小麦种植面积不可能恢复到历史最高水平，但随着小麦品种的更新和技术的进步，小麦单产水平不仅能够恢复到历史最高水平，而且完全可以超过历史最高水平。根据《2009—2020 年湖北省粮食安全中长期规划纲要》，2015 年和 2020 年，湖北省小麦每公顷产量将分别提高到 4 050kg 和 4 500kg，与 2007 年的小麦每公顷产量 3 222kg 相比，将分别增加 828kg 和 1 278kg。

（3）发展优质小麦生产前景广阔　近年来，由于湖北省大面积生产的商品小麦品质已得到了明显改善，优质商品小麦已出现供不应求的局面。每年小麦收获上市后，粮食收购部门、小麦加工企业和小麦流通中介组织纷纷抢购地产小麦。随着湖北省新一轮优质小麦品种的更新换代，预计湖北省优质小麦品种的覆盖率将会有所增加，小麦品质继续改善，优质小麦的市场竞争力进一步提高。因此，发展湖北省优质小麦生产的前景十分广阔。

三、小麦品质区划

（一）品质区划的依据

1. 小麦生态环境条件　已有的研究结果表明，小麦生育期间的降水量、日照时数和温度等对小麦品质有明显的影响，麦田土壤的种类、质地、肥力水平与小麦籽粒品质的形成也密切相关。湖北省不同地区的生态环境条件差异较大，特别是降水量（小麦生育期和小麦灌浆期降水量）和土壤肥力，区域间的差别十分明显，因而小麦品质指标也存在着明显的区域差异。

2. 作物生产布局及农业产业结构调整规划　多年来，由于生产和生态条件的不同，湖北省各地在作物生产布局方面，形成了明显的区域特点。近年来，随着农业产业结构调整，湖北省在冬季作物的布局上逐步形成了"南油北麦"的局面，即南部地区以发展油菜生产为主，北部地区以发展小麦生产为主。目前，湖北省的小麦主产区主要集中在鄂中丘陵、鄂北岗地和鄂西北山地等区域，形成了明显的小麦生产优势区域。

3. 居民膳食结构　湖北省地处我国南北过渡地带，居民膳食结构存在着明显的区域差异，以随州市为界，北部地区面食的消费量明显大于南部地区，如襄樊市居民主要以小麦制品为主食，而武汉市居民以大米为主食。由于消费习惯和膳食结构的差异，南北地区对小麦品质的要求也不相同。

4. 多年多点小麦品质的分析结果　根据湖北省农业科学院粮食作物研究所对湖北省小麦区域试验中不同试点参试品种的品质分析结果，参试小麦品种在湖北省内不同地点间的籽粒蛋白质含量、面筋含量和 SDS 沉降值的平均值差异分别为 3.65%、7.42% 和 13.94mL，地点间的差异达到极显著水平。分析结果还表明，根据蛋白质含量、湿面筋含量、沉降值高低和面团稳定时间的长短进行归类划分，湖北省小麦品质在鄂东（黄冈试点）、鄂中和鄂北（襄阳、襄樊、沙洋、随州试点）、江汉平原（荆州、武昌试点）及鄂西南（恩施试点）不同区域间存在明显的差异，可以作为小麦区划的依据（表 6-31、表 6-32）。

表 6-31　湖北省区域试验（1984、1985）**不同试点间参试品种的品质分析平均结果**
（湖北省农业科学院粮食作物研究所，2002）

试点	降落值（s）	出粉率（%）	蛋白质含量（%）	湿面筋含量（%）	吸水率（%）	稳定时间（min）
黄冈	331.88	61.66	11.74	30.75	60.88	2.91
武昌	300.52	62.57	10.70	27.78	59.59	2.90
荆州	332.63	63.43	10.80	29.44	61.41	3.34
襄樊	346.25	60.95	11.09	32.20	62.21	2.56
恩施	305.63	61.25	12.46	35.20	62.91	1.95

表 6-32　**1995 年湖北省区域试验品种在不同试点间的品质性状**
（湖北省农业科学院粮食作物研究所，2002）

地点	蛋白质含量（%）	SDS 沉降值（mL）
襄樊	12.72	25.42
襄阳	14.63	31.24
随州	13.20	24.21
沙洋	11.77	25.06
荆州	10.98	20.27
武昌	11.68	19.84
黄冈	14.58	29.21
恩施	11.55	17.30

（二）品质区划

在已有的湖北省小麦种植区划基础上，结合各地区小麦品质形成的生态和生产条件、作物生产布局及农业产业结构调整规划、居民膳食结构和多年多点小麦品质的分析结果，将湖北省小麦产区划分为5个小麦品质区域，即鄂北岗地和鄂西北山地优质中筋小麦区、鄂中丘陵中筋小麦区、江汉平原和鄂东中筋、弱筋小麦混合区、鄂西南山地弱筋小麦区、鄂东南丘陵低山弱筋小麦区（图6-4）。

Ⅰ.鄂北岗地和鄂西北山地优质中筋小麦区
Ⅱ.鄂中丘陵中筋小麦区
Ⅲ.江汉平原和鄂东中筋、弱筋小麦混合区
Ⅳ.鄂西南山地弱筋小麦区
Ⅴ.鄂东南丘陵低山弱筋小麦区

图6-4　湖北省小麦品质区划图

1. 鄂北岗地和鄂西北山地优质中筋小麦区　包括襄樊市、十堰市和曾都区北部等县市，是湖北省小麦的主产区、高产区和重要消费区。该区小麦种植面积 400km^2 左右，占全省小麦面积 40%，总产占全省 48% 左右。该区冬季农作物主要是小麦，小麦面积占冬季农作物面积的 90% 以上。居民膳食结构中，以面制品为主食。区域内，集中了湖北省主要大型小麦加工企业，小麦消费流通量大。

该区地形以丘陵岗地为主。鄂中丘陵以黄棕壤、水稻土为主，鄂北岗地以黄土为主。年平均气温为 $15.1\sim16.0℃$，年降水量为 $760\sim960\text{mm}$，小麦全生育期降水量为 400mm 左右，$3\sim5$ 月为 $200\sim250\text{mm}$，是全省雨量最少的麦区。年平均日照时数为 $1\,600\sim2\,200\text{h}$，$4\sim5$ 月份平均日照时数达 $300\sim350\text{h}$。气温日较差达 $9\sim10℃$，高于其他地区$1\sim2℃$，有利于小麦的光合作用和干物质积累，常年小麦赤霉病轻。该区生态条件适宜发展优质中筋小麦，近年大面积小麦品质抽样分析结果表明，该区小麦品质达到国家优质中筋小麦品质标准。

2. 鄂中丘陵中筋小麦区　包括荆门市、随州市中南部、孝感市北部的安陆、大悟和孝昌及黄冈市的红安、麻城等县市。该区小麦种植面积 235km^2 左右，约占全省小麦面积的 25%，总产约占全省的 24% 左右。该区冬季农作物以小麦和油菜为主，小麦面积占冬季农作物面积的 50%~60%。居民膳食结构中，以大米为主食，小麦商品率高。区域内，分布有部分中小型小麦加工企业，小麦消费流通量较大。

该区地形以丘陵为主，也有部分低山、平原。耕地土壤以黄棕壤、棕壤、水稻土为主。年平均气温为 15.8~16.5℃，年平均降水量 950~1 250mm，小麦全生育期降雨量600mm 左右，年平均日照时数 1 900~2 200h，是湖北省日照时数最多地区之一，尤其是4~5 月小麦灌浆期，平均达到 320~350h。小麦赤霉病重流行年份较少。该区生态条件适宜发展中筋小麦，近年大面积小麦品质抽样分析结果表明，该区小麦品质基本达到国家中筋小麦品质标准。

3. 江汉平原和鄂东中筋、弱筋小麦混合区 包括荆州市、武汉市、鄂州市、仙桃市、潜江市、天门市全部，孝感市的汉川、云梦、应城，宜昌市的枝江、当阳，黄冈市的罗田、英山、团风、浠水、蕲春、武穴、黄梅和咸宁市的嘉鱼等县市。该区小麦种植面积315khm^2 左右，约占全省小麦面积的 32%，总产约占全省的 25%。该区冬季农作物以油菜为主，小麦面积占冬季农作物面积 20% 左右。居民膳食结构中，以大米为主食，小麦商品率较高。区域内，分布有部分中小型小麦加工企业，小麦消费流通量较大。

该麦区大部分为地势低平的江汉冲积平原，大部分耕地为灰潮土及发育的水稻土，土壤深厚肥沃，东部岗丘地区为泥沙土。年平均气温高于 16℃，无霜期为 240~270d，年平均降水量 1 100~1 200mm，小麦全生育期降雨量 700mm 以上，年均日照时数 1 850~2 100h，4~5 月份日照时数为 300~320h。该区生态条件较适宜发展中筋、弱筋小麦，近年大面积小麦品质抽样分析结果表明，该区不同年份和不同地区间小麦品质指标变幅较大，部分年份和部分地区小麦品质达到中筋小麦品质标准。

4. 鄂西南山地弱筋小麦区 包括神农架林区、恩施自治州全部以及宜昌市的宜都、远安、兴山、秭归、长阳、五峰和宜昌市郊。该区小麦种植面积约 27khm^2，占全省小麦面积的 2.6%，总产占全省的 1.5%。该区冬季农作物以马铃薯、油菜和其他作物为主，小麦面积占冬季农作物面积 10% 左右。居民膳食结构中，以大米、玉米为主食。区域内，小麦加工企业少，小麦消费流通量不大。

该区除东缘自宜昌南津关以下长江沿岸地势较平外，境内地势高耸，地面平均海拔1 000m 以上，不少山峰超过 1 500m。耕地土壤类型较多，以黄壤、黄棕壤、石灰土、水稻土为主。年平均气温 15~16℃，海拔 1 800m 的绿松坡只有 7.8℃。无霜期各地垂直差异显著。长江三峡谷地无霜期可达 290d 以上，一般低山坪坝为 260d，二高山如利川为230d，海拔每升高 100m，无霜期约缩短 4~6d。该区年平均降水量为 1 400~1 800mm，随着海拔高度不同，各地降水量也发生相应变化。但该区秋季（9~11 月）降水量较多，一般 300~400mm，春季 3~5 月的降水量也多，为 400~550mm，小麦生育期总降水量达 900mm 以上。春季阴雨寡照，4~5 月份大部分地区平均日照只有 200~250h，赤霉病常年发生，中到重流行。该区生态条件不适宜发展小麦，近年大面积小麦品质抽样分析结果表明，大多数年份该区大部分地区小麦品质没有达到国家中筋小麦品质标准。

5. 鄂东南丘陵低山弱筋区 包括咸宁市（除嘉鱼）与黄石市。该区小麦种植面积17khm^2，占全省小麦面积的 1.7%，总产占全省的 0.8%。该区冬季农作物以油菜和其他作物为主，小麦面积占冬季农作物面积 10% 左右。居民膳食结构中，以大米为主食。区域内，小麦加工企业少，小麦消费流通量不大。

该区内岗地和丘陵占 56％，低、中山地占 36％，平原只占 8％，平原分布在长江沿岸和山间河谷平川。耕地土壤多为红黄壤，旱地表层土壤一般较黏重，有机质缺乏，酸性强。年平均气温为 16.5～17℃，无霜期 246～270d，年降水量为 1 400～1 550mm，小麦全生育期降水量为 800～900mm，其中 3～5 月为 500～580mm。年平均日照时数 1 800～2 000h，4～5 月日照时数为 250～300h。由于春季阴雨寡照，是小麦赤霉病流行的高发区。该区生态条件不适宜发展小麦，近年大面积小麦品质抽样分析结果表明，大多数年份该区大部分地区小麦品质没有达到中筋小麦品质标准。

四、主要品种与高产优质栽培技术

（一）主要品种

1. 湖北省小麦生产中的品种应用现状 湖北省农业厅在实地调研和广泛征求意见的基础上，每年向全省发布《湖北省秋播农作物主要推广品种公告》。根据该公告，2006 年秋播，湖北省小麦主要推广品种为郑麦 9023、鄂麦 18、鄂麦 23、鄂麦 25、鄂恩 6 号和华麦 13 等 6 个品种；2007 年秋播，湖北省小麦的主要推广品种为郑麦 9023、鄂麦 18、鄂麦 23、鄂恩 6 号等 4 个品种。从近两年湖北省小麦生产实际来看，种植面积较大的小麦品种依次为郑麦 9023、鄂麦 18、鄂恩 6 号和鄂麦 23。此外，华麦 13、鄂麦 25 等品种也有少量种植面积。在湖北省北部麦区，从河南、陕西和四川等省引进的未经湖北省审定的小麦品种也有一定的种植面积。据湖北省种子管理站统计，2008 夏收各主要小麦品种在湖北省的应用面积为：郑麦 9023，480khm²，占全省小麦面积的 55％；鄂麦 18，133.3khm²，占全省小麦面积 15％；鄂麦 23，50khm²，占全省小麦面积 5.8％；鄂恩 6 号，23.3khm²，占全省小麦面积的 2.8％。

2. 2008 年秋播湖北省主导小麦品种情况 根据湖北省目前的小麦品种现状和近年生产中各品种的表现，2008 年秋播，湖北省小麦的主要推广品种仍然以郑麦 9023、鄂麦 18、鄂麦 23、鄂恩 6 号为主，其中北部麦区（鄂中丘陵和鄂北岗地麦区、鄂东北丘陵低山麦区、鄂西北山地麦区）主要以郑麦 9023、鄂麦 23、鄂麦 18 为主，南部麦区（江汉平原麦区、鄂东南丘陵低山麦区、鄂西南山地麦区）主要以郑麦 9023、鄂麦 18 和鄂恩 6 号为主。

3. 主要品种的特征特性、配套栽培技术和生产中应注意的问题 郑麦 9023：鄂审麦 001 - 2001。该品种属弱春性，1999—2001 年参加湖北省小麦品种区域试验，两年区域试验平均每公顷产量 5 560.20kg，比鄂恩 1 号增产 17.84％。生产试验：2000/2001 年度在襄樊市试种，比当地主栽品种增产。栽培技术要点：①适时播种。10 月中下旬播种，每公顷播种量 105～120kg。②合理施肥。该品种对肥力水平要求较高，后期不能脱肥。底肥每公顷施纯氮 120～150kg、磷（P_2O_5）105～150kg、钾（K_2O）75kg，拔节期每公顷追尿素 105～120kg，灌浆期进行根外追肥。③防治病虫害。重点防治白粉病、赤霉病和蚜虫。④适期收获，防止后期因连阴雨引起穗发芽。适宜地区：适于湖北省麦区中上等肥力地块种植。近年来，郑麦 9023 在大面积生产中一般产量潜力达 6 000kg/hm² 左右，高产条件下可达到 6 750～7 500kg/hm²，每公顷有效穗数 480 万～525 万，穗粒数 28～30 粒，千粒重 42～45g。品质优。在生产中要特别注意不能播种过早。

鄂麦 23：鄂审麦 2004003。属半冬偏春性品种，两年区域试验平均每公顷产量 4 492.50kg，比对照鄂恩 1 号增产 4.84%。2004 年品质测定，容重 833g/L，粗蛋白含量（干基）13.22%，湿面筋含量 24.8%，沉降值 35.6mL，吸水率 57.6%，面团稳定时间 4.6min，主要品质指标达到国家中筋小麦标准。栽培技术要点：①鄂北麦区 10 月 15～25 日播种，南部麦区 10 月 25 日至 11 月 5 日播种，每公顷基本苗 240 万。②施足底肥、早施分蘖肥、巧施拔节肥、花期辅以叶面喷肥。一般每公顷施纯氮（N）、磷（P_2O_5）、钾（K_2O）分别为 225kg、120～150kg 和 120kg。其中磷、钾肥做底肥一次性施入，氮肥按底肥 60%、苗肥 15%、拔节肥 25% 施用。③开好"三沟"，防止渍害，及时中耕除草。④注意防治病虫害，重点防治锈病、白粉病和赤霉病。适宜地区：适于湖北省麦区种植。目前在全省范围内均有种植。在生产中要特别注意赤霉病和白粉病等病害的防治。

鄂麦 18：鄂审麦 003‐2002。属半冬偏春性品种。品质经农业部谷物品质监督检验测试中心（哈尔滨）测定，容重 807g/L，蛋白质含量（干基）13.04%，湿面筋含量 28.9%，沉降值 26.0mL，吸水率 58.2%，面团稳定时间 3.1min，符合国家中筋小麦标准。1999—2001 年参加湖北省小麦品种区域试验，两年区域试验平均每公顷产量 5 259.30kg，比鄂恩 1 号增产 8.75%。生产试验：2000/2001 年度在襄樊、随州等地试种，比当地主栽品种增产。栽培技术要点：①鄂北 10 月 18 日左右播种，鄂东及江汉平原霜降至立冬播种，每公顷播种量 135～150kg。②施足底肥，早施苗肥，巧施拔节肥，花期结合防治病虫害辅以叶面喷肥。一般每公顷施纯氮、磷（P_2O_5）、钾（K_2O）分别为 180kg、120kg、105kg，底肥、苗肥和拔节肥各占总施肥量的 60%、15% 和 25%。③开好"三沟"，及时中耕除草，并注意防治赤霉病和纹枯病。④注意防止穗发芽。适宜地区：适于湖北省恩施土家族苗族自治州等山区以外的麦区种植。近年来，鄂麦 18 在大面积生产中的产量潜力达 5 250kg/hm² 左右，高产条件下可达到 6 000～6 750kg/hm²，每公顷有效穗数 420 万～450 万，穗粒数 35～38 粒，千粒重 40～42g。品质较优。目前主要在南部麦区种植，北部麦区也有一定的种植面积。在生产中要特别注意纹枯病的防治。

鄂恩 6 号：恩审麦 001‐2003。1997/1998 年度参加红庙农科所组织的品种比较试验，每公顷产量 4 762.50kg，比对照（鄂恩 1 号，下同）增产 19.14%，增产极显著，居第一位。1998—2000 年参加恩施土家族苗族自治州小麦区试，平均每公顷产量 4 358.40kg，比对照增产 16.26%，增产极显著，居第二位。2001—2003 年参加湖北省小麦区试，18 个点次平均每公顷产量 4 454.55kg，比对照增产 3.03%。品质经农业部谷物及制品质量监督检验测试中心（哈尔滨）分析，容重 745g/L，粗蛋白和湿面筋含量分别为 16.43% 和 36.4%，沉降值 33.4mL，吸水率 56.5%，面团稳定时间 2.8min、拉伸面积为 36.7cm²。栽培技术要点：①适合中上等肥力田块种植。②海拔 800m 以下地区在 10 月下旬至 11 月上旬播种为宜，800m 以上地区适当提早播种。③单作每公顷播种 120～180kg，套作每公顷播种 60～120kg。④施足底肥，在二叶一心追施苗肥，全生育期施肥量以每公顷 90～135kg 纯氮为宜，并配合施用适量的磷（P_2O_5）、钾（K_2O）肥。⑤注意赤霉病和条锈病为主的病虫害综合防治。适宜地区：适于湖北省恩施土家族苗族自治州低山、二高山地区单作或套作种植。近年来，鄂恩 6 号在大面积生产中产量潜力达 4 500kg/hm² 左右，高产条件下可达到 5 250～6 000kg/hm²，每公顷有效穗数 375 万～420 万，穗粒数 35～40 粒，千粒重 42～45g。品质较好。目前主要在南部麦区种植。在生产中要特别注意避免群体过大，防止倒伏。

（二）高产优质栽培技术

1. 稻茬麦高产优质栽培技术

（1）选用优质专用小麦品种，实行规模化种植和标准化生产　湖北省近年选育和引进的小麦品种较多，部分地区生产上存在着品种多、乱、杂的问题。针对这一问题，湖北省农业厅和有关种子管理部门为引导农民选用小麦良种，每年秋播前均发布"湖北省秋播作物优良品种公告"，各地农民可根据公告的品种目录，因地制宜地选择优质专用小麦品种。在选用良种和规范化栽培的基础上，选择适宜的生产区域，与加工企业联合，实施"订单农业"，实行规模化种植，既能保证优质专用小麦的品质，又能降低小麦生产成本，实现优质高产高效。

（2）机械整地，适墒适时播种，提高播种质量，确保一播全苗　稻茬麦前茬水稻收获期前后不一致，加上湖北省主产区常易发生秋旱或秋涝，导致水稻收获后不能及时整地或整地质量差。为保证适期播种，提高播种质量，确保一播全苗，为培育壮苗打好基础，提倡机械整地。前茬水稻收获后，及时用机械耕翻，整好待播地，适墒适时播种。提倡机械撒播和机械免耕条播。北部地区小麦适宜播期在 10 月 15 日至 11 月 5 日，南部地区小麦适宜播期在 10 月 20 日至 11 月 10 日，适宜播种量为每公顷 150kg 左右。

（3）加强冬前苗期管理，培育壮苗；巧施拔节肥，确保穗足粒多　稻茬麦培育壮苗的关键是冬前苗期田间管理。冬前田间管理除及时查苗、补苗和化学除草外，重点是看苗追施苗肥。如基本苗不足或苗势较弱，应在三叶一心期前，雨前或雨后每公顷追施尿素 75kg 左右，以培育壮苗。

春季田间管理重点是巧施拔节肥，在倒三叶露尖前后，根据麦苗长势，每公顷追施 75～105kg 尿素，提高分蘖成穗率，增加有效穗数；减少小花退化，增加穗粒数；延长上部叶片功能期，提高千粒重。

（4）搞好麦田配套沟渠建设，做好清沟排渍工作，防止渍害发生　稻茬麦麦田的沟渠要做到深沟窄厢，三沟配套。厢宽 2m 左右，厢沟、腰沟和围沟三沟配套，三沟深度分别达到 25cm、33cm 和 50cm，雨后及时清沟排渍，防止渍害发生。

（5）做好病虫草害的综合防治工作，特别注意监测和及时防治小麦赤霉病和条锈病赤霉病、条锈病、纹枯病和白粉病是湖北省稻茬麦的主要病害，特别是赤霉病和条锈病，一旦发生大流行，将造成巨大损失。因此，要在健全农作物病虫害预测预报系统的基础上，重点监测预报小麦赤霉病和条锈病的流行动态，及早预防。随着生产水平的提高，纹枯病和白粉病发生也日趋严重需引起注意。赤霉病的防治可在小麦抽穗扬花期每公顷用 75％多菌灵 1 500g 对水 900kg 手动喷雾或对水 300kg 机动喷雾。第一次用药后，如遇连续高温多雨天气，需再次用药。条锈病和白粉病的防治可每公顷用 15％粉锈灵 450～525g 对水 900kg 手动喷雾或对水 300kg 机动喷雾。纹枯病在 2 月下旬至 3 月初每公顷用 20％

纹霉净 2 250~3 000g 或 5％井冈霉素 6 000~7 500g 对水 900kg 手动喷雾或对水 300kg 机动喷雾。

虫害主要是蚜虫、麦园蜘蛛和黏虫，可每公顷用 40％氧化乐果 750mL 或其他杀虫剂对水 750kg 手动喷雾或对水 300kg 机动喷雾防治。

杂草危害有以禾本科杂草为主、以阔叶类杂草为主或两类杂草混生三种形式，防治上可选用不同类型的除草剂。在时机上应把握于杂草出齐后至三叶期前且土壤墒情较足时防治。以禾本科杂草为主的田块可每公顷用 6.9％骠马 750mL，以阔叶类杂草为主的田块可每公顷用 75％苯黄隆（巨星）15g，两类杂草混生的田块，则可兼用上述两种除草剂。

（6）应用机械收获，防止穗发芽　近年来，湖北省小麦机收面积不断扩大，具有省工、节本、减少损失等优点。应采取加强配套服务，加强政策扶持等措施，进一步扩大机收面积，及时收获脱粒，防止穗发芽。

2. 旱地小麦高产优质栽培技术

（1）选用优质专用小麦品种，实行规模化种植和标准化生产　湖北省近年选育和引进的小麦品种较多，部分地区生产上也存在着品种多、乱、杂的问题。湖北省农业厅和有关种子管理部门为引导农民选用小麦良种，每年秋播前均发布"湖北省秋播作物优良品种公告"，各地农民可根据公告的品种目录，因地制宜地选择优质专用小麦品种。在适宜的生产区域，与加工企业联合，实施"订单农业"，实行规模化种植和标准化生产，既能保证优质专用小麦的质量，又能降低小麦生产成本，实现优质高产高效。

（2）适期抢墒播种，确保一播全苗　早茬（如大豆、芝麻）旱地小麦要在前茬收获后及早整地，在适宜播种期前后，遇适墒时及早播种，或播后等雨，确保一播全苗；晚茬（如红薯、棉花等）旱地小麦要及时腾茬，及时整地，整地后及时播种，提倡机械条播或机械撒播。北部地区小麦适宜播期在 10 月 15 日至 11 月 5 日，南部地区小麦适宜播期在 10 月 20 日至 11 月 10 日，适宜播种量为每公顷 120~150kg。

（3）加强田间管理，控旺促弱，培育壮苗　旱地小麦由于播期偏早或偏晚，易形成早旺苗或晚弱苗，因此田间管理的重点是采用氮肥调控、化学调控和其他方法控旺促弱，培育壮苗。

对早播偏旺的麦田除采取中耕、镇压等方法控制旺长外，还可进行化学调控。在五叶一心期至拔节前每公顷喷施 450~675kg 0.1％~0.2％多效唑溶液 1~2 次。

对晚播弱苗除了及时查苗、补种外，重点是早施苗肥，在三叶一心期前，每公顷追施尿素 75kg 左右，以培育壮苗。在倒三叶露尖前后，根据麦苗长势，每公顷追施 75~105kg 尿素，提高分蘖成穗率，增加有效穗数；减少小花退化，增加穗粒数；延长上部叶片功能期，提高千粒重。

（4）做好病虫草害的防治工作，特别注意监测和及时防治小麦条锈病和赤霉病　条锈病、赤霉病、白粉病和纹枯病是湖北省旱地小麦四大主要病害，特别是赤霉病和条锈病，一旦发生大流行，将造成巨大损失。因此，要在健全农作物病虫害预测预报系统的基础上，重点监测预报小麦赤霉病和条锈病的流行动态，及早预防。随着生产水平的提高，纹枯病和白粉病发生也日趋严重，需引起注意。虫害主要是蚜虫、麦园蜘蛛和黏虫。杂草危害有以禾本科杂草为主、以阔叶类杂草为主或两类杂草混生三种形式，防治上可选用不同类型的除草剂。上述病虫草害的防治方法同稻茬小麦高产优质栽培技术。

（5）实行机械收获脱粒，防止穗发芽　近年来，湖北省小麦机械收获面积不断扩大，具有省工、节本、减少损失等优点。应采取加强配套服务，加强政策扶持等措施，进一步扩大机械收获面积，及时收获脱粒，防止穗发芽。

第四节　四川省小麦品质区划与高产优质栽培技术

一、小麦生产生态环境概况

（一）地理概况

四川省地处中国西南地区、长江上游，地跨青藏高原东缘及四川盆地大部，东邻重庆，南接贵州、云南，西倚青海、西藏，北靠甘肃、陕西。四川省地形多样，平原、丘陵、高原山地的面积比例为 5∶37∶58。全省地形大致以阿坝、甘孜、凉山 3 个自治州的东界划分为西部的川西高原和东部的四川盆地两个差异显著的区域。川西高原的北部（川西北高原）即阿坝、甘孜是青藏高原的东缘，川西高原的南部（川西南山地）为横断山的北段。

四川盆地四周为大凉山、邛崃山、大巴山、巫山及云贵高原上的大娄山等，盆底部大致在雅安、叙永、云阳、广元四点连线之间，面积 20 多万 km²，海拔 300～600m，由北向南倾斜。盆地西部是成都平原，面积约 0.9 万 km²，中部为方山丘陵，东部为平行岭谷。1997 年 3 月重庆直辖市成立后，四川盆地东部的平行岭谷和部分方山丘陵划属重庆市行政区。

四川省小麦主要产区在盆地中部丘陵地区和盆地西部平原地区，种植面积和总产量均占全省小麦的 80％以上；其次是盆周边缘山地，面积占 12％左右；川西北高原和川西南山地仅占 6％左右。

（二）气候特点

由于地形的明显差异，全省东西部分分属两个截然不同的气候区。东部盆地属亚热带湿润季风气候，受地形影响，冬春气温较同纬度的长江中下游偏高 2～4℃，具有冬暖、春旱、夏热、秋雨、湿度大、云雾多、日照少等特点。西部则为温带、亚热带高原气候，气温低而日照强烈，与青藏高原内部相比，降水较多，相当湿润。南部高山峡谷区气候垂直变异明显。全年无霜期，盆地 280～330d；高原一般不足 90d，北部仅 30d 左右。川西南山地间的金沙江及安宁河谷四季不明显，可种植多种热带经济作物。除种植在川西北高原海拔 2 000m 以上地区的冬小麦外，四川小麦在冬季无停止生长期。

小麦生育期内的日平均温度表现出明显的地域特征：川西北高原最低（甘孜九龙，8.4℃）；川西南山地河谷最高（西昌，12.8℃）；盆地内居中，由东南（宜宾，12.1℃）向西（成都，11.0℃）、向北（巴中，11.3℃）递减，但变异梯度较缓。

全省大部分地区年降水量 750～1 500mm，盆地比高原多。各地降水季节及分配不同：盆地东部春夏多雨，西部夏秋多雨；川西北高原年降水量 400～800mm，主要集中在

4～10月，11月至翌年3月降水极少，空气干燥，年相对湿度为45%～65%；西南山地大部降水集中在8～10月，形成明显的干湿季节。小麦生育期内的总降水量在不同地域间差异为：川西北高原麦区＞盆地内麦区＞西南山地麦区。在四川盆地内，从小麦苗期到越冬期，再到抽穗至灌浆成熟期，各个阶段的降水量总趋势都是东部明显多于西部，盆中丘陵多于成都平原。

四川光能的分布因地貌和气候条件差异表现出比较明显的地域性特征：川西高原和山地光能丰富，年日照时数1 500～2 600h，年总辐射量达418.7～669.9kJ/cm^2；岷江以东的平原及盆中、盆东地区光能偏弱，年日照时数为1 200～1 500h，年总辐射量334.9～418.7/kJ/cm^2；岷江以西的盆西南平原丘陵地区光能最弱，年日照时数一般仅1 000～1 200h，年总辐射量仅约为334.9～418.7kJ/cm^2。

小麦生育期内光照条件分布大体上与全年的光能分布趋势相同，但是在盆地内部的分布略有变化：盆地西北部（包括成都平原及周边山区的市县）和北部地区（大巴山南坡）光照较盆地内其他地区丰富，太阳总辐射量为1 650MJ/m^{2}左右；盆地中部丘陵地区光照一般，太阳总辐射量1 400MJ/m^{2}左右；盆东丘陵及低山区（广安、邻水、达川、宣汉）光照最弱，太阳总辐射量在1 200MJ/m^{2}以下。

（三）土壤条件

四川的土壤分布也具有显著的区域性。川西北高原主要为高山草甸土，在高山峡谷地区有山地褐色土、山地棕壤等；川西南山地以红壤为主；四川盆地包括成都平原、盆中丘陵和盆周山地，分别以潮土、紫色土和黄壤为主。与四川小麦生产有关的主要土壤类型有潮土、紫色土、黄壤和红壤，共占四川省农耕地的95%以上。

潮土集中分布于成都平原和各江河的两岸阶地，由近代河流冲积物发育而成，是盆地内较肥沃的农业土壤。一般土质肥沃，土层深厚，质地适中，易于耕作，中性反应，养分丰富，能回潮爽水，保水保肥。潮土所处地形平坦，灌溉条件好，多辟为稻田，发育成为各种类型的水稻土。稻麦轮作是四川小麦的重要种植制度之一。

紫色土主要分布于盆地内丘陵和海拔800m以下的低山地区，盆周山地和凉山州的西昌、会理等地亦有成片分布。紫色土多呈微碱性和中性反应，矿质养分丰富，磷、钾含量高，全磷量高达0.15%，全钾量可达2%，盐基饱和度一般在70%～90%以上（酸性紫色土除外），阳离子大部分为钙、镁，阳离子交换量高达17～27cmol/kg，具有良好的保肥、供肥能力。但由于该土多分布在丘陵、山地，土壤抗侵蚀力弱，植被覆盖率低，水土流失致使土层浅薄、不耐干旱。紫色土耕作熟化发育为各种紫泥土（田）、紫色夹沙土（田）、石骨子土等，是四川小麦生产的主要土壤类型。

黄壤主要分布于盆周山地，是湿润亚热带常绿阔叶林下发育的地带性土壤，属于富铝化土壤。此外，盆地西南及各大江沿江阶地还有老冲积黄壤分布。黄壤多具黏、酸、薄等不良特性，尤其缺磷和有机质，加之山地黄壤水土流失，土层浅薄，干旱瘦瘠，通常作物产量甚低。黄壤分布地方的光、热、水条件优越，物质循环快，生产潜力大，只要改良利用得当，土壤肥力会很快提高。

红壤主要分布于川西南山地和盆地北部老冲积台地以及盆东南山间盆地，是干湿季交替明显的亚热带生物气候条件下发育的富铝化土壤类型。红壤辟为耕地形成的红泥土、红泥田表层有机质含量迅速下降到 1‰ 左右，黏重、板结、贫瘠、缺磷，肥力水平低。但红壤分布区的光、热资源充足，土层较深厚，能保水保肥，宜种多种作物。

（四）种植制度

决定四川小麦种植制度的主要因素是产地的热量和水分条件。在川西北高原和高山地区，无霜期短，有效积温少，适宜喜凉作物生产，作物生产多为一年一熟。春小麦面积约 2.67 万 hm^2，占全区小麦面积的 77%，春种秋收，一年一熟。冬小麦面积约 0.87 万 hm^2，在热量条件较好、但不足一年二熟的河谷地带和半山为春性类型，秋种夏收，与夏季作物套作，可以达到三年二熟；在热量条件稍差的地区，秋种秋收，一年一熟；在少数高寒地区种有强冬性类型，夏种至翌年秋收，生产期长于 1 年。由于川西北高原和山地小麦种植面积小，因此不属于四川小麦的主要种植制度。

在四川盆地（包括川西平原、盆中丘陵和盆周山地），冬季无严寒，无霜期长，有效积温多，冬半年适合喜凉作物生产，夏半年适合喜温作物生产。小麦参与其他作物之间进行时空组配，共同完成周年农业生产，构成了稻田小麦和旱地小麦两种不同前作基础上多样化的多熟种植模式，占小麦生产面积的 90% 以上。因此，秋冬播种、初夏收获、与多种（粮、经、饲、肥、菜）作物连作或间套轮作、一年多熟是四川小麦的主要种植制度。

1. 小麦—中稻二熟制　这是成都平原、盆中和盆东南丘陵稻田小麦的主体种植模式。秋末冬初播种小麦，翌年 5 月上中旬收获后种植水稻。水稻以中熟品种为主，常年连作，部分稻麦长期连作，部分小麦隔 2～3 年与油菜轮作。稻茬麦由于田地平整，土层深厚，保水保肥，耐旱性好，产量稳定，一般小麦产量 5 250～6 000kg/hm^2，高产片 6 000～7 500kg/hm^2，高产田块超过 7 500kg/hm^2。20 世纪 80 年代，麦稻二熟制面积超过 66.7 万 hm^2，成为四川盆地亩产吨粮的主体种植模式之一。21 世纪后，油菜—中稻二熟种植面积扩大，小麦—中稻二熟种植面积降低至 40 万 hm^2 左右。

2. 小麦—中稻—晚秋作物三熟制　为了充分利用四川盆地西部和中部二熟有余、三熟不足地区的光温资源，四川推广了较大面积的小麦—早中稻—晚秋作物新三熟制。其要点是：在小麦—早中稻二熟的稻田收获后（8 月底或 9 月初）至小麦播种（11 月初）两个多月的空闲时间，增种一季能在短期内形成收获产品的作物，如以植物营养体为主要产品的薯类、蔬菜、饲料、绿肥等和以青鲜食籽粒为产品的嫩玉米和青大豆等。这种新三熟制提高了复种指数，增加了经济收入，同时培肥了地力，给下一轮的小麦和水稻生产打下了良好基础。小麦—中稻—晚秋作物三熟制始于 20 世纪 80 年代，1995 年面积达到约 30 万 hm^2。

3. 小麦—水稻—水稻三熟制　在光温资源更加丰富的盆地东南丘陵区，还有一定面积的小麦—中稻—再生稻三熟制和少量的小麦—早稻—晚稻三熟制。这两种麦—稻—稻种植模式对小麦品种的耐湿性和早熟性要求严格，同时要求采用抗湿免耕迟播栽培技术。

4. 小麦—玉米—甘薯三熟制　这是四川盆中和盆东南丘陵旱地小麦的主体种植模式，

在盆周山地也有分布。该种植模式的技术要点是：秋末冬初将小麦播种成多个条带，播种带宽 1m 或 1m 以上，播种数行小麦，在小麦带之间预留 1m 左右的空行；翌年春天在预留行中移栽或直播 1 行或 2 行玉米，小麦与玉米共生至小麦成熟收获；在玉米行间的小麦茬上起垄移栽甘薯，8 月中旬左右收获玉米，晚秋至冬初收获甘薯；在甘薯茬或玉米茬上种植小麦，空闲茬口成为下年的玉米预留行。这种模式能够种植春玉米，使其扬花期避开高温伏旱，保证产量；小麦占地 50%，由于边行优势可以取得相当同面积净作 75% 的收成。

20 世纪 70 年代以后，该种植制度得到改进，增加了绿肥作物，定型带植，形成了小麦—甘薯—冬绿肥、冬绿肥—春玉米—秋绿肥并行分带轮作制，用地养地结合，全年粮食总产比单纯的小麦/玉米/甘薯三熟模式增产 10% 以上。

20 世纪 80 年代后，分带轮作模式进一步改进，其中春玉米生产前后的冬、秋绿肥被扩展为蔬菜、豆类、饲料等多种作物，形成了以小麦、玉米、甘薯为主的粮、经、饲、肥相结合的三熟四作或三熟五作多熟制模式。

5. 小麦/玉米/大豆三熟制 近年来，"小麦/玉米/甘薯"三熟制模式已不能满足农村经济发展和农民生活改善的新需求，四川农业大学与四川省农技推广总站等合作研究，推广了"小麦/玉米/大豆"旱地高效生态多熟种植新模式。该模式的技术要点是：以大豆替代"小麦/玉米/甘薯"模式中的甘薯，采用带状 2m 开厢模式，1m（或 1.17m）种 5 行（或 6 行）小麦，1m（或 0.83m）种 2 行玉米，小麦收后种 2～3 行大豆，第二年玉米和大豆换茬微区轮作；小麦收后，实行麦秆覆盖免耕直播大豆；玉米收后直接砍倒原地覆盖于空行，小麦播种时实行免耕直播并用玉米秆覆盖麦行。与传统的"小麦/玉米/甘薯"三熟制相比，该模式不仅每公顷大豆的产值比甘薯高 1 800～1 950 元，有利于增加农民收入，而且少耕、免耕，轻简栽培，成本投入少，劳动效率高，更有利于抗旱、保持水土，改良培肥土壤。据统计，在川中盆地和盆周山地，"小麦/玉米/大豆"三熟制发展势头良好，2008 年已达到 23.3 万 hm^2。

6. 小麦—薯类、小麦—玉米连作二熟制 在盆周山地和川西南山地，小麦净作，收获后种植马铃薯或甘薯。在川中丘陵的一些地方，由于缺少劳力等原因，仍然沿用传统的二熟制模式，小麦与玉米换茬连作。

二、小麦产业发展概况

小麦是四川省的第二大粮食作物，播种面积和总产量仅次于水稻居第二位。"十五"以来，小麦年播种面积在 135 万 hm^2 左右，约占全省年粮食播种面积的 22%，总产近560 万 t，占全省年粮食产量的 16% 左右。在小春（即冬作）粮食作物中，小麦种植面积占 80%，总产量占 85%。小麦用途广泛，在四川省，小麦面粉制作的馒头、面条是城乡居民主食的一部分，也是其他副食品和饲料、酿造及淀粉工业的重要原料。小麦耐寒、耐旱、耐瘠，适应性广，能够在温度较低的冬春季节里充分利用光、热、水资源和平原、丘陵、山地的各种耕地资源进行粮食生产，还能与其他春、夏播作物搭配组合，间套种植，提高耕地复种指数，增加全年粮食总产量。因此，在四川农业生产中，小麦具有其他任何作物所不能替代的重要地位。

新中国成立以来，四川小麦生产上进行了 8 次品种大更新。每次品种群体的更新都启用了新的抗条锈病基因，控制了先后出现的条中 13、16、18、19、28、29、30、31、31、33 等多次新小种流行。20 世纪 70 年代前后，为适应生产水平提高和一年三熟制的需要，以繁六、繁七为代表的第四次品种更新实现了高秆到半矮秆、迟熟的转变。为顺应改革开放后四川省内面粉工业对白粒小麦需求形成的市场导向，从 90 年代初起，以绵阳 25 和绵阳 26 为代表的第七次品种更新从外观上将四川小麦品种由原来的红皮、小粒型为主转向了以白皮、中大粒型为主，实现了外在品质的改良。随着我国加入 WTO 和有关政策的引导，育种单位更加在策略和技术上重视内在品质改良，四川小麦品种的内在品质改良逐步取得实质性进展：2000 年以前四川省审定的绝大部分小麦品种蛋白质和面筋含量较低，筋力很弱，仅极个别品种的面团稳定时间达到 3min，更没有达到 7min 以上的强筋小麦品种。2000 年以后审定了强筋小麦品种川麦 36 和川麦 39，品质指标全面达到国家标准《专用小麦品种品质》（GB/T 17320—1998）的规定。中筋小麦品种已很常见，全面达到强筋小麦标准的品系在区域试验中也时常出现。这类品种的高频率育成，优化了小麦品种群体的品质结构，为四川小麦原粮内在品质的总体改善准备了物质基础。

四川小麦单产平均约 4 050kg/hm²，但地区之间差异较大，川西平原和川中丘陵地区是小麦主产区，平均单产为 4 000～5 000kg/hm² 和 3 000～4 000kg/hm²；川南和盆周山区小麦面积较小，产量较低，一般平均 2 500～3 500kg/hm²；川西南山地和川西北高原有近 6.73 万 hm² 小麦，平均单产为 3 200～4 100kg/hm²。即使在上述地区内部，产量也不平衡，如同在成都平原，一般小麦产量 5 250kg/hm²，一些农户的高产田块超过 7 500 kg/hm²。地区之间的产量差异主要受自然条件影响，而地区内的不平衡则多由于综合技术水平的差异，总体增产潜力较大。

四川农村人口多，耕地少，农户生产规模小。据四川省农调队（2001—2003）对 31 个县的 400 多个农户的生产成本（包括种子、肥料、农药、燃料、水费、小农具购置费、修理费、外雇运输费等，不包括农民自身劳动投入）与收益情况调查，种植小麦平均每公顷投入 1 808.7 元，按照 2003 年四川农民出售小麦平均价格 1.03 元/kg 计算，扣除成本后，每公顷获纯收益为 1 566.9 元，低于油菜（2 727.75 元/hm²）、玉米（2 824.95 元/hm²）、薯类（3 002.55 元/hm²）和水稻（4 564.8 元/hm²），可见种植小麦比较效益低。因此，农户对小麦生产的物质投入和技术投入（更换新品种，采用新栽培措施）没有引起普遍的重视，小麦生产管理水平参差不齐，单产水平差异较大；同一地区内常有多个品种插花种植，小麦品质不均匀一致，收购部门混收混贮，不能体现优质优价，也不利于产业化加工利用。

在四川省，面条类（包括挂面、鲜面条、饺子、馄饨等）是最主要的面粉食品，其次是馒头类（包括馒头、包子等），两者在日常生活中需求量大；面包、饼干和其他面制食品，属于副食，在日常生活中需求量较小。生产优质的面制主食和副食品种都需要适合的面粉，而生产适合不同食品的面粉则需要各种不同品质特点的小麦原料。四川小麦年总产量 520 万 t 左右，除农民自留消费大部分外，粮食部门收购 100 多万 t，主要用于加工面粉，一部分用作其他加工工业原料，商品率约 20%。四川粮食加工企业除使用省内小麦原料外，常年还从省外调进 100 万 t 左右的小麦（或面粉），其总量与省内原料接近，用于调整原料小麦的品质结构，提高面粉品质，以满足食品加工和人民生活需要。2006—2009 年，农业部种植业管理司对全国各小麦主产区大田生产小麦进行抽样品质分析，从 3 年（2007 年四川省未抽取样品）的数据《中国小麦质量报告》可以看出，四川省小麦原粮的主要品质指标（表 6‑33）与各种优质面制食品原料的主要品质指标（表 6‑34）相比，与面包、面条和饼干、糕点类小麦品质指标的差距较大，与馒头类小麦品质指标相当。各项指标因抽样地点、田块和品种不同变异幅度较大，其中某些样品来源的小麦原粮可能符合面包、面条或糕点小麦的品质要求，但是不成规模，数量小而且质量不稳定，混购、混贮后便失去了原有的品质特征。

表 6‑33　四川小麦大田样品主要品质指标

（《中国小麦质量报告》，农业部种植业管理司）

年份	籽粒粗蛋白含量（%）		面粉湿面筋含量（%）		面团稳定时间（min）	
	平均	变幅	平均	变幅	平均	变幅
2006	12.60	10.22～16.26	25.9	17.9～31.1	3.2	0.8～13.1
2008	13.21	10.11～16.09	26.0	14.8～33.9	3.0	0.9～9.7
2009	13.15	11.71～15.59	24.3	19.4～30.9	2.5	0.8～6.6
3 年平均	12.99		25.4		2.9	

表 6‑34　优质面制食品原料主要品质指标

（《中国小麦质量报告》，农业部种植业管理司）

食品（小麦类型）	籽粒粗蛋白含量（%）	面粉湿面筋含量（%）	面团稳定时间（min）
面包（强筋）	≥15.0	≥35.0	≥10.0
面条（中强筋）	≥13.0	≥28.0	≥6.0
馒头（中筋）	≥12.0	≥25.0	<6.0，≥2.5
糕点（弱筋）	≤11.5	≤22.0	≤2.5

四川面粉加工企业从省外（黄淮海麦区和华北北部麦区）调进小麦原料，搭配本地小麦进行生产加工，主要目的在于增加面粉的面筋含量，提高面粉筋力强度，使生产的特等粉、精制粉、优质面条粉和馒头粉等面粉品种达到质量要求。少数企业为了加工面包粉和糕点粉，也购买国外的强筋小麦和弱筋小麦进行搭配生产。省内一些大、中城市的餐饮店和烘烤作坊，为了保持加工食品的品质稳定，长期以来通过省内的面粉批发市场购买使用来自河南、河北、山东等省的面粉以及来自广东广州等地的面包粉和糕点粉。因此，四川小麦品质供需矛盾最突出的是面条类（中强筋）小麦和馒头类（中筋）小麦，其次才是面包（强筋）小麦和糕点（弱筋）小麦。

2006 年以来的《中国小麦质量报告》显示，四川大田生产小麦的平均品质指标接近中筋小麦水平，而且在样品所代表的大田单位之间表现出从弱筋小麦到强筋小麦的广泛变异。这些数据表明，四川省已经拥有能够适合生产各类面制主副食品的小麦品种，还表明四川省具有生产这些类型小麦原粮的自然环境和生产条件，目前的问题在于没有合理地利用现有的品种资源进行区域化、规模化、产业化生产。随着四川小麦产业化进程的推进，通过合理品种布局、区域化规模种植、应用高产优质栽培技术、按质量（类型、等级）收贮和利用等，四川小麦品质较差的问题会明显改观，能够较好解决优质面条类型（中强筋）小麦和优质馒头类型（中筋）小麦的供给问题，进一步提高四川小麦的加工利用率，促进农民增收和企业节本，还有可能利用特殊生态环境发展优质弱筋小麦生产。小麦品质区划是实现这一目标的首要问题。

三、小麦品质区划

根据小麦生产的地理、气候、土壤和种植制度等自然生态和生产条件，四川小麦产区划分为川西平原、盆中丘陵、川西南山地和川西北高原4个不同的生态大区。根据各个大区的生态条件、生产状况与小麦品质表现进一步划分为不同的品质类型区。

本次区划采用的小麦品质数据主要来源于：①四川省科研人员的研究成果；②四川省小麦区域试验及品种审定资料；③农业部种植业管理司《中国小麦质量报告》；④在四川省不同小麦生态区设置的包含强、中、弱筋类型小麦品种的品质试验（2006—2008）。

所分析数据，主要依据粗蛋白质含量、湿面筋含量、面团稳定时间、终端食品制作试验分值评价小麦的品质表现。

对于适宜品质类型区域的判定，一是依据多种类型小麦品种品质数据的平均表现；二是依据已知品质类型（如强筋、中筋、弱筋）的小麦品种在该区域的具体品质表现。判定以前者为主，后者为辅。当前者与后者相一致时，判定为已知品质类型的适宜区域。例如某地多次测定各种类型小麦品种的湿面筋含量和面团稳定时间的平均值很低，但有一次强筋小麦品种的测定数据达到强筋小麦标准，前者与后者不一致，不将该地判定为强筋小麦的适宜区域。

由于四川省小麦品质研究起步较晚，现有小麦品质数据较少、样品地点分布不均匀。根据生态环境因子地域分布的相似性，由品质适宜试点外推至品质适宜区域。主要生态环境因子有地形地貌、土壤类型、种植制度、小麦营养生长期日均温、小麦抽穗灌浆成熟期日均温、小麦灌浆成熟期的降水量和降水日数、小麦灌浆成熟期的平均相对湿度等。

一些品种样品在品质理化分析数据上达到强筋小麦标准，食品制作试验也做出了好的面包，如川麦36的面包评分达到83分（2001），川麦39达到85分（2006），川麦44和内麦9号两品种样品的面团稳定时间也时有达到10min以上，但是这些情形的目前出现频率较低，在生产上暂时不具备代表性，因此本区划中不设强筋小麦区。试验数据表明，这些品种具有强筋小麦的品质潜力，一般生产条件下能够以质补量，可以生产中强筋或中筋小麦。

根据以上区划方法，将四川小麦产区划分为：①盆西平原中筋、弱筋麦区；②盆中丘陵中强筋、中筋麦区；③川西北高原及盆周山地中筋麦区；④西南山地弱筋麦区（图6-

5）。具体分述如下。

图6-5　四川省小麦品质区划图

（一）盆西平原中筋、弱筋麦区

本区包括成都市（除金堂县）、德阳市（除中江县）和乐山地区的北部、绵阳地区的安县、雅安地区的名山等共34个县（市、区）。2007年种植小麦近26.7万 hm²，多与水稻连作，近年在部分地区推广了小麦—中稻—晚秋作物新三熟制种植模式。土壤大部分是近代河流冲积母质发育的灰色潮土，中壤质地，地块平坦，肥力水平高，保水保肥性好；区内沿岷江、涪江两岸农田偏沙壤质地，肥力水平中等或偏下，保水保肥性一般。日平均温度：播种至抽穗期8.8～9.7℃，抽穗至灌浆成熟期17.6～18.5℃。灌浆期平均日较差：13.7～14.9℃。降水量：全生育期内138.7～247.8mm，灌浆期55.7～88.7mm。灌浆期平均相对湿度73%～81%，穗发芽风险较大。区内的岷江以东及涪江以南、以西，光温条件较好，除沿江岸偏沙质地土壤的农田外，适合发展中筋（馒头类）小麦生产，在品种布局上中筋品种、中强筋品种、强筋品种搭配使用，肥田使用中筋品种，瘦田使用中强筋品种或强筋品种，以质补量，生产合格的中筋小麦。岷江以西光照弱，涪江以北平均温度低，岷江及涪江沿岸农田肥力较低、保水保肥力一般，适合种植弱筋小麦品种，发展弱筋小麦生产。

（二）盆中丘陵中强筋、中筋麦区

本区包括内江市、资阳市、遂宁市、南充市、宜宾市、广安市、自贡市的全部，绵阳市中南部，成都市的金堂，德阳市的中江，乐山市的井研、犍为，达州市的巴中、平昌等共40多个县（市、区）。2007年种植小麦86.7多万 hm²，是四川小麦的主产区。区内丘陵广布，间有少量低山平坝，孤山独包互不相连，旱坡地大量分布，水低土高，水源缺乏。土壤自然肥力较高，为中氮、中磷、高钾型，多呈中性或微碱性反应。小麦主要分布在区内丘陵的一台、二台、三台旱地，地块一般不大，多有斜坡，持水性较差。主要种植制度是小麦/玉米/甘薯套作三熟制和小麦/玉米/大豆套作三熟制，此外还有以小麦/玉米/甘薯套作为主体，在玉米茬前、后增种粮、经、饲、菜、肥的三熟四作或三熟五作多熟制模式。日平均温度：播种至抽穗期 9.2～10.8℃，抽穗至灌浆成熟期 18.7～19.8℃。灌浆期平均日较差：14.9～17.6℃。降水量：全生育期内 145.4～313.0mm，灌浆期 57.7～97.7mm，灌浆期平均空气相对湿度 70%～76%，加之坡地持水力差，平均温度高，雨后田间湿度下降快，穗发芽风险低于盆西平原。总体上看，本区热量充足，优于盆西平原麦区。本区内的南部和中部，小麦全生育期的平均温度和灌浆期的日较差均高于本区的北部，较北部降水少且小麦成熟早，收获天气较好，适于发展中强筋（面条类）小麦生产。在品种布局上，肥茬地选用中强筋品种，瘦茬地选用强筋品种，以质补量。在本区的北部，适宜发展中筋（馒头类）小麦生产，在品种布局上，肥茬选用中筋品种和中强筋品种，瘦茬选用强筋品种，以质补量。

（三）川西北高原及盆周山地中筋麦区

本区包括甘孜藏族自治州、阿坝藏族羌族自治州（除红原县）、乐山、雅安、广元、巴中、达州等市的山区共69个县（市、区）。2007年种植小麦近 31 万 hm²。本区地处四川省的西部和北部，幅员辽阔，同盆地接壤的过渡地带有深丘和浅丘。小麦生产的共同点是农田地块小，分布零散，多数分布在半山、河谷，少数在山间坪坝地带。区内土壤类型多样，小麦主要分布在旱坡地，坡陡土薄。小麦生长期内区内热量条件差异较大，近盆地边缘山区气温较高，小麦—玉米、小麦—薯类是常见的种植制度；西北部高原内部及其他远盆地山区气温较低，因地形和热量条件不同，有春播一熟、秋播一熟、秋播（小麦/玉米、小麦/杂粮等）二熟等种植制度。降水量西南和东北部较丰，西北部山区春旱较重。小麦生长自然条件差，耕作粗放，施肥水平较低，小麦产量低。本区宜种中筋小麦，满足区内的日常食品消费，品种布局选用中筋品种和中强筋品种。

（四）西南山地弱筋麦区

本区包括攀枝花市、凉山州各县，以及雅安市的石棉、汉源等共 21 个县（市、区）。

2007 年种植小麦 7.2 万 hm^2。本区地势起伏较大，耕地一般分布在 1 000～3 000m 的中低山地带。本区土壤以红壤、黄棕壤为主，在平坝河谷地带分布各类潮土，土壤供肥力和施入养分量一般较低。气候从低海拔到高海拔，呈现南亚热带到山地凉温带的变化趋势，冬季气温高，蒸发量大，时有干热风，日照较多，年日照 2 000～2 800h，小麦生长季节为 1 000～1 500h。干湿季分明，小麦生长季节是干季，降水量仅 30～70mm，仅占年降水量的百分之几。区内平均单产 3 600kg/hm^2，在安宁河谷小麦—水稻二熟区，灌溉条件好，小麦大面积单产在 4 500kg/hm^2 以上。多年品质测试数据表明，该区小麦粗蛋白质含量在 11% 左右，湿面筋含量 20% 左右，具有生产弱筋小麦的生态环境，适宜建立弱筋小麦生产基地。品种布局上，在弱筋小麦生产基地上选用弱筋品种，采用配套的栽培技术，提高小麦生产效益；在非生产基地的大田生产上仍宜采用强筋品种和中强筋品种，以质补量，生产中筋小麦，满足主要食品消费需要。

四、主要品种与高产优质栽培技术

（一）主要品种

自"六五"以来，四川省小麦生产上的品种全部由省内各单位育成。当前生产上使用的主要是"十五"以来育成审定的品种。这些品种适应性范围有一定差异，在不同地区产量水平在 3 600～6 600kg/hm^2 之间，抗条锈病，部分抗白粉病，绝大多数不抗赤霉病。在 2001—2008 年审定的品种 79 个中，白粒品种 50 个，占 63.3%。在有完整品质分析数据的 74 个审定品种中，按照国家标准《专用小麦品种品质》（GB/T 17320—1998）》规定，达到强筋小麦的有 3 个（表 6-35），占 4.05%；中筋小麦 36 个，占 50%（表 6-36）；弱筋小麦的有 12 个，占 16.2%（表 6-37）；品质数据匹配不平衡、暂不能归类的 23 个，占 37.8%（从略）。

《中国小麦质量报告》从中国食品的需求特点出发，采用了中强筋小麦的概念和标准（面团稳定时间 3.0～6.0min，粗蛋白质含量 ≥13%，湿面筋含量 ≥28%），有 2 个品种（内麦 9 号和川麦 44）的品质指标达到该标准（表 3-38）。

需要指出的是，四川省小麦区试中用于品质测试的样品通常来自 2 个地点（1～2 年）的试验，由于小麦品种对环境条件变异的反应不同，某一个品种在更大区域的品质表现可能会有增减变化，与表 6-35～表 6-38 中的数据不尽一致。

表 6-35　"十五"以来四川省审定的强筋小麦品种

品种	审定年份	产量 （t/hm^2）	粒色	容重 （g/L）	湿面筋含量 （%）	粗蛋白含量 （%）	稳定时间 （min）
川麦 36	2002	4.8	白	819.0	26.6	13.6	9.0
川麦 39	2003	5.0	白	818.5	29.3	14.1	9.4
蜀麦 482	2008	5.6	红	805.0	30.8	15.4	7.3

资料来源：四川省农作物品种审定公告。

表 6 - 36　"十五"以来四川省审定的中筋小麦品种

品种	审定年份	产量（t/hm²）	粒色	容重（g/L）	湿面筋含量（%）	粗蛋白含量（%）	稳定时间（min）
川育 16	2002	5.3	白	780.0	30.3	13.7	3.2
川农 17	2002	5.2	红	784.0	35.1	14.1	3.5
川农 12	2002	5.2	红	785.0	39.7	14.0	3.0
川育 17	2002	5.0	白	809.0	40.3	15.2	4.0
川农 20	2003	4.9	白	767.5	29.6	12.2	3.0
川麦 42	2003	6.1	红	776.5	31.3	14.1	3.9
西科麦 1 号	2003	4.8	白	786.0	32.5	13.3	4.2
内麦 8 号	2003	5.4	白	765.5	33.3	13.8	3.3
绵阳 35	2003	4.9	白	795.0	34.3	14.0	3.3
川农 19	2003	5.9	红	773.0	35.5	13.6	3.2
川麦 37	2003	5.1	白	791.0	39.6	14.9	3.5
绵麦 37	2004	5.1	红	757.0	29.7	14.8	4.6
杏麦 2 号	2004	5.0	白	776.0	30.4	15.5	4.9
乐麦 3 号	2004	4.9	白	733.0	35.3	15.5	3.9
科成麦 1 号	2005	5.1	红	776.0	24.6	13.5	5.9
绵麦 40	2005	5.1	红	774.5	27.5	14.1	5.6
蓉麦 3 号	2005	5.0	红	800.0	28.1	14.5	4.1
良麦 3 号	2005	5.2	白	793.0	28.8	14.0	3.1
绵麦 39	2005	4.9	白	779.0	30.6	14.4	3.6
西科麦 2 号	2005	4.9	白	778.0	32.6	16.4	3.0
川麦 49	2006	5.0	白	785.5	26.6	13.1	3.6
绵麦 43	2006	5.6	红	758.5	28.1	15.3	4.2
川育 20	2006	5.4	白	788.9	30.6	14.6	3.9
绵麦 1403	2007	5.7	红	787.0	23.2	13.5	3.8
西科麦 4 号	2007	5.7	白	830.0	25.8	13.9	4.3
内麦 11	2007	5.5	白	778.0	27.9	14.2	4.4
绵杂麦 168	2007	5.6	红	784.0	30.5	14.4	3.6
绵麦 185	2008	5.5	红	734.0	24.5	13.1	3.4
西科麦 5 号	2008	5.5	红	799.0	25.9	13.1	3.4
荣麦 757	2008	5.3	白	803.0	25.7	13.5	3.3
川麦 50	2008	5.4	白	810.0	27.6	13.5	5.1
绵麦 46	2008	5.2	白	798.0	29.1	14.1	3.0
川育 23	2008	5.7	白	809.0	29.1	14.3	5.4
西科麦 6 号	2008	5.4	白	775.0	30.3	15.0	5.0

资料来源：四川省农作物品种审定公告。

表 6-37 "十五"以来四川省审定的弱筋小麦品种

品种	审定年份	产量（t/hm²）	粒色	容重（g/L）	湿面筋含量（%）	粗蛋白含量（%）	稳定时间（min）
川农 16	2002	5.9	红	777.0	20.3	10.9	1.6
川麦 41	2003	5.2	白	754.0	22.7	11.4	1.1
川麦 38	2003	5.3	白	779.0	28.6	12.8	2.1
川育 21	2007	5.6	白	829.0	27.3	13.0	1.6
川农 24	2007	5.6	白	819.0	25.4	13.3	2.1
西科麦 3 号	2007	5.6	白	816.5	21.1	11.7	2.5
蓉麦 4 号	2007	5.6	白	831.0	24.0	12.8	2.6
良麦 4 号	2007	5.6	红	813.0	22.8	12.7	2.8
川农 25	2007	5.4	白	803.0	25.1	13.1	2.8
昌麦 28	2008	6.6	白	783.0	19.8	10.2	1.3
康麦 8 号	2008	3.6	白	750.0	27.4	12.4	1.5
川麦 51	2008	5.6	白	796.0	25.0	13.2	2.8

资料来源：四川省农作物品种审定公告。

表 6-38 "十五"以来四川省审定的中强筋小麦品种

品种	审定年份	产量（t/hm²）	粒色	容重（g/L）	湿面筋含量（%）	粗蛋白含量（%）	稳定时间（min）
内麦 9 号	2004	5.0	白	786.0	28.5	14.7	6.5
川麦 44	2004	5.1	白	761.3	29.5	14.3	6.3

资料来源：四川省农作物品种审定公告。

（二）高产优质栽培技术

1. 中（强）筋小麦高产优质栽培技术

（1）适期播种，合理密植　播种期对小麦产量影响很大，同时对品质也有一定的影响。研究表明，在四川盆地，10 月 25 日至 11 月中旬为小麦适宜高产播期，其中，盆西平原以 10 月底至 11 月初最好，迟至 11 月 10 日以后则减产明显，而广大川中丘陵以 11 月上旬播种产量一般最高，迟至 11 月 15 日之后则减产明显。同时，籽粒蛋白质、湿面筋含量有随播期延迟而提高的趋势（表 6-39）。为了促进优质与高产稳产的结合，对于优质中筋或中强筋小麦生产，盆西平原最佳播期控制在 11 月初，最迟不超过 11 月 11 日为宜，盆中丘陵可控制在 11 月 5～10 日。

种植密度对小麦品质也有明显影响（表 6-40），基本苗 450 万/hm² 处理的各项粉质仪参数均显著低于 300 万/hm² 处理。从产量角度分析，基本苗过高，也出现容易倒伏，增大病虫危害风险，不利于高产稳产。结合优质与丰产要求，基本苗控制在 225 万～300 万/hm² 为宜。

表 6 - 39　播期对四川春性小麦主要品质参数的影响

（四川省农业科学院，2001）

播期（月/日）	籽粒粗蛋白含量（%）	湿面筋含量（%）	沉降值（mL）	面团稳定时间（min）	弱化度（FU）	评价
11/1	12.5	30.7	50	5.0	30	62
11/21	12	27.5	42	3.5	50	58
12/11	14.2	35.4	45	4.0	50	59
12/31	14.3	36.2	52	4.0	40	60
1/20	13.1	32.6	40	2.5	50	58
2/9	16.7	39.1	52	4.0	60	56
3/1	15.9	36.3	58	10.5	30	65

表 6 - 40　施氮量、种植密度对小麦品质的影响

（四川省农业科学院，2002）

品质参数	低密度					高密度				
	N1	N2	N3	N4	平均	N1	N2	N3	N4	平均
面团形成时间（min）	5.2	6.3	4.7	5.2	5.2	3.5	4.2	3.7	4.9	4.1
面团稳定时间（min）	14.0	9.4	17.0	12.6	13.3	5.4	5.8	4.3	6.7	5.6
弱化度（FU）	22	16	15	17	17.5	30	39	50	30	37.3
断裂时间（min）	13.0	15.5	17.3	18.4	16.1	8.8	6.9	5.5	9.7	7.7

注：1）低密度处理基本苗 300 万/hm²，高密度处理基本苗 450 万/hm²；

　　2）N 1、N 2、N 3、N 4 依次表示施纯氮 0kg/hm²、60kg/hm²、120/hm²、180kg/hm²。

（2）因地制宜，优化播种　盆西平原稻茬麦，一般选择两种比较好的播种技术：一是田面平整并备有稻草的田块，采用 2BJ－2 型简易播种机进行精量露播，关键技术要点包括播前化学除草、免耕精量露播、稻草覆盖等；二是水稻机收或缺乏稻草的田块，采用 2BFMDC－6 型播种机进行播种，半旋、播种、施肥、盖种、还草等工序一次完成，工序简便，效率高，成本低。

丘陵旱地麦，有多种提高播种质量的方式可供选择。一是沙质或壤质土，采用 2BJ－2 型简易人力播种机播种；二是质地黏重土壤，可采取砍沟点（条）播，即在"双三 O"模式下，沿等高线砍沟，沟距 25cm，每沟按 10cm 间距播种，每窝 6 粒，或每沟均匀撒播大约 60 粒种子；三是采取小锄密点播方式，即用窄锄按行距 25cm、窝距 15cm 开窝，每窝 9～10 粒种子，每公顷 27 万窝、210 万～240 万苗。另外，还可以采用免耕播种方式，即在玉米带或播种过秋大豆的玉米带上，直接开窝播种，不必先翻耕再播种，能显著降低劳动强度而不影响小麦产量。

（3）科学用肥，氮肥后移　氮肥用量对小麦产量和品质的影响都很大。选用强筋、中筋、弱筋 3 个类型 7 个品种，分 5 个生态点连续进行 3 年试验，150kg/hm² 纯氮处理的籽粒蛋白质含量、湿面筋含量、沉降值、面团形成时间与稳定时间等品质参数都比 75kg/hm² 纯氮处理要高（表 6－41）。同时，增加中后期氮肥比例也利于蛋白质含量和面筋质量的提升。结合四川的实际生产条件来看，135～150kg/hm² 的总纯氮量即可满足

6 750kg～7 500kg/hm² 的产量需求。盆西平原稻茬麦的氮肥基施比例可降至 50％～60％，拔节追肥 40％～50％，盆中丘陵氮肥基施比例 60％～70％，分蘖拔节肥 30％～40％，既利于高产稳产，也利于改善中强筋小麦的品质。

研究表明，在一定范围内，随施磷量的增加，小麦籽粒蛋白质含量呈下降趋势。而钾素则有促进蛋白质积累、提高籽粒蛋白质含量的功效。结合四川盆地土壤养分的具体情况（氮中、磷缺、钾丰特点），氮、磷、钾以 1∶0.4～0.6∶0.3～0.5 的配比较好，对于多数区域，135～150kg/hm²纯氮、75～90kg/hm²磷（P_2O_5）、60～90kg/hm²钾（K_2O），可满足高产和优质的需要。

表 6 - 41　施氮量对小麦品质参数及制品品质的影响

（四川省农业科学院，2008）

施氮量 （kg/hm²）	项目	容重 （g/L）	粗蛋白含量 （%）	湿面筋 含量 （%）	降落值 （s）	吸水率 （%）	面团稳 定时间 （min）	面条 评分 （分）	面包 评分 （分）
75	均值	778	11.7	24.0	325	56.2	4.0	78	59
	最小值	620	7.3	12.7	89	47.6	0.6	60	28
	最大值	838	17.5	36.2	486	64.7	18.2	90	96
	标准差	42.2	2.3	5.2	57.6	3.9	3.1	5.6	18.9
150	均值	777	12.8	26.1	328	56.8	4.9	79	65
	最小值	624	8.6	16.7	88	48.6	1.0	57	27
	最大值	838	16.7	35.6	480	65.6	16.3	88	97
	标准差	42.7	1.9	4.4	55.1	3.8	2.9	5.4	18.3

注：表中数据为 7 个品种、5 个生态点 2006—2008 年试验数据。

（4）强化监测，防治病虫　切实加强病虫防控是确保高产的基础，但是，过频、过量使用化学药剂对生产强筋小麦有一定影响。有研究认为，小麦抽穗扬花期多次施用或一次施用高浓度的粉锈宁，导致湿面筋含量、沉降值、面团稳定时间等品质参数明显降低。因此，在生产优质（中）强筋小麦原料时，应尽可能少施化学杀菌剂和杀虫剂。

在条锈病和白粉病发生面广、危害重的盆中丘陵中强筋麦区，要生产优质中强筋小麦，应首先选择高抗条锈病和白粉病的优质新品种；其次是在苗期及时拔除条锈病感病植株，防治中心病团，以减轻中后期防治压力；第三是在抽穗扬花期采用"一喷三防"的方法，一次性配药防治锈病、赤霉病和蚜虫，以达到丰产、节本增效和优质的目的。

2. 弱筋小麦高产优质栽培技术

（1）在适宜区域，选择适宜品种　在盆西平原中筋及弱筋区的一部分区域（岷江以西、涪江以北）和西南山地弱筋区，选择适宜的弱筋品种，生产弱筋小麦原料。在表 6-42 所列弱筋品种中，尤以川麦 41、昌麦 28 等表现较好。多年多点试验结果表明，川麦 41 在中等施氮量情况下，基本都符合弱筋小麦的标准，尤其以绵阳、西昌一带为佳。

表 6 - 42　弱筋品种川麦 41 品质参数的地域差异及施氮量的影响

（四川省农业科学院，2008）

施氮量 （kg/hm²）	地点	粗蛋白含量 （%）	湿面筋含量 （%）	沉降值 （mL）	降落值 （s）	吸水率 （%）	面团稳定时间 （min）
150	广汉	10.8	22.1	25.8	363	54.2	1.9
	井研	13.4	28.9	35.5	267	56.6	2.8
	绵阳	10.1	20.9	21.8	362	54.1	1.5
	西昌	10.9	23.2	28.2	307	54.9	2.3
	中江	13.7	28.0	36.7	364	55.5	2.7
	平均	11.8	24.6	29.6	332	55.1	2.3
75	广汉	9.7	19.9	22.5	346	53.3	1.6
	井研	13.2	27.7	32.4	260	56.2	3.1
	绵阳	8.9	18.7	19.1	381	52.7	1.5
	西昌	9.3	20.6	24.8	336	54.1	1.4
	中江	13.8	28.1	38.6	349	55.7	2.2
	平均	11.0	23.0	27.5	335	54.4	1.9

（2）适期早播，增加种植密度　延迟播种有提高籽粒蛋白质含量，提高面筋强度的趋势，不利于弱筋小麦生产。而增加种植密度可以降低蛋白质含量和面筋强度。加之四川弱筋麦区主要分布在丘陵和西南山地区域，季节性干旱突出，应适期抢墒早播，以建立早期优势，奠定丰产基础。综合多方因素，建议弱筋小麦的播期比一般情况适当提前，而基本苗以 300 万/hm² 左右为宜，不要超过 375 万/hm²，以免出现倒伏减产。

（3）适当控制氮肥，增施磷肥　氮肥使用量过高，不利于生产优质弱筋麦，而适当增施磷肥则对弱筋麦生产有利。结合四川地力及养分状况，弱筋小麦优质丰产的氮、磷、钾配比以 1∶0.8～1.0∶0.3～0.5 为好，换算成实际施用量，每公顷施纯氮 90～120kg、五氧化二磷 75～90kg、氧化钾 45～75kg。氮肥宜采取"重底早追"方式，即底肥占 70%、苗期追肥 30%。

（4）合理用药，控制病虫害　研究表明，喷施农药（多效唑）似有利于弱筋小麦生产，但从经济角度和食品安全角度出发，也不宜过多过量施用。在适宜弱筋小麦生产的区域，应着重注意防治条锈病和蚜虫。

第五节　贵州省小麦品质区划与高产优质栽培技术

一、小麦生产生态环境概况

（一）地理概况

贵州位于东经 103°36′～109°35′、北纬 24°37′～29°13′ 之间，东靠湖南，南邻广西，西毗云南，北连四川和重庆，东西长约 595km，南北相距约 509km。贵州地貌属中国西部高原山地，境内地势西高东低，自中部向北、东、南三面倾斜，最高海拔 2 900.6m，平均海拔在 1 100m 左右。境内山地和丘陵占 92.5％。

（二）气候特点

贵州属亚热带湿润季风气候区，大部分地区年均温 14～16℃，最冷月（1 月）均温一般不低于 5℃，最热月（7 月）均温一般在 25℃ 以下，年降水量一般 1 100～1 400mm。10℃ 以上活动积温约 4 000～5 500℃，无霜期长达 270d 以上。因海拔、地形和纬度等因素的影响，气候从东到西、从南到北、从低到高变化明显，形成了多种气候类型。地域气候差异主要表现在：雨水分布不均，干旱、冰雹和低温绵雨以及引起局部洪涝的暴雨等主要农业灾害天气出现次数的多少、范围的大小和危害程度的轻重，各地有所不同。

1. 光照资源 贵州是全国日照时数最少的地区之一。全年日照时数在 1 100～1 700h 之间，总的分布趋势是自西向东递减。西部地区常年约为 1 400～1 700h，北部、中部和东部少，为 1 100～1 300h。贵州小麦生育期内日照时数有 500～1 000h，占全年日照时数的 45％～60％；太阳总辐射量为 1 758～2 930MJ/m²，占全年总量的 50％～63％。从全国范围来看，贵州高原小麦生育期间的日照时数和太阳总辐射量属于低值区，基本上能满足小麦整个生育期生长发育和产量形成的需要。贵州小麦生育期内的日照时数与太阳总辐射量不论从南到北比较，还是从东到西比较，都有明显的差异（表 6-43）。

贵州各地小麦生育期内的光合生产潜力可以达到 15 743～26 235kg/hm²，而目前单产水平仅及光合生产潜力的 5％～10％，高产试验田单产也只有光合生产潜力的 22％～28％。实践证明，要获得小麦 6 000～7 500kg/hm² 的高产水平，贵州的光能资源是可以满足的，它并不是贵州小麦高产稳产的限制因子。

表 6-43　贵州各地 11 月至翌年 5 月光能资源

（贵州省气象局）

地　名	东西比较					南北比较			
	锦屏	凯里	贵阳	水城	威宁	罗甸	惠水	遵义	道真
太阳总辐射量（MJ/m²）	1 787	1 980	2 099	2 533	2 941	2 450	2 073	1 769	1 712
日照时数（h）	502.4	631.9	731.3	938.7	1 228.8	813.3	711.2	544.2	446

注：20 年平均值。

2. 热量资源 贵州小麦全生育期 180～220d，需要大于 0℃ 积温 1 800～2 300℃。而贵州各地积温在 2 000～3 500℃ 之间，均能满足小麦生育热量的需求。贵州地形复杂，海拔高度呈明显的梯度变化，小麦全生育期内的温度也有明显差异。大部分地区，日平均温度多在 3～20℃。对于喜凉爽气候的小麦，不但有利于光合作用的进行，减少光呼吸的消耗和生育期延长，而且利于有机物质的积累和品质的形成。位于贵州北部的赤水河谷和南部的边缘低热地区，0～10℃ 的天数在 100d 以下，在这种气候条件下，会使小麦的生育期缩短，不利于小麦产量和品质的提高。

3. 水分资源 贵州 11 月至翌年 5 月几个有代表性地区的降水情况见表 6-44，这几个地区分别位于贵州的东部、南部、西部、北部和中部。贵州小麦生育期间的降水量，大部分地区在 400～500mm，约占年降水量的 40％～50％，在小麦适宜需水范围内。西部赫章、威宁和毕节一带降水较少，在 400mm 以下，占年降水量的 32％～36％，不能满足小麦的需水要求；东部铜仁、黔东南、黔南等地降水量600mm以上，占年降水量的50%～60%，降水过多不利于小麦的优质高产。

表 6-44　贵州小麦生育期内降水量

（贵州省气象局）

地点	11月至翌年5月降水量（mm）	10～11月		2～3月		4～5月	
		降水量（mm）	占全生育期（%）	降水量（mm）	占全生育期（%）	降水量（mm）	占全生育期（%）
贵阳	546	145	26.6	55	10.1	300	54.9
锦屏	771	181	23.5	142	18.4	358	46.4
罗甸	501	115	23	55	11	299	59.7
水城	420	146	34.1	44	10.3	203	47.3
遵义	526	174	33.1	63	12	240	45.6

注：20年平均值。

（三）土壤条件

1. 土壤类型与质地　贵州属中亚热带常绿阔叶林红壤—黄壤地带。贵州土壤在地理分布上具有垂直—水平复合分布规律：即在相同纬度下发育了同一地带性土壤，但在不同的地势高度下，由于成土条件的差异，又形成不同的土壤带，因而在水平地带性的基础上，又表现出垂直分布规律。此外，贵州土壤还受地区性母质和地形等条件变化的影响，产生一系列区域性的非地带性土壤。因此，贵州土壤类型繁多，分布错综，有黄壤、红壤、赤红壤、红褐土、黄红壤、高原黄棕壤、山地草甸土、石灰土、紫色土、水稻土等土类。黄壤广泛分布于黔中、黔北、黔东海拔700～1 400m 和黔西南、黔西北海拔900～1 900m 的山区高原地区，发育于湿润的亚热带常绿阔叶林和常绿落叶阔叶混交林环境。赤红壤和红壤分布于红水河及南、北盘江流域海拔500～700m 的河谷丘陵地区，红褐土则分布稍高，均形成于南亚热带河谷季雨林环境。黄红壤为红壤与黄壤间的过渡类型，分布于东北部铜仁地区及东南部都柳江流域海拔500～700m 的低山丘陵，发育于湿润性常绿阔叶林环境。高原黄棕壤分布于黔西北海拔1 900～2 200m 的高原山地和黔北、黔东海拔1 300～1 600m 的部分山地，发育于冷凉湿润的亚热带常绿落叶阔叶混交林环境。山地草甸土仅在少数海拔1 900m 以上的山顶和山脊分布，发育于山地灌丛、灌草丛及草甸环境，并常与黄壤、红壤等土类交错分布。紫色土主要分布于黔北赤水、习水一带，其他地方有零星分布，主要发育于紫色砂页岩出露的环境。水稻土是贵州主要的耕作土之一，其理化性质特殊，在全省各地皆有分布。

根据土壤的地域差异，贵州土壤大致分为3个亚带：中亚热带常绿阔叶林黄壤、黄红壤亚带，分布范围较广，包括贵州省东部和中部广大地区，地带性土壤是黄壤和黄红壤，下分6个土区；其北亚热带成分的常绿落叶阔叶混交林高原黄棕壤、黄壤亚带，位于西部及西北部，以高原黄棕壤和黄壤为主，分为2个土区；南亚热带具热带成分季雨林赤红壤、红壤亚带，位于贵州省的西南部，以赤红壤、红壤为主，仅一个土区。

2. 土壤肥力 在贵州耕地土壤中，无论稻田和旱地，均以 15～20cm 耕层厚度的面积比例最大，分别为 47.6% 和 58.0%；其次为 10～15cm 耕层厚度的；<10cm 耕层厚度的比例最小。一般稻田耕层厚度较旱地厚。全省耕地土壤以微酸性（pH5.5～6.5）所占面积比例最大，为 35.7%；其次为中性土壤（pH6.5～7.5），占 31.1%；酸性和微碱性土壤分别占 16.6% 和 13.1%；强酸性和碱性土很少，分别占 1.8% 和 1.7%。

贵州省各地区土壤的氮含量丰富。其中，铜仁铵态氮含量最高，为 21.41mg/kg；贵阳最低，为 17.06mg/kg。贵阳硝态氮含量最高，为 23.47mg/kg；铜仁最低，为 17.99mg/kg。黔南速效磷含量最高，达到 18.07mg/kg；黔西南最低，为 8.29mg/kg。遵义速效钾含量最高，为 178.29mg/kg；黔东南最低，仅为 137.36mg/kg。有机质含量以六盘水最多，为 34.36g/kg；铜仁最低，为 22.53g/kg。各地区的土壤均表现偏酸性。综合比较，遵义、毕节、黔南三个地区土壤肥力的综合表现最佳。各地土壤肥力情况见表 6-45。

表 6-45　贵州各地区土壤肥力情况

（贵州省烟草科学研究所，2006）

地区	样品个数	铵态氮（mg/kg）	硝态氮（mg/kg）	速效磷（mg/kg）	速效钾（mg/kg）	pH	有机质含量（g/kg）
贵阳	32	17.06	18.63	16.86	153.33	5.78	28.58
毕节	96	19.52	23.61	12.72	164.02	5.84	26.29
六盘水	22	20.19	14.32	11.63	148.91	5.87	34.36
黔东南	24	20.64	14.02	12.97	137.36	5.57	25.93
黔南	35	19.65	36.24	18.07	157.05	5.8	26.12
黔西南	32	18.86	11.03	8.29	149.36	5.96	30.29
铜仁	42	21.41	37	11.54	166.16	5.86	22.53
遵义	101	21.31	10.74	16.69	178.29	5.73	27.51

（四）种植制度

贵州农作物播种面积：水稻 68.53 万 hm²，玉米 76.17 万 hm²，小麦 39.75 万 hm²，马铃薯 85.04 万 hm²，油菜 51.31 万 hm²，烤烟 17.74 万 hm²（《贵州年鉴》，2007）。随着农业科技的发展，贵州已基本完成了从传统耕作制度向"多熟制"的转变，从"一年一熟"和"两年三熟"通过旱地分带轮作多熟制转变为"一年两熟"、"两年五熟"或"一年三熟"制。

贵州旱地多分布在丘陵地带，热量资源虽然丰富，但两季有余，三熟不足，限制了复种指数和全年粮食生产的提高。通过更换小麦品种并采用相应的技术（如生产力高的品种，宽厢宽带技术），可以满足在小麦单产不降低的情况下，提高作物对土地的利用率。小麦的间套复种形式，丰富多样。根据耕地特点，可分为水田与旱地两个基本类型。水田的复种形式有：小麦—中稻、小麦—双季稻、小麦/玉米—晚稻、小麦/西瓜—晚稻、小麦/烤烟—晚稻等；旱地的复种形式有：小麦—玉米（甘薯、花生、高粱）、小麦/玉米/甘薯、小麦//绿肥/烤烟/甘薯。不论水田或旱地，都有接茬复种和间套复种两种形式。

小麦的种植方式有条播、撒播、穴播。其中条播是当前生产上应用最普遍的播种方式，其优点是，操作方便，落籽出苗均匀一致，行间通风透光良好。撒播在土质黏重，特别是稻田种麦整地困难的地区，为了抢季节多采用此法。其缺点是：覆土往往深浅不一致，落籽不容易做到均匀一致，出苗也参差不齐，且后期也不好管理，通风条件差，杂草多。为提高播种质量，可采用分厢撒播，厢面宽度可视地形条件具体确定，以便于播种、操作管理和提高土地利用率为原则。在丘陵山区多采用点播（穴播）。点播不受土壤质地的限制，有利于集中施肥，且田间管理方便。点播要想获得优质高产，最有效的办法是缩小窝间距，降低每窝播种粒数，增加单位面积总窝数和基本苗数。

二、小麦产业发展概况

（一）生产概况

1. 种植面积及产量　贵州是小麦生产的次适宜区。小麦是贵州省的主要粮食作物之一，小麦的种植面积和产量次于水稻和玉米，居第三位。近年来由于种植结构调整，小麦常年种植面积呈逐渐缩小趋势。从新中国成立到 2007 年的 58 年间，贵州小麦生产基本情况（表 6 - 46）是：总产在 20 世纪 50、70、90 年代后期都有极大的飞跃，单产自新中国成立以来除有个别年份因受自然灾害等因素影响，发展有起伏外，总的势态是在上升。从贵州小麦生产总的发展来看，2009 年与 1949 年相比，总产增长 13 倍多，单产增长近 3 倍，面积扩大 4 倍多，播种面积的增加对总产的提高起到了比单产更大的作用。

表 6 - 46　贵州小麦生产概况

（贵州省统计局，1949—2009）

年份	种植面积（万 hm²）	产量（kg/hm²）	总产（万 t）
1949	5.73	570.0	3.30
1959	20.87	870.0	18.15
1969	32.13	637.5	20.40
1979	44.67	952.5	42.45
1989	38.20	1 473.0	56.27
1999	59.60	1 805.4	107.6
2006	24.39	1 845.0	45.13
2007	24.27	1 965.0	47.86
2008	26.24	1 635.0	42.81
2009	26.29	1 695.0	44.52

2. 品质概况　贵州处于云贵高原的斜坡地带，有明显的海拔梯度差异，贵州小麦品质现状可分为高海拔地区品质与普通海拔地区品质两个组别。从贵州行政区域上讲，高海拔地区包括毕节地区与六盘水地区，其他地方为普通海拔地区。

普通海拔地区和高海拔地区小麦品质状况见表 6 - 47 至表 6 - 49。按照 GB/T 17320—

1998 小麦品质评价标准,容重和蛋白质含量这两个指标基本达到优质强筋小麦品质指标;不同地区三种不同筋型的小麦湿面筋含量都占有一定比例,其中中筋品质类型的品(系)种所占比例稍大;沉降值在普通海拔地区和高海拔地区以中筋和弱筋品质为主,中筋品质类型的比例较大。

表 6 - 47　2004 年贵州小麦区域试验品质情况

(贵州大学农学院)

区试组别	编号	参试品(系)种	容重(g/L)	蛋白质含量(%)	湿面筋含量(%)	沉降值(mL)
普通组	1	黔麦 15(CK)	782	15.47	31.9	19
	2	黔 98353	773	15.36	32.5	23
	3	黔阿 98	778	16.52	31.6	29
	4	贵农 001	760	16.13	33.1	31
	5	贵农 004	795	17.52	37.2	27
	6	98 - 28	776	16.34	31.2	24
	7	98 - 68	779	16.93	36.2	28
	8	丰优 9621	767	16.87	32.1	28
	9	丰优 9711	752	13.56	23.6	19
	10	毕 2000 - 2	760	13.21	27.8	24
	11	绵阳 2000 - 36	772	14.28	27.6	28
高海拔组	1	毕麦 11(CK)	776	15.91	28.9	17
	2	毕优 7 号	750	15.33	31.4	20
	3	毕 2002 - 1	765	15.24	29.24	26
	4	毕 2002 - 5	771	16.36	35.61	24
	5	毕试 17	774	15.37	34.88	31
	6	黑小麦	781	15.49	31.47	25

表 6 - 48　2005 年贵州小麦区域试验品质情况

(贵州大学农学院)

区试组别	编号	参试品(系)种	容重(g/L)	蛋白质含量(%)	湿面筋含量(%)	沉降值(mL)
普通组	1	黔麦 15(CK)	756	16.41	31.56	32
	2	丰优 9621	769	14.56	30.92	34
	3	98 - 68	778	15.67	33.07	46
	4	丰优 9401	756	16.67	29.14	33
	5	川 90016	780	15.41	28.46	36
	6	ML1227 - 23	776	15.68	29.73	39
	7	早麦 7 号	742	14.56	30.37	45
	8	LD - 688	778	16.21	30.62	36

（续）

区试组别	编号	参试品（系）种	容重（g/L）	蛋白质含量（%）	湿面筋含量（%）	沉降值（mL）
普通组	9	早麦10	762	15.21	27.05	21
	10	黔育6号	761	16.24	30.17	38
	11	贵农5号	765	16.13	33.86	46
	12	贵农6号	773	16.8	35.72	48
高海拔组	1	毕麦11（CK）	747	15.07	28.14	25
	2	毕2002-5	776	16.36	33.61	43
	3	黔育6号	761	16.24	30.17	38
	4	89-332	771	16.17	29.73	24
	5	毕2003-1	765	14.21	26.87	31
	6	丰优9911	776	13.97	25.91	25
	7	毕02193	778	15.22	30.39	29
	8	贵农7号	773	16.53	34.42	43

表6-49　2006年贵州小麦区域试验品质情况

（贵州大学农学院）

区试组别	编号	参试品（系）种	容重（g/L）	蛋白质含量（%）	湿面筋含量（%）	沉降值（mL）
普通组	1	贵农6号	794	16.84	34.23	48.2
	2	早麦10	791	13.54	27.26	25.6
	3	贵农5号	782	16.12	32.61	46.7
	4	贵农2005-1	764	15.26	30.47	30.4
	5	CB034-71	783	16.67	32.48	47.6
	6	安97-7	774	11.28	21.69	17.3
	7	早麦16	801	14.6	29.86	32.8
	8	丰优9870	772	15.94	30.69	33.4
	9	黔麦15（CK1）	781	16.16	31.24	32.5
	10	贵农15（CK2）	774	15.72	30.38	28.2
高海拔组	1	毕2003-1	783	13.28	26.61	24.9
	2	89-332	771	15.31	28.15	31.3
	3	贵农03-9	776	15.78	30.38	41.4
	4	丰优9911	778	12.6	22.49	16.1
	5	毕试21	754	12.96	23.37	17.6
	6	毕试22	771	14.29	28.84	35.3
	7	毕麦17（CK）	792	16.18	31.28	37.4

贵州生态环境可以满足优质专用小麦的生产,但以优质专用小麦为育种目标的模式还未形成,多数品系及新品种仅个别粉质指标能达国家专用小麦粉品质指标的要求。就品系和品种而言,大部分属于中筋品质小麦的范畴。

小麦的品质包括营养品质和加工品质两个方面。从总体上看,贵州小麦的蛋白质含量与其他省份相比差异不大,但是大部分品种湿面筋含量低、质量差,面团流变特性差,烘烤出来的面包品质不好,是贵州小麦品质与国内优质小麦之间的最大差距。

(二) 生产优势及存在问题

1. 生产优势

(1) 生态优势 贵州地势复杂,生态类型多种多样。小麦生育期内光、温、水等自然条件可以满足优质小麦生长所需,尤其适合优质中筋、弱筋小麦的生长。独特的立体农业气候特点,形成了小麦品种的多样性和引进品种的广泛适应性。在独特的气候条件下,贵州的小麦种植方式经过多年的发展,形成了以小麦与玉米、水稻、烤烟、瓜果、绿肥等作物轮作、间套作,或小麦净作等多种形式的高效农业生产方式。

(2) 科研技术优势 贵州近年来的小麦生产在产量水平和品质改良上取得了显著成就,特别在小麦优质、高抗种质资源的创新和利用方面取得较大的突破。如贵州小麦抗病种质资源库的建立;贵州大学在小麦远缘杂交和抗条锈病、白粉病等种质资源创新研究和利用方面已建立优质、高抗小麦种质 100 多份,如贵农 21、贵农 22、775 及 TP 材料等,提供给全国小麦育种单位研究利用。

2. 存在的问题 贵州近年来专用优质小麦生产发展缓慢,小麦种植面积持续缩减,但贵州小麦的单产却有了较大的提高,总产仅略有下降。贵州在小麦高产栽培技术、优质品种的选育等方面的工作,近几年发展迅速。制约贵州小麦生产发展的因素主要有以下几个方面:①贵州小麦品种混杂、退化等情况比较严重。主要小麦产区种植的小麦大致分两种情况:一是不同的研究单位或者同一研究单位的育种工作者不断地推出新品种,品种间优劣差异较大;二是农民家中的自留种由于户与户之间未必一致,在种植过程中又没有采取防护措施,导致品种混杂或常年种植同一品种使种性严重退化,不利于优质小麦的生产。②缺乏广泛深入的培训指导,先进的科学技术未能很好地推广普及,未能实现良种良法配套。③贵州的耕地多分布在斜坡、丘陵地带,难以实现大规模的机械化或半机械化生产,小麦播种或收获大多地方还基本靠人力。④缺乏小麦面粉加工龙头企业,不能带动优质小麦品种资源、种植技术和消费市场的开发,限制了优质专用强筋小麦区域化布局、标准化生产、产业化经营、市场化运作的发展。

(三) 优质小麦产业发展前景

贵州小麦面粉价格与全国其他省份差异不大,随国家整体小麦粉价格的波动而变化,变化趋势也基本一致。由于政策的影响,贵州种植业结构中,小麦不属于最主要的农作物,导致目前的小麦生产、小麦产业化、小麦消费市场较落后。贵州每年生产的小麦多为农户自产自销,仅 10% 流入市场。贵州小麦面粉加工企业、小麦面粉个体经营业多是普通面食加工业。强筋粉和弱筋粉的需求量不大,多是从外省购进。

1. 小麦发展的方向　未来贵州的小麦发展方向首先是实现品种与生态区的双向适应，形成适合贵州小麦种植特色的规模化种植、产业化生产与经营的格局。加速农业由数量规模型向质量效益型转变，在不同生态区选择优质专用小麦品种，参照适合贵州农业生产的种植制度，进行优质化、区域化、集约化种植及产业化发展，以利于优质专用小麦的专收、专贮、专销，满足市场对优质专用小麦的需求，增加农民收入，实现小麦生产的优质、专用、高效。建立优质专用小麦的生产宏观调控体系，以销定产。

2. 优质小麦生产发展的措施

1）加强对专用小麦种质资源的研究，提高专用优质小麦品种的育种效率。长期以来，贵州小麦育种工作以提高产量为主要育种目标，以品质育种为目标的研究工作基本没有专门开展。随着市场经济的迅速发展，将根据国家大力发展优质高效农业的指导方针，调整育种目标。

2）建立优质小麦良种繁育体系，使育种单位和大田生产相结合，建立起优质良种繁育、推广、示范基地。农业推广部门将加大现有良种的推广力度，同时结合各地生态气候特点，进行区域化种植，最大限度地发挥品种资源优势、气候生态优势和规模种植优势。

3）建立优质专用小麦检测体系。目前贵州缺乏一套成熟的对优质弱筋小麦全程质量监控的质量保障体系。小麦生产和加工过程中的质量受到各种干扰较多，导致小麦质量不稳定，劣质小麦进市场，优质小麦不专用、优质小麦不优价等现象的发生。优质品种小麦只有加工成优质品牌面粉，再生产出畅销品牌的食品，才能获得较高的经济收益。

三、小麦品质区划

（一）品质区划的依据

1. 气候与小麦品质　2006/2007 年度与 2007/2008 年度，在贵州全省范围内 9 个地、州、市分区设点，采用统一田间试验设计、供种、管理标准、取样及品质分析进行的贵州小麦品质区划研究结果中，选取有代表性的贵阳、遵义、安顺、毕节、黔南、盘县、黔东南、铜仁、黔西南 9 个试点的样本进行分析，选取的气候因子有：小麦开花至灌浆期的日平均最高气温、日平均最低气温、日较差、总降水量、总日照时数；选取的小麦品质指标有：小麦籽粒蛋白质含量、湿面筋含量、沉降值、面团稳定时间。分别取两年气候因子和各小麦品质指标进行分析，以小麦品质指标为应变量，以气候因子为自变量建立逐步回归模型，得出气候因子与各小麦籽粒品质的关系，分析结果见表 6-50 至表 6-53。

据表 6-50 建立回归方程 1、方程 2：

$$Y = 1.229\,98X_1 - 0.023\,42X_5 - 0.027\,59X_1^2 + 0.006\,27X_2^2$$
$$+ 0.000\,050\,84X_5^2 \cdots\cdots\cdots\cdots\cdots\cdots 1（中筋）$$
$$Y = 0.885\,1X_1 - 0.017\,59\,X_1^2 \cdots\cdots\cdots\cdots\cdots\cdots\cdots 2（弱筋）$$

方程中 Y 代表小麦籽粒蛋白质含量，X_1 代表日平均最高温度，X_2 代表日平均最低温度，X_5 代表总降水量。分析方程 1、方程 2 表明：在贵州特定气候条件下，日平均最高温度、最低温度、总降水量是影响中筋小麦籽粒蛋白质含量的最主要气候因子，日平均最高温度是影响弱筋小麦籽粒蛋白质含量的最主要气候因子。

表 6 - 50　小麦籽粒蛋白质含量与开花至成熟期气候因子间的偏相关分析

(贵州大学农学院，2006—2008)

品质类型	气候因子	参数估计	标准差	F 值	Pr>F
中筋小麦	X_1	1.229 98	0.049 82	609.49 **	<0.000 1
	X_5	−0.023 42	0.005 2	20.25 *	0.010 8
	X_1^2	−0.027 59	0.001 28	462.92 **	<0.000 1
	X_2^2	0.006 27	0.001 1	32.52 **	0.004 7
	X_5^2	0.000 050 84	0.000 010 07	25.49 **	0.007 2
弱筋小麦	X_1	0.885 1	0.154 95	32.63 **	0.000 7
	X_1^2	−0.017 59	0.006 37	7.62 *	0.028 1

表 6 - 51　小麦籽粒湿面筋含量与开花至成熟期气候因子间的偏相关分析

(贵州大学农学院，2006—2008)

品质类型	气候因子	参数估计	标准差	F 值	Pr>F
中筋小麦	X_1	2.539 94	0.171 07	220.45 **	<0.000 1
	X_5	0.011 36	0.002 8	16.43 **	0.009 8
	X_6	−0.011 07	0.003 88	8.13 *	0.035 8
	X_1^2	−0.054 17	0.005 53	95.8 **	0.000 2
弱筋小麦	X_1	5.209 24	0.166 2	982.35 **	<0.000 1
	X_5	−0.227 84	0.016 77	184.63 **	0.000 2
	X_6	−0.025 53	0.001 5	290.17 **	<0.000 1
	X_1^2	−0.110 02	0.003 47	1 003.58 **	<0.000 1
	X_5^2	0.000 410 47	0.000 032 46	159.91 **	0.000 2

据表 6 - 51 建立回归方程 3、方程 4：

$$Y = 2.539\ 94X_1 + 0.011\ 36X_5 - 0.011\ 07X_6 - 0.054\ 17X_1^2 \quad \cdots\cdots\cdots\cdots\quad 3（中筋）$$

$$Y = 5.209\ 24X_1 - 0.227\ 84X_5 - 0.025\ 53X_6 - 0.110\ 02X_1^2$$
$$+ 0.000\ 410\ 47X_5^2 \quad \cdots\cdots\cdots\cdots\cdots\cdots\quad 4（弱筋）$$

方程中 Y 代表小麦籽粒湿面筋含量，X_1 代表日平均最高温度，X_5 代表总降水量，X_6 代表总日照时数。分析方程 3、方程 4 表明：在贵州特定气候条件下，日平均最高温度、总降水量、总日照时数是影响中筋、弱筋型小麦籽粒湿面筋含量的最主要气候因子。

据表 6 - 52 建立回归方程 5、方程 6：

$$Y = 8.751\ 45X_3 - 0.547\ 34X_3^2 \quad \cdots\cdots\cdots\cdots\cdots\cdots\quad 5（中筋）$$

$$Y = 0.940\ 51X_1 \quad \cdots\cdots\cdots\cdots\cdots\cdots\quad 6（弱筋）$$

方程中 Y 代表小麦籽粒沉降值，X_1 代表日平均最高温度，X_3 代表日较差，X_3^2 代表日较差的平方。分析方程 5、方程 6 表明：在贵州特定气候条件下，日较差是影响中筋小麦沉降值的最主要气候因子，日平均最高温度是影响弱筋小麦籽粒沉降值的最主要气候因子。

表6-52　小麦籽粒沉降值与开花至成熟期气候因子间的偏相关分析

（贵州大学麦作中心，2006—2008）

品质类型	气候因子	参数估计	标准差	F 值	Pr＞F
中筋小麦	X_3	8.751 45	1.076 79	66.05**	＜0.000 1
	X_3^2	−0.547 34	0.130 12	17.69**	0.004
弱筋小麦	X_1	0.940 51	0.022 42	1 759.76**	＜0.000 1

表6-53　小麦籽粒面团稳定时间与开花至成熟期气候因子间的偏相关分析

（贵州大学农学院，2006—2008）

品质类型	气候因子	参数估计	标准差	F 值	Pr＞F
中筋小麦	X_1	0.106 92	0.046 62	5.26	0.055 5
	X_5	0.006 99	0.004 22	2.74	0.141 8
弱筋小麦	X_1	0.073 11	0.005 35	186.57**	＜0.000 1

据表6-53建立回归方程7、方程8：

$$Y = 0.106\ 92X_1 + 0.006\ 99X_5 \quad \cdots\cdots\cdots\cdots\cdots\cdots\cdots\cdots\cdots 7（中筋）$$

$$Y = 0.073\ 11X_1 \quad \cdots\cdots\cdots\cdots\cdots\cdots\cdots\cdots\cdots\cdots\cdots\cdots 8（弱筋）$$

方程中Y代表小麦面团稳定时间，X_1代表日平均最高温度，X_5代表总日照时数。分析方程7、方程8表明：在贵州特定气候条件下，日平均最高温度和总日照时数是影响中筋小麦面团稳定时间的最主要气候因子，日平均最高温度是影响弱筋小麦面团稳定时间的最主要气候因子。

通过对以上两年的气候因子与小麦品质指标之间关系的研究可知：在贵州，不同品质类型的小麦哪些气候因子是最主要的以及气候因子与小麦品质之间的关系。

（1）开花至灌浆期温度对小麦籽粒品质的影响

中筋小麦：日平均最高温度在21.93～27.27℃范围内，与蛋白质含量、湿面筋含量、沉降值呈极显著正相关关系，与面团稳定时间呈正相关，日平均最高温度上升或降低1℃蛋白质含量增加或减少1.174 8%，湿面筋含量提高或降低2.431 6%，面团稳定时间延长或缩短0.106 92min；日平均最低温度在13.51～18.68℃范围内，与蛋白质含量呈极显著正相关关系，日平均最低温度升高或降低1℃，蛋白质含量增加或减少0.012 54%。日较差在6.81～8.92℃范围内，与沉降值呈极显著二次曲线关系，日较差升高或降低1℃，沉降值升高或降低7.66mL。

弱筋小麦：日平均最高温度在21.93～27.27℃范围内，与蛋白质和湿面筋含量、沉降值、面团稳定时间呈极显著正相关，日平均最高温度升高或降低1℃，蛋白质含量增加或减少0.85%，湿面筋含量提高或降低4.99%，沉降值升高或降低0.94mL，面团稳定时间增长或缩短0.07min。

（2）开花至灌浆期光照对小麦籽粒品质的影响

中筋小麦：总日照时数在155～294.1h范围内，与湿面筋含量呈显著负相关，总日照时数增加或减少1h，面筋含量降低或提高0.01%。

弱筋小麦：总日照时数在155～294.1h范围内，与湿面筋含量呈负相关，总日照时数增加或减少 1h，湿面筋含量降低或提高 0.026%。

（3）开花至灌浆期降水对小麦籽粒品质的影响

中筋小麦：总降水量在 179.61～326.2mm 范围内，与蛋白质含量呈极显著负相关，与湿面筋含量呈极显著正相关，与面团稳定时间呈正相关，总降水量增加或减少 1mm，蛋白质含量减少或增加 0.02%，湿面筋含量提高或降低 0.011%，面团稳定时间延长或缩短 0.007min。

弱筋小麦：总降水量在 179.61～326.2mm 范围内，与湿面筋含量呈极显著负相关，总降水量增加或减少 1mm，湿面筋含量降低或提高 0.23%。

2. 土壤与小麦品质 土壤质地、土壤肥力、土壤腐殖质成分，在小麦籽粒形成中起重要的作用。尤其在不利的气候条件下，土壤状态和组成成分能影响作物的生长过程和籽粒的最终形成。

贵州土壤多为黄壤，经人工熟化而成的黄泥土、黄泥田，分别约占水田、旱土面积的46.3% 和 38.6%。除此之外，水田、旱作田尚有其他土壤类型。小麦主要产区土壤类型分布是：黔中、黔北（赤水河谷除外）的土壤以黄壤为主，肥力不高；黔东、黔东南土壤以黄红壤、黄壤为主；黔西南土壤以红壤为主，肥力偏低；黔西北土壤以黄棕壤为主，旱地多。其余土壤如紫色土壤小麦种植较少。

（1）土壤质地对小麦品质的影响 贵州耕地依黏度排列依次为：红壤＞黄红壤＞黄壤＞黄棕壤。小麦籽粒蛋白质含量随土壤黏重程度的提高而增加，但贵州多数地区为黄壤（酸性），土质瘠薄，不利于强筋小麦籽粒蛋白质、湿面筋、沉降值的形成，而利于中筋、弱筋小麦的种植。

（2）土壤肥力对小麦品质的影响 氮、磷配合施用对改善小麦的品质有较大作用。在相同施肥量前提下，氮肥后移喷施能提高小麦产量 10.4%，小麦产量、蛋白质含量、面筋含量和沉降值与肥料用量之间呈显著正相关。小麦孕穗期以后进行 2 次叶面追肥，能够提高肥料利用率，促进小麦生长发育，提高其产量和品质。在缺钾条件下增施钾肥能显著提高小麦籽粒蛋白质和赖氨酸含量，改善小麦品质。

（3）土壤腐殖质成分对小麦品质的影响 贵州耕地在不采取人工施肥情况下，红壤、黄壤及红黄壤成土有机质来源丰富，但分解快，流失多，故土壤中腐殖质少；黄棕壤既具有黄壤与红壤富铝化作用的特点，又具有棕壤黏化作用的特点，呈弱酸性反应，腐殖质自然含量比较高。土壤腐殖质含量的多寡决定了在自然条件下土壤的基本肥力，根据贵州除黔西北有部分地区耕地自然肥力较高、大部分地区土壤肥力低的特点，表明贵州耕地土壤养分含量对强筋小麦生长及品质的形成不利，适合中筋、弱筋小麦种植。

3. 海拔与小麦品质 不同海拔高度，由于光照、温度和降水条件的不同，小麦的品质有很大的差异。贵州处于云贵高原的半坡，全省山峦起伏，根据对小麦种植区的研究表明：贵州大致可分为 3 个海拔梯度，800m 以下的低海拔地区；800～1 400m 的中海拔地区；1 400～2 000m 的高海拔地区。小麦籽粒品质随海拔梯度的变化也有较明显的变异，随着海拔梯度的增加小麦各籽粒品质指标呈现先增加后降低趋势。800～1 400m 的海拔高度最有利于湿面筋、沉降值、稳定时间的品质形成，高海拔和低海拔地区不利于强筋小麦籽粒品质的形成，但利于种植中筋、弱筋小麦。黔麦 16 的各品质指标（湿面筋含量、沉降值、面团稳定时间）变化趋势如图 6-6。

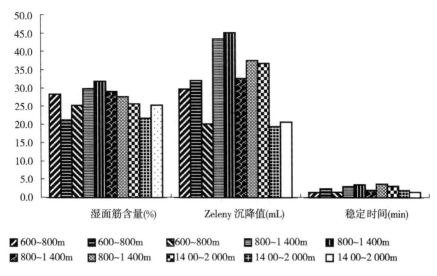

图 6-6 贵州小麦籽粒湿面筋含量、沉降值、稳定时间随海拔高度的变化
（贵州大学农学院，2006—2007）

（二）品质区划

贵州特定的自然生态条件不利于强筋小麦品质的形成，而利于中筋、弱筋小麦的生长。对整个贵州气候条件和小麦籽粒品质性状进行模糊分析，可以把贵州小麦区划分为 4 个品质麦区（图 6-7）。

1. 高海拔少雨中筋、弱筋小麦区　该区包括 14 个县：赫章、盘县、毕节、纳雍、威宁、修文、乌当、水城、织金、习水、瓮安、白云、大方、开阳。中筋小麦的种植要多于弱筋小麦的种植，因此可以初步把该区划分为中筋、弱筋型小麦混作区。本区位于大娄山西南，云南高原向贵州高原过度的斜坡部位，自东向西越靠近云南，小麦的弱筋性表现得越强。本区地势西高东低，农业生产海拔高度一般 1 500～2 400m，年均温 10.6～15.2℃，1 月均温 2.0～6.3℃，素有"高寒山区"之称。区内日较差较大，降水较少，大部分地区在 1 000～1 200mm 之间，个别地方甚至低于 1 000mm（赫章仅 800mm 左右），降水 70％～80％集中于夏季（5～10 月）。该区受西南季风的影响，干湿分明，降水大多集中在夏季，小麦生育期间降雨较少，特别是 2～3 月份降水少，温度高，田间水分不易保持，不能满足小麦拔节、孕穗期需水的要求。该区除北部地势较高的几个地区外，其余地区是贵州高原光照条件最好的。高海拔地区小麦的生育期相对较长，对小麦蛋白质含量的提高有很好的促进作用，因此在该区可以考虑中筋小麦优质高产的合理优化途径。本区小麦种植一般于 10 月上中旬播种，生育期约 185～215d。南部宜选用近春性品种，搭配半冬性品种，于 10 月下旬至 11 月上旬播种。

2. 中海拔雨适中筋小麦区　该区包括 35 个县：黔西、平塘、雷山、务川、兴仁、凤岗、龙里、德江、惠水、兴义、贵定、绥阳、都匀、桐梓、安龙、福泉、贵阳、花溪、息

图 6-7　贵州小麦品质区划图

烽、普安、紫云、清镇、独山、遵义县、平坝、普定、镇宁、麻江、晴隆、贞丰、六枝、长顺、丹寨、安顺、万山。适合中筋小麦的种植。区内气候湿温，年均温 13～15℃，最冷月 5℃左右，最热月 24℃，无霜期 260d 以上。年降水 1 100～1 200mm，雨日 180d 以上，相对湿度 80％，年日照率 30％。小麦生育期间的降水条件十分优越，干湿适中，温度条件适宜，小麦在冬季不停止生长。由于该区光、热、水等自然条件搭配良好，对小麦形成大穗、大粒、重粒较为有利，是贵州小麦形成优质高产稳产较好的区域。本区在现有的小麦品种栽培条件下，基本上为中筋小麦，无弱筋小麦。最适宜的播种期为 10 月中下旬，最晚不宜迟于立冬。生育期约 210～215d。

3. 低海拔多雨中筋、弱筋小麦区　该区包括 28 个县：三穗、关岭、遵义、湄潭、仁怀、黄平、金沙、沿河、铜仁、锦屏、印江、赤水、江口、思南、石阡、天柱、剑河、玉屏、施秉、台江、松桃、镇远、岑巩、余庆、黎平、道真、凯里、正安。为中筋、弱筋型小麦混作区，但从生态和经济角度看适合发展弱筋小麦。本区大部分地区海拔高度在 800m 以下，相对高差一般 200～500m，以低山丘陵、河谷盆地为主。气候冬凉夏热，年差较大。最冷月均温 5～6℃，最热月均温 26～28℃，年较差 22℃左右。降水充沛，年降水量 1 200～1 300mm。区内土层深厚，质地适中，有机质和矿物质含量较高。小麦生育期内自然条件与黔西相比则恰好相反，该区降水较多，光资源较少，湿度较大，小麦生育后期温度较高，湿害与病害比较严重，不利于小麦产量和品质的形成。在小麦生育期内需要注意水害、病害。若稻田栽麦，则需要做好排水工作，防止湿害。该区 10 月下旬至 11

月上旬播种为宜。小麦生育期约 205～210d。目前主要种植品种以中筋为主。

4. 苗岭以南高温小麦区　本区包括黔南州、黔东南州、黔西南州东南部边缘地区的 4 个县（望谟、罗甸、荔波、榕江）。小麦生育期内气候资源中，降水与光照资源对小麦生长有利，但是由于温度过高使小麦生育期严重缩短，因而产量和品质都不高，不适宜小麦的种植。

四、主要品种与高产优质栽培技术

（一）主要品种

贵农系列：贵农 16、贵农 18、贵农 19、贵农 25、贵农 26，均为中筋品质品种；黔麦系列：黔麦 15、黔麦 16、黔麦 17，均为中筋品质品种；丰优系列：丰优 2 号、丰优 3 号、丰优 5 号、丰优 6 号、丰优 7 号、丰优 8 号、丰优 9 号，除丰优 7 号是弱筋品质品种外，其余均为中筋品质品种；毕麦系列：毕麦 16、毕麦 17、毕麦 18、毕麦 19，其中毕麦 16 和毕麦 19 为弱筋品质品种，其余为中筋品质品种；安麦系列：安麦 5 号、安麦 6 号，安麦 5 号是中筋品种，安麦 6 号是弱筋品种。从邻省四川引进的品种有：绵阳 11、绵阳 26、绵阳 31，川农 10、川农 23，川麦 30、川麦 42，内麦 8 号、内麦 9 号等。

（二）高产优质栽培技术

1. 精细整地，改善高产栽培的土壤条件　首先要进行深耕松土，确保耕作层在 20cm 以上。耕后播前要保证土地平整，土壤疏松细碎、足墒。在秋季干旱的年份，耕前要求浇水，适墒时再耕地整地。在前作作物为水稻、玉米时，前作作物收获后及时翻耕整地，要求两犁两耙，在犁耙的基础上要开好边沟、破厢沟，边沟及破厢沟应开到犁底层或犁底层下 7～10cm 处，以便排水。

2. 播前准备

（1）备种　选择农业管理部门推广的品种，从有种子经营资质的部门或良种繁育单位选购种子，以确保种子的净度、纯度和发芽率。提前 5d 晒种，备足种子量，保证基本苗 180 万～225 万/hm² 为宜。浸种催芽可促使早出苗，经过浸种催芽的种子可比干种子早出苗 1 周左右，尤其在雨水多，延误播期时，可采用这种方法加以弥补。

（2）播种　贵州种植小麦的适宜播种期大致分为三类：

1）低热地区（海拔 600m 以下的地区）　播种期为 10 月下旬，霜降前后 3～4d。最早不能早于 10 月 20 日，最晚不能晚于 11 月 3 日。

2）温凉地区（黔中地区的大部分，海拔 700～1 200m）　播种期应掌握在 10 月下旬，最早不能早于 10 月 18 日，最晚不能晚于 10 月 30 日。

3）高寒山区（高海拔地区，海拔 1 300～2 000m）　这类地区由于海拔高，低温来临早，半冬性小麦品种的播种期应掌握在 10 月中旬（寒露前后），最早不能早于 10 月 8 日，最晚不能晚于 10 月 22 日。以上三类播种期是根据海拔高度每上升或降低 100m，小麦播种期也相应提前或延迟 2～3d 的生长规律来确定的。在坝区和稻田采取精量分厢条播栽培，在旱坡地采取环等高带分厢条播或小窝疏株点播栽培，在高寒山区采取分带小厢撒播栽培。

（3）合理密植　小麦在播种密度上因品种不同，保持基本苗 180 万～225 万/hm²。上等肥力田块（如寨脚田、蔬菜地），净作的播种量为 75～120kg/hm²；分带轮作，宽幅条播，播种量为 52.5～60kg/hm²，充分依靠分蘖成穗。中等肥力田块，净作播种量为 90～150kg/hm²，依靠主穗和分蘖穗实现高产；分带轮作，宽幅条播，播种量为 60～75kg/hm²。下等肥力田块（土壤肥力差的高寒山区、旱薄地），净作播种量为 105～180kg/hm²；分带轮作，宽幅条播播种量为 75～90kg/hm²。小麦播种量还要根据播种时期进行调整，早播适当减少播种量，晚播适当增加播种量。

（4）播种方式

1）宽幅条播　一般播幅 13.3～20cm，行距 16.7～23.3cm。

2）宽窄幅条播　在土壤肥力高的田块，采用大小行距条播，比相等行距条播通风透光良好，麦行间便于中耕除草和追肥。一般是宽行 30cm，窄行 20cm。

3）间作套种　在人多地少，复种指数高的地区，采用间作套种，如小麦套玉米、小麦套烤烟。一般采用 4 行小麦套种 2 行玉米或烤烟，也有 2 行小麦套种 2 行玉米或烤烟的套作方式。小麦播幅 20cm，行距 16～23cm。套作时期一般在小麦齐穗或乳熟期进行，将玉米或烤烟套种或移栽进去，小麦与玉米、烤烟的共生期约 20～30d，还可以采用小麦套作马铃薯或绿肥，行比为 2∶2 或 4∶2，立春前后在宽行内套种 2 行马铃薯或绿肥，共生期约 80～90d。

3. 施肥技术

（1）中筋小麦施肥技术

1）肥料用量　一般每公顷施纯氮 210～240kg，磷（P_2O_5）120～150kg，钾（K_2O）120～150kg。氮、磷、钾比例 $N∶P_2O_5∶K_2O$＝1∶0.6∶0.6。

2）运筹方法　重视基肥、有机肥的使用，每公顷用有机肥 22 500～30 000kg、复合肥 375kg 作底肥，三叶期、拔节和孕穗期根据苗情长势看苗追肥。一般基肥占 60%，壮蘖肥占 10%，拔节肥占 10%～15%，孕穗肥占 15%～20%。同时可用磷酸二氢钾叶面喷施，确保粒多粒饱。

（2）弱筋小麦施肥技术

1）肥料用量　一般每公顷施纯氮 150～195kg，磷（P_2O_5）60～90kg，钾（K_2O）60～90kg。氮、磷、钾比例 $N∶P_2O_5∶K_2O$＝1∶0.4∶0.4。

2）运筹方法　以有机肥为主，适当配以速效化肥，分带种植每公顷施腐熟有机肥 15 000kg、硫酸钾 225kg 和普钙 375kg 作底肥。三叶期、拔节期和孕穗期根据苗情长势看苗追肥。一般基肥占 60%，壮蘖肥、拔节肥 15%～20%，孕穗肥占 15%～20%。孕穗肥也可根据情况适量喷施磷酸二氢钾叶面肥，确保粒多粒饱。

4. 防倒、排水

（1）防倒　由于倒伏的原因是多方面的，必须针对具体情况，采用综合预防措施。从栽培措施上来看，主要还是确定合理的栽培密度，采用合理的促控措施，避免小麦群体过大；可在拔节前两周内喷施矮壮素等；也可以在高产田里打桩拉绳，扶起麦株，可以减轻倒伏的危害。

（2）排水　贵州小麦从抽穗到成熟期间大多数地区降水量在 250mm 左右，超出了小麦正常生长发育需水量。因此，做好排水除湿，是预防小麦植株贪青早衰的主要措施。

5. 病虫草害防治

（1）防治原则　按照"预防为主，综合防治"的原则，实现农业防治、物理防治、生物防治、化学防治相结合。

（2）农业防治　精选种子，剔除病粒，提高群体质量；使用经高温腐熟的有机肥料；采用轮作换茬，在适宜播期内调整播种时间等措施。

（3）生物防治　应用生物类及其衍生物防治病虫害。

（4）物理防治　使用光线、性诱导激素、物理器械、安全电压、网具等防治措施。

（5）化学防治　针对小麦不同生育期的地域性病虫草害易发灾害，选择对应的化学药剂，适时适量防治。贵州病虫害主要防治对象是：条锈病、叶锈病、白粉病、赤霉病、蚜虫。

6. 适时收获　贵州小麦成熟季节常出现阴雨连绵或大雨、大风天气，需及时收获或提前一两天收获。收获后及时晾晒。

第六节　云南省小麦品质区划与高产优质栽培技术

一、小麦生产生态环境概况

（一）地理概况

云南位于中国西南边陲，面积 3.9 万 km²，属低纬度高海拔地区，地形地貌和生态类型复杂多样。全省总体上由滇西北向滇东南呈阶梯状倾斜，最高点为滇西北怒江州梅里雪山主峰，海拔 6 740m，最低点为中越边境的河口县红河谷底，海拔仅 76.4m。云南是一个多山省份，山地占总面积的 84%，高原、丘陵占 10%，坝子（指山间盆地、河谷）仅占 6%。其中面积 1km² 以上的坝子 144 个，总面积 2.4 万 km²；在云南省 129 个县（市、区）中，53 个县的坝区面积不足 3%，18 个县不到 1%。

错综复杂的地势地貌和光、温、水等自然资源的再分配，使云南省从南到北共形成 7 个气候类型，即北热带、南亚热带、中亚热带、北亚热带、南温带、中温带和高原气候带（北温带）。总体上，气候的区域差异和垂直变化十分明显：年温差小、日温差大；降水充沛，分布不均，干湿季分明。地势地貌和气候条件的巨大差异不仅表现在全省范围内，在同一个行政区域如地（市、自治州）甚至县，也十分明显。自然生态条件的多样性决定了云南为典型的立体气候和立体农业。

（二）气候特点

云南小麦的分布范围在海拔 300～3 400m 之间，整个生长期间的气候特点如下：

1. 光照充足，日照时间长　小麦生长期间的日照时数为 1 600h 左右，约占全年总日照时数的 70%，是全年光照条件最好的时期，有利于增强小麦的抗病性，获得较高的产量，收获高质量的种子。

2. 温度适宜，月温差小，昼夜温差大 小麦主产区最冷月（1月）平均气温为7～10℃，0℃以下的低温次数极少，除滇东北的迪庆藏族自治州外，小麦基本无越冬现象，且春季气温回升快，多数地区3月初已达10～12℃；小麦灌浆、成熟阶段基本无高温危害，加上10℃以上的日较差，有利于光合产物的积累，增加千粒重。另外，由于月温差小，一般10～15℃。因此，在多数生态区，春性或弱春性品种一年四季均可播种、收获；半冬性品种则可1年播种2次。

3. 冬春季节降雨少，旱情重 云南省大部分地区，一般5月中下旬至10月为雨季，11月至次年5月上旬为旱季。小麦的整个生育时期正处于旱季，降水量通常仅150mm左右，不足全年总量的15%，加上冬春季节风大，日照充足，蒸发量显著大于降水量，在无灌溉地区，干旱严重，对小麦尤其是旱地小麦影响极大；南部地区略好于中、北部地区（表6-54）。事实上，近年来由于人口的增长和工业用水的增加，水资源供求矛盾日益突出，即使在有灌溉条件的田麦区，为了保证大春水稻、烤烟用水，小麦的灌水也受到较大限制。因此，干旱缺水是云南小麦生产的第一大制约因素。

表 6-54　云南几个典型地区小麦生长期间 20 年平均月降水量和蒸发量（mm）

（云南省农业气候资料集）

月份	昆明（滇中）		保山（滇西南）		丽江（滇西北）		景洪（滇南）		昭通（滇东北）	
	降水量	蒸发量	降水量	蒸发量	降水量	蒸发量	降水量	蒸发量	降水量	蒸发量
11	41.3	104.3	41.8	103.8	12.7	135.0	50.6	85.2	18.5	81.4
12	13.5	105.8	16.7	99.5	3.8	140.7	26.4	72.3	6.3	77.5
1	13.3	129.2	12.7	113.6	1.4	163.4	19.2	84.8	6.2	88.7
2	11.4	157.2	24.7	136.2	5.6	182.6	11.2	116.7	5.3	121.9
3	15.5	222.7	33.0	180.7	11.3	234.1	20.1	164.9	10.3	204.2
4	26.6	253.5	39.2	186.5	21.8	249.1	50.7	188.5	36.9	217.8
合计	121.6	972.7	168.1	820.3	56.6	1 104.9	178.2	712.4	83.5	791.5

二、小麦产业发展概况

（一）生产概况

小麦在云南是仅次于水稻和玉米的第三大粮食作物，也是小春第一大作物，年播种面积50万～51.5万hm²，占全省粮食总面积的12%；单产2 150～2 250kg/hm²，总产110万t，占全省粮食总产量的7%。

由于云南主食稻米，食品加工业不发达，面制品加工、酿造业等消耗的小麦不足总产的30%，其余大都用作饲料。

1. 小麦的生态类型 根据播种时期、土壤类型和灌溉条件，云南小麦分为田麦和地麦两种生态型：

（1）田麦 指水稻收获后种植的小麦。一般为春性或弱春性品种，播种期一般为10月下旬至11月上旬，播种量一般120～180kg/hm²。次年4月中下旬至5月上旬收获，云南南部和部分热量条件较好的河谷地区为 3 月底至 4 月上旬收获。20 世纪 80～90 年代，田麦面积约占云南省小麦播种面积的 1/3。进入 21 世纪，随着种植业结构的调整和冬季农业开发，田麦面积逐年下降，目前只占总面积的 1/4。由于田麦具有良好的灌溉条件，加上除条锈病外，基本无其他严重影响产量的病害，因此产量高且稳，大面积单产一般 4 500～5 250kg/hm²，高产区可达 7 500kg/hm²。20 世纪 90 年代初，保山坝 10 000hm² 田麦的平均单产就已达 6 000kg/hm²。

（2）地麦　主要指玉米、烤烟等旱地作物收获后种植的小麦。地麦一般播种在丘陵、坡地，这些区域多为酸性红壤，土壤瘠薄，保水、保肥性差，无灌溉条件，加上冬春干旱严重，必须在雨季结束前抢墒播种才能出苗。其品种类型以耐旱、耐瘠、耐寒、分蘖力强的弱春性或半冬性品种为主，少数地区要求冬性品种，同时要求品种株高较高，一般90～100cm，以保证在干旱条件下有适当的生物产量。播期一般为 9 月下旬至 10 月上旬，次年 3～4 月收获。播种量一般 225～300kg/hm²。由于播期早，要求品种前期发育慢，后期灌浆快，以避过 1～2 月的低温霜冻。由于缺乏灌溉条件，产量低而不稳，一般仅1 500～3 000kg/hm²，高产田也可达到 4 500kg/hm²。播种于烟地的地麦，由于土层相对较深厚，有的可浇水，因此其产量也可达到 6 000kg/hm²。另有少部分地区如丽江的地麦，虽播种于旱地，但灌水条件较好，加上海拔较高，气温低，生育期长达 190～210d，后期昼夜温差大，7 500～9 000kg/hm² 的产量较易实现。

当然，就品种而言，田麦和地麦的划分是相对的，许多耐旱、耐寒性好的田麦品种也可在地麦上使用，但地麦品种由于株高明显偏高，则难以在田麦上应用。

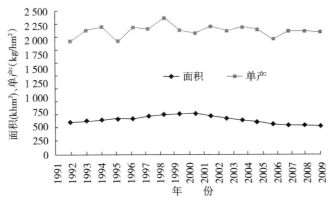

图 6 - 8　1991—2009 年云南小麦种植面积和单产变化趋势

（资料来源：云南统计年鉴 1991—2004，2008—2009 国家统计局云南调查总队）

2. 面积和单产　1949 年云南省小麦的年播种面积仅为 24.7 万 hm²，主要分布在滇东北、滇西北及滇中一线。1996—2000 年是云南省小麦播种面积最大的时期，其中 1999 年达到 72.5 万 hm²，为历史之最。此后由于南方小麦退出全国保护价、种植业结构调整、冬季农业开发、小麦比较效益低和加工问题等，云南省小麦面积逐年下降，尤其是田麦面积下降幅度较大，到 2008 年云南省小麦播种面积降至 42.5 万 hm²（图 6 - 8，表 6 - 55）。目前云南省田、地麦种植面积的比例已由 20 世纪的 1：2 降至接近 1：4；2008 年在 2007 年的基础上继续小幅下降，但价格上涨 17.8%；2009 年云南省实施"百亿斤粮食增产计划"，在稳定粮食播种面积的同时，依靠科技进步提高单产，与 2008 年相比，播种面积增长 1.1%，加上单产的提高，总产增加 11.1%，这是小麦面积、产量从 2003 年至 2008 年连续 6 年持续下降以来，首次出现了止跌回稳局面。近几年云南省的小麦种植面积将稳定在 50 万 hm² 左右。

表 6-55　云南省 1991 年以来的小麦播种面积和单产统计

年　份	1991	1992	1993	1994	1995	1996	1997	1998
面积（万 hm²）	58.3	59.0	61.1	62.8	62.5	66.4	69.8	70.7
单产（kg/hm²）	1 975.5	2 163.0	2 220.0	1 974.0	2 217.0	2 188.5	2 382.0	2 154.0

年　份	1999	2000	2001	2002	2003	2004	2005	2006	2007	2008	2009
面积（万 hm²）	72.5	67.8	64.1	60.4	56.7	53.2	51.5	51.4	50.2	42.5	43.2
单产（kg/hm²）	2 116.5	2 230.5	2 152.5	2 220.0	2 191.5	2 007.0	2 140.5	2 139.9	2 125.7	1 954.1	2 136.6

资料来源：《云南统计年鉴》1991—2004，2008—2009 国家统计局云南调查总队。

在小麦总播种面积中，由于地麦占绝大多数，因此云南小麦的平均单产一直很低，自 1983 年突破 1 200kg/hm² 后，1992 年以来一直徘徊在 2 100～2 250kg/hm²，最高的 1997 年也仅为 2 382kg/hm²。云南小麦的单产水平低是小麦比较效益低的重要原因，影响了农民种小麦的积极性，同时也使小麦的种植越来越粗放。因此，云南小麦生产发展的未来有赖于农田水利条件的改善、突破性新品种的选育与应用及面制品加工业的发展。从保护生态环境，提高农业综合生产效益，增加农民收入的角度，改善生产条件，在稳定或适当减少面积的同时，提高单产和品质，是今后云南小麦生产发展的必然趋势。

3. 小麦种植区划　1986 年，云南省农业厅和云南省农业科学院根据云南小麦生产的实际情况，共同编制了《云南省小麦种植区划》（简称《区划》），将云南小麦划分为滇北、滇中、滇南 3 个种植区。20 多年来，尽管云南小麦生产已发生了较大变化，但主要是面积增减，因此该《区划》仍有其合理性和科学性（图 6-9）。

（1）**滇北晚熟麦区**　包括滇东北和滇西北的昭通地区、迪庆藏族自治州、怒江傈僳族自治州、丽江市的全部县和曲靖市的宣威县及大理白族自治州的剑川县等 17 个县。该区海拔一般 2 000～3 480m，小麦生育期 200～250d，生育期间积温的日平均气温 7～10℃，平均日照时数 5.48～8.1h。本区水稻面积少，以旱粮为主。

（2）**滇中中熟麦区**　该区包括中晚熟麦区和中早熟麦区两个亚区，是云南省的最适麦区。包括昆明、曲靖、楚雄、大理、保山的大部分县和丽江的永胜等县。该区海拔一般 1 500～2 000m，生育期 160～200d，生育期间积温的日均温 10～12℃，平均日照时数 5.57～8.2h。

（3）**滇南早熟麦区**　包括临沧市全部及德宏、思茅、红河、文山、玉溪、楚雄、大理等地（市、自治州）的部分县。该区海拔一般在 1 500m 以下，年前一般无 10℃ 以下旬均温，生育期间积温的日平均气温为 12.5～16.5℃，小麦生育进程快，小麦生育期 130～160d。

上述 3 个麦区中，滇北晚熟麦区为适宜麦区，滇中中熟麦区为最适宜麦区，滇南早熟

图 6-9　云南小麦种植区

麦区为次适宜麦区。南部德宏傣族景颇族自治州的瑞丽，思茅地区的西盟、孟连和江城，西双版纳傣族自治州，红河哈尼族彝族自治州的元阳、金平、绿春、河口、屏边及文山壮族苗族自治州的富宁等 13 个县为不适宜麦区。

　　在全国小麦种植生态区划图上（金善宝，1996），由于云南的生态条件复杂，云南泸西、新平至保山一线以北（不含滇西北）的大部分地区划为"西南冬麦区"；云南南部的德宏、西双版纳、红河一线及其以南各州的大部分县划为"华南冬麦区"；云南西北部的迪庆藏族自治州和怒江傈僳族自治州的部分县则属"青藏春冬麦区"。

（二）品质概况

1. 自然生态条件与优质小麦生产　在全国小麦种植区划上，云南虽属南方麦区，但整个小麦生长期间的自然条件与典型的南方麦区仍有明显差异，主要特点是小麦生长的中后期雨水少，光照强度较大。因此，在 2001 年 5 月农业部公布的《中国小麦品质区划方案（试行）》中，对云南高原麦区的定位为"应以发展中筋小麦为主，也可发展弱筋或部分强筋小麦"，即强筋、中筋、弱筋小麦都可生产，这与云南的生态多样性和过去多年的优质小麦生产实践相符合。同时，在云南的大众面食消费中，消费量最大的是面条、馒头、包子、饺子，而非面包、饼干，因此发展中筋小麦为主的定位准确。在 2009 年 2 月 18 日农业部发布的《小麦优势区域布局规划（2008—2015）》中，再次明确了云南小麦育种和生产的主攻方向是"选育、繁育和推广高产、优质、抗条锈病强的中筋小麦品种"。

（1）滇中中熟麦区的自然生态条件与强筋小麦生产 1992 年 11 月，农业部组织了全国首届面包小麦品种品质鉴评会，云南省农业厅组织云南省农业科学院提供了昆明市晋宁县种植的云麦 33（云南省农业科学院选育）参加评比。一般生产条件下，该品种被评为18 个优质面包小麦品种之一，尽管其面团形成时间和稳定时间不如对照品种香港金像粉、美国小麦和加拿大小麦，但面包烘烤品质与对照基本一致或略优（表 6 - 56）；2005 年冬播将四川省农业科学院选育的强筋小麦川麦 39 分别种植于昆明（海拔 1 916m）和保山（海拔 1 650m），结果该品种在两个试点的湿面筋含量和面筋指数分别为 37.9%、36.3%和 77.7%、77.8%。表明滇中麦区具备生产强筋、中筋小麦的自然生态条件。

表 6 - 56　云麦 33 在 1992 年中国首届面包小麦品种品质鉴评会的鉴评结果

样品名称	粗蛋白含量（%，干基）	沉降值（mL）	湿面筋含量（%）	面团形成时间（min）	稳定时间（min）	评价值	面包体积（cm³）	面包评分	备注
云麦 33	14.6	45.3	59.2	5.0	6.7	60.5	682.5	81.0	
香港金像粉	16.9	46.9	34.4	18.3	12.8	93.8	535.0	58.3	CK1
美国小麦	14.6	57.8	34.4	10.9	20.4	82.0	660.0	77.8	CK2
加拿大小麦	12.1	37.8	31.3	5.0	10.1	60.5	675.0	77.3	CK3

注：制粉：中国农业科学院作物所；检测：商业部谷物油脂化学研究所、河北农业大学种质中心；面包烤制：北京钓鱼台国宾馆，北京中美示范面粉厂。

（2）滇南早熟麦区强筋小麦品种种植的品质结果 20 世纪末期，为了发展优质小麦，云南省红河哈尼族彝族自治州人民政府与黑龙江省垦丰九三种业集团合作，引进强筋小麦品种"野猫"、"格莱尼"，在红河哈尼族彝族自治州通过 3 年试种和连续 2 年的品质分析（表 6 - 57），结果均达强筋小麦品质指标。2002 年种植约 1 500hm²，最终尽管收购价比当时的一般小麦高 1 倍以上，但由于产量太低而未能继续发展。这一实践表明，自然生态条件与红河哈尼族彝族自治州类似的地区，也具有生产强筋、中筋小麦的潜力。

表 6 - 57　强筋小麦品种格莱尼在云南红河哈尼族彝族自治州种植的品质表现

（云南红河哈尼族彝族自治州，2000—2001）

样品名称	容重（g/L）	千粒重（g）	湿面筋含量（%）	吸水率（%）	稳定时间（min）	延伸性（cm）	最大抗延阻力（EU）
格莱尼	780	48.0	32.3	63.6	32.0	19.8	760

　　类似的结果在昆明夏播试验中也得到证实。2006年天津市农业科学院委托云南省农业科学院在昆明对其选育的21个强春性强筋小麦品系及对照品种进行夏繁加代，并对收获的小麦作初步的品质分析。这些品系于2006年6月中旬播种，2006年8月下旬收获，全生育期70d左右，2007年1月用Perten 2200型面筋仪进行面筋品质分析，结果在21个品种（系）中，14个的面筋指数均在80％以上，其中10个达90％以上（表6-58）。说明北方的春性强筋小麦品种在昆明夏播自然条件下，其面筋品质优良的特性仍可得到较好的表达。此外，天津的春性强筋小麦品种在云南海拔1 100m的元谋县种植，同样可表现出强筋小麦的品质特性（王继忠）。由此推测，在云南南部小麦生育期较短的地区，也具有生产强筋、中筋小麦的潜力。

表6-58　天津市农业科学院强筋小麦品系在昆明夏播的面筋品质分析结果

（云南省农业科学院，2006）

材料名称	留存面筋（g）	总面筋（g）	干面筋（g）	面筋指数（％）
S06K-1	3.25	3.69	1.20	88.08
S06K-2	3.37	3.66	1.19	92.08
S06K-3	3.32	3.85	1.23	86.23
S06K-4	3.41	3.51	1.14	97.15
S06K-5	3.28	3.39	1.15	96.76
S06K-6	3.24	3.41	1.16	95.01
S06K-7	2.61	2.81	0.93	92.88
S06K-8	1.26	3.97	1.27	31.74
S06K-9	2.30	4.17	1.34	55.16
S06K-10	1.54	3.94	1.25	39.09
S06K-11	1.76	4.54	1.44	38.77
S06K-12	3.66	3.71	1.20	98.65
S06K-13	2.65	4.11	1.26	64.48
S06K-14	1.64	4.39	1.39	37.36
S06K-15	2.91	3.79	1.21	76.78
S06K-16	3.57	3.57	1.20	100.00
S06K-17	3.51	3.57	1.17	98.32
S06K-18	3.43	3.49	1.14	98.28
S06K-19	3.47	3.64	1.19	95.33
S06K-20	3.41	3.83	1.26	89.03
S06K-21	3.21	3.95	1.23	81.27

　　注：表中数据均为10g全麦粉的实际测定结果。

　　此外，云南省农业科学院于亚雄等（2001）将6个小麦品种和1个硬粒小麦品种分别种植在滇中的昆明（海拔1 916m）及滇南的文山（海拔1 217m）和芒市（海拔914m），品质分析结果表明，无论是湿面筋含量还是沉降值、面团形成时间、稳定时间等，除个别品种、个别指标外，3个试点之间并非随海拔高度的改变而呈规律性变化，总体上差异均不显著（表6-59）。同时硬粒小麦品种中引780在3个试点的所有品质指标均未超过普通小麦。说明滇中和滇南麦区在小麦品质上差异不显著。

表6-59　云南主要小麦品种在不同生态区的品质表现

（于亚雄等，2001）

品种	地点	出粉率（%）	蛋白质含量（%）	湿面筋含量（%）	沉降值（mL）	形成时间（min）	稳定时间（min）	弱化度（FU）	评价值
靖麦5号	文山	68.5	14.0	34.9	38.2	2.7	5.0	106	46.5
	芒市	69.5	12.7	29.2	32.1	2.2	5.2	142.5	44.5
	昆明	71.5	13.6	30.7	38.2	2.7	5.3	132.0	45.0
云麦42	文山	65.5	13.8	27.8	35.9	5.2	7.4	84.0	54.0
	芒市	72.0	13.2	28.8	31.6	5.0	8.3	93.0	52.5
	昆明	70.5	13.6	28.6	35.5	9.0	11.3	65.5	60.5
云麦41	文山	68.0	14.0	28.8	16.8	1.3	2.9	195	32.5
	芒市	72.0	14.6	35.6	22.1	1.7	3.8	175	38.2
	昆明	71.5	13.1	33.5	21.3	1.7	3.3	168.0	34.5
凤麦24	文山	63.0	13.4	30.5	25.5	3.3	4.4	122.0	42.0
	芒市	71.0	14.0	32.7	27.8	4.8	6.8	102.5	46.0
	昆明	71.0	13.8	32.2	30.1	3.6	5.3	100.0	43.0
S001	文山	63.5	12.7	28.5	35.2	5.2	7.5	99.0	53.0
	芒市	70.5	13.1	30.5	32.2	4.3	6.5	134.5	44.5
	昆明	71.0	12.6	27.9	32.0	4.0	6.0	144.0	38.5
绵阳20	文山	63.0	13.7	30.7	38.9	4.0	5.8	86.0	53.0
	芒市	71.5	13.0	26.8	28.6	4.6	5.8	92.0	47.5
	昆明	72.0	13.2	24.1	35.7	7.3	8.3	70.0	54.5
中引780	文山	64.5	13.5	28.3	33.4	4.0	6.8	73.0	47.0
	芒市	66.5	13.9	28.6	26.7	5.6	7.5	100.0	46.5
	昆明	65.5	12.9	26.1	20.7	3.6	5.3	109.0	40.0

（3）滇北晚熟麦区的小麦品质　包括滇东北和滇西北两大区域。其共同特点是小麦生长期间气温相对较低，小麦生育期比其他地区更长；水稻面积较少，以旱粮为主，面制品的消费比例相对大于省内其他地区。不同点在于滇西北地区的海拔（如丽江市，海拔2 400m）明显比滇东北高（如昭通市，海拔1 950m），春季气温回升晚，昼夜温差大，小麦生育期长，日照时数长、光照强。

这2个区域的小麦品质研究资料极少。根据云南省农业科学院2005年7个杂交小麦新组合区域试验中对各地样品的面筋品质分析结果（表6-60），总体上，滇西北丽江点各组合的湿面筋含量和面筋指数都明显低于中、低海拔地区，尤其面筋指数的差异更明显。

2006 年中筋小麦组合 K78S/26‑26 在 7 个试点的面筋品质表现也得到相同的结果（表 6‑61）。其原因可能与丽江昼夜温差、小麦千粒重普遍较高有关，所有组合的千粒重均在 50～59g，比其他试点高 5g 左右；较高的千粒重意味着籽粒淀粉含量相对较高，而蛋白质和面筋含量则相对较低。

　　根据上述结果，滇西北地区具有种植中筋小麦的生态条件。至于滇东北地区，小麦种植区的平均海拔与昆明接近，年平均气温比昆明低 2～3℃，因此推测其大多数麦区均可发展种植中筋小麦，少数河谷地区也可种植强筋小麦。

表 6‑60　高海拔与中低海拔麦区杂交小麦组合的面筋品质比较

（云南省农业科学院，2005）

地点/海拔	V1		V2		V3		V4		V5		V6		V7	
	CG (%)	GI (%)	CG (%)	GI (%)	CG (%)	GI (%)	CG (%)	GI (%)	CG (%)	GI (%)	CG (%)	GI (%)	CG (%)	GI (%)
丽江/2 400m	24.7	6.9	23.2	5.17	27.3	34.1	25.3	7.1	20.2	6.4	28.4	12.4	31.3	30.7
师宗/1 840m	39.2	26.1	28.4	17.7	30.0	32.7	42.2	23.5	37.6	14.4	35.5	40.6	32.8	65.2
弥渡/1 600m	31.1	40.5	25.3	48.6	30.9	18.1	35.1	20.1	24.6	67.1	38.6	23.3	30.5	60.5

注：表中 CG 为湿面筋含量，GI 为面筋指数；所有数据均系 Perten2200 型面筋仪分析所得，样品为全麦粉。

表 6‑61　中筋小麦组合 K78S/26‑26 在不同生态区的面筋品质表现

（云南省农业科学院，2006）

地点/海拔	丽江/2 400m		昆明/1 916m		师宗/1 840m		保山/1 650m		弥渡/1 600m		弥勒/1 430m		文山/1 260m	
项目	CG (%)	GI (%)	CG (%)	GI (%)	CG (%)	GI (%)	CG (%)	GI (%)	CG (%)	GI (%)	CG (%)	GI (%)	CG (%)	GI (%)
指标	29.3	28.9	31.4	60.3	28.8	62.2	28.3	79.2	32.8	60.3	28.7	84.6	26.8	49.6

注：表中 CG 为湿面筋含量，GI 为面筋指数；所有数据均系 Perten2200 型面筋仪分析所得，样品为全麦粉。

2. 小麦品质育种及品种的品质概况

　　（1）品质育种概况　　近年来，云南省开展了小麦籽粒硬度和小麦高、低分子量谷蛋白亚基构成与品质的关系等相关研究；从 2005 年开始，云南省种子管理站对参加区域试验的小麦新品系进行统一取样，送农业部谷物及制品质量监督检验测试中心（哈尔滨）进行品质分析，作为新品种审定时的考核指标之一。这些工作，推动了云南省的小麦品质育种工作。

　　然而，南方小麦退出国家保护价后，小麦进入自由市场流通，云南虽有 5 条大型面粉加工生产线，日加工能力近 1 000t，但由于云南生态类型复杂，农户的经济条件、耕作水平千差万别，不易组织规范化、规模化、区域化的优质专用小麦原料生产，即使有优质品种，最后也难以保证原料品质的一致性；加上面对千家万户，原料收购的组织工作也比较复杂，不如直接从省外或国外调进原料简便，因此省内大型面粉厂很少采用本省原料，只有一些中小型面粉厂就近收购，难以形成"优质优价"的外部环境，而面制品又非云南主食，结果大多数小麦最终都是作为饲料就地转化。因此，农民对小麦加工品质的重视程度不如产量，对小麦品种的选择首先关注的是产量，这在一定程度上影响了小麦育种方向。

　　（2）小麦品种的品质概况　　总体上，云南现有品种以中筋型为主，强筋型品种极少，介于弱筋与中筋之间的品种也较多。2001—2006 年，云南省农业科学院粮食作物研究所利用 Perten2200 型面筋测定仪对 2 346 份新育成品种或品系的湿面筋含量和面筋指数进行了分析。结果表明，这些品种或品系在昆明（海拔 1 916m）作为田麦种植时，有 763 份材料的全麦粉湿面筋含量在 30% 以上，占总分析样本数的 32.5%，因此小麦品种（系）的湿面筋含量的总体水平并不低（表 6-62）。但面筋强度却普遍较低，若以 60%≤GI<80% 为中筋小麦，GI≥80% 为强筋小麦，则中筋以上品种（系）只占 10.2%，其中强筋型只占 5.0%（表 6-63）。因此，在云南的小麦品质育种中，需要在保持品种（系）面筋含量的基础上，加强对面筋强度的改良，可从国内外引进强筋型资源来改良云南小麦的面筋品质。

表 6-62　云南省自育或引进小麦品种、品系全麦粉的湿面筋含量情况

（云南省农业科学院，2002—2006）

湿面筋含量范围（%）	≤10.0	10.1~20.0	20.1~30.0	30.1~40.0	≥40.1
所占份数（份）	60	292	1 231	663	100
对应比例（%）	2.5	12.5	52.5	28.3	4.2

表 6-63　云南省自育或引进小麦品种、品系全麦粉的面筋指数情况

（云南省农业科学院，2002—2006）

面筋指数范围（%）	<60.0	60.0~79.9	80.0~89.9	≥90.0
所占份数（份）	2 107	121	57	61
对应比例（%）	89.8	5.2	2.4	2.6

3. 高产优质栽培技术研究概况　云南的小麦以无灌溉条件的地麦为主，在整个小麦生长期间干旱少雨的条件下，高产、优质栽培技术措施因缺水而难以推广。

（1）田、地麦栽培方式对品质的影响　云南的小麦分为田麦和地麦两种生态类型，两者之间在土壤、水分、品种类型和栽培技术措施上都有较明显的差异。云南省农业科学院于亚雄等（2001）以云南生产上应用的部分主要小麦品种为材料，研究了 7 个品种在田、地麦两种种植方式下主要加工品质指标的差异。其中作为田麦种植时，尿素的施用方案为：种肥 75kg/hm² ＋分蘖肥 150kg/hm² ＋拔节肥 150kg/hm²，灌水与施肥结合进行；作为地麦种植时，仅用 150kg/hm² 尿素作种肥，以后不再灌水、施肥。结果表明（表 6-64），7 个品种的各项品质指标平均值，均为田麦栽培方式优于地麦，不同指标差异程度不一，其中以面团形成时间和稳定时间的差异最明显，田麦分别比地麦高 13.0% 和 8.3%。显然作田麦种植时，补充灌水和追肥是这种差异产生的主要原因。

（2）基本苗对品质的影响　为了研究杂交小麦的最佳播种量，降低单位面积用种成本，云南省农业科学院于 2002 年、2003 年在昆明对云杂 3 号进行了密度试验，研究不同基本苗对产量和品质的影响。基本苗设置 30 万/hm²、60 万/hm²、90 万/hm²、120 万/hm² 共 4 个处理，随机区组设计，小区面积 13.33m²（4.61m×2.89m），3 次重复；2 年各处理的肥水管理措施完全一致。收获结束 3 个月后用 Perten2200 型面筋测定仪和 BAU-2 型沉淀值分析仪对籽粒进行品质分析，资料汇总分析时取 2 年的平均值。试验结果表明

（表 6-65），在 30 万～120 万/hm^2 的基本苗（相当于 22.5～90kg/hm^2 播种量）范围内，云杂 3 号的不同基本苗间在面筋含量、面筋指数和沉降值以及产量上的差异均未达显著水平。这为杂交小麦优质高产栽培中根据不同的生态条件和栽培水平选择相应的播种量提供了依据。

表 6-64　田、地麦栽培方式下小麦品种的品质表现
（于亚雄等，2001）

品质性状	栽培方式	靖麦 5 号	云麦 42	云麦 41	凤麦 24	S001	绵阳 20	硬麦 780	平均
出粉率（%）	地麦	70.0	70.3	70.7	67.3	68.0	67.7	65.0	68.43
	田麦	69.7	68.3	70.3	69.3	68.7	70.0	66.0	68.90
蛋白质含量（%）	地麦	13.6	13.4	13.7	13.7	12.6	13.5	13.2	13.39
	田麦	13.2	13.6	14.0	13.7	12.9	13.0	13.6	13.43
湿面筋（%）	地麦	31.5	28.0	31.0	31.5	28.7	27.2	27.3	29.31
	田麦	31.7	28.8	34.3	32.1	29.2	27.2	28.0	30.19
沉降值（mL）	地麦	33.7	32.2	18.6	28.7	32.2	34.1	25.5	29.29
	田麦	38.6	36.4	21.5	26.8	34.0	34.6	28.3	31.46
形成时间（min）	地麦	3.2	4.5	1.9	2.4	3.0	3.5	2.5	3.00
	田麦	3.4	4.7	2.7	2.8	3.7	3.9	2.5	3.39
稳定时间（min）	地麦	2.5	6.4	1.6	3.4	4.4	5.0	4.5	3.97
	田麦	2.6	6.3	1.5	4.3	4.8	5.5	5.1	4.30
弱化度（FU）	地麦	130.3	86.0	183.3	108	128.3	86.7	93.7	116.61
	田麦	123.3	75.7	175.3	108.3	123.3	78.7	94.3	111.27
评价值	地麦	44.7	55.0	32.3	42.7	42.3	50.7	44.7	44.63
	田麦	46.0	56.3	38.0	44.7	48.3	52.7	44.3	47.19

表 6-65　基本苗对云杂 3 号的面筋品质及产量的影响
（云南省农业科学院，2002—2003）

基本苗（10 万/hm^2）	湿面筋含量（%）	面筋指数（%）	沉降值（mL）	产量（kg/hm^2）
30（29.70）	34.39a	66.59a	41.83a	7 938.75a
60（59.40）	35.24a	69.15a	41.27a	8 354.25a
90（86.40）	34.64a	70.11a	41.70a	8 478.15a
120（113.40）	34.88a	67.61a	39.83a	7 777.50a

注：括号内为实际基本苗；表中小写字母表示 0.05 显著水平。

环境、品种和栽培技术是影响小麦品质的主要因素。根据对云南主要麦区小麦品质的初步研究，云南发展强筋、中筋小麦的自然生态条件是存在的。优质高产栽培技术，首先应考虑到云南小麦生产的实际情况，无灌溉或浇水条件的地麦占大多数，田麦必须考虑茬口问题等，借鉴国内外相关研究成果，关键是协调产量与品质，优质低产或不稳产的技术或品种都不可能推广。相比之下，高产、抗病、优质专用品种的选育是近期内更紧迫的问

题。由于面条、包子、馒头、饺子等是云南大众面食消费的主体，在优质小麦发展的总体布局上，应以发展中筋小麦为主，适当发展强筋和弱筋小麦，以满足云南旅游业发展的需要。在市场经济条件下，要解决优质小麦的优质优价，实现原料生产与加工的有机结合，首先必须实现优质专用小麦原料的区域化、规范化生产，这需要科研单位、政府主管部门和农户来共同实施，只有这样才能获得面粉加工企业的认可、配合和支持。而且由于交通运输条件的局限，这种可能性是客观存在的，对于云南的面粉加工企业来说，就地收购原料的成本比从国外、省外调进原料低得多。因此，如果有关各方配合、组织得当，就可能为云南优质小麦的发展和优质小麦产业打开一个新局面。

三、小麦品质区划

目前对云南小麦品质生态区划，无全面系统的研究。于亚雄等（2001）曾对云南省专用小麦品质区划做了初步研究：将滇北、滇中划为强筋、中筋麦区，包括丽江、迪庆、怒江、大理、保山、昆明、曲靖、玉溪、昭通的大部分地区及红河哈尼族彝族自治州部分地区；将滇南划为弱筋麦区，包括文山、德宏、红河、临沧、思茅的大部分地区和滇中部分低热河谷区如元谋等。根据近几年积累的品质研究资料，将云南的小麦品质区划初步确定如下。

（一）滇中、滇南、滇东北强筋、中筋小麦区

包括中部及中北部的昆明、玉溪、曲靖、楚雄、大理、保山的全部和丽江的永胜县，南部的临沧、德宏、思茅、红河、文山等地（市、自治州）的所有小麦适宜种植区，以及滇东北昭通市海拔 2 000m 以下的适宜麦区；相当于小麦种植区划图上的滇中中熟麦区、滇南早熟麦区和滇东北大部分麦区。这些区域的所有田麦和土层相对较深厚的地麦或烟地麦区，均可种植强筋、中筋小麦。

（二）滇西北中筋小麦区

包括迪庆藏族自治州、怒江傈僳族自治州、丽江市的全部县，即小麦种植区划图上的滇西北麦区。这些区域的海拔一般为 2 400～3 000m，但土壤有机质含量较高，适于种植中筋小麦。

至于弱筋小麦，只要品种适合，栽培措施得当，云南绝大多数麦区都可种植。

昆明、玉溪、曲靖、楚雄、大理、保山、红河等七地（市、自治州）的田麦区和水浇地及烟地麦区可作为云南优质专用小麦发展的优势区域，这些地区经济相对较发达，交通方便，小麦栽培水平较高，且云南省内的大型面粉加工企业均位于这些区域。

四、主要品种与高产优质栽培技术

（一）主要品种

1. 云麦 42 云南省农业科学院粮食作物研究所选育的地麦品种，1999 年通过云南省农作物品种审定委员会审定。品种幼苗半直立，株型紧凑，分蘖力强；株高 83～89cm；

穗粒数 30～40 粒，千粒重 45g 左右，棒形穗，白亮、顶芒、红粒、角质；生育期 174～188d，属中熟品种；抗寒、耐旱性好；单产一般 3 000～5 400kg/hm²；籽粒蛋白质含量 13.2%～14.8%，湿面筋含量 28%～35%，面团稳定时间 6.3～11.3min。适于海拔 1 300～2 200m 的地麦区种植。该品种是云南省主推的中强筋品种之一。

2. 云杂 6 号　云南省农业科学院粮食作物研究所选育的杂交小麦品种，2006 年通过云南省农作物品种审定委员会审定。弱春性。分蘖力较强，株高 85～100cm；穗长 8～12cm，穗粒数一般 40～50 粒，千粒重一般 35～50g，顶芒、白壳、白粒、角质；生育期 140～196d。灌浆中后期穗、叶仍维持绿色，看似晚熟，但到成熟前 5～7d 迅速转色、落黄，落黄时茎秆、穗、叶金黄色。一般田麦单产 6 000～8 250kg/hm²，地麦（烟地）一般 3 750～4 500kg/hm²。籽粒蛋白质含量为 12%～14%，湿面筋含量 28%～32%，面筋指数 65%～75%。

还有其他中筋小麦品种，如云麦 50、云麦 52、凤麦 35、凤麦 36、靖麦 12 等。

3. 云麦 51　云南省农业科学研究院粮食作物研究所选育，2007 年通过云南省农作物品种审定委员会审定。为春性。幼苗直立，在云南省小麦区域试验中，株高 77cm，株型紧凑，分蘖力强；长方形穗，白壳、红粒、短芒，籽粒半角质，穗粒数 35 粒，千粒重 47.8g；生育期 164d，属旱地早熟品种；高抗白粉病、叶锈病和秆锈病，中抗条锈病；容重 810g/L，粗蛋白含量 11.2%，湿面筋含量 18.9%，沉降值 9.8mL，粉质仪分析：吸水率 56.2%，面团形成时间 1.8min、稳定时间 0.8min、弱化度 184FU、最大抗延阻力 68EU、延伸性 14.4cm、面积 12.8cm²，达到了国家优质弱筋小麦标准。适于云南海拔 700～1 900m 的田、地麦区种植。

其他优质弱筋小麦品种还有云麦 47、靖麦 11、凤麦 33 等。

（二）高产优质栽培技术

对于地麦品种，由于无灌溉条件，因此其优质高产栽培技术措施的可操控性受到限制，只能从用种量和底肥、种肥着手，其高产优质栽培技术的关键是施足底肥和种肥，氮、磷、钾三要素配合，最好增加长效复合肥，在分蘖、拔节期若遇雨，应及时追施氮肥。

对于田麦品种，在施足底肥和种肥的基础上，尤其注意在拔节期追施氮肥，灌浆期控制灌水。孕穗期施氮肥有利于提高品质，该措施可在滇南田麦区或水浇地麦区应用。其他麦区为避免成熟期推迟，影响后作，不推荐施穗肥。

高产优质弱筋小麦栽培技术的关键是中后期控制氮肥的施用量。

参 考 文 献

敖立万. 2002. 湖北小麦［M］. 武汉：湖北科学技术出版社.

曹承富，汪建来. 2003. 氮素营养水平对皖麦 44 产量和品质的调节效应［J］. 安徽农业科学，31（6）：957-959.

曹承富，汪建来. 2004. 氮素营养水平对不同类型小麦品种品质性状的影响［J］. 麦类作物学报，24（1）：47-50.

曹卫星,郭文善,王龙俊,等.2005.小麦品质生理生态及调优技术[M].北京:中国农业出版社.

陈杰,唐远驹.2006.贵州省主植烟区土壤肥力分析[J].中国农学通报(12):356-359.

崔读昌,曹广才,张文,等.1999.中国小麦气候生态区划[M].贵阳:贵州科学技术出版社.

范荣喜,胡承霖.1993.小麦高产优质同步优化栽培模式[J].安徽农业科学(1):28-33.

甘书龙,傅绶宁,唐洪潜,等.1986.四川省农业资源与区划[M].成都:四川省社会科学院出版社.

葛自强,戴廷波,朱新开.2006.无公害小麦标准化生产[M].北京:中国农业出版社.

贵州省统计局.1989.贵州奋进的四十年[M].北京:中国统计出版社.

贵州省统计局.1990.贵州统计年鉴[M].北京:中国统计出版社.

贵州省人民政府办公厅.2008.贵州年鉴[M].贵阳:贵州年鉴出版社.

郭绍铮,彭永欣,钱维朴,等.1994.江苏麦作科学[M].南京:江苏科学技术出版社.

郭文善,朱新开,封超年,等.2005.弱筋小麦品质形成规律及优质栽培技术研究[C]//作物栽培生理研究文集.北京:中国农业出版社.

郭文善.2006.优质弱筋专用小麦保优节本栽培技术[M].北京:中国农业出版社.

何传龙,刘枫,王道中,等.2007.砂姜黑土强筋小麦施肥技术研究[J].植物营养与肥料学报,13(5):935-940.

何庆才,龙增栋.2005.贵州小麦科研现状与今后的重点分析[J].贵州农业科学,33(增刊):20-23.

何中虎,林作楫,王龙俊,等.2002.中国小麦品质区划的研究[J].中国农业科学,35(4):359-364.

胡承霖,范荣喜.1992.小麦籽粒蛋白质含量动态变化特性及其与产量的关系[J].南京农业大学学报,15(1):115-119.

胡承霖.1998.安徽小麦[M].北京:中国农业出版社.

胡承霖,马传喜,童存泉,等.2001.我省优质专用小麦生产表现及其栽培技术关键[J].安徽农学通报,7(4):11-14.

胡宏,盛婧,郭文善,等.2004.氮素对弱筋小麦宁麦9号淀粉形成的调控效应[J].麦类作物学报,24(2):92-96.

金善宝.1991.中国小麦生态[M].北京:科学出版社.

金善宝.1992.小麦生态理论与应用[M].杭州:浙江科学技术出版社.

金善宝.1996.中国小麦学[M].北京:中国农业出版社.

姜宗庆,封超年,黄联联,等.2006.施磷对不同类型专用小麦籽粒产量和品质的调控效应[J].麦类作物学报,26(5):113-116.

姜宗庆,封超年,黄联联,等.2006.施磷量对弱筋小麦扬麦9号籽粒淀粉合成和积累特性的调控效应[J].麦类作物学报,26(6):81-85.

姜宗庆,封超年,黄联联,等.2006.施磷量对不同类型专用小麦籽粒蛋白质及其组分含量的影响[J].扬州大学学报:农业与生命科学版,27(2):26-30.

江苏省农林厅.1992.江苏农业发展史略[M].南京:江苏科学技术出版社.

孔令聪,曹承富,汪建来,等.2005.土壤基础肥力和氮肥运筹对强筋小麦产量和品质的影响[J].中国农学通报,21(7):248-251.

李跃建,朱华忠.1999.逐渐稳步调减四川小麦面积,积极发展四川优质小麦生产[J].四川农业科技(4):4-5.

廖正武,肖厚军,苏跃.2006.贵州耕地资源的特点、问题及可持续利用[J].耕作与栽培(1):4-6.

林明,马光辉,朱新开,等.2000.氮肥运筹对优质小麦95-8的调控效应[J].江苏农业研究,21(1):16-19.

刘敏.2004.2003 年四川农产品成本与收益知多少［J］.四川省情（4）：40.

刘永红，汤永禄，梁远发，等.2007.四川盆地2.5熟产粮22.5t/hm² 种植技术研究［J］.耕作与栽培（4）：12-16.

刘琨，顾坚，李绍祥，等.2006.两系杂交小麦高产高效栽培技术模式研究Ⅰ.种植密度对产量的影响力［J］.西南农业学报，19（S）：166-169.

刘萍，郭文善，徐月明，等.2006.种植密度对中、弱筋小麦籽粒产量和品质的影响［J］.麦类作物学报，26（5）：117-121.

刘晓真.2006.我国食品工业亟须科技创新（2）食品工业科技创新的着力点——传统主食［N］.科技日报，12-12（9）.

马传喜.2001.安徽省小麦品质区划的初步研究［J］.安徽农学通报，7（5）：25-27.

潘庆民，于振文.2002.追氮时期对冬小麦籽粒品质和产量的影响［J］.麦类作物学报，22（2）：65-69.

彭永欣，姜雪忠，郭文善，等.1992.小麦栽培与生理［M］.南京：东南大学出版社.

乔玉强，马传喜，司红起，等.2008.基因型和环境及其互作效应对小麦品质的影响及品质稳定性分析［J］.激光生物学报，17（6）：768-774.

乔玉强，马传喜，黄正来，等.2008.小麦品质性状的基因型和环境及其互作效应分析［J］.核农学报，22（5）：706-711.

任正隆.2000.适应四川农业产业化的小麦生产：现状、问题和应对策略［J］.四川农业大学学报，18（1）：89-93.

任正隆.2002.中国南方小麦优质高效生产的若干问题［J］.四川农业大学学报，20（3）：299-303.

盛婧，胡宏，郭文善，等.2004.施氮模式对皖麦38淀粉形成与产量的效应［J］.作物学报，30（5）：507-511.

汤永禄，陈启元.2000.川西平原稻田高效可持续三熟复种模式研究［J］.四川农业大学学报，18（2）：123-127.

汤永禄，黄钢，袁礼勋，等.2002.稻茬麦免耕抑播稻草覆盖栽培技术研究Ⅰ.小麦和后作水稻的增产增收效应分析［J］.西南农业学报，15（1）：32-37.

汤永禄，黄钢，郑家国.2003.密肥水平对川西平原春（播）小麦产量与品质的影响［J］.耕作与栽培（4）：8-11.

汤永禄，黄钢，郑家国，等.2007.川西平原种植制度研究回顾与展望［J］.西南农业学报，20（2）：203-208.

王龙俊，郭文善、封超年.2000.小麦高产优质栽培新技术［M］.上海：上海科学技术出版社.

王龙俊，陈荣振，朱新开，等.2002.江苏省小麦品质区划研究初报［J］.江苏农业科学（2）：15-18.

王月福，于振文，李尚霞，等.2002.施氮量对小麦籽粒蛋白质组分含量及加工品质的影响［J］.中国农业科学，35（9）：1071-1078.

吴九林，刘蓉蓉，刘文广.2007.多效唑对弱筋小麦宁麦9号产量和品质的影响［J］.安徽农业科学，35（2）：468-470.

熊绍军.2007.四川发展优质专用小麦生产的品种基地［J］.四川农业科技（10）：26-27.

熊绍军.2008.四川平丘区优质专用小麦生产的保优技术［J］.四川农业科技（12）：25.

徐恒永，赵振东，刘爱峰，等.2001.群体调控对济南17小麦品质的影响［J］.山东农业科学（4）：17-19.

杨恩年，邹裕春.2004.四川生态区小麦面团流变学特性变异研究［J］.西南农业学报，17（3）：310-313.

杨仕雷，邢国风，黄可兵．2006．四川弱筋小麦品种栽培技术［J］．四川农业科技（4）：34．

杨文钰，张含彬，牟锦毅，等．2006．南方丘陵地区旱地三熟麦/玉/豆高效栽培技术［J］．作物杂志（5）：43-44．

杨文钰，雍太文．2009．旱地新三熟麦/玉/豆模式的内涵与栽培技术［J］．四川农业科技（6）：30-31．

杨勇，郭文善，朱新开，等．2002．晚播冬小麦高产吸肥特性的研究［J］．扬州大学学报：农业与生命科学版，23（3）：56-60．

于亚雄，陈坤玲，刘丽，等．2001．云南低纬高原不同生态环境与小麦品质关系的初步研究［J］．麦类作物学报，21（1）：51-54．

于亚雄，杨延华，陈坤玲，等．2001．生态环境和栽培方式对小麦品质性状的影响［J］．西南农业学报，14（2）：14-17．

于亚雄，杨延华，刘丽，等．2001．云南省小麦品质区划初步设想［J］．云南农业科技（6）：3-8．

于振文．2006．小麦产量与品质生理及栽培技术［M］．北京：中国农业出版社．

于振文．2007．现代小麦生产技术［M］．北京：中国农业出版社．

于振文．2008．小麦高产创建示范技术［M］．北京：中国农业出版社．

余遥．1998．四川小麦［M］．成都：四川科学技术出版社．

云南省农牧渔业厅．1992．云南省种植业区划［M］．昆明：云南科学技术出版社．

云南省气象局．1983．云南省农业气候资料集［M］．昆明：云南人民出版社．

章立干，张继臻．1999．淮北土壤有效硫状况及其影响因素［J］．安徽农学通报，5（3）：16-18．

张玉环．1985．贵州农业气候区划［M］．贵阳：贵州人民出版社．

张玉环．1985．贵州种植业区划［M］．贵阳：贵州人民出版社．

赵仁勇．2001．从法国小麦生产看我国小麦种植结构调整［J］．粮食与饲料工业（1）：2-4．

赵致，陈坤玲．1997．贵州省小麦生产发展与增产潜力和目标分析［J］．贵州农业科学，25（增刊）：26-30．

中华人民共和国农业部种植业管理司．中国小麦质量报告（2006—2009）［R］．

朱新开，郭文善，盛婧，等．2002．施氮叶龄期对中筋小麦籽粒产量和品质的调节效应［J］．扬州大学学报：农业与生命科学版，23（2）：55-58．

朱新开，郭文善，周君良，等．2003．氮素对不同类型专用小麦营养和加工品质调控效应［J］．中国农业科学，36（6）：640-645．

朱新开，郭文善，封超年，等．2005．不同类型专用小麦氮素吸收积累差异研究［J］．植物营养与肥料学报，11（2）：148-154．

朱华忠，伍玲，宋荷仙，等．2007．CIMMYT质源的优质强筋小麦川麦39主要农艺、经济性状评价［J］．西南农业学报，20（2）：252-255．

Zhu Xinkai，Guo Wenshan，Zhou Zhengquan，et al．2005．Effects of Nitrogen on N Uptake，Grain Yield and Quality of Medium-gluten Wheat Yangmai 10［J］．Agricultural Sciences in China，4（6）：421-428．

第七章 中筋、强筋春冬麦区品质区划
与高产优质栽培技术

第一节 东北春麦区小麦品质区划与高产优质栽培技术

一、小麦生产生态环境概况

（一）地理概况

东北春麦区位于我国的东北端，行政区划包括黑龙江、吉林两省全部、辽宁省除旅顺大连地区外的大部，以及内蒙古自治区的东北部，即赤峰市、通辽市、兴安盟、呼伦贝尔市及黑龙江的加格达奇特区。本麦区南至辽河下游和鸭绿江北岸（北纬 40°），北及黑龙江上游的呼玛县北端（北纬 53°29′），与俄罗斯隔江相望，东迄乌苏里江和黑龙江的汇合点（东经 135°），西达内蒙古自治区的林西和满洲里附近（东经 118°）广阔疆域都有小麦种植。目前，东北春麦区小麦种植面积主要分布在黑龙江省和内蒙古大兴安岭地区。

黑龙江省位于东经 121°11′～135°05′、北纬 43°26′～53°33′ 之间，是中国位置最北、纬度最高的省份。北部和东部隔黑龙江、乌苏里江与俄罗斯相望，西部与内蒙古自治区毗邻，南部与吉林省接壤。西北部为东北至西南走向的大兴安岭山地，北部为西北至东南走向的小兴安岭山地，东南部为东北至西南走向的张广才岭、老爷岭、完达山脉；东北部的三江平原、西部的松嫩平原，是中国最大的东北平原的一部分。平原占全省总面积的 37.0%，一般海拔在 50～400m 之间。

内蒙古大兴安岭地区北部与南部被大兴安岭南北直贯境内，东部为大兴安岭东麓，东北平原—嫩江平原边缘。地形总体特点为：西高东低，由西向东地势缓慢过渡。小麦主要种植在北纬 49°～53°、东经 120°～124° 的海拉尔和牙克石市等地。该麦产区地势较高，一般海拔在 600～800m 之间。

（二）气候特点

受西伯利亚和蒙古高原气候影响，黑龙江属中温带到寒温带的大陆性季风气候。其特点是：四季分明，冬季严寒而漫长，结冻期长达 5 个月以上，夏季短促，无霜期 90～165d，大体上由北向南递增，个别地区只有 70d 左右，年平均气温为 −3～7℃。7 月份最高，平均气温为 18～24℃，日气温最高时可在 35℃ 以上。1 月份最低，平均气温为 −35～−28℃，日气温最低时可达 −40℃ 以下，一年四季昼夜温差较大。夏季日照时间长，小麦生育期间每天光照时数都在 15h 以上。年降水量在 450～600mm 之间，小麦生育期间为 200～300mm。一般从播种到分蘖期的降水量占全生育期的 15% 左右，分蘖期到抽穗期为 30％左右，而抽穗到成熟则约占 55％。这种春旱夏涝的生态条件对小麦生长发育及产量的影响很大。

内蒙古大兴安岭地区气候分布特点以大兴安岭为分界线，气候类型明显不同。岭东地带为半湿润性气候，年降水量为 500～800mm；岭西地带为半干旱性气候，年降水量为300～500mm。该区年气候总特征为：冬季寒冷干燥，夏季炎热多雨，年际和昼夜之间温差较大。小麦生育期间每天光照时数都在 15h 以上。

（三）土壤条件

黑龙江省耕地面积约 1 200 万 hm²，约占全国耕地总面积 10％左右。土壤肥沃，有机质含量高，宜农土壤占全省土地总面积的 40％，黑土、黑钙土、草甸土面积占全省耕地总面积的 67.6％，是世界上有名的三大黑土带之一。盛产大豆、小麦、玉米、马铃薯、水稻等粮食作物以及甜菜、亚麻、烤烟等经济作物。

内蒙古大兴安岭地区耕地面积 400 万 hm² 左右。土壤类型主要为黑土、暗棕壤和草甸土。据内蒙古呼伦贝尔市大兴安岭地区扎兰屯市、阿荣旗和莫力达瓦旗 3 个旗市土壤普查结果：土壤有机质含量为 4.2～4.7g/kg，全氮 2.1～2.4g/kg，速效磷含量为 21.2～23.2mg/kg，速效钾含量为 149.6～192.5mg/kg。土壤肥沃，适宜生产优质强筋小麦。

（四）种植制度

黑龙江省和内蒙古大兴安岭地区种植制度均为一年一熟制。小麦从出苗至成熟约75～100d，小麦生育期间有效积温一般在 1 800～2 200℃，为我国小麦生育期最短的生态区。

根据当地多年小麦生产实践，黑龙江省北部地区小麦合理轮作体系为小麦—小麦—大豆或小麦—大豆—马铃薯（甜菜）；黑龙江省东部地区小麦合理轮作体系为小麦—小麦—大豆或小麦—大豆—玉米；内蒙古大兴安岭麦产区小麦合理轮作体系为小麦—油菜—小麦或小麦—休闲地—小麦。

该种植制度与小麦合理轮作体系可充分利用当地水土光热等自然资源，提高光能利用率。可用地与养地相结合，充分利用土地，提高土地的产出率；同时土壤结构得到改善，土壤肥力可不断提高。但是，近年来由于黑龙江省北纬 47°以北原豆麦产区大豆面积增加，小麦面积下降，大豆重茬危害加重，大豆和小麦等主要农作物合理布局和农田生态系统受到影响。

二、小麦产业发展概况

（一）生产概况

黑龙江省和内蒙古大兴安岭地区曾是我国小麦商品粮重要生产基地，小麦商品率可达70％以上。20 世纪 80 年代中期当地小麦种植面积达 260 万 hm² 以上，其中，仅黑龙江省小麦种植面积就为 230 万 hm² 左右。1996 年以来，由于东北春麦区小麦在全国率先退出保护价，加之当时小麦新克旱 9 号等主栽品种品质较差，不能满足市场需求；加之当地国有面粉加工企业不能拉动地产小麦生产发展及种植大豆比较效益高等原因，导致东北春麦区，尤其是黑龙江省北纬 47°以北原麦豆产区大豆种植面积急剧扩大，小麦种植面积迅速下降。至"十五"初期，黑龙江省和内蒙古大兴安岭地区小麦面积滑至谷底，小麦种植面积仅为 40 万 hm² 左右。

2001 年以来，随着克丰 6 号、龙麦 26、龙麦 29、龙麦 30 和克丰 10 等一批优质强筋小麦品种的先后推广，在国家农业科技跨越计划等项目大力推动下，以优质强筋小麦新品种龙麦 26 等为主导品种，以氮素后移和增施硫、钾肥及全生育期健身防病体系等为主推技术，通过每公顷 3 750kg 以上优质强筋小麦高效生产技术体系集成组装与推广，使当地小麦品质基本满足了市场需求，优质强筋小麦面积逐年增加。据初步统计，该区 2008 年小麦面积已达到 55 万 hm² 左右。随着年产 50 万 t 北大荒—丰缘麦业集团国家级面粉加工龙头企业的建立，结束了当地不能生产优质专用粉的历史。2002 年黑龙江省生产的 4 万 t 龙麦 26 优质强筋小麦原粮以每吨 165 美元，高于国内其他省份同类小麦每吨 30 美元的价格，出口东南亚国际小麦市场。黑龙江省和内蒙古大兴安岭地区每年大约有 30 万 t 优质强筋小麦原粮被河北鹏泰和广东一些面粉加工企业以代替"加麦"或"美麦"作为配麦调入，生产面条粉和饺子粉等。

黑龙江省和内蒙古大兴安岭地带属雨养农业地区。小麦苗期干旱和收获期多雨等不利生态条件，常影响小麦品种产量和品质。现当地小麦主栽品种有龙麦 26、克旱 16、垦九 10 和克丰 10 等。常年该区大面积小麦产量为 3 750～4 500kg/hm² 左右；苗期雨水充足年份大面积小麦产量可达 6 000kg/hm² 以上。

（二）生产优势及存在问题

1. 生产优势　黑龙江省和内蒙古大兴安岭地区各种生态条件与世界盛产优质强筋小麦的主要国家加拿大和美国北部相似，生产优质强筋小麦生态资源优势突出。适宜种植强筋麦面积可达 120 万 hm² 以上。该地区冬季冰雪覆盖时间长，环境污染程度低，具备了我国其他麦产区无法比拟发展绿色"硬红春"专用面包麦生产的生态优势。2002 年农业部已将黑龙江省西北部和内蒙古呼伦贝尔盟地区范围内的大兴安岭沿麓地区，确定为我国优质强筋小麦生产的优势产业带。

小麦科技优势明显，黑龙江省农业科学院现为国家小麦改良中心哈尔滨分中心和克山小麦区域创新中心的依托单位。多年来，黑龙江省农业科学院一直是东北春麦区最重要的小麦育种基地。目前，由该院育成并在黑龙江省和内蒙古大兴安岭地区推广种植的龙麦 26、龙麦 30 和龙麦 33 等优质强筋麦品种品质潜力均为国内和国际先进水平，产量潜力达到 6 000kg/hm² 以上，多抗性较好。

黑龙江省和内蒙古大兴安岭地区与国内其他地区相比，具有明显的优质强筋小麦规模化生产和质量相对均一优势。该地区有九三农管局、北安农管局和解放军各部所属农场 30 余个，有牙克石、海拉尔、嫩江、北安和五大连池等种植小麦市（县）10 余个，可保证同类品质小麦品种连片种植和实施先进的各种优质高效配套技术，生产的商品小麦质量相对均一，市场竞争能力较强。

该地区面粉加工龙头企业规模较大，多赢产业化模式已初步形成。北大荒丰缘麦业集团等大型专用制粉龙头企业，年加工能力已达 100 万 t 以上。其中，北大荒丰缘麦业集团生产面包、面条和饺子等各类专用粉已有多年加工基础，配麦配粉工艺研究积累丰富经验。该集团现已研究开发出六大系列 24 种专用粉，每日向康师傅方便面和统一方便面集团供应方便面粉达 400t 以上，并开拓了俄罗斯、蒙古面包粉及吉林省饺子粉市场，形成了良好市场氛围。同时，科研单位、优质强筋小麦原粮生产基地与面粉加工龙头企业为一体的"多赢小麦产业化模式"已初步形成，推动了当地优质强筋麦生产和产业化进程。

2. 存在的问题

（1）小麦种植面积过小，"豆麦轮作体系"受到限制　目前，黑龙江省和内蒙古大兴安岭地区小麦种植面积 55 万 hm² 左右，该小麦种植面积规模不仅不能满足当地合理轮作和市场需求，而且限制了当地小麦产业化和经济的发展。据统计，在黑龙江省北纬 48°～53°原豆麦产区，现小麦和大豆总种植面积 250 万 hm² 左右。其中，小麦种植面积不足 30 万 hm²。小麦种植面积过小，导致大豆重茬年限较长（个别地块已达 10 年以上），原有麦—麦—豆等合理轮作体系面积已经很小。

（2）黑龙江省和内蒙古大兴安岭小麦生产农田基础设施薄弱　春季小麦苗期"卡脖旱"和收获期多雨问题常影响优质小麦品种产量和品质潜力的发挥。

（3）优质强筋小麦保优、节本高效栽培技术不配套　优质强筋小麦生产实践证明，优质麦品种不等于优质麦原粮。品种虽对其原粮品质贡献率较大，但平衡施肥、氮素后移、增施钾肥和健身防病等小麦保优节本高效配套栽培技术对品质贡献率不可忽视。如 2002 年黑龙江省对向东南亚出口的优质强筋麦原粮品质检测结果表明：龙麦 26 和克丰 6 号等优质强筋小麦品种在大兴安岭沿麓地区不同地点种植时，由于土壤肥力和采用栽培技术不同，蛋白质含量变化范围为 14%～17%；湿面筋含量变化范围为 28%～37%。保优节本高效栽培技术的不配套，限制当地优质强筋小麦新品种生产潜力的发挥。

（4）小麦品质快速检测方法和大面积品质监测有待完善　现有小麦品质检测方法费用高、时间长，很难被当地小麦种植者所接受。为提高东北春麦区优质强筋小麦商品价值，需尽快完善小麦品质快速检测方法和建立大面积品质监测体系。

（三）优质小麦产业发展前景

黑龙江省和内蒙古大兴安岭地区现居住人口 5 000 万左右，按年人需面包粉、饺子粉、面条粉、馒头粉和方便面粉等各种专用粉 60kg 计，所需小麦原粮 30 亿 kg。现当地小麦种植面积不足 60 万 hm²，小麦总产不足 20 亿 kg，不能满足当地市场需求。随着生活水平的不断提高和当地食品加工业的不断发展，当地小麦消费总量还有不断增加的趋势。

根据当地小麦大面积品质监测结果，该地区优质强筋商品小麦主要品质指标（如未遇特殊不利生态条件）常年为：湿面筋含量在 32%～35% 之间，稳定时间为 7～15min，面团延伸性为 16～20cm，面团抗延阻力在 450～700EU 之间，基本可满足当地直接加工或作为配麦加工面包粉、饺子粉、面条粉和方便面粉等需求。小麦需求市场非常广阔。

1. 发展优质强筋小麦是保证大豆安全生产的前提　黑龙江省和内蒙古大兴安岭地区，尤其是黑龙江省北部和东部北纬 48°以北地区为"豆麦产区"，小麦是当地大豆最主要轮作作物。为保证大豆安全生产，恢复原有"豆麦"合理轮作体系，发展优质强筋小麦生产，扩大小麦种植面积已成当务之急。它是实现当地优质强筋小麦和大豆生产双赢的重要前提。

2. 发挥生态资源优势，建立我国"硬红春"小麦生产基地 根据国内市场需求总量分析，随着我国人民生活水平的提高和食品加工业的不断发展，优质强筋小麦市场缺口可达 100 亿 kg 以上。通过推广伏秋翻、深松蓄水等建立土壤水库耕作措施及氮素后移和增施硫、钾肥等优质强筋小麦生产配套技术，可创建 4 500kg/hm² 以上优质强筋小麦高效生产技术体系。若有各级政府政策扶持，可在未来 5 年内在该区范围内建立 70 万～100 万 hm² "硬红春"面包小麦生产基地和出口基地，进而推进当地优质强筋小麦产业化进程，形成经济、生态与社会三大效益的良性互动。

三、小麦品质区划

根据目前黑龙江省和内蒙古大兴安岭地区小麦生育期间的各种生态条件和种植小麦品种品质类型等因素，上述地区可划分为大兴安岭沿麓强筋麦区、东部三江平原中强筋和强筋麦区及中、南部中强筋和强筋麦区（图 7-1）。

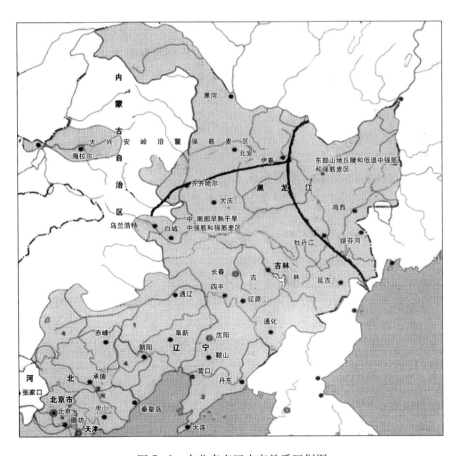

图 7-1 东北春麦区小麦品质区划图

（一）大兴安岭沿麓强筋麦区

本区位于东北春麦区的西北部，包括黑龙江省北部的黑河、绥化和内蒙古呼伦贝尔市等地。2002年该区已被农业部确定为我国优质强筋小麦产业带。本区小麦种植面积占黑龙江省和内蒙古大兴安岭地区小麦种植面积40％以上，机械化生产程度和产量水平较高，一般单产3 750～4 500kg/hm² 左右，小麦商品率达70％以上。根据本区生态条件及耕作栽培特点，又可将其划分为北部冷凉和岭西高寒强筋麦亚区。

1. 北部冷凉强筋麦亚区　本区包括大兴安岭东侧，内蒙古自治区呼伦贝尔市的阿荣旗、莫力达瓦旗和加格达奇特区及黑龙江省北部的逊克、孙吴、德都、北安和嫩江等市县，区内有北安农管局和九三农管局所属国有农场和一些部队农场。属草原黑土地带，黑土层30～50cm，土壤肥沃，小麦生育期间日照时数为15h以上，昼夜温差大，利于干物质积累，小麦单产水平较高，正常年单产3 750～4 500kg/hm²，大面积生产有的超过6 000kg/hm²，而且品质好。一般海拔高度为200～500m，地形多为起伏岗地和低平河谷台阶地。土质肥沃，有机质含量4％～6％。气候冷凉，无霜期为90～110d，个别地区不足70d；年平均气温—1～3℃；7月份平均气温为19～22℃；年降水量为400～500mm，7～8月份降水较多，春旱夏涝现象明显。常年小麦于4月中旬播种，5月初出苗，8月初成熟，出苗至成熟为85～95d，所需有效积温为1 600～1 850℃。

近年来，受种植大豆比较效益较高和大豆面积急剧增加等因素影响，当地轮作体系有所改变，由小麦—小麦—大豆改为大豆—大豆—小麦（大麦）或大豆—小麦—大豆等轮作方式。小麦生育前期"卡脖旱"和生育后期降水多是影响当地小麦产量和品质的重要因素。本亚区要求小麦品种前期抗旱，后期耐涝，抗多种病害，耐肥水，抗倒伏，不早衰，适于机械化收割的优质强筋高产小麦品种。

2. 大兴安岭西侧高寒强筋麦亚区　大兴安岭西侧高寒强筋麦亚区主要指内蒙古大兴安岭腹地和西北麓的森林草原过渡带地区。该区主要粮食作物是小麦，种植面积占95％左右，其次是油菜和马铃薯。20世纪末油菜种植面积迅速扩大，初步形成了小麦与油菜轮作区域。

本区气候冬季严寒、干燥，夏季降水集中，年降水350～400mm。其中，小麦生育期间5月中旬至8月下旬，降水在200～250mm。一般3～5月降水为45mm左右，6月正值小麦分蘖、拔节、幼穗分化的关键期，降水仅有50mm左右，7～9月的降水240mm左右，经常形成春旱连夏旱和秋涝的局面。年平均气温为—3.5～—2.5℃，无霜期80～90d，≥10℃的积温为1 600～1 800℃，7月气温平均为18℃，小麦越夏成熟，8月下旬最高气温可达35℃左右。雨热同季，小麦生育期间日照长达16h，昼夜温差大，有利于小麦干物质的积累。小麦单产水平较高，一般为4 000～6 000kg/hm²。土壤肥沃，有机质含量8％以上，气候冷凉，无霜期一般只有70～80d，品种上要求秆强、抗病、籽粒灌浆快的早熟及中早熟品种。

耕作制度以少耕或免耕、深松、耙茬为主。夏季休闲耕整地，次年春季播种的耕种制度是该区一种独特的小麦耕作方式。在栽培上，该区小麦生产全部实行了机械化作业和规模化经营，劳动生产率高。利用夏季休闲地压绿肥，彻底灭草、熟化土壤，一般产量比春、秋翻地提高 40%～60%，做到了种养地结合。

（二）东部山地丘陵和低湿中强筋和强筋麦区

该区包括黑龙江省三江平原和牡丹江一带的半山区。境内南北绵延着小兴安岭和张广才岭等主要山脉，地形、地势复杂，土壤较瘠薄，夏季雨水偏多，小麦生育后期时有内涝现象。赤霉病、根腐病及叶枯性病害经常发生，对产量及品质影响较大，本区可分为两个生态亚区。

1. 半山间丘陵中强筋和强筋麦亚区　地形、地势复杂，山川交错，各地小气候差异明显。土壤瘠薄，多为白浆土或沙质土。多种植玉米、水稻、大豆等，小麦面积不足本区耕地的 10%，其中以黑龙江省牡丹江地区所占比例较大，其他地区多为零星种植。年降水量 550～600mm，一般单产 4 000kg/hm² 左右。

2. 东北部低湿中强筋和强筋麦亚区　包括俗称的"三江平原"及"兴凯湖低湿地"等。北界黑龙江、东濒乌苏里江，松花江水系遍及全亚区。属北温带湿润区，多为沼泽土、白浆土、草甸黑土，土壤质地黏重，耕性不良，通透性差。年降水量 550～650mm，积温为 2 200～2 400℃。小麦田耕作的主要任务是：秋耕散墒，争取农时，保证春种，抗伏秋涝。

（三）中、南部早熟干旱中强筋和强筋麦区

该区包括内蒙古自治区的呼伦贝尔市南部、通辽市全部、兴安盟和赤峰市等山地及黑龙江省齐齐哈尔一带。过去曾是东北春麦区小麦种植面积最大的一个地区。随着北部新麦区的开发，其比重逐渐缩小。从降水看，由东往西递减，最低约为 350mm。从气温看，小麦灌浆期常出现 30℃ 以上的极端高温天气，使得许多品种后期早衰死熟，籽粒瘪瘦，产量和品质下降。

四、主要品种与高产优质栽培技术

（一）主要优质强筋品种

1. 龙麦 26　黑龙江省农业科学院作物育种研究所以龙 87‑7129 为母本、克 88F2‑2060 为父本进行有性杂交育成。2000 年和 2001 年分别通过黑龙江省和国家农作物品种审定委员会审定。在黑龙江省及内蒙古东部地区累计推广面积 135 万 hm² 以上。

特征特性：春性，中晚熟，旱肥型。幼苗匍匐，分蘖力强。株高 90～95cm。成穗率高，穗纺锤形，长芒，籽粒红色，粒形椭圆，穗长 10～12cm，千粒重 35～38g，角质率高，容重 800～820g/L。该品种生育日数 90d 左右。苗期抗旱，后期耐湿。田间表现秆强抗倒，产量潜力为 6 000kg/hm² 左右。高抗秆锈病生理小种 21C3 和 34C2；高抗根腐病，中抗赤霉病，中抗穗发芽。

品质表现：经农业部谷物监督检测中心（哈尔滨）检测，高分子量麦谷蛋白亚基组成（HMW‑GS）为：2*、7＋9、5＋10。1997—1998 两年品质分析结果平均为：蛋白含量 17.0%，湿面筋含量 43.2%，面团稳定时间超过 25min，面团延伸性＞20cm，最大抗延

阻力 610EU，面包体积 850cm³ 以上。

适应区域及栽培特点：该品种适合在黑龙江省及内蒙古大兴安岭地区种植。前茬以豆茬为最佳，种子处理均采用 6% 立克秀拌种防虫，黑龙江省东部麦产区以每公顷保苗 600万株为宜，黑龙江省北部麦产区及内蒙古大兴安岭地区以每公顷保苗 550 万株为宜。

2. 龙麦 30 黑龙江省农业科学院作物育种研究所 1992 年以龙 90 - 05098 为母本、龙 90 - 06351 为父本进行有性杂交育成。2004 年 2 月通过黑龙江省农作物品种审定委员会审定。

特征特性：春性，中早熟，旱肥类型。生育期 80～82d。株高 85～90cm。穗长 10cm，穗纺锤形，长芒。籽粒红色，角质率高，千粒重 35～38g，容重 800～820g/L。抗旱性突出。成穗高，穗层整齐。对秆、叶锈病免疫或高抗，中抗赤霉病、根腐病等多种病害。灌浆速度快，后期熟相好。产量潜力 6 000kg/hm² 左右。

品质表现：高分子量麦谷蛋白亚基组成为：2*、7+8、5+10。2000—2004 年连续 4年品质分析结果平均为：蛋白质含量 16.0%，湿面筋含量 35.0%，沉降值 47.3mL，吸水率 62%，面团稳定时间 12.5min，最大抗延阻力可达 1 000EU 以上，延伸性 16～19.6cm，面包体积 810cm³。

适应区域及栽培要点：该品种光温反应迟钝，适应区域广，在黑龙江省、内蒙古大兴安岭地区及吉林省北部均可种植。保苗株数为 650 万～700 万/hm²。在黑龙江省、内蒙古大兴安岭地区一般以施纯氮（N）75～90kg/hm²、磷（P₂O₅）60～75kg/hm²、钾（K₂O）45～60kg/hm² 较为适宜。施肥方式最好秋施底肥（2/3 施肥量）、春施种肥（1/3 施肥量）和后期叶面追施，三者结合使用效果好。

3. 龙麦 31 由黑龙江省农业科学院作物育种研究所以早熟高产品种龙麦 20 为受体，利用生化标记与选择性回交相结合等手段进行优质目的基因定向导入培育而成的稳定品系。2005 年通过黑龙江省农作物品种审定委员会审定。

特征特性：春性。早熟，生育日数 80d 左右。株高 80～85cm。幼苗浓绿，抗旱性较好。秆强不倒，耐肥力强，分蘖力强，成穗率高。对秆、叶锈病免疫，抗根腐病，中抗赤霉病。穗纺锤形，长芒白稃，长卵形粒，千粒重 43～45g，容重 805～810g/kg。一般条件下产量水平在 4 500～5 500kg/hm²，肥水条件好的地块可达 6 000kg/hm² 以上。

品质表现：高分子麦谷蛋白亚基组成为 1、7+8、5+10，蛋白质含量 16.29%，湿面筋含量为 38%，干面筋含量 13%，沉降值 35～45mL，稳定时间 20～25min，最大抗延阻力 500～600EU。

适宜地区及栽培要点：该品系为矮秆喜肥水类型，要求肥力较高，每公顷保苗 650 万株左右为宜。由于该品种喜肥水，抗旱性不够强，适宜黑龙江省沿江低洼地或二洼地种植。

4. 龙麦 33 黑龙江省农业科学院作物育种研究所小麦室 1997 年以龙麦 26 为母本、九三 3u92 为父本配置杂交组合，后代采用生态派生系谱法处理育成。2008 年通过黑龙江省农作物品种审定委员会审定。

特征特性：春性、晚熟，旱肥类型，生育期 95d。前期发育较慢，抗旱性突出。分蘖及成穗能力强，株高 95～100cm，秆强抗倒伏。穗层整齐，抗多种病害。灌浆速度快，后期熟期好，籽粒饱满。有芒，红粒，角质率高，千粒重 35～38g，容重 816g/L。产量潜力 7 000kg/hm² 左右。

品质表现：高分子量麦谷蛋白亚基组成为 2*、7＋9、5＋10。2007—2008 年农业部品质监督检测（哈尔滨）中心两年品质分析结果为：蛋白质含量 18.01%～18.23%，湿面筋含量 37.8%～38.6%，稳定时间 7.1～21.2min，容重 804～828g/L。2007 年拉伸分析结果为抗延阻力 488EU，延伸性 17.6cm，拉伸面积 137cm²。各项测试结果可达强筋小麦的品质标准。

适应区域与栽培要点：该品种光反应中等，适应面较广，一般栽培条件较好的地区均可种植，尤以黑龙江省北部高寒区及内蒙古呼伦贝尔市等地更为适宜。公顷保苗 630 万～650 万株，一般以施纯氮（N）75～90kg/hm²、磷（P_2O_5）60～75kg/hm²、钾（K_2O）45～60kg/hm² 施肥方式最好，秋施底肥（2/3 施肥量）、春施种肥（1/3 施肥量）和三叶期结合除草补施氮、钾肥效果好。

5. 克丰 10　该品种双亲皆为提莫菲维细胞质 T808 的衍生系。由黑龙江省农业科学院克山小麦研究所于 1990 年以克旱 12（克 82R‐75）为母本、克 89RF6287 为父本配制杂交育成。2003 年通过黑龙江省农作物品种审定委员会审定。

特征特性：春性，中晚熟，旱肥类型，生育期 90d 左右。分蘖力强，株型紧凑，旗叶上举，成穗率高。秆强不倒。株高 95～100cm。穗纺锤形，红粒，千粒重为 35.5g，容重 793.4g/L。前期抗旱，后期耐湿性强，活秆成熟，落黄好。高抗秆锈病 21C3、34C2 等多个生理小种，抗自然流行叶锈病，根腐病、赤霉病轻。产量潜力 6 000kg/hm²。

品质表现：高分子量麦谷蛋白亚基为 1、7＋9、15＋10。经农业部谷物及其制品质量监督检验测试中心（哈尔滨）分析，蛋白质含量 15.35%，湿面筋含量 34.0%，沉降值 62.5mL，面团形成时间为 4.0min，稳定时间为 15.2min，最大抗延阻力为 530EU，延伸性 18cm，拉伸面积 125.3cm²。

适宜地区及栽培要点：由于该品系前期抗旱性和耐瘠性好，后期耐湿性强，适应性广，一般在中等或中等以上肥力条件下种植，在黑龙江及内蒙古的赤峰市、通辽市、呼伦贝尔市、兴安盟的部分地区均可种植。

6. 克丰 12　该品种由黑龙江省农业科学院克山分院培育，组合为克 94F_4‐555‐1×克丰 6 号。2007 年通过黑龙江省农作物品种审定委员会审定。

特征特性：春性，中晚熟类型，出苗至成熟 92d 左右。长芒、白稃、赤粒，分蘖力强，成穗高，秆强，前期抗旱，后期耐湿性强，抗各种病害。千粒重 33.5g。株高 96cm 左右。该品种在产量试验中较对照品种新克旱 9 号增产 16.5%，较龙麦 26 增产 16.1%，平均产量 4 432.05kg/hm²，较对照品种新克旱 9 号增产 8.34%。具有 6 000kg/hm² 的产量潜力。

品质表现：经农业部谷物及其制品质量监督检验测试中心（哈尔滨）分析，该品种粗蛋白含量 16.4%，湿面筋含量 34.3%，沉降值 68.1mL，形成时间 7.2min，稳定时间 33.1min，最大抗延阻力 785.0EU，延伸性 21.6cm，拉伸面积 224.0cm²，面包体积 870cm³，面包评分 88.5 分。该品种的品质指标达到了强筋麦的标准。

适宜地区及栽培要点：适宜种植在黑龙江省及内蒙古部分地区中上等肥力的条件下，

每公顷保苗 650 万株为宜。

7. 龙辐麦 17 黑龙江省农业科学院作物育种研究所辐射与生物技术研究室与中国农业科学院作物科学研究所合作，将小偃麦（中 5/龙辐 81‐8106 的 F_0 种子经 1.0 万 γ 射线处理的系选）与龙辐 91B569 的杂交后代高稳系进行卫星搭载，返回地面后进行温室加代，经系谱选择育成。2007 年通过黑龙江省农作物品种审定委员会审定。

特征特性：中熟，生育期 85d 左右。苗期匍匐，分蘖较多且整齐，后期灌浆速度快。株高 85～90cm，秆强抗倒伏，抗旱性强，对当地流行的 21C3 等 4 个主要秆锈菌生理小种的致病反应达到高抗至免疫。中抗根腐病，轻感赤霉病，白粉病和叶枯病轻。有芒、黄壳、红粒，千粒重 35～38g，容重 803.5g/L。产量潜力 6 000kg/hm² 左右。

品质表现：具有强筋面包小麦高分子量麦谷蛋白亚基，Glu‐1 位点上各亚基构成为 2*、7+9、5+10。蛋白质含量 16.32%，湿面筋含量 35.97%，沉降值 64.7mL，形成时间 16.9min，稳定时间 25.7min，评价值 93.4，最大抗延阻力 575.5EU，延伸性 18.87cm，拉伸面积 90.5cm²。

适应区域与栽培要点：黑龙江省东部和北部地区以及内蒙古东部地区均可种植。前茬选大豆茬、马铃薯或油菜茬为好。秋深耕，秋施肥，施肥量每公顷纯氮（N）80kg、磷（P_2O_5）90kg、钾（K_2O）50kg；施肥方法，秋施总量的 2/3，其余 1/3 做种肥施入，分箱施肥。保苗 650 万～700 万株/hm²。根据苗势和土壤墒情，三叶期压青苗 1～2 次。化学除草，及时防虫。为提高粒重和改善品质，在扬花期每公顷可喷施 5kg 尿素+2.25kg 磷酸二氢钾的混合溶液。适时收获，减少损失。

8. 龙辐麦 18 黑龙江省农业科学院作物育种研究所小麦辐射与生物技术研究室以小麦纯系龙 94‐4083 经航天诱变后通过系谱选择方法育成。2008 年通过黑龙江省农作物品种审定委员会审定。

特征特性：中晚熟，生育日数 85d 左右。幼苗匍匐，株高 90cm，穗纺锤形，有芒，千粒重 37～40g，容重 809.5g/L。秆强抗倒伏，前期抗旱、后期耐湿，对秆锈病 21C3CTR、21C3CFH、34C2MKK、34MKG 等均表现为高度抗病或免疫，中感赤霉病，中抗根腐病。产量表现为平均 4 137.9kg/hm²，较对照品种增产 10.2%。

品质表现：高分子量麦谷蛋白亚基组成为 2*、7+9、5+10，蛋白质含量 17.09%，湿面筋含量 38.2%，稳定时间 12.5min，抗延阻力 603EU，延伸性 20.1cm，拉伸面积 162cm²。

适应区域与栽培要点：适于黑龙江省东部、北部和内蒙古大兴安岭地区种植。选择中上等肥力地块种植，采用 15cm 机械条播栽培方式，公顷保苗株数 600 万～650 万株。秋施底肥，春施种肥，公顷施肥量 300kg 左右，按 N∶P∶K=1.1∶1.0∶0.3 的比例施入，秋施总肥的 2/3，春施总肥的 1/3。秋翻秋耙秋整地，适时播种，播后镇压，三叶期压青苗 1～2 次，并结合化学除草叶面喷施尿素 3.75kg/hm²、磷酸二氢钾 3kg/hm²，及时防病灭虫，适时收获，单收单储，保证品质。

（二）高产优质栽培技术

小麦品质及产量的优劣不仅由品种本身遗传特性所决定，而且受气候、土壤、耕作制度、栽培措施等条件的影响。试验研究和生产实践证明：在黑龙江省和内蒙古大兴安岭地区运用以下保优高产栽培技术，就能充分发挥优质品种的品质与产量的遗传潜力，达到优质强筋麦标准。

1. 地块选择及耕翻整地　在合理轮作的基础上选择肥力中等以上的适宜地块种植，前茬以豆茬为最佳，避免重、迎茬。前茬收获后利用"松、耙、耢、压"相结合的耕作方式及时整地，建立土壤水库，确保秋雨春用，以解决黑龙江省苗期干旱，为一次播种保全苗奠定基础。

2. 种子处理　生产上所用良种必须经过机械精选。在小麦病害严重的地区，要进行种子包衣，用超微粉体种衣剂包衣，可有效地预防小麦腥黑穗病、散黑穗病和根腐病等，超微粉体种衣剂使用量与种子质量比为1∶600。也可采用药剂拌种，用种子量 0.2% 的 40% 拌种双拌种，防治小麦腥黑穗病、散黑穗病；或用种子量 0.3% 的 50% 福美双拌种，防治小麦腥黑穗病，兼防根腐病。

3. 合理密植　小麦种植的合理密度应根据品种特性、播期早晚、水肥条件、地势高低以及栽培技术等综合考虑。穗数型品种应以肥保密，以密保产。如克丰 4 号在肥水条件较好，保苗 900 株/m² 以上时，可获 7 500kg/hm² 左右的产量；而对叶片肥大的穗重型品种的龙辐麦 10 合理密度仅为 500～550 株/m²。

根据当地生态条件，小麦适宜播种深度 4～5cm。播种过浅常出现芽干现象，过深则使苗势变弱。播种时做到播深一致，覆盖严密。播后视土壤墒情重压 1～2 遍，严禁湿压。

播种前需准确测定种子的发芽率及千粒重，并根据黑龙江省各麦产区具体生态条件及不同品种的生育特性，确定适宜的种植密度。东部麦产区一般以每公顷保苗 650 万株为宜，北部麦产区以每公顷保苗 600 万株为佳。

4. 氮肥后移与增施硫、钾肥　氮肥后移为优质强筋小麦生产关键施肥技术。按照优质强筋小麦对氮素的需求，全生育期吸收氮素总量的 60% 是分蘖初期以后完成的，保持该比例吸收氮素，可明显提高小麦蛋白质的氮素转化率和提高小麦蛋白质及湿面筋含量。目前在生产中以种肥施入土壤的氮素，在小麦分蘖中期以后呈逐渐减少趋势，很难满足优质强筋小麦品种生育后期对氮素的需求，并常影响品质潜力表达。采取氮素后移技术，可在一定程度上克服这种不利影响。

根据不同品种需肥特性及黑龙江省和大兴安岭地区土壤肥力状况，兼顾产量和品质，采用两次氮肥后移施肥方式效果较好。在黑龙江省东部麦产区，氮肥施入总量为纯氮 90kg/hm²，其中 82.5kg 做基肥结合整地于秋季施入，在小麦三叶期结合除草喷施纯氮 3.75kg/hm² ＋硼酸 0.3kg/hm² ＋磷酸二氢钾 3kg/hm²，在小麦扬花后期结合防病措施喷施纯氮 3.75kg/hm² ＋磷酸二氢钾 3kg/hm²。磷（P_2O_5）的施入量为 75kg/hm²，作为基肥一次施入。

在黑龙江省北部和大兴安岭地区，氮肥施入总量为纯氮 75kg/hm²，其中 67.5kg 做基肥结合整地于秋季施入。在小麦三叶期结合除草喷施纯氮 3.75kg/hm² ＋硼酸 0.3kg/hm² ＋磷酸二氢钾 3kg/hm²，在小麦扬花后期结合防病措施喷施纯氮 3.75kg/hm² ＋磷酸二氢钾 3kg/hm²。磷（P_2O_5）的施入量为 82.5kg/hm²，作为基肥一次施入。

试验结果表明，钾肥对提高强筋小麦品质具有重要意义。精量施用钾肥可以提高小麦面筋和蛋白质的含量，并可提高小麦的抗逆性能，增加抗御病虫害的能力。黑龙江省各麦产区钾肥（K_2O）施用量可为 $37.5\sim52.5kg/hm^2$（以硫酸钾为宜），作基肥于秋季施入。

硫肥施用在该区具有明显效果。施用硫肥有助于减少土壤中磷素的固定，增强氮素肥效，提高小麦蛋白质和氨基酸的含量及改善面筋质量。选用硫酸钾作基肥，既补充了钾肥又补充硫肥。黑龙江省各麦产区适宜施硫量为纯硫（硫黄）$22.5kg/hm^2$ 或硫酸钾 $30\sim40kg/hm^2$，可作基肥一次施入。

秋施肥和深施肥可显著提高化肥利用率。要求基肥深施，深度一般为 $8\sim10cm$。

5. 化学除草与健身防病

（1）化学除草　以 $4\sim5$ 叶前为最佳时机，过早则杂草没有出齐，晚于 5 叶，已拔节，拖拉机压地伤苗减产。防阔叶草用 10％苯黄隆 $150g/hm^2$＋72％2,4-滴丁酯 $300\sim350ml/hm^2$；亦可用 75％巨星（阔叶净）或 75％宝收（阔叶散）$10\sim15g/hm^2$。防单子叶杂草可用 10％骠马 $450\sim600ml/hm^2$。如果野燕麦多的地块，加入 64％野燕枯正常量（$1\,800\sim2\,200ml/hm^2$）的 30％，防治效果更为显著。

（2）健身防病

1）防治小麦根腐病　每 100kg 麦种用 11％福酮悬浮种衣剂 1.5L 或 50％麦迪安种衣剂 200g 拌种。小麦扬花期每公顷喷施 25％粉锈宁 $750\sim1\,000g$ 或 25％敌力脱乳油 500ml 或 25％施宝克 $800\sim1\,000ml$。

2）防治小麦散黑穗病　每 100kg 麦种用 2％立克秀 $150\sim200g$ 加水 1.5L，或 11％福·酮种衣剂 $1.5\sim2L$ 或 40％卫福 300ml 加水 1L 拌种。

3）防治小麦赤霉病　于小麦抽穗扬花期每公顷喷施 25％施宝克乳油 $800\sim1\,000ml$ 或 40％多菌灵胶悬剂 1.5L。

4）防治黏虫　防治指标为：$1\sim2$ 龄若虫 10 头以上，$3\sim4$ 龄若虫 30 头以上，田间每平方米有卵块 0.5 个以上。每公顷用 2.5％功夫，或 2.5％敌杀死，或 5％来福灵，或 10％氯氰菊酯 $150\sim225ml$。

喷施农药、叶面肥方法、机械技术要求：拖拉机作业要求喷液量 $100\sim150L/hm^2$，车速 $6\sim8km/h$，要求 $3\times10^5\sim5\times10^5Pa$，使用 TeeJet 80015 进口扇形喷头、配 100 目的过滤器，喷嘴距地面高度 $40\sim60cm$，扇面重叠 30％以上。气温高于 28℃，相对湿度低于 65％及风超过 3 级（$4\sim5m/s$）不宜喷药，一般上午 10 点至下午 4 点及雨前 $4\sim6h$ 内不宜作业。严重干旱条件下药液中加入喷液量 0.5％$\sim$1％的植物油型喷雾助剂如药笑宝、信得宝、快得 7 等，能显著增强药效，对作物安全。

5）防止小麦倒伏　$3\sim4$ 叶期根据土壤墒情压青苗 $1\sim2$ 遍。该措施干旱年份可抑制地上部生长，促进地下根系发育，起到抗旱保墒作用。多雨年可调整光反应周期，延迟拔节期，增加幼穗分化和分蘖时间，降秆增产。

6. 适时收获，保证质量　收获期早晚直接关系到小麦产量及品质。在黑龙江省和大兴安岭地区小麦收获期常遇多雨，正确掌握确定收获时期和收获方法对提高小麦产量，并确保小麦产品籽粒质量，最终实现高产高效具有重要作用。

（1）坚持小麦割晒与联合收割机收获相结合，严防一刀切或过分偏重一种方式。蜡熟中期至末期进行割晒，蜡熟末期至完熟中期进行联合收割机收获（直收）。

（2）依天气情况和机械力量确定好割晒与联合收割机收获的比例，确保小麦收获质量和进度。多雨年份割晒只能占 20％～30％。割晒宜在蜡熟初期试割，蜡熟中期至末期为适期进行，严禁 100％放倒。割晒要求割茬 15～20cm 高，割晒损失率不得超过 1％。在田间晾晒 3～4d 后，当籽粒水分降到 18％以下时进行拾禾脱粒，拾禾脱粒损失率不超过 2％。

（3）联合收割机收获，适期在小麦蜡熟末期至完熟中期，茎秆变黄，有弹性，籽粒颜色接近本品种固有颜色，有光泽，籽粒较为坚硬，含水量约 22％。联合收割机收获综合损失率不超过 3％。

无论哪种方法都要做到单品种收获，单拉运，单堆放，进场后出一次风，晾晒，基本达到 13.5％水分，可以灌袋，最好先用麻袋，有利通风，以确保小麦优质丰收。

第二节　内蒙古春小麦品质区划与高产优质栽培技术

一、小麦生产生态环境概况

（一）地理概况

内蒙古自治区疆域辽阔，地跨我国东北、华北和西北三北地区，位于北纬 $37°24'\sim53°23'$，东经 $97°12'\sim126°04'$ 之间。是我国跨经度最大的省级行政区，东西直线距离长达 2 400km，南北跨度为 1 700km。内蒙古东部与黑龙江、吉林、辽宁三省毗邻，南部、西南部与河北、山西、陕西、宁夏四省、自治区接壤，西部与甘肃省相连，北部与蒙古国为邻，东北部与俄罗斯交界，国界线长达 4 221km。总面积为 118.3 万 km²，占全国土地总面积的 12.3％，居第三位。

内蒙古自治区的地貌以蒙古高原为主体，地形地貌复杂多样。平均海拔 1 000m 左右。高原四周分布着大兴安岭、阴山、贺兰山等山脉，构成内蒙古高原地貌的脊梁。内蒙古资源丰富，农牧林业是内蒙古最大的资源优势，人均耕地、草场面积、森林面积均居全国第一。

内蒙古自治区农作物以粮食作物为主，主要农作物有春小麦、玉米、水稻、谷子、莜麦、高粱、大豆、马铃薯、甜菜、胡麻、向日葵、蓖麻、蜜瓜等。农业区主要分布在大兴安岭及阴山山脉以东和以南的河套、土默川平原、西辽河平原、嫩江两岸平原和广大丘陵地区，有适于农作物生长的黑土、黑钙土、栗钙土等多样性土壤，其中地处平原的农耕地区，土壤肥沃、光照充足、水源丰富，是内蒙古自治区乃至我国重要的粮食生产基地。

（二）气候特点

内蒙古自治区属典型的温带大陆性季风气候，全区气温自东北向西南递增，等温线与山脉走向基本一致。本区热能资源丰富，多数农业区≥10℃积温为 1 400～3 700℃，大部分地区年平均气温 0～8℃，平均日较差为 12～16℃，一年中气温日较差以春季最大，夏季最小。冬季漫长而寒冷，多数地区寒冷季节长达 5 个月到半年之久，全年中 1 月份最冷，月平均气温从南向北由－10℃递减到－32℃；春季多大风天气，夏季温热而短暂，多数地区仅有一至两个月，部分地区无夏季。一年中 7 月份最热，月平均气温在 16～27℃之间，最高气温为 36～43℃。秋温剧降。农区气温高于 30℃的天数多在 25d 以下。无霜冻期一般为 100～150d。内蒙古自治区降水量自东北向西南递减，年总降水量 50～450mm。蒸发量则相反，自西向东由 3 000mm 递减到 1 000mm 左右。与之相应的气候带呈带状分布，从东向西由湿润、半湿润区逐步过渡到半干旱、干旱区。内蒙古自治区日照充足，并以直射为主，光能资源非常丰富，一年中 4～9 月份作物生长期间辐射占全年总辐射量的 65％左右。年日照时数为 2 500～3 100h，自东北向西南逐渐递增。阿拉善高原的西部地区达 3 400h 以上。

内蒙古全区大部分地区有效积温和无霜区可以满足主要作物一年一熟的需要，在河套灌区、土默川平原、通辽和赤峰等地可进行间、套种及复种。

（三）土壤条件

1. 土壤条件　内蒙古自治区地域广袤，土壤类型多样，土壤质地和土壤肥力各异，其性质和生产性能也各不相同。根据内蒙古土壤普查结果，全区土壤可分为 11 个土纲，包括 30 个土类，87 个亚类，其中面积最大的栗钙土有 2 434.93 万 hm^2，占土壤总面积的 21.32％；其次风沙土的面积为 2 059.5 万 hm^2，占土壤总面积的 18.04％；棕钙土排第三位，面积是 1 062.34 万 hm^2，占土壤面积的 9.3％。全区土地带由东北向西南排列，最东为黑土壤地带，向西依次为暗棕壤地带、棕色针叶林土、灰色森林土、黑钙土、栗钙土等，最西部为灰棕漠土。其中黑土壤的自然肥力最高，结构和水分条件良好；黑钙土自然肥力次之。

内蒙古耕种土壤全氮含量平均值为 1.2g/kg，达到Ⅰ级（＞0.2％）的占 17.5％，Ⅱ级（0.15％～0.2％）占 8.9％，Ⅲ级（0.1％～0.15％）占 17.9％，Ⅳ级（0.075％～0.1％）占 25.1％，Ⅴ级（0.05％～0.075％）占 19.6％，Ⅵ级（＜0.05％）占 12.8％。耕种土壤中全磷含量一般在 0.12～2.2g/kg，速效磷平均为 5mg/kg，自然土壤全磷含量高于耕种土壤。全区耕种土壤中速效磷含量小于 5mg/kg 的土壤占耕种土壤面积的 69.1％，速效磷含量在 5～10 mg/kg 的占 26.5％，含量在 10～15mg/kg 的占 4.3％，含量大于 15mg/kg 的占 0.1％。由此可见，内蒙古耕地缺磷严重。全区土壤中速效钾含量达到Ⅰ级（＞200mg/kg）占 24.97％，Ⅱ级（151～200mg/kg）的占 42.56％，Ⅲ级（101～151mg/kg）占 21.89％，Ⅳ级（51～100mg/kg）占 10.55％，Ⅴ级（30～50mg/kg）占 0.01％，Ⅵ级（＜30mg/kg）占 0.02％。耕地土壤中速效钾含量达到Ⅰ级、Ⅱ级的共占 29.1％，达到Ⅲ级的占 50.8％。内蒙古耕地有效铁、有效铜、有效锰的含量较丰富，达到中等含量及其以上水平的面积均在 90％以上；锌含量达到中等以上的占 42％、硼含量达到中等以上的占 36％、钼含量达到中等以上的约占 13％。

2. 内蒙古耕地土壤资源利用存在的问题　一是内蒙古人少地多，许多地区耕作粗放，只有少部分农田施用农家肥，化肥施用地区主要集中在灌区，土地只用不养现象较普遍，致使土壤肥力下降。二是随着化肥、农药、农膜使用量增加及工业三废的不当处理，土壤中有毒有害物质累积量日趋严重，土壤生态系统遭到一定的破坏，土壤污染严重。三是内蒙古绝大部分耕地分布在无水保措施的坡地，水土流失严重。大量肥沃表土的流失，使得土壤趋于贫瘠化。分布在干旱和半干旱地区的部分土壤，由于无防风措施，极易沙化，土壤沙化、盐渍化及水土流失严重。

（四）种植制度

内蒙古自治区由于东西跨度大，地域辽阔，各地自然气候条件相差悬殊，不同地区的年积温、日照、无霜期、降水和土壤类型均有较大差异，导致耕作制度和作物种类地域之间差异明显。东部地区以垄作、一年一熟制为主，种植作物主要有小麦、玉米、水稻、大豆、油菜、谷子、糜子、马铃薯、向日葵、甜菜等；西部则以平作为主，绝大部分地区为一年一熟制，作物主要有春小麦、玉米、莜麦、胡麻、糜黍、马铃薯和向日葵等。河套灌区、土默川平原、通辽和赤峰等地夏作物收获后尚有较多的剩余积温，可进行间、套种及复种。其主要种植制度多以小麦为母田，有小麦套种玉米的粮粮套作、小麦套种葵花的粮油套作、小麦套种甜菜的粮糖套作及清种小麦、清种葵花等模式。

二、小麦产业发展概况

（一）生产概况

内蒙古自治区是我国春小麦的主要产区之一，小麦面积居全国春小麦产区各省、自治区、直辖市之首。小麦是内蒙古自治区的重要粮食作物，种植范围遍及全区的每个盟市。常年播种面积稳定在 50 万 hm^2 左右，历史上内蒙古小麦面积最多时达到 133.4 万 hm^2。2007 年内蒙古小麦种植面积为 56.67 万 hm^2，占全国春小麦面积的 34.5%，总产 176 万 t，占全国春小麦的 30.6%。2009 年内蒙古小麦种植面积为 52.8 万 hm^2，单产 3 241kg/hm^2，总产 171.2 万 t。全区优质小麦生产主要集中分布在大兴安岭沿麓地区和巴彦淖尔市河套灌区及土默川平原。以呼伦贝尔市为主的东部盟市种植的龙麦 26、格来尼、野猫等优质小麦在 20 万 hm^2 左右；以永良 4 号、农麦 2 号、巴优 1 号等为主的优质面包小麦在河套、土默川平原等灌溉区的播种面积也超过了 20 万 hm^2。

新中国成立后的 10 年，内蒙古小麦播种面积呈现逐渐增加的明显趋势，小麦平均播种面积为 48.2 万 hm^2，占全区粮豆总面积的 11.11%。到 1992 年全区小麦种植面积达最多时为 133.4 万 hm^2，之后出现了较大幅度明显下降。1994—1995 年变化相对平缓，1996 年又有较大幅度增长，1997 年以后逐年下降，至 2003 年降到几乎接近于 1950 年水平。2006 年全区小麦播种面积下降到 40.9 万 hm^2，占粮豆作物总播种面积的 9.17%，但总产达到了 4.14 倍。2007 年以后，在国家各项惠农政策的影响和市场拉动下，内蒙古小麦播种面积又开始恢复性增长（表 7-1）。

表7-1　内蒙古小麦历年播种面积与粮食作物面积比较

年　度	面积（万 hm²）	平均值（万 hm²）	变异系数（%）	占粮播面积（%）
1949—1958	26.70～64.00	48.19	25.87	11.11
1959—1968	59.70～80.80	71.01	7.79	15.27
1969—1978	78.30～108.60	92.11	12.13	21.42
1979—1988	87.80～97.40	92.92	3.02	24.89
1989—1998	100.80～133.40	112.80	8.88	27.18
1999—2007	31.76～93.80	52.33	34.22	11.13

　　内蒙古春小麦单产总体呈现逐步增长的趋势，2006 年达到最高峰，比新中国建立初期增加了 7.2 倍。通过对各阶段小麦单产变异系数分析，进入 20 世纪 90 年代后的小麦单产相对维持在较稳定的高水平。从小麦单产与粮食作物平均单产的比较分析，小麦单产在不同时期的表现均低于粮食作物的平均单产（表 7-2）。

表7-2　内蒙古小麦历年单产与粮食作物平均单产比较

年　度	小麦产量（kg/hm²）	平均值（kg/hm²）	变异系数（%）	与粮作单产比较（%）
1949—1958	360.0～960.0	682.0	31.47	−81.46
1959—1968	428.0～1 080.0	758.4	21.80	−78.60
1969—1978	653.0～1 193.0	879.3	19.58	−188.65
1979—1988	863.0～1 680.0	1 346.4	18.61	−149.21
1989—1998	1 860.0～2 914.0	2 446.2	11.52	−258.66
1999—2007	2 462.0～3 562.0	2 870.8	12.51	−449.12

　　小麦总产变化基本与种植面积的走向一致。到 2007 年总产比 1949 年增加 13.32 倍，其中 1992 年达到最高峰，总产比 1949 年提高 25.02 倍。从小麦总产占粮食作物总产的比例分析，1949—1958 年的近 10 年间小麦总产由占粮食作物总产的 10.21%，稳步上升到 1989—1998 年间的 24.87% 以上。近 10 年来，随着小麦种植面积的下降，小麦总产占粮食作物总产的比例下降到 10.30%，但优质专用小麦的面积呈逐年上升的趋势，小麦在内蒙古粮食生产中一直保持着重要地位（表 7-3）。

表7-3　内蒙古小麦历年总产与粮食作物总产比较

年　度	总产量（万 t）	平均值（万 t）	变异系数（%）	占粮作总产（%）
1949—1958	12.10～57.00	35.20	52.44	10.21
1959—1968	34.40～64.50	53.23	17.64	13.75
1969—1978	55.00～125.50	82.10	28.88	17.72
1979—1988	82.70～163.40	125.11	19.12	22.45
1989—1998	187.50～330.30	276.47	15.39	24.87
1999—2007	78.96～273.10	150.91	31.67	10.30

（二）品质概况

1. 近年审定品种的品质状况　2002—2008 年内蒙古审定的 17 个春小麦品种中，白粒品种 6 个，红粒品种 10 个，紫黑粒品种 1 个；硬质品种 16 个，半硬质品种 1 个，无粉质品种。千粒重 34～51g，平均 40.6g，变异系数为 12.35%，容重 780～839g/L，平均 801.8g/L，变异系数 2.12%。按品质测试结果分析，审定的 17 个春小麦品种中没有各项指标完全达到国家优质强筋小麦标准的品种，其余多数品种为单项或数项指标达标，其中蛋白质含量达到 14% 以上的品种 11 个，占测定品种的 68.75%；湿面筋含量达到 32% 以上的品种 8 个，占测试品种的 50.0%；稳定时间达到 7min 以上的品种 7 个，占测定品种的 43.75%。各品种蛋白质含量的变化幅度为 11.5%～16.59%，平均蛋白质含量为 14.84%，变异系数 9.44%，沉降值的变化幅度为 29.0～67.1mL，平均 45.2mL，变异系数为 25.14%；湿面筋含量的变化幅度为 25.3%～38.3%，平均 32.6%，变异系数为 11.87%；稳定时间 1.6～20.0min，平均 7.5min，变异系数为 70.0%。由此可见，在测试的所有品质性状中，面团的稳定时间是最不稳定的，表现的变异最大。

2. 小麦品质性状的生态表现　2002—2004 年，内蒙古农牧业科学院利用来自春小麦主产区的宁春 4 号和宁春 19（宁夏），蒙麦 28、蒙花 1 号和蒙鉴 2 号（内蒙古），小冰 33（吉林），龙麦 26 和格兰尼（黑龙江）及宁麦 9 号（南京）共三种不同品质类型的 9 个小麦品种，在内蒙古自治区的小麦产区从东到西选择 9 个代表性试点，进行了不同环境及基因型对小麦品质的影响研究。通过统一供种、统一取样、统一进行品质测试，分析了不同筋力类型的优质专用小麦品种在不同地区间的品质表现（表 7-4）。乌海和临河试点的小麦面粉的沉降值含量明显低于其他 4 个试点的面粉沉降值；呼和浩特、通辽和额尔古纳 3 个试点的面粉蛋白质含量明显地高于其他 3 个试点，呼和浩特试点的籽粒硬度最高。由此可见，不同的优质专用小麦品种在内蒙古不同小麦种植区其品质性状表现各有差异。

表 7-4　不同生态环境对小麦籽粒品质的影响

（内蒙古农牧业科学院，2003—2004）

品质参数	乌海	临河	呼和浩特	赤峰	通辽	额尔古纳
籽粒硬度	39.72	43.31	48.41	45.48	48.26	42.85
千粒重（g）	35.97	45.40	35.59	41.58	36.32	44.03
籽粒直径（mm）	2.42	2.78	2.35	2.6	2.45	2.79
籽粒蛋白含量（%）	13.47	12.51	14.04	13.29	14.31	13.71
出粉率（%）	69.67	72.64	67.71	71.09	71.62	70.24
沉降值（mL）	37.53	37.32	50.11	44.86	44.18	48.87
面粉蛋白含量（%）	11.78	10.90	12.56	11.83	12.46	12.09
面粉灰分含量（%）	0.57	0.49	0.57	0.53	0.54	0.48
降落值（s）	285.84	403.58	422.19	406.22	425.89	371.32

由不同基因型对小麦品质的影响结果（表7-5）可以看出，不同基因型小麦品质性状之间的生态差异很大，同一性状在不同基因型间变化也不同。不同品质类型的小麦品种其品质性状的变异存在明显差异，两个弱筋型小麦品种宁麦9号和宁春19的籽粒硬度、沉降值变异大于中、强筋类型的品种，不同品质性状在相同筋力类型的品种间的生态差异变化也不尽相同，说明不同品质性状受基因型和环境及其互作影响的程度是不同的。因此，在内蒙古东部区和西部区发展优质专用小麦生产，不仅应重视选择优良品种，同时还应考虑把不同类型优质麦品种种植在最适宜或较适宜的地区，以确保优质品种的优良种性正常发挥。

表 7-5 不同基因型对小麦籽粒品质性状的影响

（内蒙古农牧业科学院，2003—2004）

品种	籽粒硬度	籽粒蛋白含量（%）	出粉率（%）	灰分（%）	面粉蛋白含量（%）	籽粒直径（mm）	沉降值（mL）	降落值（s）
宁春 4 号	52.1	13.2	73.8	0.50	11.73	2.69	37.8	352.6
蒙麦 28	48.2	13.2	74.3	0.51	11.78	2.66	40.8	309.5
蒙花 1 号	48.1	13.7	73.4	0.52	12.2	2.72	52.1	450.3
蒙鉴 2 号	55.5	13.2	70.2	0.50	11.62	2.8	43.6	281.3
龙麦 26	54.3	14.7	70.9	0.54	13.25	2.49	52.4	427.9
小冰 33	56.5	15.4	68.8	0.54	13.83	2.55	54.1	550.3
格兰尼	60.5	14.1	69.6	0.60	12.83	2.59	46.1	427.9
宁麦 9 号	21.8	12.3	65.3	0.52	10.31	2.11	32.9	340.2
宁春 19	5.1	12.2	68.2	0.54	9.87	2.48	34.4	332.5

（三）生产优势及存在问题

1. 生产优势　内蒙古自治区的小麦生产区域相对集中，并有保障小麦生产可持续发展和确保小麦质量安全的生态环境优势，优势区域内的小麦总产在区内占有重要份额。东部区能够集中连片种植，并有机械化作业程度较高的规模化家庭联营农场和国有农场，生态资源、耕地资源、机械化资源非常适宜于优质小麦产业化发展。西部区的小麦科研、生产技术及市场等方面基础条件较好，有面粉加工龙头企业对小麦产业发展起强有力的带动作用，小麦生产的目标市场和流通渠道明确，本地生产的小麦可就地加工转化成面粉，加之有本土人口密集这个大的消费需求优势和方便的交通，发展小麦生产具有资源优势、生态优势和市场优势。

2. 存在的问题　内蒙古东部和西部地区的小麦优势产业带所处的地理位置、生态、气候类型不同，致使不同优势区域所面临的问题既有共性又存在着差异：

（1）内蒙古中西部优质小麦产区　在小麦灌浆期如遇干热风，极易造成青枯早衰，影响籽粒的饱满度。由于散户种植小麦多套种其他作物，使生产的小麦品质难以保持一致，影响了优质小麦的生产达标和新技术的推广、良种的统一供应和病虫害的集中防治等。

（2）内蒙古东部大兴安岭沿麓地区 是典型的雨养农业区，农业生产对自然降水的依赖性很大，洪涝及收获期遇强降雨，往往会造成小麦倒伏和穗发芽，导致小麦产量下降、品质变劣。因地处偏僻，交通不发达，小麦的就地转化能力弱，目前小麦主要以原粮形式销售，原粮价格受市场调节的作用明显，附加值小，虽然可以达到规模化种植，但小麦的产业化生产水平比较低，抵御市场风险的能力薄弱，影响了农民种植小麦的积极性。

（3）内蒙古优质小麦品种的品质性状仍有缺陷 目前，一些品种的综合品质表现虽然较好，但单项品质性状指标如稳定时间等表现出一定的不稳定性，与国标一级强筋麦指标要求仍有差距。在近年来新选育的小麦新品种中，缺乏各项指标完全达到国家优质强筋小麦标准的品种。

（4）全区小麦产区仍存在着多个品种插花种植的现象 强筋小麦和中筋小麦混种混收混储现象仍比较严重，降低了优质小麦的规模化效益和比较效益。

（5）土壤肥力下降，土壤盐渍化及水土流失严重 内蒙古自治区人少地多，许多地区耕作粗放，土地只用不养现象较普遍，土壤肥力日趋下降；大部分耕地分布在无水保措施的坡地，水土流失严重，土壤趋于贫瘠化和次生盐渍化问题突出。

以上这些都制约着内蒙古优质专用小麦生产的发展。因此，应充分发挥自然生态优势，培肥地力，重点发展优质强筋和中筋小麦，提高小麦统一供种率，大力推广优质专用品种和保优节本栽培技术，增加小麦的比较效益，提高专用小麦质量的稳定性和一致性，加强产销衔接，改变混种、混收、混储状况，为龙头企业提供稳定优质的原料。

（四）优质小麦产业发展前景

随着人民生活水平的提高和对优质专用小麦需求的不断增长，在国家强农惠农政策支持下，依靠科技进步和内蒙古自治区小麦生产的生态资源优势，内蒙古优质小麦种植面积在逐年扩大，生产能力稳步提升。2003 年内蒙古优质中筋小麦的种植面积就已达 20 万hm²，占全国中筋小麦推广面积的 8.5%；产量 45.74 万 t，占全国的 4.3%。优质强筋小麦种植面积为 6.67 万 hm²，居全国第 11 位，产量 15.25 万 t，居第 12 位。

内蒙古有最适宜优质小麦生产的大兴安岭沿麓和河套、土默川平原生产专用小麦的生态优势区，生产的商品小麦具有质优、绿色、无污染的品质优势。优质专用小麦品种选育和统一供种率的提高、配套的保优节本栽培技术的推广，为优质专用小麦生产提供了物质和技术上的保障。河套灌区和土默川平原是国家和自治区重要的商品粮生产基地，区域内分布有数十家规模不同的粮食和面粉加工企业，市场需求稳定，完全能够就地加工转化所生产的小麦，降低了流通成本。因此，只要充分释放资源优势、生态优势和市场优势的潜能，内蒙古优质小麦的生产发展前景广阔。

三、小麦品质区划

（一）品质区划的依据

本区划以农业部《中国小麦品质区划方案》为依据，在借鉴其他省、自治区、直辖市品质区划经验的同时，以内蒙古小麦种植区划研究为基础，根据内蒙古地区生态资源条件、种植结构和种植规模、优质小麦的研究和生产现状、区位及市场优势等，结合2002—2004年对优质专用春小麦在内蒙古进行的多年多点试验研究结果，分析了内蒙古主要小麦产区的气候特点对小麦品质的影响，结合各试点和内蒙古小麦种植区域的光照、温度、降水等主要生态环境因子及土壤类型特点，以小麦的重要品质性状蛋白质、硬度和沉降值为主要评价指标，采用 SAS 统计软件对获取数据进行系统分析，初步将内蒙古自治区小麦主要产区由东到西依次划分为 5 个品质生态区域：Ⅰ内蒙古大兴安岭沿麓优质红粒强筋、中筋麦区；Ⅱ内蒙古赤、通西辽河流域优质中强筋麦区；Ⅲ内蒙古中部阴山北麓温凉旱薄地中强筋麦区；Ⅳ内蒙古土默川平原优质强筋、中筋麦区；Ⅴ内蒙古巴彦淖尔市河套灌区优质中筋偏强筋麦区（图 7-2）。

图 7-2　内蒙古小麦品质生态区划图

（二）品质区划

1. 内蒙古大兴安岭沿麓优质红粒强筋、中筋麦区　本区地处内蒙古东北部，属于《中国小麦种植区划》中的东北春麦区，包括呼伦贝尔市、兴安盟行政区的全部，北以额尔古纳河为界与俄罗斯接壤，西接蒙古人民共和国，东邻黑龙江和吉林两省。在《中国小麦品质区划方案》中，被划分为大兴安岭沿麓专用强筋小麦优势产业带，以生产优质强筋麦为主，中筋麦为辅。

本区位于东经 115°31′～126°04′、北纬 44°14′～53°20′之间，是内蒙古纬度最高的地区。大兴安岭山脉以东北向西南走向纵贯本区域中部。该区属温带大陆性季风气候，年平均温度-3~2℃。冬季寒冷而漫长；春季伴随着大气干旱，气候变化起伏较大，土壤肥沃、墒情较好，本区属于典型的旱肥区；夏季温凉而短促，昼夜温差较大。大于10℃有效积温1 700~2 600℃；无霜期较短，只有90~120d；年降水量300~480mm，雨量多集中在6月至8月中旬；日照充足。该区域耕地土壤主要为黑钙土、黑土、草甸土、轻沙壤土、少量草甸土，有机质含量高，多在3‰~6‰。土壤中性偏碱，土地大面积集中连片，土层深厚而肥沃。

本区种植制度以一年一熟为主。春小麦4月中下旬播种，7月下旬至8月下旬收获。小麦常年播种面积在20万hm²左右，总产55万t。由于春季积雪多、温度低，土壤有机质含量高，有利于小麦出苗和幼穗分化；凉爽的夏季气候又适宜于小麦灌浆，该区域的温光条件有利于作物干物质积累，是内蒙古旱地小麦产区中单产最高的地区，常年单产在3 000kg/hm²左右。因本区多以大型农场和大面积集中连片规模种植为主，是内蒙古自治区农业机械化程度较高的地区。与内蒙古中西部地区相比，该区域的小麦生产比较粗放，生产成本相对较低。因无实力较强的龙头企业带动，小麦产后加工能力较落后，但由于本区是我国优质硬红春小麦主产区，所生产的硬红春小麦品质优良，商品性能稳定，小麦原粮销售市场看好，本区生产的小麦对进口硬麦替代性不断增强。目前种植的小麦品种主要有格来尼、龙麦26、野猫、小冰麦33、拉2577和内麦19等。区域内优质麦比率占小麦播种面积的80％以上。本区生产的小麦可作为面包、面条、馒头加工用优质专用小麦。

本区影响小麦生产的主要因素是春季干旱、小麦生育后期温度较低，以及收获时正值雨季，易造成遇雨穗发芽，致使小麦商品品质变劣。因此，应以选育和推广前期耐旱、后期耐涝的高产、优质、抗穗发芽的红粒强筋和中筋小麦为主攻方向；优化专用小麦良种繁育体系，确保专用小麦优良品质的稳定性；加强优质强筋和中筋小麦的配套高产高效栽培技术的研究与推广，规模化种植，实现小麦标准化生产。

2. 内蒙古赤、通西辽河流域优质中强筋麦区　本区属于《中国小麦种植区划》中的东北春麦区。地处东经116°21′~123°43′、北纬41°17′~45°41′。西辽河上游是山区，位于内蒙古自治区的赤峰市境内，下游段是冲积平原，处于内蒙古自治区通辽市境内。西辽河流域呈扇状，北、西、南三面为山区，流域面积131 891km²，流域内建有大小水库90多座，是内蒙古自治区农牧业较发达的地区之一。

本区属温带大陆性季风气候，通辽以西为半干旱地带，以东为半湿润易旱地带。热能资源丰富，多数农业区≥10℃积温为3 000~3 200℃。年平均气温5~6℃，1月份平均气温-15℃~-10℃，7月平均气温在23℃~24℃之间，无霜冻期一般为130~150d。年日照时数为2 800~3 100h。常年降水320~480mm，春季少雨雪，多大风，4~8月份降水量约占全年降水量的70％~80％。西辽河平原地平土厚，土壤属栗钙土地带，以灰色草甸土和风沙土为主。水源充足，便于引水灌溉和农业机械作业。主要盛产玉米、小麦、大豆、甜菜、葵花籽、蓖麻等作物，其中杂粮生产占有重要地位。本区小麦是在3月下旬播种，7月中下旬收获。

近年来，本区域春小麦播种面积在6万hm²左右。籽粒蛋白质含量为15.89％~

16.50%，沉降值 36.9～61.5mL。在土壤肥力较高的地块可以生产优质强筋小麦，土壤肥力略差的地区可以生产中筋小麦。

本区域小麦生育后期天气比较炎热，多雨、日照减少，易造成小麦青枯早衰、高温逼熟，粒重降低，品质下降。西辽河平原部分地区因排水不畅，耕地盐渍化严重。发展优质春小麦生产需注意优质与高产并重、合理运筹肥水，加强优质、高产专用小麦新品种的选育和配套的高产高效栽培技术的应用，以确保优质品种生产出优质商品小麦。

3. 内蒙古中部阴山北麓旱薄地中强筋麦区　本区包括锡林郭勒盟的太仆寺旗、多伦县、正蓝旗、正镶白旗、镶黄旗和乌兰察布市的商都县、化德县、察哈尔右翼中旗、察哈尔右翼后旗等 9 个旗县行政区的全部，位于东经 111°55′～116°55′、北纬 41°06′～43°11′之间。本区地处农牧林交错地带，土壤分布带性明显，比较肥沃，从南到北为暗栗钙土、栗钙土和棕钙土。条件较好的山间盆地和滩川地为旱作农业区，主要种植春小麦、莜麦、马铃薯、胡麻、糜子、谷子、黍子、荞麦、蚕豆、豌豆、油菜籽等作物，产量较低且不稳。

本区以丘陵和平原为主。春季多风少雨，夏季温热短促，秋季凉爽湿润，冬季寒冷漫长，气温变化剧烈，日照时间长，光能充沛，降水季节分布不均及无霜期短是其显著的气候特点。年均气温为 1.3～4℃，≥10℃活动积温为 1 700～2 500℃，年日照时数为 3 000h 左右，无霜期 95～110d。年降水量少而集中，平均降水量为 300～400mm。风大而多，年均风速 4～6m/s。

本区锡林郭勒盟境内如多伦县等因有纵横交错的河流，水资源丰富，是我国北方农牧交错带典型的农牧结合经济类型区。气候属中温带半干旱向半湿润过渡的大陆性气候。

本区目前小麦面积在 4 万 hm² 左右，种植的小麦品种有克旱 8 号、克旱 9 号、蒙麦 22、永登小麦等。由于小麦生长季节降水少而不稳定，年年春旱，土地贫瘠，土地资源丰富，光照充足，水资源缺乏，风沙和冻害频繁，常常造成小麦减产。本区旱作小麦育种应以抗旱耐瘠薄、稳产、高产、优质为主攻方向。

4. 内蒙古土默川平原优质强筋、中筋麦区　内蒙古自治区呼和浩特市土默川平原，地处阴山主脉大青山下，纵横数百里，是历史上著名的敕勒川，现已成为自治区重要的粮食及农产品生产基地，素有"米粮川"之称。

本区主要包括呼和浩特市、土默特左旗、包头市郊区、土默特右旗及鄂尔多斯市的达拉特旗等除山区外的全部平原地区。北部为大青山山前倾斜冲积平原，南部为黄河和大黑河的冲积平原，地势平坦，海拔 1 000～1 100m。该区属温带大陆性季风气候，四季分明，日照充足。年平均气温为 4～6℃，冬季 1 月平均气温为－13℃左右，夏季 7 月平均气温为 20～22℃，年日照时数为 3 000h。无霜期 130～150d。常年降水 350～450mm。7～9 月份降水量约占全年降水量的 70% 左右。年平均蒸发量是降水量的 4.5～6 倍。土壤以草甸土、栗褐土和盐土为主，部分为栗钙土、沼泽土和风沙土等，耕层土壤由于是黄河、大黑河冲积淤灌形成，其厚度约达 20～70cm，有机质含量达 1% 以上，土壤肥沃，种植的作物产量比较高。常年小麦播种面积都在 5.5 万 hm² 左右。

本区根据自然条件及耕种方式，又分为黄河及沿山井灌区。黄河灌区由于河水无保障或距主干渠较远而往往采用河水与井水互通有无的灌溉体系。沿山井灌区地处大青山脚下，背风向阳，加上垦殖历史悠久和精耕细作的传统，是内蒙古农作物生产集约化程度较高的地区。

本区域也是内蒙古间套作面积最大的地区之一，多采用小麦与其他杂粮作物如马铃薯、向日葵、蚕豆、甜菜、大白菜、西瓜等进行间套作的种植模式。生产上栽培品种主要有农麦 201、农麦 2 号、永良 4 号等。

小麦生产上存在的主要问题是小麦生育后期高于 30℃的天数可长达 14～25d，并伴有天气干旱，致使小麦易青枯早衰、高温逼熟、品质变劣、粒重降低、产量下降。故该地区适宜于早熟或中晚熟的优质、高产、抗逆性强的红粒、白粒中筋、强筋品种。

5. 内蒙古巴彦淖尔市河套灌区优质中筋偏强筋麦区 本区位于北纬 40°13′～42°28′，东经 105°12′～109°53′，主要包括巴彦淖尔市行政区的全部。该区土壤肥沃，适于种植春小麦、水稻、糜、谷、大豆、高粱、玉米，有"塞外粮仓"之美誉。内蒙古巴彦淖尔市河套平原得益于黄河自流灌溉，是国家和内蒙古自治区重要的商品粮生产基地。2008 年巴彦淖尔市粮食总产达 21.5 亿 kg，其中小麦总产 7.1 亿 kg，占内蒙古自治区小麦总产量的46%。

本区属温带大陆性季风气候，四季分明，年平均气温 5.8～7.5℃，日较差为 6.1～7.6℃。夏季 7 月气温最高，平均气温为 23℃；秋季天气晴朗，温和凉爽；冬季 1 月平均气温为－10℃。日照时数为 3 100～3 300h。无霜期 130～150d。雨水集中，常年降水125～300mm，夏季降水集中在作物生长的旺季，7～8 月份降水量约占全年降水量的60%左右；年平均蒸发量高达 2 032mm。土壤以灌淤土、草甸土和盐土为主，耕层土壤按其质地又可分为红泥土、两黄土、沫土和沙土等。黄河自东向西横贯全区，平均过境水流量为 315 亿 m^3，引黄灌溉面积达 57.4 万 hm^2。

本区域有精耕细作的传统，土地比较肥沃，灌溉条件好，积温高，日照时间长，光热资源充足，昼夜温差大，有利于小麦光合作用和干物质积累，加之有黄河水灌溉，生长的小麦籽粒饱满、色泽光亮。作为内蒙古自治区优质中筋偏强筋小麦的集中产区，栽培品种主要是永良 4 号、新春 6 号、农麦 2 号、巴优 1 号等，小麦的良种使用率基本达到 100%。小麦套种玉米、小麦套种晚播向日葵等模式化栽培技术、配方施肥技术等基本得到普及和推广，使得土地、积温、光照等资源得到了较高的利用。

本区的种植制度多以小麦为母田进行麦后复种其他作物，充分提高了麦后复种指数，增加小麦的比较效益。目前本区小麦种植多以一家一户的散户种植为主，使生产的小麦品质难以保持一致。因此，应适度发展和推广小麦连片规模化种植模式，降低生产成本，提高小麦生产的集约化程度，实现优质专用小麦规模化及标准化种植，提高小麦产业化生产水平。

由于黄河水入境后，坡度变小，水流平稳，多年漫灌，土壤次生盐渍化现象严重，成为当地农业发展的一个主要限制因素。再加上天气干旱少雨，小麦灌浆期气温急剧上升，气温高于 30℃的天数可达 13～35d，因而常发生干热风的危害，往往造成小麦青枯早衰，高温逼熟，千粒重降低，品质变劣。

四、主要品种与高产优质栽培技术

（一）主要品种

1. 永良 4 号（宁春 4 号）　宁夏回族自治区永宁县小麦育种繁殖所选育，亲本组合为索诺拉 64/宏图。1981 年宁夏回族自治区农作物品种审定委员会审定命名，1992 年内蒙古自治区农作物品种审定委员会认定。春性，生育期 102～106d。幼苗直立，根系发达，生长繁茂，分蘖能力强，成穗率低。叶色浓绿，叶片中宽略披。茎秆粗壮，株高 80～85cm。纺锤形穗，长芒、白壳，穗长 10cm，穗大粒多，穗粒数 30 粒左右，千粒重 40～47g。籽粒大，卵圆形，红粒，硬质，黑胚率中等。抗倒伏能力强，抗青枯早衰，适应性强，稳产性好。抗秆锈病，感染条锈病、叶锈病、白粉病、黄矮病、赤霉病，但表现耐病。对土壤肥力、水分适应范围较广，耐盐碱。耐后期高温，落黄较好。品质测定：容重 821g/L，蛋白质含量 13.58%，湿面筋含量 29.1%，沉降值 29.3mL，面团稳定时间 8min，延伸性 18.2cm，拉伸面积 126.8cm²，面条评分 92 分，馒头评分 82 分，面包评分 91.3 分。1979 年宁夏灌区区试平均单产 5 598kg/hm²，较对照斗地 1 号增产 12.9%；1980 年平均 6 277.5kg/hm²，较对照斗地 1 号增产 20.48%。目前为内蒙古河套地区主栽品种，平均产量 5 635.5kg/hm²。适宜在内蒙古河套灌区、土默川井灌区等地区种植。

2. 农麦 2 号　内蒙古农牧业科学院作物研究所选育，亲本组合为宁 1608/蒙鉴 3 号。2005 年通过内蒙古自治区农作物品种审定委员会审定，2006 年通过国家农作物品种审定委员会审定。春性，容重 828g/L，蛋白质（干基）含量 14.60%，湿面筋含量 30.8%，沉降值 47.2mL，稳定时间 9.6min，最大抗延阻力 472E U，属强筋品种。2005 年生产试验，平均单产 7 089kg/hm²，比当地对照减产 0.1%。适宜内蒙古中西部水浇地作春麦种植。

3. 巴麦 10 号　内蒙古巴彦淖尔市农业科学院选育，亲本组合为永 2070/82170‑1。2002 年通过内蒙古自治区农作物品种审定委员会审定。春性，粗蛋白含量 13.98%，湿面筋含量 30%，沉降值 32.4mL，降落值 354s，吸水率 62.88%，面团形成时间 4.4min，面团稳定时间 7.0min，面条评分 74 分。1995—2001 年 7 年的品种试验，在中、高水肥地上，试验产量为 4 500～6 900kg/hm²；在低水肥地上，单产 2 700～4 020kg/hm²。适宜 ≥0℃有效积温为 1 900℃以上的巴盟河套灌区及土默川井灌区种植。

4. 巴优 1 号　内蒙古巴彦淖尔市农业科学院选育，亲本组合为冬小麦冀麦 30/宁春 4 号。2002 年通过内蒙古自治区农作物品种审定委员会审定，2004 年通过国家农作物品种审定委员会审定。春性，2001—2002 年分别测定混合样：容重 795g/L、794g/L，蛋白质含量 13.9%～14.6%，湿面筋含量 27.8%～29.2%，沉降值 35.6～36.4mL，吸水率 63.1%～62.5%，面团稳定时间 7～7.1min，最大抗延阻力 361～400EU，拉伸面积 83～85.6cm²。2003 年生产试验平均产量 5 694kg/hm²，比当地对照减产 2.47%。适宜在西北春麦区的内蒙古河套灌区、土默川平原种植。

5. 赤麦 5 号　内蒙古赤峰市农业科学研究所选育，亲本组合为文革 1 号×克 76 条

295。2003 年通过国家农作物品种审定委员会审定。春性，容重为 798.5g/L，粗蛋白含量 16.5%，湿面筋含量 36.9%，沉降值 33.6mL，吸水率 60.2%，面团稳定时间 3.4min。2002 年参加生产试验，平均产量 4 335kg/hm²，比对照辽春 9 号增产 19%。适宜在内蒙古赤峰市和通辽市旱肥地种植。

6. 农麦 201 内蒙古农牧业科学院作物研究所、宁夏农林科学院作物研究所选育，亲本组合为87N3353‐15/宁春 7 号。2002 年通过内蒙古自治区农作物品种审定委员会审定。蛋白质含量为 16.15%，湿面筋含量 37.9%，沉降值 61.8mL，稳定时间 4.5min，面包评分 85.5 分，适合加工优质馒头、面条。1998/1999 年度在全区多点试验平均产量 5 482.5kg/hm²。适宜在内蒙古≥10℃有效积温在 1 900℃左右的西部地区的呼和浩特、包头、巴彦淖尔及鄂尔多斯等地种植。

（二）高产优质栽培技术

1. 优质专用小麦品种选用 根据内蒙古不同麦区生产实际和多年试验研究，确定内蒙古东部区应选用前期耐旱、后期耐湿、灌浆速度快、株高适中并抗倒伏、抗丛矮病、抗穗发芽、适宜于机械化作业的高产、优质红粒强筋或中筋品种；西部地区应选用抗干热风、高产（产量潜力在 6 750kg/hm² 以上）、矮秆抗倒、耐盐碱、抗逆（抗病、抗干热风、抗青枯早衰）、适宜于间套作的高产高效优质中早熟的中筋或强筋品种。严格按照原种、良种生产技术规程进行原种、良种生产，生产的种子要达到国家一级良种标准，特征特性达到品种审定标准，为优质专用小麦的标准化生产提供保证。

2. 合理密植、适时早播、优化种植技术

（1）秋季浇足底墒水，精细整地。

（2）拌种包衣，以立克锈杀菌剂或麦迪安种衣剂拌种防治黑穗病和地下害虫。

（3）播前晒种，提高出苗率和出苗势，达到出苗快、齐、壮。

（4）河套灌区单种小麦基本苗每公顷 675 万～750 万株适宜，套种 750 万～825 万株适宜，适时早播，保证播种质量均匀，做到苗齐、苗全和苗壮。

（5）缩垄增行，改以往 20cm 行距为 10cm 行距播种，使单位面积植株分布更均匀，改善群体通风透光条件，达到增产目的。

3. 测土配方施肥技术 根据不同品种的需肥特点进行配方施肥，产量达到 6 750～7 500kg/hm²，参考用肥量为：

（1）耕地前每公顷施有机肥 60～75m³。

（2）每公顷施纯氮（N）180～210kg，折合尿素 375～450kg，30%左右作底肥和种肥、70%作追肥施入。

（3）每公顷施磷（P_2O_5）135～150kg 为宜，折合磷酸二铵 300～330kg，以底肥耙入和种肥分层施入。

（4）每公顷施钾（K_2O）52.5kg 左右，以种肥和根外追肥方式施入。孕穗期叶面喷施磷酸二氢钾 3kg/hm²、尿素 3.75kg/hm² 混合液，以延长叶片功能，提高品质。

4. 病虫草害综合防治，无公害生产技术 建立从播种到收获的优质小麦全程病虫草害综合防治系统，防在先、治在后，保证小麦粮食卫生安全。在进行病虫草害防治时，选择高效低毒低残留农药，严抓规范施药技术，注意喷药时间，严格控制用量，防治病虫于最敏感时期。

（1）种子包衣、拌种防治地下害虫和黑穗病等　用20％克福按1.5％比例进行种子包衣；25％粉锈宁150ml对水50～60kg喷洒拌种，晾干后播种。

（2）蚜虫、黏虫防治　用氧化乐果750ml/hm²、25％快杀灵750ml/hm²防治蚜虫、黏虫。防治指标：苗期蚜株率达40％～50％，平均每株有蚜4～5头；黏虫防治在三龄期前，麦田有虫12万～15万头/hm²进行防治。

（3）锈病防治　用20％粉锈宁乳油450ml/hm²对水750～900kg喷雾防治锈病。防治指标：发现中心病株及时防治，防止病害蔓延。

（4）防除杂草　用除草剂麦乐乐＋甲黄隆进行化学除草。

第三节　甘肃省小麦品质区划与高产优质栽培技术

一、小麦生产生态环境概况

（一）地理概况

甘肃省位居中国西北内陆腹地，位于北纬32°36′～42°47′，东经92°10′～108°43′之间。东接陕西，南邻四川，西连青海、新疆，北与宁夏、内蒙古两自治区毗邻，西北一隅和蒙古接壤。省境从东南部的泾、渭河平原向河西荒漠内流区斜长绵亘，东西长1 665km，南北宽530km，最窄处仅25km，从西北到东南呈狭长的哑铃状，面积45.4万hm²。境内平均海拔1 400m以上，相对高差200～1 500m。地貌基本涵盖了山地、高原、河谷、平川、沙漠、戈壁等多种类型，并构成了独具特色的六大地形区域：陇南山地区、陇中黄土高原区、祁连山地、河西走廊、北山山地、甘南高原。

1. 陇南山地区　陇南地处中国大陆二级阶梯向三级阶梯的过渡地带，位于秦巴山区、青藏高原、黄土高原三大地形交汇区域，西部向青藏高原北侧边缘过渡，北部向陇中黄土高原过渡，东部与西秦岭和汉中盆地连接，南部向四川盆地过渡，整个地形西北高东南低。西秦岭和岷山两大山系分别从东西伸入全境，在境内形成了高山峻岭与峡谷盆地相间的复杂地形。全区按地貌的大体差别和区域切割程度的不同可划分为三个地貌类型区：一是东部浅中切割浅山、丘陵、盆地地貌区，包括徽成盆地的成县、徽县、两当三县全部。西秦岭分为南北二支伸入本区域，形成南北高中间低凹、长槽形断陷盆地，海拔800～2 700m。北边系北秦岭断裂割式山地，海拔一般在1 500～2 700m，为浅切割中山区，地势平缓，浅山已垦殖为农田，深山有茂密的水源涵养林，植被覆盖良好。南边系南秦岭地垒式山地，海拔一般在1 900～2 400m，为中切割中山区。中间系缓坡丘陵盆地，海拔在800～1 300m，坡度多在20°以下，川坝地散布于山丘之间，土厚水丰，是粮食的集中产地。二是南部中深切割中高山地貌区，系南秦岭西延部分和岷山山系东部分相互交错地带，包括康县、武都、文县全境，海拔大多在900～2 500m，大部分地方处于北纬33°以南，属亚热带边缘区。这一区域因山势较高、沟壑纵横，高山河谷交错分布，大部分耕地为坡耕地，土层较薄，石块较多，保水、保肥能力差。三是北部全切割中高山地貌区，包括宕昌、礼县、西和三县全部，海拔在968～4 100m之间。宕昌县哈达铺、理川、南阳一带，礼县西汉水及其支流两岸，西和县漾水河及其支流两岸等地屑浅丘陵黄土梁峁地形，相对高差小，地势平缓，河谷开阔，土地连片面积大，有许多山间小平原分布。西汉水下游山陡谷狭，山地、旱地较多，土地较为分散，但耕地较多，有大面积的草地和土地资源可开发利用。

2. 陇中黄土高原区　甘肃陇中黄土高原区包括兰州、定西、白银、天水、平凉、庆阳和临夏7个市州。该区域沟壑纵横，形态复杂，黄土物质疏松，具垂直节理，易遭受侵蚀。黄土塬、梁、峁地形是今天黄土高原基本的地貌类型。塬面宽阔，适于机械化耕作，是重要的农业区。由"梁"和"峁"组成的黄土丘陵，高出附近沟底大都在100～200m，水土流失严重，是黄河泥沙的主要来源区。川是深切在塬面下的河谷平原。川两旁为河谷阶地。

3. 祁连山地　祁连山地是祁连山脉的山麓地区。在甘肃境内祁连山地主要包括河西走廊以南，东起乌鞘岭，西至当今山口的祁连山山麓地带，海拔高度在1 700～2 600m之间。

祁连山地具典型大陆性气候特征。一般山前低山属荒漠气候，年均温6℃左右，年降水量约150mm。中山下部属半干旱草原气候，年均温2～5℃，年降水量250～300mm。中山上部为半湿润森林草原气候，年均温0～1℃，年降水量400～500mm。亚高山和高山属寒冷湿润气候，年均温-5℃左右，年降水量约800mm。山地东部气候较湿润，西部较干燥。

4. 河西走廊　河西走廊位于甘肃省西北部祁连山和北山之间，东西长约1 200km，南北宽约100～200km。东起乌鞘岭，西至古玉门关，南北介于南山（祁连山和阿尔金山）和北山（马鬃山、合黎山和龙首山）间，宽数公里至近百公里，为西北—东南走向的狭长平地，形如走廊，地域上包括甘肃省武威（古称凉州）、张掖（甘州）、金昌、酒泉（肃州）和嘉峪关等5市。

走廊地势平坦，一般海拔1 500m左右。沿河冲积平原形成武威、张掖、酒泉等大片绿洲。其余广大地区以风力作用和干燥剥蚀作用为主，戈壁和沙漠广泛分布，尤以嘉峪关以西戈壁面积广大，绿洲面积更小。在河西走廊山地的周围，由山区河流搬运下来的物质堆积于山前，形成相互毗连的山前倾斜平原。在较大的河流下游，还分布着冲积平原。这些地区地势平坦、土质肥沃、引水灌溉条件好，便于开发利用，是河西走廊绿洲主要的分布地区。以黑山、宽台山和大黄山为界将走廊分隔为石羊河、黑河和疏勒河3大内流水系，均发源于祁连山，由冰雪融化水和雨水补给，冬季普遍结冰。各河出山后，大部分渗入戈壁滩形成潜流，或被绿洲利用灌溉，仅较大河流下游注入终端湖。

5. 北山山地　河西走廊北山山地从东向西依次由龙首山、合黎山、马鬃山等一系列断断续续低矮的山系构成，北临内蒙古西部阿拉善右旗、额尔纳旗荒漠地带。北山山地为一列断续的中山山地，大体呈西北—东南走向，西部和东部高，中部低。山地海拔1 800～3 616m，相对高度500～1 000m。

属内陆荒漠气候，极度干旱，水源缺乏，呈荒漠景观，年降水量50～200mm，植被单一、稀疏，呈现典型的荒漠植被特征。其中龙首山最高峰东大山海拔 3 616m，植被相对丰富，垂直分布明显。

6. 甘南高原 甘南高原位于甘肃省南部，以甘南藏族自治州为主，地处青藏高原东北边缘，南与四川阿坝州相连，西南与青海黄南藏族自治州、果洛藏族自治州接壤，东面和北部与陇南、定西、临夏毗邻。面积 45 000km²。属于青藏高原和黄土高原过渡地带，地势西北部高，东南部低。境内海拔 1 100～4 900m，大部分地区在 3 000m 以上。甘南高原分为三个自然类型区，南部为岷迭山区，群峦叠嶂，山大沟深，气候比较温和，是甘肃重要林区之一；东部为丘陵山地，高寒阴湿，农林牧兼营；西北部为广阔的草甸草原，是甘肃主要牧区。州府合作市海拔 2 960m，平均气温 1.7℃，没有绝对无霜期。

（二）气候特点

甘肃省属于西北地区，深居内陆，气候类型复杂多样，具有气候干燥，气温年、日较差大，光照充足，水热条件由东南向西北呈递减等特征。气候的地域差别大，兼有亚热带温湿润气候区、暖温带湿润气候区和干旱气候区、温带半湿润和半干旱气候区、干旱气候区、高寒气候区等多种气候类型区。各季的气候特点是：冬季雨雪少，寒冷时间长；春季升温快，冷暖变化大；夏季气温高，降水较集中；秋季降温快，初霜来临早，并且山区垂直气候明显。气候的不利因素主要有干旱、冰雹、暴雨、霜冻、干热风和沙尘暴等灾害性天气。

1. 太阳辐射和日照 甘肃省南北跨 10 个纬度，境内多为高原山地，境内年太阳辐射量变化较大，但年太阳总辐射量变化呈由东南向西北递增趋势。如河西走廊西北部年太阳总辐射可达 6 400MJ/m²，而陇南年太阳总辐射在 5 400MJ/m² 以下。

甘肃省年日照时数的分布自南向北、自东向西递增，总趋势是由东南向西北随东南季风的影响减弱及大陆度的增大而年日照时数逐渐增加。在同一地区由于山区云量较多而日照时数有所减少，森林区由于云雾日较多而降低日照时数。全省日照时数最多的地区在河西西北部，年日照时数大于 3 200h；年日照时数最少的地区在陇南南部，在 1 800h 以下。地区之间的变化范围在 1 700～3 300h 之间，河西走廊 2 800～3 300h，祁连山区 2 600h 左右，陇中及陇东地区（包括兰州、白银、定西北部、临夏中北部、庆阳中北部和平凉中北部）2 400～2 700h，定西南部和东部、临夏南部、甘南、平凉大部、庆阳东南部、天水市和陇南的宕昌县年日照时数在 2 000～2 400h 之间，陇南山地年日照时数在 1 700～2 000h 之间。

2. 温度 甘肃省年平均气温的分布总趋势是由东南向西北递减，同纬度地区随海拔高度的增加而降低。由于省内地形复杂，气温的垂直分布比纬向分布更为明显，受山体高度影响形成不同的垂直层带使年气温等值线分布和等高线趋于一致，从而构成了多样化的种植制度和立体农业。

日平均气温稳定通过 0℃初、终间日数和活动积温全省自南而北、自低海拔向高海拔处递减，陇南白龙江河谷大于 345d，陇东和陇南北部 250～280d，陇中及河西走廊 230～250d，甘南和祁连山区 190～210d。全省≥10℃的积温为 4 600～5 200℃，其分布也随纬度和海拔高度的增加而递减，初、终间日数也随之缩短。安敦盆地 180d 左右，河西走廊

150～165d，中部 130～180d，陇东 150～170d，陇南北部 220～230d，甘南和祁连山地 27～60d。

全省以陇南无霜期最长，甘南高原和祁连山地无霜期最短，分布趋势自东南向西北、自河谷向高原和高山逐渐缩短。陇南南部 280d 左右，陇南北部 210d 左右，陇东和陇中 160～190d，河西走廊 150～180d，甘南高原 31～142d。

3. 降水和蒸发　甘肃省地处内陆，地形地貌复杂，气候生态类型多样，境内年降水量的差别十分悬殊，变化范围为 38～900mm。年降水量分布不均，东南多，西北少，变化的总趋势是随东南季风的减弱，由东南向西北迅速递减，平均纬向递减率为 123mm，经向递减率为 96mm。同时，年降水量的垂直变化较大，随海拔高度的升高而增加。全省年降水量最多的是陇南，可达 900mm；其次为临夏、甘南、天水和陇东南部，年降水量在 500～700mm 之间，中部干旱地区年降水量在 300～500mm 之间，降水量最少的是河西走廊，年降水量在 38～360mm 之间。敦煌年均降水量为 38.8mm，最低记录为 6.8mm。

甘肃省年降水量除地区间差别悬殊外，同一地区年内降水分配不均，年际间变化大，干旱灾害频发。大部分地区年降水量不足 500mm，少于同纬度东部各省。并且，由于青藏高原和东南季风的影响，一年内降水主要集中在夏、秋两季，尤其是 7、8、9 三个月，降水时间与大多数作物的生长季节错位。各地夏季降水量占全年的 50%～70%，秋季占 25%～30%，冬、春季极为干旱，春旱是当地农业生产的最重要的威胁，往往造成夏粮作物大幅度减产，甚至绝收。

蒸发量的分布和变化：甘肃省境内降水量少而蒸发量大，地区间蒸发量差别大。总体趋势为由东南向西北递增，陇南大部分地区年蒸发量小于 800mm，陇东及中部干旱地区年蒸发量在 900～1 200mm 之间，河西走廊年蒸发量在 1 300～2 000mm 之间。年蒸发量的垂直变化规律为随地面海拔高度的增加而降低，如祁连山区一般小于 800mm。年蒸发量的季节分布是冬季最小，夏季最大，春季大于秋季，最大蒸发量值出现在 6、7 月，最小值出现在 12 月和 1 月。

（三）土壤条件

1. 土壤类型　甘肃植被、土壤类型复杂多样，陇南山地针阔叶混交林下，发育着黄褐土。其中，在徽成盆地以北的中心丘陵地带分布有山地褐色土和山地棕壤；陇东黄土高原广大塬区及其边缘台地区，地带性植被为森林草原和草原，但由于大都已被开发利用，天然植被保存无几，发育成黑垆土；陇中地区植被则属草原向荒漠草原的过渡类型，兼有荒漠草原和草原，发育灰钙土，唯兴隆山、马衔山分布有云杉和山杨林等；河西走廊一带多属荒漠和半荒漠，土壤以灰棕荒漠土为主。河西走廊嘉峪关以西植被更为稀疏，土壤多属棕色荒漠土；甘南高原属温带森林草原垂直带向高寒草原过渡带，发育山地草原土和山地草甸土。此外，在省境各大河谷平原和地下水位较高的地区还发育有草甸土和沼泽土。在陇东南河谷地带尚有水稻土。北部和西北部靠近沙漠地带则有风沙土等。境内有秦岭、祁连山地、甘南高原以及兴隆山和马衔山等山体植被，土壤垂直变化则因山地所处自然环境的不同而有所不同。

2. 土壤质地　甘肃土壤质地的区域分布规律：境内土壤质地差别较大，不同地区0～20cm土层的机械组成呈规律性变化，即由东南向西北土壤质地逐渐由细变粗，南部地区各土类黏粒含量在30%以上，以黏壤土为主；中东部各土类黏粒含量在20%～30%之间，以黏壤土和壤土类为主，而西部地区各土类黏粒含量低于20%，土壤质地较轻，以壤土和沙土类型为主。

3. 土壤肥力　甘肃省地处黄土高原、蒙古高原和青藏高原的交汇处，地形复杂，山地和戈壁沙漠分布广，干旱少雨。全省农业用地率低，土壤中养分含量低，土地瘠薄。

有机质：全省耕地面积占总土地面积的14%，耕地中旱地占78%。无论东南部还是西北部，绝大多数耕种土壤有机质含量偏低，但总体变化趋势为东南部高于西北部，耕种土壤有机质含量低于非耕种土壤，旱作农田低于水浇地。全省土壤耕层有机质含量的平均值为1.44%，变幅在0.15%～8.60%之间。非耕种土壤有机质含量较高，全省平均值为4.15%。

耕地表层有机质平均含量为1.73%。甘南高原，植被覆盖率高，进入土壤的有机质量大，温度低，分解速度慢，土壤中有机质含量较高，耕种土壤有机质含量在3.3%以上。天水植被覆盖度下降，农田平均有机质含量仅为1%左右。位于陇东黄土高原的平凉和庆阳地区，植被稀疏，水土流失严重，以旱作农业为主，耕种土壤有机质含量为1%左右。陇中地区干旱少雨，植被稀疏，耕作粗放，除沿黄灌区外，旱作区土壤有机质含量均在1%左右，甚至更低。河西走廊属沙漠灌溉绿洲，耕种土壤有机质含量在1.2%以上，高于中部。

土壤中氮素含量偏低。各地区间因气候条件差异和耕作制度不同而导致土壤含氮量差异较大，以甘南藏族自治州最高（0.6%），其次为陇南、天水、临夏、定西、张掖和武威，土壤含氮量最低地区为酒泉（0.08%）。甘肃农业土壤的C/N偏低，在7～10之间。

土壤磷素：甘肃土壤表层全磷量在0.04%～0.08%之间，高者可达0.13%，最低者不足0.01%，但全省土壤碳酸盐含量较高，属碱性土壤，磷素大部分以钙、镁磷酸盐固定于土壤中，难被植物利用，属于缓效态磷。因此，甘肃境内大部分土壤属于贫磷土壤。

土壤表层速效磷含量大部分在10mg/kg以下，最低的只有2～3mg/kg。耕种土壤由于耕作熟化和施肥等人为因素的影响使速效磷含量高于自然土壤，平均含量在7mg/kg左右，靠近村镇、城郊区，土壤速效磷含量可达20mg/kg以上。

土壤钾素：甘肃山地成土母质为各类变质岩、砂岩、灰岩、砾岩和花岗岩等风化后形成的残积坡积母质，土壤钾素含量较低，在低山丘陵区干旱草原和荒漠草原地带，以及黄土高原区成土母质主要为新生代第四纪不同时期沉积的黄土，矿物组成中伊利石、蒙脱石等富含钾的矿物较多。因此，土壤中钾素含量较高。另外，甘肃境内还有大面积的风沙土，质地多为细沙粒土壤，钾素含量较低。全省土壤平均全钾含量在1.5%～2%之间，地区间差异较大，河西地区、甘南和临夏土壤含钾量较高，而陇中和陇南地区土壤含钾量较低。全省土壤速效钾平均含量高于140mg/kg，但变幅较大，耕地中有2.7%的面积土壤速效钾含量低于50mg/kg。

（四）种植制度

小麦在历史上是甘肃省的主要粮食作物，除陇南的个别地方以水稻为主粮外，其余各地都以小麦为主粮。各地因气候生态条件、灌溉条件和传统习惯不同而种植方式不同。总体上可分为春麦和冬麦两大麦区，按照有无灌溉条件可分为水浇地和旱作栽培方式，旱作面积大于水浇地面积。种植方式以单作为主，带田间作、套种、混种和复种并存。

陇东泾河上游川原山地冬小麦区多为一年一熟或二年三熟，小麦前茬多为豆茬或正茬。陇南渭河上游河谷山地冬小麦区，除少数河谷川道为一年二熟外，多为二年三熟，小麦前茬多为豆类、马铃薯和玉米，亦有少量豆科牧草和重茬。岭南嘉陵江上游温暖河谷川坝区为一年二熟，丘陵、浅山区为二年三熟，高山区为一年一熟。陇西河谷山地冬、春小麦兼种区，除宕昌县个别河谷地区二年三熟外，其余地区均为一年一熟。一年一季正茬，小麦前茬以豆类作物为主，其次是马铃薯、油菜、青稞或重茬。陇中干旱山川地，种植春小麦为主，多为一年一熟，仅有少数温暖河谷川区麦后复种蔬菜，山旱地小麦前茬多为豆类或歇地。川旱地小麦前茬为豆类、马铃薯、油菜或重茬，大部分地方实行麦、秋豆3年轮作制。洮岷高寒阴湿春小麦区，为一年一熟制，小麦前茬多为豆类，其次为油菜和马铃薯。河西内陆灌溉春麦区的种植制度因地域而异，西北部灌溉绿洲区为一年一熟制，小麦为正茬；中东部灌溉绿洲区多为一年一熟，黑河沿岸有较大面积的小麦、玉米带田种植和小麦套种绿肥，小麦前茬多为绿肥、玉米或重茬；南部沿祁连山冷凉春麦区为一年一熟制，小麦前茬多为豆类、油菜和歇地，也有一定面积的重茬。

二、小麦产业发展概况

（一）生产概况

小麦是甘肃省的主要粮食作物，2000年以前常年播种面积133.3万 hm^2，其中冬、春小麦基本各占一半。此后因甘肃经济发展的需要而调整种植结构，压缩粮食作物面积而扩大经济作物面积，小麦播种面积随之下降，但常年播种面积仍然稳定在100万 hm^2 左右，其中冬小麦面积占到60%以上。2009年种植面积96.39万 hm^2，单产2 709kg/hm^2，总产261.1万t。

自20世纪80年代以来，甘肃省的小麦育种在营养品质改良方面取得了比较显著的成效，育成了面包型小麦品种甘春20、西峰20，以及适合加工高档面条的优质专用小麦品种定西35、陇春15、陇春16、甘春18、甘春19等。20世纪80年代中后期至90年代末，省、市两级共审认定小麦新品种185个，推广应用的品种兰优麦、张春11、庆丰1号、旱农4号、晋农134、晋农630、花培764、甘春20、张春17、张春20、武春2号、陇春16等具有优质专用性，可用作烘烤面包专用品种。

目前，河西、陇东和沿黄灌区充分利用当地的自然条件，大力推广优良品种及配套栽培技术，已成为甘肃重要的优质专用小麦主产区。张掖、武威等地种植面积较大的面包型小麦主导品种有甘春20、张春17、陇春16，庆阳、平凉、武威、定西、张掖、临夏等地主要种植面条型小麦主导品种定西35、甘春18、会宁18、陇鉴127、兰天10、西峰20等。2006年全省种植优质专用小麦面积45.53万 hm^2，占小麦种植面积的48.6%；优质专用小麦总产量148万t，占小麦总产量的56.4%。其中强筋面包型小麦17万 hm^2，总产量60万t；中筋面条型小麦23.12万 hm^2，总产量82.2万t；弱筋饼干型小麦5.41万

hm²，总产量 8.4 万 t。

（二）生产优势及存在问题

1. 生产优势及市场潜力 甘肃大部分地区海拔在 1 100～2 000m 之间，由于深居内陆，常受大陆性气候的影响，气候干燥。但甘肃各小麦主产区自然条件有利于优质小麦生产。河西走廊和沿黄灌区，地势平坦，具备灌溉农业的有利条件。太阳辐射强度大，日照时间长，光质好，年日照时数 2 800～3 300h，年太阳总辐射量 60 711～66 115kJ/cm²，热量条件较好，≥0℃积温为 2 900～3 900℃，≥10℃的积温为 2 600～3 400℃，年平均气温 6～8℃。无霜期为 140～160d，农作物生长期为 220～240d。光、热、水、土条件配合较好，符合强筋小麦生长要求的干燥、多日照气候条件，有利于其净光合效率的提高和干物质的积累，可使其获得高产优质。陇东和天水地区也是甘肃冬小麦主产区，虽然没有灌溉条件，但年降水量在 500mm 左右，太阳辐射时间长、强度大，小麦全生育期的平均日照时数为 1 834.1～2 118h，平均每天 8.2～9.5h，对小麦籽粒蛋白质的形成和积累也十分有利。冬小麦全生育期太阳辐射总量 272～314MJ/m²，热量适中，日较差大。冬小麦全生育期所需日平均气温≥0℃积温在 1 900℃以上，冬前幼苗生长期≥0℃积温在 450～600℃，经历时间长，有利于分蘖和根系生长，越冬期－12～9℃，积温在－500℃左右，能顺利通过春化阶段，抽穗至成熟期温度 15～21℃，有利于光合作用。因此，陇东地区也是优质冬小麦产区。

甘肃总人口为 2 617 万，小麦总产量为 2 697 万 t，人均小麦占有量为 102kg。以面食当家的甘肃，小麦年消费量为 45 亿 kg，而甘肃自产小麦的市场供应量为 25 亿 kg 左右，自给率不到 60%，从甘肃小麦市场缺口可见小麦发展市场具有巨大潜力。

2. 存在的问题 一是优质专用品种少。目前甘肃省种植的普通小麦品种较多，优质专用品种相对较少，不能满足食品加工业发展的需求。而且品种多而杂的现象比较突出，主栽品种少，搭配品种多。二是区域布局分散。种子经营效益低，所以种子经营单位不愿意经营小麦种子，良繁体系不健全。目前甘肃省小麦种植面积在 2 万 hm² 以上的县区仅有庆阳市的镇原县、宁县、环县、庆城县，平凉市的静宁县、泾川县、庄浪县、崆峒区；天水市的秦安县、甘谷县、秦州区、麦积区；定西市只有通渭县，兰州市只有永登县，白银市只有会宁县，武威市只有凉州区，陇南市只有礼县。从分布区域看，生产条件相对优越的河西灌区种植面积相对少，而生产环境恶劣，干旱少雨的陇东、陇中是全省小麦种植面积最大的地区，这一地区单产低，产量无法保证。三是单产水平低。目前甘肃省的小麦主要是以农户分散种植为主，由于农民科技意识相对较差，对抗旱知识了解较少，面对近几年的干旱，主动抗旱意识不足，抗旱品种的选用较少，一个品种多年用的问题非常严重。从整体看，甘肃省小麦主产区东部地区小麦种植面积虽然较大，但单产水平较低。四是良繁体系不够健全。甘肃省小麦生产区分散，很少形成规模性种植。此外，小麦为自花授粉作物，生产用种为常规种子。

（三）优质小麦产业发展前景

甘肃优质小麦产业发展前景看好，一方面甘肃大部分地区，如河西走廊、沿黄灌区、陇东和天水等地区的气候条件适宜于发展优质小麦；另一方面，巨大的市场需求是甘肃优质小麦产业发展的动力。甘肃各地区的自然条件差异较大，不同地区适合生产的小麦类型有所不同。河西走廊 2 000m 以下区域及沿黄灌区光照充足，小麦生长后期热量条件好，病虫害轻，灌溉设施完善，土壤肥沃，小麦收获季节降水频率低，无穗发芽，适宜于发展强筋小麦；陇东和天水地区的光热资源不及河西走廊，适宜于发展中筋小麦；河西走廊 2 000m 以上区域适宜于发展弱筋小麦。

三、小麦品质区划

研究表明，对小麦品质具有重大影响的气候因子主要有昼夜温差、日照时数、光照强度、总云量、降水量、灌浆期积温等，干旱、昼夜温差大、日照充足、灌浆期气温高有利于淀粉和蛋白质的合成，小麦胚乳硬度增大。从气候条件看，甘肃全省范围内可生产硬红春麦、硬红冬麦、硬白麦、软白麦、软红麦等多种类型。渭河上游冬麦区和长江上游冬麦区光照条件较差，河西走廊海拔 2 000m 以上灌区和洮岷高寒春麦区温度低，日照条件差，适合软质小麦生产，其他地区的气候条件均可生产强筋小麦。根据可供商品量和气候因子不同，甘肃小麦按照商品类型和品质区划方案分为 4 个区域（图 7 - 3）。

（一）强筋春麦区

1. 硬红春麦区 包括沿黄河灌区和河西走廊海拔 2 000m 以下灌区，面积约 23.33 万 hm²，行政区域为兰州市的秦王川引黄灌区，白银市的景泰、平川高扬程引黄灌区，武威、张掖、金昌市海拔 2 000m 以下灌区。该区光照充足，小麦生长后期热量条件好，病虫害轻，小麦收获季节降水频率低，约 5 年发生 1 次。收获期多雨年造成穗发芽或黑胚率增加。

2. 硬白麦区 包括河西走廊西端区域，自然降水 150mm 以下，面积约 6.67 万 hm²，行政区域为酒泉市，是传统的白小麦产区，降水稀少，无穗发芽。

3. 红粒中强筋春麦区 包括定西地区大部分县、白银市的会宁县和兰州市的榆中县。该区无灌溉条件，水土流失严重，土壤贫瘠，小麦生长季节干旱少雨，产量波动大，面积约 20 万 hm²。适宜发展中强筋小麦，以满足当地居民消费。

（二）红粒弱筋春麦区

该区包括河西走廊海拔 2 000m 以上灌区，主要有民乐、山丹、肃南、肃北等县大部和永昌县、武威市一部分，面积约 6.67 万 hm²；洮岷高寒春麦区有临洮、临夏全区、甘南藏族自治州的卓尼和临潭两县、兰州市的永登县和永靖县部分，面积约 10 万 hm²。该区热量偏低，光照不足。河西灌区小麦生产条件好，产量和商品率高，可生产弱筋小麦；洮岷高寒区产量高，锈病和草害较严重，小麦生长后期阴雨天气较多，适合发展红粒弱筋小麦。

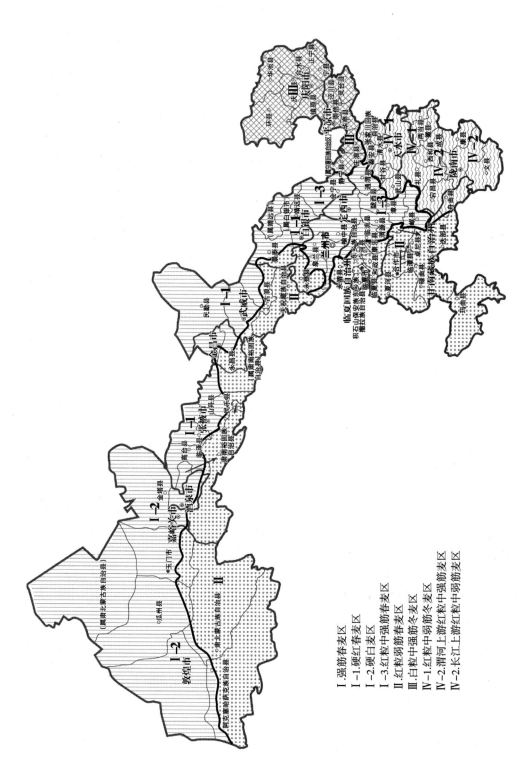

图 7-3　甘肃省小麦品质区划图

I.强筋春麦区
I-1.硬红春麦区
I-2.硬白麦区
I-3.红粒中强筋春麦区
II.红粒弱筋春麦区
III.白粒中强筋冬麦区
IV-1.红粒中弱筋冬麦区
IV-2.渭河上游红粒中强筋麦区
IV-2.长江上游红粒中弱筋麦区

（三）白粒中强筋冬麦区

以泾河上游冬麦区为主，行政区域属庆阳市和平凉市，面积约 32 万 hm^2。小麦生长期间的温度和光照条件适宜生产中强筋小麦，小麦收获期降水频率低，适合发展中强筋白麦。

（四）红粒中弱筋冬麦区

1. 渭河上游红粒中强筋麦区　行政区域属天水市和陇南地区的少部分，面积约 20 万 hm^2。锈病为害较严重，小麦收获期降水频率较高，适合发展中强筋红粒小麦。

2. 长江上游红粒中弱筋麦区　行政区域属陇南地区大部和天水市少部分，面积约 17.33 万 hm^2。条锈病重发区，应压缩小麦生产。

四、主要品种与高产优质栽培技术

（一）主要品种

甘肃省气候生态条件复杂，不同地区间气候生态类型差别较大，构成不同类型的麦区。不同麦区间种植品种不同，地处河西走廊及沿黄灌区海拔 2 000m 以下的硬红春麦区主要种植甘春 20、张春 17、张春 20、陇辐 2 号、武春 3 号、武春 4 号和宁春 4 号等品种；属于硬白麦区的酒泉市范围内主要种植酒春 2 号、酒春 3 号、甘春 18 和甘春 11；红粒中筋麦区（定西大部、白银的会宁及兰州市的榆中）主要种植品种为定西 24、定西 35、会宁 10、会宁 18、定西 38 等；红粒弱筋春麦区为冷凉区，种植的品种主要有武春 1 号、武春 2 号、武春 4 号、甘春 16、临农 30、洮 157；地处泾河上游的平凉和庆阳属于白粒中筋冬麦区，主要种植的品种有陇鉴系列品种（陇鉴 301、陇鉴 386、陇鉴 294、陇鉴 127、陇鉴 196）、兰天系列品种（兰天 10、兰天 15、兰天 18）、西峰 20、西峰 28 及外引品种；红粒中弱筋冬麦区主要种植品种有兰天系列品种（兰天 15、兰天 18、兰天 20）、中梁系列品种（中梁 25、中梁 26、中梁 27）和部分外引品种。

（二）高产优质栽培技术

1. 优质强筋春小麦甘春 20 栽培技术规程（河西走廊及沿黄灌区）　甘春 20 是一个硬质小麦品种，品质优良，籽粒蛋白质含量为 15.9%～17.3%，赖氨酸含量为 0.5%，抗病丰产。

（1）播前准备

1）精细整地，灌足冬水　前茬作物收获后应及时深翻土地，耕翻深度要求 26cm 左右。耕翻后进行大平整，适时进行冬灌，且要一次灌足。冬灌后在地表干时，应及时耙糖，碎土保墒。播种前 1 周进行小平整，随即耕耙，镇压，做到表土疏松，上虚下实，地面平整，无残茬杂物，四角整齐。

2）施足底肥　播种前 1 周结合浅耕施农家肥 7.5 万 kg/hm^2，每公顷施颗粒磷肥

750kg、尿素 300kg。

3）种子处理　选用包衣良种，未包衣种子用麦根宁拌种。

（2）播种

1）播种期　一般在惊蛰至春分之间。以平均气温稳定在 0～2℃左右，表土化冻到 5～8cm 为宜，掌握在夜冻昼消时，于每天中午前后抢时播种。

2）播种深度　3～5cm 为宜。每公顷施 30～75kg 磷酸二铵作种肥。

3）密度　小麦成穗 600 万/hm² 左右。大田单种每公顷下种 337.5kg，带田 225kg，带幅 1.7m，小麦带宽 0.9m 种 7 行，玉米带宽 0.8m 种 2 行。

（3）田间管理

1）三叶期灌头水　灌头水量为 1 200m³/hm²，每公顷追施尿素 150kg，撒施。

2）中耕锄草　灌头水前后进行干耧湿锄，增湿保墒，促进早发。

3）喷施"壮丰胺"　为防止小麦倒伏，拔节初期每公顷用壮丰安 450～600ml，加水 375～450kg，均匀叶面喷施。

4）适时叶面喷肥　开花后 10d，叶面喷施"农一清"，每公顷喷施 7 500g，或用"垦原丰产素"150ml，多元微肥 150ml，尿素 2 250g，对水 450～750kg，分 2～3 次喷施。

5）及时防治病虫害　拔节后随气温上升，病虫蔓延，应及时加强对蚜虫的防治。选用药剂为氧乐菊酯、抗蚜威、蚜虱净等。

（4）及时收获　待叶、茎、穗转黄，籽粒变硬即开始收获。收获后要做到单打、单贮，以保证商品质量。

2. 武春 4 号高产优质栽培技术要点（河西麦区）

（1）选茬整地　前茬作物以玉米、豌豆、马铃薯、油菜、瓜菜等作物为宜，不宜重茬。前茬作物收获后，及时整地、深耕晒垡蓄水，耕翻应深浅一致，翻垡良好，无立垡、回垡，一次性灌足冬水。播前 3～4d 深耕，结合深耕施入优质农家肥 20～30t/hm²、纯氮（N）150～225kg/hm²、磷（P₂O₅）150～375kg/hm²，施后及时打碎地表土块，耙耱保墒。

（2）种子处理　为防治麦类散黑穗病、根腐病、全蚀病等发生，播前用 15%粉锈宁可湿性粉剂按种子量的 0.3%进行拌种，随拌随种；或对精选种子采用小麦专用包衣剂包衣处理。

（3）适期播种，合理密植　在 3 月中下旬、土壤解冻 10cm 左右时顶凌播种，播深以 3～5cm 为宜。播种太深则出苗迟，麦苗生长弱，影响分蘖和次生根发生。播量以 300～375kg/hm² 为宜，保苗 520 万～600 万株/hm²。

（4）加强田间管理　播种后及时耙耱，避免跑墒。出苗后如遇雨雪造成土壤板结，及时破除板块，保证苗全苗壮。灌水要坚持"早灌、勤灌、轻灌"的原则。由于武春 4 号对水分反应敏感，头水要适时早灌，以二叶一心时为宜，拔节期灌二水，扬花灌浆期灌三水，灌浆后期灌四水，每次灌水量控制在 850～1 200m³/hm²。结合灌头水追施尿素 75～150kg/hm²、磷酸二铵 75kg/hm²。拔节至抽穗期叶面喷施 2～3g/kg 磷酸二氢钾液 1～2 次。

（5）及时防治虫害与杂草　小麦 3～4 叶时用 2，4 -滴丁酯 750～1 000ml/hm²，对水

450kg 喷雾防除田间幼嫩双子叶杂草；禾本科杂草二叶期至分蘖期，用 6.9％骠马乳油 600～750ml/hm²，对水 450～600kg 喷雾防除；田间发现野燕麦时，用 64％野燕枯可湿粉剂 900～1 500g/hm²，对水 450kg 喷施防除。蚜虫、红蜘蛛可在小麦抽穗前 7d 左右用 80％敌敌畏乳油 1 000 倍液喷雾防治，抽穗后用 40％氧化乐果乳油 1 500 倍液喷雾 1～2 次防治。

（6）适时收获　蜡熟末期，75％以上植株茎叶变黄、籽粒具有本品种正常大小和色泽时收割，一般在 7 月下旬收获。

3. 中梁 26 高产优质栽培技术要点（天水陇南）　中梁 26 适宜于天水市渭河流域海拔 1 500～2 000m 的干旱及半山区、二阴山区及旱川地示范种植，亦适宜于周边部分地区（陇南、平凉、定西冬麦区）干旱及半山区、二阴山区示范种植。其栽培技术要点：

（1）精耕细耙　培肥土壤这是山旱地小麦高产的基础，结合整地每公顷施有机肥 7 500kg，纯氮 135kg，磷（P_2O_5）172.5kg（按 P_2O_5 折算为 25kg 磷酸二铵），钾（K_2O）112.5kg，硫酸锌 15kg。

（2）精量匀播　降低群体起点。

（3）水肥管理　肥水管理的基本原则是生育前期促早发壮苗，中期减少无效分蘖，创建合理优质群体，后期保花增粒，提高粒重。

（4）优化投肥结构　实施"氮肥后移"，在测土配方平衡施肥的基础上，适当增加氮肥用量（不超过总施氮量 20％）并调节氮肥基追比例 1：1，追施氮肥时间由返青起身期推迟至拔节、孕穗期。

（5）加强田间管理　做好"五防"，即防冻害、防杂草、防倒伏、防治病虫害、预防后期早衰。

4. 定西 35 高产优质栽培技术要点（中部干旱地区）　多点试验及生产试验表明，该品种适宜在甘肃中部干旱半干旱区的定西、会宁、榆中、永靖、兰州，也适应甘南藏族自治州、临夏州，宁夏的西吉、海原，青海的民和等地（区）的二阴区以及生态类似地区年降水量 200～600mm，海拔 1 600～2 800m 的地区推广种植。

（1）适时早播　适宜播期为 3 月 20～25 日，在干旱半干旱区播种以 375 万粒/hm² 为宜，保苗 210 万～330 万/hm²；在二阴区播种 450 万粒/hm²，保苗 420 万～525 万/hm²。

（2）施肥和合理的轮作倒茬　结合秋耕整地注意增施有机肥和化肥，在正常年份应施优质基肥，有机肥 3 万～4.5 万 kg/hm²，磷肥 225～450kg/hm²。播种时施 60～75kg/hm² 磷酸二铵或 45～60kg/hm² 尿素作种肥。苗期结合降水适当补施尿素 30～45kg/hm²。选择茬口应以豆茬或肥力较高的地块为好，避免重茬，实行豆类、小麦、马铃薯（胡麻）的轮作方式，以改良耕作层的土壤结构。

（3）田间管理　播前药剂拌种防黑穗病，播后遇雨及时耙糖破板结保全苗，分蘖前锄草松土增地温，抽穗后加强田间管理应注意防治蚜虫和白粉病。蚜虫可用 40％乐果乳油 379ml/hm² 加 80％敌敌畏乳油 375ml 混合加水 750kg 喷雾防治；白粉病可用 25％多菌灵可湿性粉剂 3.75kg/hm² 加水 3 750kg 于孕穗期喷雾。应当在 1 月中旬完熟期及时收获。

5. 宁县小麦高产优质栽培技术（泾河上游麦区）　宁县境内地貌复杂，川、塬、梁、岇遍布。不同地域适宜种植小麦品种不同，因此在选择品种时必须因地制宜，方能获得高产优质小麦。西南部塬区适宜种植优质、抗旱、抗冻、抗病、抗倒伏、中秆多穗型和矮秆大粒型品种。一般中等肥力地块宜选用兰天 16、晋太 170、苏引 10，高水肥正茬地块宜选用烟农 18，中低肥力和回茬地块宜选用西峰 28 等品种。东北部塬区及全县塬边地适宜种植早熟、抗旱、抗冻、抗病、耐瘠薄、中高秆多穗型品种，宜选用长 6878、西峰 28、兰天 16 等品种。川区一般肥力地块宜选用苏引 10、兰天 10；高水肥地块可选用烟农 18。

（1）合理轮作倒茬　冬小麦良好前茬有冬油菜、大豆、马铃薯、苜蓿等，胡麻、玉米次之。连作年限不宜超过 4 年。应扩大豆类等养地作物面积，推广麦豆轮作、麦油轮作、麦草轮作，培肥地力。

（2）深耕整地，蓄水保墒

1）早耕深耕　前作收获后立即耕地，一般应在 7 月中旬前耕完，耕深 24～26cm，打破犁底层，有利蓄水和根系下扎。

2）耕耙松土　伏天降雨后地面板结，进行耙地或用耱耙地，使地面疏松，有利于降水下渗和减少地面蒸发。

3）播前浅耕　耕深 14～16cm，随耕随耱，达到地平、土碎、疏松、无草。

（3）科学施肥

1）增施农肥　每公顷施农家肥 60～75t，全部用作基肥。

2）配方施肥　每公顷施纯氮（N）150～210kg，磷（P_2O_5）75～120kg，氮磷比 1∶0.5～0.75 为宜。磷肥作基肥一次施入，氮肥 50％在播种时施入，50％在春季返青时耱播深施，施后耱地。

（4）播前种子准备　未包衣的种子播前精选种子，并用 50％辛硫磷 0.3％拌种，拌匀后，晾干播种，防治地下害虫。

（5）适期播种　气温在 14～16℃，0～5cm 地温在 16～18℃时为播种适期，时间以 9 月 10～20 日为宜。包衣种子比未包衣种子晚出苗 2～3d，应适当早播 2～3d，回茬小麦要力争早播。

（6）合理密植　每公顷基本苗 375 万左右，成穗 525 万～600 万为宜，每公顷播量 187.5～225kg，回茬地应加大播量 20％。采用机械条播，播深 5～6cm，达到播种均匀，深浅一致。

（7）田间管理

1）查苗补种　苗齐后及时查苗，有漏播、断条缺苗时，用播后剩余种子及时补种，达到全苗。

2）镇压保墒、保苗　土壤结冻前，在晴天午后用石磙碾压，保墒防冻；春季结合耱施化肥进行碾耱。冬前至春季小麦起身前发生旺长时，立即碾压，以控制旺长、促根增蘖、促蘖成穗。

3）除草松土　春季返青后及时锄地灭草，拔节后拔草一次，杂草多的地块可在拔节前用 75％巨星除草剂喷雾除草。

4）叶面喷磷　拔节后至抽穗期，每公顷施磷酸二氢钾 2.25～3kg，加水 600～750kg 喷施。

5）防治病虫害　秋苗时若发生叶蝉、返青后如有麦蚜虫、红蜘蛛等害虫发生，应进行防治。春季注意条锈病，若发生及时用粉锈宁防治。

（8）适时收获　蜡熟后期及时收获。随黄随收，防止长芽、掉穗、落粒，损失减产。

第四节　宁夏冬春麦品质区划与高产优质栽培技术

一、小麦生产生态环境概况

（一）地理概况

1. 地形地貌　宁夏地处东经 $104°17'\sim107°39'$，北纬 $35°14'\sim39°23'$，东西相距约 250km，南北相距 456km。地势北低南高，海拔从北部银川平原的 1 100m 到南部山区黄土丘陵的 2 000 多米，高差 1 000m 左右。各自然地理要素呈比较明显的纬向（横向）变化，而东西之间的经向（纵向）变化不明显。自北向南，随着地势的增高，气温和蒸发量递减，降水量递增。相应的，气候与水文由干旱区和半干旱区向半湿润区过渡，地貌由干燥剥地貌向流水侵蚀地貌过渡，植被由草原化荒漠、荒漠草原和干草原向森林草原过渡，土壤由灰钙土向黑垆土演变过渡，呈现有规律的纬向分布，形成了宁夏自然条件的过渡性特征和复杂性、多样性、地域不平衡性以及资源开发利用中的约束性等。

宁夏地貌从北向南，由北部的贺兰山山地和银川平原，中部的卫宁北山、香山、牛首山、罗山山地和卫宁、清水河下游、韦州、红寺堡等山间平原，东部鄂尔多斯台地西南隅的灵盐台地，南部的西吉、固海同彭黄土丘陵和六盘山山地四个地貌组成。

2. 土地类型　宁夏土地有山地、丘陵、台地、沙漠、平原等类型，其中山地 8 179.39 km²，占 15.79%；丘陵 19 678.38km²，占 37.99%；台地 9 121.19km²，占 17.61%；平原 13 987.43km²，占 26.86%；沙漠 923.61km²，占 1.78%。

（二）气候特点

宁夏全境属于温带气候，可再细分为中温带（北温中带）和南温带（北温南带）。固原市以北全属中温带，固原市原州区以南为南温带。用年干度作为划分气候区的指标，年干度为 1.50 线和 4.00 线分别从固原地区中部由东向西，盐池县西部县界、同心县西北部、中卫市沙坡头区的南部由西北向东南穿过宁夏出境，将宁夏全区分为半湿润、半干旱和干旱 3 个气候带。

宁夏农业气候资源总的特点是：太阳辐射强，日照时间长，但降水少，光、热、水资源极不平衡。太阳辐射、日照时间、气温和降雨都具有时空不均、时间分配不均的特点。根据宁夏自然经济特点，可以将宁夏划为宁夏平原、宁夏中部干旱带和宁夏南部山区 3 个自然区域。

受全球气候变化的影响，20 世纪 90 年代宁夏气温上升明显，增温幅度最大的是中部干旱带，40 年来气温升高 1.3℃，固原市仅升高了 0.6℃，但是宁夏年降水量没有出现明显变化。

1. 光能资源　宁夏光能资源高于同纬度的华北地区，仅次于青藏高原，属于我国光能资源高值区之一。太阳年辐射总量为 4 935～6 101MJ/m²，由北向南增加，同心和灵武为高值区，5 862～6 101MJ/m²，泾源、隆德县为低值区，4 522～4 982MJ/m²。

宁夏年日照时数为 2 250～3 100h，日照百分率 50％～70％，二者都由北向南递减。北部和中部日照时数在 3 000h 左右，平罗和同心为高值中心；南部在 2 250～2 700h，隆德和泾源为低值中心。

2. 热量资源 宁夏年平均气温较低，为 5～9℃，由于地势的影响，中宁最高达 9.2℃，隆德最低为 5.1℃。宁夏气候四季明显，春季升温和秋季降温快，虽平均气温低，但高温季节较长，宁夏平原和盐同地区有效积温利用率较高；气温的年、日较差大，作物光合作用强、呼吸作用弱，有利于作物生长和提高品质；受西北寒流的影响，初霜期不稳定。日平均气温稳定≥0℃初日于 3 月上旬至 3 月下旬，终日于 10 月中旬至 11 月上旬，为 230～250d，积温北部 3 700～3 800℃，南部 2 600～3 100℃，大武口最大超过 4 000℃以上；日平均气温稳定≥5℃的天数，北部 210d，积温 3 400～3 700℃；南部180～190d，积温 2 100～2 900℃。日平均气温稳定≥10℃的天数，北部 170d，积温 3 200～3 300℃；南部130～140d，积温 1 900～2 400℃。日平均气温稳定≥15℃的天数，北部 110d，积温 2 400～2 700℃；南部 50～70d，积温 800～1 400℃。

3. 水资源 宁夏是降水、地表水、地下水等水资源最少的自治区，时空分布变异大。

（1）降水 宁夏平均年降水量 180～650mm，由南向北递减，固原地区在 400mm 以上，泾源县达 650mm，盐池同心 250～300mm，宁夏平原 180mm 左右，夏季（7～9 月）占年降水量的 51％～65％。灾害性降水（冰雹、暴雨、山区连阴雨）多，降水分布极不均匀，往往出现伏旱现象，蒸发量大。同心以北干燥度大，在 3.3～4.7 之间。

（2）天然地表水 宁夏综合天然降水资源量 10.5 亿 m³，黄河过境多年平均径流量为 325 亿 m³。宁夏年均引进水量 70 亿 m³ 左右，消耗水量 35 亿 m³ 左右，人均水量和公顷平均水量在全国都是最低的。

（3）地表径流 在 8.9 亿 m³ 的地表径流中，泾河 3.49 亿 m³，清水河 2.16 亿 m³，葫芦河 1.69m³。

（4）地下水资源 宁夏地下水资源为 26.57 亿 m³/年，可开采的约为 21.70 亿 m³/年，宁南山区分别占 15.15％和 5.2％，宁夏平原分别占 84.85％和 94.8％。矿化度大于 3g/L 的半咸水和咸苦水为 3.89 亿 m³，占地下水的 14.64％。

4. 主要气象灾害 据新中国成立以后的宁夏 50 年气象资料统计分析，宁夏几乎年年都有旱、涝、大风、冰雹、霜冻等各种气象灾害发生，只是受灾的程度不同、影响不同。1949—2000 年的 50 年间共发生干旱 41 次，平均 1.2 年就发生 1 次干旱。出现过 1957 年、1962 年、1965 年、1974 年、1991 年、1995 年、1997 年和 2000 年共 8 次大的干旱，平均每 6 年一遇。每次大旱都会造成农业的严重减产（局部地区绝产）、牲畜死亡以及人畜严重缺水。50 年共发生洪涝灾害 34 次，平均 1.5 年就发生 1 次洪涝灾害，洪涝灾害虽然可以减轻干旱的威胁，有利蓄水，增加底墒，但宁夏洪涝灾害主要由暴雨产生，一旦发生，往往导致局部地区水土流失，河水猛涨，冲毁农田、房屋，给国民经济、人民生命财产带来严重损失。50 年共有 39 年发生冰雹灾害，平均 1.3 年发生 1 次雹灾。50 年有 40 年发生大风灾害，平均 1.3 年发生 1 次风灾。风灾常与冰雹、雷雨大风、寒潮和沙尘等相伴而来。50 年有 30 年发生霜冻灾害，平均 1.7 年就发生 1 次霜冻。

（三）土壤条件

根据宁夏回族自治区统计局编写的 2006 年《宁夏统计年鉴》：到 2005 年年底，宁夏耕地面积为 111.4 万 hm^2。其中，灌溉水田 17.0 万 hm^2，旱地 94.4 万 hm^2（其中包括可以有限灌溉的水浇地 25.3 万 hm^2），菜地 0.33 万 hm^2。农作物播种面积 109.9 万 hm^2（其中粮食播种面积 77.6 万 hm^2）。

1. 土壤类型　宁夏土壤共分为 17 个土类，37 个亚类，75 个土属。自南而北地带性土壤有黑垆土、灰钙土和灰漠土。其中灰钙土面积最大，131.81 万 hm^2，占 25.40%，主要分布在宁夏中北部的台地、洪积平原及河流两侧的高阶地。其次为黑垆土，面积 32.78 万 hm^2，占全区土地面积的 6.33%，主要分布在盐池、同心以南黄土丘陵地区。灰漠土面积最小，仅有面积 733.3hm^2，占 0.01%，集中分布在自治区北部落石滩。人为土壤，即宁夏平原的灌淤土，面积 27.89 万 hm^2。

2. 土壤质地　黑垆土划分为黑垆土和潮黑垆土两个亚类。黑垆土（亚类）地下水位很深，土壤不受地下水的影响。潮黑垆土地下水位较高，一般埋深 2m 左右，受地下水的影响，剖面下部形成有锈纹锈斑的锈土层。黑垆土质地多为中壤。

灰钙土划分为灰钙土、淡灰钙土、草灰钙土及盐化灰钙土 4 个亚类。宁夏灰钙土（亚类）的母质主要为第四纪洪积冲积物，土壤质地以沙壤为主，少数为紧沙土、轻沙壤或中壤。而盐化灰钙土土壤质地较黏重，并含有较多的盐分。

灌淤土是宁夏小麦主产区引黄灌区的主要耕种土壤，灌淤土的主要特征是有一定厚度的灌淤熟化土层。灌淤土心土质地为均匀的壤质土。

3. 土壤肥力　黑垆土全剖面可分为表土层、黑垆土层、过渡层及母质层。宁夏的黑垆土层平均厚度 68cm，有机质平均含量 1.63%，平均全氮量为 0.11%，速效磷含量 4.5mg/kg。除速效磷含量低外，其他有机质和养分含量较高，土壤保肥能力较强。

宁夏灰钙土肥力较低，平均全氮量仅 0.05%，速效磷 5.5mg/kg。灰钙土的剖面自上而下，可分为 3 个层段：有机质层、钙积层和母质层。灰钙土有机质层厚 20～30cm，有机质平均含量为 0.78%，最大 3.06%；碳酸钙平均含量 9.37%，全盐量较低，平均为 0.04%。钙积层在地下 30～50cm，厚度 40cm 左右，有机质平均含量为 0.59%，碳酸钙平均含量为 20.53%，可溶性盐平均含量为 0.19%。其母质层有机质含量为 0.34%，碳酸钙平均含量为 14.03%，可溶性盐量达 0.07%。灰钙土较黑垆土土壤的肥力差些，土壤质地沙性，加上部分土壤的心底土含有较高的盐分，钙积层部位高，不利于作物根系伸展。但是由于灰钙土一般土层较厚，含有一定的养分，盐分含量较低，所分布的部分地形平坦地区，在有灌溉条件下，经过人工培肥土壤肥力，辅以其他综合栽培技术措施，宁夏利用灰钙土种植小麦等粮食作物及瓜、果、蔬菜等作物，而且在一些地区获得高产。

灌淤土划分为厚层灌淤土和薄层灌淤土两个土属。厚层灌淤土的灌淤土层厚度平均 123cm，薄层灌淤土的平均厚度 42cm。厚层灌淤土灌淤耕层有机质、碱解氮、速效磷平均含量分别为 1.16％、72mg/kg、16.4mg/kg。而薄层灌淤土灌淤耕层有机质、碱解氮、速效磷平均含量分别为 1.07％、63mg/kg、13.1mg/kg，薄层灌淤土的土壤肥力不如厚层灌淤土高。灌淤土土壤质地适中，土壤养分比较丰富，加上所处地区光照和热量充足，引黄灌溉，作物需水有保证，故灌淤土是宁夏引黄灌区的主要农用土壤。

（四）种植制度

1. 麦田作物结构与布局　1978 年宁夏粮食作物种植面积 76.4 万 hm²，占宁夏农作物播种面积的 84.8％，粮食总产量为 116.98 万 t，其中小麦总产量为 47.9 万 t；1995 年宁夏粮食作物种植面积 76.2 万 hm²，占农作物播种面积的 79.7％，粮食总产量为 203.25 万 t，其中小麦总产量为 68.87 万 t；2007 年宁夏粮食作物种植面积为 85.6 万 hm²，占宁夏种植业面积 71.9％，小麦种植面积为 23.37 万 hm²，占宁夏粮食作物播种面积的 19.6％，粮食总产量为 323.5 万 t，其中小麦总产量为 61.6 万 t。2009 年，小麦种植面积为 21.85 万 hm²，单产为 3 367kg/hm²，总产为 21.85 万 t。

目前，宁夏境内种植的小麦有春麦和冬麦，以春麦为主，春麦约占小麦面积的 75％。除了泾源、彭阳县已成为纯冬麦种植县以外，春麦、冬麦在宁夏其他各市、县（区）都有或有过种植。每年春小麦播种面积占全区粮食播种面积的 25％～30％，宁夏小麦产量约占全区粮食总产量的 20％左右。宁夏引黄灌区小麦种植面积占全区小麦总面积的 31％～34％，而产量却占宁夏小麦总产量的 60％左右。

近年来，由于宁夏冬麦北移研究和冬小麦品种杂交选育不断取得突破性的进展，加上受全球气候变暖对种植冬小麦发展"适应性农业"有利，对春小麦生产不利，冬小麦种植面积不断扩大，尤其是在原纯春麦区的引黄灌区，冬小麦种植面积不断扩大，2007 年达到 8 667hm²，2008 年面积达到 20 667hm²，占宁夏引黄灌区小麦种植面积的 1/4。目前，这两个县已成为纯冬麦种植县。

2. 麦田多熟种植　宁夏引黄灌区春小麦 80％以上采用小麦套种玉米模式。20 世纪 80～90 年代逐步完善了这种套种方式，建立了麦套玉米"吨粮田"模式结构：①总带距 220～230cm，麦带宽 120～130cm，种植 12 行小麦；玉米带 100cm，种植 3 行玉米，行株距为 25cm×19cm。②总带距 170～180cm，麦带宽 100～110cm，种植 10～12 行小麦；玉米带宽 70cm，种植 2 行玉米，行株距 30cm×18cm。麦套玉米种植模式可生产小麦 5 250kg/hm²，玉米 9 750kg/hm²，实现一年两熟。

宁夏引黄灌区冬麦后可以复种蔬菜、青贮玉米、移栽水稻、复种大豆等油料作物，套种玉米等作物，冬麦可比春麦提早成熟 15～20d，增产 10％～24％，亩产吨粮或超吨粮；冬麦套种玉米、冬麦后移栽玉米亩产超吨粮；冬麦后复种蔬菜每公顷可收入 30 000～60 000 元。

长期以来，宁夏中部干旱带、南部山区的小麦基本是单种。20 世纪 80 年代以来，这两个地区小麦与其他作物立体复合种植技术迅速发展。主要有：小麦套种玉米，小麦套种玉米间作大豆，小麦套种玉米混种胡萝卜，小麦套种甘蓝、辣椒、芹菜，麦田混种芹菜，麦后复种胡萝卜、移栽大蒜，小麦套种地膜辣椒，麦后移栽甘蓝等。

二、小麦产业发展情况

目前，宁春 4 号种植面积占到宁夏引黄灌区春小麦总面积的 95％以上。宁冬 10、宁冬 11 等冬小麦新品种已在宁夏引黄灌区大面积推广，并且已经进入了宁夏小麦加工和销售环节。宁春 4 号、宁冬 10、宁冬 11 小麦属于中筋到强筋的小麦品种，可以用来加工面条、馒头、面包等食品。1978 年以前宁夏小麦产业化水平较低，大型小麦加工企业较少，而且小麦加工技术落后。改革开放以来，随着农业生产的发展，粮食产量不断提高，宁夏小麦生产、加工和销售的产业化水平不断提高。

现在，宁夏大型小麦面粉加工企业主要有：宁夏塞北雪面粉有限公司、宁夏法福来面粉有限公司、宁夏银川面粉有限公司、宁夏吴忠中桦雪面粉有限公司等。有些市、县（区）还有一些小型小麦面粉加工企业，小麦加工作坊星罗棋布，遍布各地。

建成于 1994 年的宁夏塞北雪面粉有限公司是目前宁夏回族自治区规模最大的一家集面粉精加工、研发为一体的现代化面粉加工企业。公司生产的面粉、挂面系列产品主要销往北京、上海、广州等地，并销往中国香港、新加坡、加拿大等国家和地区。

宁夏回族自治区人民政府在《宁夏 2009 年推进特色优势产业促进农业产业化发展的若干政策意见》中明确指出，要进一步促进优质粮食包括引黄灌区三大优质粮食（小麦、水稻、玉米）的生产发展。宁夏引黄灌区优质小麦产业化的水平将会有很大的提升。

三、小麦品质区划

宁夏是一个小麦生产基本可以自给自足的地区，面条、馒头、饺子是宁夏小麦消费的主体。因此，应以生产适合制作面条、馒头、饺子的中筋或中强筋小麦为主。近年来宁夏的面包和饼干、糕点等食品的消费增长较快，因此宁夏也应注意发展强筋小麦和弱筋小麦生产，满足市场需求，有必要对小麦品质进行区划布局。

小麦品质受品种基因型、环境、基因型与环境互作，以及栽培技术措施的影响较大。生态环境因子包括降雨量、温度（尤其是小麦抽穗—成熟期的降雨量、日平均气温）、日照、纬度和海拔、土壤类型、质地等，而栽培技术措施主要包括施肥、灌水技术、土壤肥力水平、田间管理技术等。此外，小麦的消费习惯、市场需求和商品率，小麦生产发展趋势等综合因素会对小麦品质的区划也会产生影响。对于宁夏回族自治区而言，由于黄河水将会进一步得到综合有效利用，农作物灌水条件和耕作制度将会得到改善，适宜种植小麦的区域将会发生变化。现对宁夏小麦品质区划提出初步方案，以便今后进一步补充、修正和完善。

宁夏小麦品质区划（图 7-4）及分区简述如下：

（一）北部强筋春麦区

主要包括宁夏石嘴山市惠农区、平罗县陶乐镇等靠近内蒙古自治区巴彦淖尔市和鄂尔多斯市地区。这一地区干旱少雨，年降水量 180～300mm。该区种植小麦的区域一般

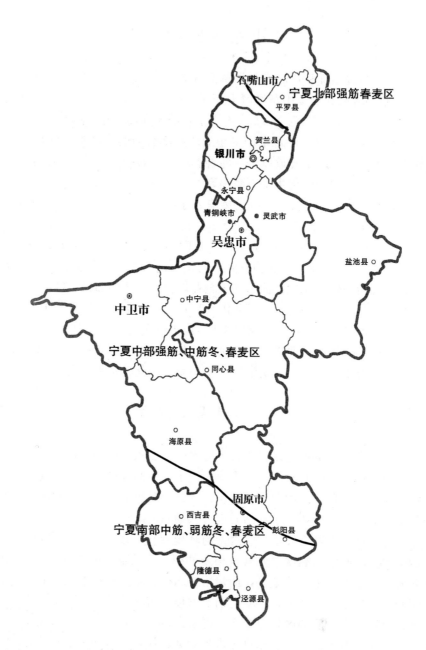

图 7 - 4　宁夏小麦品质区划图

（宁夏农林科学院，2009）

都有较好的灌溉条件，土壤以灌淤土、灰钙土、风沙土为主，质地以中壤土和沙壤土为主，土壤有机质不高或甚低。该区日照充足，昼夜温差大，收获期降水频率低，如果积极进行土壤改良、不断培肥地力，采取适宜的栽培技术措施，小麦单产可以达到中、高产水平。该区域冬小麦还没有大面积推广种植。因此，目前这一地区适宜发展红粒强筋春小麦。

（二）中部强筋、中筋冬、春麦区

主要包括宁夏引黄灌区大多数县（市、区、国有农场），以及宁夏中部干旱带扬黄灌区的中宁县南部山区乡镇、长山头农场、同心县、红寺堡区、海原县东部、固原市原州区北部、彭阳县北部、盐池县等。

宁夏引黄灌区土壤以灌淤土为主，土地肥沃，年降水量 180～350mm。由于有便利的引黄灌溉条件，是宁夏小麦的主产区。但小麦生育后期高温和降雨对春麦的品质形成不利，适宜发展红粒中筋春小麦。而冬小麦比春小麦提早成熟 15～20d，冬小麦生育后期完全避开了高温和降雨的不利因素对小麦品质和产量的影响。近 20 年来，宁夏引黄灌区冬麦北移及耕作改制研究、优质高产冬小麦育种、冬小麦栽培技术研究相继成功。因此，宁夏引黄灌区可以发展红粒强筋冬小麦。

宁夏中部干旱带的扬黄灌区地势平坦的地区有着较好的扬黄灌溉条件，适宜种植小麦等作物。这里土壤以灰钙土为主，其母质主要为第四纪洪积冲积物，土壤质地以沙壤为主，适于发展红粒中筋小麦。

（三）南部中筋、弱筋冬、春麦区

主要包括西海固大部分地区。这里土地贫瘠，以黄绵土为主，土壤有机质含量 0.5%～1%，年降水量 400～500mm。该区降水分布不均，而且主要集中在小麦生长后期，对小麦品质影响较大。这里小麦产量水平和商品率较低，适于发展红粒中筋、弱筋小麦。

四、主要品种与高产优质栽培技术

（一）主要品种

1. 春小麦主要品种　宁夏引黄灌区春小麦品种的杂交选育的工作始于 1953 年，宁春 4 号自 1981 年推广以来，已累计推广 730 万 hm²。50 多年来，宁夏小麦育种工作者又培育许多优质高产品种。目前，宁夏春小麦品种已审定到宁春 47，这些新品种的品质较宁春 4 号又有了不同程度的提高。但是在抗倒伏、广泛适应性等综合性状方面与宁春 4 号相比，尚有或多或少的差异。而当地农民和加工企业喜欢红粒小麦，而有的新品种为白粒，在生产上推广缓慢。

宁春 4 号小麦品质表现：宁春 4 号具有 1、17＋18、5＋10 优质高分子量麦谷蛋白亚基组合，以及 Glu-A3b、Glu-B3f 低分子量亚基组合，HMW-GS 品质评分为 10 分。宁春 4 号是非 1BL/1RS 易位系。

宁春 4 号小麦因种植方式和产地不同、年际气候变化，以及冬、春性的差异等而表现出不同的品质检测结果。测试的结果（宁夏农林科学院、国家小麦改良中心，2005）表明，与宁夏其他产地相比，固原头营至三营一带种植的宁春 4 号小麦面条加工品质最优，其次是引黄灌区；而平罗、永宁、中宁、固原产的宁春 4 号小麦面粉加工馒头的品质较好；固原头营、三营产的宁春 4 号小麦面粉加工面包的品质较好（表 7-6、表 7-7）。

表7-6 宁夏不同产地的宁春4号小麦籽粒样本品质检测结果

（国家小麦改良中心、宁夏农林科学院，2005）

取样地点	千粒重(g)	籽粒蛋白含量(%)	籽粒硬度	沉降值(mL)	湿面筋含量(%)	出粉率(%)	形成时间(min)	稳定时间(min)	综合评价值	面包评价值	面条评价值	馒头评价值
宁夏农林科学院	42.0	14.5	54.1	32.5	33.7	78.4	4.0	3.5	65	77	80	75
中宁县白马乡	38.7	15.1	54.1	34.5	34.3	76.0	4.1	3.7	68	78	81	73
吴忠市马湾镇	38.4	14.6	58.5	35.0	33.8	77.4	4.5	3.8	69	77	80	75
固原市头营乡	45.5	15.2	49.1	40.0	34.0	73.7	5.2	4.5	80	81	85	75
永宁县杨和镇	40.3	14.2	58.9	32.0	31.9	75.2	4.0	3.6	66	78	81	79
贺兰县金贵镇	35.1	15.3	57.0	39.5	35.0	77.0	4.7	3.7	69	78	80	72
吴忠市汉渠乡	40.5	15.1	48.0	34.0	33.5	77.2	4.4	3.8	68	75	79	72
中宁县余丁镇	43.8	14.5	48.4	33.0	32.5	78.0	3.1	3.5	58	73	75	79
固原市三营镇	48.0	15.1	48.0	40.0	33.2	75.1	4.9	5.5	83	81	80	79
石嘴山市惠农区	45.8	14.7	55.7	34.5	33.0	74.0	3.3	2.7	56	74	78	76
平罗县周城乡	44.9	14.9	54.3	32.0	34.0	74.7	4.1	3.0	59	75	78	79

表7-7 冬性宁春4号与春性宁春4号籽粒品质检测结果对比

（国家小麦改良中心、宁夏农林科学院，2004）

类型	蛋白质含量(%,干基)	湿面筋含量(%,干基)	沉降值(mL)	硬度	出粉率(%)	吸水率(%)	形成时间(min)	稳定时间(min)	评价值	面包	面条	馒头
冬性宁春4号	13.1	23.4	36.8	70	76.7	56.1	5	4.8	83	81	82	79
春性宁春4号	13.4	25.8	40.6	60	77.4	60	3.8	4.3	64	79	78	81

2. 冬小麦主要品种 宁夏小麦育种工作者经过15年的不懈努力，选育出了一批优质、高产的冬麦新品种，如宁冬6号、明丰5088、宁冬10、宁冬11等。由于宁冬10、宁冬11为红粒优质高产小麦，颇受农民和面粉加工企业欢迎，所以这两个冬麦新品种已成为宁夏引黄灌区主要冬麦栽培品种。

宁冬10是宁夏农林科学院农作物研究所以墨西哥小麦和国内冬麦品种常规杂交选育而成。2007年生产试验4点平均产量7 247.7kg/hm²（3点增产，1点减产），比对照宁冬6号增产8.12%。2007年生产示范3个点平均7 555.05kg/hm²，比对照增产26.97%，增产显著。冬性，早熟，生育期266d，越冬率77.4%～89.1%。幼苗生长旺盛，叶色浓绿，叶片半直立，返青快，株型紧凑，株高83～93cm。穗纺锤形，长芒，白壳。穗长7.4cm，每穗小穗数15.9个，每穗粒数27.0粒，每公顷有效穗669万。籽粒长椭圆形，红粒，硬质，千粒重44.0g，容重807g/L。

宁冬11是宁夏农林科学院农作物研究所以法国小麦和国内冬麦品种常规杂交选育而成。2002—2004年连续3年参加品比试验，产量分别为6 753kg/hm²、9 687kg/hm²和7 369.5kg/hm²，较对照宁冬6号的增产幅度分别为23.4%、14.5%和12.0%，产量位次分别为第 4 位、第 1 位和第 2 位，增产幅度大，效果显著。2007 年生产示范 3 点平均产量 7 556.5kg/hm²，比对照明丰 5088 增产 20.31％。

宁冬 10、宁冬 11 综合抗性好，适应性广，适宜宁夏引黄灌区和部分扬黄灌区中等偏上肥力田块种植，可采用常规条播或垄作方式种植，表现高产、稳产。同时，这两个品种也适宜在宁夏南部半干旱地区旱地种植，表现丰产。2006 年宁冬 10、宁冬 11 在宁夏吴忠市良种繁殖场示范种植 11.3hm²，其中，宁冬 10 种植 4.7hm²，平均单产 10 100kg/hm²；宁冬 11 种植 6.7hm²，平均单产 9 650kg/hm²。2007 年，这两个新品种不仅比当年宁春 4 号增产 70％左右。2008 年 6 月，经过农业部项目专家组验收，在宁夏吴忠市种植的万亩宁冬 11 平均单产 9 066.75kg/hm²，单最高产量达 10 567.5kg/hm²。

宁冬 10、宁冬 11 小麦品质表现：宁冬 10 和宁冬 11 抗病性强，红粒。经国家小麦改良中心检测，垄作条件下的宁冬 10 综合评价值为 82 分，宁冬 11 综合评价值为 84 分，显著高于综合评价为 64 分的宁春 4 号。宁冬 10 高、低分子量谷蛋白亚基组合为：null、7＋9、2＋12、Glu - A3a、Glu - B3j；宁冬 11 高、低分子量谷蛋白亚基组合为：null、7＋9、2＋12、Glu - A3c、Glu - B3h。

宁夏回族自治区粮食局对 2008 年灌区小麦品质分析结果表明，宁冬 10、宁冬 11 平均容重分别为 778g/L、766g/L，籽粒硬度指数平均都为 68，全麦粉湿面筋含量分别为 27.4％、27.8％，显著高于明丰 5088（冬小麦品种，22.9％）和宁春 4 号（春小麦主栽品种，24.9％）（表 7 - 8）。

表 7 - 8　垄作条件下的冬麦新品种与宁春 4 号的品质

（宁夏农林科学院，2004）

品种名称	蛋白质含量（％，干基）	湿面筋含量（％，干基）	Zeleny沉降值（mL）	SDS沉降值（mL）	硬度	出粉率（％）	吸水率（％）	形成时间（min）	稳定时间（min）	评价值	面包	面条	馒头
宁春 4 号	13.4	30	40.6	11.5	60	77.4	60	3.8	4.3	64	79	78	81
宁冬 10	14.4	31.3	52	15	60	76.4	62.1	4.2	5.7	82	82	84	87
宁冬 11	14.8	31.4	56	16	61	76.8	63	4.5	6	85	84	85	81

（二）高产优质栽培技术

1. 春小麦高产优质栽培技术　宁夏引黄灌区属于我国北方春麦区，自 20 世纪 80 年代以来，小麦生产迅速发展，产量大幅度提高，并涌现出不少大面积单产超过 7 500/hm² 的典型。春小麦小面积单产于 1974 年首次突破 7 500kg/hm²，宁夏农学院 1.087hm² 春小麦平均单产 7 650kg/hm²。连湖农场 1989—1993 年连续 5 年全场 433hm² 小麦平均单产超过 7 500kg/hm²，并有 7hm² 多单产超过 9 000kg/hm²。平吉堡农场小麦单产水平连年大幅度上升，由 1989 年的 6 195kg/hm² 上升到 1993 年全场 389.5hm² 的 7 443kg/hm²。

宁夏引黄灌区属“利用主茎”途径的地区，苗数一般在 600 万～750 万/hm²。宁夏引黄灌区用的是春性（或半冬性）品种，加之宁夏春小麦分蘖时期短（15～20d）、幼穗分化时期短（38～40d）和肥水控制，最高总茎数范围 825 万～1 200 万/hm²。叶面积系数也较低，春小麦不同生育时期叶面积系数的平均值是：三叶期 0.54，分蘖期 1.76，拔节期 2.96，孕穗期 5.36，开花期 4.92，灌浆期 2.55。成穗数一般在 600 万～750 万/hm² 之间。

宁夏引黄灌区春小麦播种期为 2 月 25 日至 3 月 10 日。近年来，由于气候变暖，生产上一般于 2 月 22 日左右播种春小麦，3 月初之前结束春小麦的播种工作。春小麦播种量为 337.5～375kg/hm²，播深为 4cm 左右。由于早春气温较低，春小麦播种后于 3 月底才出苗，7 月 11 日左右成熟。

培育壮苗是小麦高产的前提。宁夏春小麦生育期短，从出苗到成熟仅 100d 左右。在这样短的时期内每公顷生产 7 500kg 以上的籽粒及相应的秸秆，需要较高的生产力。所以，宁夏在小麦生产中大部分高产措施都集中和围绕在培育壮苗上。没有分蘖或只有 1～2 个分蘖，主茎粗壮；叶片宽厚，叶色深绿；具有较多的根数，即属于壮苗。宁夏春小麦从分蘖开始到拔节期（终止分蘖）只有 15～20d，高产小麦分蘖株率一般在 50% 以下，有效分蘖期约 7～10d，分蘖成穗率低，一般只有 20% 左右。因此，宁夏在小麦生产中依靠分蘖和分蘖成穗，显然不如通过增加基本苗来增加主茎穗更为可靠和便于控制。

在培育壮苗的前提下，根据不同土壤类型和生产条件，有两种促控模式：在较肥沃、土壤保水保肥性能好和生长季内地下水埋深适中（1m 左右）的灌淤土上，采用"促—控—促—控"的模式即：二叶一心到三叶期肥水早促；4 月上中旬早追肥，4 月下旬早淌头水，在施基肥、种肥的基础上进一步满足小麦"胎里富"的需求，促苗壮、穗大。拔节期壮秆防倒：头水后紧勒二水控制无效分蘖和田间总茎数，防止群体过太和基部光照不足所引起的基部节间过分伸长；以水控肥也有壮秆的直接作用。直到 0～20cm 土层含水量在 14%～15% 左右时，开始灌二水。

宁夏春小麦高产优质栽培技术体系要点包括：

（1）努力创造高产稳产的土壤条件 ①疏通排水，同时平整好田面，确保灌溉质量，降低地下水位，为春小麦生产创造良好的环境条件。②增加土壤有机质，提高土壤速效氮、磷含量，为春小麦生产创造良好的肥力条件。以秸秆还田为主，多途径提高土壤有机质。平均每公顷还田秸秆量达 6 000kg 左右；麦后复种绿肥平均每公顷产鲜草 37.5t，或施厩肥 37.5t。还要施用有机精肥（纯羊粪、人粪、鸡粪、饼肥），每公顷施 1 500～2 250kg。③提高土壤氮、磷素贮量与供应水平。据连湖农场在土壤有机质含量 1.71%、全氮 0.098%、水解氮 130mg/kg、全磷 0.161%、速效磷 28mg/kg 的田块上试验表明，在每公顷施氮 315kg 的基础上，每公顷施磷 0～165kg 范围内，春小麦产量随施磷量的增加而增加，最高产量达 9 000kg/hm²，所以增施磷肥效果极为明显。

（2）高产栽培技术的核心是培育壮苗、育成大穗和保花增粒

1）创造最佳的养分条件 合理施用基（种）肥，提高苗期：将播种前条施（5～6cm）改为耙地前条施，通过深耙地实现深施肥（10～12cm），并使土、肥交融，均匀分布于表土全层，这样不但解决了肥害问题，而且为幼苗根系发育创造了良好的营养环境条件，增强了根系吸收能力，从而使苗期生长明显加快，植株健壮，同期百株鲜重提高到 58.8～72.8g，公顷收获穗数可增加 75 万穗左右，每穗粒数可增加 1.98 粒。磷肥拌种，

每公顷用量为 60～75kg 磷。

氮肥分次施用，提高利用率：灌淤土地区，以总氮量的 40% 作追肥，分两次施用，以头水前追施为主；淡灰钙土地区，以总氮量的 60% 作追肥，分 3～4 次追施。

2）创造最佳的土壤水分条件　苗期土壤水分不足，常常是限制春小麦穗分化和高产的重要因子。土壤水分关系到土壤微生物活动、肥料的分解、养分的转化与释放、空气与温度的调节以及土壤物理性状。土壤水分保持田间持水量的 65%～75% 时，根系发育良好，超出这个范围，则产生不利影响。

调控和保蓄土壤水分的技术措施主要有：①确保冬水灌溉质量，是为来年提供充足土壤水分的基础。冬水必须灌饱灌足。具体措施：一是冬灌前耙碎土垡，耱平地面；二是细平田，缩灌面，不倒埂，灌饱水；三是沙土地进行二次灌溉。②冬灌后适时耙地保墒，切断土壤毛细管创造松散而具有一定厚度的干土层，以减轻蒸发（冬季在干土层下可看到有一层冰珠、冰块）。③播前整地要继续创造地表干土层，保持下湿上干，提高保蓄能力。④遇雨应适时破除地面板结，保持地表松散。保持地表疏松是减轻地面蒸发的有效手段。⑤早灌头水。幼穗分化始期是春小麦水分十分敏感的关键时期，此时也正是宁夏土壤的干旱期，因此，早灌头水及时补充土壤水分是夺取小麦高产十分关键的措施。⑥调控地下水位，补给地表水。在土壤基本脱盐、地下水淡化后，农田地下水是重要的农业资源。农田地下水位埋藏深度应根据需要进行人为调控。

在 20 世纪 70～80 年代，宁夏引黄灌区灌淤土的春小麦一般灌水 5 次左右，现在注意节约用水，小麦只灌 3～4 水，但却更为高产。

2. 冬小麦高产优质栽培技术　宁夏冬小麦冬前麦苗生长期较山东、河南、山西等省的冬小麦短，小麦冬前分蘖少，分蘖成穗率较低，春天返青后分蘖成穗率更低。因此，宁夏引黄灌区冬小麦高产栽培应该走"主茎穗为主，辅之以适当的分蘖穗"途径。冬季，宁夏引黄灌区冬小麦麦苗在田间基本上被冻呈深绿色的干秧。如果麦苗呈浅绿色或黄色，则说明小麦冬性不强，不能在宁夏安全越冬。该地区冬小麦高产栽培技术要点如下：

（1）播前选地、整地与灌水　一般选用大豆、玉米、西瓜、蔬菜等作物为前茬较为适宜。宁夏引黄灌区多年试验表明，当年水稻茬秋天播种冬小麦也是可行的。选好冬小麦的茬地后，应在 9 月 8 日左右灌足水，俗称"白露水"。由于引黄灌区各灌渠于 9 月 12 日左右停水，到冬灌前才放水。如果不灌"白露水"，到播种时，冬麦田往往不能达到足墒播种的要求，从而影响冬麦播种后的"一次全苗"。

宁夏引黄灌区多为灌淤土，土质较黏重，尤其是水稻地，播种前整地比较困难。利用旋耕机整地可以较好地解决这一难题。近年来，宁夏引进了一系列保护性耕作机械，尤其是印度免耕播种机，使水稻田种冬小麦的难题得以解决。

（2）播种技术

1）播期　在引黄灌区从 9 月 27 日至 10 月 27 日每隔 10d 播一期冬麦，无论是早熟品种，还是晚熟品种，均能正常成熟。产量水平为 8 751～10 668kg/hm²。其中以 9 月 27 日至 10 月 7 日播种的冬麦成熟得最好，10 月 7 日播种的产量最高。通过幼穗分化观察发现，宁夏引黄灌区 10 月 7 日播种的冬麦幼穗均以单棱期越冬，而播种早的冬麦则以二棱期越冬。由于小麦从单棱期到二棱期间的时间越长，越容易形成大穗，因此 10 月 7 日播种的冬麦产量最高。根据多年的冬麦播期试验的产量、冬麦幼穗分化观察的结果、前茬作物收获的时间以及农事安排的可能性，9月27日到10月7日的10d时间是宁夏引黄灌区冬麦播种的适宜期。

2）播深　宁夏引黄灌区于9月27日左右播种的冬麦，以播深5cm为宜，而10月7日左右播种的冬麦，播深以3cm为宜。

3）播量　宁夏引黄灌区冬麦9月27日左右播种时，播种量以每公顷300～337.5kg为宜。这个播量可以保证冬麦375万～420万株/hm^2的基本苗，成穗720万～750万/hm^2，单产7 500～8 250kg/hm^2。而10月7日左右播种的冬麦播种量应该增加到375kg/hm^2左右。因为此时播种的冬麦出苗时间要比9月底播种的出苗时间要稍长些，冬前蘖数也较少些。因此，靠主穗数取得产量的因素要大些。

冬麦播种后，随即将田面耱平，再用条滚镇压田面。播种后镇压田面是冬麦确保一次全苗的关键一环。因为此项措施可以减少土地水分散失，促进种萌发，出苗整齐。

（3）施肥技术　按施肥方式来区分，冬麦施肥主要有基施和追施两种。每公顷施氮（N）、磷（P_2O_5）、钾（K_2O）分别大致为375kg、165kg、105kg。基施肥：在施15t/hm^2优质农家肥的基础上，基施尿素300kg/hm^2、磷酸二铵375kg/hm^2、氯化钾112.5kg/hm^2。追施肥：冬麦的追肥一般分3次进行较适宜：①旱追肥。冬小麦返青后，应于2月下旬或3月初进行旱追肥。用播种机在麦行间播入化肥，施尿素150kg/hm^2、氯化钾75kg/hm^2。旱追肥对冬小麦返青后的生长、发育非常重要。根据观察，此时引黄灌区早熟冬麦品种已进入护颖原基形成期，晚熟品种也进入了二棱期。冬麦返青后，自身的养分消耗很大，这时冬麦幼穗分化正处于小花原基形成期，应该提供足够的养分，这对提高冬麦穗数和粒数的作用明显。②穗肥。冬麦返青后灌第一水的时间，一般为4月15～22日。此时，冬麦一般处于孕穗期之前，需要较多水分和养分。如不追肥，冬麦会表现出"脱肥"的症状。灌水前，追施尿素150kg/hm^2左右。③粒肥。5月15日左右，冬麦抽穗后已进入灌浆期，此时应注意施"粒肥"。一般在第三水前（5月20日左右），追施尿素75kg/hm^2左右。这一措施对提高小麦的品质，尤其是对提高冬麦的蛋白质含量和湿面筋含量很重要。

（4）灌水技术

1）冬灌　冬灌是保证宁夏引黄灌区冬小麦安全越冬的一项重要措施。一般，冬小麦于11月上旬灌冬水。灌水时要保证田面水层深15～20cm，让其自然落干。如果冬水灌得早或灌得浅时，可考虑再灌二水。否则在第二年春季会因水分不足，而造成冬麦返青后生长势弱或死苗。

2）返青水　返青后冬麦应适时灌水。一般返青后的第一水应在4月15～22日灌溉。冬麦灌足冬水后，春天没有必要过早地灌返青水。过早地灌返青水，如3月底或4月初灌水，会降低地温而影响冬麦的生长，甚至造成"坐苗"或死苗。一些冬麦田在春天因水分不足而提早灌水，只能算是一种补救措施。

（5）其他田间管理技术

1）冬前及冬季田间管理　冬麦的冬前及冬季的田间管理的主要目标是培育壮苗，保证苗全、苗匀、苗齐，安全越冬。第一，及时查苗、补苗，消灭断垄。保证全苗，消灭

"打堆苗"。冬麦播种后一般 7d 左右出苗。小麦出土齐苗后，应该及早进行查苗、补苗。第二，冬前田间灭蚜、灭飞虱、灭鼠等。引黄灌区秋季往往会出现不少气温较高的天气，蚜虫、飞虱等害虫也会活跃起来。及时用农药灭蚜、飞虱等害虫，对防治小麦的黄矮病很有效。此外，麦田四周田埂的杂草也应及时打药或铲除烧掉，避免蚜虫卵过冬。第三，冬季镇压田面。镇压麦苗可减少地面龟裂和水分散失，减少由于寒、旱环境而造成冬麦的死亡。

2）返青后的田间管理　春季田面的镇压可以结合"早追肥"进行，即冬麦返青后，在麦行间用条播机施肥后，再用条滚镇压田面。这样，可以起到"保墒"、"提墒"、"保肥"等作用。对于冬麦套种玉米或其他作物的田块，要特别注意及时在空出地带上的施肥、中耕和镇压的农事操作。

3）除杂草　春天，冬麦田间杂草的防除，可选用药剂除草方式，在冬麦灌返青水前进行。要严格按照药液浓度配制的要求操作，否则容易对冬麦造成药害，小麦穗部畸形。

第五节　新疆冬春小麦品质区划与高产优质栽培技术

一、小麦生产生态环境概况

（一）地理概况

新疆地处中国西北边陲，东南接甘肃、青海、西藏三省、自治区，位于亚欧大陆腹地，东经 73°～97°，北纬 34°～50°之间，东西最长处 2 000km，南北最宽处 1 650km，面积 166.49 万 km²，占国土面积的 1/6，是面积最大的省级行政区。新疆地形地貌可概括为"三山夹两盆"。北部有阿尔泰山脉，南部有昆仑山脉，天山山脉横亘中部，把新疆分为南北两大部分，北部是准噶尔盆地（面积 38 万 km²），周围形成绿洲农业生产圈；南部是塔里木盆地（面积 53 万 km²），周围形成绿洲农业生产圈及塔里木沿岸绿洲农业生产带。习惯称天山以南为南疆，天山以北为北疆。从生态学角度看，新疆分为山地、绿洲、荒漠三大特色鲜明的生态环境系统。三大生态环境系统的形成是远离海洋而形成的干旱气候与"三山夹两盆"的地貌相互联系、相互作用的结果。从山顶到盆地边缘依次覆盖着冰雪、森林、草原的山地；盆地边缘"项链"式地镶嵌着大大小小 100 多个绿洲；从盆地边缘到盆地内部是广袤的荒漠；盆地中部则是浩瀚的沙漠。由于大气降水空间分布的极不均匀，造成地表径流空间分布的极不均匀。若以策勒—焉耆—奇台划一线，将全疆分为面积各半的西北部和东南部，西北部拥有降水较多的山地、大部分绿洲、部分荒漠、沙漠和戈壁，东南部拥有降水较少的山地、小部分绿洲、大部分沙漠、戈壁和荒漠。而山地生态环境系统的垂直分布则与降水、温度的分布及水热平衡状况密切相关。

（二）气候特点

1. 生态条件多样性　新疆按其地理环境不同大体可分为三种气候类型：北疆西部和北部的伊犁河谷、博尔塔拉、塔城、阿勒泰地区为中温带半干旱气候区；北疆准噶尔盆地南面、东面的乌苏、石河子、昌吉、乌鲁木齐地区为中温带干旱气候区，南疆库尔勒、阿克苏、喀什、和田地区为温带干旱气候区。

小麦全生育期需要≥0℃有效积温为2 000℃左右，冬麦所需积温多于春麦。一般早熟品种有1 700℃即可成熟，晚熟品种则需2 300℃以上才能成熟。新疆≥0℃的积温，南疆平原绿洲和吐鲁番至哈密盆地＞4 500℃，其中阿图什达5 000℃，吐鲁番达5 500℃。北疆伊犁河谷西部和准噶尔盆地西南部平原地区为4 000℃，由准噶尔盆地腹部向其四周积温递减，北部阿尔泰山山前平原和西部塔城盆地为3 000～3 500℃，山区积温减少，天山高山区＜1 000℃。

新疆各类农区积温可以满足小麦生长发育的要求。小麦春夏生长期间的最适宜的日平均气温为15～18℃，南疆3月至6月下旬，北疆3月下旬至7月上旬的日平均气温基本在此范围。因热量不足而不宜种植小麦的只位于海拔较高的山区。在新疆海拔每升高100m，气温约降低0.6～0.8℃，在北疆北部海拔1 700m以上、天山山区海拔2 100m以上和南疆西部山区3 300m以上地带，种植春小麦一般不能成熟。冬小麦种植上限更低于上述高度。北疆1 850m的昭苏和南疆2 130m的乌恰，已是种植冬小麦的上限。海拔高度不同是影响新疆小麦生产的重要因素（表7-9）。

越冬条件是决定冬麦分布的重要因素。南疆平原地区冬季没有稳定积雪，1月份平均最低气温-14.1～-10.9℃，极端最低气温可达-25.3℃（库尔勒），但出现-23℃以下低温的年份很少，一般年份冬小麦可以安全越冬；北疆1月平均最低气温-22.4～-16.4℃，极端最低气温在-32℃以下，如果没有积雪覆盖，冬小麦便会发生毁灭性的冻害，积雪的早晚和厚薄，便成为影响北疆冬小麦安全越冬的主要因素。此外，有些地区冬麦虽能越冬但由于地下水位较高、盐碱较重，春季容易泛碱死苗。这类地区，冬小麦栽培也受到一定限制。

表7-9 新疆不同海拔区域春小麦品质表现

（新疆农业科学院粮食作物研究所，2006—2007年8个品种的平均表现）

地区	海拔（m）	籽蛋白含量（%）	湿面筋含量（%）	沉降值（mL）	稳定时间（min）	最大抗延阻力（EU）	延伸度（mm）	面包体积（cm³）
博乐地区	博乐（532）	16.2	35.8a	33.4	17.4	503.2	185.7	822.2
	84团（714）	14.7	32.7	26.8	14.0	392.7	176.7	759.0
	温泉（1050）	13.3	30.4	30.6	7.2	296.4	185.5	742.7
伊犁地区	伊宁（670）	14.5	32.2	27.4	9.8	281.6	172.2	790.1
	新源（1100）	13.5	29.4	24.7	7.9	300.2	172.1	729.7
	昭苏（1840）	13.4	31.4	23.5	6.9	267.2	166.4	671.0

2. 光照时间长，昼夜温差大 新疆光能资源丰富，是我国日照最多的地区之一，全年日照时数达2 550～3 500h，日照率60%～80%，其中北疆多于南疆，东部多于西部，平原多于山区，年总辐射量达544.1～648.8kJ/cm²。哈密地区年总辐射量达669.7kJ/

cm^2，是全疆总辐射量最多的地方。气温$\geqslant 0°C$期间的光合有效辐射量，北疆北部为$188.3\sim 209.3kJ/cm^2$，准噶尔盆地、塔城盆地和伊犁河谷为$209.3\sim 230.2kJ/cm^2$，东疆和南疆均达$230.2\sim 251.1kJ/cm^2$，库尔勒地区可达$272.1kJ/cm^2$。冬小麦生长期间光合有效辐射量，按冬前出苗到停止生长约一个半月、冬后返青到成熟三个半月计算，北疆为$92.1\sim 117.2kJ/cm^2$，南疆达$125.6\sim 138.1kJ/cm^2$。新疆日照时间长，昼夜温差大，光合生产率高，有利于干物质积累和产量提高。在光温资源中，各地光照条件均可满足冬、春小麦生长，但随着各地生态条件不同，温度通常是影响小麦产量和品质形成的重要因素。新疆不同麦区小麦品质检测结果如表 7 - 10。

表 7 - 10　新疆各麦区小麦的品质指标检测结果

（新疆粮油产品质量监督检验站马宏等，2009）

麦　区		降落值（s）	粗蛋白含量（%）	湿面筋含量（%）	沉降值（mL）	稳定时间（min）	最大抗延阻力（EU）	延伸度（mm）	拉伸面积（cm²）
冬麦区	阿克苏	232～509	10.4～14.5	23.1～38.9	21.7～46.8	1.3～6.6	191～481	100～179	12～68
	克孜勒苏	307～497	10.4～13.6	24.1～32.9	26.9～41.6	1.3～6.2	191～353	106～170	12～49
	喀什	315～455	11.1～13.1	24.1～37.2	22.8～44.9	1.3～3.1	168～333	106～170	12～57
	和田	251～474	11.5～14.5	23.0～37.0	26.5～49.1	1.3～3.6	154～418	112～164	17～93
	样品平均值	394	12.1	29.3	34.2	2.5	247	140	29.7
冬春麦兼种区	伊犁	131～481	10.2～15.2	20.1～31.3	19.6～48.9	1.5～5.2	210～411	118～197	17～64
	塔城	205～509	10.4～14.9	21.0～32.1	20.6～48.8	1.5～6.8	202～500	119～202	17～91
	昌吉	127～509	10.4～14.4	20.4～32.2	19.8～49.3	1.5～7.2	175～568	135～212	19～93
	样品平均值	357.8	13.5	28.2	34.7	3.8	334.5	159.5	50
春麦区	阿勒泰	183～432	12.2～13.7	22.6～29.5	21.6～36.2	1.5～5.1	214～511	123～186	20～76
	博乐	132～430	11.6～13.1	17.5～27.4	19.4～29.7	2.6～7.1	226～439	121～156	21～68
	巴里坤	189～430	10.3～12.9	21.0～27.3	19.6～41.1	1.5～3.4	214～425	123～155	20～56
	巴州	242～420	12.6～14.6	26.5～33.6	29.2～46.7	1.5～4.1	175～312	132～179	19～52
	样品平均值	287.4	12.4	25.5	28.8	3.3	333.3	151.6	46.2

3. 灌溉农业水源不足　新疆耕地面积占全区土地面积2%左右，93%的农田处于绿洲农业范畴，其中有94%农田靠引水灌溉，形成独特的荒漠绿洲灌溉农业。农业的水源主要来自天山上的雪水和山地降水，个别地区是打井利用地下水作补充。新疆降水量少，全疆年平均仅有 150mm 左右，而且分布不均，一半以上面积降水量不足100mm，而蒸发量一般都在 2 000mm 以上。水源不足，而且地域之间差异大，时空分布不匀，作物生长季节分配不平衡，全疆春耕季节普遍缺水，旱情严重，特别是南疆昆仑山水系河流汛期晚来，枯水期长，春旱重，对小麦生长、分布和技术措施运筹均受到极大的制约。新疆麦田，尤其是平原干旱麦区，影响小麦播种和生长期间的需水，降水的时间和数量往往不是主要条件，关键的因素是农田灌水和后期大气干旱及干热风对小麦的影响。

（三）土壤条件

新疆的土壤分布具有明显的地域性。农业地带的自然土壤以灰漠土、棕漠土和草甸土为主，河流下游为潮土、盐土和沼泽土，雨量较多的山间盆（谷）地则有棕钙土、栗钙土以至黑钙土。久经耕种的农田多为各种类型的灌淤土和灌耕土。灰漠土：广泛分布中部天山北麓山前平原黄土状母质上，有机质含量低，缺氮少磷，土壤板结。棕漠土：分布在南疆和东疆的各个山前倾斜平原上，土壤质地较粗，沙性大，黏性少，透水性强，保水保肥能力差。草甸土：分布地南北疆扇形地的下部或扇缘上部。栗钙土：分布北疆伊犁、塔城和阿勒泰地区，东疆巴里坤也有分布。土层厚度因地形而异，一般为 $60\sim100cm$，其下多为砾石。地处洪积扇上中部的地面坡度大，土层薄。棕钙土：广泛分布在北疆阿勒泰、塔城地区，中部天山北麓山前平原上部，土壤质地以沙壤—轻壤为主，结构差，钙积层多出现在 $20\sim40cm$。部分具有明显的碱化层和较强的碱化度。

从质地上说，南疆耕地多属沙性土，北疆多为壤土，少量黏性土主要分布在山前洪积冲积扇边缘、河流下游及湖滩洼地上。各类土壤富含钙质，呈碱性反应，pH 一般在 $7.5\sim8.5$ 之间。除雨量较多的山间盆（谷）地外，农田土壤有机质含量大部分在 2% 以下，氮、速效磷含量低，土壤肥力普遍偏低。全疆土壤盐渍化面积约占耕地面积的 $1/3$，其中中度（总盐量 0.5%）以上盐渍化占 13% 左右，常引起小麦缺苗。

（四）种植制度

新疆决定小麦种植制度的主要因素是产地的热量和水分条件。新疆北部无霜期短，有效积温少，作物生产多为一年一熟。而南疆光热条件较好，小麦种植主要是和其他作物进行间作或套种，形成了一年两熟或两年三熟等多种种植方式。

自 20 世纪 70 年代末以来，南疆小麦种植模式出现重大改变。冬小麦早熟品种唐山6898 的引进，使南疆地区小麦、玉米"两早配套"栽培技术迅速推广应用；随着小麦、玉米品种不断改良、高产栽培技术的研究应用，大幅度提高了小麦单产水平，南疆粮食栽培模式又由传统的"小麦—玉米两早配套"向"果树—小麦间作和果树—小麦间作＋复播玉米、蔬菜"转变，"果麦间作"近年已占到南疆小麦种植面积的 $2/3$；焉耆盆地多以小麦复播油菜、油葵、饲草、大白菜及小麦混播饲草种植，提高了土地利用率和产出率。新疆北部沿天山热量资源较丰富的地区和伊犁河谷西部麦茬复播早熟油葵、大豆、青贮玉米、绿肥、小杂粮等，面积不断扩大。近年来，在北疆石河子等棉花主产区创新的小麦滴灌栽培等现代节水灌溉方式迅速扩大，2010 年仅兵团滴灌小麦推广 3.07 万 hm^2，昌吉推广 3.13 万 hm^2。新疆小麦灌溉栽培方式正在发生巨大变化，出现传统地面灌溉模式与新型节水滴灌栽培模式并存的局面，不同形式的节水滴管即将成为主要栽培模式。

二、小麦产业发展概况

（一）生产概况

小麦是新疆的主要粮食作物，全疆分布范围很广，平原、河谷、丘陵等均有种植，播种面积基本占粮食作物 1/2～2/3。小麦面积中冬小麦占 65％ 左右，春小麦占 35％ 左右。错综复杂的地形、地貌将新疆麦区分为三个生态类型：冬麦区、冬春麦兼种区和春麦区。南疆以种冬麦为主，是冬、春麦兼种区。北疆冬、春小麦各半，是冬、春麦兼种区。从生态环境看，新疆小麦主要种植区一般在海拔 400～1 800m，气候多为干燥少雨。春麦主要种植区一般在海拔 800m 以上，最高可达 3 000m 左右，气候多为冷凉，雨量较多。由于各地气候、纬度等有较明显差异，形成多种不同的农业生态类型和不同海拔高度的农业垂直分布带。这些地貌类型的多样性、生态条件的复杂性，使小麦种植分布、品质形成、品种选用和栽培措施等，都带有明显的地区差异。

新疆冬、春小麦的垂直分布规律大体是：冷凉山区积雪过厚，也有的地方由于缺少秋播用水，均以春小麦为主；主要平原农区水利土壤和越冬条件较好，以冬小麦为主，因为冬麦产量比春麦高且可调节春季用水。冲积扇下部及河湖低洼处，往往由于土壤盐渍化较重保苗困难或冬季寒冷和积雪少冻害重而不得不种春麦。

20 世纪 80 年代以来，新疆小麦生产已由主要追求数量向数量与质量并重的方向转变，由资源消耗型向简化低耗可持续发展技术转变。新疆小麦科技发展很快，已培育出一大批高产优质冬、春麦品种，一些高产栽培技术正在广泛地应用在农业生产之中，测土配方施肥、半精量播种等节本增效技术也在逐步推广。新疆小麦 1978 年面积 134.9 万 hm²，单产 1 344.5kg/hm²。2006 年小麦单产 5 400kg/hm²，总产已由 1978 年的 180.02 万 t，提高到 2006 年的 400.3 万 t，2009 年新疆小麦总产 645 万 t，比 2008 年增加 195 万 t，单产平均 5 685kg/hm²。

新疆小麦主产区分布在北疆（包括兵团所在区域的各单位，下同）的伊犁哈萨克自治州直属县市、塔城地区、昌吉回族自治州及南疆的喀什、阿克苏、和田地区和巴音郭楞蒙古自治州，其中伊犁哈萨克自治州直属县市、塔城地区、昌吉回族自治州、阿克苏地区为商品粮主产区，五地（州）小麦品质各具地域特色。如昌吉回族自治州的优质白皮麦品质好，适宜加工高等级面粉，塔城地区产硬质白皮麦适宜加工专用面粉。新疆小麦食品工业滞后在一定程度上影响小麦生产发展，除中等以上城市外，制粉业"小而散"的特点十分突出，约有半数农村人口食用面粉来自乡村"小钢磨"，新疆最大的制粉集团——天山面粉集团的日处理小麦量 2 000t。

（二）品质概况

1. 冬、春小麦品种品质概况　近年来，新疆加大了优质小麦品种的培育、引进力度，先后选育和引进了一批各类优质小麦品种，并形成了一定规模的优质小麦生产，其中冬小麦重点推广新冬 18、新冬 17、新冬 20、新冬 22、新冬 32、新冬 33，春小麦重点推广新春 6 号、新春 8 号、新春 9、新春 14、新春 17、新春 27、新春 29、新春 30、宁春 16，Y20 等，以上品种品质多为中筋、中强筋类型，均达到国家规定的优质标准，提高了小麦品质整体水平（表 7 - 11）。由于新疆地形复杂，受纬度和大气环流影响，其降水、气温、日照等都存在较大差异，同一品种在各地品质表现差异较大。

表 7 - 11 新疆小麦品种品质性状

（新疆农业科学院粮食作物研究所，2005）

品种	容重 (g/L)	蛋白质含量 (%)	湿面筋含量 (%)	沉降值 (mL)	形成时间 (min)	稳定时间 (min)	弱化度 (FU)	最大抗延阻力 (EU)	延伸度 (mm)	拉伸面积 (cm²)
新冬 17	803	13.2	27.9	25.7	2.5	3.5	80	123	167	29
新冬 18	810	13.5	28.7	33.0	5.5	14.5	30	455	190	128.6
新冬 19	795	13.4	28.2	23.0	2.5	3.5	80	135	167.5	36.3
新冬 20	803	14.6	37.2	26.7	3.7	4.0	110	140	202	35.4
新冬 21	800	12.1	24.1	11.9	1.4	1.0	190	/	/	/
新冬 22	810	12.6	26.3	33.0	5.0	15.5	40	505	170	111.0
新冬 23	750	14.4	31.8	55	22.5	32.5	20	735	175	166.7
新冬 24	809	14.8	34.4	21.8	2.3	1.9	150	180	182.5	45.6
新冬 25	780	12.6	26.6	16.1	2.0	1.3	160	95	182.5	23.7
新冬 26	790	16.4	35.5	24.7	2.0	1.7	130	92.5	175	24.8
新冬 27	805	13.7	32.7	16.9	2.5	1.7	210	145	147.5	25.1
新冬 28	814	14.1	30.4	29.6	3.1	8.2	70	302.5	186.5	64.5
新冬 29	813	14.6	31.0	20.7	2.0	3.5	140	162.5	225	54.6
新春 6 号	806	13.5	30.9	24.7	3.7	4.7	80	285	156	62.4
新春 7 号	800	14.4	27.1	28.0	2.5	6.3	105	200	187.5	50.3
新春 8 号	780	13.2	23.7	35.1	3.5	9.0	70	437.5	175	95.5
新春 9 号	790	14.9	32.8	20.0	5.0	9.0	90	305	185	66.8
新春 10	790	14.4	30.1	33.7	3.0	3.5	105	125	225.7	37.6
新春 12	790	14.4	33.2	26.9	2.8	3.0	80	202.5	210	56
新春 13	790	11.9	27	18	1.9	1.5	/	/	/	/
新春 14	810	14.5	34.7	21.6	3.5	4.7	145	210	187.5	52.7
新春 15	780	13.5	32.1	22.2	3.5	5.0	90	270	242.5	85.2
新春 16	740	14.3	40.9	19.7	2.7	2.0	130	150	247.5	47.9
新春 17	750	13.2	27.5	21.2	2.0	8.5	60	545	185	128
新春 18	800	13.4	28.6	29.0	4.0	7.5	50	360	180	79.8
Y20	800	18.4	37.6	39.7	11.7	27.6	35	800	194	194.8

2. 主要种植小麦品种品质在不同生态区总体表现 2001—2003 年选用当前大面积推广的 4 个春麦品种、3 个冬麦品种，在不同地区种植，其品质的总体表现情况如表 7 - 12。从中可以看出，4 个春小麦品种品质性状均随环境条件的变化而变化，但各品种品质性状的变异大小不同。3 个冬小麦品种品质性状亦均随环境条件的变化而变化，新冬 18 和新冬 22 面团形成时间和稳定时间较长，新冬 18 蛋白质含量显著高于新冬 22，总体表现也较好。

表 7-12　新疆主要小麦品种品质总体表现

（石河子大学农学院、兵团农业局，2001—2003）

项　目	新春6号		新春7号		新春8号		新春9号	
	x±S	变幅	x±S	变幅	x±S	变幅	x±S	变幅
千粒重（%）	44.80±4.97a	41.02~51.32	41.55±6.21b	35.32~48.63	42.55±5.65ab	37.04~53.68	38.88±2.17c	35.86~42.03
容重（%）	797.4±28.1a	768.7~819.5	793.1±23.4a	756.8~816.6	769±26.2b	726.7~792.4	800±26.9a	765.1~819.5
籽粒蛋白（%）	14.35±0.99a	13.08~15.90	14.29±1.63a	12.91~16.99	13.33±1.59b	11.90~16.22	14.71±1.57a	12.8~17.41
硬度	57.9±13.1b	37.8~85.1	60.3±18.7ab	47.1~82.0	60.9±12.8ab	56.2~86.1	68.2±16.8a	52.2~102.3
湿面筋（%）	31.8±3.8a	25.4~37.8	29.8±3.8b	26.8~34.9	27.2±3.0c	24.5~31.9	32.9±5.9a	27.8~44.3
面筋指数（%）	73.2±17.6c	35.8~86.2	79.8±17b	49.1~36.4	89.1±11.2a	67.2~96.7	81.6±11.7b	57.0~91.5
面筋×指数（%）	23.6±5.0b	14.7~29.6	24.0±3.6b	17.1~28.4	25.4±2.6ab	21.8~27.6	26.5±3.6a	24.0~30.9
沉降值（mL）	32.7±3.8b	30~34.8	33.7±4.4b	26.7~39.5	37.4±9.7a	28.7~58.1	33.4±2.1b	31.2~37.2
降落值（s）	344±88b	209~436	370±91b	180~441	365±71b	277~437	275±95c	121~378
形成时间（min）	3.9±0.8b	2.8~5.2	3.1±1.6c	1.9~6.3	3.5±2.1b	2.2~7.8	5.3±1.8a	3.5~8
稳定时间（min）	5.2±2.3b	2.4~8.7	8.3±5.2a	3.3~18.6	8.8±3.8a	3.0~14.4	7.7±2.8a	2.6~11.7
弱化度（FU）	111±36a	68~154	69±36c	21~134	67±32c	32~12	84±32b	59~156
拉伸面积（cm²）	76±19b	44~94	77±27b	40~119	84±19a	52~111	76±17b	42~87
面包体积（cm³）					723±76b	608~813	806±72a	763~885
面包评分					70.6±8.4b	55.9~80	78.6±6.2a	70.5~83.3

项　目	新冬17		新冬18		新冬22	
	x±S	变幅	x±S	变幅	x±S	变幅
千粒重（%）	40.92±2.65b	38.72~45.92	39.60±1.32bc	37.89~40.66	43.40±2.56a	35.80~48.80
容重（%）	803.8±14.5a	773.0~821.0	794.0±21.89a	762.0~821.0	802.7±19.9a	732.0~821.2
籽粒蛋白（%）	12.77±1.71c	11.16~15.00	14.17±1.40a	11.90~15.20	13.80±1.15b	10.50~15.30
硬度	68.0±7.0a	60.4~79.9	60.1±12.4ab	50.4~86.5	56.1±10.1b	32.6~73.3
湿面筋（%）	28.7±5.5b	21.5~35.4	30.3±3.29ab	25.3~35.1	26.6±3.8c	15.9~35.4
面筋指数（%）	63.5±11.5c	44.7~72.1	87.9±17.8a	47.5~96.0	97.2±5.5a	77.7~100.0
沉降值（mL）	30.3±4.0b	25.0~36.3	38.5±8.4a	24.0~44.7	39.4±10.9a	22.8~57.7
降落值（s）	465±53a	447~606	476±80a	364~537	542±70a	402~701
形成时间（min）	3.0±1.1c	1.7~5.2	8.9±7.0a	1.9~18.9	5.8±6.7a	1.2~22.5
稳定时间（min）	3.4±1.9c	1.7~7.7	16.1±11.1a	3.0~31.5	17.8±10.6a	2.2~34.2
弱化度（FU）	85±26b	48~115	39±22d	17~77	44±29d	6~113
拉伸面积（cm²）	47±22c	21~78	96±25a	51~121	137±53a	37~237
面包体积（cm³）			743±61b	645~800		
面包评分			74.0±7.8b	58.5~79.0		

注：x：平均值；S：标准差。

3. 新疆小麦加工品质现状 2006—2007 年，选用了新疆广泛种植的新冬 18、新春 6 号和新春 8 号等 13 个中强筋和中弱筋小麦品种，对其品种品质进行测定。13 个品种容重的平均值为 788.32g/L，最高达 843g/L，最差为 781g/L，变异系数为 3.35%，均达到专用小麦品种国家标准（≥770g/L）；籽粒硬度平均为 57.9；籽粒蛋白质含量平均为 14.06%，极差为 7.9%，变幅为 10.8%～18.7%；湿面筋含量平均为 31.43%，变幅为 20.8%～45%；沉降值平均为 28.1mL，变幅为 16～46mL；出粉率为 58.97%，变幅为 47.5%～75.6%，灰粉含量平均为 0.48%；降落值的平均为 412s。说明新疆气候干燥，δ-淀粉酶活性低。参试品种吸水率和延展性的变异系数相对较小，面团形成时间、稳定时间、软化度和拉伸仪参数由于试验地点和年份的不同变异较大。在新疆，对小麦品种品质的选择主要针对新疆居民喜欢的拉面（品质特点为延伸性好、抗拉阻力低）、馕、饺子以及其他一些中国北方传统面制食品品质进行的。

（三）生产优势及存在问题

1. 生产优势 具有高产优质的优势。新疆是荒漠绿洲灌溉农业，光温资源充裕，昼夜温差大，有利小麦干物质积累和产量形成，是我国小麦高产区。新疆是绿洲灌溉农业，只要水源有保证，小麦高产稳产。新疆境内人均耕地相对较多，国有农场多，机械化水平高，有利集约经营规模化生产和发展现代化大农业生产。新疆气候干旱、自然灾害相对较少。

新疆绿洲农区由于小麦生态的多样性以及小麦品种和栽培措施不同，强筋、中强筋小麦种植范围广，产量高，籽粒蛋白质含量高。

新疆小麦生产地域广阔，边远、冷凉区域多，工业污染少，病虫害轻，农药使用少，有利小麦产业化和绿色食品的发展。

2. 存在的主要问题

（1）小麦品质有待提高 新疆小麦生产在 20 世纪 80 年代以前着重于产量提高，对品质研究起步较晚。加之小麦销售方式中以容重等为核心确定等级和定价标准，不重视加工品质，影响了优质小麦生产的积极性。

（2）新品种、新技术推广慢 新疆位于亚欧大陆中心，戈壁、沙漠阻隔，科技水平不高，生产力水平较低。20 世纪 80 年代后，土地承包种植方式虽然调动了农民的生产积极性，但由于土地分散，农民科技意识滞后，给品种推广、栽培技术提高和生产投入带来较多困难，产业化体系亦不够健全。

（四）优质小麦产业发展前景

20 世纪 80 年代后期，新疆小麦生产开始从以产量型向优质高效型转变。小麦生产由通用型向优质高效型延伸，优质小麦市场价格已高于普通小麦 10%～15%，且小麦商品率逐渐提高。农民对优质小麦生产逐渐重视，劣质品种逐步被淘汰，优质小麦品种覆盖率 95% 以上，新疆不仅成为我国西北地区主产区和重要的商品粮基地，而且也成为我国优质小麦生产地。小麦产后加工规模化技术水平大大提高，优质专用粉生产目前基本能满足区内需求。

三、小麦品质区划

（一）品质区划的依据

本区划资料主要来源于：①2001—2004 年石河子大学、兵团农业局等在新疆大范围内进行小麦品质生态区划试验：选用新疆大面积种植不同筋型的冬麦品种新冬 17（中筋）、新冬 18（强筋）、新冬 21（弱筋）、新冬 22（中筋）和春麦品种新春 6 号（中筋）、新春 7 号（中筋）、新春 8 号（强筋）、新春 9 号（强筋）、Y20（强筋）和 NS142（弱筋），共 10 个品种，在全疆 25 个不同生态区中 75 个生态点，进行同种异地种植试验；再在有代表性的 5 个点，在小麦生长后期进行不同追肥和灌水等栽培措施试验，以及在石河子大学农学试验站选用新春 6 号、新春 7 号和 Y20 三个品种进行分期播种等试验。对其籽粒品质及各地土壤进行统一检测的数据，结合王荣栋等对 4 个春麦品种在 7 个试验区品质性状的平均表现（表 7 - 13）和 3 个冬小麦供试品种在 6 个试验区品质性状表现（表 7 - 14）。在综合上述情况的基础上所作表 7 - 15；②新疆农业科学院粮食作物研究所用同一品种在新疆不同生态区试验及在新疆设置的 15 个不同生态区所采用的强筋、中强筋和中弱筋三种类型小麦品种品质试验等多项结果资料；③新疆粮油产品质量监督检测站等（见表 7 - 10）多年来对小麦品质方面有关研究和检测资料，作出本规划。

表 7 - 13　新疆不同试验点春小麦品质性状的平均表现

（石河子大学农学院，2001—2003）

地点	降落数（s）	千粒重（%）	容重（g）	蛋白质含量（%）	湿面筋含量（%）	面筋指数（%）	湿面筋×面筋指数（%）
石河子	389 ab	37.3 d	754.3 b	16.6 a	33.8 a	88.6 a	29.0 a
温泉	369 ab	42.3 bc	791.8 a	12.9 e	28.2 bc	90.0 a	25.8 bc
奇台	361 ab	40.9 bc	790.1 a	13.4 de	29.4 bc	82.1 b	23.8 bc
塔城	304 c	42.3 bc	785.0 a	13.4 e	27.4 c	84.7 b	23.7 c
巴里坤	194 d	48.9 a	807.1 a	14.0 cd	34.2 a	52.3 c	20.5 d
哈密	404 a	39.0 cd	803.1 a	14.8 b	30.3 b	84.6 b	26.4 b
北屯	348 bc	43.0 b	797.9 a	14.1 c	29.8 bc	84.3 b	24.7 bc

地点	吸水率（%）	面团形成时间（min）	弱化度（FU）	延伸度（mm）	拉伸面积（cm²）	最大抗延阻力（EU）	面包体积（cm³）	面包评分（分）
石河子	59.9 b	6.2 a	50 d	195 ab	93 a	342 ab	824 ab	81.6 a
温泉	59.9 b	3.3 c	71 c	182 b	82 b	348 ab	748 c	72.3 b
奇台	60.2 b	3.5 c	72 c	194 ab	84 b	349 a	793 abc	77.0 ab
塔城	59.0 b	2.7 d	94 b	187 b	77 b	318 bc	725 cd	71.0 b
巴里坤	63.8 a	3.0 cd	142 a	186 b	44 c	168 d	659 d	63.2 c
哈密	60.5 b	4.5 b	61 cd	183 b	82 b	352 a	754 bc	76.1 ab
北屯	59.7 b	4.4 b	90 b	203 a	79 b	295 c	849 a	81.3 a

注：1）均值后字母不同表示在 0.05 水平上差异显著。

2）面包体积和面包评分为新春 8 号和新春 9 号均值，不包括新春 6 号和新春 7 号。

表 7-14 冬小麦不同试验区的品质表现

（石河子大学农学院，2001—2003）

单位	品种	样品数	千粒重（%）	容重（%）	硬度	蛋白质含量（%）	吸水率（%）	形成时间（min）	稳定性（min）	弱化度（FU）	拉伸面积（cm²）
	新冬17	2	—	—	68	15.0	62.8	3.5	3.3	58	65
石河子	新冬18	3	—	—	54	15.2	61.8	15.2	27.2	21	117
	新冬22	2	—	—	42	15.3	57.0	7.0	21.2	31	138
	新冬17	4	43.3	795	60	11.8	64.8	2.2	2.3	122	17
塔城	新冬18	2	42.9	777	56	12.7	58.2	2.2	5.3	109	46
	新冬22	1	46.0	808	—	11.9	58.4	1.5	3.6	75	105
	新冬17	2	39.4	810	73	12.6	63.4	2.5	1.8	112	42
奇台	新冬18	2	39.9	808	42	12.6	61.2	2.0	5.8	74	53
	新冬22	2	38.4	764	43	13.9	56.1	1.9	16.5	20	153
	新冬17	1	—	—	70	11.4	59.3	3.7	4.7	48	51
奎屯	新冬18	1	—	—	65	15.1	59.7	3.0	3.0	59	83
	新冬22	22	43.6	808	56	13.8	57.5	6.5	19.3	44	142
阿克苏	新冬17	1	38.7	806	80	11.4	63.0	3.0	3.3	95	37
	新冬22	1	44.1	747	51	14.5	58.2	3.0	2.6	113	—
和田	新冬18	1	37.9	793	87	12.6	61.5	5.5	6.0	77	57

单位	品种	延伸度（mm）	最大抗延阻力（EU）	最大拉伸比例	沉降值（mL）	湿面筋含量（%）	面筋指数（%）	降落数（s）	面包体积（cm³）	面包评分（分）
	新冬17	195	247	1.3	33.8	35.4	44.7	606		
石河子	新冬18	192	492	2.6	44.7	31.6	94.9	535	800	79.0
	新冬22	206	543	2.7	44.3	31.8	97.8	527	—	—
	新冬17	20	83	0.8	28.0	24.2	39.6	261	—	
塔城	新冬18	162	204	1.3	29.2	24.8	84.1	249	550	51.8
	新冬22	150	542	—	39.0	21.7	—	—	—	—
	新冬17	209	130	0.7	28.7	30.1	54.8	425	—	
奇台	新冬18	175	235	1.4	26.9	30.5	75.4	393	523	44.8
	新冬22	197	630	3.2	39.1	26.2	99.0	557	—	—
	新冬17	154	267	1.7	—	25.5	60.3	—	—	
奎屯	新冬18	173	212	1.2	32.6	35.1	47.5	—	—	
	新冬22	193	595	3.7	39.5	26.2	99.2	542	—	
阿克苏	新冬17	170	241	1.4	29.2	27.2	45.6	447	—	
	新冬22	194	126	0.6	30.5	35.4	77.7	701	—	—
和田	新冬18	165	396	2.4	24.0	26.8	93.9	537	745	71.5

注："—"表示无该项数据。

在规划中主要根据土壤、施肥和各点试验样品的测定，筛选籽粒蛋白质含量（%）、湿面筋含量（％）、面团形成时间（min）、面团稳定时间（min）、沉降值（mL）、最大抗延阻力（EU）等主要品质指标，通过多重比较和逐步回归找出影响主要品质指标的气候因子，结合各地土壤、栽培措施等情况和新疆以往有关研究资料作综合分析，确定品质生态划区范围。按照我国优质小麦品质的分级标准，将强、中、弱筋型的品质生态区进行划分，生态条件相近，而互不连片的地区则划为亚区。为保持主区和亚区的完整性，其内部局部地区，若有明显差异、对小麦品质有较大影响的不再另行划分，只在亚区中单独加以说明。

（二）品质区划

为能更直观反应新疆小麦品质生态多样性等情况，划区命名采用复合型表示法："区域名称＋生态特点＋小麦品质筋型"。新疆小麦品质生态划为 3 个主区 7 个亚区（图 7‐5）。

表 7‐15　新疆不同生态区小麦品质表现

（石河子大学农学院等，2001—2004）

生态区	品种	品种类型	容重(g/L)	粗蛋白含量(%)	硬度	湿面筋含量(%)	吸水率(%)	形成时间(min)	稳定时间(min)	弱化度(FU)	最大抗延阻力(EU)	延伸度(mm)	拉伸面积(cm²)	面包体积(cm³)	面包评分(分)
北疆平原冬、春麦兼种区	新春 6 号	春麦	763	15.30	52.9	32.3	59.2	4.5	7.1	76	303	202	78		
	新春 7 号	春麦	768	16.25	52.0	32.0	59.0	4.8	10.5	56	438	173	102		
	新春 8 号	春麦	724	16.26	57.5	29.0	58.1	4.3	10.1	48				801	83.5
	新春 9 号	春麦	780	16.43	66.0	33.7	61.6	6.9	8.9	64				841	85.4
	Y20	春麦	790	16.20	72.8	30.5	63.3	8.1	13.0	33				775	82.5
	新冬 17	冬麦	821	11.70	76.7	29.4	61.8	2.3	1.8	108	126	178	35		
	新冬 18	冬麦	797	13.89	50.4	26.0	61.0	2.1	9.0	52				687	67.0
	新冬 22	冬麦	810	13.83	46.7	26.3	58.0	1.9	12.4	52	454	187	100		
吐鲁番—哈密盆地春麦区	新春 6 号	春麦	812	14.40		31.3	61.0	3.6	6.4	76	365	180	88		
	新春 8 号	春麦	788	13.30	58.2	25.0	58.6	1.8	8.2	50				685	70.5
	新春 9 号	春麦	779	14.02	44.3	24.2	60.1	8.5	12.7	72				775	83.0
塔里木绿洲春冬麦区	新春 8 号	春麦	735	13.10	66.6	26.8	57.7	6.3	10.4	68				675	65.0
	新冬 17	冬麦	806	11.40	79.9	27.2	63.0	3.0	3.3	95	241	170	57		
	新冬 22	冬麦	791	14.50	76.7	35.4	58.2	2.0	2.6	113	126	194	37		
焉耆盆地春麦区	新春 6 号	春麦	794	13.80	54.4	27.7	56.1	5.2	6.7	75	288	204	75		
	新春 9 号	春麦	812	15.70	66.1	32.1	61.2	6.3	8.6	80				840	84.0
	Y20	春麦	776	17.30	72.7	38.4	62.8	14.8	23.0	31				840	90.0
	NS142	春麦	816	13.40	55.8	28.5	54.2	2.0	2.9	13	150	215	49		
天山西部伊犁河冬麦区	新冬 17	冬麦	809	11.16		21.5	67.4	1.7	1.6	115	105	136	23		
	新冬 18	冬麦	821	13.90	50.4	25.3	61.6	1.9	10	44				645	58.5

（续）

生态区	品种	品种类型	容重(g/L)	粗蛋白含量(%)	硬度	湿面筋含量(%)	吸水率(%)	形成时间(min)	稳定时间(min)	弱化度(FU)	最大抗延阻力(EU)	延伸度(mm)	拉伸面积(cm²)	面包体积(cm³)	面包评分(分)
	新春6号	春麦	810	13.61	50.3	25.3	64.9	2.9	2.9	152	211	208	60		
	新春7号	春麦	813	13.86	62.8	30.0	62.2	4.2	5.5	93	268	183	65		
北疆周边丘陵春麦区	新春8号	春麦	772	12.53	54.6	25.2	59.6	2.3	5.7	87				664	64.0
	新春9号	春麦	784	13.93	54.7	29.6	59.8	3.9	7.8	102				721	69.0
	新冬17	冬麦	803	11.80		23.3	66.3	2.0	2.3	107	101	150	22		
	新春8号	春麦	749	11.68	76.7	21.3		（发芽）							
昭苏山间盆地春麦区	新春8号*	春麦		12.40		22.2		4.0	6.0		293				
	新春9号	春麦	767	13.17	43.0	29.3		（发芽）							

注：各品种品质状况为2001—2004年多点样品测试平均数。"*"为新疆农业科学院芦静等资料。

1. 强筋、中筋麦区

（1）天山北麓准噶尔盆地南缘强筋、中筋麦区 本区位于天山北麓至准噶尔盆地腹地之间的绿洲，从西到东包括温泉、博乐、精河、乌苏、沙湾、奎屯、石河子、玛纳斯、呼图壁、昌吉、乌鲁木齐、米泉、阜康、吉木萨尔、奇台、木垒16个县（市）和区域内兵团农五师、农六师、农七师、农八师、农十二师所属的国有农场。

本区海拔189～1 300m，地势东高西低，气候温和，年平均气温6～17℃（西部高于东部），≥10℃积温2 500～3 800℃，7月平均气温20～27℃，但6月底至7月上旬有干热风出现，往往影响小麦灌浆降低粒重；年日照时数2 780～3 110h，无霜期110～180d，有一定的麦茬复种面积；平原农区降水量100～294mm，主要分布在4～9月，对麦田需水能起到补给作用。平原区土壤类型有荒漠灰钙土、潮土、灌淤土和草甸土。

本区为冬、春麦兼种区，冬小麦主要分布在乌苏至奇台公路沿线的山前洪积冲积平面地带，冬季积雪10～20cm，冬小麦可安全越冬。春小麦分布在精河以西和吉木萨尔以东的近山地带。小麦籽粒中蛋白质含量14.0%～16.0%，湿面筋含量26.0%～33.7%，均高于全疆麦区，烘烤品质好，适合种植优质高产早熟的强筋和强中筋白粒冬、春小麦品种。

本区国有农场比重大，机械化程度高，劳动生产率和土地生产率都比较高。属于以乌鲁木齐为中心的新疆经济较为发达的天山北坡经济带，交通便利，居民消费水平高，生活需求多元化，具有发展强筋和中强筋小麦的条件。种植强筋小麦面筋质量好、烘烤品质优良，在现有基础上做好品种布局，可建成强筋和中强筋麦区专用粉商品粮基地。

（2）吐鲁番—哈密盆地绿洲强筋、中筋麦区 本区位于东部天山以南，包括吐鲁番地区和哈密市及其附近的国有农场。火焰山横跨东西，地势北高南低，海拔81～1 700m，是典型的大陆性气候，属暖温带干旱区，光热资源丰富，昼夜温差大。主要农田分布在冲积扇下部和潜水溢出带，哈密盆地年平均气温9.1～11.9℃，7月平均26.5℃，年日照时数3 450h，年辐射总量669.7kJ/cm²，是全疆光照资源最丰富的地区。吐鲁番地区年平均温度14℃，7月平均温度32.1℃，是我国夏季最热的地方，年降水量仅有9.4～37.1mm，影响小麦灌浆，千粒重低，蛋白质含量一般在14％以上。由于灌浆后期温度过高容易导致籽粒中醇溶蛋白含量太高以及与麦谷蛋白含量的比例（谷蛋白/醇溶蛋白）失调，影响烘烤品质。由于光热资源优越，该区适宜发展瓜、果、蔬菜等特色农业，小麦可用间、套种方式适度种植。

2. 中强筋、中筋麦区

（1）天山西部伊犁河谷中强筋、中筋麦区　位于伊犁河河谷及其上游巩乃斯和喀什河河谷绿洲以及部分洪积平原绿洲，主要包括伊宁、霍城、察布查尔锡伯、巩留、新源、尼勒克等县（市）和区域内兵团农四师国有农场。本区海拔500～1 000m，气温西部高于东部，≥10℃的有效积温3 000～3 400℃，7月平均气温23.3℃，无霜期140～160d；光照充足，年日照时数2 770～3 000h；年平均降水自西向东220～460mm，4～6月降水量74～84mm。土壤类型主要为灰钙土、潮土，土壤有机质含量3％。本区为河谷平原与洪积平原绿洲，冬季积雪稳定，平均深度在20cm以上，积雪日数平均100～120d，为冬小麦安全越冬提供了较好的条件。伊犁河谷气候温和、土壤肥沃，是新疆小麦主要生产基地。宜选用中、早熟抗锈病品种，发展中强筋、中筋冬小麦生产。巩乃斯和喀什河河谷上游地势逐渐增高，冬季积雪过厚，适于春麦种植，宜发展中筋春小麦生产。

（2）焉耆盆地绿洲中强筋、中筋麦区　本区为天山南麓的山间盆地，开都河下游，包括焉耆、和静、和硕、博湖四县和境内兵团农二师部分国有农场。海拔1 050～1 500m，气候温和，日照充足；≥10℃年积温3 415～3 694℃，3～6月平均气温14.3℃，7月平均气温22.5℃，小麦开花灌浆期间，气候适宜，有利开花结实，小麦千粒重高，产量高而稳定，无霜期175d左右，年平均日照时数3 074～3 143h，麦收后具备复种条件。年平均降水量64.7mm，4～6月降水量17.1mm。本区共有大小河流十多条，水源比较充沛。农田以潮土、灌耕棕漠土为主，土壤有机质含量在1.5％以上。冬季没有稳定积雪，冬小麦难以越冬，加之地下水位高，土壤盐碱重，春季返盐容易引起冬麦死苗，为春麦种植区。生态条件对籽粒蛋白质积累有利，适宜发展中强筋和中筋小麦生产。

3. 中筋、弱筋麦区

（1）昭苏山间盆地中筋、弱筋麦区　本区在新疆西部沿天山一带，位于昭苏境内及包括其区域内农四师所属的国有农场。该地区为山间盆地，海拔高，气温较低，冬季时间长，开春晚，以旱作物种植为主，土壤以肥栗钙土为主，有机质含量为3％～4％。春麦种植面积占小麦面积90％左右。小麦灌浆成熟期间气候温凉，有利灌浆，蛋白质含量在11％～13％之间，为全疆最低。有些年份小麦灌浆成熟期间由于阴雨过多，易发生锈病、细菌性花叶条斑病和出现穗上发芽现象，影响品质。海拔较高的地区，燕麦草危害严重。

本区土地资源丰富，国有农场连片，集约经营，小麦是其主要作物，增产潜力大，号称新疆"粮仓"，适于建成中筋、弱筋优质专用小麦产业化生产基地。

（2）北疆沿边绿洲中筋、弱筋麦区　本区位于新疆西北部和北部，包括额敏（以东）、阿勒泰、巴里坤等县（市）及其范围内农五师、农九师、农十师、农十三师所属的农场。该区范围广泛，地形复杂，有高山、丘陵、平原、戈壁和沙漠等。海拔普遍为540～740m，除额敏县以东浅山、平原地带种冬麦外，基本上都种植春麦，是北疆春麦较集中的种植地区。小麦灌浆成熟期气候温凉，空气湿度较大，降水多，降水多集中在4～7月。

小麦幼穗分化好，灌浆时间长，灌浆成熟期间很少有干热风出现，千粒重高，小麦籽粒中蛋白质含量一般在11%～13%。宜选用灌浆速度快，休眠期较长的红皮品种。防止麦收时受连阴雨影响，穗上发芽降低品质。

北疆沿边地区作物结构简单，小麦是其主要作物，种植面积大，国有农场多，适宜建成中、弱筋小麦产业化生产基地。农九师塔额盆地硬粒小麦历年来都有一定种植面积，品质良好，但目前品种混杂，配套栽培技术不规范，应逐步改进。

（3）塔里木绿洲中筋、弱筋麦区　本区位于天山、昆仑山之间的塔里木盆地周边各个绿洲，包括巴音郭楞州一部分县（市）及阿克苏、克孜勒苏、喀什、和田4个地州所有县市和兵团农一师、农二师（部分）、农三师、农十四师所属的国有农场。全区农业气候大致可分为两种类型：一是山间盆谷地温凉型，如拜城盆地、乌什—阿合奇谷地、温宿及库车县的北部山区及帕米尔高原部分农区。海拔1 400～3 200m，农作物生长季节短，无霜期79～180d，基本一年一熟。二是平原干热地区，包括塔里木盆地周边洪积平原的各个绿洲，如渭干河流域、塔里木河流域、叶尔羌河流域、和田河流域、车尔臣河流域等，海

Ⅰ.强筋、中筋麦区
Ⅰ-1.天山北麓准噶尔南缘强筋、中筋麦区
Ⅰ-2.吐—哈盆地绿洲强筋、中筋麦区
Ⅱ.中强筋、中筋麦区
Ⅱ-1.天山西部伊犁河谷中强筋、中筋麦区
Ⅱ-2.焉耆分地绿洲中强筋、中筋麦区
Ⅲ.中筋、强筋麦区
Ⅲ-1.昭苏山间盆地中筋、弱筋麦区
Ⅲ-2.北疆沿边中筋、弱筋麦区
Ⅳ-3.塔里木盆地绿洲中筋、弱筋麦区

图7-5　新疆小麦品质区划

拔在 1 000～1 500m 之间。该区光热资源丰富，夏季炎热干燥、昼夜温差较大。7 月平均气温 25℃，≥10℃年积温在 4 000℃左右，平均降水量 40mm，无霜期 210～240d，一年两熟，是新疆小麦面积最大、冬小麦最集中，也是小麦间、套种和复播面积最大的区域。平原地区冬季无稳定积雪，弱冬性品种一般能安全越冬。本区土壤主要类型有灌淤土、潮土、棕漠土等。土壤有机质含量为 0.70%～0.85%。本区地处天山以南，交通运输线长，人均耕地少，经济欠发达，小麦商品率低；以生产满足当地人民生活需要为目的，适于种植制作拉面、馕等食品的小麦，侧重种植籽粒白色、容重高、出粉率高、面团延展性好的小麦品种。

四、主要品种与高产优质栽培技术

（一）主要品种

新疆自 20 世纪 90 年代中期开始加大了对优质小麦品种的培育、引进力度，先后选育和引进了一批优质小麦品种，其中冬小麦重点推广新冬 18、新冬 17、新冬 20、新冬 22、新冬 32、新冬 32、伊农 18、伊农 20；春小麦重点推广新春 6 号、新春 11、新春 17、新春 26、新春 30、宁春 16。这些推广品种多为中筋和中强筋，均能达到国家级优质小麦标准。

（二）高产优质栽培技术

1. 天山北麓准噶尔盆地南缘强筋、中筋麦区高产优质栽培技术　本区域土壤以灰漠土、灌耕土为主，土壤肥力较高。据新疆农业科学院对全疆 30 多个县市的农田土壤养分分析，有机质总体属中高水平，全氮、碱解氮、速效磷为中等水平，土壤速效钾含量较高。本地区是典型的冬、春麦混播区。冬小麦主要分布在乌伊公路沿天山北坡的山前冲积平原地带，冬季积雪一般 10～20cm，冬小麦可安全越冬。个别年份早春低温多湿的情况下有雪腐病和雪霉病发生。春小麦主要分布在精河以西和吉木萨尔以东的近山地带，由于海拔低、纬度高，小麦开花至成熟期间气候温凉、光照充裕，利于蛋白质的合成与积累，产量较高，适宜发展强筋、中强筋优质小麦生产。

（1）品种选择　冬、春小麦宜选用早熟或中早熟品种，如：新冬 18、新冬 17、新冬 22、新冬 32、新冬 33、新春 6、新春 11、新春 17、新春 26 等。

（2）土壤与整地施肥　本地区农业生产主要以棉麦轮作为主，由于农业用水资源短缺，在一些干旱半干旱灌溉地区，正在推广小麦滴灌栽培，节水、高产高效显著。

该地区农业生产水平和技术水平较高。茬地、休闲地、绿肥地均要求深耕，一般耕深在 27～28cm，整地质量达到"齐、平、松、碎、净、墒"。土地深耕时结合秸秆粉碎返田和施有机肥以及化肥，把小麦生育期所需氮肥总量的 50%～60%、磷肥 70%～80% 翻入土壤。如小麦采用滴灌栽培，氮、磷肥在基肥中用量比例可适当减少，待后留作生育期随水追肥施用。用肥的方法、数量和种类应依土壤肥力基础和品种、类型等决定。

（3）播期与播量　冬小麦在日平均气温 17℃左右时播种，一般在 9 月中旬至 10 月初，要求从播种到越冬≥0℃以上积温 450～500℃，确保麦苗有 40～50d 的生长时间，基本苗 375 万/hm²。

昌吉、石河子等地区春天气温低、开春晚，一旦开春后温度上升很快，春小麦临冬前麦田应作成"待播状态"，早春 3 月中下旬当气温平均 3～5℃、地表解冻 5～7cm 时播种。一般情况下，在适期范围内只要保证播种质量，播种早，产量高，品质好。有些年份和地区，如冬季积雪少，开春化雪早的情况下，争取在中午抢时间采用"顶凌播种"，其效果会更有好。

（4）田间管理　冬小麦在播好种、施足肥的基础上，冬前管理的关键是浇好越冬水。在小麦返青、拔节和孕穗期应施足水肥。高产田氮肥的用量应适当后移，有利增产，防御倒伏，提高品质。

春小麦生育期短，生长速度快，幼穗分化开始早，田间管理应适当提前。生育期灌水要早灌、勤灌、轻灌，增加灌次，减少灌量，延迟停水时间。每次灌水 750～900m³/hm²。头水在二叶一心时开始。灌头水前，若田间有点片黄弱苗现象，可先撒施尿素 45～75kg/hm²，促黄苗转绿。待拔节期普遍追肥，加大施肥数量，施好孕穗期，防止后期脱肥，影响产量和品质。

冬、春小麦若采用滴灌栽培，生育期滴水灌溉一般需要 6～8 次，每公顷每次滴水 450～600m³，随水滴肥，肥水融合，效果更好。

2. 吐鲁番-哈密盆地绿洲强筋、中筋麦区高产优质栽培技术　该地区光温资源丰富，日照时间长，昼夜温差大，炎热。吐鲁番地区年降水仅有 9.4～37.2mm，空气干燥影响小麦灌浆成熟，千粒重极不稳定，产量低，籽粒蛋白质含量虽达 15% 左右，但烘烤品质不佳。目前集中优势发展具有特色的瓜、果等经济作物，仅在极少数地区通过果、粮间作等方式，零星种植一些能够抗旱、抗干热风的早熟春小麦。

3. 天山西部伊犁河谷中强筋、中筋麦区高产优质栽培技术　本区气温由东向西，随地势降低而升高，≥10℃年积温 1 340～3 500℃；无霜期 90～170d；年极端最低气温 -40℃，冬季积雪稳定，平均深度在 20cm 以上，西部积雪日数平均在 100～120d，为冬小麦安全越冬提供了良好的条件。冬小麦主要产地在河谷西部的霍城、察布查尔、伊宁县和伊宁市。小麦雪腐病、雪霉病、锈病和黑穗病是本区小麦的主要病害。春小麦主要分布在尼勒克、新源等地。伊犁河谷气候温凉，土地肥沃，水源充沛，适于发展中强筋、中筋小麦，是新疆重要的商品粮基地。

（1）品种选择　冬小麦品种以伊农 18、伊农 20、伊农 21 为主；春小麦以宁春 16、宁春 17、宁春 33、永良 15、永良 16 等为主。

（2）土壤与施肥　土壤主要类型有：灰钙土、栗钙土、黑钙土、潮土、草甸土，其次是灌耕土和沼泽土。

冬小麦每公顷目标产量按 6 000～6 750kg 计，每公顷施肥量为磷（P$_2$O$_5$）75～135kg，纯氮（N）120～180kg。播前磷肥除留有少量作种肥和后期叶面追肥外，50%～60% 的氮肥深翻做基肥，其余氮肥在小麦返青期、拔节期追肥，灌浆期叶面喷施磷酸二氢钾等肥料，以促进灌浆，增加粒重。

春小麦每公顷目标产量按 5 050～6 000kg 计，每公顷施肥量磷（P$_2$O$_5$）70～120kg，纯氮（N）80～120kg。播前磷肥除留作种肥和后期叶面施的外及氮肥的 50%～60% 做基肥，其余氮肥在三叶期、拔节期追肥，灌浆期叶面喷施磷酸二氢钾。

（3）播期与播量　冬小麦播种最佳时期为 9 月 20 日至 10 月 10 日，基本苗数在 450 万～5 255 万株/hm²。本区是小麦雪腐病、雪霉病、锈病和小麦腥黑穗病的高发区，应加强冬小麦药剂拌种，预防为主，综合防治。

春小麦应采取适期早播，以当地昼夜平均气温稳定 3～5℃、表土化冻 5～7cm 为最佳播期。新春 6 号等大穗型品种，中等肥力土壤，播种量为 300～375kg/hm²，基本苗控制在 525 万～600 万株/hm²。

（4）田间管理　冬小麦适当推迟播期，争取减少雪腐病、雪霉病发生；基肥中防止氮肥用量过多，施肥过浅，麦苗过旺的现象，应重施拔节肥，提高肥料利用率；为防止小麦雪腐病、雪霉病发生，早春当地表白天化冻、晚上微冻时，应喷施多菌灵预防并做好松土保墒措施。

春小麦管理要突出"早"字，头水在小麦二叶一心期进行，采取沟灌或小畦灌；重施拔节肥，追施尿素 150～330kg/hm²。追肥早、晚要看苗情进行，若麦苗旺，群体大，应适当推迟追肥时间，防止高产田中后期倒伏减产和降低品质。

4. 焉耆盆地绿洲中强筋、中筋麦区高产优质栽培技术　本区水源比较充沛。农田土壤以潮土、灌耕棕漠土为主，土壤有机质含量在 1.5% 以上。冬季没有稳定积雪，气候寒冷，冬小麦难以越冬，加之地下水位高，土壤盐碱重，春季返盐容易引起冬麦死苗，故为春麦种植区。该区春小麦出苗后低温时间较长，有利分蘖成穗，灌浆成熟期气候温凉，有利灌浆成熟获得高产。

（1）品种选择　宜选用增产潜力大的品种：新春 6 号、新春 12、新春 26、永良 15 等。

（2）土壤与施肥　麦田冬灌前深耕要求 27cm 以上压碱，施足底肥，临冬前麦田达到待播状态。土壤速效钾含量低于 150mg/kg 的地块，应酌情补施钾肥。

（3）播期和播量　采取适期早播，播种期一般在 2 月 18 日至 3 月 10 日；播量为 300～330kg/hm²。

（4）田间管理　因苗进行，既要早追肥、早灌水，促进早分蘖，又要防止前期群体过大，无效蘖太多。采用小畦灌，严防大水漫灌；基肥施氮量较少或苗情较弱的田块，结合灌头水追施尿素 75～150kg/hm²；各类麦田应重施拔节肥，群体较大的麦田在小麦拔节期前要喷施矮壮素，控制基部节间伸长，防止倒伏；孕穗期喷施磷酸二氢钾提高粒重，并及时做好对野燕麦、蚜虫、白粉病等防治。

5. 照苏山间盆地中筋、弱筋麦区高产优质栽培技术　该地区海拔高，气温低，开春晚，农田建设基础较差，作物以旱作为主，春麦种植占小麦面积 90% 左右。小麦灌浆期气候温凉，有利灌浆，但有些年份阴雨过多，易发生锈病、细菌性条斑病和出现穗上发芽现象。燕麦草危害较重。

（1）品种选择　宜选用优质丰产抗锈和休眠期较长的红皮品种，如宁春 16、宁春 17、宁春 33 为主，搭配新春 6 号种植。

（2）土壤与施肥　为提高抗旱能力，土壤应深耕蓄水、保墒，平整土地，建立"土壤水库"。由于土壤肥沃，有机含量普遍较高，应按小麦目标产量，采用配方施肥方法补施化肥，加大基肥用量和比例，以利深扎根、育壮苗。追肥应据苗情和天气等状况进行。小麦连作不要超过3～4年。

（3）播期与播量　冬前应抓紧时间对土地进行深耕平整，以便冬季积融雪水，贮墒抗旱，为明年春麦适期早播，促进小麦生长做好准备。开春后土壤刚解冻及时播种，防止延误农时，影响产量。中等肥力以上土地，如用新春6号品种，每公顷播种量300kg，培育壮苗，建立合理的群体结构。应改变大播量做法，种子播前应做好包衣防病等处理。

（4）田间管理　采取综合措施消灭燕麦草危害；旱田根据麦苗生长和天气变化情况及时追施化肥；及时做好田间监测，防止锈病、细菌性条斑病等危害；及时收获，防止冰雹等灾害造成减产失收。

6. 北疆沿边绿洲中筋、弱筋麦区高产优质栽培技术　本区位于新疆西北部和北部边陲，范围大，线路长，地形复杂，山区、丘陵居多，海拔普遍在540～740m，除额敏以东浅出平原地带种有少量冬麦外，基本都种植春麦，是北疆春麦较集中的种植区。

本区共同特点是海拔较高，冬季时间长，无霜期短；小麦灌浆成熟期间气候温凉，灌浆时间长，籽粒中蛋白质含量较低。在小麦灌浆成熟期间有些年份，由于阴雨过多，易发生锈病、细菌性花叶条斑病和造成穗上发芽现象，影响品质。宜选用优质丰产抗锈和休眠期较长的红皮冬、春麦品种。海拔较高的地区，燕麦草危害严重，应加强防除。

（1）品种选择　青河以新春8号、新春6号为主，搭配新春11、新春27和宁春6号等；巴里坤哈萨克—伊吾以新春8号为主栽品种，搭配新春6号。

（2）土壤与施肥　土壤较肥沃，以栗钙土、黑钙土、潮土、草甸土为主。各地土壤质地肥力差异较大，应测土配方施肥。尿素50％～60％，磷肥80％左右作底肥，在耕地前施入。剩余的肥料作种肥和追肥施用。

（3）播种期和播种量　本地区开春季节晚，临冬前将麦田做成待播状态，为适期早播和提高播种质量创造条件。应改变春麦播种期偏晚和播量偏大的习惯。

（4）田间管理　春小麦管理要突出"早"字。从整地、选种等采取综合措施防除燕麦草危害，对群体过旺的麦田，在拔节前应作好肥控、水控和化控，控制过多的无效分蘖和基部第一、二节间伸长。为充分发挥当地有利的光温资源，在扬花至灌浆期，叶面喷施磷酸二氢钾等肥料，对增加粒重、提高产量和品质有明显效果。

7. 塔里木绿洲中筋、弱筋麦区高产优质栽培技术　本区包括塔里木盆地北部和西部周边绿洲农业生态圈的浅山、丘陵和平原地区。平原地区热量资源丰富，冬季没有稳定积雪，低温期长，但严寒日少，夏季长而炎热，然而酷热期短，春季升温快，秋季降温缓慢，冬前小麦有足够的生长时间；高山融雪晚，春水奇缺；初夏多大风和干热风，对小麦籽粒灌浆不利。和田地区春季浮尘天气较多，对小麦光合作用会造成影响。该地区麦田多分布在海拔1 100～1 400m，小麦种植面积占到全疆小麦面积的35％以上，以复播和果、粮间作套种方式为主。

（1）适宜的品种　本地区小麦以套种中熟或中晚熟玉米或小麦茬复种早熟玉米为主，一年两熟。喀什、和田、克孜勒苏柯尔克孜自治州小麦品种要求早熟、高产，以新冬20为主；阿克苏以邯5316、新冬22为主，搭配中优9507、济麦19、新冬18、冀审石4185等。

（2）土壤与施肥　该地区干旱缺水严重，应做好深耕改土，培肥地力，营造土壤"水库"，提高土壤蓄水和保墒能力。在极干旱缺水地区采用免耕或轮耕技术，隔2～3年深耕或深松一次，加大土壤活土层，提高土壤蓄纳降水或灌水的能力。前作收获后，应酌情灭茬，灭除土壤中的病、虫、草源。深耕结合施有机肥并配合用好化肥作底肥。

（3）播期与播种量　秋作物应及时收获腾地。冬小麦适宜播期为 9 月 25 日至 10 月 5 日，在适播期范围内，播量 300～375kg/hm²，随播期推迟播量适当增大，但播期不应晚于 10 月底。采用小畦播种，要求覆土严密，镇压确实。本区小麦多与果树间作，小麦播种最好采用机械条播，行距缩小为 11～13cm，提高复种作物边际效应的能力。

（4）田间管理　麦田冬灌在 11 月下旬，当平均气温下降到 3～5℃时进行。一般麦田灌水量 900～1 050m³/hm²。需要压盐碱的麦田应在播前进行灌溉。

开春后地表刚开始发白时及时耙地、保墒，防止返碱。耙深 3～4cm，盐碱地需耙 2～3 次，每次间隔 3～5d。

追肥应因苗进行，旺苗和壮苗拔节肥要适当延迟，控制基部第一、二节间伸长，每公顷施尿素 150～225kg；对于二、三类苗拔节肥，应适当提前和加大施肥量。小麦间作和套种追肥时，还应兼顾其他作物营养需要。

第六节　青海春冬麦品质区划与高产优质栽培技术

一、小麦生产生态环境概况

（一）地理概况

青海小麦以春小麦为主，冬小麦只有少量种植。青海小麦分布，东起民和回族土族自治县，西至海西蒙古族藏族自治州的格尔木市，海拔高度 1 650～2 980m，其间地形复杂，气候多变。春小麦主要分布在青海东部农业区和西部柴达木盆地，青海南部高原仅有少量种植。冬小麦分布在东部农业区的黄河和湟水流域沿岸（陈集贤，1994）。

陈集贤（1994）将青海小麦种植区划分为 5 个生态类型区，即：黄、湟谷地低位水地生态类型区，黄、湟沟岔高位水地生态类型区，柴达木盆地绿洲生态类型区，海东低位干旱地生态类型区和海东中位山旱地生态类型区。从品种利用类型看，有春小麦和冬小麦，春小麦品种又分为两类，即：水地品种和旱地品种，考虑到小麦品种类型和生态类型区，可将青海分为 4 个小麦种植区，即：青海东部水地生态类型区（包括黄、湟谷地低位水地生态类型区和黄、湟沟岔高位水地生态类型区）、柴达木盆地绿洲生态类型区、青海东部旱地生态类型区（包括低位干旱地生态类型区和中位山旱地生态类型区）和冬小麦生态区。

1. 青海东部水地生态类型

（1）黄、湟谷地低位水地生态类型区　位于青海黄河、湟水流域的中下游河谷地带，含 45 个乡。黄河谷地亚区分布在黄河谷地龙羊峡至松坝峡之间，包括贵德县、化隆县、尖扎县、循化县、民和县的 20 个乡；湟水谷地亚区分布在湟水中下游的河谷地区，西起西宁市大堡子乡，东至民和县马场垣乡，共含 26 个乡。该生态区水地面积 3.532 万 hm²，占全省水地面积的 22.1%。常年春播小麦面积约 2.93 万 hm²，占青海省水地春小麦总面积的 29.3%。

（2）黄、湟沟岔高位水地生态类型区　位于湟水、黄河上游的台地及其两侧沟岔上游的阶地，习惯称为高位水地。包括32个乡，即黄河流域的同仁县、共和县、贵南县、兴海县、同德县等的15个乡和湟水流域的湟中县、湟源县、大通县等的17个乡。水地面积3.17万 hm²，占青海省水地面积的19.9%。常年春小麦播种面积约1.91万 hm²，占青海省水地春小麦面积的19.1%（陈集贤，1994）。

2. 柴达木盆地绿洲生态类型区　位于青海省西北部，耕地主要集中在盆地北部西起马海东至西里沟（盆地南部亚区），南部西起乌图美仁东至察汗乌苏（盆地北部亚区）这两条地带之间，海拔2 800～3 200m，行政区域包括19个乡及8个国有农场和良种繁殖场。水地面积4.36万 hm²，其中有效灌溉面积3.99万 hm²，占青海省水地面积的25.0%。春小麦常年播种面积2.12万 hm²，占青海省春小麦总面积的21.2%（陈集贤，1994）。

3. 青海东部旱地生态类型区

（1）低位干旱地生态类型区　位于黄河和湟水流域两侧干旱半干旱黄土丘陵及低山地带，习惯称浅山地。其上部为中高位山旱地，下部为川水地，区内低山旱地面积7.30万 hm²，占青海省山旱地面积34.38万 hm² 的21.2%，耕地总面积的12.4%。常年春小麦播种面积2.87万 hm²，占青海省麦田面积的14.3%和旱地麦田面积的28.3%。本生态区主要分布在民和、乐都、平安、互助、湟中、化隆、尖扎、同仁、循化等县。

（2）中位山旱地生态类型区　位于青海省东部农业区，属高位山旱地与低位山旱地的过渡地带，习惯称半浅半脑山。中位山旱地面积12.30万 hm²，占青海省山旱地面积的35.8%、耕地面积的20.9%。常年春小麦播种面积4.8万 hm²，占青海省麦田面积的23.9%和旱地麦田面积的47.5%。主要分布在民和、乐都、平安、互助、湟中、化隆、大通、同仁、湟源、贵德和循化县的59个乡（镇）（陈集贤，1994）。

4. 青海冬小麦种植区　冬小麦目前种植在青海境内黄河流域和湟水流域中下游地区，包括贵德、循化、民和、尖扎、化隆、乐都等县的部分地区，属于青海东部水地生态类型。目前青海冬小麦种植面积约0.71万 hm²。

（二）气候特点

青海东部水地生态类型区和青海东部旱地生态类型区构成青海东部农业区，属半干旱气候，除黄河、湟水流域沿岸有部分灌区外，大部分地区为山旱地。西部柴达木盆地绿洲生态类型区处于干旱的半荒漠和荒漠地带，自然降水远不能满足作物的需要。

青海东部农业区光热资源丰富，太阳辐射强，年总辐射量586.2～669.9kJ/cm²，年平均温度2～6℃，最热月平均气温15℃左右，春小麦生育期≥0℃积温1 700～2 450℃，作物生育期150～200d。青海东部水地生态类型区由湟水、黄河两个河谷的谷地构成，分布在海拔1 700～2 300m之间，年降水量254～450mm；青海冬小麦种植区的温度、热量条件在青海东部水地生态类型区中是最好的。青海东部旱地生态类型区包括浅山和脑山，浅山由湟水、黄河谷地两岸的一系列丘陵、低山组成，海拔2 000～2 500m，年降水量250～400mm；脑山为高位山旱地，海拔2 700m以上，年降水量可达500mm，基本可进行旱作生产（陈集贤，1994）。

柴达木盆地灌区春小麦全生育期辐射总量 388.8～424.0kJ/cm²，黄河流域 350kJ/cm²，湟水流域 290～330kJ/cm²。

（三）土壤条件

1. 青海东部农业区水地旱地土壤条件　青海东部农业区处于祁连山东段的黄土高原西缘，黄河以及支流湟水、大通河、隆务河流经其间，地形起伏，相对高差大，形成了川水地区（河谷阶地灌溉区）、浅山地区（半干旱丘陵旱作区）及脑山地区（较高寒的中山旱作区）。东部农业区自然条件较好，农业发展历史悠久，是青海省粮、油、瓜果、蔬菜的主要产区，也是春小麦的主要产区，尤其是川水地区水、热、土条件较好，春小麦稳产高产（陈集贤，1994）。其农耕土壤类型有以下几种。

（1）灌淤土　主要零星分布在湟水、黄河流域的低（平）阶地上，是经过长期灌溉淤积、耕作培肥形成的农耕土壤，质地均一，多为轻质粉沙壤土。灌淤层厚度一般 50～60cm，表层有机质含量 1.5% 左右，pH8～8.5，C/N 比值 10～12，耕层孔隙度 50%～58%。剖面构型基本由灌淤熟化层和埋藏土层组成。该土结构良好，保肥保水力强，是一种高产稳产的土类。

（2）灰钙土　主要分布在湟水流域西宁市以东海拔 1 650～2 400m 的河谷山地，尖扎县以下黄河流域东部海拔 1 800～2 500m 的河谷低山、丘陵区。灰钙土是荒漠草原类型下发育的地带性土壤，青海省内多发育于黄土母质，质地较轻。表面有机质含量通常在 1%～1.8% 之间，富含碳酸钙，呈碱性反应。剖面层次分化不明显，钙积层位浅，一般 15～40cm。川水地区的灰钙土是青海省农垦历史较久的土壤，是麦类、瓜果等主要种植区。

（3）栗钙土　主要分布在大通河流域海拔 2 200～2 800m 地区、湟水河谷 2 000～2 800m 山地和黄河河谷 2 000～3 000m 山地。质地为粉沙壤、轻沙壤或黏壤。pH7.2～8.8，表层有机质 2%～6%，剖面层次分化明显。该土类是青海省分布面积较大的土类，是重要的农牧业土壤资源。

（4）黑钙土　主要分布于大通河流域 2 600～3 200m、湟水流域 2 400～3 200m 和黄河流域 2 400～3 300m 的脑山区。成土母质多为黄土，也有湖相沉积物、洪积物等，一般腐殖质层深厚，为 50～100cm，上层有机质含量约 4%～10%，耕地黑钙土低于 4%，pH7.5 左右，多为粒状或团粒结构，耕性好。

2. 柴达木盆地农耕土壤条件　柴达木盆地农耕土壤主要有两类：

（1）灰棕漠土　分布在都兰县脱土山至北部怀头他拉一线以西的砾质戈壁与土质戈壁上。母质山前平原为第四纪沙砾质洪积物，剥蚀残丘为残积坡积物。通体多砾石，碱性，强石灰性反应。表面有机质含量小于 0.5%，土壤中下部含石膏。

（2）棕钙土　分布在都兰县脱土山至北部怀头他拉一线以东德山间盆地，在青海南部也有零星分布。它是温带草原化荒漠（半荒漠）植被类型下发育的一种地带性土壤，土壤质地粗，以轻壤和沙壤为主，表面有机质含量为 1%～2%。剖面层次比较明显，表面常有风蚀微地形、砂砾石和盐化现象。

（四）种植制度

大多为一年一熟制，小麦收获后土地闲置。东部农业区热量条件较好的川水地区，有采取小麦与玉米间作，或冬麦收获后种植蔬菜等生育期较短的作物，也有种植苜蓿作为饲料或绿肥的制度。

二、小麦产业发展概况

（一）生产概况

小麦是青海省主要粮食作物。据青海省统计局（2009）资料，2008 年播种面积 104.40khm^2，占粮食作物总面积 513.63khm^2 的 20.3％，小麦总产 42.03 万 t，占粮食总产 101.80 万 t 的 41.3％；冬小麦面积约 6.67khm^2，占小麦面积的 6.3％（表 7-16）。

表 7-16 青海省小麦生产情况

（2008）

地 区	面 积		总 产		单产
	khm^2	比重（%）	万 t	比重（%）	（kg/hm^2）
西宁市	27.36	26.20	10.75	25.58	3 929.09
海东地区	38.89	37.25	16.00	38.06	4 114.17
海北藏族自治州	1.11	1.06	0.46	1.02	4 144.14
黄南藏族自治州	4.66	4.46	1.75	4.16	3 755.36
海南藏族自治州	10.32	9.89	4.76	11.33	4 612.40
果洛藏族自治州	0.03	0.03	0.01	0.02	3 333.33
玉树藏族自治州	0.07	0.07	0.01	0.02	1 428.57
海西蒙古族州	7.24	6.93	4.02	9.56	5 575.59
农场	14.72	14.10	4.27	10.16	2 900.82
全省总计	104.40	100	42.03	100	4 025.86

（二）生产优势及存在问题

1. 生产优势

（1）高产 青海高原上丰富的太阳光能资源、长的日照时间及温凉的气候，尤其是籽粒产量形成期间气温适宜或略偏低、无致害高温出现，以及因夜温较低而引起的气温日较差大等自然生态条件，都有利于春小麦高产。与平原地区春小麦相比，高原春小麦有较长的幼穗形成期、籽粒灌浆期和叶片功能期，高的叶片净光合速率、群体单叶光饱和点及蒸腾效率，低的呼吸速率、光补偿点及籽粒蛋白质含量等。这些特点能促使春小麦具有高的生产潜力。从 20 世纪 70 年代开始，青海高原东部灌区经常出现 7 500kg/hm^2 的大面积丰产田，在降水量 400 多 mm 的山旱地最高为 8 835kg/hm^2（陈集贤等，1996），西部柴达木盆地绿洲农业区已有3次创造突破15 000kg/hm² 的记录。

（2）病害少　青海降水少，空气干燥，小麦病害轻。小麦条锈病是主要病害，3～4年发病较重。其他病害如白秆病、全蚀病、根腐病、雪霉叶枯病等时有发生。

2. 存在的问题

（1）品质较差

1）主栽品种的品质　青海省水地主栽品种高原448，占到水地小麦播种面积的50％左右，是青海省水地新品种区域试验和生产试验的对照品种。2003—2004年旱地主栽品种乐麦5号，占旱地小麦播种面积的25％。在多点区域试验中，高原448籽粒蛋白质含量为10.38％～12.15％，面团稳定时间为1.00～2.90min，低于西北地区中筋品质指标（表7-17）。青海旱地主栽品种乐麦5号在多点区域试验中，籽粒蛋白质含量为11.46％～14.73％，籽粒蛋白质含量达到了西北地区中筋小麦籽粒蛋白质含量的标准，但面团稳定时间为1.40～3.50min（表7-18），没有达到西北地区中筋小麦籽粒蛋白质的品质标准。

表7-17　青海水地主栽品种高原448的品质

（2004）

品质性状	平均值	标准差	变异系数	平均变幅
千粒重（g）	47.87	6.69	13.97	43.20～55.53
出粉率（％）	69.10	4.57	6.62	62.90～72.60
籽粒蛋白质含量（％）	10.89	0.85	7.76	10.38～12.15
SDS 沉降值（mL）	6.90	0.70	10.11	6.00～7.50
吸水率（％）	60.33	2.96	4.91	57.90～64.40
形成时间（min）	2.33	1.12	48.20	1.70～4.00
稳定时间（min）	2.20	0.91	41.16	1.00～2.90
弱化度（FU）	85.25	32.71	38.38	64.00～134.00
评价值	39.00	14.76	37.86	22.00～57.00

表7-18　青海旱地主栽品种乐麦5号的品质

（2004）

品质性状	平均值	标准差	变异系数	平均变幅
千粒重（g）	37.64	6.60	17.54	29.20～47.00
籽粒蛋白质含量（％）	13.10	1.40	10.67	11.46～14.73
SDS 沉降值（mL）	7.50	0.72	9.57	6.90～8.70
吸水率（％）	61.92	1.90	3.07	60.20～64.60
形成时间（min）	2.00	0.41	20.62	1.70～2.70
稳定时间（min）	2.32	0.81	34.80	1.40～3.50
弱化度（FU）	88.40	23.29	26.34	62.00～118.00
评价值	31.60	8.96	28.36	26.00～47.00

2) 区域试验中新品种的品质　对青海省 2003 年和 2004 年区域试验的小麦品种（系）种子进行了统一扦样，统一测定。青海省春小麦区域试验分为两组：水地组和旱地组，水地组区域试验布置在青海东部水地生态区和柴达木盆地绿洲生态区，旱地组布置在青海东部旱地生态区。各组参试品种（系）见表 7 - 19。

表 7 - 19　青海省区域试验的春小麦品种
（蒋礼玲，2005）

年度	生态区	品种数	品种名称
2003	青海东部水地 柴达木盆地绿洲	12	001000　99 - 18　99096　01 - 225　甘春 20　99 - 22　99 - 88 99605　辽春 13　小冰麦 33　99 - 36　青春 533（对照）
	青海东部旱地	8	00860　临麦 30　91 - 73　00881　20040　96532　980185 乐麦 5 号（对照）
2004	青海东部水地 柴达木盆地绿洲	8	001000　99096　01 - 225　99605　辽春 13　90 鉴 120　永 920 高原 448（对照）
	青海东部旱地	7	00860　91 - 73　00881　20040　96532　980185　乐麦 5 号 （对照）

注：2003 年水地区域试验都兰县试验点，对照为高原 465，其他点均为青春 533。

2003 年春小麦水地组区域试验布置在青海东部水地生态区的西宁市、民和县、乐都县、互助县和平安县以及柴达木盆地绿洲生态区的都兰县 6 个试验点，13 个（72 份）品种（系）的品质分析结果列于表 7 - 20；2004 年西宁市、乐都县、都兰县、互助县和平安县 5 个水地区域试验点的 8 个品种（系）40 份材料品质分析结果列于表 7 - 21。

从 2003 年平均值看，籽粒蛋白质含量为 13.12%，面粉吸水率 62.16%，面团形成时间 3.51min，达到了西北地区中筋小麦品质指标。但变幅较大，特别是面团稳定时间，变幅在 1.90～7.78min。从 2004 年平均值看，籽粒蛋白质含量为 11.49%，面粉吸水率 64.48%，粉质仪上面团形成时间 4.61min，籽粒蛋白质含量没有达到西北地区中筋小麦品质指标。

表 7 - 20　2003 年水地组春小麦品种的品质

品质性状	平均值	标准差	变异系数（%）	平均变幅（%）
千粒重（g）	41.43	7.21	17.40	35.63～47.65
出粉率（%）	70.58	2.98	4.21	65.55～75.50
籽粒蛋白质含量（%）	13.12	1.01	12.24	11.42～15.41
SDS 沉降值（mL）	6.08	0.98	16.11	5.08～7.70
吸水率（%）	62.16	3.60	5.79	57.60～66.43
形成时间（min）	3.51	1.28	36.51	2.55～5.67
稳定时间（min）	3.51	2.31	65.66	1.90～7.78
弱化度（FU）	73.26	32.15	43.88	33.67～105.83
评价值	57.92	26.42	45.62	39.00～108.33

表 7 - 21　2004 年水地组春小麦品种的品质

品质性状	平均值	标准差	变异系数（%）	平均变幅（%）
千粒重（g）	48.15	2.49	5.17	44.98～52.58
出粉率（%）	68.63	1.93	2.81	66.36～72.54
籽粒蛋白质含量（%）	11.49	0.64	5.54	10.40～12.38
SDS 沉降值（mL）	6.64	0.58	8.69	6.06～7.96
吸水率（%）	64.48	2.96	4.59	59.82～67.58
形成时间（min）	3.15	0.84	26.73	1.72～4.74
稳定时间（min）	4.61	1.61	35.01	2.76～7.92
弱化度（FU）	74.03	17.98	24.29	44.20～99.20
评价值	51.13	14.46	28.27	31.40～76.80

将 2003 年种植在青海东部旱地生态区 4 个旱地区域试验点（民和县、互助县、湟中县和大通县）的 8 个旱地品种（系）的 32 份材料进行品质分析（表 7 - 22）；将 2004 年种植在青海东部旱地生态区 5 个旱地区域试验点（互助县、湟中县、大通县、乐都县和平安县）的 7 个旱地品种（系）的 35 份材料的品质进行分析（表 7 - 23）。2003 年籽粒蛋白质含量的平均值为 11.34%，面团稳定时间 2.67min，均未达到西北地区中筋小麦品质指标；2004 年籽粒蛋白质含量 12.50%，稳定时间 3.0min，刚达到西北地区中筋小麦品质指标。

表 7 - 22　2003 年青海省旱地组春小麦品种的品质

品质性状	平均值	标准差	变异系数（%）	平均变幅（%）
出粉率（%）	69.41	3.31	4.77	66.23～71.15
籽粒蛋白质含量（%）	11.34	1.79	15.78	10.13～11.98
SDS 沉降值（mL）	6.16	1.63	26.45	4.50～7.50
吸水率（%）	60.37	5.20	8.62	57.38～65.50
形成时间（min）	2.78	1.72	61.91	1.90～3.30
稳定时间（min）	2.67	2.37	88.78	1.45～3.85
弱化度（FU）	87.97	41.01	46.62	63.75～116.25
评价值	42.13	26.80	63.60	24.00～58.50

表 7 - 23　2004 年青海省旱地组春小麦品种的品质

品质性状	样本数	平均值	标准差	变异系数（%）	平均变幅（%）
千粒重（g）	35	39.25	12.50	13.61	36.62～42.60
籽粒蛋白质含量（%）	35	12.50	1.16	9.24	11.77～13.90
SDS 沉降值（mL）	35	8.01	1.87	23.30	5.62～9.88
吸水率（%）	35	65.20	5.33	23.30	60.10～73.40
形成时间（min）	35	3.00	1.52	50.52	2.11～4.68
稳定时间（min）	35	4.57	4.04	88.33	1.94～11.14
弱化度（FU）	35	77.63	43.11	55.53	30.00～140.20
评价值	35	55.20	35.18	63.72	31.60～110.20

（2）商品率低　青海小麦面积小，生产的小麦基本上用作了农民的口粮，商品率低，经济效益差。

（三）优质小麦产业发展前景

青海省粮食缺口大，在青海省的粮食结构中，面粉所占比重比较大，高于大米等其他粮食制品，所以小麦需求量较大，而青海省面粉企业加工能力弱。青海省现有人口 560 万，年需粮食 22.4 亿 kg，而 2008 年粮食总产 10.18 亿 kg，供需缺口 12.22 亿 kg。青海小麦年产 4.2 亿 kg 左右，只能满足农村用粮，商品粮主要依靠国内主产省河南、山东、甘肃等地调入解决。据青海省粮食局统计，2000—2004 年全省面粉企业产量分别为 6.2 万 t、5.0 万 t、3.0 万 t、6.5 万 t、3.23 万 t，分别占年需要量 40 万 t 的 15.5%、12.5%、7.5%、16.25%、8.08%。

1. 高产示范　青海高原特有的自然生态环境，有利于包括小麦在内的多种作物的高产。20 世纪 70 年代开始，青海东部水地生态类型区经常出现 7 500kg/hm² 的大面积丰产田，在年降水量 400mm 的山旱地最高为 8 835kg/hm²（陈集贤等，1995），在西部柴达木盆地绿洲生态类型区，利用中国科学院西北高原生物研究所培育的高产品种已有 3 次创造突破 15 000kg/hm² 的记录。近年来，育成的一批高产品种和高产材料在青海种植，特别是在柴达木盆地绿洲生态类型区种植，产量高。将青海，特别是柴达木盆地绿洲生态区作为小麦高产示范点，对我国小麦高产品种选育和高产栽培将有研究价值。

2. 低面筋小麦　青海小麦的蛋白质含量和面筋含量较低。青海小麦主要作为农民的基本口粮，所以一方面应通过育种手段培育优质品种，通过优质栽培技术保障新品种的优质特性得以充分表达，提高青海小麦品质；另一方面，可以考虑发展低面筋小麦。理由是：①青海省的自然生态环境不利于高蛋白和高面筋的形成，大面积种植小麦的蛋白质含量和面筋含量接近弱筋小麦的指标；②通过育种途径已获得一批低面筋的材料，与栽培技术结合可以生产出低面筋小麦；③籽粒产量高，比较效益高，可以增加农民收入。

三、小麦品质区划

根据青海省种植业区划和种植小麦类型，青海小麦种植区划为 4 个区：柴达木盆地绿洲生态类型区、青海东部水地生态类型区（低位水地生态类型区和高位水地生态类型区）、青海东部旱地生态类型区（包括低位干旱地生态类型区和中位山旱地生态类型区）和青海冬小麦区（图 7 - 6），前 3 个区是春小麦种植区。

（一）青海东部水地生态类型区

现以参加 2003 年和 2004 年青海省水地区域试验品种的品质资料来介绍青海东部水地生态类型区和柴达木盆地绿洲生态类型区小麦的品质（见表 7 - 19～表 7 - 21）。

1. 磨粉品质　将 2003 年在青海东部水地生态区 5 个试验点的 12 个品种和 2004 年 4 个试验点的 8 个品种千粒重和出粉率进行分析。2003 年千粒重 33.53～45.33g，平安县最高，民和县最低；2004 年西宁市、平安县和互助县的千粒重都较高，在 43.99～46.62g

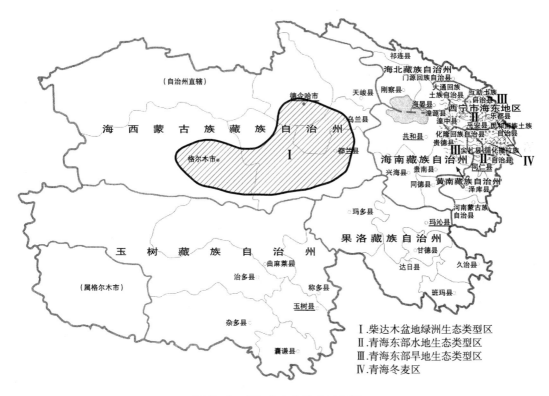

图 7 - 6　青海省小麦品质区划图

之间，民和县的千粒重较低，可能与小麦成熟期温度较高，灌浆期较短有关。在 Branbender Junior 磨上的出粉率为 70% 左右，仅 2004 年互助县和平安县的出粉率在 65% 左右。

2. 籽粒蛋白质含量和沉降值　2003 年籽粒蛋白质含量在 13% 左右，民和县和互助县较高，而乐都县的籽粒蛋白质含量最低，平均为 11.42%，变化范围为 10.00%～13.54%，这与乐都县试验点的土壤质地有关。试验地取土样时土壤板结，肥力较差。2004 年的籽粒蛋白质含量普遍降低，在 12% 左右。SDS 沉降值在 5.68～7.18mL 之间，2004 年略高于 2003 年，2003 年民和县最高，乐都县最低，2004 年西宁市最高，乐都县最低。两年乐都县的 SDS 沉降值最低，这与籽粒蛋白质含量的变化基本是一致的。

3. 面团流变学特性　两年 5 个点的试验结果，面粉吸水率在 59.83%～64.30% 之间，以互助县最高，民和县最低。2003 年面团形成时间以民和县最高，平均值达到 4.84min，乐都县最低，仅 2.60min；2004 年民和县没有安排试验，最高值出现在平安县，最低值 1.99min 出现在互助县，乐都县的面团形成时间增加，与试验地肥力提高有关。稳定时间是反映面团质量的重要指标，在一定的稳定时间范围内，稳定时间越长，面团品质越优。2003 年，面团稳定时间是民和县最长，达到 6.18min，互助县最短，仅 2.68min；2004 年，平安县最长，达到 6.38min，乐都县最短，仅 2.66min。仅从面团稳定时间看，民和县和平安县的小麦品种的平均稳定时间达到了西北地区中筋小麦品种的标准［农业部谷物及制品质量监督检测中心（哈尔滨），2009］，西宁市的小麦两年的平均稳定时间在 3min

左右，乐都县和互助县的小麦未达到中筋小麦标准。软化度的变化趋势与稳定时间一致。从评价值来看，民和县的小麦品质较优，其次是平安县，依次为西宁市、乐都县和互助县。

总的来看，民和县的小麦品质优于其他几个县（市），尤其是 SDS 沉降值、形成时间、稳定时间、评价值等品质性状，说明该试验点的气候环境有利于优质品种的生产。

（二）柴达木盆地绿洲生态类型区

1. 磨粉品质　柴达木盆地小麦灌浆期长，夜间温度低，有利于干物质的积累。小麦千粒重高，2003 年平均值 51.06g，最高达到 60.00g；2004 年千粒重高于 2003 年，平均值达到 55.26g，最高达到 61.43g。两年的出粉率达到 71％。

2. 籽粒蛋白质含量和沉降值　2003 年籽粒蛋白质含量为 11.38％～17.04％，平均值 14.26％。一般研究认为籽粒的蛋白质含量在柴达木盆地普遍偏低，但是本试验的结果却与之相反，原因未知。2004 年籽粒蛋白质含量为 10.08％～13.46％，平均值 11.30％。虽然 2003 年较高，但 2004 年和多年的分析结果表明，柴达木盆地绿洲生态类型区的小麦产量高，籽粒蛋白质含量低，其含量在弱筋小麦范围内，所以加工面条和馒头的品质差。SDS 沉降值也较低，进一步证实小麦的品质较差。

3. 面团流变学特性　面粉的吸水率在 60％～70％之间，两年的平均值分别为 65.78％和 66.94％。面团形成时间差异较大，2003 年变幅为 2.40～6.40min，平均值 3.76min；2004 年变幅为 1.70～3.70min，平均值 3.11min。2003 年稳定时间变幅为 0.80～7.90min，平均值 2.49min，未达到中筋小麦的标准；2004 年变幅为 0.10～6.90min，平均值 3.13min，刚达到中筋小麦的标准。软化度较大，评价值较低。虽然上述数据都来自新育成品系或引进的新品种，其品质都在不同程度上得到改良，但综合来看，柴达木盆地绿洲生态区的小麦品质较差，是与其特定的有利于高产的自然环境有关。

（三）青海东部旱地生态类型区

现以参加 2003 年和 2004 年青海省旱地区域试验品种的品质资料来介绍青海东部旱地生态类型区小麦的品质。

1. 磨粉品质　7 个品种（系）的千粒重在不同试验点有所差异，平安县的千粒重平均值最高，为 42.86g；其次是大通县、互助县，湟中县的千粒重最低，仅 32.22g。各试验点的出粉率差异不大，变幅在 68％～70％之间。

2. 籽粒蛋白质含量和沉降值　2003 年籽粒蛋白质含量在试验点间变化范围为 10.37％～13.54％，民和县最高，其次是大通县、湟中县，互助县最低；2004 年籽粒蛋白质含量在试验点间变化范围为 11.94％～13.06％，大通县最高，乐都县、湟中县和互助县接近，平安县最低。除民和县试验点和 2004 年大通县试验点的籽粒蛋白质含量超过 13％外，其余试验点两年的籽粒蛋白质含量都在 13％以下，有的点甚至低于 11％，表明青海东部旱地小麦的品质达不到中筋小麦的标准。

2003 年，SDS 沉降值民和县最高，互助县、湟中县和大通县相当，在 5.56～5.88mL 之间；2004 年互助县和大通县较高，分别为 8.63mL 和 8.57mL，而在平安县最低，仅为 7.39mL。

3. 面团流变学特性　2003 年面粉吸水率变化在 58.26%～62.11% 之间，大通县最高，互助县最低；2004 年面粉吸水率变化在 63.24%～66.84% 之间，仍是大通县最高，平安县最低。2003 年面团形成时间变化在 2.05～4.25min 之间，民和县最长，湟中县最短；2004 年面团形成时间在 2.16～4.07min 之间，湟中县最长，大通县最短。2003 年面团稳定时间变化在 1.56～4.66min 之间，民和县最长，湟中县最短；2004 年面团稳定时间变化在 3.21～6.69min 之间，湟中县最长，大通县最短。

总的来看，2003 年民和县小麦品质性状明显比其他三县高，其他三县间差异不是很大，而在 2004 年湟中、互助试验点的各品质性状均较优，而大通试验点的品质表现在几个试验点中最次。

（四）青海冬小麦区

青海种植的冬小麦都是从内地引进的，最先引进并通过认定的品种是京农 437，随后还有京 411、兰考 906、济南 17 和烟辐 188 等。目前种植面积较大的是京 411，其次是京农 437。现将引种试验中的主要品种的品质表现列入表 7-24。从试验结果可知：千粒重较高，几个品种的千粒重都在 40g 以上，最高达到 52g；容重较高，最低 780g/L，最高达到 805g/L；籽粒蛋白质含量在 12.57%～15.03% 之间，达到了中筋小麦的要求。后引进的兰考 906、济南 17 和烟辐 188 的籽粒蛋白质含量都在 13% 以上，达到了中强筋小麦籽粒蛋白质含量的要求；京 411 的湿面筋含量为 25.90%，接近中筋小麦 26% 的指标，其他几个品种的湿面筋含量都在 30% 以上，达到了中强筋小麦的指标。总的来看，青海冬小麦的品质优于春小麦。

表 7-24　青海冬小麦品种的品质

品种	千粒重（g）	容重（g/L）	籽粒蛋白质含量（%）	湿面筋含量（%）
京农 437	44.0～46.0	780	12.57	30.14
京 411	46.5～51.5	802～804	12.60	25.90
兰考 906	40.5～41.1	787～791	15.03	33.82
济南 17	47.5～51.5	805	13.09	32.53
烟辐 188	48.0～52.0	802～808	14.18	35.01

注：根据《青海省农作物品种志（1982—2005）》资料整理。

四、主要品种与高产优质栽培技术

（一）水地春小麦品种高原 448

高原 448 是中国科学院西北高原生物研究所采用有性杂交方法选育而成的。该品种现在是青海省东部水地生态类型区和柴达木盆地绿洲生态类型区的主栽品种，青海省农作物品种审定委员会指定的青海省东部水地生态类型区和柴达木盆地绿洲生态类型区小麦区域试验和生产试验的对照品种。

1. 产量与品质 该品种适宜在青海东部水地生态类型区和柴达木盆地绿洲生态类型区种植。在高水肥条件下，青海东部水地生态类型区产量 8 250～9 450kg/hm²，柴达木盆地绿洲生态类型区产量 9 450～10 500kg/hm²，在甘肃省中部灌区产量 5 250～7 500kg/hm²；一般水肥条件下，青海东部水地生态类型区产量 6 000～7 500kg/hm²，柴达木盆地绿洲生态类型区产量 6 750～9 000kg/hm²，在甘肃省中部灌区产量 6 000kg/hm²。千粒重44.7g，容重 814g/L，籽粒蛋白质含量 13.15%～14.24%，湿面筋含量 30.16%～32.50%。中国农业科学院作物育种与栽培研究所测定，高原 448 的面条评分（72.5）高于阿勃（70.0）和青春 533（71.5），高原 448 适宜制作面条和馒头。

2. 栽培要点 该品种适宜在中等以上肥力的耕地种植。播种期 3 月 1 日至 3 月 20 日（青海东部水地生态类型区）、3 月 25 日至 4 月 10 日（柴达木盆地绿洲生态类型区），播种量 263kg/hm²，基本苗 450 万～525 万株/hm²，总茎数 870 万～945 万/hm²。每公顷基施有机肥 45 000～60 000kg，施种肥：纯氮（N）175kg/hm² 和磷（P₂O₅）54kg/hm²，生育期内追施纯氮 130.5kg/hm²。青海省东部水地生态类型区和甘肃省中部地区全生育期灌溉 2～3次，青海省柴达木盆地绿洲生态类型区和甘肃省西部地区全生育期灌溉 4～6 次。

（二）旱地春小麦品种互麦 13

互麦 13 是青海省互助县农业技术推广中心采用有性杂交方法选育而成。该品种现在是青海东部旱地生态类型区的主栽品种，青海省农作物品种审定委员会指定的青海东部旱地生态类型区小麦区域试验和生产试验的对照品种。

1. 产量与品质 该品种适宜在青海东部旱地生态类型区种植，在一般肥力旱作条件下，产量 3 000～4 000kg/hm²；在较高肥力旱作条件下，产量 4 500～6 000kg/hm²。千粒重 43.8g，容重 764g/L，籽粒蛋白质含量 13.45%，湿面筋含量 28.66%。

2. 栽培要点 每公顷基施农家肥 22 500～37 500kg，纯氮（N）52.5～69kg，磷（P₂O₅）52.5～69kg。在小麦分蘖期用 1%～2% 尿素和 0.2%～0.4% 磷酸二氢钾肥液叶面喷施一次。播前精细整地，实行条播，适宜播种期为 3 月 20 日至 4 月 10 日，播深 4～5cm，播种量 225～277kg/hm²，保苗 300 万～375 万株/hm²，最高总茎数 600 万～825 万/hm²，成穗数 375 万～525 万穗/hm²。全生育期内注意中耕除草保墒，做好条锈病、麦茎蜂、麦穗夜蛾的防治。

（三）冬小麦品种京 411

京 411 是青海省贵德县种子管理站和青海省种子管理站从北京市种子公司引进试种，并经青海省农作物品种审定委员会认定的冬小麦品种（巩爱岐，2007）。目前是青海省种植面积最大的冬小麦品种。

1. 产量与品质 该品种适宜在青海冬小麦区种植。在一般水肥条件下种植，产量 7 125～7 500kg//hm²；在高水肥条件下种植，产量 8 250～10 275kg/hm²。千粒重 49kg，容重 803g/L，籽粒蛋白质含量 12.6%，湿面筋含量 25.9%。

2. 栽培要点 深翻灭茬，精细整地。播前每公顷施农家肥 45 000～52 500kg，纯氮（N）48.75～54kg，磷（P₂O₅）123.75～138kg。播种期 9 月中下旬，条播，播深 5cm，播种量 300kg/hm²，基本苗 300 万～367.5 万株/hm²，总茎数 900 万～1 125 万/hm²，保穗数 525 万～600 万穗/hm²。11 月上旬浇越冬水，冬至时镇压、细耱；3 月下旬至 4 月上旬浇返青水，并随水追施纯氮（N）55.5～69kg/hm²，浇好拔节水。生育期内用熏蒸剂防治蚜虫，及时防治黄矮病。

第七节　西藏春冬麦品质区划与高产优质栽培技术

一、小麦生产生态环境概况

（一）地理概况

西藏自治区位于我国西南边陲，南与缅甸、印度、尼泊尔等国毗邻，西与克什米尔接壤，北与新疆维吾尔自治区和青海省交界，东与四川、云南省相连，国土面积 122.84 万 km²。作为青藏高原的主体部分，平均海拔在 4 000m 以上，素有"世界屋脊"之称。

西藏境内高山耸立，绵横雄伟，南有喜马拉雅山，中有冈底斯山和念青唐古拉山，北有唐古拉山和昆仑山，东部为横断山脉，各山系的山高平均海拔均在 5 500m 以上。以冈底斯—念青唐古拉山脉以及横断山脉为界，西藏被自然分割为藏北草原、藏南河谷和藏东三江流域三部分，藏北为牧区，藏（中）南河谷和三江流域为农区或半农半牧区。

因为山大沟深、地势高亢，西藏幅员虽大但可耕地很少，全自治区耕地总面积约占国土面积的 0.28%。其中 72.2% 以上的耕地集中分布在藏中南雅鲁藏布江、年楚河、拉萨河、尼羊河、怒江、澜沧江、金沙江等沿江海拔 2 600～4 100m 的河谷地带，22% 的耕地分布在海拔 4 100m 以上高寒地带，另有 5.6% 的耕地分布喜玛拉雅山脉南坡等温湿地带，海拔最低可达千米以下。藏南、藏东河谷是西藏冬、春小麦的种植区域，海拔低于 3 800m 的田块一般种植冬小麦，而海拔 3 800m 以上地方则多种植春小麦，冬、春小麦种植比例大致为 7∶3。

（二）气候特点

西藏主要河谷地带属于典型的冷凉干旱气候，低温、干旱、多风，降水量集中，日照时间长，辐射强，适于麦类、豆类和油菜等喜凉作物种植生长及高产。因为春、夏无高温，喜凉作物可以通过"高温季节"的缓慢发育、成熟延长有效生育期，各生长阶段得到充分发育，既有利于麦类作物分蘖成穗，也有利于幼穗分化形成大穗，提高主穗与分蘖穗的整齐度，还可充分灌浆提高粒重，提高经济系数，最终实现高产。具体有以下四大特点：

1. 冬无严寒，夏无酷暑，年温差小、日温差大　如拉萨、泽当、日喀则、江孜、林芝、昌都等地，年平均气温 4.7～8.6℃，最热月平均气温 13～16.3℃，最冷月平均气温 0.2～3.8℃；春季日平均气温由 0℃ 上升到 10℃ 的持续时间为 75～96d，秋季平均气温由 10℃ 降到 0℃ 的持续时间为 49～73d，由于气温偏低，温度回升和下降平稳，作物的生育期相对延长。春小麦生育期 150～160d，冬小麦生育期为 320～390d，一年一熟。小麦生育前期发育慢，小穗小花分化充分，易形成大穗；后期灌浆时间长，易形成大粒。春小麦的播种期幅度大，不如其他地区那样严格。秋季气温下降平稳、持续时间长的特点，又使冬小麦的播种期幅度大，从全区来看，9 月下旬到 10 月下旬均可播种，各地均有 10d 左右适宜播期。由于温度受海拔高度影响较大，一般海拔低的地方晚播，海拔高的地方早播。春小麦从出苗到拔节时间长达 50d 以上；冬小麦从返青到拔节时间长达 60～70d，抽穗开花到成熟历时 70d 以上，基本上处在雨季。此时气温开始缓慢下降，从 7 月上旬的平均气温 15.5℃左右下降到 9 月中旬的 12℃左右，虽能充分利用生长季节积累更多光合产物，易形成大粒，但由于灌浆期间气温较低，物质转化效率低，所以籽粒品质差。

2. 太阳辐射强，日照时数多光能资源丰富 拉萨地区年总辐射量 771.2kJ/cm²，全年日照时数约为 3 005h，小麦生育期间为 2 319h，占全年的 77%。远较国内其他地区为高，加上昼夜温差大，有利于小麦干物质积累和籽粒灌浆，一般品种和田块的千粒重都在 45g 以上。

3. 冬春干旱，夏秋雨水集中且多夜雨 喜马拉雅山脉横亘在西藏南部，孟加拉湾的暖湿气流在季风季节只能从海拔较低的东南方吹入，沿江河、峡谷逐渐向海拔较高的西北地区移动，并先后吹入雅鲁藏布江的各个支流河谷，如尼洋河、拉萨河、年楚河等河谷。随着地势的升高，降水量逐渐减少。大部分地区的年降水量只有 300～500mm，70%～80%集中在 7～9 月而且夜雨占 80%，冬春干旱、无雨、蒸发量大，种植小麦及其他作物必须灌溉。在海拔 3 000m 以下的温暖湿润地区，冬小麦可以绿色越冬，而随着海拔逐渐升高和干旱加重，在海拔 3 600m 以上区域特别是西北部地区，冬小麦越冬死苗逐渐加重。到了 3 800m 以上，春小麦就逐渐替代了冬小麦。降水集中虽然对小麦中、后期生长颇为有利，但成熟期多雨、阴湿却对籽粒品质造成不利影响。

4. 灾害频繁，风沙水土流失严重 由于农村燃、饲、肥料紧缺，砍挖薪柴和过度放牧，植被遭到破坏，致使农业生态环境恶化，干旱、大风、低温霜冻和冰雹灾害连年发生。干旱是小麦生产影响最大最主要的自然灾害：1981—1983 连续 3 年遭受旱灾，每年降水量变化在 14%～21%之间，最大变化接近 80%，最小平均值也近 49%；冬、春季连续干旱最长日数达 156～228d，2009 年日喀则等地区再遇百年大旱，2008 年 11 月起至 2009 年 7 月连续 8 个月无降水，对小麦和其他作物生长造成严重危害。同时，在 7～9 月雨季时常出现短期干旱的发生率亦达 40%左右，其中拉萨、尼木、墨竹工卡等达 58%～83%。低温冻害是小麦生产的又一威胁，冬季、早春的低温干旱和冬小麦返青拔节期低温霜冻、灌浆成熟期的早霜危害时常发生。1989 年 5 月中旬的低温霜冻，使正处于拔节期的小麦遭受严重冻害。冰雹灾害多在 6～9 月发生，拉萨、泽当、日喀则等地年平均出现日多达 6～12d，藏东三江流域还要更多些，雹粒虽然不大，降温时间不长，但总使局部地区正在发育的小麦遭受损失。大风以山南、日喀则等雅鲁藏布江沿岸最多，泽当（镇）全年达 108d 左右，其余各地在 30～60d，大风使土壤水分很快蒸发，加重干旱和风蚀沙化。

（三）土壤条件

西藏耕种土壤主要分布在冈底斯山—念青唐古拉山以南的河谷洪积扇、洪积台地、冲积阶地以及湖盆阶地。以海拔垂直高度来分：2 500m 以下的面积占 5.6%，2 500～3 500m 之间的面积占 11.4%，3 500～4 100m 之间的面积占 60.8%，4 100m 以上的面积占 22.2%。耕种土壤分布的海拔之高，垂直跨度之大（610～4 795m）乃世界之最。西藏主要耕种土壤有五大类型，其分布和肥力情况如下。

1. 耕种亚高山草原土　这是西藏最主要的耕种土壤类型，主要分布在日喀则、山南地区中西部及阿里地区西南部区域。潜在肥力和有效肥力居于中等水平，耕层水平为中上水平，全磷和速效钾丰富，但区域性差别大，一般日喀则地区低于山南地区，相差 1～2 个等级。质地多为沙质壤土，通气性良好，持水能力差，易受干旱、风沙危害。

2. 耕种亚高山草甸土　这类土壤主要分布在昌都地区北部、那曲地区东部、山南及日喀则地区的部分区域，潜在肥力上等，有效肥力偏低。它是耕种土壤中保肥能力较强的类型，土壤中含石粒量较高，耕层中多达 20%～30%。这部分耕地由于海拔较高，热量条件差，限制了种植业的发展。

3. 耕种山地灌丛草原土　此种类型也是西藏的主要耕种土壤，多分布在拉萨市及山南、日喀则地区，在"一江两河"（雅鲁藏布江、拉萨河、年楚河）河谷地区更为集中。耕作层养分含量低，区域差异明显，西部比东部常低 2～3 个等级，质地多为沙质壤土，通气性好，持水力差，易受风沙危害，但灌溉后耕作层熟化程度较高，保肥能力增强。

4. 潮土　草甸土经过长期耕作而形成的潮土类型，在全西藏的河谷地区均有分布。该类土土层厚，质地好，石粒少，熟化程度和利用率较高。但由于掠夺式耕种，致使土壤有机质和有效养分含量均较低，正待采取措施给予补充有机质和养分。

5. 耕种棕壤、黄棕壤、黄壤和淋溶褐土　这些土种交叉分布在日喀则、山南、林芝、昌都等地区的南部。其中耕种棕壤、黄棕壤多在林芝、日喀则地区，耕种黄壤林芝最多，耕种淋溶褐土林芝、山南最多。这些土壤类型的共同特点：一方面是肥力较高，比草原类、草甸类土壤上发育的耕种土壤肥力高 2～3 个等级，有效肥力高 1～2 个等级，保肥能力也较好；另一方面又是土层薄，质地中等，石粒含量较高，分布部位地形复杂，坡度大，雨水多，易发生严重的水土流失，对发展种植业有较大的限制。

西藏耕种土壤养分状况，在 20 世纪 90 年代是极缺磷，氮素中等，钾素和微量元素比较丰富；现在则是极缺氮，磷丰富，钾较少。这样的土壤养分对优质小麦的生产颇为不利。

（四）种植制度

西藏近 95% 的农区处于温寒过渡带的冷凉和高寒干旱区域，生产上只能实行一年一熟，历史上的四大作物青稞、小麦、豌豆、油菜以及蚕豆、荞麦等零星种植作物均为喜凉作物。从海拔分布上，高寒农区（海拔≥4 100m）只有青稞和少量白菜型油菜种植；河谷农区（2 500～4 100m）主要种植青稞、小麦、蚕豆、豌豆、油菜以及荞麦、马铃薯等作物，区内海拔 3 800m 以下多种冬小麦和蚕豆，以上区域则改种春小麦和豌豆，同时在三江流域南部个别地区亦有玉米种植；在喜马拉雅山南坡即藏东南的察隅、墨脱等温湿地带，亦有一定的水稻和零星的鸡爪谷、大豆种植。

历史上西藏主要实行休闲撂荒轮作制，种植方式上混作比较普遍，通常有青稞＋豌豆、青稞＋油菜两混播和青稞＋油菜＋豌豆三混播等，春小麦种植多被安排在休闲前一年，基本轮作方式是：休闲→2～4 年青稞＋油菜或青稞＋油菜＋豌豆混播→春小麦。冬小麦推广前的 20 世纪 60 年代，随播种面积扩大和休闲摞荒地比例大幅下降，逐渐形成出现了蚕豆→青稞→小麦三年一轮、青稞→小麦→油菜→休闲四年一轮、2～4 年青稞（含混播）→豌豆→小麦→休闲 5～7 年一轮等形式；70 年代随着冬小麦的推广及其化肥、农药和机械耕作等技术应用，以及现代科学技术知识普及，不但基本上消灭了休闲摞荒地，而且豆类、油菜等养地、中性作物种植顺序前移，同时开始推行单播和油菜＋豌豆混播，大致形成了"豌豆、油菜或油菜＋豌豆混播→青稞→青稞→冬/春小麦"的完全的作物轮作形式，因而被称为高原农业耕作制度的重大变革。

西藏冬小麦的生育期长达 320～390d。20 世纪 70 年代后期的过快发展，面积过大，连茬种植，导致部分区域土壤肥力下降，病虫害蔓延，产量下降，合理轮作也难以实现。因此，自 1980 年以后，连续数年进行调整压缩冬小麦，使上述完全作物轮作方式得到进一步完善，同时在山南雅鲁藏布江沿岸农田还出现了冬小麦田的越冬死苗处补播蚕豆、冬小麦成熟收获前后套、复播箭舌豌豆等形式，保证了最近十余年粮食和小麦生产的稳定发展。

二、小麦产业发展概况

（一）生产概况

1. 生产历史　西藏小麦在粮食生产中仅次于青稞占第二位。历史上西藏主要是种植春小麦，冬小麦只在海拔 3 000m 以下的个别温湿地区有零星种植。1959 年前后，种植面积仅占粮食播种面积的 10％左右，比例与豌豆差不多甚至略低于豌豆，其垂直分布大多在 3 800m 以下，最高在 4 400m 区域也有零星种植，以在 3 000～4 100m 之间最为集中。因为要保证青稞口粮生产的原因，小麦多种在肥力较低或休闲前的地块上，单产只有 750kg/hm² 左右。

1951 年，庄巧生先生等进藏开展科学考察和试验，肯定了西藏主要河谷农区发展冬小麦生产的优势与可能性。1959 年德国冬小麦品种 Heine Hvede 引入西藏，此后 10 年的系列试种试验与生产示范中因穗大粒多粒大、丰产优势突出而得名"肥麦"。1970 年后开始在全区大面积推广种植，春小麦和青稞种植面积相应缩小，冬小麦面积迅速扩大。据统计，1975 年全区粮食播种面积为 19.63 万 hm²，青稞 11.75 万 hm²（总产 23.6 万 t），小麦种植面积 4.87 万 hm²（总产 12.7 万 t），其中冬小麦面积 3.26 万 hm²，分别达到粮食作物面积的 16.6％和小麦总面积的 67％，小麦在粮食作物中的种植比重也提高到了 24.8％。1978 年全区小麦和冬小麦播种面积分别为 6.57 万 hm² 和 4.79 万 hm²，种植比重提高到粮食作物的 32％和 23.4％，均达历史最高。此后因为种植比例失调和青稞（口粮）供应紧张等，1980 年调整小麦和冬小麦种植面积，分别减少 0.7 万 hm² 和 0.64 万 hm²，占粮食作物的比重减至 29.9％和 20.9％，而青稞种植比重则上升到 53.7％。到 2006—2008 年，小麦和冬小麦种植面积已下降至 3.97 万 hm² 和 2.9 万 hm²，占全区粮食作物总面积的 23.4％和 16.9％，青稞种植比重则上升至粮食作物的 69.7％。

2. 生产地位　西藏冬小麦的推广种植在西藏粮食生产发展中起到了无可替代的积极作用。在西藏现代历史上共进行了两次大规模生产品种更换，即冬小麦推广和青稞良种化，并带来两次粮食总产翻番。第一次是推广冬小麦肥麦品种，取代绝大部分春小麦和少量青稞的混合体农家品种，至 1978 年全区粮食总产第一次突破 50 万 t 大关。最近 20 年的全区青稞良种化过程中，冬小麦单产亦翻番（从 3 482kg/hm² 升至 6 993kg/hm²），又成为粮食实现 100 万 t 自给目标、从根本上解决群众的温饱问题的基本保障。近年来，有人提出西藏以后不种小麦，改为利用青藏铁路从外地调购来供应消费，这一主张自然有西藏小麦品质差、利用困难的理由，但脱离了特殊生态条件下的西藏种植业结构的实际，值得商榷。①西藏可种植作物种类极少，选择范围窄，小麦种植是必然，但小麦品质差、利用比较困难又长期存在并困扰着生产部门和科技工作者；②小麦尤其是冬小麦的高产优势与品质差两大特点并存，在粮食作物中，小麦的产量比重总是高于其种植面积比重，所以小麦总被作为粮食增产的首选作物。另外，由于受农牧区燃料缺乏等限制，农民自产自用小麦少、市场销售多，特别是一段时间里国家保护收购等，使生产并出售小麦成为多数农民主要的现金收入来源。而调购内地小麦，对于逐步形成的农牧民消费群体，他们购买力低，种植改调运实不可取。

从生产角度讲，在调整种植业结构中保持一定的小麦种植面积特别是冬小麦种植面积是必需的，一味压缩势必影响全区粮食安全。比较理想、又现实目标是在粮食作物中，将全区小麦种植比例控制在 25％左右，其中冬小麦 18％以上，青稞种植面积调整至 55％～60％，豆、薯类、稻等其他粮食作物 15％～20％，粮食作物种植比重保持在所有农作物的 80％，油料作物和饲草饲料等各占 10％。这一结构比例既可以克服青稞、小麦连作，实现农作物合理轮作，又可以腾出更多的地来种植其他高值优势作物，从而保持小麦面积的稳定。

（二）生产优势及存在问题

1. 生产优势　高产是西藏小麦尤其是冬小麦的最大优势。西藏小麦的高产优势得益于独特、鲜明的高原气候环境。西藏主要农区全年平均气温偏低但冬季又不太冷，日照时间长，光照充足，降水集中，对于小麦高产特别有利。秋季气温下降平缓，多数地方最冷月日均气温都在 0℃以上，春季气温回升缓慢。这一气候特征既保证了冬、春小麦出苗后深扎根、多分蘖、分大蘖，进而提高分蘖成穗率，有利于延缓小麦的幼穗分化进程，形成多穗多粒。据"八五"期间强小林等在拉萨的试验观察，10 月上旬适期种植的冬小麦在 11 月份进入伸长期后，一般在伸长至单棱期越冬直至翌年 2 月底 3 月初进入二棱期，4 月初进入小穗分化期；而 3 月下旬适期播种的春小麦，在 7 月初抽穗前也有 70～80d 的穗分化期，故此形成了西藏冬、春小麦多花多粒的特征。另一方面，西藏（拉萨）冬、春小麦在 6 月初进入抽穗期，主要河谷农区平均气温升至 10℃左右，各地也都进入集中降雨期，雨热同季，有利于籽粒形成，灌浆期长达 50～60d，无干热风。多年试验生产数据显示，西藏主要河谷农区的冬、春小麦的穗粒数普遍在 50～60 粒，大多数品种千粒重在 52～57g。除了大穗大粒，因为光照条件好，西藏小麦抗倒伏性能突出，耐肥、耐密植，只要栽培措施得当，很容易获得高产。1977 年江孜县农业科学研究所（现农技推广站）在海拔 4 040m 河谷 0.086 7hm² 试验地里取得了 14 775kg/hm² 的冬小麦高产纪录，1979 年日喀则地区农业科学研究所在 0.0813hm² 试验地创造了 15 195kg/hm² 的春小麦高产纪录。

从生产角度看，冬小麦推广以来，小麦单产一直高于粮食平均单产，也高于青稞等其他作物。2006—2008 年，全区粮食作物平均单产 5 472kg/hm²，冬小麦 6 993kg/hm²，春小麦 5 566kg/hm²，青稞 5 171kg/hm²。近 3 年小麦种植面积虽萎缩近 11％，但因为冬小麦相对稳定，小麦总产仅下降 2.9％，稳定粮食总产作用明显。

2. 存在问题 籽粒品质差是西藏小麦的最大问题。西藏小麦生产面对的主要问题是营养成分含量低、食口性差、加工利用困难。

西藏属于低筋小麦产区。综合近 20 年西藏自治区内粮食、种子部门和育种科研单位的分析检测结果，表明西藏冬、春小麦及其主要种植品种的籽粒蛋白质含量多在 9％～11％，湿面筋含量多在 20％～24％，沉降值基本都在 30mL 以下，降落值多在 200s 左右，少有达到 300s，同时冬、春小麦间也未有明显的差别。表 7-25 是自治区内、外代表品种的化验结果，比较可见：①西藏小麦的蛋白质含量比国内其他地区的小麦低 20％左右；面筋含量低 30％左右；沉降值差别最大，不及后者一半，肥麦甚至不到 10mL；降落值多在 200s 左右，很少有品种达到 250s 以上。②无论西藏自治区内品种，还是国内其他麦区和国外引进品种，在高海拔的西藏（拉萨）种植，各项品质指标普遍下降，而在低海拔区域（杨凌）种植，各项品质指标则明显变优。③在中国农业科学院作物研究所实验室进行的面团特性实验显示，西藏不同时期生产推广的肥麦、巴萨德、藏春 6 号、喜玛拉 10、喜玛拉 54、喜马拉 23 等品种的面团形成时间和稳定时间只有 2～4min；在北京大磨坊面粉厂的"吹泡示波仪"试验中，西藏唯一参试的肥麦品种是"即吹即破"，说明西藏小麦的延展性、黏弹性都很差。很显然，西藏小麦品质差主要不是差在蛋白质的数量上，而是差在蛋白质质量上，即营养品质差、加工品质亦差，是典型的"低蛋白低筋小麦"，限制着生产的发展。

表 7-25 西藏当地和外来小麦品种群体在不同生态环境下品质变化
（西藏自治区农牧科学院、西北农林科技大学，1999—2001）

试点	品种来源	项目	容重（g/L）	粗蛋白含量（％）	湿面筋含量（％）	沉降值（mL）	降落值（s）
拉萨	西藏	变幅	644～756	10.8～13.3	24.3～32.5	11.6～60.1	112～309
		平均	702	12.3	29.3	23.3	215
	引进	变幅	679～780	12.3～16.8	28.6～40.7	33.9～70.4	126～375
		平均	733	14.4	36.8	52.5	236
杨凌	西藏	变幅	584～805	14.2～17.1	32.5～38.9	19.9～63.6	140～435
		平均	702	15.4	36.2	43.1	355
	引进	变幅	645～805	13.7～18.0	33.0～49.8	31.5～66.8	374～679
		平均	735	16.3	41.0	54.9	475

（三）小麦产业发展前景

西藏自治区城镇居民几乎全部消费内地调运的小麦，随着内地粮食加工产业发展，西藏更多地调入面粉和各种加工食品，面粉主要用于餐饮业和个人家庭的面条、馒头、饺子以及面包、蛋糕等鲜食食品消费，原麦仅限于个别面粉加工企业的零星调入作加工配比。

当地小麦有两种利用途经：最主要的是用作农牧民的补充、调剂口粮，以蒸煮食品消费为主；第二种是作饲料与加工原料利用。农民自留小麦中的小部分（1/3～1/2）（大部分不加工）和全部麦麸用于自养家畜家禽冬春补饲和出栏育肥饲料，大部分转售饲料加工、酿酒与食品企业做加工原料。

西藏的小麦市场需求近年来出现了明显的上升趋势，主要原因有三：一是城市化和外来流动人口增加带来的需求增长；二是随着农牧区社会经济发展，农牧民饮食结构悄然变化，增加了对小麦食品消费；三是养殖业发展目标由存栏向出栏的转变，使饲料利用由被动转向主动，用量直线增长。第一项需求以内地麦为主，但有一定量的当地麦与内地麦的混合面粉消费；后两项则属当地自产小麦消费。

1. 小麦生产的发展目标

（1）生产目标 西藏小麦生产发展的基本目的是满足区内逐渐增长的小麦消费需求，即主要满足农牧民口粮、畜牧业饲料与工业原料。依据前述估算，短、中期目标是在科学规划基础上，形成相对稳定的小麦生产带 5 万 hm^2，其中冬小麦种植面积 3.5 万 hm^2 以上，春小麦种植面积 1.5 万 hm^2 左右，平均单产 6 000kg/hm^2，年产小麦 30 万 t 以上，并逐步实现优质化生产、规范化种植和产业化经营。

（2）品质改良目标 从解决西藏低筋小麦的品质特点与西藏小麦普遍的"偏蒸煮食品"消费习惯矛盾的现实目的出发，品质改良以使面粉品质符合蒸煮食品要求，即实现"面条不断、饺子不烂"为目标，提出区内优质小麦（品种）改良的主要品质指标要求为：粗蛋白含量≥13%，湿面筋含量≥28%，沉降值≥35mL，降落值≥300s；产量潜力指标要求为：冬小麦 7 000～7 500kg/hm^2，春小麦 6 000～6 500kg/hm^2。"九五"、"十五"期间西藏自治区引进、筛选的一批品种的产量和品质已经达到或基本达到了上述要求，其中的藏东 18 和小冰麦 8806 两个品种分别通过了自治区冬、春小麦品种区域试验鉴定。

2. 优质小麦的发展措施

（1）进行优势区域布局规划，发展优质小麦基地生产 研究证实，西藏小麦品质也存在一定的区域差异。在全区四大种植区域（产区）中，主要分布在日喀则地区的藏西（南）春、冬麦区的气候更为干燥，夏秋季降水量少，灌浆后期到成熟收获的九、十月份已基本无雨，秋高气爽；林芝藏东南冬麦区虽然全年降水量相对较高，但在小麦成熟收获的七（下）、八（上）月间降水逐渐减少并有短期干旱，相对干燥，加上天气多变和部分复种，当地养成了抢收抢打的习惯，这些特点相对于其他两区域有利小麦优质生产，但藏中南（拉萨、山南）和藏东（昌都）冬、春麦区生产规模大、产量潜力高，故应将各区域区别对待，在前两区域发展优质小麦生产，后两区域发展商品小麦生产（基地）。

（2）高新技术与常规技术相结合，加快小麦优质育种 尽快恢复小麦品质改良研究立项与经费支持，在继续广泛引进优质育种亲本进行杂交育种的同时，尽可能地通过与国内外科研单位的合作，引进种质资源，利用现代生物工程手段，从根本上改善西藏自治区品种的品质遗传基础，进而加快优质品种的选育进程。

（3）组织小麦高产优质栽培技术研究，推行规范化种植 西藏地处偏远，地广人稀，气温偏低，土壤养分转化平缓，耕作上一年一季，以往几十年间形成的粗放耕作、简化施肥（春小麦"一次性基施"、冬小麦"前重后轻"）、"慢收慢打"等技术和习惯与小麦优质生产要求相悖。要针对不同区域生态生产条件，围绕"选用优质品种、适当推迟播期、平衡施肥、氮肥后移、病虫防治、提早收获入仓"等核心技术要求，进行生产试验和连片示范，逐步地改进完善栽培管理制度，形成并推广统一规范的小麦优质生产技术规程。

（4）利用财政、政策手段，扶持产后加工，发展产业化经营 农业、财政部门应首先采取"优质基地建设"、"优质小麦生产（规范化栽培）"和"优良（质）品种推广"等多种补贴措施引导小麦优质生产；二是粮食部门有选择地恢复小麦购销并实行分类收购、优质优价，引导优质小麦生产；三是政府支持、扶持各类小麦加工企业，培育龙头企业，发展产业化经营。

三、小麦品质区划

西藏的小麦生产主要分布于藏南河谷和藏东三江流域两大农区海拔 4 100m 以下区域。前者即雅鲁藏布江及其中下游三大支流年楚河、拉萨河、尼羊河流域农区，因生态生产条件与种植类型的差异又分中、西、东三个产区，加上三江流域，西藏小麦分为四大种植区域（产区），而其品质区划与种植分区基本一致。因均处高海拔寒旱地带，四大区域的气候条件与平原低海拔地区差别较大，而相互间则较为接近，故同属低蛋白低筋力小麦产区类型。但由于相互地理间隔较远，海拔、气温、降水等气候条件不完全一致，小麦品质仍有一定差异。

（一）藏中南冷凉半干旱冬小麦高产种植区

该区域主要指雅鲁藏布江中部以及拉萨河、雅砻曲河流域的拉萨市和山南地区海拔 3 100～3 800m 之间的地区。此区域夏无酷暑，冬无严寒，冬春多风，夏秋多雨，年降水量 400mm 左右，日照充足，辐射强度大，历史上只有春作物，一年一熟。20 世纪五六十年代试种冬小麦成功后，70 年代中后期基本上取代了春小麦成为第二大作物，且高产稳产，是西藏最大的小麦产区和冬小麦主产区。由于部分区域连续多年的冬小麦（肥麦品种）连茬单一种植，曾导致小麦黄条花叶病毒流行，目前又有雪霉叶枯病普遍发生。此区因地处西藏自治区政治、经济、交通中心，生产投入水平和现代科技普及程度高，降水量虽少但多于藏西南春麦区，而且主要集中在小麦灌浆成熟的七、八、九 3 个月，导致气温偏低影响干物质积累和蛋白质代谢，致使小麦品质较差。所以，此区域生产要在保持其丰产、稳产优势的同时，通过选育优质、抗病品种，改进栽培技术等逐步提高小麦品质。

（二）藏东南半湿润区次优质冬小麦种植区

本区域包括海拔 3 100m 以下的雅鲁藏布江下游和尼洋河以及波密曲、扎木曲河等流域的林芝地区和其他喜马拉雅山南坡区域。历史上有冬小麦零星种植，可一年两熟或两年三熟。由于不断引入新品种特别是推广肥麦品种，使冬小麦种植面积迅速扩大，20 世纪 70 年代起成为第一大作物。但因区域耕地面积所限，连作复种，加之这一区域气候温和湿润，无霜期较长，降水量较多或相对较多，造成条锈病流行，赤霉病、白粉病亦有发生。由于整个生长期气温稍高于其他区域，而且在小麦成熟收获的七（下）、八（上）月间降水相对较少并有短期干旱，气候相对干燥，加上天气多变和部分复种，群众有抢收抢打的习惯，对保证小麦品质有利，故而成为西藏优质小麦生产的次选区域。该区域宜选用比肥麦早熟半个月以上的丰产、抗病、抗逆（抗寒耐旱），尤其是抗锈病强的品种，集成、优化、示范推广优质小麦高产栽培技术，进行优质化规范种植。

（三）藏西南半干旱春麦产区

该产区包括日喀则地区海拔 3 800～4 100m 河谷以及藏中南区域海拔 3 900m 以上的旱坡地春小麦地带。气候基本与第一区相同，但更为干旱寒冷，降水量更少，冬春风沙更大，无霜期也更短。20 世纪 70 年代中后期一度大面积推广冬小麦，越冬死苗严重，且因生育期过长给生产带来许多问题，气温偏低白秆病等一度流行，80 年代初恢复种植春小麦并成为西藏第二大小麦产区。生产上春小麦选用偏冬性、灌浆速度快的中熟偏晚的耐旱、优质、抗病的丰产、高产品种，少量种植的冬小麦要选择抗寒性突出的中早熟优质抗病高产品种。由于降水量少，灌浆后期到成熟收获的九、十月份已基本无雨，气温反而高于藏中南等区域，有利于干物质乃至蛋白质的积累代谢，是优质小麦生产的首选区域。

（四）藏东冬、春麦混种区

该区域位于藏东横断山脉地区，包括昌都地区所在的金沙江、澜沧江、怒江流域及其支流两岸海拔 3 200～3 800m 的河谷以及其坡沟旱地。此区域山高谷深，气候差异大，降水量多于藏中南但少于藏东南，无霜期较短，灾害频繁，常因地理条件不同而分别种植冬小麦或春小麦，冬、春小麦分界线不固定，小麦条锈病、叶锈病、白秆病、腥黑穗病等都有发生。历史上种植春小麦，冬小麦推广较早，但品种利用状况落后，冬小麦均为肥麦，春小麦多为农家混合品种，生产品种的熟性类型复杂，科技推广普及率低，种植技术落后，单产水平低。应加大现代科学技术普及和抗寒、耐旱、抗病、优质、丰产品种的推广。

四、品质改良研究进展

西藏小麦品质改良的问题由来已久，早在 20 世纪 70 年代冬小麦推广时期就引起了有关技术人员的注意。刘东海等从中国农业科学院引进高加索、纽更斯等国外优质材料用于杂交育种，至 1985 年育成藏冬 6 号，成为西藏第一个优质小麦品种。但因植株太矮，推广受限。"九五"以来，西藏自治区农业科学院农业研究所强小林等先后与区内外多家科研单位和高校合作，围绕西藏小麦品质特点、形成机理、改良途径及其生物技术方法等进行了系统研究探索，基本明确了西藏小麦（品种）品质现状、制约因子、改良途径等，为西藏小麦品质改良和发展小麦优质生产奠定了基础。

（一）品质特点与改良的可能性

1997—2000 年，借助中国农业科学院作物研究所科技援藏契机，在西藏自治区科技厅立项、合作开展"西藏小麦品质改良与高产优质育种研究"，集中对西藏冬、春小麦生产品种、引进品种、重要育种亲本与稀有（近缘、野生种）资源等以及不同栽培处理样品进行连续检测分析，累计检测材料、样品 2 199 份（次）。其中 909 个普通小麦品种（西藏地区 28 个，国内其他地区 741 个，西欧、北欧国家 140 个）主要品质指标检测结果（表 7-26）比较发现：虽然区内品种蛋白质含量高于引进品种，但其他指标（淀粉与纤维含量、籽粒硬度、出粉率、干面筋含量、湿面筋含量、面筋强度、沉降值）均明显偏低，尤以沉降值指标的差距最大，说明西藏小麦品种营养、加工品质普遍较差，特别是反映蛋白质质量的沉降值指标严重偏低；国内其他地区品种也是蛋白质、淀粉、面筋等含量指标高，但质量指标低于西北欧品种。两类引进品种降落值严重偏低源于引进品种多比区内品种早熟，且休眠期短，遇多雨天气成熟和当地的慢收慢打的习惯易穗发芽所致。进一步的检测及筛选中还发现：①就品种而言，西藏自治区品种到国内其他低海拔区种植其蛋白质等主要品质指标普遍提高，而近千份国内其他地区品种引入西藏种植各项主要品质指标则普遍下降；②西藏品种在当地和国内其他地区种植后表现蛋白质、面筋含量少，沉降值、面筋强度差，属典型软质低筋麦；③西藏品种中不但有少数品种几个主要品质指标值已达到优质级或次优质级要求，而且藏冬 6 号、巴萨德（德国引进）两品种还被遗传分析证实是具有"5＋10"优质蛋白亚基的优质品种，同时近千个引进品种中，有少部分来源于国内其他地区的优质小麦的品种在西藏高海拔环境连续种植后仍然表现优质，个别品种的检测指标 4 年基本上无变化。这三点说明了在西藏选育优质品种和小麦品质改良的可能性。本研究还从"生产与育种利用结合、近期与长远结合"考虑，分别以粗蛋白含量≥10％或13％、湿面筋含量≥30％或33％、沉降值≥40mL 或 50mL 的标准，筛选准优质品种 14 个（表 7-27）和高蛋白材料 26 个，高面筋材料 115 个和高沉降值材料 44 个。

表 7-26　西藏主要小麦品种与育种亲本材料品质化验结果

（西藏自治区农牧科学院农业研究所，1997—2000）

项　目	西藏品种（28 个）		西北欧品种（140 个）		国内其他地区引进品种（741 个）	
	范围	平均	范围	平均	范围	平均
籽粒蛋白含量（％）	8.9～13.0	11.6	7.9～13.4	9.8	7.8～14.8	11.0
籽粒淀粉含量（％）	54.2～62.5	57.5	57.5～62.1	60.3	54.4～63.7	60.5
籽粒纤维含量（％）	2.0～2.9	2.4	1.9～3.1	2.5	1.9～4.7	2.5
籽粒硬度	27.1～91.9	54.4	18.1～107.7	58.1	20.8～118.7	53.0
出粉率（％）	42.0～65.3	54.9	47.3～75.1	60.1	31.0～71.3	55.1
面粉蛋白含量（％）	6.7～12.6	10.2	5.5～11.4	8.5	5.2～15.2	9.7
湿面筋含量（％）	9.3～38.6	26.9	12.7～32.8	23.5	13.0～52.1	27.7
干面筋含量（％）	1.3～12.9	8.8	3.9～10.8	8.1	2.7～24.1	9.5
面筋强度（％）	4.8～72.2	33.5	2.0～97.4	60.0	1.0～99.0	48.5
沉降值（mL）	9.0～38.0	20.4	1.0～59.0	30.0	3.0～68.6	28.8
降落值（s）	62～448	265	62～379	205	59～432	217

（二）品质改良方向

西藏自治区农牧科学院农业研究所与中国农业科学院作物研究所、西北农林科技大学农学院、西藏农牧学院、西藏日喀则地区农业科学研究所、江苏里下河地区农业科学研究所和沈阳农业大学农学院等单位合作，选用 22 个西藏和国内其他主要麦区冬、春小麦代表品种进行了连续 3 年的 7 点对应对比试验，进一步肯定了"西藏小麦品质差主要不是差在蛋白质的数（含）量上，而是差在决定蛋白质质量优劣的蛋白质组分构成上"的结论。并经严格的蛋白质组分化验分析（表 7-28）确认：在西藏种植的小麦中，国内外已经明确的四种小麦蛋白质构成中分子结构偏小的清蛋白和球蛋白成分比例较高，而大分子的麦谷蛋白和醇溶蛋白成分比例较低。并从各试点气候特点和参试品种 HMW-GS 分析明确了影响西藏小麦品质形成的主要限制因子。

表 7-27　试验筛选的冬、春小麦优质品种的主要性状表现

（西藏自治区农牧科学院农业研究所，1997—1999）

品　种	生育期 (d)	株高 (cm)	公顷穗数（万）	平均穗粒数（粒）	千粒重 (g)	公顷产 (kg)	增产率（%）	粗蛋白含量（%）	湿面筋含量（%）	沉降值 (mL)	降落值 (s)	评价分级
Sperber	296	104.7	520.5	45.4	39.0	7 669.5	7.35	12.6	29.6	43.8	269	特优
Naxos	299	100.5	697.5	46.0	40.8	7 837.5	9.70	11.5	28.0	37.1	223	优质
Ludwig	281	106.2	445.5	39.3	46.2	8 940	25.13	9.1	25.4	43.4	364	次优
Tarso	289	81.7	516.0	40.6	41.5	7 875	10.22	10.2	20.7	31.3	355	次优
Bussard	291	110.1	564.0	42.2	39.6	7 546.5	5.63	9.0	25.5	37.8	299	次优
Zentes	295	109.4	561.0	40.5	39.3	7 089	−.008	9.1	27.3	35.8	277	次优
Astron	297	105.8	495	45.0	40.0	6 883.5	−.037	10.0	24.6	39.5	302	次优
轮抗 6 号	272	95.5	499.5	36.9	45.6	5 899.5	−0.17	12.6	33.3	27.1	252	次优
肥麦 CK 冬	294	120.1	462.0	39.1	44.4	7 144.5	/	9.9	19.6	5.0	296	特差
小冰麦 8806	127	110.2	267.0	41.8	45.2	5 940	11.4	13.0	40.6	56.8	343	特优
小冰麦 33	127	111.8	274.5	40.0	44.9	5 127	−0.04	11.5	33.3	49.4	385	优质
龙辐 B91-561	127	125.3	309.0	41.1	42.5	4 935	−0.07	12.4	31.0	50.8	247	优质
东农 94-6158	137	122.9	303.0	49.2	43.1	5 640	5.74	11.6	30.8	30.8	300	优质
示范 1 号	142	105.5	300.0	43.5	48.5	6 112.5	14.6	11.8	31.9	42.3	195	优质
辽春 10	121	92.5	247.5	38.0	42.5	2 955	−44.6	11.3	30.9	40.9	344	优质
山春 1 号 CK3	116	92.9	277.5	39.7	38.6	4 785	−10.3	12.0	16.3	43.1	311	次优
日喀则 23CK2	131	109.0	297.0	54.8	53.5	4 365	−18.2	12.3	27.2	19.1	132	一般
藏春 667CK1	134	109.0	285.0	49.0	56.0	5 334	/	10.4	25.4	8.7	229	劣质

1. 高原低温的气候环境不利于强筋小麦生产　西藏全年气温较低，昼夜温差大，降水集中，从抽穗到成熟期正处在雨季，降水量约占全年的 70%～80%，大部分地区日平均气温不足 20℃，这种气候特点加上土壤瘠薄、质地差、水肥流失等使西藏小麦不能积累较高的蛋白质含量。气温较低且年温差小、昼夜温差大、降雨集中、日照充足等虽然对小麦干物质积累、籽粒充实有利，但却不利于籽粒蛋白质特别是储藏蛋白质的形成积累，是导致西藏小麦蛋白质绝对含量低、蛋白质组分质量差，营养和加工品质都不好的根本

原因。

表 7 - 28　不同来源品种冬小麦籽粒蛋白质及其组分含量变化

（西藏自治区农牧科学院、西北农林科技大学，1998—2000）

品种来源	试点	清蛋白		球蛋白		醇溶蛋白		麦谷蛋白		粗蛋白含量（%）	谷/醇
		含量（%）	比例（%）	含量（%）	比例（%）	含量（%）	比例（%）	含量（%）	比例（%）		
西藏品种	西藏	3.21	26.86	1.55	12.96	3.48	28.97	2.60	21.58	11.99	0.75
	杨凌	3.15	20.39	1.69	11.02	5.00	32.58	4.18	26.97	15.41	0.83
区外品种	西藏	3.72	24.76	1.54	10.25	5.12	33.82	3.52	23.20	15.09	0.69
	杨凌	3.21	19.98	1.59	9.90	5.07	31.28	4.76	29.43	16.14	0.94

2. 品种与资源材料缺乏优质遗传背景　HMW（高分子量谷蛋白亚基）组成（电泳）分析证实，绝大多数西藏小麦品种的品质遗传背景较差。连续两年电泳分析 10 个西藏自育小麦品种中，高分子优质蛋白亚基出现比例低而分散，HMW 平均评分仅为 5.44 分，3个带有（1D）"5＋10"亚基的品种，巴萨德、日喀则 23 是近年引育并作为（准）优质品种推广的新品种，但 HMW 评分不高，只有因早熟、矮秆而未能生产推广的藏冬 6 号HMW 评价达到 8 分；相反 12 个引进（优质）品种半数以上品种具有"5＋10"亚基，HMW 平均得分 7.63 分（表 7 - 29）。

表 7 - 29　不同来源小麦品种 HMW 组成分析结果

（西藏自治区农牧科学院农业研究所、中国农业科学院作物研究所，1998—2000）

来源类型	品种	1A	1B	1D	HMW 得分
西藏冬小麦	肥麦	N	7＋8	2＋12	6
	藏冬 6 号	N	17＋18	5＋10	8
	巴萨德	N	7＋9	5＋10	7
西藏春小麦	藏春 6 号	N	7＋9	2＋12	5
	藏春 10	N	7＋9	2＋12	5
	藏春 667	1	17＋18	2＋12	6
	日喀则红麦	N	7＋9	2＋12	5
	日喀则 10	N	7	2＋12	5
	日喀则 54	N	7＋9	2＋12	5
	日喀则 23	N	7＋9	5＋10	7
内地春小麦	轮抗 6 号	N	7＋9	2＋12	5
	陕 229	N	6＋8	5＋10	6
	小偃 6 号	1	14＋15	2＋12	9
	中作 8131 - 1	1	7＋9	5＋10	9
	扬麦 158	N	7＋9	5＋10	7
内地春小麦	高原 602	1	7＋9	5＋10	9

（续）

来源类型	品种	1A	1B	1D	HMW 得分
	陇春 16	1	7+9	5+10	9
	钢 91-46	1	17+18	5+10	10
内地春小麦	小冰麦 8806	1	6+8	5+10	8
	辽春 10	1	7+8	5+10	10
	中优 16	1	7+8	5+10	10

3. 小麦生产技术不利于品质形成 增施氮素肥料和延迟施氮时间、适期收获是国内外进行小麦优质栽培技术研究的一致结论。但目前普遍的播前"一炮轰"（即全基施）施肥方法又造成后期脱肥限制了蛋白质积累，又如因为一年一熟的缘故，西藏农民习惯"慢收慢打"，无论青稞、小麦，还是油菜、豌豆，不但要等其完全成熟（过完望果节）后才下镰收割，而且收割后至少要在田间堆放一两个月甚至更长时间后才脱粒入仓，晚收造成干物质倒流，加剧储藏蛋白分解，使品质下降，而田间久堆（放）则会激活 α-淀粉酶活性引致穗发芽而降低降落值。1996—2000 年优质栽培技术试验结果表明（表 7-30），抽穗期追施适量的氮素可明显提高蛋白质含量、面筋含量、沉降值和降落值，但追施氮素过量，则可能造成贪青晚熟。据此提出目前生产水平下，无论冬小麦、春小麦，在抽穗期每公顷追施氮素 30kg，严格在小麦蜡熟中后期收获并及时脱粒入仓，按此要求生产的巴萨德小麦粗蛋白含量可提高 40%，湿面筋含量可提高 51%，沉降值可提高 76% 以上，面团性状也得到一定改善。但以同样管理要求生产的肥麦的粗蛋白、湿面筋含量和沉降值只分别提高了 9.0%、17.6% 和 44.8%，说明选用优质品种也是优质栽培的前提。

表 7-30 不同追氮肥量处理的多点对比试验结果

（西藏自治区农牧科学院农业研究所、中国农业科学院作物研究所，1998—2000）

地 点	指 标	N0	N2	N4	N6	N8
拉萨	粗蛋白含量（%）	9.0	9.0	9.1	9.2	9.2
	湿面筋含量（%）	17.0	17.0	18.3	19.7	19.7
	沉降值（mL）	5.0	4.0	8.0	8.0	7.0
	降落值（s）	278	323	262	264	221
林芝	粗蛋白含量（%）	9.3	10.3	10.7	11.5	11.5
	湿面筋含量（%）	19.2	24.8	22.0	27.6	22.8
	沉降值（mL）	7.9	13.0	8.3	8.9	14.5
	降落值（s）	291	340	232	351	302
日喀则	粗蛋白含量（%）	10.5	11.3	10.3	10.1	10.7
	湿面筋含量（%）	22.9	27.4	24.4	21.9	24.6
	沉降值（mL）	16.5	23.5	19.5	14.9	20.1
	降落值（s）	196	231	236	177	188

五、主要品种与高产优质栽培技术

（一）主要品种

1. 冬小麦

（1）肥麦　西藏自治区农牧科学院农业研究所于 1959 年从中国农业科学院作物研究所引进的冬小麦品种，原产德国。1960—1961 年两年品种比较试验折合单产 6 990kg/hm²，比当时推广种植的钱交品种增产 50％以上。1961 年秋播开始生产试验、示范，表现产量高，适应性广，综合性状优异，大面积单产达到 3 000～4 500kg/hm²，在高肥水条件下超过 7 500kg/hm²，并因此得名"肥麦"，1970 年以后在全区全面推广，并引致耕作制度变革，目前仍占全区冬小麦播种面积的 70％以上。1977 年曾创造每公顷 14 775kg 的小面积冬小麦高产记录。最佳种植区域是海拔 2 600～4 100m 范围的广大农区，在海拔 2 600m 以下半湿润地区种植，易感染条锈病、白粉病、赤霉病和叶锈病等。

肥麦属强冬性晚熟品种，春播不能抽穗。在主要河谷农区生育期达 310～370d，株高 90～130cm，茎秆粗壮坚韧，抗倒伏能力强，叶片色泽浓绿，宽大长厚，有少量蜡粉，在干旱状况下蜡粉增多。穗纺锤形，白颖无芒，穗大粒多粒重，粉质籽粒，品质较差，穗粒数 37～60 粒，千粒重 45～55g，蛋白质含量 9.9％～10.98％，淀粉含量 64.72％，湿面筋含量 19.6％，沉降值 5.0～8.0mL，降落值 255～296s。

（2）藏冬 6 号　西藏自治区农牧科学院农业研究所 1976 年用辐射微波与高加索杂交，于 1981 年育成的属强冬性早熟类型，在拉萨生育期 280d 左右。抗寒性强，分蘖性强，成穗率高，耐水肥，茎秆坚韧，秆矮抗倒伏。口紧不易落粒，落黄好，品质较优，粗蛋白质含量可达 14％，轻感锈病。1994 年以来，在加查、朗县等沿江地区种植，单产可达 6 000kg/hm²，但因过于早熟，生产利用受到限制。

（3）藏冬 16　西藏自治区农牧科学院农业研究所于 1985 年用高加索作母本、1392 作父本杂交选育的强冬性中晚熟耐锈病品种，在拉萨生育期 298d。株高 100～110cm，穗纺锤形，长芒、白颖、红粒，平均穗粒数 43.2 粒，平均千粒重 43.9g，两年区域试验平均单产 5 172kg/hm²，比对照肥麦增产 37.6％。粗蛋白含量 9.63％，湿面筋含量 25.5％。该品种适应性较广，稳产性较好，耐锈病特点突出，适宜在海拔 3 000m 以下河谷农区中等肥水条件下种植。已在藏东南麦区推广。

（4）巴萨德　西藏自治区农牧科学院农业研究所 1996 年从德国引进的强冬性中晚熟优质高产品种，2001 年通过自治区农作物品种审定委员会审定并在全区推广。在拉萨生育期 301d 左右。株高 90～110cm，穗长方形，无芒、白颖、白粒，每公顷成穗数可达 525 万～600 万，平均穗粒数 40.5 粒，千粒重 42g，大面积单产 4 500～6 000kg/hm²。主要品质指标为：粗蛋白含量 9.0％～13.5％，湿面筋含量 25.5％～36.2％，沉降值 37.8～61.9mL，降落值 282～299s，面包体积 680cm³。为粒数、粒重兼顾型优质高产品种，但易感霜霉叶枯病和易受蚜虫危害。适宜"一江两河"半干旱农区种植。

（5）山冬 1 号　山南地区农业科学研究所于 1992 年杂交育成的强冬性、中熟高产品种，1999 年通过西藏自治区农作物品种审定委员会审定。生育期 275～290d。株高 95.7cm，穗长方形，长芒、白颖、白粒，平均穗粒数 43.3 粒，千粒重 50.5g，平均单产 4 500kg/hm²。粗蛋白含量 10.9%，湿面筋含量 26.4%，出粉率 73.9%。该品种适应性广，丰产性较好，适合在雅鲁藏布江中下游流域海拔 3 000～3 800m 的地区种植。

（6）藏冬 18　西藏自治区农牧科学院农业研究所 1998 年从德国引进的强冬性中晚熟优质高产品种，2003—2005 年通过全区新品种区域试验鉴定。在拉萨生育期 296d。株高 105～115cm，穗长 5～6cm，示范田每公顷成穗数 489 万，穗粒数 43～47 粒，千粒重 38～42g，单穗粒重 1.7～1.8g，株型紧凑，分蘖力强，成穗率高，无芒、白颖、纺锤穗。1999—2002 年试种筛选试验平均单产 7 669.5kg/hm²，比肥麦（对照）增产 18%；3 年区域试验平均单产 4 500kg/hm²，同期的小面积示范单产 5 591kg/hm²，均与肥麦基本持平。连续 5 年在中国农业科学院作物科学研究所和拉萨实验室的品质检测结果为：粗蛋白含量为 13.3%～13.4%，湿面筋含量为 30.4%，沉降值为 46.8mL，降落值为 257s，近两年示范田收获籽粒品质指标（本所结果）为粗蛋白含量 12.6%～13.4%，湿面筋含量 28.0%～30.4%，沉降值 39.5～46.8mL，降落值 257～345s。缺点是轻感雪霉叶枯病和点条花叶病。

2. 春小麦

（1）藏春 6 号　西藏自治区农牧科学院农业研究所 1962—1968 年杂交育成的弱冬性晚熟丰产春小麦品种。生育期 150～165d，株高 110～115cm，穗长方形，长芒、白颖、红粒，每公顷成穗数 525 万～600 万，平均穗粒数 40.5 粒，千粒重 52g。主要品质指标为：粗蛋白含量 10.5%，湿面筋含量 20.6%，适宜在"一江两河"中上等并有灌溉条件的地方种植。

（2）藏春 10　西藏自治区农牧科学院农业研究所 1990 年杂交育成的偏冬性中晚熟高产春小麦品种。生育期 145～155d。株高 105～110cm，穗长方形，长芒、白颖、红粒，平均穗粒数 42 粒，千粒重 55g。主要品质指标为：粗蛋白含量 10.5%，湿面筋含量 20.6%。适宜在"一江两河"中上等并有灌溉条件的地方种植。

（3）日喀则 54　是日喀则地区农业科学研究所于 1970 年杂交育成的弱冬性中熟丰产春小麦品种。在日喀则地区生育期 150～165d。株高 100～105cm。幼苗半匍匐，叶片深绿，穗成纺锤形，长芒、白颖、红粒，穗粒数 50～55 粒，千粒重 53～57g，粗蛋白含量 10.5%，湿面筋含量 17%。突出特点是灌浆速率快，成熟迅速，适应性广。适宜在"一江两河"中上等并有灌溉条件的地方种植。

（4）日喀则 12　日喀则地区农业科学研究所于 1975 年杂交育成偏冬性晚熟高产春小麦品种。在日喀则地区生育期 160～170d。株高 100～105cm。幼苗半匍匐，叶片深绿，穗成纺锤形，长芒、白颖、红粒，穗粒数 50～55 粒，千粒重 55～58g，粗蛋白含量 10.5%，湿面筋含量 17%。1982 年曾创造 15 195kg/hm² 的小面积春小麦高产记录。适宜在"一江两河"中上等并有灌溉条件的地方种植。

（5）山春 1 号　山南地区农业科学研究所于 1989 年杂交育成的半春性早中熟春小麦高产品种。在山南地区生育期 125～130d。株高 92～95cm。幼苗半直立，叶片深绿，穗长方形，长芒、白颖、红粒，穗粒数 40 粒，千粒重 38～42g，粗蛋白含量 12%，湿面筋含量 16.3%，沉降值 43.1mL，降落值 311s。适宜在河谷农区旱坡地种植。

（6）日喀则 23　日喀则地区农业科学研究所用 80109 - 17 作母本、7241 作父本杂交育成的偏冬性中晚熟春小麦高产品种。全生育期 155～165d。株高 100.7cm，穗长方形，长芒、白壳，籽粒白色，平均穗粒数 42 粒，千粒重 57g，两年区域试验平均单产 6 577.5kg/hm²，比对照藏春 6 号增产 18.7%。粗蛋白质含量 12.3%，湿面筋含量 27.2%，沉降值 19.1mL，降落值 132s。适应性广，丰产性好，稳产，适宜在海拔 4 100m 以下农区中高水肥地区种植。

（7）小冰麦 8806　西藏自治区农牧科学院农业研究所 1995 年底从吉林师范大学引进的春性早中熟优质春小麦品种。在拉萨生育期 120～130d。株高 105～115cm，分蘖力较差，茎秆弹性好，长芒，成熟时颖壳变红。平均穗粒数 40 粒，千粒重 40.8g。在 2000—2001 年两年区域试验中，平均单产 4 440～5 940kg/hm²，大田单产 3 000～6 000kg/hm²；粗蛋白含量为 13.2%，湿面筋含量 38.5%，沉降值 56.4mL，降落值 343s。落黄好，熟相佳，籽粒角质饱满。

（二）高产优质栽培技术

1. 合理规划，建立优质生产基地　比较全区各地的自然气候情况，日喀则地区，即藏西南春麦区由于气候干燥，降水量少且雨季短，籽粒灌浆期气温较高，较其他地区更有利于冬、春小麦籽粒品质的提高，同时因该地区耕地面积较大，栽培类型以春小麦为主，基础施肥量较低，栽培技术改进潜力也较大，是建立优质小麦生产基地的区域。

2. 选用优质品种　近几年从国内外大量引进、筛选出一些优质或相对优质的品种，包括冬小麦品种巴萨德、斯波泊，春小麦品种小冰麦 8806、辽春 10、甘春 20 等。同时，区内育成的冬、春小麦品种中也有品质较好的，如冬小麦中的藏冬 6 号、山冬 1 号，春小麦中的山春 1 号、藏春 6 号、日喀则 23 等。在西藏现有生产条件下，只要栽培技术得当，上述品种单产大多能达到 4 500～6 000kg/hm²。

3. 适当晚播，合理密植　晚播的目的在于避开雨季收获，而目前拉萨、山南、林芝等地的冬小麦都是在 8 月上中旬收获，此时正值雨季要完未完，对保证籽粒淀粉品质不利。可考虑将播期普遍推迟 1 周左右，即可基本避开雨季的影响。但对早熟冬小麦品种可以利用 7 月下旬至 8 月上旬的短期干旱时节收获来确定播期，不宜盲目推迟。密植的目的在于控制分蘖，提高主穗成穗率，以保证熟期一致，从而提高品质。春小麦可在正常的播量基础上每公顷增播 45～60kg 种子，但冬小麦若要加大播量，则必须配合适当的春季分蘖控制措施。

4. 平衡施肥，氮肥后移　优质小麦对氮素肥料需求量大，而且最忌生育后期缺氮。化肥种类搭配上，要多施氮素肥料，一般以尿素 70%、复合肥 30% 为宜。冬小麦要改变一般大田"基肥＋分蘖追肥"的两次施肥习惯为"基肥（含种肥）＋分蘖期追肥＋抽穗期追肥"的三次施肥法，基肥（包括种肥）使用量控制在总施肥量的 40% 以内，两次追肥各占总施肥量的 30%。复合肥全部做基肥，种肥和两次追肥全部用尿素。春小麦要将一般大田的"基肥一炮轰"或"基肥＋分蘖期追肥"的施肥习惯改为"基肥（含种肥）＋抽穗期追肥"的两次施肥法，以基肥 50%～60%、追肥 40%～50%，复合肥全做基肥的比例分配。

5. 采取有效措施，防治病虫害　小麦的主要危害病虫是小麦雪霉叶枯病和麦蚜，而且这一病一虫对优质小麦品种的危害更重。要严格采取以下综合防治措施：一是尽量选择前茬为豆类杂粮作物的耕地种植优质小麦；二是严格进行种子包衣，做到不包衣不播种；三是实行全生育期病虫测报，随时进行药物防治；四是拉萨地区在 4 月初的麦蚜初发期，用 40% 的乐果 1 000～1 500 倍液或用氧化乐果 2 000 倍液喷防，每公顷喷 750～1 125kg 药液；或者每公顷用 2.5% 敌杀死 300g 或 20% 速灭杀丁 300g 稀释后进行低容量喷雾，控制虫口密度。以后也是药物防治的最佳时期，一般是用 50% 甲基托布津 800～1 000 倍液，或用 10% 多菌灵 1 000～1 500 倍液喷雾。为避免农药对小麦受精的影响，具体喷雾时间分为两次，即先在孕穗末期喷一次（或毒土处理），隔 12d 左右当小麦进入灌浆期时，再喷第二次。对发病很重的田块，可考虑在灌浆中后期喷第三次；五是同一田块，要注意雪霉叶枯病防治与麦蚜防治的结合，以及防治方法的综合应用。

6. 适当提早收获期，及时脱粒入仓　优质小麦田块的最佳收获期为蜡熟后期。收获后要及时运回脱粒、晾晒入仓，尤其要避免在田间长时间堆放，以免造成籽粒品质下降。

参 考 文 献

安玉麟，刘永庆，陆正铎．2001．内蒙古自治区春小麦品种改良及其进展［M］．呼和浩特：内蒙古人民出版社．

白栋才．2000．河套农业发展研究［M］．北京：中国社会出版社．

陈向东．2008．旱地春小麦品种定西 38 的特征特性及栽培技术［J］．中国农业信息（10）：22．

陈东升，袁汉民，王小亮，等．2004．宁夏引黄灌区部分小麦品种（系）品质性状分析［J］．宁夏农林科技（3）：21‐23．

陈东升，袁汉民，孙建昌，等．2006．宁夏引黄灌区冬小麦谷蛋白亚基组成和 1BL/1RS 易位分析及品质性状研究［J］．麦类作物学报，26（4）：59‐64．

陈集贤．1994．青海高原春小麦生理生态［M］．北京：科学出版社．

陈集贤，赵绪兰．1995．丰产抗旱春小麦高原 602 的研究与应用［M］．兰州：兰州大学出版社．

陈魁卿．1985．土壤肥料学［M］．牡丹江：黑龙江朝鲜民族出版社．

陈荣毅，于荣栋，孔军，等．2005，2006．新疆品质生态研究［J］．新疆农业科学，42（6）：369‐376；43（1）：25‐30．

陈荣毅，王荣栋，张磊，等．2006．春小麦不同播期对籽粒蛋白质与湿面筋含量影响的试验研究［J］．新疆农业科学，43（1）：30‐34．

陈兴武，雷钧杰，赵奇，等．2005．氮、磷肥对小麦品质的影响［J］．新疆农业科学，42（6）：405‐407．

陈兴武，赵奇，吴新元，等．2008．小麦高产、超高产栽培技术途径研究［J］．新疆农业科学，45（4）：590‐593．

程大志，张怀刚，谢中奎，等．2005．高产节水春小麦新品种——高原 448［J］．麦类作物学报，25（4）：152．

程思孟，唐瑜．1985．旱地春小麦定西 24 栽培技术初探［J］．甘肃农业科技（5）：5‐8．

次珍，强小林，张乾舫，等．2001．冬、春小麦优质品种筛选结果与杂交育种进展［J］．西藏科技（8）：31‐37．

崔文华，于彩娴，毛国伟，等.2006. 呼伦贝尔市岭东黑土区耕地土壤肥力的演化［J］. 植物营养与肥料学报，12（1）：25-31.

甘肃省志编委会.1995. 甘肃省志·农业志：第18卷［M］. 兰州：甘肃文化出版社.

顾茂芝.2003. 西藏农牧业先进实用技术手册. 农业分册［M］. 拉萨：西藏人民出版社.

巩爱岐.2007. 青海省农作物种子标准汇编［G］. 西宁：青海省种子管理站编印.

贡嘎，强小林，次珍，等.2001. 不同小麦品种磨粉与食品加工初步实验结果［J］. 西藏科技（8）：23-130.

郭天财.2004. 品种·环境·措施与小麦品质［M］. 北京：气象出版社.

郝晨阳，尚勋武，张海泉.2004. 甘肃省春小麦品种高分子量麦谷蛋白亚基组成分析［J］. 植物遗传资源学报，5（1）：38-42.

胡松杰，于学林.1995. 西藏农业概论［M］. 成都：四川科学技术出版社.

华和春.2008. 春小麦新品种武春4号及其栽培技术［J］. 甘肃农业科技（6）：61-62.

霍云鹏.1985. 土壤肥料学［M］. 牡丹江：黑龙江朝鲜民出版社.

吉林省农科院.1963. 东北春小麦［M］. 长春：吉林人民出版社.

贾红邦，梅廷彦.2008. 宁夏统计年鉴2008［M］. 北京：中国统计出版社.

金善宝.1996. 中国小麦学［M］. 北京：中国农业出版社.

蒋礼玲.2005. 青海省不同地区小麦品质性状研究［D］. 北京：中国科学院研究生院.

康志钰，尚勋武，任莉萍.2003. 甘肃春小麦主要农艺性状的配合力分析［J］. 甘肃农业科技（4）：8-12.

李贵喜，栾敖武，杨瑞霞.2007. 试论陇东地区优质冬小麦产业化开发［J］. 甘肃农业科技（7）：39-45.

李红霞，魏亦勤，董建力，等.2006. 宁夏近50年不同时期小麦品种高分子量麦谷蛋白亚基遗传变异分析［J］. 干旱地区农业研究，24（4）：204-210.

李仁杰.1996. 大兴安岭高寒地区小麦栽培［C］//全国小麦第七次高产栽培学术讨论论文集. 江苏农学院学报.（17）：229-231.

李文雄，冯喜和，于龙生.1994. 黑龙江省小麦生产发展的几个问题和高产栽培技术关键. 哈尔滨：黑龙江省农学会.

李元清，吴晓华，崔国惠，等.2008. 基因型、地点及其互作对内蒙古小麦主要品质性状的影响［J］. 作物学报，34（1）：47-53.

雷钧杰，赵奇，陈兴武，等.2005. 施氮时期和施氮量对优质专用春小麦产量和品质的影响［J］. 新疆农业科学，42（5）：335-337.

雷钧杰，赵奇，陈兴武，等.2007. 新疆小麦生产存在的问题及其解决的途径与措施［J］. 新疆农业科学，44（S1）：1-4.

雷钧杰，赵奇，陈兴武，等.2007. 氮素施用量对新冬24号小麦产量与品质的调控［J］. 新疆农业科学，44（S3）：142-145.

雷钧杰，赵奇，陈兴武，等.2007. 播期和密度对冬小麦产量与品质的影响［J］. 新疆农业科学，44（1）：75-79.

林大武，强小林，贡嘎.2001. 德国冬小麦的病虫害防治措施［J］. 西藏科技（8）：42-44.

林素兰.1997. 环境与栽培技术对小麦品质的影响［J］. 辽宁农业科学（2）：30-31.

刘东海，拉琼，冬梅.2008. 西藏小麦良种选育与丰产增效栽培［M］. 北京：中国农业科学技术出版社.

刘青元，张怀刚，罗新青，等.2008. 青海省农作物品种志（1982—2005）［M］. 西宁：青海人民出版社．

芦静，佟佰成，杨淑岩，等．2003．新疆面包小麦品质性状环境变异及配粉效果的研究［J］．麦类作物
　　学报，23（I）：25-30．

芦静，李建疆．2010．生态因子对新疆北部不同春小麦品质类型的影响［J］．新疆农业科学，47（11）：
　　2128-2134．

鲁清林．2002．河西地区开发硬粒小麦生产的优势与对策［J］．甘肃农业科技（4）：9-11．

马宏．2009．新疆小麦品质状况浅谈［J］．粮食加工，34（5）：87-88．

马学恕．2005．宁夏统计年鉴［M］．北京：中国统计出版社．

马玉兰．2008．宁夏测土配方施肥技术［M］．银川：宁夏人民出版社．

内蒙古土壤普查办公室，内蒙古土壤肥料工作站．1994．内蒙古土壤［M］．北京：科学出版社．

祁适雨．1983．东北春麦区［M］//金善宝．中国小麦品种及其系谱．北京：农业出版社．

祁适雨．2003．东北春麦区小麦品种改良及系谱分析［M］//庄巧生．中国小麦品种改良及系谱分析．北
　　京：中国农业出版社．

祁适雨，肖志敏，李仁杰．2007．中国东北强筋春小麦［M］．北京：中国农业出版社．

强小林，贡嘎．2001．西藏小麦品质改良研究项目进展概况［J］．西藏科技（8）：4-10．

强小林，曹广才，许毓英，等．2001．西藏小麦品质影响因素的初步分析［J］．西藏农业科技，23（1）：
　　37-43．

强小林，贡嘎，次珍，等．2001．几个优质冬小麦品种性状特点与栽培技术要求［J］．西藏科技（8）：
　　39-41．

青海省统计局．2009．2009青海省统计年鉴［M］．

尚勋武，康志钰，柴守玺，等．2003．甘肃省小麦品质生态区划和优质小麦产业化发展建议［J］．甘肃
　　农业科技（5）：10-13．

尚勋武，魏湜，侯立白．2005．中国北方春小麦［M］．北京：中国农业出版社．

宋建荣，岳维云，吕莉莉，等．2007．冬小麦新品种中梁26选育及栽培技术［J］．粮食作物（7）．

孙宝启，郭天财，曹广才．2004．中国北方专用小麦［M］．北京：气象出版社．

孙建昌，袁汉民，陈东升，等．2005．宁夏引黄灌区垄作条件下冬小麦相关性状变化研究［J］．宁夏农
　　林科技（5）：3-5．

王连喜．2008．宁夏农业气候资源及其分析［M］．银川：宁夏人民出版社．

王荣栋，孔军，赛福鼎·司马义．2000．关于提高新疆小麦品质途径问题的商榷［J］．新疆农业科学
　　（4）：157-159．

王荣栋，曹连莆，吕新，等．2002．麦类作物栽培育种研究［M］．乌鲁木齐：新疆科技卫生出版社．

王荣栋，孔军，陈荣毅，等．2005．新疆小麦品质生态区划［J］．新疆农业科学，42（5）：309-315．

王世敬，戈敢，黄敬芳，等．1997．宁夏引黄灌区春小麦大面积500公斤高产试验研究［J］．宁夏农学
　　院学报，17（1）：1-10．

王燕凌，张慧，王佩芝，等．1990．新疆小麦品质性状与生态环境的关系［J］．新疆农业科学（6）：
　　245-249．

王银银，张保军，强小林，等．2001．不同类型小麦籽粒蛋白质及其组分的地域性表现［J］．西藏科技
　　（8）：4-10．

魏湜．1997．九十年代黑龙江省小麦栽培技术变化与发展趋势［J］．黑龙江农业科学（3）：48-50．

魏湜．2004．春小麦优质高效实用生产技术［M］．哈尔滨：黑龙江科学技术出版社．

吴东兵，曹广才，强小林，等．2003．西藏和北京异地种植小麦的品质变化［J］．应用生态学报，14
　　（12）：2159-2199．

吴锦文．陈仲荣．1989．新疆的小麦［M］．乌鲁木齐：新疆人民出版社．

吴新元，芦静，姚翠琴，等．2001．新疆主要种植小麦品种品质状况［J］．新疆农业科学，38（3）：154-156．

吴新元，芦静，李冬，等．2010．新疆不同类型冬小麦品种品质性状的生态变异［J］．新疆农业科学，47（2）：274-280．

吴新元．2010．新疆优质小麦产业化进展［J］．新疆农业科学，47（S2）：1-2．

伍乘新，裴志新，李应科，等．2005．宁夏优质高产春小麦新品系密度试验［J］．宁夏农林科技（5）：15-16．

徐兆飞．2006．山西小麦［M］．北京：中国农业出版社．

杨祁峰，柴宗文，李福，等．2008．甘肃省优质专用小麦产业发展现状及对策［J］．甘肃农业科技（7）：45-47．

于振文．2003．作物栽培学各论：北方本［M］．北京：中国农业出版社．

袁汉民，张富国，范金萍，等．2001．宁夏引黄灌区冬麦北移与种植业结构调整［J］．宁夏农林科技（3）：41-43．

袁汉民，王晓亮，孙建昌，等．2005．宁夏引黄灌区小麦垄作节水高产栽培研究［J］．节水灌溉（6）：5-7．

袁汉民，陈东升，王晓亮，等．2006．宁夏引黄灌区冬小麦优质高产育种的回顾与展望［J］．宁夏农林科技（3）：19-22．

袁汉民，裴志新，陈东升，等．2009．小麦种质资源宁春4号的研究和利用［J］．麦类作物学报，29（1）：160-165．

翟德绪．1991．关于辽宁省小麦育种目标的探讨［J］．黑龙江农业科学（增刊）：43-45．

曾兴权，吉万全，强小林，等．2005．西藏小麦品种资源HMW-GS组成及多态性分析［J］．麦类作物学报，25（2）：98-101．

曾兴权，强小林，韦泽秀，等．2005．西藏小麦资源高分子量谷蛋白亚基研究进展［J］．西藏农业科技（4）：4-6．

曾兴权，次仁卓嘎，次珍，等，2007．西藏小麦高分子量谷蛋白亚基组成及其与蛋白质含量和沉淀值的关系［J］．麦类作物学报，27（2）：250-254．

张保军，等．2002．拉萨、杨凌两地小麦籽粒蛋白质的表现特点［J］．水土保持学报，9（2）：124-127．

张乾舫，强小林，次珍，等．2001．优质春小麦小冰麦8806品种性状特点与栽培技术要求［J］．西藏科技（8）：45-50．

张怀刚，O M Lukow，E C Zarnecki．1992．中加两国春小麦品种的比较研究［J］．高原生物学集刊．北京：科学出版社．

张茂康．1991．甘肃土壤［M］．北京：农业出版社．

张作忠，盛长存．2000．春小麦甘春20号栽培技术规程［J］．标准化报道，21（1）：38．

张伟，王荣栋，秦莉，等．2003．北疆春小麦品质区划研究的探索［J］．新疆农业科学，40（5）：265-268．

赵奇，陈兴武，雷钧杰，等．2007．新疆"十五"小麦栽培技术研究主要进展及"十一五"科研与生产建议［J］．新疆农业科学，44（6）：769-774．

中华人民共和国农业部公告第308号．2003．

中华人民共和国农业部公告第542号．2005．

中华人民共和国农业部公告第794号．2007．

訾冬梅，高秀静．2006．内蒙古自治区地图册［M］．北京：中国地图出版社．

周祥椿，杜久元，尚勋武．2000．甘肃省小麦品种的现状及对今后育种工作的思考［J］．甘肃农业科技
　（2）：3-7．

庄巧生．2003．中国小麦品种改良及其系谱分析［M］．北京：中国农业出版社．

卓嘎，强小林，张乾舫，等．2001．不同来源品种及育种材料品质化验结果分析［J］．西藏科技（8）：
　11-17．

图书在版编目（CIP）数据

中国小麦品质区划与高产优质栽培/农业部小麦专
家指导组编著 . —北京：中国农业出版社，2012.3
ISBN 978-7 109-16562-5

Ⅰ.①中… Ⅱ.①农… Ⅲ.①小麦—粮食品质—区划
—中国②小麦—栽培技术 Ⅳ.①S512.1

中国版本图书馆 CIP 数据核字（2012）第 024350 号

中国农业出版社出版

（北京市朝阳区农展馆北路 2 号）

（邮政编码100125）

责任编辑　孟令洋　王　凯　韩小丽

————————————

中国农业出版社印刷厂印刷　　新华书店北京发行所发行

2012 年 5 月第 1 版　　2012 年 5 月北京第 1 次印刷

————————————

开本：787mm×1092mm　1/16　印张：27.75　插页：4

字数：650 千字

定价：120.00 元

ISBN 978-7-109-16562-5

馒 头

寿 桃

包 子

水晶虾包

粤式早茶——小笼包

粤式早茶——水晶虾饺

手工成型的花色面包

甜面团制作的各种面包

"热狗"面包

汉 堡 包

法式面包

起酥面包

全麦面包

白面包：土司面包（用不加盖的烤模焙烤）
　　　　三明治面包（用加盖的烤模焙烤）

冷冻面团的羊角面包

面包生产线——圆面包出炉

方便面

乌冬面

挂面

水饺

蒸饺

墨西哥饼

烙饼

果馅饼——"派"

麦片椰蓉蛋挞

中式糕点——油酥饼

曲奇饼干

月　饼

各种花色饼干

中式糕点——枣泥饼

蛋　糕